立　春

雨　水

惊　蛰

春　分

清 明

谷 雨

立 夏

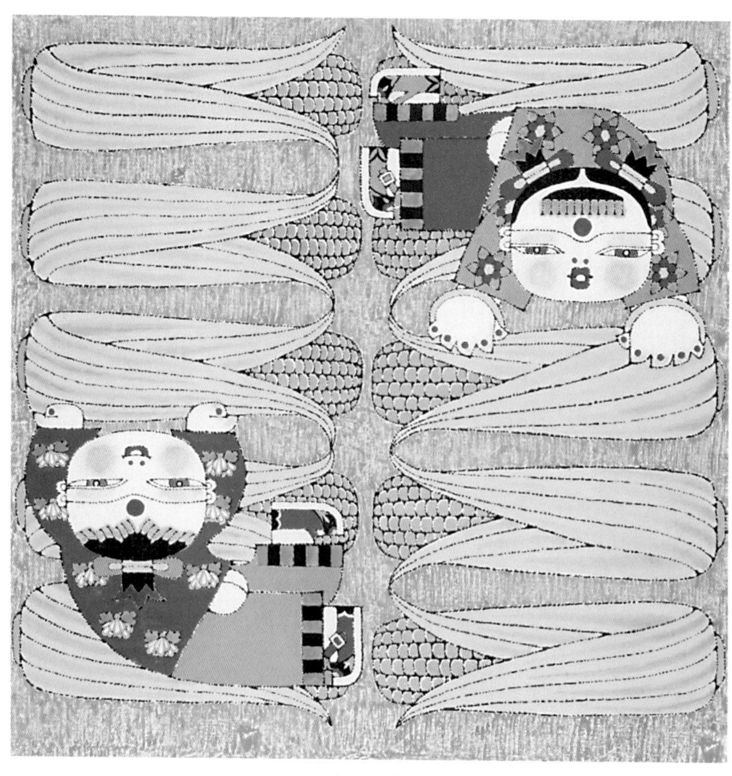

小 满

芒　种

夏　至

小　暑

大　暑

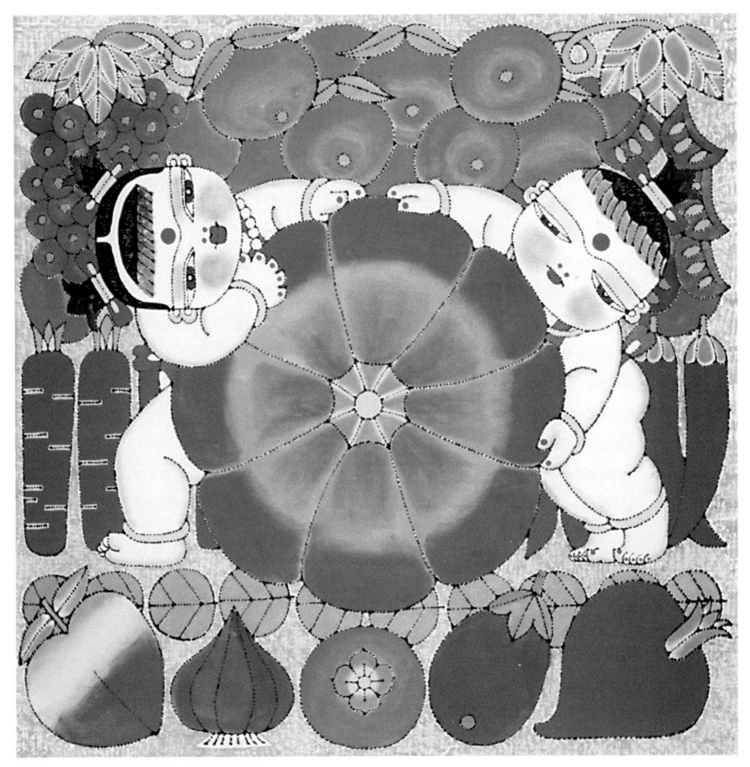

立　秋

处　暑

白 露

秋 分

寒　露

霜　降

立　冬

小　雪

大　雪

冬　至

小 寒

大 寒

中国农业博物馆　编

二十四节气

《农谚大全》

中国农业出版社

图书在版编目（CIP）数据

二十四节气农谚大全 / 中国农业博物馆编．—北京：中国农业出版社，2016.12（2023.2 重印）

ISBN 978-7-109-21930-4

Ⅰ.①二… Ⅱ.①中… Ⅲ.①二十四节气－基本知识②农谚－汇编－中国 Ⅳ.①P462②S165

中国版本图书馆 CIP 数据核字（2016）第 170241 号

中国农业出版社出版

（北京市朝阳区麦子店街 18 号楼）

（邮政编码 100125）

责任编辑 赵 刚

中农印务有限公司印刷 新华书店北京发行所发行

2016 年 12 月第 1 版 2023 年 2 月北京第 4 次印刷

开本：700mm×1000mm 1/16 印张：38.75 插页：6

字数：790 千字

定价：120.00 元

《二十四节气农谚大全》编委会

主　任：屈冬玉

副主任：刘新录　沈镇昭

委　员（按姓名笔画排序排列）：

马旭铭　王一民　王秀忠　王应德

刘新录　李冬梅　沈镇昭　张合旺

苑　荣　林正同　屈冬玉　胡泽学

柏　芸　唐志强　隋　斌

主　编：隋　斌　王秀忠

副主编：苑　荣　王一民

编　辑：王应德　周晓庆　王晓鸣　陶妍洁

张　苏　张　萌　李毅强

序

在二十四节气被联合国教科文组织列入人类非物质文化遗产代表作名录之日，出版《二十四节气农谚大全》很有意义。

习近平总书记指出，农耕文化是我国农业的宝贵财富，是中华文化的重要组成部分，不仅不能丢，而且要不断发扬光大。长期以来，我国农民口口相传了很多农业谚语，语言生动但道理直白，是农耕文化的重要载体。大家耳熟能详而又多姿多彩的“二十四节气”农谚，比如“春雨惊春清谷天，夏满芒夏暑相连，秋处露秋寒霜降，冬雪雪冬小大寒”，传载的正是中华民族农耕文明的精粹，蕴含丰富的实用知识和深刻智慧，不仅值得广大“三农”工作者学习、理解和运用，同样值得喜爱关心传统文化的人们记诵、领会、欣赏。

《吕氏春秋·审时》中记载“凡农之道，候之为宝”，《孟子》中也提到“不违农时，谷不可胜食”。在千百年的农业生产实践中，我国劳动人民不断认识自然、顺应自然、改造自然，准确把握农业生产的季节性特征，不违“天时”、不误“农时”，在两千多年前确立了“二十四节气”作为农事活动历法，并广泛采用农谚的形式交口相传、世代相袭，为农业生产不误农时提供了可靠保证。例如，福建农谚“惊蛰犁头动，春分地气通”，河北农谚“白露早，寒露迟，秋分种麦正当时”，湖南农谚“清明到，把种泡”，安徽农谚“清明下种，谷雨栽秧”等，为农民掌握适时耕地和播种的时间提供了重要参考；而江苏农谚“立冬蚕豆小雪麦，一生一世赶勿着”，河北农谚“小暑不栽薯，栽薯白受苦”，东北农谚“过了芒种，不可强种”等对失败教训的总结，则提醒人们要抓紧时节。这些节气农谚，朗朗上口、易于传播，其中既包含了丰富的气象物候知识和客观的农事规律，又蕴藏着以人为本、取物顺时、循环利用的哲学思想，反映了中华民族的集体智慧，是指导农业生产的“技术手册”和传统农耕文化中的瑰宝。

中国农业博物馆广泛搜集素材、认真组织编纂了《二十四节气农谚大全》一书，全书编排结构紧凑、信息分类明确、查询阅读方便，具有较高的研究、学习和收藏价值。本书的出版，不仅对保护和传承“二十四节气”这一农业文化遗产具有重要意义，也将为现代农业发展保存可利用的传统农耕文化基因。我们相信，广大“三农”工作者和社会各界读者一定能从本书中学习前人的智慧、汲取历史的营养，感受传统农耕文化精神食粮的丰富与精彩。我们也期待，在推进农业现代化的进程中，农业和农业文化工作者们能够对传统农耕文化的内涵及其当代价值进行更加深入的挖掘，把传统文明和现代文明有机结合起来，让优秀传统农耕文化焕发出新的时代生命力。

谨表祝贺，并以为序。

中华人民共和国农业部　部长

韩长赋

2016年11月30日

编写说明

一、农谚的内容及分类方法

1.《二十四节气农谚大全》共分五大部分，分别为“节气总体描述农谚”、“春季农谚”、“夏季农谚”、“秋季农谚”和“冬季农谚”。

2. 每个季节谚语下分六个节气谚语，如“春季农谚”条目下分为“立春”、“雨水”、“惊蛰”、“春分”、“清明”和“谷雨”。每一节气的开头，附有一段关于该节气的简要介绍。

3. 部分谚语根据原书记载，附有流传地区和注释。同一谚语的各种异文，有的虽然只是一、二字之差，也都尽量保存。

4. 一条谚语中涉及两个或两个以上节气的，归在该条谚语中最先出现的节气条目下，如“立冬不撒种，春分不追肥。”归在“立冬”条目下。

二、农谚的排列顺序

1. 每个季节谚语下依据节气顺序归类编排。

2. 每个节气下的谚语，均按首字拼音字母的声母排序。

三、流传地区说明

1. 每条谚语后的地名标注，为谚语流传地或采集地，这是根据原材料中的记载加的，以材料有无为限，并不全面，也不完全等于适应地区。

2. 标注主要按现行行政区划（即省、自治区、直辖市）为主体，涉及到地级或县级区域，用“（　）”标注。为了格式的统一和简洁，除特殊情况外，如上海（上海县）、河北（易县），一律去掉“省”、“自治区”、“市”、“县”等字样，如广西（南宁）。

3. 未提及行政区的农谚，遵从原始材料标注，如“北方地区”，“长三角地区”等。

4. 对于一条谚语流传于不同地区的，采用地名的以大含小的原则作合并处理。例：同一条谚语的流传地区，有的书中标注“陕西”，有的标注“陕西西安”，本书只标注为“陕西”。

5. 对于同省下面某个地区，如江苏北部地区，标注采用现代惯用方式，标注为江苏（苏北）。

6. 由于资料收集的年代跨度较大，行政区域及一些省（自治区、直辖市）市县名称发生了变化，本书一律保持原书记载，既反映了谚语著录的时代性，也可避免了地名校勘中可能出现的错误。

四、民族说明

谚语中涉及到少数民族的，在流传地后用“［　］”标注，如“打春冻死牛。黑龙江（哈尔滨）［朝鲜族］”。

五、注释说明

农谚具有群众性、通俗性、地域性和方言性等诸多特点。对于具体地域的人们，理解当地的农谚是不成问题的。由于农谚的形成和流传过程非常复杂，一些地域性、时代性和专业性、技术性的语言表达，往往需要加以注释才能让广大读者理解。因此，我们在编撰《二十四节气农谚大全》时，保留了所征引的原书中部分注释文字，对于相同谚语的不同注释，根据流传地区情况进行合并和编辑，尽可能将原始信息完整地呈献给读者。

本书在资料搜集和编撰过程中，参考和摘引了众多书籍和文论。主要有：《中国谚语集成》、《中国农谚》、《中国谚语资料》等谚语集录；同时辅以各地编辑的谚语、天气谚语、节气谚语的集成专辑等。编写组谨向原书和文章的作者、出版者、传抄者和口授者，以及所有为本书做出过贡献的各界同仁致以最诚挚的感谢。

尽管我们在搜集研究整理过程中力图做到全面，但由于民间谚语浩如烟海，流布广泛，以及我们学识水平和专业素养的局限，在编撰过程中难免遗漏和讹误，恳请大家指正。

《二十四节气农谚大全》编委会

2016年11月

目　　录

节气概说农谚

农 家 月 令

立春喂耕牛，雨水摅粪土，惊蛰河半开，春分种小麦，清明前后种扁豆。二月清明草不青，三月清明道旁青。谷雨种豌豆，立夏种谷。小满前后，安瓜种豆；芒种，忙种黍子急种谷，芒种见锄刃，夏至见豆花。夏至不种高山黍，还种十日小糜黍。小暑吃大麦，小暑当日回，大暑吃小麦。立秋一十八日寸草皆齐，处暑不出头，割了喂老牛。白露吃小谷，秋风见谷罗。寒露百草枯，霜降不赔田。立冬不使牛，小雪冻大河；大雪冻小河，冬至不开窖；小寒寒不小，大寒不加冰。

孔 明 年 岁 歌

丰歉谁知风雨微，四时节气要推寻：
每年正月初一日，北风天晴爽气生。但是南风无日色，这年五谷不丰登。
正月逢雷主大旱，二月闻雷半收成；若是立夏雷才现，管教一定好收成。
立夏无雨少种田，芒种闻雷莫架蚕；夏至无雨见青天，有雨也在立秋边。
雨水之节还要晴，春分之节不宜风；惊蛰若闻雷声响，高处农夫一场空。
清明无雨麦成实，立夏有雨大可叹；若是东南风一起，并五六七雨水难。
谷雨宜雨不宜风，狂风一遇定飘蓬；三月初七日雨濛濛，到处禾苗一样同。
更兼小满茫茫下，高下农夫笑哈哈。
五月芒种无雨下，夜见西风闪电愁；五月十六日无雨下，干枯禾苗命难逃。
小暑无雨，十八日风；大暑南风遍地空。
立冬前后北风起，可怜农夫枉用功。
去暑之日半阴晴，白露一定雨淋淋；秋分忽然云卷月，家家稻谷滥成坑。
八月十五日没雨飞，又到重阳被风吹；立冬雪雨即来应，大雪连阴掩柴扉。
立秋闻雷米粮耗，寒露无风主雪飘；霜降若逢云遮日，人畜灾星不可逃。
立冬前后要下霜，十月无霜主大荒；若到大雪无雨落，高田无望有余粮。
冬至之日雪连绵，小寒又是雪飞天；将交大雪又是雪，管许来年五谷添；
若到此时无雨了，管教来年主大干。

二十四节气番花信风

小寒：一候梅花，二候山茶，三候水仙；
大寒：一候瑞香，二候兰花，三候山矾；
立春：一候迎春，二候樱桃，三候望春；
雨水：一候菜花，二候杏花，三候李花；
惊蛰：一候桃花，二候棠棣，三候蔷薇；
春分：一候海棠，二候梨花，三候木兰；
清明：一候桐花，二候麦花，三候柳花；
谷雨：一候牡丹，二候荼蘼，三候楝花。

暴寒必有暴热降，暴热须将暴寒防；
连晴之后雨日久，绵雨转晴晴天长；
连续暴雨连久晴，防旱抗旱早留心；
旱涝多由节气定，节气天气要记清；
立春风向定三年，偏东主涝偏西干；
立夏立秋与立冬，冬季雨量先看风；
东风雨多西风少，南旱北冷灾重重。　湖南

大寒小寒新月正，晚稻收完欠砍蔗；立春雨水二月到，农人无事围炉灶；
三月惊蛰又春分，薯芋瓜豆种及春；清明谷雨四月过，浸种分秧欠速速；
五月立夏小满来，拔草耕田勿偷闲；芒种夏至六月到，摘瓜同时又摘豆；
七月小暑兼大暑，夏天如火割稻时；八月立秋与处暑，早稻才割晚又至；
九月白露又秋分，田已耕了采新笋；十月寒露霜降来，处处洋田稻花开；
立冬冬至农家闲，卖了新谷买新鞋。　海南（文昌）
注：“欠”，海南话，要。“洋田”，海南话，水田。

二十四节气，人人记心间，每月有两节，一节十五天：
立春接雨水，春耕做准备；惊蛰地化冻，春分粪送完；
清明春耕毕，谷雨快种田；立夏种花生，小满麦秀全；
芒种锄遍地，夏收早打算；小暑夏种忙，大暑喂玉米；
立秋种白菜，处暑莫荒地；白露忙割谷，秋分种麦宜；
寒露到霜降，地瓜莫刨迟；立冬多积肥，小雪多搬泥；
大雪雪纷飞，大地披白衣；冬至数三九，小寒跟上去；
大寒腊月尽，鞭炮度除夕。　山东（龙口）　注：“喂”，指给庄稼追肥。

改用阳历真方便，二十四节极好算：
每月两节日期定，年年如此不改变；上半年来六廿一，下半年来八廿三；
诸位熟读这几句，以后宪书不必看；一月大寒随小寒，若种早稻须耕田；
立春雨水二月到，小麦地里草除完；三月惊蛰又春分，稻田再耕八寸深；
清明谷雨四月过，油菜花黄麦穗青；五月立夏望小满，割麦锄禾莫要晚；
芒种夏至六月到，黄梅雨中难睁眼；七月大暑接小暑，红日如火锄草苦；
九月白露又秋分，收稻再把麦田耕；十月寒露霜降来，黄豆白薯多收清；
立冬小雪农家闲，拿去米麦换洋钱；只等大雪冬至到，把酒围炉过新年。

立春棒打獐，雨水舀鱼忙；惊蛰忙织网，春分船验上；清明沿流水，谷雨开大江；
立夏鱼群欢，小满鱼来全；芒种鱼产卵，夏至把河拦；小暑胖头跳，大暑鲤鱼欢；
立秋开了网，处暑鳇鱼鲜；白露鲑鱼来，秋分鱼籽甩；寒露蛰罗翻，霜降打秋边；
立冬下挂网，小雪挡冰障；大雪钓冬鱼，冬至补网具；小寒鱼满舱，大寒迎新年。

黑龙江（佳木斯）[赫哲族]

立春节日雾，秋来水满路；惊蛰节日雾，父子不相顾；清明节日雾，病人无其数；
立夏节日雾，二麦满仓库；芒种节日雾，井中全喝完；小暑节日雾，高田多失误；
立秋节日雾，长河作大路；白露节日雾，切莫开仓库；寒露节日雾，穷人便欺富；
立冬节日雾，老牛冈上卧；大雪节日雾，鱼行人大路；小寒节日雾，来年五谷富。

立春节日雾，秋来水漫路；惊蛰节日雾，父子不相顾；清明节日雾，人灾无其数；
立夏节日雾，二麦满仓库；芒种节日雾，市中全无醋；小暑节日雾，高田多失误；
立秋节日雾，长河作大路；白露节日雾，切莫开仓库；寒露节日雾，穷人便欺富；
立冬节日雾，老牛岗上卧；大雪节日雾，鱼行上大路；小寒节日雾，来年五谷富。

河北（张家口）

立春天气好，雨水粪送完，惊蛰快耙地，春分犁不闲，清明多栽树，谷雨要种棉，
立夏点瓜豆，小满忙锄田，芒种割麦子，夏至改长天，小暑不算热，大暑正伏天，
立秋挪白菜，处暑摘新棉，白露要打枣，秋分种麦田，寒露秋收过，霜降地要翻，
立冬忙出葱，小雪白菜搬，大雪封了河，冬至改短天，小寒天气冷，大寒到了年。

山东（寿光）

立春阳气转，雨水落不断；惊蛰雷打声，春分种花生；清明麦吐穗，谷雨浸种忙；
立夏雨如金，小满麦登场；芒种忙忙种，夏至做酸梅；小暑不算热，大暑三伏天；
立秋收早稻，处暑动刀镰；白露白茫茫，秋分两边荞；寒露点豌豆，霜降宜种麦；
立冬种菜子，小雪犁板田；大雪凝河泥，冬至河封严；小寒办年货，大寒过新年。

贵州（黔西南）

立春阳气转，雨水落无断；惊蛰雷打声，春分雨水干；清明麦吐穗，谷雨浸种忙；
立夏鹅毛住，小满打麦子；芒种万物播，夏至做黄梅；小暑耘稻忙，大暑是伏天；
立秋收早秋，处暑雨似金；白露雨迷迷，秋分稻秀齐；寒露育青稻，霜降一齐倒；
立冬下麦子，小雪农家闲；大雪罱河泥，冬至河封严；小寒办年货，大寒过新年。

江苏（苏州）

立春阳气转，雨水落无断；惊蛰雷打声，春分雨水干；清明麦吐穗，谷雨浸种忙；
立夏鹅毛住，小满打麦子；芒种万物播，夏至做黄梅；小暑耘收忙，大暑是伏天；
立秋收早秋，处暑雨似金；白露白迷迷，秋分秋秀齐；寒露育青秋，霜降一齐倒；
立冬下麦子，小雪农家闲；大雪罱河泥，冬至河封严；小寒办年货，大寒贺新年。

江苏

立春阳气转，雨水沿海边；惊蛰乌鸦叫，春分地皮干；清明忙锄麦，谷雨种大田；
立夏麦芒见，小满雀来全；芒种种黍稷，夏至麦收完；小暑不大热，大暑连雨天；
立秋忙打靛，处暑动刀镰；白露枣有酒，秋分来打烟；寒露不太冷，霜降变了天；
立冬出白菜，小雪地冻坚；大雪封了河，冬至天最短；小寒忙买办，大寒贺新年。

河北（阜平）

立春阳气转，雨水沿河边，惊蛰乌雀叫，春分地皮干，清明忙种粟，谷雨种大田，
立夏鹅毛住，小满鸟来全，芒种大家乐，夏至不着棉，小暑不算热，大暑三伏天，
立秋种白菜，处暑动刀镰，白露割谷子，秋分无生田，寒露不算冷，霜降变了天，
立冬先封地，小雪河封严，大雪交冬月，冬至不行船，小寒办年货，大寒过新年。

陕西

立春阳气转，雨水沿河边；惊蛰乌鸦叫，春分地不干；清明忙种麦，谷雨种大田；
立夏鹅毛住，小满鸟来全；芒种开了铲，夏至不着棉；小暑不算热，大暑三伏天；
立秋忙打靛，处暑动刀镰；白露点一点，秋分无生田；寒露不算冷，霜降变了天；
立冬十月节，小雪封地严；大雪河封住，冬至不行船；小寒三九天，大寒又一年。

河北（抚宁）

立春阳气转，雨水沿河边；惊蛰乌鸦叫，春分地皮干；清明忙种麦，谷雨种大田；
立夏鹅毛住，小满鸟来全；芒种开了铲，夏至不拿棉；小暑不算热，大暑三伏天；
立秋忙打靛，处暑动刀镰；白露忙收割，秋分不生田；寒露不算冷，霜降变了天；
立冬交十月，小雪河封上；大雪地封严，冬至不行船；小寒三九天，大寒就过年。

辽宁

立春阳气转，雨水沿河边；惊蛰乌鸦叫，春分地皮干；清明忙种麦，谷雨种大田；
立夏鹅毛住，小满雀来全；芒种开了铲，夏至不纳棉；小暑不算热，大暑三伏天；
立秋放秋垄，处暑动刀镰；白露忙割地，秋分不生田；寒露不算冷，霜降变了天；
立冬交十月，小雪地封严；大雪河封冻，冬至不行船；小寒又大寒，喜庆丰收年。

黑龙江

立春阳气转，雨水沿河边；惊蛰乌鸦叫，春分地皮干；清明忙种麦，谷雨种大田；
立夏风不起，小满鸟来全；芒种忙开铲，夏至不拿棉；小暑不算热，大暑三伏天；
立秋温差大，处暑动刀镰；白露忙割谷，秋分割大田；寒露刨白薯，立冬北风起；
小雪地封严，大雪河结冰；冬至冷几天，小寒不算冷，大寒三九天。　天津

立春阳气转，雨水沿河边；惊蛰乌鸦叫，春分地皮干；清明忙种粟，谷雨种大田；
立夏鹅毛住，小满雀来全；芒种大家乐，夏至不着棉；小暑不算热，大暑在伏天；
立秋忙打靛，处暑动刀镰；白露割谷子，秋分无生田；寒露不算冷，霜降变了天；
立冬先封地，小雪河封严；大雪交冬月，冬至不行船；小寒忙买办，大寒要过年。

黄河流域

立春阳气转，雨水沿溪边，惊蛰乌鸦叫，春分地皮干，清明忙种麦，谷雨种大田，
立夏鹅毛湿，小满鸟来全，芒种开了铲，夏至来拾棉，小暑不算热，大暑三伏天，
立秋忙打靛，处暑动刀镰，白露点一点，秋分无生田，寒露不算冷，霜降变了天，
立冬十月节，小雪大雪地河封，冬至不行船，小寒大寒又一年。　海南（保亭）

立春阳气转，雨水雁河边；惊蛰乌鸦叫，春分地皮干；清明忙种麦，谷雨种大田；
立夏鹅毛住，小满雀来全；芒种开了铲，夏至不纳棉；小暑不算热，大暑三伏天；
立秋忙打靛，处暑动刀镰；白露正割地，秋分无生田；寒露不算冷，霜降变了天；
立冬封了地，小雪河封严；大雪江封上，冬至不行船；小寒不太冷，大寒三九天。

立春阳气转，雨水沿河边；惊蛰乌鸦叫，春分雨水干；清明忙种麦，谷雨种大田；
立夏鹅毛住，小满雀来全；芒种大家乐，夏至不着棉；小暑不算热，大暑在伏天；
立秋忙打靛，处暑动刀镰；白露奔割地，秋分无生田；寒露不算冷，霜降变了天；
立冬先封定，小雪河封严；大雪交冬月，冬至不行船；小寒忙买办，大寒就过年。

注："冬至不行船"又作"冬至摆祭天"。

立春雨水，赶快送粪；惊蛰春分，耕耙要紧；清明谷雨，种瓜种棉；
立夏小满，浇园抗旱；芒种夏至，收麦种秋；小暑大暑，快把草除；
立秋处暑，种菜莫误；白露秋分，种麦时候；寒露霜降，刨薯种蒜；

立冬小雪，白菜出园；大雪冬至，拾粪当先；大寒小寒，杀猪过年。 山东（梁山）

立春雨水，赶早送粪；惊蛰春分，栽蒜当紧；清明谷雨，瓜豆快点；
立夏小满，浇园防旱；芒种夏至，拔麦种谷；小暑大暑，快把草锄；
立秋处暑，种菜无误；白露秋分，种麦打谷；寒露霜降，耕地翻土；
立冬小雪，白菜出园；大雪冬至，拾粪当先；大寒小寒，杀猪过年。 天津

立春雨水，计划订起；惊蛰春分，送粪耕地；清明谷雨，瓜豆快点；
立夏小满，抓紧种棉；芒种夏至，割麦种谷；小暑大暑，见草下锄；
立秋处暑，种菜莫误；白露秋分，种麦打谷；寒露霜降，秋耕最好；
立冬小雪，收菜冬灌；大雪冬至，小麦盖被；小寒大寒，准备过年。 河北（雄县）

立春雨水，起早送粪；惊蛰春分，栽蒜当紧；清明谷雨，瓜豆快点；
立夏小满，浇园防旱；芒种夏至，拔麦种谷；小暑大暑，快把草锄；
立秋处暑，种菜无误；白露秋分，种麦打谷；寒露霜降，耕地翻地；
立冬小雪，白菜出园；大雪冬至，拾粪当先；小寒大寒，勤俭过年。 河北（涿州）

岁朝宜黑四边天，大雪纷飞是旱年；最好立春晴一日，农夫不用力耕田；
惊蛰闻雷米似泥，春分有雨病人稀；月中若得逢三卯，到处棉花豆麦佳；
风雨相逢初一头，沿村瘟疫万人愁；清明风若从南来，定是农家大有收；
立夏东风少病疴，晴逢初八果生多；雷鸣甲子庚辰日，注定蝗虫害稻禾；
端阳有雨是丰年，芒种闻雷亦美然；夏至风从东北起，瓜果园内受熬煎；
三伏之中逢酷热，田中五谷多不结；此时若不见灾色，注定三冬多雨雪；
立秋无雨实堪忧，万物从来只半收；处暑若逢天下雨，纵然结实也难留；
秋分天气白云多，处处欢乐好晚禾；只怕此日雷电闪，冬来米价知如何；
初一飞霜损黎民，重阳无雨一冬寒；河中火色人多病，若遇雷声菜价增；
立冬之日怕逢壬，来岁高田枉用心；此日更逢壬子日，灾伤疾病难安宁；
初一西风盗贼多，更兼大雪有折磨；冬至天阴无日色，来年尽唱太平歌；
初一东风大畜灾，若逢大雪旱年来；但得此日晴明好，吩咐农人放下杯。

江西（遂川）

注：“三伏”，指初伏、中伏、末伏的统称。夏至后第三个庚日是初伏的第一天，第四个庚日是中伏的第一天。初伏、末伏各十天，中伏十天或二十天。通常也指初伏的第一天到末伏的第十天的一段时间。三伏天一般是一年中天气最热的时期。“高田”指山垅田。“放下杯”指当地习俗冬至后一般不下地劳动，在家烧火、喝自酿的米酒。此处谓若冬至月初一大晴，劝农民下地冬翻冬种。

阳历节气极好算，一月两节不变更；上半年来六廿一，下半年来八廿三。
一月大寒随小寒，农人检粪莫偷闲。立春雨水二月里，送粪莫等冰消完。
三月惊蛰又春分，天气昭苏载蒜临。清明谷雨四月节，大小麦田播种勤。
五月立夏望小满，待雨下种勿偷懒。芒种夏至六月里，不要强种要勤铲。
七月小暑接大暑，拔麦种菜播萝菔。立秋处暑正八月，结实更喜日当午。
九月白露又秋分，收割庄稼喜欣欣。十月寒露霜降至，打场起菜忙煞人。
十一月中农事闲，立冬小雪天将寒。大雪冬至十二月，早完粮税乐新年。

东北各省

阳历节气极好算，一月两节不更变；上半年逢六廿一，下半年逢八廿三；
一月大寒随小寒，农民拾粪莫偷闲；立春雨水二月里，送粪莫等冰消完；
三月惊蛰又春分，天气昭苏栽蒜临；清明谷雨四月节，大小麦田播种勤；
五月立夏望小满，待雨下种勿偷懒；芒种夏至六月里，不要强种要勤铲；
七月小暑接大暑，拔麦种菜播萝卜；立秋处暑正八月，结实更喜当年舞；
九月白露又秋分，收割庄稼喜欣欣；十月寒露霜降至，打场起菜忙煞人；
十一月里农事闲，立冬小雪天将寒；大雪冬至十二月，交完粮税乐新年。 黑龙江

一年四季农事忙，廿四节气不等人；正月立春雨水到，除草施肥把土松；
二月惊蛰春分近，大搞绿化把树种；三月清明与谷雨，种薯种芋种杂粮；
四月立夏到小满，菠萝上市胡椒红；五月芒种又夏至，割稻放种早犁田；
六月小暑到大暑，插秧补苗勤用工；七月立秋处暑日，翻秋花生快下种；
八月白露到秋分，秋薯除草禾除虫；九月寒露与霜降，防风防洪护宅房。

海南（澄迈）

一月小寒接大寒，二月立春雨水连，惊蛰春分在三月，清明谷雨四月天，
五月立夏和小满，六月芒种夏至还，七月小暑和大暑，立秋处暑八月间，
九月白露接秋分，寒露霜降十月全，立冬小雪十一月，大雪冬至到新年。 陕西

注：此中月份为公历。

一月小寒接大寒，二月立春雨水连，惊蛰春分在三月，清明谷雨四月天，
五月立夏和小满，六月芒种夏至全，七月小暑和大暑，立秋处暑八月间，
九月白露接秋分，十月寒露霜降连，立冬小雪十一月，大雪冬至阳历年。

河北（馆陶）

一月小寒接大寒，塘里成鱼要捕完；二月立春又雨水，清理池塘施基肥；
三月惊蛰春分到，投放种鱼早喂料；四月清明谷雨间，培育亲鱼是关键；

五月立夏小满至，人繁又把毛仔长；芒种夏至六月终，夏花培育不放松；
小暑大暑天气热，防治鱼病要施药；八月立秋处暑凉，鱼儿长膘投喂忙；
九月白露秋分来，疏理池塘把污排；十月寒露霜降至，蟹肥张捕正当时；
立冬小雪十一月，种鱼并池捕成鱼；大雪过后冬至临，品尝鲜鱼迎新春。

安徽（南陵） 注：皖南养鱼谚。

一月有两节，一节十五天；
立春天气暖，雨水送粪完；惊蛰快耙地，春分犁不闲；
清明多植树，谷雨好种田；立夏种瓜豆，小满种棉晚；
芒种收割麦，夏至忙种田；小暑不算热，大暑到伏天；
立秋种白菜，处暑拾新棉；白露栽白菜，秋分种麦田；
寒露收割毕，霜降晒瓜干；立冬刨萝卜，小雪白菜砍；
大雪副业兴，冬至改长天；小寒天转冷，大寒转过年。 山东（肥城）

雨水甘蔗节节长，春分橄榄两头黄；谷雨青梅口中香，小满枇杷已发黄；
夏至杨梅红似火，大暑莲蓬水中扬；处暑石榴正开口，秋分菱角舞刀枪；
霜降上山采黄柿，小雪龙眼荔枝配成双。 广东

雨水甘蔗节节长，春分橄榄两头黄；谷雨青梅口中香，小满枇杷已发黄；
夏至杨梅红似火，大暑莲蓬水中扬；处暑石榴正开口，秋分菱角舞刀枪；
霜降上山采黄柿，小雪圆眼荔枝配成双。 江苏（苏北）

元旦宜黑四边天，大雪纷飞是丰年，最好立春晴一天，农夫不用力耕田，
惊蛰有雨粮价低，春分有雨病人稀，清明东风人康宁，立夏东风少病情，
夏至风从西北起，瓜果田里发熬煎，立秋无雨见丰收，处暑无雨苗难全，
秋分白云宜晚禾，小雪见雪益处多，重阳无雨一冬晴，冬至日晴丰年歌。

陕西（咸阳）

正月：岁朝蒙黑四边天，大雪纷纷是旱年，但得立春晴一日，农夫不用力耕田；
二月：惊蛰闻雷米似泥，春分有雨病人稀，月中但得逢三卯，到处棉花豆麦佳；
三月：风雨相逢初一头，沿村瘟疫万民忧，清明风若从南起，预报丰年大有收；
四月：立夏东风少病遭，时逢初八果生多，雷鸣甲子庚辰日，定主蝗虫损稻禾；
五月：端阳有雨是丰年，芒种闻雷美亦然，夏至风从西北起，瓜蔬园内受熬煎；
六月：三伏之中逢酷热，五谷四禾多不结，此时若不见突危，定主三冬多雨雪；
七月：立秋无雨甚堪忧，万物从来一半收，处暑若逢天下雨，纵然结实也难留；
八月：秋分天气白云多，到处欢歌好晚禾，最怕此时雷电闪，冬来米价道如何；

九月：初一飞霜侵损民，重阳无雨一天晴，月中火色人多病，若遇雷声菜价高；
十月：立冬之日怕逢壬，来岁高田枉费心，此日更逢壬子日，灾殃预报损人民；
十一月：初一有风多疾病，更兼大雪有灾魔，冬至天晴无雨色，明年定唱太平歌；
十二月：初一东风六畜灾，倘逢大雪旱年来，若然此日天晴好，下岁农夫大发财。

正月：岁朝一黑四边天，大雪纷纷是歉年，最好立春晴一日，农夫不用力耕田；
二月：惊蛰闻雷米如泥，春分有雨病人稀，月中若能见三卯，麦豆长得肥又密；
三月：风雨相逢初一头，流行瘟疫万人愁，清明风从南方起，庄稼必定有大收；
四月：立夏东风少病疴，晴逢初八果生多，雷响甲子庚辰日，早防蝗虫害田禾；
五月：端阳有雨是丰年，芒种闻雷喜讯传，夏至风从东北起，瓜果园里受熬煎；
六月：三伏之中逢酷热，田里五谷多不结，此时若不见灾害，当年三冬多雨雪；
七月：立秋无雨农夫忧，各种庄稼只半收，处暑若逢下大雨，纵然结果照样丢；
八月：秋分天气白云多，处处欢唱好晚禾，只怕此日雷电闪，冬春缺粮少吃喝；
九月：初一下霜灾害生，重阳无雨一冬晴，月中干旱人多病，更遇雷声米价增；
十月：立冬之日怕逢丑，来年高田枉费心，这天若逢壬子日，灾荒疾病害万民；
十一月：初一西风盗贼多，更怕大雪引病魔，若是冬天多雨雪，来年定唱太平歌；
十二月：小寒东风六畜灾，若逢大雪旱年来，如果此时天晴好，庄稼老汉笑开怀。

河南（南阳）

注：该谣谚为南阳市社旗县几位老农讲述。“瓜果园里受熬煎”寓意多连阴雨；“初一西风盗贼多”寓意年景不好。

正月：岁朝宜黑四边天，大雪纷纷是旱年，但得立春晴一日，农夫不用力耕田；
二月：惊蛰鸣雷米如泥，春风有雨病人稀，月中但得逢三卯，到处棉花豆麦宜；
三月：风霜相逢初一头，沿村瘟疫万人愁，清明风从南方至，定主禾苗有大收；
四月：立夏东风少病疴，时逢初八果生多，雷鸣甲子庚辰日，定主蝗虫损稻禾；
五月：端阳无雨是丰年，芒种闻雷美亦然，夏至风从西北起，瓜果园内受熬煎；
六月：三伏之中无酷热，田中五谷多不结，此时若不见灾厄，定主三冬多雨雪；
七月：立秋无雨实堪忧，万物从来只丰收，处暑若逢天下雨，纵然结实也难留；
八月：秋分天气白云多，处处欢歌好晚禾，只怕此日雷电闪，冬来米贵到如何；
九月：初一飞霜侵损民，重阳无雨一冬晴，月中赤色人多病，若遇雷鸣米价增；
十月：立冬之日怕逢壬，来年高田枉费心，此日更逢壬子日，灾伤疾病损人民；
十一月：初二西风盗贼多，更兼大雪有灾魔，冬至天晴无日色，来年定唱太平歌；
十二月：初一东风六畜灾，但逢大雪旱年来，但得此日晴方好，吩咐农夫放心怀。

湖南

正月：岁朝宜黑四边天，大雪纷纷是旱年，但得立春晴一日，农夫不用力耕田。

二月：惊蛰闻雷米似泥，春分有雨病人稀，社日两年丰果少，处处棉花豆麦宜。
三月：风雨相逢初一头，沿村瘟疫万人忧，清明风若从南至，定是农家大有收。
四月：立夏东风少疾病，晴逢初八果多生，初四日雨谷米贵，雷鸣甲子果少丰。
五月：端阳有雨是丰年，芒种闻雷亦美然，夏至风从西北起，瓜蔬园内受熬煎。
六月：三伏之中逢酷热，五谷田中多不结，此时若不见灾危，定主立冬雨云多。
七月：立秋日雨小吉天，大秋庄禾把仓添，处暑若逢天下雨，纵然结实留也难。
八月：秋分天气白云多，处处歌声好晚禾，只怕此时雷电闪，冬来米价道如何。
九月：重阳无雨一冬晴，月中火色人多病，九月雨大宜收示，若遇雷声菜价增。
十月：立冬之日怕逢五，来岁高田多不生，十五日晴冬天暖，十六日晴柴炭平。
冬月：大雪更逢壬子日，灾伤疾病必然多，冬至日晴无云天，来年定唱太平歌。
腊月：初一东风六畜灾，若逢大雪旱年来，但过此日晴明好，吩咐农家放心怀。

河北（石家庄）

正月立春、雨水，二月惊蛰、春分，三月清明、谷雨，四月立夏、小满，
五月芒种、夏至，六月小暑、大暑，七月立秋、处暑，八月白露、秋分，
九月寒露、霜降，十月立冬、小雪，冬月大雪、冬至，腊月小寒、大寒。
江苏（镇江）　注：这是一年中的二十四节气分布时间，其中月份为阴历。

正月立春雨水，春风又要兴起；二月惊蛰春分，万物复还新生；
三月清明谷雨，平整秧田晒水；四月立夏小满，斗笠草帽满田坎；
五月芒种夏至，后栽五谷不成吃；六月小暑大暑，不穿衣衫当烤火；
七月立秋处暑，庄稼之人田里守；八月白露秋分，一边收来一边耕；
九月寒露霜降，小麦油菜多望；十月立冬小雪，田土翻犁不歇；
冬月大雪冬至，农家副业编织；腊月小寒大寒，杀猪宰羊过年。　贵州（毕节）

种田无定例，全靠看天气。立春阳气转，雨水沿河边。
惊蛰乌鸦叫，春分滴水干。清明忙种粟，谷雨种大田。
立夏鹅毛住，小满雀来全。芒种大家乐，夏至不着棉。
小暑不算热，大暑在伏天。立秋忙打靛，处暑动刀镰。
白露贲割地，秋分无生田。寒露不算冷，霜降变了天。
立冬先封天，小雪河封严。大雪交冬月，冬至数九天。
小寒买办忙，大寒要过年。

百姓不念经，节令记得清。　吉林、宁夏
百姓不怕苦，只怕节令误。　宁夏（银南）
播种错过好时令，撒一葫芦收一瓢。　云南（怒江）[白族]

捕鱼怕误汛期，庄稼怕误节气。

捕鱼人看潮水，庄稼人看节令。　江苏（无锡）

不查皇历，不知节气。　吉林

不懂二十四节令，白把种子撒下地。　内蒙古

不懂二十四节气，白把种子扔在地。　河南（许昌）

不懂二十四节气，白把种子撒下地。　安徽、天津、福建（邵武）、河北（肥乡）、湖北（恩施）、江苏（淮阴）、山东（单县、泰安）

不懂二十四节气，白把种子撒在地。　吉林、河北（肥乡）、湖北（恩施）

不懂二十四节气，白把种子种下地。　四川、宁夏、河南（开封）、陕西（宝鸡）

不懂甲子莫算命，不懂节气莫种田。　福建（武平）

不懂廿四节气，白把种子下地。

不知节气看花草，不知地气看树木。　安徽（安庆）

炒菜看火候，种地按农时。　河南（信阳）

迟过节气丢，早于节气收。　宁夏

春丙寅阳，无水撒秧；夏丙寅阳，旱陂旱塘；秋丙寅阳，晒谷上仓；冬丙寅阳，无雪无霜。

春不分不暖，夏不至不热，秋不分不凉，冬不至不寒。　天津、浙江（金华）、湖南（衡阳）

春不分不暖，夏不至不热，秋不立不凉，冬不至不寒。　河北（邯郸）

春分甲子雨绵绵，夏分甲子火烧天，秋分甲子木生耳，冬分甲子雪满山。　四川

春光一刻值千金，节气不让播种人。　河北（唐山）

春光一刻值千金，农时季节不饶人。　河南（商丘）

春光一刻值千金，农时节气不饶人。　河北（徐水）

春光一刻值千金，农事节令不饶人。

春甲子，犁耧高挂；夏甲子，平地撑船；秋甲子，穗头发芽；冬甲子，雪积如山。

春甲子炽地千里，夏甲子商船入市，秋甲子苗桃生耳，冬甲子牛羊冻死。　河北（丰宁）

春甲子雨，赤地千里；夏甲子雨，撑船就市；秋甲子雨，禾生两耳；冬甲子雨，牛羊冻死。

春甲子雨，麦烂蚕死；夏甲子雨，撑船入市；秋甲子雨，禾稻生耳；冬甲子雨，雪飞千里。

春甲子雨，牛羊冻死；夏甲子雨，乘船入市；秋甲子雨，禾头生耳；冬甲子雨，飞雪千里。

春壬子雨人无食；夏壬子雨牛无食；秋壬子雨鱼无食；冬壬子雨鸟无食。

春天一刻值千金，农事节气不饶人。　海南

春勿分勿暖，夏勿至勿热；秋勿立勿凉，冬勿至勿冷。　上海

春己卯风树头空；夏己卯风禾头空；秋己卯风水里空；冬己卯风栏里空。注："栏里"指六畜。

春雨甲子，乘船入市；夏雨甲子，赤地千里；秋雨甲子，禾头生耳；冬雨甲子，飞雪千里。

春雨甲子，赤地千里；夏雨甲子，撑船就市；秋雨甲子，禾生两耳；冬雨甲子，牛羊冻死。

春雨甲子，秧黄麦死；夏雨甲子，河头拢市；秋雨甲子，树上生刺；冬雨甲子，风雨雪子。

春雨惊春清谷天，夏满芒夏二暑连，秋处露秋寒霜降，冬雪雪冬大小寒；每月两节不变更，最多相差一两天；上半年逢六、二十一，下半年逢八、二十三。

陕西　注：此中月份为公历。

春雨惊春清谷天，夏满芒夏二暑连，秋暑露秋寒霜降，冬雪雪冬寒又寒。

陕西

春雨惊春清谷天，夏满芒夏两暑连，秋处露秋寒霜降，冬雪雪冬小大寒。

安徽（桐城）

春雨惊春清谷天，夏满芒夏两暑连；秋处露秋寒霜降，冬雪雪冬小大寒；每月两节不可变，最多相差一二天；上半年为六廿一，下半年为八廿三。　上海

春雨惊春清谷天，夏满芒夏暑相连，秋处露秋寒霜降，冬雪雪冬寒又寒。

广东

春雨惊春清谷天，夏满芒夏暑相连，秋处露秋寒霜降，冬雪雪冬小大寒；每月两节日期定，最多只差一两天，上半年来六、廿一，下半年来八、廿三。　海南

春雨惊春清谷天，夏满芒夏暑相连，秋处露头寒霜降，冬雪雪冬小大寒。

黑龙江（鸡西）

春雨惊春清谷天，夏满芒夏暑相连，秋暑露秋寒霜降，冬雪雪冬寒又寒，每月两节日期定，最多相差一两天。　河北（邯郸）

春雨惊春清谷天，夏满芒夏暑相连；秋处露秋寒霜降，冬雪雪冬小大寒。每月两节日期定，最多相差一两天，上半年来六、廿一，下半年是八、廿三。

春雨惊春清谷天，夏满芒种暑相连，秋处露秋寒霜降，冬雪雪冬小大寒。

河南（安阳）

春雨惊春清谷天，夏满芒种暑相连，秋暑露秋寒霜降，冬雪雪冬小大寒。

贵州（黔南）[水族]

春雨惊春清谷天，夏满忙夏暑相连，秋处露秋寒霜降，冬雪雪冬小大寒。

天津

春雨惊春清谷天，夏满忙夏暑相连，秋暑白秋寒霜降，冬雪雪冬小大寒。　山东

春争一日，夏赶一阵，秋抢一时。

错过时令金成铁，抓住时令铁成金。　云南（西双版纳）［傣族］

打蛇打在七寸上，种地种在节气上。　吉林、山东（成武）

打蛇打在七寸上，种田种在节气上。　湖北（巴东）、陕西（安康）

打蛇打在七寸上，庄稼种在节气上。　广东、宁夏、河北（安国）、河南（焦作、南阳）、湖北（巴东）

打铁看火候，种地看气候。　河南（郑州）

打铁看火候，庄稼赶时候。　陕西（咸阳）

打铁看火色，种田看节气。　海南（临高）

打铁看火色，种田抢节气。　吉林

打鱼人看潮汛，庄稼人看节令。　安徽（巢湖）

大姑娘怕误女婿，农作物惊误节气。　福建

掂秤看星点，种地看时令。　河南（濮阳）

二十四节全过完，打扫院落过新年。　河南（周口）

放过节令，空忙一场。　安徽（宿州）

放过节令，增产无望；辛苦一年，收成是糠。　云南（曲靖）

放水进田有六看：一看天色，二看土色，三看苗棵，四看地势，五看水情，六看节令。　安徽（桐城）

钢要加在刀刃上，粪要上在节令上。　新疆

钢要用在刀刃上，肥要施在节令上。　山东（苍山）

钢要用在刀刃上，肥要施在节气上。　天津

耕田不信命，节令要抓紧。　江苏（徐州）

姑娘怕误女婿，庄稼怕误节令。　云南（玉溪）

姑娘怕误女婿，庄稼怕误节气。　广东、湖北、四川、云南、福建、河南、河北、甘肃、安徽（庐江）、陕西（延安）、山东（菏泽）

姑娘盼说女婿，庄稼怕误节气。　河北（唐山）

鼓要打在点子上，庄稼种在节气上。　安徽

官令代时令，五谷没有命。　云南（西双版纳）［傣族］

光阴争分寸，节气不饶人。　天津

节不过十五，气不过初一。　湖北（石首）

节到气不到，气到节不到。　湖北（郧县）　注：指节令与气候的转换规律。有时节令到了，气候还未变；有时气候变了，节令还未到。

节对节，看半月。　河北（邯郸）

节分二十四，候有七十二。　湖南

节见节，半个月，上半年六、二十一，下半年八、二十三。　陕西（西安）

节见节，半个月。　宁夏

节见节，十五天。　吉林

节令不到，不知冷暖；久不相处，不知厚薄。　吉林

节令不等人，春日赛黄金。　天津、宁夏（固原）

节令不等人，春日胜“黄金”。

节令不等人，过了节令种不成。　宁夏

节令不等人，早种扑满园。　山东（崂山）

节令不饶人，错过节令无处寻。　吉林

节令不饶人，抓紧作阳春。　湖南

节令迟下种，庄稼把人哄。　山东（郓城）

节令过了你才忙，头穗没有脚穗长。　云南、广东

节令就是命令。

节令乱，种不好田。　吉林

节令一把火，时间不让人。　安徽（天长）

节气不等人，不能慢吞吞。　广东

节气不等人，春暖赛黄金。　陕西（咸阳）

节气不等人，春日赛黄金。　黑龙江（佳木斯）、江苏（常州）

节气不等人，春日胜黄金。　河北、湖北、湖南、黑龙江、吉林、山东(临淄)

节令不等人，过了节令种不成。　宁夏

节气不等人，过时无处寻。　福建、天津、河北（抚宁）

节气不等人，一刻值千金。　黑龙江、江苏(常州)、陕西（咸阳)、山东（临清)

节气不让人。　吉林、江苏（常州）

节气不饶人，等时不等墒。　陕西（渭南）

节气不饶人，农活要紧跟。　河南（开封）

节气不饶人，日日赛黄金。　福建（福鼎）

节气不饶人，适时很要紧。　河南（开封）

节气不饶人，务田争时分。　陕西（渭南）

节气不饶人，种田争时分。　江苏（南通）

节气不饶天，季节不饶人。　河南（周口）

节气不饶田，岁数不饶人。　云南（大理）[白族]

节气不掌好，饿得腿打绞。　湖南

节气二十四，作物四十二。　海南（琼海）　注：“四十二”指农作物多种多样。

节气来临，痛杀风湿人。　四川（甘孜）[藏族]

节气令不饶人，错过节令无处寻。

节气前后好闹天。　天津　注：“好”读 hào，常，容易。

节气时间令，春时不可违。　河北（定州）

节气是死的，办法是活的。 新疆［回族］

节气是死的，人是活的。 山东 注：谓种地时间不能死搬教条，照套老黄历。

节气死，办法活，荒年暴月也收获。 湖南

节气一把火，时间不让人。 吉林

节气抓不好，一年白拉倒。 吉林、天津、河北（丰宁）、黑龙江（齐齐哈尔）

节气抓不好，一年白辛劳。 新疆

节准候更准。 湖南

立春逢雨，落到清明；立夏逢雨，撑船入市；立秋逢雨，竖稻生芽；立冬逢雨，冻煞牛羊。 上海

立春见春，立夏见夏，立秋见秋，立冬见冬。 山西（霍县）

立春日吃春橘；立夏日吃夏面；立秋日吃秋瓜叶粿；立冬日吃冬粿。

立春无雨要防冻，立夏无雨要防旱，立秋无雨送秋干，立冬无雨一冬干。

湖南（衡阳）

淋着土王头，十八日不能使车牛。 注：立春、立夏、立秋、立冬各前十八日叫土王日。

买卖赶时风，耕田跟节气。 福建（沙县） 注：“时风”指行情。

买卖人赶集日，种田人赶节气。 宁夏

每月两节日期定，最多相差一两天，上半年来六、廿一，下半年来八、廿三。

河南（新乡）

妹子怕误夫婿，庄稼怕误节气。 广西（崇左）

年纪不饶人，节令不饶天。 新疆

年龄不饶人，节气不等人。 山东（滕州）

年有二十四节气，月有一节和一气。 安徽（歙县）

年抓春，季抓节，月抓日，日抓朝。 湖北（蒲圻）

廿四节气记得清，农活不往空路行。 四川

宁赶节头，不拉节尾。 宁夏

宁可节气前等两天，不在节气后去磕头。 吉林

宁在节气前，不在节气后。 河北（行唐）

宁在节气收，不在节后丢。 宁夏

宁在节前等三天，不在节后求神仙。 宁夏

宁在节头收，不在节后丢。 宁夏

农民不怕苦，就怕节令误。 吉林

农事季节不饶人。 河北（高阳）

七葱八蒜九荞头，不按时令无得收。 广西（桂平） 注：“荞头”指葱蒜类蔬菜。形如葱，但叶管长而软，不能如葱的叶管直立。根茎称荞头，形似葱蒜头，味辛。“七”、“八”、“九”指的是阴历月份。

七大节，四小节，农事节气不饶人。 新疆

千节气，万节气，背了节气无节气。 宁夏

秋种误了节气，三麦前功尽弃。 上海

人懂二十四节气，有种有收不误地。 海南（东方）

人活个血气，庄稼活个节气。 内蒙古、陕西（宝鸡）

人活一个血气，庄稼活个节气。 河南（郑州）

人怕失志气，庄稼怕误节气。 江苏（南通）

人随节气转，粮多吃饱饭；天变人不变，庄稼不受看。 陕西（咸阳）

人争不过年纪，庄稼争不过节气。 江苏（徐州）

撒种不看节令，走路不睁眼睛。 云南（西双版纳）[傣族]

山区节气短，两头都在赶。 吉林

山区节气短，前赶后也赶。 宁夏

上半个月初二、三，下半个月十五、六。 湖北（远安） 注：二十四节气大致出现在这几个日期。

上半月为节，下半月为气。 安徽

生意人赶集日，庄稼人赶节气。 吉林

时节乱，无好田。 宁夏

时令不正常，旱涝都要防。 吉林

时令不正常，要把灾荒防。 宁夏

识节气，种好地。 吉林

收获看耕种，耕种看节令。 宁夏

死抱老皇历，误了活节气。 宁夏

死节活办法，旱涝收庄稼。 宁夏

死节气，活办法。 吉林、河北（丰宁）、河南（南阳）、湖北（浠水）、湖南（湘潭）

死时节，活办法。 陕西（商洛）

随着节气种田，随着节气收获。 黑龙江

岁数不饶人，节气不饶苗。 陕西（商洛）

岁月不饶人，节气不饶苗。 宁夏（石嘴山）、山东（菏泽）

贪多图早忘节令，种的庄稼没收成。 河南（三门峡）

贪多图早忘节令，庄稼只剩半个命。 江苏（淮阴）

天旱逢节变。 陕西（咸阳） 注："节"指节气。

田园靠地气，耕种靠节气。 福建

头伏萝卜二伏荞，错过节令只能瞧。 云南（大理）[白族]

为人要有志气，种田要依节气。 广西（融安）

违时令挨饿，违官令挨治。 云南（西双版纳）[傣族]

务农不看节气，好比瞎子锄地。　山东（寒亭）

务农不问节，不如在家歇。　宁夏

误了一个节气，丢了一季庄稼。　河南（新乡）

学会抓节气，才会耕田种地。　广西（博白）

衙门有法令，种田有节令。　江苏（无锡）

阳历节气极好算，一月两节不更变，上半年来六、廿一，下半年来八、廿三，相差不过一两天。　河北（邯郸）

养花不靠命，节气要抓定。　河南（漯河）

夜行看北斗，种田看节气。　天津、河北（唐山）

一个月两个节，一节半个月。　吉林

一国之宝：三大四小，二分四立，不多不少。　湖北（远安）　注："三大"指大暑、大寒、大雪；"四小"指小满、小暑、小寒、小雪；"二分"指春分、秋分；"四立"指立春、立夏、立秋、立冬。

一年二十四节，节节相隔半月。　河南（安阳）

一月有两节，一节十五天。　宁夏

一月有两节，一节整半月。　河北（张家口）

衣裳随着节令换，庄稼跟着节气做。　安徽（肥东）

鱼鸟不失信，节气不饶人。　山东（泰安）

鱼随节气网随船。　上海

早上立了春，背阴雪渐融；早上立了冬，晚间吹冷风；早上立了夏，晚上热得躺不下；早上立了秋，晚间凉飕飕。　陕西（渭南）

正月立春雨水，二月惊蛰春分，三月清明谷雨，四月立夏小满，五月芒种夏至，六月小暑大暑，七月立秋处暑，八月白露秋分，九月寒露霜降，十月立冬小雪，十一月大雪冬至，十二月大寒小寒。　宁夏

知节不误节，才算真知节。　宁夏

知节不知候，种了也少收。　湖南

种地忘节令，庄稼没有命。　四川

种地无命，节气抓定。　天津

种看节气，收看天气。　福建

种麦图早忘节令，到时只剩半条命。　陕西

种荞种麦不用巧，只要节令掌握好。　云南（玉溪）[拉祜族]

种是金，土是银，错过节气无处寻。　天津、江苏（无锡）

种田别信命，节气要抓正。　吉林

种田不定例，全靠看节气。　四川

种田不问节，不如在家歇。　湖南

种田不用巧，节气抓得早。　四川

种田不用问，随着节令种。　江苏（常州）

种田没巧，节气抓好。　吉林

种田莫问，节气来定。　湖南

种田如命，节气抓定。　内蒙古

种田无定例，全靠看节气。　东南地区、黑龙江、四川、湖北、河北、陕西、甘肃、宁夏、安徽（桐城）

种田无定制，全靠看节气。　吉林、宁夏

种田无捷径，节令要抓紧。　江苏（徐州）

种田无令，节气有定。　海南

种田无令，节气抓定。　广东、福建（龙岩）

种田无命，节气算定。　宁夏

种田无命，节气抓定。　安徽（六安）、福建（古田）、广西（大新）、河北（唐县）、河南（驻马店）、黑龙江（大庆市）、山东（梁山）、陕西（渭南）

种田无命令，全靠节气定。　广东、福建（龙岩）

种田无他，节气抓抓。　广东（南海）

种田误节令，鬼偷了谷仓。　云南（西双版纳）[傣族]

种田要注意，关键在节气。　福建

种田有命，气节抓定。　江西（南丰）

种田种地，全凭节气。　广西（隆安）

种在节气管在早，灾年也把丰收保。　长三角地区

种在节气管在早，灾年也把收成保。　天津（东丽）

种庄稼，没啥巧，只要季节抓得好。　河南（驻马店）

种庄稼，莫偷懒，错过节气光杆杆。　陕西（咸阳）

种子是金土是银，错过节气无处寻。　吉林

庄稼别误节气，捕鱼别误汛期。　黑龙江

庄稼不按节，枉把种子撇。　宁夏

庄稼不等人，节气不饶人。　天津

庄稼不用问，随着节令种。　河北、安徽（怀宁）、陕西（咸阳）

庄稼不用问，随着节气种。　河北（平泉）、宁夏（固原）

庄稼成不成，节令要抓紧。　宁夏

庄稼成不成，节气误不得。　吉林

庄稼活的个节气。

庄稼是节令，婴儿是月份。　河北（张家口）

庄稼听时令不听官令。　云南（西双版纳）[傣族]

庄稼种好，三大四小，二分四立，不多不少。　河南（郑州）　注：“三大”指大暑、大寒、大雪；“四小”指小满、小暑、小寒、小雪；“二分”指春分、秋

分；“四立”指立春、立夏、立秋、立冬。

走路看路碑，种田看节气。　广西（罗城）

做田不守老节气，一样品种一样时。　福建

春季农谚

立　　春

立春，是二十四节气中的第一个节气，干支历的岁首，建寅月之始日；到达时间点在公历每年2月3、4、5日，太阳到达黄经315°时。

立春是汉族民间重要的传统节日之一。“立”是“开始”的意思，自秦代以来，中国就一直以立春作为春季的开始。从立春时节当日一直到立夏前这段期间，都被称为春天。我国古时以“春为岁首”，立春称为“春节”（1912年民国建元时，以公元纪年为国历，将公元1月1日称为元旦，农历正月初一改称春节，立春从此不再称春节）。

立春这天“阳和起蛰，品物皆春”，过了立春，万物复苏生机勃勃，一年四季从此开始了。立春是一个时间点，也可以是一个时间段。中国古代将立春的十五天分为三候。立春“三候”的表征是：“初候东风解，二候蛰虫始振，三候鱼陟负冰”。大意是，立春之初，东风送暖，大地解冻；五日后的二候，蛰居的虫类苏醒；再五日的三候，河冰融化，河鱼负冰而游。要注意的是，这里描述的立春景物，是特指黄河中下游的物候。我国地大海阔，在岭南，此时已经春意盎然，枝繁叶茂；而在北方，依然冰封雪锁，银妆素裹。

时至立春，人们明显地感觉到白昼变长了，阳光变暖了。气温、日照、降雨，趋于上升或增多。小春作物长势加快，油菜抽薹和小麦拔节时耗水量增加，应该及时浇灌追肥，促进生长。农谚提醒人们“立春雨水到，早起晚睡觉”。大春备耕也开始了。虽然立了春，但是在北方地区仍是“白雪却嫌春色晚，故穿庭树作飞花”的景象。这些气候特点，不同地区在安排农业生产时都是应该考虑到的。

虽然立春开始逐渐变暖了，但是农业生产上还要继续做好防冻、防寒和防雪工作。如降春雪，要及时清除积雪，开沟排水，使大小麦、油菜、绿肥苗壮成长。果树要继续做好修剪和施重肥。在春梢萌动时，剪去弱枝、病虫枝和枯枝。畜牧业要注意栏舍保暖，防止倒春寒，特别是做好牲畜疫病的预防。立春与新年春节前后相继，牲畜肉类交易流通多，容易传染疾病，要及时给牲畜补注疫苗。

百年不遇岁打春。 安徽

百年难逢初一春。 湖南（岳阳）

百年难逢岁朝春。 浙江（绍兴） 注：岁朝春，指正月初一逢立春。“岁朝春”或作“压岁春”。

百年难逢岁交春。 江西（信丰） 注：岁交春，年三十立春。

百年难逢星落斗，十年难逢岁交春。 广西（田阳）[壮族]

百年难遇岁朝春。 长三角地区 注：“岁朝春”，是指农历正月初一恰逢立春节气。据《开运吉祥万年历》记载，从1905年到1992年，在80多年中农历正月初一逢立春的就有4次分别为1905年、1924年、1943年、1992年。其实，年初一恰逢立春，数十年1次，百年中少则2次，多则5次。农谚所说“百年难遇”只是形容这种机会的难得。旧俗认为岁朝逢立春，当年必获丰收，预兆好年成。这不过表明人们在一年之始总是满怀美好的愿望罢了。

百年难遇岁朝春，农民喜庆好收成。 上海 注：阴历年初一恰逢立春，称为“岁朝春”。预示当年必获大丰收。下句又作“千年难遇虎瞌铳”，“瞌铳”，方言，意为瞌睡。

百岁难逢初一春。 福建（清流）

插秧看春，放粟看军。 海南（屯昌） 注：“军”，军坡。

吃了立春饭，一天暖一天。

春脖短，早回暖，常常出现倒春寒；春脖长，回春晚，一般少有倒春寒。

春脖子短节气早，春脖子长节气晚。 黑龙江

春不打，天不暖；九不交，天不寒。 山东（郯城）

春朝大于年朝。 注：“春朝”，指立春日；“年朝”指正月初一。

春打春上起，外加一十一。 山东（鄄城）

春打寒，冷半年。 宁夏

春打寒食六十日，春打来年加十一，夏至清明七十七。 山东（坊子）

春打河开，南雁北来。 山西

春打河开，南雁北来。春要早打，秋要晚立。 山东（枣庄）

春打忽雷寒十天，秋打忽雷暖十天。 山西（静乐）

春打黄昏，冬打五更。 湖北 注：立春如在黄昏时分，立冬则在拂晓。

春打来年加十一，夏至三庚便数伏。 河北（平泉）

春打六九，沿河看柳。 山西（忻州）

春打六九春不寒，春打五九春不暖。 河北（昌黎）

春打六九头。 河北（保定）、黑龙江（齐齐哈尔） 注：春打六九头，是阴历记时的一种方法。每9天为一个阶段，九九共81天。数九由冬至开始，一般在六九的头一天立春，春季也从这一天起，气温回升，渐渐转暖。告诉人们春耕、春播临近了。

春打六九头，备耕早动手。

春打六九头，遍地走耕牛。　四川、湖北、安徽、山西、陕西、甘肃、宁夏、河南（漯河）　注：“遍”又作“满”，下句河南信阳作“黄豆胀死牛”。

春打六九头，遍地走黄牛。　山东（济南）

春打六九头，不打冻死牛。　河南

春打六九头，不种芝麻不出油。　河北（邯郸）

春打六九头，不种芝麻吃香油。　山东（梁山）

春打六九头，不种芝麻就吃油。

春打六九头，不种芝麻也吃油。　安徽（阜阳）

春打六九头，不种芝麻也吃油；春打六九尾，不种谷子还吃米。

陕西、河北（吴桥）

春打六九头，不种芝麻也吃油；春打五九尾，不种谷子也吃米。　吉林

春打六九头，蚕豆小麦呒得收。　上海

春打六九头，吃穿不发愁；春打五九尾，吃秕子喝凉水。　河北（阜平）

春打六九头，吃喝不犯愁。　天津　注：立春之日在六九的前边。

春打六九头，吃水像吃油；春打五九尾，吃油像吃水。　湖北（钟祥）

春打六九头，吃水像吃油；春打五九尾，吃油像喝水。　河南（郑州）

春打六九头，春耕早动手。　注：立春也称“打春”，从冬至日起开始“数九”，每9天为一个“九”，一般到五九尾或六九开头的一天是立春。我国南方地区开始进入春耕备耕阶段。下句又作“七九、八九就使牛”。

春打六九头，春花十足收；春打六九末，春花无一粒。

春打六九头，当了棉被置头牛。　山东（海阳）

春打六九头，稻麦都有收。　河南（新乡）

春打六九头，稻子没有收。

春打六九头，豆麦无得收；春打六九末，豆麦朝里发。

春打六九头，耕牛遍地走。　上海、江苏

春打六九头，河边看杨柳。　新疆

春打六九头，河里摸泥鳅。　河北（任县）

春打六九头，花子不用愁。　山东（桓台）　注：又作“吃穿都不愁”。

春打六九头，家家都不愁；春打五九梢，家家没柴烧。　江苏（连云港）

春打六九头，家家勿要愁；春打六九尾，家家活见鬼。

春打六九头，九九就使牛。　山东（沂源）

春打六九头，九九杨花开。　河北（保定）

春打六九头，立秋加一伏。　山东（平阴）

春打六九头，麦稻必有收。

春打六九头，麦子必有收。

春打六九头，卖被去置牛；春打五九尾，活活冻死鬼。　山东（长岛）

春打六九头，卖了被子买老牛。　吉林

春打六九头，没苗也不愁；春打五九尾，有苗也得萎。　河北（平泉）

春打六九头，米饭不要愁。　江苏

春打六九头，米粮不用愁。　江苏

春打六九头，米粮不用愁；春打五九脚，种田吃一吓。　江苏（镇江）

注："粮"又作"饭"。

春打六九头，七九、八九就使牛。　江苏（淮阴）

春打六九头，穷汉得个牛；春打五九尾，穷汉蹶了嘴。　河北（平泉）

春打六九头，穷人不用愁。　山西

春打六九头，穷人好出头。　上海

春打六九头，穷人苦出头。　浙江（湖州）

春打六九头，渠水向东流；备耕忙送粪，土地唤耕牛。　宁夏

春打六九头，热了前头冷后头。　宁夏　注：下句又作"耕牛遍地走"。

春打六九头，十个种田九个愁。　安徽（无为）

春打六九头，四十五天晒日头。　上海

春打六九头，讨饭也不愁。　上海　注：后句又作"无粮也勿愁"，"老少勿要愁"、"家家户户勿要愁"、"勿种也有收"。

春打六九头，豌豆小麦没得收。　安徽（阜阳）

春打六九头，豌豆小麦无得收；春打五九末，圆豆小麦就像枣子核。

春打六九头，五九尾。

春打六九头，小米满地流；春打五九尾，要饭花子跑细腿。　河北（承德）

春打六九头，蓄水防歉年。　海南　注：春打，即立春打雷。

春打六九头，雪水街上流。　山东（梁山）

春打六九头，雪水满街流。　山西

春打六九头，雪水绕街流。　河北（望都）

春打六九头，再过几天就用牛。　山东（武城）

春打六九头，种地不犯愁；春打五九尾，种地碰见鬼。　山东（肥城）

春打六九头，种上芝麻准吃油。　河南（遂平）

春打六九头，种田不用愁；春打六九尾，种田撞见鬼。　湖北（仙桃）

春打六九头，种田人好用锄。　湖北（天门）

春打六九头，庄稼不用愁；春打五九尾，庄稼变了鬼。　江苏（兴化）

春打六九头，庄稼佬不犯愁；春打五九尾，喜鹊老鸹张着嘴。　河北（承德）

春打六九尾，不种谷子也吃米。　山东

春打暖，叫花子拌了碗。　宁夏　注："拌"，方言，摔。此条意为立春这天暖和，这年会丰收。

春打三日，百草萌芽。　上海

春打五九脚，有米勿要搁。　江苏（宜兴）

春打五九尽，来年粮满囤。　山东（牟平）

春打五九尽，捧着瓢，拖着棍；春打六九头，五谷家家有。　山东（文登）

春打五九尽。　山东（苍山）

春打五九末，边吃边泼；春打六九头，边吃边愁。　湖北（麻城）

春打五九末，蚕豆小麦朝里勃。　上海　注：“朝里勃”，言丰收。

春打五九末，大麦菜子好像枣子核；春打六九头，大麦菜子无得收。　上海

春打五九末，大麦菜子像枣核；春打六九头，大麦菜子没得收。

春打五九末，豆子小麦就像枣。　安徽（界首）

春打五九末，种田佬唱太平歌。　河南（信阳）

春打五九头，吃穿愁死人；春打六九头，吃穿也不愁。　新疆

春打五九头，家家卖耕牛；春打五九尾，家家啃猪腿。　江苏（宝应）

春打五九尾，不种谷子也吃米。　陕西（汉中）

春打五九尾，不种芝麻不后悔。　湖北（襄阳）　注：湖北大悟作“春打五九末，黄豆一包壳”。

春打五九尾，吃饭瞎糊鬼；春打六九头，穿吃皆不愁。

春打五九尾，冻死鬼。　吉林

春打五九尾，家家吃白米；春打六九头，家家卖老牛。　注：“白”又作“大”。

春打五九尾，家家吃白米；春打六九头，家家卖老牛。　江苏（扬州）

春打五九尾，家家吃白米；春打六九头，家家买黄牛。　河南、山东

春打五九尾，家家吃米饭。　海南

春打五九尾，家家吃小米；春打六九头，家家卖黄豆。

春打五九尾，家家喝清水；春打六九头，家家都不愁。　江苏（常州）

春打五九尾，家家哭苦鬼。　上海　注：后句又作“穷人跑断腿”。

春打五九尾，家家闹穷鬼；春打六九头，懒汉也不愁。　江苏（苏州）

春打五九尾，家家腌猪腿。　安徽（桐城）

春打五九尾，冷断两条腿。　四川

春打五九尾，农民吃火腿；春打六九头，农民累断腰。　江苏（江宁）

春打五九尾，农民贫如洗；春打六九头，家家赛春猴。　江苏（江浦）

春打五九尾，农人活变鬼；春打六九头，贫富不用愁。

春打五九尾，七九、八九要掉鬼。　江苏（连云港）

春打五九尾，穷汉噘噘嘴。　山东（高密）

春打五九尾，穷汉子输了嘴；春打六九头，吃饭不用愁。　山东（寿光）

春打五九尾，穷人噘着嘴。　山西

春打五九尾，穷人苦断腿；春打六九头，贫汉傲王侯。

春打五九尾，穷人有油水。　海南

春打五九尾，神仙也难混。　山东（泰安）

春打五九尾，寻秧唔晓归。　广东

春打五九尾，一斗大麦换斗米。　河南（信阳）　注：下句寓意稻谷丰收。

春打五六九，不是五九尾，就是六九头。　宁夏

春当六九末，寒豆小麦象枣核。　上海（松江）

春当六九头，麦子没有收。　上海（松江）

春当壬子，秧烂人死。　注：“人”又作“蚕”。

春到寒食六十日，清明夏至七十七。　天津（汉沽）

春到寒食六十日。　河北（巨鹿）

春到寒食六十天，丢下篮儿七十天。　山西（襄汾）　注：立春到寒食六十天，再过七十天就收麦。

春到寒食六十天，清明夏至七十七，冬至立春四十五，再加六十是清明。　河南（郑州）

春到寒食六十天，清明夏至七十七，冬至悬春四十五，再加六十是清明。　湖北（通山）

春到寒食六十天。

春到清明六十天。　上海　注：“春”，指立春。

春到三分暖。　福建（晋江）

春东南风，各样好收成。　宁夏

春风摆柳，媳妇变丑。　山西　注：谓农忙顾不上打扮。

春过一七，冻皮不冻骨。　湖南

春寒春不寒，春暖春不暖。　福建　注：两句第一个“春”字皆指立春。

春后一七打雷天大旱，二七打雷人遭难。　湖南（衡阳）

春甲子，怕戊辰；木撞土，大雨至。

春甲子落雨，秧黄麦死；夏甲子落雨，河裂千里。

春见春，四个蹄的贵似金。　山东（梁山）

春交六九头，米麦不用愁。　江苏（常州）

春交六九头，棉花像绣球。　上海、江西（崇仁）　注：如果立春日恰逢“六九头”，预示棉花大丰收，这仅是旧时的一种说法。

春节过，打春完，庄户人家不得闲。　吉林

春扛九头，吃穿不愁。　山东（博兴）

春暖春晴，春寒春雨。

春前十日暖，春后倒春寒。　湖南（衡阳）

春前有雨花开早。　安徽（休宁）

春前有雨花开早，秋后无霜叶落迟。　上海、江苏、陕西、甘肃、宁夏、天津

春前有雨开花早，秋后无霜落叶迟。　上海

春前有雨花开早，秋叶无霜落叶迟。　湖南（娄底）

春晴不见晴，春雨不见雨。　福建

春日下雨，春田免布。　福建（龙海）　注："春日"指立春日。

春头晴一日，农夫笑嘻嘻。　江西（安义）

春头无雨多春旱，清明无雨少黄梅。　广西

春无三日晴，冬无三日雨。

春雨夏北，无水磨墨。　海南（琼山）　注："北"，指北风。

春栽早，雨栽巧，秋季植树要大搞。　天津

春栽早，雨栽巧，夏季栽树活不了。　天津

春栽早，雨栽巧。　安徽（天长）、黑龙江（绥化）

春在年底，冷出年外。　海南（昌江）

春早不宜早，春迟不宜迟。　广西（贺州）　注："春"，立春。立春来得早，早稻不宜早插；立春来得晚，早稻不能迟了季节。

春争日，夏争时，一年大事不宜迟。　注：春季是一年农事的开始，宜抓紧抓早，不可耽误农时；夏季是冬小麦、冬油菜等作物收获的季节，也是水稻、棉花、玉米、大豆等作物播栽之时，天气时晴时雨，常有变化，而夏播作物在适期范围内播种越早，产量越高，所以夏收夏种工作必须争分夺秒。"大"又作"农"。

春至来年加十一。　山东（莱芜）

打罢春，麦起身。　河南（平顶山）

打罢春，阳气升，各种草树都发青。　河南（周口）

打罢春，阳气升，各种树木都发青。　山东（曹县）

打罢春，阳气透，不怕富人穿得厚。　安徽

打罢春，阳气透，不怕富人穿的厚。

打罢春，有阳气。　新疆

打罢春，又一冬，树木琳琅都发青。

打罢春还冷五十天。　内蒙古　注：立春以后，气温开始回升，但在内蒙古地区日平均气温达到摄氏五度以上的植物生长期，大约在3月底到4月初才能始现的。因之，立春后的冷天气，实际还有50多天。

打罢新春，万象更新。　山东（巨野）

打春别欢喜，还有四十八个冷天气。　陕西（安康）

打春别欢喜，还有四十天冷天气。

打春别喜欢，寒冷还有四十天。　山西（晋中）

打春别喜欢，还冷四十天。　河南（南阳）

打春到打春，三百六十五天零三时辰。　山东（梁山）、陕西（西安）

打春的北风不入骨。　山东（兖州）
打春的蔓，立秋的瓜。　河北（张家口）
打春冻人不冻水。　注：“打”又作“立”。
打春冻死牛。　黑龙江（哈尔滨）［朝鲜族］　注：指春寒。
打春刮大风，风后冻死人。　宁夏
打春还见雪，雪后暖融融。　吉林
打春见了雪，雪后暖和和。　宁夏
打春就送粪，雨水唤耕牛。　吉林
打春看气温，热风冷雨淋。　宁夏
打春快送粪，雨水唤耕牛。　宁夏
打春萝卜立夏瓜。　四川、河南（新乡）
打春的萝卜，立秋的瓜，死了媳妇的老人家。
打春的萝卜，打秋的瓜，死了媳妇的老人家。
打春的蔓，立秋的瓜。　河北（张家口）
打春萝卜，打秋的瓜。　湖北、安徽
打春落水，连落四十九天。　广西（钟山）
打春满天雪，春上百日干。　河南（信阳）
打春莫欢喜，还有冷天气。　山西（朔州）
打春莫欢喜，还有四十天冷天气。　吉林
打春晴，有旱情。　湖北（襄樊）
打春晴三日，农夫不费力。　贵州（遵义）
打春晴一天，农夫好耕田。　山东
打春晴一天，农夫好种田。
打春三场白，大米麦子吃不迭。　山东（招远）
打春三日暖，冻坏莲花碗；打春三日寒，笑坏放牛郎。　安徽
打春三日晴，不消问得神；打春三日落，米汤冇得喝。　湖北（洪湖）
打春十日遍地消。　新疆
打春天气阴，必定要倒春。　河南（郑州）
打春天气阴，当年有倒春。　湖北（随州）
打春头，天气好；打后春，必然糟。　吉林
打春无雪，谷雨无霜，春雨如金，秋雨愁人。　吉林
打春雾暖地，一春好天气。　宁夏
打春下大雪，百日还大雨。
打春先别喜，还有冷天气。　宁夏
打春雪满天，春上百日干。　湖北（广水）
打春阳气升。　陕西

打春阳气转，雨湿燕河边。 山东（平原）

打春阳气转，雨水沿河边。 吉林

打春一百，打镰割麦。

打春一百，开镰收麦。 山西（平遥） 注：又作“打春一百日，开镰收麦子”。

打春一百，磨镰割麦。 上海 注：“打春”，立春。“一百”，指天数。

打春一百，拿镰割麦。 陕西、甘肃、宁夏、河北、河南、湖北（宜城）、安徽（阜阳） 注：“拿”又作“搭”或“磨”、“掂”、“打”。

打春一百，提篮收麦。 新疆

打春一百，提篮掐麦。 安徽（淮南）

打春一百一，家家有麦吃。 安徽（淮南）

打春一百一，拿镰割麦吃。 河南（西平、濮阳）

打春一场雨，秋收万石粮。 山东（邹城）

打春以后，南不让北；立冬以后，北不让南。 河南（商丘） 注：指立春后南风多，立冬后北风多。

打春以后刮大风，再住百日大雨倾。 山东（莱阳）

打春有雨麦生芽。 山西（平顺）

打春早，收成好。 山西（忻州）

打过春，别欢喜，还有四十五天冷天气。 江苏（徐州）

打过春，光脚奔；拔野菜，掘树根。 江苏（苏州）

打过春，一百天，镰刀下麦田。 安徽（天长）

打了春，别欢喜，还有四十天的冷天气。 山东（博兴） 注：“喜”，土语，读 qi。又作“立了春，别欢喜，还有六十天的冷天气”。

打了春，冰块化成酥麻糁。 山西（沁源）

打了春，长一针；过了腊八，长一胳膊。 山西（平遥）

打了春，赤脚奔，棉袄棉裤不上身。 湖北（房县）

打了春，赤脚奔，十月小阳春。 江苏（泰兴）

打了春，赤脚奔。 安徽（含山）

打了春，赤脚奔，庄前庄后无闲人。 江苏（吴县）

打了春，地下阳气往上升。 山西（平遥）

打了春，冻断筋。 新疆、河北（邢台）

打了春，风沙追。 新疆

打了春，刮四十天摆条风。 山西

打了春，过了年，家家户户不得闲。

打了春，过了年，庄户人家不得闲。 宁夏

打了春，立了夏，先种黍子后种麻。 山东

打了春，穷汉把眼撑。　山西（大同）

打了春，脱了瘟，人不知春草知春。　湖北（孝感）

打了春，厦儿里温。　山西（襄汾）　注：厦儿，房。

打了春的雪，狗也撵不上。　山东

打了春后莫欢喜，还有四十天冷天气。　湖北（安陆）

打了春冒热气，还有三日冷天气。　山西（古交）

大雨过立春，瞑虫死纷纷。　海南（文昌）

待得立春晴一日，牵牛驾犁快耕田。　江苏（扬州）

待看立春日，甲乙是丰年，丙丁遭大旱，戊己损伤田，庚辛动刀兵，壬癸水连天。　湖南（湘西）[苗族]

但得立春晴一天，牵牛驾犁快耕田。　江苏

但求立春一日晴，姜瓜薯芋绿连连。　广西（桂平）

但愿（得）立春晴一日，农夫不用力耕田。　广东、江西、广西（贵县）

但愿立春晴一日，农夫不用力耕田。　广西（贵县）、山西（忻州）

冬到连九数，春打六九头。　河北（蠡县）

冬雪不盖天，立春有雨连清明。　河南（平顶山）

冬栽早，夏栽巧，立春前后正当好。　河南（郑州）

二春加一闰，市上黄牛没人问。　山东（台儿庄）

二月立春和雨水，小麦耙耱多追肥。　陕西（咸阳）

二月立春雨水到，春耕事事准备好。　江西（九江）

二月立春雨水连，积肥选种莫迟延。　海南（琼山）

放鱼莫过春，过春鱼发瘟。　注：放养鱼种有一定的季节性，最佳时节应在每年的立春前，放养成活率高。而立春过后因易患病而导致成活率下降。

逢春落雨到清明，一日落雨一日晴。　上海　注："逢春"，指逢立春。下句又作"清明落雨到十三"。

逢春落雨到清明。　广东、山东、河北、河南、陕西、甘肃、宁夏、江苏（南京）　注："逢"又作"交"办或"立"。

逢春有雨春阴多。　江苏（启东）

柑子看不得灯，萝卜打不得春。

寒里交春春天暖。　上海

交春晴一日，作田不用力。　江西、广东　注："交春"指"立春"。

交春落水到清明。　注："水"又作"雨"。

交春落雨，到清明。　河北（井陉）

交春落雨到清明，不旱五月旱六月。　广西（宜州）

交春落雨到清明，清明落雨无日晴。

交春落雨到清明，一日落雨一日晴。　广东（平远）、山东（单县）

交春落雨到清明。　福建（长汀）、广东（连山）［壮族］

交春晴，鱼仔上高坪；交春雨，鱼仔礤下死；交春阴，鱼仔拼脱鳞。

广东（大埔）

交春三日，百草发芽。　福建（三明）

交春三日，鱼头向上。　福建（长汀）

交春有雨淋，一春雨不停。　广西（河池）

交春在头雨水匀，交春在中雨水好，交春在尾雨水迟。　广西（宜州）

接春接得早，田里不生草，禾更多来稗更少。　江西（南城）

尽望立春晴一日，黄牛耕地不用力。　广西（横县）

旧雷赶新雷，麦田不要熏。　福建（安溪）

开春地解冻，犁地要当紧。　山西（太原）

开春时的鱼逆水走，立秋后的鱼顺水走。　黑龙江

腊八早上起了风，一直冷到春。　天津

腊月立春春旱，正月立春春不旱。　陕西（咸阳）

腊月立春春水早，正月立春春水迟。

腊月立春春雨早，正月立春春雨迟。　福建（诏安）

腊月立春二月浇，正月立春二月晒。

腊月立春二月浇。　山西（太原）

来年春，好做工。　湖北（天门）

来年春，乱纷纷；春后迟雷早禾好，春后早雷早禾差；初雷迟，春水慢又稀；春节粿发菇，春水早又粗。　广东（海丰）　注："粿"，糯米制品，如发霉长毛则春水早来。

来年春，早做工。　湖南（邵阳）

来年立春要反春。　四川

雷打春，五谷平分，春打雷，五谷一囤囤。　海南（澄迈）

雷打春头，百事不愁。　湖南（衡阳）

雷打交春前，放下生意去耕田。　广东（广州）

雷打立春节，惊蛰雨不歇。　吉林

雷打立春节，惊蛰雨不歇，清明桃花水，立夏田间裂。

雷打立春节，惊蛰雨不歇，清明桃花水，立夏田开裂。　陕西、甘肃、宁夏

注："开"，又作"间"。

雷打立春节，惊蛰雨不歇。　安徽、海南、湖南、广东（肇庆）、江苏（镇江）

雷打立春节，惊蛰雨不歇；雷打惊蛰后，低地好种豆。　上海

雷打立春节，惊蛰雨唔歇。　福建

雷打立春节，惊蛰雨勿歇。　浙江（杭州）

雷打立春前，二月三月是旱天。　广西（马山）

雷打立春十日雨。　福建（石狮）

雷鸣未立春，百日不出门；雷鸣未雨水，有雨落无水。　福建（诏安）

雷响不见春，百日不出门。　福建（惠安）

雷响未立春，百日不出门。　海南

雷压春，三父闷；春压雷，三父肥。　海南（通什）　注："三父"，海南话，指道士。

立春（打春）晴一日，农夫不费（用）力。　四川、福建（连城）

立春、雨水，犁头下水。　江西（定南）　注："犁头下水"，指耕田。

立春、雨水到，早起晚睡觉。　浙江

立春暗，百日暗；立春晴，一春晴。　广东（茂名）　注："暗"，又作"阴"。

立春暗，大水不离坎。　海南

立春暗，西水不离。　广东　注："西水"，指西江。

立春报春，阳气上升。　江苏（南京）

立春北边响雷主大水，立春南边响雷主干旱。　海南（保亭）

立春北风米千斗，立春南风粮仓空。　海南

立春北风起，早春必有雨。　天津、四川、吉林、河南（开封）、湖南（衡阳）、江西（临川、临高）

立春北风起，早春定有雨。　山西（长治）

立春北风雨水多。

立春丙丁遇大旱，壬癸就会水滔天。　广西（荔浦）

立春丙丁遭大旱，壬癸就会水滔天。　湖南

立春不到一百天，捕捞鱼苗到江边。　注：指鳝鱼。

立春不逢九，五谷般般有。　江苏、河北（井陉、吴桥）、河南（新乡、洛阳）、湖北（汉川）、山东（临清）、山西（晋城）、陕西（汉中）

立春不逢九，五谷样样有。　山东（梁山）、陕西（商洛）

立春不渐暖。　黑龙江（绥化）

立春不浸谷，大暑稻不熟。　上海、福建（龙海）、河北（望都）

立春不浸谷，大暑稻不熟；大暑不浸谷，立冬稻不熟。

立春不冷雨水寒。　广西（马山）

立春不晴，还冷一月零。　四川

立春不晴，还要冷一月零。

立春不晴天，要冷一月边。　福建

立春不热回暖迟，秋霜迟。　宁夏

立春不是春，雨水还结冰。　湖北（崇阳）

立春不停腿，冬天不吊嘴。　湖北（应城）　注："吊嘴"，喻没有吃的。

立春不下，无雨洗耙。　江苏

立春不下，一坝之宝，立秋不下，满坝荒草。　贵州

立春不下是旱年。

立春不下雨，春季干旱多。　广西（平乐）

立春草笑，立秋草哭。　贵州（黔南）[布依族]

立春迟，早稻播种不宜迟。　广东

立春出阳，晒死谷娘。　广西（横县）

立春吹风夏有雨。　广东（化州）

立春吹南风，三春雨水多。　上海

立春吹西风，春天雨水少。

立春春分，水暖三分。　福建（福安）

立春春水早，正月立春春水迟。

立春此日晴一天，到处定出丰产田。　内蒙古

立春打雷半月雨。　浙江（宁波）

立春打雷雨水迟。　广东（连山）[壮族]

立春打了霜，当春会烂秧。

立春打了霜，来年会烂秧。　湖南（衡阳）

立春打霜百日旱。　广西（兴业）

立春打霜三朝旱，三朝春霜收禾秆。　江西（安远）

立春大过年初一。　广东

立春大似年。　湖北、湖南、江苏（南京）

立春大雪是旱年。　安徽

立春当日，水暖三分；立春十日，水内热人。　湖北

立春当日，水暖三分；立春十日，水里热人。

立春当日暖，能暖一春天。　宁夏

立春当日晴，庄稼好收成；立春当日雨，小心遭年景。　河南（南阳）

立春当天暖，能暖一春天。　吉林

立春到，柳芽笑。　四川

立春到，农夫跳。　山西（晋城）

立春到，农人跳。　安徽（宿松）、湖北（安陆）

立春到，追肥料；清明到，把稻泡。　安徽

立春到寒食，共有六十日。　河南（鹤壁）

立春的萝卜，立秋的瓜。　黑龙江　注：萝卜经过一冬的贮藏，到了立春则糖分增加，食味好。立秋前后香瓜上市，人们可以品尝到又香又甜的香瓜。

立春的萝卜立秋的瓜，死了媳妇的丈人家。　注：“立”又作“打”，“丈”又作“老”。

立春的雪，站不住脚。　山东（海阳）

立春滴一滴，蓑衣斗笠挂上壁。　湖南（衡阳）
立春顶凌耙耱地，好比蒸馍聚住气。　陕西（渭南）
立春东北风潮大，黄梅时节雨天多。　上海
立春东边起横云；米谷家家囤。
立春东风多雷公，东北风来雨水稠。　河南（许昌）
立春东风谷价宜，立春西风谷价贵。　四川　注："宜"又作"廉"。
立春东风回暖早，立春西风回暖迟。　湖北（罗田）
立春东风米价廉，立春西风米价贵。　湖北（嘉鱼）
立春东风米价宜，立春西风米价贵。
立春东南，春后少雨。　上海
立春冬天尽，立秋夏日短。　新疆［维吾尔族］
立春动风，立夏动雨。　广西（北流）
立春动了风，三月比二月冷得凶。　上海
立春动了风，三月比正月冷得凶。　宁夏、湖北（仙桃）、湖南（怀化）、江苏（张家港）、山东（曹县）、陕西（咸阳）
立春动了风，三月像过冬。　四川
立春动了风，三月要比正月冷。　河南（南阳）
立春动了风，正月冷得凶。　安徽（绩溪）
立春断了霜，插柳正相当。　安徽
立春多雨到清明。　海南（保亭）
立春返了春，四十天连阴。　河南（信阳）
立春放甘蔗，糖多杆杆大。　四川
立春风大，春风大。　吉林
立春风大春风大，立春雨大春雨多。　浙江（宁波）
立春风向管全年。　河南（焦作）
立春逢雨，落到清明。　上海
立春逢雨，落到清明；立夏逢雨，撑船入市。　上海
立春干，清明宽。　浙江（嘉兴）
立春赶春气。
立春耕田，春分耙田，清明浸种，谷雨薅田。　湖南（郴州）
立春刮北房，五谷丰登好年景。　山西（阳曲）
立春刮风春风多。　河北（保定）
立春刮风刮一春。　山西（和顺）
立春过，快抓播。　广东
立春过后人不闲，惊蛰过后不停牛。　宁夏
立春过年，赶牛下田。　福建

立春寒，春不寒；立春雨，春不雨。　福建（云霄）

立春寒，一春暖。

立春好栽树，果木顶一谷。　河北

立春好栽树，立夏好接枝。　陕西（咸阳）　注：后句商洛作“抓紧莫迟疑”。

立春好栽树，夏至好接头。　江苏（常州）　注：“接头”，指嫁接。

立春好栽树，夏至好接枝。　广东、上海、江西、河北　注：“枝”又作“木”。

立春好栽树，栽树过歉年。　江苏

立春好栽树。

立春好种树，立夏好接枝。　上海

立春后第五戊为社日，必有雨。

立春后断霜，插柳正相当。　宁夏、河南（驻马店）、山东（梁山）

立春后断雪，插播正相当。　湖北（天门）

立春后无霜，插柳正相当。　江苏（淮阴）

立春后栽树，成活保得住。　江苏（徐州）

立春黄瓜清明收，小暑黄瓜到立秋。　华南地区

立春交夏，七日八夜。　湖南（郴州）、江西（吉水）　注：“七日八夜”，谓雨水多。

立春接桃李，惊蛰接梨柿。　福建、江西、河南（开封）、山东（梁山）

立春节，木杵扦活。

立春节迷糊糊，一春雨水不会多。　江苏（启东）

立春节日雾，秋来水满路；惊蛰节日雾，父子不相顾。　山东

立春节日雨淋淋，阴阴湿湿到清明。　上海

立春晴，气候正；立春落，天要哭。　上海

立春靠一冬，三早当一工。　山西（曲沃）

立春来得快，借个火种的工夫就过去；立春来得慢，牲畜会倒下一大批。

新疆［哈萨克族］

立春雷捶肚。　广东

立春雷坟鼓堆，惊蛰雷麦谷堆。　注：立春前后打雷，说明当年气候回暖早，如果冬九雨雪少，气候干燥，则病菌容易繁衍传播，从而引起流行性感冒，老年人常见的哮喘病、心脏病、高血压病等也易加重发作，甚至导致死亡。如果在惊蛰节气时打雷，说明气候回暖期基本正常。这时雨水也增加了，不仅人们不易感冒发病，冬小麦也进入了正常的返青时期，小穗得到充分分化，自然也能获得丰收。

立春雷鸣百日晴。　广西（武宣）

立春冷，春天暖。　广西（宜州）

立春犁田，春分耙田，清明浸种，谷雨莳田。　广东

立春立春田翻身。　广西（玉林）

立春立在五九末，麦粒饱满像枣核。　上海

立春漏，百日沤。　广西（罗城、柳江）

立春漏了天，春雨沤绵绵。　广西（柳江）

立春萝卜，立秋的瓜。　湖北、安徽　注："立"又作"打"。原注"立春萝卜"，意指经过一冬窖藏的萝卜最好吃。

立春萝卜立秋瓜。　福建（龙岩）　注：指这两种蔬菜收获时节。

立春落雨，四十五天难脱脚。　海南

立春落雨到清明，清明过后朗朗晴。　湖南

立春落雨到清明，清明落雨无日晴。　广东

立春落雨到清明，一日落雨一日晴。　四川、上海、江西、宁夏、海南（临高）、河北（望都）、江苏（南通）　注："立"又作"交"。

立春落雨到清明，一日阴来一日晴。

立春落雨到清明，一日雨来一日晴。　江西（南昌）

立春落雨到清明，一天落雨一天晴。　福建（福安）

立春落雨到清明。　山西（晋城）

立春落雨到天明，一日落雨一日晴。　四川

立春落雨多夏雨，立春勿落多春雨。　上海

立春没断霜，插柳正相当。　安徽、浙江、上海、江西、湖北、湖南、四川、河北　注："没"又作"后"。

立春没断霜，插柳正相当。　上海、湖南、陕西（延安）、江西（吉水）

注："没断霜"，陕西汉中作"后断霜"。

立春没断霜，植树正相当。　江西（吉安）

立春蒙黑四边天，大雪纷纷是旱年。　广西（北流）

立春莫等一百天，捕捞鱼苗到江边。　江西（赣北）　注：捞苗的时候，渔民是根据季节性来推算的。一般认为立春以后，天暖时 80 天，天冷时 100 天，鱼苗就开始发汛。这是渔民们预测鱼苗江汛到来的一条经验。

立春莫等一百天，捕捞鱼苗到江边。　湖北、安徽　注：一般立春后不到 100 天的时间即为清明至谷雨左右，此时气温上升，水温也随之升至 18～22℃，鱼儿产卵繁殖的鱼苗这时会顺江而下进入各区域摄食生长，海水繁殖淡水生长的海淡水洄游性鱼类繁殖的鱼苗会溯江进入各水域摄食生长，是到江边捕获鱼苗的季节。

立春难得一日晴。　上海

立春难得雨，立秋难得晴。　广西（玉林）

立春难见一晴。　江苏（南通）　注："难见"又作"难望"。

立春难望一晴。　江苏

立春暖，不见得暖；立春冷，不见得冷。　福建（建瓯）

立春暖，后期冷；立春冷，后期暖。　广西（荔浦）

立春暖，粮丰产；立春寒，是歉年。　陕西

立春暖烘烘，稻谷大丰收。　海南

立春暖雨春水好，立春冷雨多寒潮。　广西（桂平）

立春七日木发芽，惊蛰七日枝叶荣。　福建

立春起北风，雨水白茫茫。　福建

立春前后怕春霜，一见春霜麦苗伤。　山西（翼城）

立春前蹩麻，未到春耕莫贪耍。　广西（平乐）

立春晴，百日晴。　广西（防城）

立春晴，百物成。　广西（贵港）　注：“百”亦作“万”；下句亦作“万物生”、“百物好收成”、“风调雨又顺”。

立春晴，百物好收成。　江西（南丰）

立春晴，百样成。　广东（韶关）、山西（平顺）

立春晴，春季雨水匀。　广西（宜州）　注：下句亦作“到处闻笑声”、“鱼仔上商坪”、“粮菜好收成”。

立春晴，春季雨水匀。　海南

立春晴，风调雨顺到清明；立春阴，阴阴沉沉到清明。　海南（保亭）

立春晴，耕田勿费劲。　上海

立春晴，好插秧；立春雨，烂早秧。　海南（保亭）

立春晴，好年成。　上海

立春晴，好年成；立春漏，水横流。　广西（象州）

立春晴，好时年。　广东（连山）[壮族]

立春晴，好收成，立春雨，气死你。　河北（张家口）

立春晴，好收成。　安徽、河南、江西（安义）

立春晴，好收成；立春漏，百日沤。　广西（武宣、柳江）

立春晴，季节天气正。　广东（连山）[壮族]

立春晴，莫给犁头停。　广西（荔浦）

立春晴，农不苦；雨水雨，无荒地。　海南

立春晴，农夫田里挖金银。　陕西（安康、商洛）

立春晴，日后多晴；立春雨，日后多阴。　广西（荔浦）

立春晴，收收成；大雪纷纷是旱年。

立春晴，天气暖；立春寒，是丰年。　陕西（汉中）

立春晴，虾公上草坪。　海南

立春晴，样样成。　福建（泰宁）

立春晴，一春晴，立春落雨到清明。　湖南（湘潭）

立春晴，一春晴，立春雨，落到清明止。　江西（新建）

立春晴，一春晴。　福建（永定）、河南（新乡）

立春晴，一春晴；立春下，一春下。　河南（驻马店）

立春晴，一春晴；立春下，一春下；立春阴，花倒春。　湖北（黄石）　注：“花倒春”，时晴时雨。

立春晴，一春晴；立春阴，一春阴。　广东（江门）

立春晴，一春晴；立春雨，一春雨。　海南

立春晴，雨水多。

立春晴，雨水多；立春晴，雨水匀。

立春晴，雨水匀。

立春晴，雨水匀；立春阴，花倒春。

立春晴，雨济晴，立春雨济雨。　福建（建瓯）

立春晴天春水少，立春落雨倒春寒。　浙江（宁波）

立春晴天万物成。　山西（河曲）

立春晴一刻，百草都转脊。　浙江（宁海）　注：“转脊”，转身，意指生长。或作“立春一日，百草回芽”，“春过十日，百草转节”。

立春晴一刻，作田不费力。　江西（安远）

立春晴一晴，雨水会调匀。　广东、浙江（金华）

立春晴一日，（农夫）耕田不费力。

立春晴一日，粗人不用力。　福建

立春晴一日，耕田不用力。　广东、上海、四川、河南　注：“不”又作“少”，“用”又作“费”。

立春晴一日，耕田不费力。　宁夏、广西（金秀、蒙山）、山西（临汾）　注：“耕田”亦作“做工”；“费”亦作“用”、“着”。

立春晴一日，耕田不费力；立春不晴，还要冷一月零。

立春晴一日，耕田不用力。　广东（梅州）、江西（铜鼓）

立春晴一日，耕田少用力。　广东、山东（梁山）、浙江（绍兴）

立春晴一日，耕作不费事。　河北（尚义）

立春晴一日，农夫不费力。　四川

立春晴一日，农夫多省力。　安徽（怀远）

立春晴一日，农夫耕田不费力。

立春晴一日，农家笑盈盈。　河南（新乡）

立春晴一日，农人不花力。　海南（海口）

立春晴一日，早造好收成。　广东（茂名）

立春晴一天，农夫不用力耕田。　湖南　注：又作“单看立春晴一日”。

立春晴一天，农民好耕田。　上海

立春晴一天，农民好种田。　河南（驻马店）

立春晴一天，五谷丰登年。　山东（崂山）

立春热过劲，转冷雪纷纷。

立春日：南风畜稳，北风水淹，东风谷贱人安，西风盗生主旱。

立春日吃春橘；立夏日吃夏面；立秋日吃秋瓜叶粿；立冬日吃冬粿。

立春日见晴，犁头不要停。　广西（阳朔）

立春日暖，冻煞百鸟卵。　山西

立春日暖，冻死百鸟。　福建

立春日无晴，阴阴映映到清明。　广西（桂平）

立春日子天无云，下田插秧可放心。　海南

立春若出日，犁田免用力。　福建（南靖）

立春寒食六十日，寒食芒种六十天。　河北

立春三场雾，白米铺大路；立春三场霜，白米变粗糠。　江苏（南京）

立春三场雨，遍地都是米。　安徽（长丰）、江苏（常州）、河南（三门峡）

立春三朝督督滴，晚蚕吃勿及。　注：“督督滴”，指雨，“吃勿及”，言桑叶茂盛。

立春三日，百草发芽。　江西（吉水）

立春三日，百草萌动。　福建

立春三日，百草萌生。　贵州（遵义）、湖南（娄底）

立春三日，百草萌芽。　广西（乐业）

立春三日，百草排芽。　河北、江苏（南通）　注：“排芽”又作“冒尖”。

立春三日，百草盘芽。　安徽

立春三日，百花齐出。　江西（宜春）

立春三日，出门戴笠。　湖南（郴州）

立春三日，麦苗返青。　山东（梁山）

立春三日，水暖三分。　湖南、江西（新干）　注：或作“立了春，水也暖三分”。

立春三日，鱼上沙滩；离春十日，百草生芽。　广东（韶关）

立春三日白，晴到收大麦。　江苏（扬州）　注：“白”，指下霜。“收”又作“樵”。

立春三日晴，担秧插茅坪；立春三日落，担秧插坝脚。　湖南（怀化）[苗族、侗族]

立春三日晴，农夫不费神。　四川

立春三日晴，庄稼好收成。　河南（濮阳）

立春三日雾，四季多阴雨。　湖北（竹溪）

立春三日雨淋淋，阴阴湿湿到清明。　江西（信丰）

立春三天，百草出芽。　河南（商丘）

立春三天暖洋洋，小满三天看麦黄。　山西（新绛）

立春三天暖洋洋，小满三天麦地黄。　四川、上海、浙江、河北（廊坊）、山东（菏泽）、河南（濮阳）

立春三天暖洋洋，小满三天麦梢黄。　河南（三门峡）

立春三夜，遍地生芽。　江西（资溪）

立春三月，百草发芽。　宁夏、河北（望都）

立春上午刮大风，豌豆今年有收成。　陕西

立春十日暖，四十九日寒。　浙江（绍兴）

立春十晌消背阴。　河北（张家口）

立春十天背阴消，惊蛰十天百虫苏。　山西（临汾）

立春时节雨淋淋，阴阴湿湿到清明。　浙江（杭州）

立春是晴天，风小是丰年。　河北（昌黎）

立春是阴天，一春雨涟涟。　河南（洛阳）

立春霜雪老天旱，立夏雷鸣五谷全。　四川

立春水分渣，无雨旱得怕。　广西（桂平）

立春水鸡哮，有谷收无草。　福建（龙海）

立春水淋头，一百二十日愁。　海南（琼山）

立春四十九，小孩光屁股。　河南（濮阳）

立春桃李花开。　宁夏

立春天不晴，还要冷一月。

立春天地暖，惊蛰万物苏。　贵州（黔东南）[侗族]

立春天好，春里雨少。　上海

立春天渐暖，雨水送肥忙。　河北（完县）

立春天渐暖，雨水送粪忙。　山东

立春天气寒，倒退四十天。　山西（闻喜）

立春天气好，牲畜肥又壮；立春天气糟，牲畜灾难多。　新疆

立春天气好，一春雨水少。　山西（曲沃）

立春天气暖，犁耙往外搬。　安徽（舒城）

立春天气暖，雨水送粪完。　宁夏

立春天气晴，百事好收成。

立春天气晴，百物好收成。　四川、湖南、陕西、上海、河南、甘肃、宁夏、海南（保亭）　注："百"又作"万"。

立春天气晴，百物好收到。

立春天气晴，春稻好收成。　福建（南安）

立春天气晴，今天好收成。　山西（雁北）

立春天气晴，万物好收成。　江苏（连云港）

立春天气晴，五谷好收成。　吉林、河北（望都）、山东（临清）

立春天气晴，庄稼好收成。　宁夏

立春天气阴，百日多寒冷。　广东（茂名）

立春天气转，雨水待耕田。　河北（邢台）

立春天转暖，必有倒春寒。　吉林、云南（西双版纳）、河南（开封）

立春头场雪，一百二十天阴雨雪。　江苏（无锡）

立春头下雪，一百天见苗；立春底下雪，九十天见苗。　浙江

立春头一天，大雪纷纷是旱年。　甘肃

立春微雨兆丰年。　广东

立春后无霜，插柳正相当。

立春无雨，雨水均匀；立春天晴，风调雨顺；立春下雨，雨水要缺；立春下大雪，百日来下雨。　陕西（榆林）

立春无雨实堪忧，万物种来一半收。　广西（北流）

立春无雨是丰年。　福建（屏南）

立春五戊为春社，立秋五戊为秋社。　湖南　注：五戊，按天干地支计日，第五个带有戊的日为五戊。

立春五戊为春社。

立春雾，十日旱。　陕西（安康）

立春雾，雨浦浦，立秋雾，地枯枯。　上海

立春雾雨，立夏雾晴。　福建

立春西北风，来年地裂缝。　上海

立春西北风，田间地边害虫生。　山西（阳曲）

立春西北风，万物不生根。　注：我国北方，特别是西北地区，冬春多旱，土质疏松，又多西北风，往往出现风沙天气。较大的风沙天气常常将表土甚至浅层土壤，连带刚播下的籽种、施下的粪土肥料一并吹走，更有甚者将刚出的幼苗刮跑，即便未刮跑的植株，也是将其根系暴露于地面，使植株枯死。所以营造防风护沙林、修田改土、增加春灌面积是减少和避免这种灾害的办法。

立春下大雪，雨水定要缺。　陕西

立春下大雨，二月会作旱。　福建

立春下了雨，一月都不止。　广西（富川）

立春下雪，雨应二月。　贵州（贵阳）

立春下雨，披蓑到清明。　广西（马山、田阳）［壮族］　注：“披蓑”亦作“戴笠”。

立春下雨，四十天春阴。　江苏（南京）

立春下雨，下至清明。　广西（德保）［壮族］

立春下雨到清明，清明下雨饿死人。　海南

立春下雨到清明，一日落雨一日晴。　广西（荔浦）

立春下雨普天下，立夏下雨隔田塍。 浙江（丽水）

立春下雨三十六，春社下雨五十天。 广西（武宣）

立春下雨是反春，立春无雨是丰年。 注：“反春”，指春后有冷雨。

立春下雨是反春，立春无丰。

立春下雨阴，四十天难得晴。 上海

立春响雷，早稻虫害多。 广西（桂平）

立春响雷公，秋后无台风。 上海

立春响雷声，惊蛰雨淋淋。 内蒙古［蒙古族］

立春修坝，雨水封塘。 广西

立春雪，有旱灾。 广西（全州）

立春雪水化一丈，打得麦子无处放。 注：立春后天气渐渐回暖，积雪慢慢融化，雪水多土壤墒情充足，对冬小麦的生长发育很有利，预示着小麦会大丰收。

立春雪水化一丈，打得麦子无处放。

立春雪水流一丈，打得麦子没处放。 山东（曹县）

立春雪水流一丈，打的麦子没处放。 河北、山西、山东、河南（渑池）

立春燕子来，立秋燕子去。 广西（陆川）

立春阳气升，雪消屋檐冰。 河南（郑州）

立春阳气生，草木发新根。 湖北（来凤）

立春阳气转，备耕送粪忙。 吉林

立春阳气转，谷雨鸟来全。 上海、山东（台儿庄）

立春阳气转，塘堰都落满。 湖北（大悟）

立春阳气转，雨水看河边。 山西（新绛）

立春阳气转，雨水落勿断。 浙江（湖州）

立春阳气转，雨水满溪边。 海南（保亭）

立春阳气转，雨水送粪忙。 陕西（西安）

立春阳气转，雨水沿河边。 黑龙江（哈尔滨）［满族］、江西（进贤） 注：指小雪后3～5天封地。

立春阳气转。 新疆、山东（泰山）

立春阳升，雨水化冰。 山西（沁源）

立春天晴朗，打的粮食没处装。 宁夏

立春要记好，上树也背帽。 广西（罗城） 注：背帽，带上雨帽，喻立春多雨。

立春要晴，谷雨要淋。 湖南

立春要晴，雨水要淋。 湖北（建始）

立春一百，搭镰割麦。 陕西（渭南） 注：“一百”，指天数。

立春一百，拿镰割麦。 河南（安阳）、山东（曹县）

立春一百天，动镰割小麦。　河南（郑州）

立春一百天，鱼苗到江边。　湖南　注：立春后约100天，是四种家鱼天然鱼苗的旺季。

立春一场风，遍地都是宝。　江苏（无锡）

立春一场雨，鞋跟难扯起。　广西（柳江）

立春一到，家人起跳。　内蒙古　注：立，是开始的意思，立春节气表示春季开始了。立春节气，在内蒙古地区的气候特点是气温微升，冬意浓郁。气候变化无常，风雪灾害尚在威胁，同时由于春风大，蒸发力强，土壤跑墒也快。在这个节气里，内蒙古地区突出的要抓防御春旱。在土地解冻前，要对翻地质量差、坷垃大、墒干的地，做好防冻磙压；地刚化开，立即进行耙耱保墒，以减轻和免受春旱威胁。

立春一到，农人起跳。　吉林、海南（通什）[黎族]、河北（石家庄）、江苏（盐城）、山东（苍山）

立春一到，土内发草。　福建

立春一回，百草回芽。　山西（新绛）

立春一刻，百草转侧。　福建（寿宁）　注：转侧，萌芽。

立春一年端，种地早盘算。　注：立春就是春季开始的意思，每年2月3、4或5日太阳到达黄经315°时为立春。此时，我国北方大多数地区仍处于冬季，真正进入春季的只有华南等地区。此条谚语泛指立春以后，气温逐渐回升，春种春管等各项农事活动将陆续开始，提醒人们要及早谋划春季农业生产事宜。

立春一日，百菜回芽；立春一日，百草回春。　吉林

立春一日，百草回春。　陕西、上海、天津、江西（崇仁）、内蒙古[蒙古族]

立春一日，百草回芽。　长三角地区、广西（陆川、博白）、湖南（益阳）、江苏（徐州）、山东（海阳）　注：“立春”，农时的第一个节气，春天开始，万物复苏。春为一岁首，汉代末期刘熙在《释名》中说：“春，蠢也，动而生也。”即万物蠢动，春意盎然的意思。《月令七十二候集解》中说：“正月节，立，建始也……立夏秋冬同。”旧时计算季节，以立春日作为春季的开始，认为从这一天起，草木萌发，万象回春。实际上在长三角地区尚未走出数九寒天。从农作物的外观而言，还看不出“百草回芽”的景象，但从植物的生态习性来看，此时正是百草萌动之时，比如柳芽已开始隐隐现出嫩绿。立春后气温回升，农业生产应抓紧春耕准备和越冬作物的田间管理。江苏太湖一带的九九歌农谚所说“五九六九，挑泥挖沟”，就是立春节气时对越冬作物进行开沟做畦、松土施肥等的主要农事。宋抗金名将张浚之子张栻《立春偶成》诗云：“律回岁晚冰霜少，春到人间草木知。便觉眼前生意满，东方吹水缘参差。”说的就是立春是一年的开始，冬尽春来，春到人间，阳气回升，春风送暖，草木华发，大地上处处露出春天的气息，一派生机盎然的景象。在东风的吹拂下，连江河也碧波荡漾，显示着春天的活力。

立春一日，百草回芽；惊蛰闻雷，小满发水。　宁夏

立春一日，百草回芽；立春三日，百草排芽。　湖北（应城）

立春一日，地热三分。　吉林、宁夏

立春一日，人暖三分。　湖南（湘西）[苗族]

立春一日，水暖三分。　长三角地区、贵州（遵义）、河北（保定）、黑龙江（哈尔滨）、江西（萍乡）　注：立春标志着春季的开始。这时，太阳直射在地球上的位置从南回归线逐渐北移，北半球地表面接受的热量一天天增多。白天得到的热量大于夜间失去的热量，气温随之升高，水温也一天天变暖了。春天是美好的，南宋教育家、哲学家朱熹《春日》诗："胜日寻芳泗水滨，无边光景一时新。等闲识得东风面，万紫千红总是春。"把春天的大好时光和万物更新的面貌，淋漓尽致地表达出来。

立春一日，水暖三分，立春三日，水热三分。　海南

立春一日，水热三分，立冬一日，水冷三分。　上海、江苏（无锡）、广西（融安、德保）、黑龙江（牡丹江）[满族]、陕西（宝鸡）、浙江（湖州）、山东（乳山）　注："立春"又作"春来"。后句又作"百草回春"。

立春一日，水热三分；立多一日，水冷三分。　湖北

立春一日回春暖，百草回春栽树忙。　江苏（淮阴）

立春一日暖，农活勿用赶。　浙江（温州）

立春一日晴，春末夏初雨调匀。　江苏（徐州）

立春一日晴，风调雨顺好年成。　湖北（恩施）

立春一日晴，耕田不费力。　吉林

立春一日晴，水足把田耕。　贵州（黔东南）[侗族]

立春一日晴，早季好收成；立春一日雨，早秋禾旱死。　山东（枣庄）

立春一日晴，早季好收成；立春一日雨，早秋禾苗死。　广东

立春一日晴，早季好收成，立春一日雨，早季禾苗死。　广东（潮州）

立春一日晴，早秋有收成；立春一日雨，早秋禾苗荒。　湖北（秭归）

立春一日晴，正月好年暝。　福建（诏安）　注："好年暝"，指春节好天气。

立春一日霜，立夏十日旱。　海南、贵州（铜仁）

立春一日雨，夏季苗旱死。　山西（翼城）

立春一日雨，早季禾旱死。　广东、河北（唐县）

立春一日雨，早秋禾苗死。　陕西（咸阳）

立春一声雷，定有十日寒。　福建（仙游）

立春一声雷，一月不见天。

立春一时到，百草眨眼笑。　山西（临猗）

立春一阳生，雨水河边蹲。　江苏（淮阴）

立春宜晴，惊蛰宜冻。　陕西（宝鸡）

立春宜晴，雨水宜雨。　湖南（湘西）[苗族]

立春阴，百日阴，立春落雨到清明。　广西（上思、象州）　注：“立春”亦作“交春”。

立春阴，百日阴。　广东（韶关）

立春阴，四十天里落勿停。　上海

立春阴，一春阴。　河南（平顶山）

立春阴，阴阴沉沉到谷雨。　福建（永定）

立春阴，作田好担心。　江西（宜春）

立春阴十天，四十雨绵绵。　福建（永安）

立春阴雨，大水不离坎。　广东（连山）[壮族]

立春阴雨天，春阴四十天。　上海

立春阴雨有洪涝。　湖南（湘西）[苗族]

立春有雷，春雨调匀。　广西（合浦）

立春有雨，吃饭有米。　河北（廊坊）

立春有雨，赤地千里。　广东（梅州）

立春有雨，连日阴雨；雨水有雨，雨下不多。　福建（漳州）

立春有雨，沤到清明止。　广西（宜州）

立春有雨，十八大水。　湖南（零陵）

立春有雨，雨水必好。　广西（横县）

立春有雨春多阴。　上海　注：“春多阴”又作“春多雨”。

立春有雨到清明，不旱五月旱六月。　海南

立春有雨到清明，一日落雨一日晴。　陕西（商洛）

立春有雨好年景。　广西（天峨）

立春有雨惊蛰冷。　广东

立春有雨连春雨，立春无雨春多旱。　湖南（衡阳）

立春有雨连清明。　河南（开封）

立春有雨落，干田好插禾。　广西（资源）

立春有雨农家乐，立秋无雨万人忧。　四川

立春有雨无路行。春早雷早雨水好。　海南（保亭）

立春有雨一冬淋，立春无雨一冬晴。　新疆

立春有雨又阴天，四十日内雨绵绵。　广西（扶绥）

立春有雨雨水好。　广西（宜州）

立春雨，清明晴。　海南（屯昌）

立春雨，一春雨。　福建（宁化）

立春雨连绵，下雨四十天。　广西（崇左、贺州）　注：全句意为，立春下雨，就会连续阴雨天气40天。“四十天”亦作“四九天”、“四十二”。

立春雨淋淋，阴湿带清明。　新疆

立春雨淋淋，阴湿到清明。　广东、福建（建瓯）

立春雨淋淋，阴阴拉拉到清明。　江苏（睢宁）

立春雨淋淋，阴阴湿湿到清明。　湖南、宁夏、山西（夏县）、上海（嘉定）

立春雨淋淋，阴雨到清明。　湖南（郴州）

立春雨水，赶早送粪。　山西（左云）

立春雨水，快给柚橘下足肥。　广西（平乐）

立春雨水，起早送肥。　宁夏

立春雨水，正好栽树。　江西（丰城）

立春雨水挨一挨，失落一年财；惊蛰节令慢一慢，失落一年饭。　云南（昆明）、贵州（贵阳）

立春雨水边，洋芋要抢先。　长三角地区　注："洋芋"，即马铃薯的俗称。长三角地区，马铃薯的栽培一般在农历二月中下旬，此时温度适宜，播后能迅速生长，为丰产创造条件。所以谚语提醒菜农在这个季节要抓紧播种洋芋。

立春雨水不打雷，今年栽插赶二回。　云南

立春雨水到，蚂蚁上了鳌。　山西（临猗）　注：下句喻农事忙。

立春雨水到，起早晚睡觉。　四川、福建、江西、广东、海南、湖北、湖南、吉林、宁夏、江苏（盐城）、河南（南阳）、山西（晋城）、山东（单县）、陕西（西安、汉中）、云南（西双版纳）、贵州（遵义）　注：立春以后接下来就是雨水节气，气温、光照、降雨趋于上升或增多，有利于农作物生长发育。到了立春、雨水时节，就得及时浇灌追肥、耙耢保墒、春耕备耕，农民要起早带晚地干活。

立春雨水到，早起晏困觉。　江西（上高）　注："晏"，赣中话，晚。

立春雨水到，种竹把林造。　广西（平乐）

立春雨水短，洋芋要抢先。　宁夏

立春雨水二月到，田间管理要趁早。　宁夏

立春雨水二月到，田间劳动要趁早。　江西（赣东）、福建（光泽）

立春雨水二月到，田上事事要趁早。　江西（抚州）

立春雨水二月间，顶凌压麦种大蒜。

立春雨水二月间，运肥莫等冰消完。　陕西（延安）

立春雨水二月里，送粪莫等冰化时。　天津

立春雨水二月里，运肥莫等冰消完。　山东（菏泽）

立春雨水二月天，家家锄麦整田园。　山西（新绛）

立春雨水二月天，运粪莫等冰消完。　河南（新乡）

立春雨水节，甘蔗正放得。　四川、福建（建阳）

立春雨水节，果树正好接。　注：立春、雨水时节，大地回春、气温开始上升，但树芽尚未萌发，这时是嫁接果树的好时机，嫁接后空气湿度适中，气温快速上升，根系吸收养分和水分能力增强，嫁接部位容易愈合，成活率高，树芽萌发等生长发育也趋正常。

立春雨水节，正好种甘蔗。　四川

立春雨水天不寒，气温回升较缓慢。　新疆

立春雨水天气冷，保护耕牛最要紧。　广西（平乐）

立春雨水阳气转，平田锄地修地堰。　山西（晋南）

立春雨雪大，麦粮不用割。　山西（河曲）

立春雨雪一大场，农家粮囤顶住梁。　河南（周口）

立春雨一滴，立夏雨一拍。　湖南（衡阳）　注："一拍"，方言，一阵。

立春育苗清明栽。　安徽

立春月头，早秧跟水流；立春月尾，早秧好点头。　福建（惠安）　注："点头"，指生长好。

立春栽菜，担断箩绳。　江西

立春栽早秧，谷子堆满仓。　云南（玉溪）[傣族]

立春在年前，年前冷；立春在年后，年后冷。　吉林

立春早，春雨早，当年春寒就很少。　福建

立春早，回暖早，赤鱼过港早。　广西（北海、合浦）

立春早，清明迟，春分栽树最适时。　安徽（含山）、陕西（渭南）

立春早，清明迟，春分种树正当时。　河南（周口）

立春早，清明迟，惊蛰最适宜。　广东（高州）

立春早，日暖早。　江西（广昌）

立春早，收成好。　广东、上海、湖南、河北（唐山）、江苏（淮阴）

立春早，天气暖；立春晚，天气寒。　陕西（榆林）

立春早，雨量少。　福建

立春早不冷，立春晚要冷。　吉林

立春早风成早禾，立春晚风成晚禾。　海南（海口）

立春之后三大寒。　黑龙江（牡丹江）[朝鲜族]

立春之日，百草萌出。　江西（南昌）

立春之日天气晴，当年会成好年景。　河南（郑州）

立春之日雨淋淋，阴阴湿湿到清明。　吉林、贵州（黔西南）、山东（梁山）、陕西（西安）

立春种青菜，雨水惹人爱。　江苏（南京）

立春种青菜，雨水招人爱。　山东（郯城）

立春种竹，雨水种木。　广西（平南）

立春转阳气，雨水送粪缸。　江苏（扬州）

立春最好晴一天，农夫勿用力耕田。　上海

立春最喜清明日。　山东（莱芜）

立春最喜晴明日，大雪纷飞是旱年。　山东（泰安）

立过春，赤脚奔。　湖南（株洲）

立过春，光脚奔；拔野菜，掘芽根。

立过春，投闲人。　安徽（太湖）

立过春，阳气冲。　江苏（扬州）

立过春，雨水到，早起晚睡觉。　安徽

立了春，别欢喜，还有四十冷天气。　湖南（湘潭）

立了春，别欢喜，还有月余冷天气。　福建（永春）

立了春，冰凌酥麻粉。　山西（平遥）

立了春，赤脚奔；挑野菜，拔茅针。　江苏（金湖）

立了春，冻断筋。　江苏（扬州）、山西（长治）

立了春，冻断了筋。

立了春，冷皮不冷心。　四川

立了春，忙备耕。　江苏（南通）

立了春，四十五天牛犊风。　山西（浮山）

立了春，送粪起五更。　江苏（连云港）

两春夹一冬，必定暖烘烘。　安徽、山西　注：指一年两打春。

两春夹一冬，薄被暖烘烘。　河南（三门峡）

两春夹一冬，仓库满冬冬。　江西

两春夹一冬，冷冬也不凶。　福建

两春夹一冬，麻布好遮风。　福建

两春夹一冬，牛栏九个空。

两春夹一冬，深冬冷得凶。　广西（荔浦）

两春夹一冬，十个牛栏九个空。　广东、湖南、湖北、宁夏（银川）

两春夹一冬，十户九牛瘟。　安徽（颍上）

两春夹一冬，无袄暖烘烘。

两春夹一冬，无被暖烘烘。　长三角地区、湖北、湖南、广东（廉江）、海南（文昌）、河北（衡水）、宁夏（固原）、山东（梁山）　注：“两春”是指一个农历年内有两个立春，前一个在农历正月初一（春节）之后，后一个在下一个春节之前（当年的农历腊月岁末）。如2006年2月4日（丙戌年农历正月初七）立春，2007年2月4日（丙戌年农历腊月十七）又立春，同一个丙戌年有两个立春，俗称“一年两头春”。再如2009年2月4（农历己丑年的正月初十）立春，到了2010年2月4日（农历己丑年腊月廿一）立春，此时尚未到农历庚寅年（虎年），所以农历己丑年（牛年）也是两春夹一冬。第一个立春是春暖将开始，第二个立春是寒冷的季节即将结束，天气从此渐渐转暖和，所以说“无被暖烘烘”。其实“无被暖烘烘”句，是农谚为了押韵的形容词，并不是真的不盖被不感到寒冷，而是说明第二个立春以后天气渐将转暖。但是，这条农谚只适用于长三角地区，在北方的冬春季就不适用了。旧俗认为农历一年中逢两个立春，预兆第二年年成不好，对商人也不利。所以另有“一年两头春，饿煞经纪人”、“一年两头春，饿死苦恼人”之说。这显然是不科学、不可信的。再说，立春基本固定在阳历2月上旬，两春夹一冬，单从气象学意义上来看与气候的周期性变化没有太大的关联性，因而谚语更多反映了对第二年取得好年成的期盼。

两春夹一冬，无棉好过冬。

两春夹一冬，麻包能遮风。

两春夹一冬，夏布好遮风。

两春两端阳，斗米换娇娘。　上海　注：言这一年既是两头春又逢闰五月，旧俗认为这是荒年的预兆。“两春”又作“闰年”。

两春天早热。　福建（政和）

两春挟一冬，十厩牛儿九厩空。　云南（文山）

两冬夹一春，勿穿棉衣汗淋淋。　上海

两头不见春，冻得黑狗哼。　江苏（连云港）　注：“不见春”，意指立春日前后天气寒冷。

落雨立春后，见雨在伏头。　宁夏

盲年春播好做秧。　广东（清远）　注：“盲年”，指当年无立春。

年初一交春，小癞团翻身。　上海

年底春早热。　福建（福清）

年逢双春，雨水不匀。　海南（定安）

年逢双春雨水红。　广西（罗城）

年逢双春雨水洪，年逢无春好种田。　山西（河曲）

年里春，农事忙；年外春，农事闲。　福建

年里春，气候温。　福建

年内春，春外雪，年外春，春内雪。　江西（金溪）

年内春，多台风。　福建

年内春，年内浇，年外春，年外浇。　浙江

年内交春短三春。　上海　注：“交春”，立春。

年内立春春不冷，年后立春三月冷。　广西（上思）、江苏（启东）

年内立春春勿冷，年后立春三月冷。　上海

年内立春你莫赶，开年立春你莫懒。　湖北（恩施）

年内立春小满割，年外立春立夏割。　湖北　注：指小麦。

年内立了春，庄稼要早种。　宁夏

年年都把春来打，春春都打六九头。　江苏（镇江）

年前春，春催人，家家兴；年后春，人催春，累死人。　湖南（怀化）[侗族]

年前打春落雨早，年后打春落雨迟。　河北（衡水）

年前打春正月暖，年后立春二月寒。　山西

年前交了春，耕牛地里奔。　福建

年前立春来日暖，正月立春一月寒。　河南（焦作）

年前立春年后暖，正月立春二月寒。　山西（盂县）

年湿春干得一般，春湿年干得百般。　海南（儋县）

牛怕两春，人怕无春。　广西（环江）[毛南族]

平年春打五九尾，闰年春打六九头。　新疆

千年难得龙双会，万年难逢晒交春。　江苏

千年难逢金满斗，百年难逢岁时春。　福建（政和）

千钱难买年立春。　浙江（绍兴）

日里交春春暖早。　上海

日立春，暝济雨；暝立春，日济雨。　福建　注：指白天立春，夜里多雨；夜间立春，白天多雨。

三年逢一润，一年打两春。　云南（昆明）

三月立春，米谷上价。　海南（临高）

山羊怕交九，绵羊怕打春。　天津、安徽（涡阳）、河南（漯河）

十二月立春春雨早，正月立春春水迟。　海南（保亭）

十年难逢金满斗，百年难逢首日春。　湖北　注：“金满斗”，指正月初一是六十甲子中的“金日”，又是黄道中建除满平里的“满日”，还是二十八宿的“斗日”，首日春，正月初一立春。

十年难逢金满斗，百年难逢岁交春。　四川、湖南、贵州（遵义）　注：“岁交春”，即农历腊月三十子时立春，和正月初一相交。

十年难碰一个金满斗，百年难遇一个元旦春。　湖南（长沙）

树婆立春就发芽，说明雨水会早下。　云南（昆明）

双春逢闰月，来年有新麦。

双春夹一冬，无被烘火笼。　福建

双春兼闰月，霜降遇重阳，一年收满两年粮。　广东

双春双雨水，种田苦无水。　福建（德化）

双春芝麻无春豆。　河北（南宫）

水滴立春牛，百日雨淋淋。　海南

水淋春牛头，农夫百日忧。

虽说打春动了风，变天仍比冬天冷。　河南（郑州）

岁朝宜黑四边天，大雪纷纷是丰年；但得立春晴一日，农夫耕田不用力。

福建（尤溪）

万事开头从岁首，一年之计在春头。　内蒙古

未到交春先打雷，田埂硬过铁。　广东（连山）[壮族]

未立春，先打雷，四十九日乌。　福建（南安）

未曾立春雷公哼，二十五日勿开天。　广东

误了一年春，三年理不清。　注：春天是播种的大好时机，因此要抓住良机及时和适时播种，如果延误了春天播种，秋收就会受到影响，从而遭受损失，如果形成恶性循环，3年也挽回不了损失。

先年立春早下种，当年立春迟下种。　湖南（邵阳）

先晴与后雨，无须问神仙；但看立春日，甲乙是丰年，丙丁遭大旱，戊己损良田，庚辛人马动，壬癸水连天。　上海　注："人马动"，言种田艰苦。这是立春占甲子的谚语。

响春哑秋，当年丰收。　福建　注：响春哑秋，指立春响雷立秋无雷。

雪打立春节，惊蛰雨不歇。　天津

一般栽树逢开春，砍柴刮树白露后。　河南

一立春，地温升。　湖南（零陵）

一路活计春打头。　江苏（徐州）

一年达两春，明年没春达。　福建　注："达"，逢、遇。

一年打二春，寸草贵如金。　内蒙古[达斡尔族]

一年打二春，黄草贵如金。　山西（忻州）

一年打俩春，牛毛贵似金。　山东（诸城）

一年打两春，遍地出黄金。　内蒙古（阿鲁科尔沁旗）

一年打两春，遍地都是金。　四川

一年打两春，带荚的贵如金。　河北（河间）

一年打两春，带毛贵如金。　黑龙江（哈尔滨）[满族]　注：指家畜价格上涨。

一年打两春，豆子贵如金。　河北（阜平）

一年打两春，黄牛贵似金。　河北　注："黄牛"又作"草"。

一年打两春，黄牛贵似金。　河北（沙河）

一年打两春，黄土变成金。　江苏　注：指当年春节后立春，第二个立春又在当年春节前，一年夹两春，年成好。

一年打两春，老牛冷断筋。　广西（钦州、合浦）　注："打"亦作"跨"，"冷"亦作"死"。

一年打两春，一年不打春。　山西（晋中）

一年逢两春，油菜变灯心。　福建（上杭）

一年赶双春，空田呣免熏。　福建（石狮）　注："熏"，熏田，在田里堆起草土焚烧肥田。

一年赶双春，三年一次闰。　福建（安溪）　注："双春"，指闰月年份年头年尾两个立春节气。

一年挂两春，盐米贵如金。 湖南（益阳） 注：“两春”，两个立春节。

一年交两春，油菜变灯芯。 福建（长汀、清流）

一年两春，瘦牛多闷。 海南（屯昌）

一年两春夹一冬，十个牛栏九个空。 海南（儋县）

一年两打春，黄土变成金。 山西（临汾）

一年两打春，棉花贵似银。 山西（新绛）

一年两个春，带荚贵如金。 黑龙江（绥化） 注：“带荚”，指豆类作物。

一年两个春，爹无衫，妈无裙。 海南（琼山）

一年两个春，豆角贵似金。 海南（保亭）

一年两个春，豆子贵起金。 山东（曹县）

一年两个春，豆子贵似金。 内蒙古

一年两个春，过年老牛冷断筋。 海南

一年两个春，黄牛贵如金。 安徽（颍上）

一年两个春，口贵似金。 山东（泰安）

一年两个春，四蹄贵如金。 山东（郯城）

一年两个春，无被暖温温。 广东（梅州）

一年两个春，一春失一春。 海南（临高）

一年两个春，黄土变成金。 山东（博山）

一年两夹春，黄米贵似金。 甘肃（甘南）

一年两立春，黄土变成金。 河南（郑州）

一年两头春，不发也发昏。

一年两头春，带角的贵起金。 山东（夏津） 注：“带角的”，指豆类植物，也指牛羊等牲畜。角，方言，读jia。

一年两头春，带角的贵似金。

一年两头春，豆子贵如金。 河北

一年两头春，豆子黄似金。 四川、河南（新乡）

一年两头春，饿死经纪人。

一年两头春，黄米贵似金。 山西（襄汾）

一年两头春，黄土变成金。 内蒙古、安徽（寿县）、湖北（蒲圻）

一年两头春，苦煞种田人。 上海 注：一年中逢到年初立春，岁末又逢立春，即是两头春，预兆歉年。后句又作“不死也发昏”。

一年两头春，来年冻死人。 安徽（阜阳）

一年两头春，粮食贵如金。 河北（张家口）

一年两头春，两个婆婆一腰裙。 河南

一年两头春，棉花难留存。 山西

一年两头春，一年不见春。 山西（浮山）

一年两头春，养鸡呒没肫。 上海 注：“呒没肫”，指没粮食吃，后句又作“黄豆贵如金”。

一年三百六十日，单望立春一日晴。 海南

一年三百六十日，但望立春晴一时。 广东（潮州）

一年三百六十天，单望立春晴一天。 湖南（常德）

一年双春旱一冬。 福建（平潭）

一年有二春，当年好收成。 山西（雁北）

一年有两春，十个牛栏九个空。 广西（乐业）[壮族]

一年之计在于春，农事节令不等人。

一日春雷十日雨，春打雷，雨相随。 广东

迎春下雨打春晴，交春下雨到清明。 湖北（潜江）

雨打立春节，惊蛰落勿歇。 浙江（丽水）

雨打立春节，惊蛰雨不歇。 宁夏

雨打立春节，惊蛰雨勿歇。 上海

雨打立春前，干旱一百天。 广西（田阳）[壮族]

雨拉立春，下到清明。 浙江

栽树逢开春，砍柴白露后。 安徽（天长）

栽松不让春知道，栽柳不过清明节。 安徽

早晨立了春，下午暖烘烘。 四川（甘孜）[藏族]

早春晚播田。

早雷早春，春夏雨纷纷；晚雷晚春，春夏少雨云。 福建（长泰）

早上打了春，后晌温腾腾。 宁夏

早上立了春，中午吃饭不用温。 安徽（和县）

睁眼春，年成好。 上海

闭眼春，年成拐。 湖北（罗田）

睁眼春，年成好；闭眼春，年成拐。

正月初一逢立春，当年五谷庆丰登。 贵州（贵阳）

正月打春，冻煞麦根。 河北（柏乡）

正月腊月十五，立春日不过界。 湖北（京山） 注：立春一般在腊月十五与正月十五之间。

正月立春春水迟。 福建

正月立春二月寒，立春落雨至清明。 海南（琼中）

正月立春二月寒。 广西（罗城）

正月立春天寒冷，阴雨连绵四十天。 广西（阳朔）

正月立春雨水到，黄瓜茄子可种早。 陕西

正月立春雨水到，黄瓜西红柿下种早。 华南地区

正月立春雨水到，黄瓜西红柿种早造。 广西

正月立春雨水降，插秧春种正大忙。 海南（儋县）

正月立春雨水天，浸好稻谷好过年。 海南

正月雨水惊蛰连，选种积肥莫迟延。 陕西（渭南）

种柏怕春知，插棚怕雨来。 注："春"指"立春"，"雨"指"雨水"。

种柏怕春知，插杉怕雨来。

种柏怕春知，栽杉怕雨来。 安徽（屯溪） 注：立春前种柏树，雨水前栽杉树。

种竹怕春知，插杉怕雨来。 安徽（六安）

最好立春晴一日，风调雨顺好种田。

最好立春晴一日，农夫不用力耕田。 江苏（常州）

最好立春晴一天，农民不用力耕田。 山东（莱阳）

最好立春一日晴，风调雨顺好种田。 海南（保亭）

最喜立春晴一日，农夫不用力耕田。 江苏、河南、陕西

雨　水

雨水是24节气中的第2个节气。公历每年2月18、19或20日，太阳黄经达330°时，是二十四节气的雨水。此时，气温回升、冰雪融化、降水增多，故取名为雨水。雨水节气时段一般从公历2月18日或19日开始，到3月4日或5日结束。雨水和谷雨、小雪、大雪一样，都是反映降水现象的节气。

在二十四节气的起源地黄河流域，雨水之前天气寒冷，但见雪花飞，难闻雨水声；到了雨水时节，桃李含苞，樱花盛开，正是“雨润春华”的大好时光。雨水不仅表明降雨的开始和雨量增多，而且也表示气温的升高。雨水“三候”的景象是：“一候獭祭鱼；二候鸿雁来；三候草木萌动。”这时候，水獭开始捕鱼了，还要做出“先祭后食”的样子；五天过后，大雁开始从南方飞回北方；再过五天，就看到春雨霏霏，草木吐芽的早春气息了。

雨水节气的15天，正好从“七九”的第六天到“九九”的第二天。农谚说：“七九河开，八九燕来，九九加一九，耕牛遍地走”。这时候，除了仍在寒冬之中的西北、东北、西南高原等地，全国大部分地区都在春风雨水中，呈现出了春耕春种的繁忙景象。

雨水前后，油菜、冬麦返青生长，对水分要求较高。“春雨贵如油”。华北、西北以及黄淮地区，雨水时节的降水量一般较少，常常不能满足农业生产的需要。因此雨水前后要及时春灌，确保农业稳产高产。淮河以南地区，则要搞好田间的清沟沥水，以防春雨过多而导致农作物的湿害烂根。农谚说：“麦浇芽，菜浇花，全靠水当家”。当然，对已经起苔的油菜别忘了追施苔花肥。在华南，双季的早稻育秧已经开始，要在“冷尾暖头”时抢晴播种，力争全苗壮苗。

总之，雨水时节，雨量渐渐增多，有利于越冬作物返青或生长，要抓紧越冬作物田间管理，做好选种、春耕、施肥等春耕春播的各项准备。此外，雨水季节，忽冷忽热，乍暖还寒，天气变化不定，会对已经萌动和返青生长的作物、林果造成危害。特别要注意做好农作物、大棚蔬菜的防寒防冻工作。

暖雨水，冷惊蛰。　广东（韶关）

春得一犁雨，秋收万担粮。

春雨贵如油，保墒抢时候。　注：越冬作物返青生长和春播作物播种出苗，需要土壤有足够的墒情。我国北方地区常年春季雨水偏少，因此春雨显得弥足珍贵。

春雨贵如油。

春雨满街流，收麦累死牛。

到了雨水天，农活勿迟延。　浙江（温州）

到了雨水天，生产全开展；立春雨水到，早起晚睡觉。 内蒙古 注：雨水，阳历2月18、19或20到3月4或5日。雨水节气是表示少雨的季节已过，雨水就要逐渐多起来了。雨水节气，在内蒙古地区的气候特点是雨水无雨，寒意未消。大部分地区仍在－15℃左右，个别地区尚在－30℃上下，仍在降雪期，还是严冬景象。在这个节气里，正是备耕生产的关键时期，除继续抓紧顶凌耙地、磙压保墒等一切防旱抗旱措施外，还要做好种子复选检验、维修增补春耕农具、倒粪送粪等备耕农事活动。

过了雨水天，农事接连连。 江西（丰城）

黄河水可用不可靠，来水赶快把麦浇。 注：3～5月是黄河流域旱情较为严重的时期，黄河经常出现断流，所以，生产上要趁黄河有水时及时浇灌麦田。

雷起未雨水，有雨落无水。 福建（德化）

雷响雨水后，晚春阴雨报。

冷雨水，暖惊蛰；暖雨水，冷惊蛰。

冷雨水，暖惊蛰；暖雨水，冷惊蛰。雨水阴寒，春季勿会旱；雨水日晴，春雨发得早。

暖雨水，冷惊蛰，暖春分。

暖雨水，冷惊蛰。 广西（隆安）

七九八九雨水节，种田老汉不能歇。

未到雨水先响雷，丈二深田曝得开。 福建（泉州）

蓄水如屯粮，水足粮满仓。 注：作物生长任何时候都离不开水，农作物生产中应有充足的水源，才能做到旱灾时保丰收。

有了雨水雨，才有春分水。 浙江（宁波）

雨打雨水节，二月落不歇。

雨落雨水，有雨少水。 福建

雨前后，种瓜点豆。

雨前麻花落勿大，雨后麻花落勿停。 注："麻花"，指小雨。

雨水，有雨无水。 福建（惠安）

雨水，种落水。 注："落水"，指"种稻"。

雨水、惊蛰节，柑橘好嫁接。 江西（宜春）

雨水不冷，冷到芒种。 广西（田阳）[壮族]

雨水不冷冷惊蛰。 广西（马山）

雨水不落，下秧无着。 湖北（孝感）

雨水不落夏至干。 安徽

雨水不下，夏至晴天。 河南（许昌）

雨水不下雨，天旱不了时。 海南（海口）

雨水草萌动，嫩芽往上拱，大雁往北飞，农夫备春耕。

雨水春风起，伏天必有雨。　河北（邢台）

雨水春雨贵如油，顶凌耙耘防墒流，多积肥料多打粮，精选良种夺丰收。

雨水到来地解冻，化一层来耙一层。

雨水滴滴下，大雨下一夏。　安徽（青阳）　注："雨水"，指节气。

雨水滴滴下，最后成江河。

雨水东风起，伏天必有雨。

雨水动粪土。　山西（和顺）

雨水多了斜根大，锄的迟了死庄稼。　陕西

雨水二月天气晴，果树挂果一定成。　福建（浦城）

雨水非降雨，还是降雪期。　注：雨水节气之时，我国大部分地区气温仍较低，降雪还很常见，生产上仍需继续加强防寒保暖。

雨水甘晴，春雨发得早。

雨水甘蔗，节节长。

雨水甘蔗节节长，春分橄榄两头黄。　安徽（青阳）

雨水瓜，惊蛰豆，清明禾苗绿油油。　广西（桂平）

雨水瓜，惊蛰豆。　江苏（南京）

雨水贵如油。

雨水过，粪土破。　山西（忻州）

雨水过，气转和。　湖南（娄底）

雨水过罢，种树插花。　陕西（汉中）

雨水过后，植树插柳。　陕西（安康）

雨水后，莫栽豆。　江西（崇义）

雨水嫁接水果，夏仝得解口渴。　广西（德保）

雨水茧上炕，清明蛾露头，谷雨蚕籽响。　注：柞蚕在东北南部地区一般于雨水节前后暖茧，四月上旬（黑龙江清明前后）发蛾，谷雨前后产卵。

雨水见水，惊蛰见辙。　注："见辙"，指春暖地化见到车辙印。

雨水见雨，清明见青。　福建（长汀）

雨水节，把树接。　山西、陕西

雨水节，好用水。　江苏（南通）

雨水节，积肥浇麦。　安徽

雨水节，皆柑橘。

雨水节，接柑橘。　湖北、湖南、四川、江苏（吴县）、上海（川沙）、河北（张家口）　注："接柑橘"又作"把树接"。

雨水节，接柑橘。　安徽（桐城）

雨水节，落不歇。雨水节，落不歇。　江西（新干）

雨水节，莫偷闲，早稻谷种准备全。　四川

雨水节，雨水代替雪。

雨水节，种落地。　上海　注：又作“雨水种落水”。

雨水节，种落水。　上海

雨水节后麦返青，农民准备搞春耕。　山东（汶上）

雨水节日一天雨，气候温和两均匀。　四川

雨水惊蛰寒，芒种冰浸岸。　海南

雨水惊蛰寒，芒种水淹岸。　福建

雨水惊蛰紧相连，植树季节在眼前。　广西（贵港）

雨水惊蛰紧相连，植树造林莫迟延。　安徽（滁州）

雨水雷鸣，风雨不停。　安徽（舒城）

雨水淋带风，冷到五月中。　湖北（建始）

雨水淋带风，冷到五月中。雨水有雨百阴。

雨水落了雨，阴阴沉沉到谷雨。

雨水落雨，阴阴晴晴到谷雨。　贵州（遵义）

雨水落雨百日阴，惊蛰唔冷难下耕。　广东（韶关）

雨水落雨春雨济，雨水没雨济春旱。　福建（建瓯）

雨水落雨三大碗，大河小河都灌满。　河南（周口）

雨水落雨三大碗，大河小河都要满。

雨水落雨三大碗，大河小河都装满。　湖北（黄石）

雨水落雨生百谷。　安徽（界首）

雨水落雨雨水足，雨水不雨雨水缺。　浙江

雨水没有水，一年瞎捣鬼。　江苏（徐州）

雨水没有雨，还有雪天气。　吉林

雨水明，夏至晴。

雨水南风吹，春寒有一七。　湖南（湘西）

雨水南风春寒，雨水北风有雨。　湖南（湘潭）

雨水南风紧，回春早；南风不打紧，会反春。

雨水怕无雨，无雨冇饭煮。　湖南（株洲）

雨水前，胡麻高粱种在田。　宁夏

雨水前，胡麻种在田。　宁夏

雨水前后，栽树插柳。　安徽、河南（信阳）

雨水前后，植树栽柳。　广西（罗城、贵港）、山东（巨野）　注：又作“雨水前后，栽杨插柳”。

雨水前雷，雨雪霏霏。　湖北（应城）

雨水前雷，雨雪披披。

雨水前响雷，四十九工晴。　福建（建瓯）

雨水清明紧相连，植树当令莫拖延。　山东（郯城）
雨水清明紧相连，植树季节在跟前。　黑龙江（大兴安岭）
雨水清明紧相连，植树季节在眼前。　陕西（渭南）
雨水清明紧相连，抓紧植树莫等闲。　天津
雨水晴，清明多风雨。　海南（保亭）
雨水晴，人着急；雨水淋，定丰年。　福建（上杭）
雨水晴，夏至明。　海南
雨水晴天，当年多雨。　河南（三门峡）
雨水日清亮，当年雨水旺。　山西（河曲）
雨水三大碗，大河小河满。　安徽（当涂）
雨水十九地化透，深翻土地是关头。　陕西（西安）
雨水水如油，再多也不愁。　安徽（南陵）
雨水送粪忙。
雨水望雨，清明望晴。　广西（武宣、柳江）
雨水无水多春旱，清明无雨多吃面。　湖北（大悟）
雨水无水多春旱。　安徽（寿县）
雨水无雨，赤地千里。　福建（漳平）
雨水无雨，二月暖。　广东（连山）[壮族]
雨水无雨，犁耙捡起。雨水带雨。　广东（阳江）
雨水无雨，犁耙拾起。　海南（保亭）
雨水无雨，夏至无雨。　湖北（黄石）
雨水无雨春天旱，惊蛰响雷春后旱。　广东（韶关）
雨水无雨多春旱，清明无雨吃白面。　河南（周口）
雨水无雨多春旱，清明无雨多吃面。　江苏（吴县）　注：指麦子收成好。
雨水无雨旱死牛。　广西（横县）
雨水无雨落，抗旱插旱禾。　广东
雨水无雨落，有田插旱禾。　广西（资源）
雨水下落三大碗，大河小溪都要满。　福建（宁德）
雨水下雨春水好，雨水无雨春水少。　海南
雨水下雨多春雨，雨水无雨多春旱。　广西（荔浦）
雨水下雨庄稼好，小麦穗大籽粒饱。　河南（周口）
雨水修渠道，抽水把麦浇。　陕西（咸阳）
雨水须用水。　广东
雨水要下阵雨，不下今年无雨。　广西（凭祥）
雨水一过，菜籽落地。　安徽（南陵）
雨水阴，夏天多风雨。　海南

雨水阴寒，春季勿会旱。

雨水有水，农家不缺米。　宁夏

雨水有水年成好，雨水无水收成少。　江苏（连云港）

雨水有水无雨，雨水无水有雨。　福建（云霄）

雨水有水庄稼好，大春小春一片宝。　陕西

雨水有雨，春水及时。　广西（柳城）

雨水有雨，四时有雨。　河北（雄县）

雨水有雨，一年多水。

雨水有雨百日阴，雨水冇雨好收成。　湖南（湘潭）

雨水有雨百日阴。　浙江

雨水有雨百阴。

雨水有雨病人稀，端午有雨是丰年。　山西（临汾）

雨水有雨春水好。　湖南（湘西）[苗族]

雨水有雨好年景。　福建（清流）

雨水有雨禾苗好，大春小春一片宝。　海南

雨水有雨冷一旬，无雨无雷旱怕人。　广西（隆安）

雨水有雨农家忙。　安徽

雨水有雨天无旱。　湖南（株洲）

雨水有雨一年多水。

雨水有雨庄稼好，大春小春一片宝。　长三角地区、四川、陕西、福建、广西（来宾、罗城）、山西（新绛）　注："雨水"，二十四节气里的第二个节气，在农历正月中旬，阳历2月18日或19日。太阳到达黄经330°时开始。我国大部分地区雨量逐渐增加。《月令七十二候集解》中说："正月中，天一生水"。春始属木，然生木者必水也，故立春后继之雨水。进入雨水节气，说明严寒已过，雨水增多。此时小麦正在有效分蘖期，油菜正处在抽薹和开花阶段，进入营养生长、生殖生长双旺阶段，需要水分，使寒冬施的肥料充分溶解，便于作物根系吸收养分，促使小麦拔节生长，油菜有效分枝增多。此时对夏熟作物要加紧中耕除草和增施肥料，清沟理墒，为排水防涝做好准备。故另有农谚说："立春天渐暖，雨水送肥忙"、"七九八九雨水节，种田老汉不能歇"。"大春小春"，指的是在不同季节播种、生长和收获的作物。人们习惯上把春季播种，秋季收获的作物称之"大春"作物，而把秋季播种，次年春季收获的作物称之"小春"作物，在长三角地区又分别称为秋熟作物和夏熟作物。对秋熟作物来说，此时正值播种育苗阶段，种子发芽出苗也需要一定的水分。因此，雨水节气有雨，无论对夏熟作物，还是对秋熟作物都是比较有利的。所以"雨水有雨庄稼好，大春小春一片宝"是有科学道理的。

雨水有雨庄稼好，大麦小麦粒粒饱。　湖北（广水）

雨水有雨庄稼好，大麦小麦一片宝。　宁夏、湖南（常德）

雨水有雨庄稼好，立春小雨一片空。　广西（乐业）

雨水有雨庄稼好，下多下少都是宝。　注：雨水节气越冬作物普遍开始返青生长，春播作物也将播种，均要求有充足的水分。一般来说，雨水降雨对农业生产比较有利，但雨水偏多易致渍害。

雨水有雨庄稼好，小春大春一片宝。　山东（台儿庄）

雨水有雨庄稼好，小麦苞米一片宝。　吉林

雨水雨，禾苗蓬勃起。　福建（龙岩）

雨水雨，禾苗起。　上海

雨水雨，落不歇。　海南

雨水雨，水就匀；雨水晴，水不匀。　海南

雨水雨，鱼公虾仔下海底；雨水晴，虾公鱼仔上茅坪。　广西（桂林、荔浦）

雨水雨带风，冷到五月中。　河南（郑州）

雨水雨连绵，寒露风连天。　海南（儋县）

雨水雨淋淋。　江西（宜黄）

雨水雨绵绵，寒露风连天。　广东（肇庆）

雨水雨水，麦要雨水。

雨水雨水，有雨无水，有水无雨。　福建

雨水雨水，有雨无水。

雨水雨水，种子落水。　湖南（岳阳）、上海

雨水雨水，种子下水。　福建（福州）

雨水雨水三大碗，大河小河都要满。　江苏（苏州）　注：第一个雨水指节气，第二个雨水指下雨。

雨水在月头，有雨又有涝。　海南（屯昌）

雨水早，春分迟，惊蛰育苗正当时。　广东

雨水早，春分迟，惊蛰育苗正适时。　河南（开封）

雨水种瓜，惊蛰蕹麻。　湖南（湘西）

雨水种瓜，惊蛰种豆。　广西、江苏（淮阴）、陕西（西安）

雨水种落水，清明人布田。　广东

雨水种竹，清明点豆。　四川

栽松不过雨水节，过了雨水活不得。　安徽

栽松莫过雨水节，过了雨水不得活。　安徽

栽松莫过雨水节，过了雨水活不得。　陕西（咸阳）

只有雨水落，才有春分水。　海南

惊　　蛰

惊蛰，古称“启蛰”，是二十四节气中的第三个节气，时间点在公历3月5日或6日，太阳到达黄经345°时。

“春雷惊百虫”。惊蛰的意思是天气回暖，春雷始鸣，惊醒蛰伏于地下冬眠的昆虫。惊蛰雷鸣是这个节令的最大特点。惊蛰时节正好是“九九”艳阳天，我国除东北、西北地区还有一些地方有银装素裹的冬日景象外，大部分地区已是东风阵阵、春光融融的大好春天了。

在二十四节气的起源地黄河流域，惊蛰节气也还不时会出现乍暖还寒的天气，谚语有：“冷惊蛰，暖春分”、“惊蛰刮北风，从头另过冬”的说法。

《月令七十二候集解》中说：“二月节，万物出乎震，震为雷，故曰惊蛰。是蛰虫惊而出走矣。”晋代诗人陶渊明有诗曰：“促春遘（gòu）时雨，始雷发东隅，众蛰各潜骇，草木纵横舒。”实际上，昆虫是听不到雷声的，大地回春，天气变暖才是使它们结束冬眠，“惊而出走”的原因。

惊蛰三候为：“一候桃始华；二候仓庚（黄鹂）鸣；三候鹰化为鸠。”描述已是进入仲春，桃花红、李花白，黄莺鸣叫、燕飞来的时节。按照一般气候规律，惊蛰前后各地天气已开始转暖，雨水渐多，大部分地区都已进入了春耕。

惊蛰在农业生产上是一个重要的节气，我国自古就把它视为春耕开始的日子，天子往往也在这个时候发布劝农耕种的诏书。在华北，冬小麦开始返青生长，土壤仍冻融交替，及时耙地是减少水分蒸发的重要措施。在江南，小麦已经拔节，油菜花开，干旱少雨的地方要应适当浇水灌溉和施肥。在岭南各地，降水一般可满足农田作物的生长需要，反过来要防止低洼地的湿渍侵害了，注意搞好清沟沥水工作。

在华南地区，早稻播种应抓紧进行，同时要做好秧田防寒工作。随着气温回升，茶树也渐渐开始萌动，应进行修剪，并及时追施“催芽肥”，促其多分枝发叶，提高“明前茶”的产量，所谓“明前采一筐，谷雨值一担”。各种果树如桃、梨、苹果等要施好花前肥。

温暖的气候容易发生作物病虫害，田间杂草也相继萌发，要及时搞好病虫害防治和中耕除草。农谚还说“桃花开，猪瘟来”，这是千百年积累的经验，因此这个季节要十分重视家禽家畜的防疫工作。

不到惊蛰不破土，不到春分不上山。　四川（阿坝）［羌族］

不到惊蛰天响雷，二十五日云不开。　广东

不怕惊蛰寒，只怕惊蛰雨。　福建（宁化）

不怕正月十五风吹灯，就怕惊蛰刮黄风。　天津

不识字，不识墨，落种对惊蛰。 福建（平和）

不用算，不用数，惊蛰节后五日就出九。 浙江（湖州）

不用算，不用数，惊蛰五日就出九。 湖北

不用算不用数，惊蛰七日就出九。 河南（郑州）

蝉惊蛰始鸣，白露绝鸣；蟋蟀清明初鸣，秋分终鸣；大雁清明始现，秋分绝见；蟾蜍清明出现，寒露不见；青蛙春分初鸣，秋分终鸣。

吃了惊蛰饭，做到头都烂；惊蛰前后浸，春分前插完。 广东（大埔） 注："浸"，指浸种。

川里过了惊蛰不种，山里过了清明不种。 宁夏 注：指春小麦播种期。

春寒不算寒，惊蛰冷半年。 吉林

春寒不算寒，惊蛰寒，冷半年。 天津

春寒不算寒，惊蛰寒半年。 河南（三门峡）

春寒不算寒，惊蛰寒了打颤颤。 宁夏

春寒不算寒，惊蛰寒了寒半年。 新疆

春寒不算寒，惊蛰寒了冷半年。 甘肃、新疆、宁夏

春寒不算寒，惊蛰寒了种干田。 宁夏

春寒不算寒，惊蛰冷半年。 甘肃、青海、山东

村人懵懵懂，惊蛰好落种。 福建（武平）

搭田莫过惊蛰。 湖南

搭田在惊蛰，虫死得笔直。 湖南

打雷惊蛰前，四十八天雨绵绵。 四川

打雷惊蛰前，四十五天勿见天。 上海

到了惊蛰，种子找食。 福建（将乐） 注："种子找食"，指种子要吸收水分养料发芽生长。

到了惊蛰节，春耕不停歇。 江西（新余）

到了惊蛰期，百虫缓过气。 新疆

点豆点到惊蛰口，点一蔸来打一斗。 湖南（郴州）

点在惊蛰口，一碗打一斗。 湖北（利川）

冬寒不算寒，惊蛰寒半年。 陕西（咸阳）

冻惊蛰，可杀虫。 江西（吉安）

冻惊蛰，冷春分。 四川

冻惊蛰，冷清明，麦子必有好收成。

冻惊蛰，冷清明。 江苏（江阴） 注："冷"又作"晒"。

冻惊蛰，亮清明，黑谷雨。 四川

冻惊蛰，暖春风。 湖南（衡阳）

冻惊蛰，晒清明，稻谷好收成。 湖南（零陵）

冻惊蛰，晒清明，谷雨时节正该淋。　四川
冻惊蛰，晒清明，谷子将有大收成。　贵州
冻惊蛰，晒清明。　福建、湖北（蒲圻）
二月二龙抬头，过了惊蛰种豌豆。　山西（临汾）
二月二龙抬头，惊蛰地开就使牛。　山西（襄汾）
二月惊蛰孵蚕子，三月清明撒谷子。　四川、贵州（贵阳）
二月惊蛰晴，高山树发青。　湖北（五峰）
二月惊蛰闻雷，小满发水。　河南
二月惊蛰有雷，米价如泥。　河南
二月惊蛰又春分，耕田耙田忙送粪。　上海
二月惊蛰又春分，四月豆角地里生。　广西
二月惊蛰又春分，芋头包粟种纷纷。　广东
二月惊蛰又春分，种树施肥耕地深。
二月是惊蛰，老龙又抬头，北风转东风，春雨贵如油。　山东
吪到惊蛰响雷霆，晴晴落落到清明。　浙江（台州）
过罢惊蛰，大地消彻。　山西（长治）
过罢惊蛰节，果木发新叶。　河南（郑州）
过惊蛰，不耕地，好比蒸馍跑了气。　山东（任城）　注：又作“惊蛰不耙地”。
过惊蛰，孵蚕子。　湖北（荆门）
过了惊蛰节，耕地不能歇。　吉林
过了惊蛰，春耕勿歇。　浙江（湖州）
过了惊蛰，蛤蟆出穴。　河南（南阳）
过了惊蛰，庄稼偷歇。　山西（屯留）　注：“庄稼”，指庄稼人。
过了惊蛰春分，棒槌落地生根。　湖北（竹溪）
过了惊蛰春分，万籽落地生根。　河南（郑州）
过了惊蛰地门开。　山西（浮山）
过了惊蛰节，春耕不能歇。　注：惊蛰节气以后，我国大部分地区气温明显回升，土壤多已解冻，雨水增多，正是春耕春种的好时机，人畜都不能停歇，比喻各种农活纷至沓来。“春耕”又作“犁地”。
过了惊蛰节，春耕不敢歇。　山西（霍县）
过了惊蛰节，春耕不停息。　内蒙古、河北（邯郸）、山东（高密）
过了惊蛰节，春耕莫停歇。　广东
过了惊蛰节，地里不能歇。　陕西（咸阳）
过了惊蛰节，耕地不停歇。　江苏、安徽、四川、湖北、湖南、江西、河南、山东、北京、甘肃　注：“耕地”又作“耕田”、“耕牛”，“停”又作“能”。

过了惊蛰节，耕地不得歇。　广西（武宣、桂平）　注：“耕地”亦作“犁地”；“得”亦作“能”。

过了惊蛰节，耕地不停歇。　山东（博山）

过了惊蛰节，耕地莫停歇。

过了惊蛰节，耕牛不得歇。　湖南（湘西）[土家族]

过了惊蛰节，耕田不得歇。　海南、江苏（徐州）

过了惊蛰节，耕田冇停歇。　福建

过了惊蛰节，耕田勿停歇。　上海

过了惊蛰节，老牛老马都犁得。　四川

过了惊蛰节，老牛老马硬如铁。　湖南、山东

过了惊蛰节，老牛硬如铁。　贵州（黔东南）[侗族]、海南（保亭）　注：后句汉谚又作“种田不停歇”。

过了惊蛰节，犁地不能歇。　广东（乐昌）、河南（三门峡）、宁夏（银川）

过了惊蛰节，犁耙不能歇。　湖南

过了惊蛰节，犁田忙不歇。　四川

过了惊蛰节，农村没得歇。　江西（临川、宜春）

过了惊蛰节，农夫冇气歇。　湖南（郴州）

过了惊蛰节，农夫无闲歇。　江西（宜春）

过了惊蛰节，耙地不能歇。　山西（新绛）

过了惊蛰节，亲家有话田埂说。　湖南（岳阳）

过了惊蛰节，亲家有话田间说。　湖北

过了惊蛰节，是鱼都咬铁。　湖北（石首）　注：过了惊蛰鱼食量增加。

过了惊蛰节，夜寒日里热。　山西（临汾）

过了惊蛰节，一夜一片叶。　湖北

过了惊蛰节，鱼在滩头歇。　湖南（怀化）

过了惊蛰节，芋头要抢先。　河南（郑州）

过了惊蛰节，种地不能歇。　湖北、河南（林县）

过了惊蛰节一夜一片叶。

过了惊蛰老冰开。　河北（涉县）

过了惊蛰乱插犁。　宁夏（银南）

寒惊蛰，寒死老牛；寒清明，寒死人；寒社暝，寒入腹肠；寒立夏，寒煞相；寒小满，寒得觞捧碗。　福建　注：“社暝”，指春社；“煞相”，指了不得。

寒惊蛰，寒雨水，寒到厚皮树出蕾。　海南（定安）

节到惊蛰，春水满地。　四川、吉林、河北（唐山）、河南（新乡）、江西（信丰）、山东（泰安）、湖南（湘潭）

节到惊蛰，春水漫地。　山西　注：“漫”也作“满”。

节到惊蛰，春雨满地。 海南（东方）、江苏（镇江）

浸春过惊蛰，虫害无得食。 广东

惊了蛰，快种麻；秆又粗，籽又大。 宁夏

惊蛰开犁，清明种豆。 宁夏

惊蛰不到雷先来，四十五天云不开。 吉林

惊蛰不动，冷到芒种。 吉林

惊蛰不惊，依然雪封。 吉林

惊蛰不耙地，馒头锅上跑了气。 吉林

惊蛰不停牛，家家户户忙种地。 吉林

惊蛰刮北风，扔掉高田种湖坑。 江苏

惊蛰刮场风，撂下高田种洼坑。 吉林

惊蛰宁，百事成。 山东、山西、河南、河北、陕西 注：“宁”，山东原注指不刮风。

惊蛰前，闻雷声，庄稼地，少收成。 吉林

惊蛰前后，稀泥烂地。 吉林

惊蛰三月中，气温渐渐升，午间常化冰，风力逐渐增。 吉林

惊蛰天气晴，五谷喜丰收。 吉林

惊蛰听不着雷声，大地还没睡醒。 吉林 注：“睡醒”又作“解冻”。

惊蛰闻雷，小满发水。 吉林

惊蛰闻雷米如泥，春分无雨病人稀。 吉林

惊蛰乌鸦叫，春分地皮干。 吉林

惊蛰无凌丝。 河北（吴桥）

惊蛰一犁土，春分地气通。 吉林

惊蛰、惊蛰，蚂蚁虫子冻得笔直。 江西（分宜）

惊蛰百草生。 天津（津南区）

惊蛰百虫动，催马快春耕。

惊蛰百虫动。 天津、山西（绛县）

惊蛰百虫醒，春分地气通。 河南（三门峡）

惊蛰苞谷清明秧，种完黄豆过端阳。 湖北（巴东）

惊蛰报，着坡也着海。 海南（定安） 注：“报”，天气变冷；“着”，适宜。

惊蛰边，好种辣。 湖南（湘潭）

惊蛰边，种荞天。 湖南、上海

惊蛰播春麦，小暑来收割。 新疆（和田）

惊蛰不藏牛。 陕西、山西（临县）

惊蛰不锄地，等于蒸馍跑了气。 宁夏

惊蛰不锄地，好比蒸馍跑了气。 河南

惊蛰不动，冷至芒种。　四川

惊蛰不动虫，寒至五月中。

惊蛰不动虫，冷到五月中。　江苏（新沂）　注：又作“惊蛰不翻风，寒到五月中”。

惊蛰不动虫，冷在五月中。　陕西、湖北（荆门）

惊蛰不动风，寒到五月中。　河南（焦作）

惊蛰不动风，旱到五月中。　宁夏

惊蛰不动风，冷到五月中。　湖北、湖南（零陵）

惊蛰不动风，冷齐五月中，惊蛰动了风，吹到五月中。　四川、河北

注：“齐”又作“到”。

惊蛰不动风，冷至五月中。　新疆

惊蛰不动雷，谷种不得回。　广西（宜州）

惊蛰不动雷，寒至五月中。　山东

惊蛰不动雷，冷在五月中。　湖北

惊蛰不冻，冷到芒种。　四川、广东（连山）[壮族]、广西（龙州、上思）、湖北（崇阳）、江西（南昌）　注：“冻”亦作“冷”。

惊蛰不冻虫，寒到五月穷。　福建（武平）

惊蛰不冻虫，寒到五月中。　湖南、江西（临川）　注：后句或作“冷到六月中”。

惊蛰不冻虫，冷到五月中。　陕西（安康）

惊蛰不反，作海吃屎。　广东（雷州）　注：“反”，指天气变冷。“作海”，指捕鱼的。

惊蛰不放蜂，十笼九笼空。　上海、河北、安徽（安庆、长丰）

惊蛰不放蜂，十箱九个空。　山东（乳山）

惊蛰不放蜂，十箱九箱空。　长三角地区、天津、新疆、河南（洛阳）

注：在长三角地区，一般每年惊蛰节气后，天气变暖，各类农作物开始生长，开花，而此时蜜蜂经过一个冬季的休眠，也已开始活动，因此，此时应及时进行放蜂，让蜜蜂能采食花粉。如果不能及时放蜂，则会造成蜂巢内的蜜蜂大量死亡。此谚语提示蜂农，应抓住农时节气，及时放蜂。

惊蛰不放蜂，十有九箱空。　广西（融安、象州）

惊蛰不耕地，不过三五日。　山东、河北（定县、广宗）、山西　注：“耕”又作“犁”，“三五”又作“两三”，“日”又作“天”。

惊蛰不耕地，不过三五日。

惊蛰不耕地，好比蒸馍跑了气。

惊蛰不耕地，好比蒸馍走了气。　湖北（襄樊）

惊蛰不耕地，露墒散水气。　河北（行唐）

惊蛰不耕地，蒸馍跑了气。 河北（安国）

惊蛰不耕田，不过三五天。 河北（完县）

惊蛰不耕田，不会打算盘。 河北（沧州）、山东（泰山）、山西（太原、新绛）

惊蛰不刮风，冷到五月中。 广西 注："不刮"亦作"不翻"、"不反"、"无通"；"中"亦作"穷"、"风"。

惊蛰不刮风，倒冷三月中。

惊蛰不过不下种。

惊蛰不过先响雷，四十九日暗天门。 海南（保亭）

惊蛰不寒，六月不暑。 海南（澄迈）

惊蛰不寒农，冷到杨梅红。 福建（尤溪）

惊蛰不回北，寒到四、五、六。 海南（万宁） 注："四、五、六"，指四至六月。

惊蛰不浸谷，大暑禾不熟。 广东、江苏（南京） 注："不"又作"唔"。

惊蛰不浸谷，大暑禾不熟。 广西（玉林、藤县） 注："惊蛰"亦作"清明"；"大暑"亦作"六月"。

惊蛰不浸种，大暑不响桶。 广东（高州）

惊蛰不开地，不过三五日。

惊蛰不开河，鱼虾不好活。 天津（汉沽）

惊蛰不冷，百物不生。 广西（柳江、桂平） 注："不生"亦作"生得晚"。

惊蛰不冷，百物无声。 广西（陆川）

惊蛰不冷，冷到春分。 广东（连山）[壮族]

惊蛰不冷，冷到四月中。 广东（连山）

惊蛰不冷，没水作畦。 海南

惊蛰不冷虫，冷到三月中。 广东（德庆）

惊蛰不冷春播难。 广东（连山）[壮族]

惊蛰不冷阴雨多。 四川

惊蛰不离九九三。 宁夏

惊蛰不犁地，好似蒸笼跑了汽。 注：惊蛰时期，土壤解冻，地温回升，土壤里的水分顺着土壤毛细管上升而蒸发掉。为了防止水分蒸发，地里有越冬小麦的农田，应及时耙耱，或用漏锄浅锄行间土壤，无越冬作物的农田，实行无铧浅犁。经过耙耱浅锄或浅犁，就切断了地表层的土壤毛细管，从而减少了水分蒸发。

惊蛰不耙地，好比蒸馍跑了气。 湖北、河南（新蔡）、安徽（淮南） 注："好比"又作"好似"，"跑"又作"走"。

惊蛰不耙地，好比馒头锅上跑了气。 安徽（涡阳）

惊蛰不耙地，好比蒸馍跑了气。 河南（商丘、周口）、山西（临汾）

惊蛰不耙地，好比蒸馍走了气。 注："走"又作"跑"。

惊蛰不耙地，好似蒸馍跑了气。　陕西（商洛）

惊蛰不耙地，好像蒸馍锅上跑了气。

惊蛰不耙地，就像蒸馍走了气。

惊蛰不耙地，有如蒸笼漏了气。　广东

惊蛰不起风，冷到五月中。　四川、安徽

惊蛰不热秋霜迟。　宁夏

惊蛰不湿谷，夏至无禾熟。　广东　注："不"又作"唔"，"湿"又作"浸"。

惊蛰不湿谷，夏至无熟禾。　广东

惊蛰不停牛，扁豆不离九。　宁夏

惊蛰不透虫，寒到六月中。　江西（进贤）　注："不透虫"，冷不死虫。

惊蛰不完，赶快种蒜。　山西（晋城）

惊蛰不消地，顶多三五日。　山西（长治）

惊蛰不宜两，一雨全年糟。　海南

惊蛰不宜雨。　广东

惊蛰不在家，入伏不在地。　宁夏、山西　注：指大蒜生长期。山西注指夏蒜的种收，"入伏"又作"小暑"。

惊蛰不在家，夏至不在地。　贵州、山东　注：意指惊蛰前把紫皮蒜种下去，夏至节收回来，

惊蛰不站牛，仓里粮食年年有。　辽宁

惊蛰不种麻，是个懒人家。　湖北

惊蛰不种田，不会打算盘。　山东（郯城）

惊蛰插杉，绿枝青桠；清明插杉，红枝黄桠。　江西（赣东）　注：惊蛰后栽松树不易成活，插杉树容易成活，到了清明边，插杉树就不容易成活了。因为惊蛰以后，松树树液流动，开始生长，栽后很难成活。而杉树插条，在树液流动以后，切口才有白色乳液流出，与土壤密切结合，容易重新成长。若近清明，乳白汁不多了，切口不易愈合，难以生根成活。根据横峰县1954年冬季检查，惊蛰杉树插条的成活率为75%以上。清明后插条的成活率仅达10%。

惊蛰铲田坎，虫死有万千。　安徽（怀宁）

惊蛰虫不动，端阳要把棉衣送。　湖北（黄冈）

惊蛰出蜜。　江苏（苏北）

惊蛰吹吹风，冷到五月中。　广东（韶关）

惊蛰吹吹风，冷在五月中。　上海、新疆

惊蛰吹到一撮土，倒冷四十五。　山东

惊蛰吹了风，吹到五月中。　福建（龙岩）

惊蛰吹南风，寒到四月八。　海南（海口）

惊蛰吹南风，天寒到芒种。　海南（通什）

惊蛰吹南风，天阴就转寒。　海南（定安）

惊蛰吹起土，倒寒四十五。　陕西

惊蛰吹起一撮土，倒冷四十五。

惊蛰吹一风，冷在五月中。　山西、陕西、上海　注：“一”又作“吹”。

惊蛰春翻田，胜上一道粪。

惊蛰春分，棒槌放下都生根。　四川、湖南

惊蛰春分，春麦动手。　山西（太原）

惊蛰春分，麦苗一夜长一寸。　湖北（荆门）

惊蛰春分，牛牯乱纷纷。　湖南（郴州）

惊蛰春分，耙地送粪。　山西（晋中）

惊蛰春分，驶牛郎子闹纷纷。　广东

惊蛰春分，秧田要管匀。　广东（大埔）

惊蛰春分，栽蒜当紧。　宁夏、陕西（咸阳）

惊蛰春分，种蒜当紧。　河北（唐山）

惊蛰春分把田犁，立夏小满秧栽齐。　四川

惊蛰春分地凌开。　山东（枣庄）

惊蛰春分节，春耕不停歇。　广西（平乐）

惊蛰春分紧相连，耕田浸种莫迟延。　福建（龙岩）

惊蛰春分紧相连，浸种耕田莫迟延。　安徽（安庆）

惊蛰春分紧相连，植树季节在眼前。　河南（驻马店）

惊蛰春分雷雨动。　上海

惊蛰春分两相连，耕田浸种莫迟延。　广东

惊蛰春分梅雨天。　广西（宜州）

惊蛰春分万物生，鱼儿开口把食增。　湖北（洪湖）

惊蛰春分鱼结伴。　湖南（怀化）

惊蛰春分鱼上滩，鱼分对，鸟分山。　四川

惊蛰春雷响，催马快耕田。　山西（浮山）

惊蛰春雷响，农夫闲转忙。　注：此时天气转暖，渐有春雷，冬眠动物出土活动，春耕季节到来，农民要闲转忙干农活。

惊蛰春雷响咚咚，蛇虫蚂蜗跑出洞。　广西（平乐）

惊蛰打点，返九四十天。　安徽　注：“九”，指冬九九。

惊蛰打雷，禾米不贵。　江西（会昌）

惊蛰打雷，小满发水，白米成堆。　江苏（扬州）　注：“发水”又作“泼水”。

惊蛰打雷，小满发水。　福建、湖南、河南（洛阳）

惊蛰打雷，雨水来推。　广东（肇庆）

惊蛰打雷喜，米面贱如泥。　河北（张家口）

惊蛰打雷喜。　河北（保定）

惊蛰打了霜，小麦一包糠；惊蛰下了雨，斗麦一斗米。　湖南（岳阳）

惊蛰大地开。　山西（襄汾）

惊蛰当日寒，还得冷半年。　河南（开封）

惊蛰到，百虫叫。　上海　注：后句又作“蛇虫百脚跳”。

惊蛰到，百虫醒了觉。　江苏（盐城）

惊蛰到，蛒蚂叫，伢儿打起赤脚跳。　湖北（仙桃）

惊蛰到，地开窍，冬眠的动物醒了觉。　山东（泰安）

惊蛰到，蛤蟆叫，小孩乐得赤脚跳。　河南（信阳）

惊蛰到，蛤蟆叫。　贵州（黔东南）[苗族]

惊蛰到，好种辣。　湖南　注：“到”又作“前后”。

惊蛰到，忙得跳。　云南（大理）

惊蛰到，眠虫叫；初雷响，地解壳。　海南

惊蛰到，暖和和，石薯老蛤唱山歌。　海南　注：“石薯”，海南话，蛤蟆；“老蛤”，老青蛙。

惊蛰到，青蛙叫。　湖南（常德）

惊蛰到，脱棉袄。　江西（弋阳）

惊蛰到，鱼虾跳。　湖北（郧县）

惊蛰到春分，下种莫放松。　陕西、甘肃、宁夏

惊蛰到春分，秧田要管勤。　湖南（常德）

惊蛰的雷，冬麦的害。　天津

惊蛰的麦子，清明的豆，叶叶儿长的绿油油。　甘肃（临夏）

惊蛰的桥，神鬼不敢跳。　宁夏（银南）　注：“桥”，指黄河的冰。

惊蛰的雪，冬麦的害。　宁夏（固原）

惊蛰滴一点，倒冷四十天。　宁夏（石嘴山）

惊蛰滴一点，九九倒回转。　甘肃（天水）

惊蛰滴一点，九九向后走。　海南

惊蛰地化通，锄麦莫放松。

惊蛰地渐开，不耙跑墒快。　内蒙古

惊蛰地气通，保墒记心中。　陕西

惊蛰地气通，锄麦莫放松。

惊蛰地气通，小麦要返青。　河北（馆陶）

惊蛰地气通。

惊蛰地通犁牛动。　山西（灵石）

惊蛰地无隔。　山东（潍坊）

惊蛰点大麦。　山西（太原）

惊蛰点瓜，遍地开花。　陕西（安康）、四川

惊蛰点瓜，不开空花。　四川、河南（濮阳）　注："不开空花"又作"遍地开花"。

惊蛰点瓜，不开强花。　陕西（渭南）　注："强花"，雄花。

惊蛰点瓜，疙里疙瘩，惊蛰炒豆，百年长寿。　四川

惊蛰点瓜，夏至开花。　黑龙江（哈尔滨）

惊蛰动雷，谷米成堆。　广西（临桂、阳朔）　注："动"，打雷，亦作"天响"。

惊蛰动了风，吹到三月中。　山东（梁山）

惊蛰动了风，吹到五月中。　四川、内蒙古、山西（晋城）

惊蛰动了风，刮到五月中。　河北（昌黎）

惊蛰动了雷，谷米堆成堆。　广西（平乐、兴安）

惊蛰冻，秧打碰。　湖南（衡阳）

惊蛰冻得明，种谷拿去浸。　江西（于都）

惊蛰豆，寒露麦，霜降菜。　福建（晋江）

惊蛰豆，哗闹闹。　福建（晋江）

惊蛰豆，一薮萎。　广东（蕉岭）

惊蛰豆生翅。　福建（莆田）

惊蛰豆子发翼。　福建（龙海）

惊蛰断底凌。　河北（临漳）

惊蛰断地龙。　河北（邯郸）

惊蛰断凌时。　山东（梁山）

惊蛰断凌丝。

惊蛰对清明，谷种两头停。　广东（开平）

惊蛰对清明，越吃米越平。　广西（荔浦、桂平）　注："平"，指便宜。

惊蛰蛾子春分蚕。　四川、山东（梁山）

惊蛰翻风暖得早。　广西（宜州）

惊蛰风吹一撮土，春寒倒冷四十五。　安徽（岳西）

惊蛰风卷土，倒冷四十五。　陕西（渭南）　注："四十五"，指天数。

惊蛰风扑面，谷种田中烂。　四川

惊蛰风停，端午冷人。　广西（富川）

惊蛰蜂蜜。　上海

惊蛰干净白露晴。　海南（保亭）

惊蛰干雷米似泥，春分有雨病人稀。　广东（潮州）

惊蛰高粱春分秧。　四川

惊蛰割蜂。　上海、江苏、河南、河北

惊蛰割蜜，立冬出葱。　湖北

惊蛰割蜜。　河南

惊蛰蛤蟆啾，农夫皆种豆。　广东（新会）

惊蛰蛤蟆（青蛙）叫，秧要种三道。　湖南

惊蛰蛤蟆叫，懒人拍手笑。　江西（宜春）

惊蛰蛤蟆叫，秧要种三道。　上海

惊蛰蛤蟆前，白田改水田，惊蛰蛤蟆后，水田走大路。　江苏、湖北　注：“前”，“后”，指青蛙鸣于惊蛰的前后。

惊蛰蛤蟆前，白田改水田；惊蛰蛤蟆后，水田走大路。　湖北　注：“前、后”系指青蛙鸣于惊蛰之前还是以后。

惊蛰跟前种春麦。　宁夏

惊蛰谷雨下，谷米要涨价。　湖北（京山）

惊蛰刮北风，从头另过冬。

惊蛰刮北风，扔掉高田种湖坑。

惊蛰刮风，百日不空。　山东（泰安）

惊蛰刮风，倒冷三月中。　陕西、甘肃、宁夏

惊蛰刮风百天旱。　山东（博山）

惊蛰刮了风，潮水过后再下种。　宁夏　注：惊蛰前后，地下潮水上涨，影响小麦发芽，须等风过后，潮水下降再播种。

惊蛰刮了风，冷到三月中。　陕西（渭南）

惊蛰刮了风，十个胡麻九个空。惊蛰刮了风，撂掉高田种洼坑。　宁夏

惊蛰刮起土，倒冷四十五。　陕西　注：“刮起土”，即吹风。

惊蛰刮起土，倒冷四十五。　陕西、河南（濮阳）、山西（太原）

惊蛰刮起土，荞麦压折股。　宁夏

惊蛰刮一股，倒冷四十五。　甘肃（甘南）

惊蛰过，茶褪壳。　浙江（绍兴）

惊蛰过，茶脱壳。　安徽（霍山）、江西（修水）、浙江（绍兴）

惊蛰过，豆好播。　浙江　注：种豆季节亦因地域，品种而异，一般黄豆春夏间种，赤豆、绿豆夏秋间种，豌豆，蚕豆秋冬间种。

惊蛰过，豆好播。　浙江（遂安）

惊蛰过，暖和和，蛤蚂老蝈唱山歌。　湖北（汉川）

惊蛰过，暖和和，蛤蟆来唱歌。　江西（吉安）

惊蛰过，暖和和，蛤蟆老角唱山歌。　新疆、天津（汉沽）、江西（宜春）

注：“老角”，蛙类，俗称泥角子。因皮黑，体形较大，叫时发出“咯、咯”之声，故名。

惊蛰过，暖和和，蛤蟆老角唱山歌。
惊蛰过，暖火火，蟆蝈唱山歌。 湖南
惊蛰过，暖气来。 山西（浮山）
惊蛰过，田中蟆蝈唱山歌。 湖南（零陵）［瑶族］
惊蛰过，脱夹裤。 江西（萍乡）
惊蛰过，脱了长裤穿短裤。 海南（保亭）
惊蛰过后，栽瓜种豆。 贵州
惊蛰过后不停牛。 江苏（张家港）
惊蛰过后地门开，家家户户忙种田。
惊蛰过后雷声响，蒜苗谷苗迎风长。 湖北（襄阳）
惊蛰过后雷声响，蒜苗麦苗迎风长。 河南（郑州）
惊蛰过了土，倒刮四十五。 山西（晋城）
惊蛰寒，稻屯圆；惊蛰暖，稻成杆。 安徽（望江）
惊蛰寒，寒死牛；立夏寒，倒叟妈；小满寒，寒得勿会捧碗。 福建（政和）
惊蛰寒，好秧用一团；惊蛰暖，栽秧到小满。 湖南（怀化）［侗族］
惊蛰寒，冷半年。 山东、湖北（汉川）、河南（濮阳）、甘肃（张掖）
惊蛰寒，棉絮踢下床；惊蛰暖，棉絮盖到大小满。 湖南（零陵）
惊蛰寒，秧成团；惊蛰暖，秧成秆。 广东、上海、福建、河北、云南
惊蛰寒，秧打田；惊蛰暖，秧齐坎。 湖南（湘西） 注：“秧打田”又作“秧成团”、“秧满田”。
惊蛰寒，种田憨。 福建（晋江） 注：“种田憨”，不宜播种。
惊蛰寒冷多逢晴，惊蛰不冷多雨雪。 广西（防城）、湖北（黄冈）
惊蛰寒冷晴天多。 四川
惊蛰寒冷早撒秧，惊蛰暖和不要忙。 广西（荔浦）
惊蛰寒时尽管浸，惊蛰暖时慢慢来。 福建（福州）
惊蛰寒死牛，立秋晒死鱼。 海南（澄迈）
惊蛰河开，春分燕来。 山西（晋城）
惊蛰河转边，春分河自乱。 宁夏（石嘴山）
惊蛰河自凹，春风河自开。 内蒙古
惊蛰黑夜没星星，阴阴雨雨到清明。 山西（屯留）
惊蛰轰一轰，样样添一桶。 浙江（丽水）
惊蛰红，网仔有鱼牵。 广东（惠来）
惊蛰吼雷，风调雨顺。 山西（长治）
惊蛰吼雷风雨多，三月吼雷麦鼓跺。 山西（曲沃） 注：“鼓跺”，指丰收。
惊蛰后，多暖天，无大冷。 广东（连山）［壮族］
惊蛰后，好种豆。 福建（龙溪）

惊蛰后寒好冻虫。　江西（萍乡）

惊蛰后寒为冻虫。　江西（萍乡）　注：惊蛰是地下冬眠昆虫开始苏醒的意思。这时如果天气寒冷，对杀死即将出土的昆虫，非常有利。

惊蛰化不透，不过三五六。　河北（保定）

惊蛰黄莺叫，春分地皮干。　河北（望都）、辽宁（辽西）

惊蛰黄莺叫，春分就来到。　陕西（西安）

惊蛰回南风，寒到芒种当。　海南（琼海）

惊蛰会清明，禾苗豆仔无收成。　广东（阳江）

惊蛰会清明，雨水落无停。　广东（阳江）

惊蛰见百虫，节后暖烘烘。　宁夏

惊蛰见了雪，秋天晒破箩。　宁夏（固原）

惊蛰节，百虫动。　河南（郑州）

惊蛰节令慢一慢，失落一年饭。　云南

惊蛰浸种春分下，春分不下塱谷酢。　广东　注："塱谷酢"，沤烂谷。酢：广州话，音 ja，把食物腌制成带有咸酸味的储存品。

惊蛰浸种唔捡日。　福建

惊蛰惊虫，灌水莫松。　湖南

惊蛰惊心，快做阳春。　湖南（湘西）[苗族]

惊蛰惊蛰，冻得老官老媪笔直。　江西

惊蛰惊蛰，蜂笼割蜜。　安徽（青阳）

惊蛰惊蛰，螟蝈生日。　湖南（衡阳）

惊蛰惊蛰，栽竹栽树。　湖南（湘西）[苗族]

惊蛰开地冰，清明起春风。　河北（巨鹿）

惊蛰开雷米如泥，春分无雨病人稀，月中但得逢三卯，处处棉花豆麦宜。

广西（贵港）

惊蛰快耕地，春分犁不闲。　河南

惊蛰快耙地，春分犁不闲。　安徽、河南（驻马店）、山西（盂县）

惊蛰快耙田，谷雨好种棉。　江苏（淮阴）

惊蛰来除虫，一去影无踪。　江苏、湖北（荆门）

惊蛰来捉虫，一去影无踪。　上海

惊蛰老冰开。　山西（和顺）

惊蛰老鸹叫，春分地皮开。　山东（成武）

惊蛰雷，刀割骨。　福建（福鼎）

惊蛰雷，雷雨多。　江苏（海门）

惊蛰雷，如刮骨；春分雪，如刀割。　浙江（绍兴）

惊蛰雷，任吃清明清，旱粮增。　海南（定安）

惊蛰雷，小满水。　福建

惊蛰雷，雨如锤。　福建

惊蛰雷不发，大旱一百八。　河南（洛阳）

惊蛰雷不叫，今年难种稻。　广西

惊蛰雷动，蛇虫出洞。　江西（黎川）

惊蛰雷公叫，芋头大过猫。　广东（新丰）

惊蛰雷公响，食饮唔使抢。　广东（蕉岭）

惊蛰雷开窝，二月雨如梭。　湖北（黄冈）

惊蛰雷隆隆，今年唔愁穷。　广东（肇庆）

惊蛰雷隆隆，今年唔忧穷。　广东（新兴）

惊蛰雷鸣，本月不晴。　江西（赣东）　注：要是春雷比往年响得早，说明本年强大的暖空气来得早，引起冷空气袭击的机会更多，下雨的次数也就相应增多。所谓“本月不晴”仅仅是形容雨多的意思。

惊蛰雷鸣，当月不晴。　江西（抚州）

惊蛰雷鸣，晒谷心定。　广西（武宣）[壮族]

惊蛰雷鸣，四十八天云不推。　湖南

惊蛰雷鸣米贱，春分有雨病稀。　福建（南平）

惊蛰雷鸣三伏旱，一节天雷一节旱。　广西（防城、上思）

惊蛰雷鸣三伏旱。　海南（保亭）

惊蛰雷鸣小满雨。　山东

惊蛰雷闹眼，五毒下了田。　湖北（红安）

惊蛰雷声吼，四界都发草。　福建（南安）

惊蛰雷声未足奇，春分无雨病人稀。（河南）

惊蛰雷声响，当年粮满仓。　云南（玉溪）

惊蛰雷声响，稻谷堆满仓。　江苏（无锡）、上海（松江）

惊蛰雷声响，雨季来得忙。　广西（河池）

惊蛰雷声响咚咚，蛇虫百脚都出洞。　浙江（绍兴）

惊蛰雷响，百虫出洞。　福建

惊蛰雷响，米麦藏仓。　江苏（武进）

惊蛰雷响，蛇虫起床。　江苏（苏州）

惊蛰雷响米如泥。　云南（昆明）

惊蛰雷一声，大地万物生。　天津

惊蛰雷雨大，谷米无高价。　四川、湖北、河北（保定）

惊蛰雷雨大，米谷无高价。　福建（永春）

惊蛰冷，百物假。　陕西、山东、山西、河南、河北　注：山西原意指惊蛰日天寒，百物丰收无望。

惊蛰冷，百物生。 广西（崇左）

惊蛰冷，赤膊滚；惊蛰暖，棉被到小满。 广西（桂林）

惊蛰冷，打田等；惊蛰热，烤火到六月。 广西（隆林）[壮族]

惊蛰冷，牯牛有水滚；惊蛰热，烤火到六月。 贵州（黔南）[布依族] 注：汉谚又作“惊蛰冷，买把扇子等”。

惊蛰冷，黄瓜像手梗。 广西（荔浦） 注：“手梗”，方言，指手臂。

惊蛰冷，冷半年。

惊蛰冷，荞麦光梗梗；惊蛰热，荞麦透根结。 湖南（怀化）[侗族]

惊蛰冷，社前三日气温升。 广西（资源）

惊蛰冷，秧打滚；惊蛰热，荞麦结。 湖南（怀化）[侗族、苗族]

惊蛰冷，秧齐颈；惊蛰热，秧冇得。 湖南（湘潭）

惊蛰冷，秧上岭；惊蛰热，秧长节。 湖南

惊蛰冷，养鸭不用本。 广西（融安）[壮族]

惊蛰冷过头，卖被去买牛。 广西（融水、荔浦）

惊蛰冷过头，棉被提前丢上楼。 广东（韶关）

惊蛰冷冷早撒秧，惊蛰热热莫要忙。 广西（宜州）

惊蛰冷凄凄，过社脱棉衣。 广西（荔浦）

惊蛰冷无虫，日头雨多虫。 江西（宜黄） 注：“日头雨”，指又出太阳又下雨。

惊蛰冷在头，棉被抱进楼。 广西（阳朔）

惊蛰犁头地，春分地通气。 注：惊蛰时节土壤已经开始解冻，是春播耕翻整地的好时机，深松土层，有利于通气保墒、提高地温、接纳雨水。

惊蛰犁头动，春分地皮通。 山西（安泽）

惊蛰犁头动，春分地气通。 上海、福建（龙岩）、河南（商丘）、湖北（蕲春）

惊蛰立秋接柿树，强似伏天接万株。

惊蛰柳，春分榆，清明栽槐正当时。 河南（焦作）

惊蛰卵，谷雨出，四十五天就上簇儿。 山东（滕州） 注：“簇儿”，土语，读 zur，也作“族儿”，为蚕做茧而搭置的松枝，麦秸架。

惊蛰落水到清明，清明落水不得晴。 广东、海南

惊蛰落一点，九九倒转头。 浙江（湖州） 注：“惊蛰”或作“出九”。

惊蛰落雨到清明，清明有雨不得晴。 广西（东兴、防城）

惊蛰落雨到清明。 浙江（舟山）

惊蛰蟆蝈叫，荞麦土里报。 湖南（零陵） 注：“蟆蝈”又作“蛤蟆”。

惊蛰蚂蚜叫，秧子撒二道。 广东

惊蛰麦出土，遍地虫儿出。 山东（临清）

惊蛰麦返青，春分麦起身。 注：春季气温逐步回升，北方地区冬小麦开始萌发新生叶片和分蘖，麦田景色在惊蛰节气前后由黄转绿，称为返青。此后小麦进入生物学拔节，麦苗由匍匐在地表转为直立，其生长过程形象地称为“起身”。

惊蛰麦直。 江苏

惊蛰麦子清明的豆，叶叶儿长的绿油油。 甘肃（临夏）

惊蛰慢一慢，失落一年饭。 福建（龙海）

惊蛰忙耕地，春分昼夜平。 山东

惊蛰忙耕地。 山东

惊蛰忙送粪，春分犁不空。 湖南（湘潭）

惊蛰冒了风，一直刮到来年冬。 江苏（盐城）

惊蛰没到雷先鸣，大雨似蛟龙。

惊蛰没冻到，冻迟唔冻早。 江西（安远）

惊蛰没好天，倒冷四十天。 山西（屯留）

惊蛰没转螺，大水十八回。 福建（永春） 注：“转螺”，打雷。

惊蛰免烘火，寒到节气尾。 福建

惊蛰鸣雷，四十八日雨奏泥。 湖南（衡阳）

惊蛰鸣雷米如泥，春分有雨病人稀。 湖南

惊蛰鸣雷三伏旱，夏至鸣雷旱九秋。 广西（金秀）

惊蛰鸣雷蛇出洞。 安徽（祁门）

惊蛰宁，百物成；惊蛰冷，百物假。 注：“宁”，指不刮风。

惊蛰宁，百果成，风平浪静好收成。 陕西（延安）

惊蛰宁，百事成。 陕西

惊蛰宁，百物成。 山东（梁山、陕西） 注：“宁”，指无风无雨。

惊蛰宁，万物成。 山西（万荣）

惊蛰牛鞭响。 山西（静乐）

惊蛰牛打浆，冷死早禾秧。 广东

惊蛰牛躲山，稻穗披田畦。 海南（屯昌）

惊蛰牛滚泥，打春寒到够。 海南（屯昌） 注：“打春”，指春天打雷。

惊蛰牛滚溪，粮食得不多。 海南（临高）

惊蛰牛滚溪，六月无水犁。 海南

惊蛰牛滚溪，市上断米卖。 海南（屯昌）

惊蛰牛碌湴，谷种下三横。 广东

惊蛰牛藤直，夏至无得食。 广东（乐昌）

惊蛰牛卧溪，六月驶干犁。 海南（澄迈）

惊蛰暖，芒种冷。 广西（富川）

惊蛰暖，梅雨少。 上海

惊蛰暖，五月寒始断。 广西（来宾）

惊蛰暖，秧成杆；惊蛰寒，秧成田。 陕西（渭南）

惊蛰暖，秧成秆；惊蛰寒，溪成潭。 浙江（丽水）

惊蛰暖，秧难管。 湖南（零陵）

惊蛰暖和和，蛤蟆唱山歌。 注：惊蛰时节，气温回暖。当气温、地温回升到10℃左右时，蛰伏在地下的蛙类、蛇类便从土壤中、洞穴里爬出来活动，田野里便开始有了蛤蟆的鸣叫声。

惊蛰暖烘烘，冷到四月中。 广西（环江）[毛南族]

惊蛰刨，春分浇。 河北（博野）

惊蛰刨稻茬，春分种春麦。 山西（太原）

惊蛰起了风，刮到五月中。 天津、河南（鹤壁）

惊蛰起手，清明收口。 宁夏 注：指春小麦播种期。

惊蛰前，六七天，早稻谷种播田间。 四川

惊蛰前打雷，四十五日云弗开。 上海、江苏 注："日"又作"天"。

惊蛰前打雷，四十五日云勿开。 上海

惊蛰前打雷，四十五天云不开。 山东（泰山）

惊蛰前打雷，四十五天云弗开。

惊蛰前好种蔗，惊蛰后好种豆。 福建

惊蛰前后，长淌直漏。 宁夏（银南）

惊蛰前后，稀泥烂透。 宁夏（银南）

惊蛰前后不走河。 宁夏（银南）

惊蛰前后动了鼓，阴阴阳阳四十五。 贵州、安徽（颍上）、河南（安阳） 注："动了鼓"，喻打雷。

惊蛰前后好种辣。 湖南

惊蛰前雷，廿四日天门难开。 江苏

惊蛰前雷，念四日大门难开。

惊蛰前雷，人吃狗食。 浙江（湖州）

惊蛰前雷三交雪。 江西（广昌）

惊蛰前雷响，六月里乒乓。 上海 注："乒乓"，指下雨。

惊蛰前难响雷，响雷半月门难开。 四川、浙江（金华）

惊蛰前头雷声响，四十九天勿见阳。 上海

惊蛰前头一个雷，地白雨来催。 江苏（连云港）

惊蛰前头一声雷，瘪谷满天飞。 上海（青浦）

惊蛰前头一声雷。秕谷满天飞。 上海（青浦）

惊蛰前响雷，清明阵雨多。 上海

惊蛰前响雷，四十二掬火天（多雨的意思）。

惊蛰前响雷，四十二日掬火天。 湖北 注：“掬火天”，指多雨。

惊蛰前响雷，四十九日乌，惊蛰后响雷，四十九日红。 福建（诏安）

惊蛰荞麦春分豆。 湖南（零陵）

惊蛰荞麦社日豆。 湖南（衡阳）

惊蛰芹菜寒露葱，保吃一年不放青。 陕西（安康）

惊蛰蟛蜞噪，谷种浸三遭。 广东

惊蛰清回坑，虫死几万个。 上海

惊蛰清田边，虫死几十万。

惊蛰清田脚，虫死千万个。 江西（东乡）

惊蛰清田坎，虫死几万千。 浙江、湖北（荆门）、河北（张家口）

惊蛰清田坎，虫死千千万。 上海 注：“坎”，指洞穴。

惊蛰清田坎，死虫几千万。

惊蛰清田墈，虫死几万千。

惊蛰清田墈，虫死千万个。 江西（东乡）

惊蛰清田勤，虫死几万斤。 上海

惊蛰晴，百事成。 海南、山西（河曲）

惊蛰晴，百样成。 陕西（西安）

惊蛰晴，果成林。 福建（建瓯）

惊蛰晴，果满林。 陕西（榆林）

惊蛰晴，万物成。 陕西

惊蛰晴，五谷成。 宁夏

惊蛰晴万物成，惊蛰寒寒半年。 新疆

惊蛰热，麦子结；惊蛰冷，麦秆光梗梗。 广西（柳东）

惊蛰热，荞麦结。 贵州（黔东南）[侗族]

惊蛰热，秧半节；惊蛰雨，秧翻埂。 贵州（黔东南）[苗族]

惊蛰热，秧多得；惊蛰冷，秧不稳。 云南（曲靖）

惊蛰热，秧苗缺：惊蛰冷，秧苗稳。 云南（大理）[白族]

惊蛰热，秧起节；惊蛰冷，打田等。

惊蛰若动土，倒冷四十五。 山西 注：言惊蛰日刮风，还要冷45天。

惊蛰若翻风，赶快播谷种。 广西（来宾、宜州） 注：“赶快”亦作“赶早”；“播”亦作“下”。

惊蛰若翻风，天气暖烘烘。 广西（上思）

惊蛰若是寒，赶快做田岸。 福建

惊蛰撒秧清明插。 广西（来宾）

惊蛰撒种夏至栽，还在娘家就怀胎。 云南（昆明） 注：“种”又作“秧”。

惊蛰十日地开门。 内蒙古、辽宁、江西（分宜）、安徽（肥东）、福建（政和）、江苏（吴县）、山东（梁山） 注：地开门，土地开始化冻。意指地温增高，泥土松散，可以开始耕种。

惊蛰十日无硬地。 山西（屯留）

惊蛰十天地门开。 河北（易县）

惊蛰时节慢一慢，失掉全家一年饭。 湖南

惊蛰霜来临，雨季要提前。 广西（阳朔）

惊蛰水下塘，没水来插秧。 海南（保亭）

惊蛰未到先闻雷，四十五天无日头。 江苏（徐州）

惊蛰蒜不在家，夏至蒜不在外。 河北（涞水） 注：指惊蛰是栽蒜季节，夏至是收蒜季节。

惊蛰天不冷，寒露风不猛。 广西（武宣、隆安） 注："天不冷"亦作"无冷风"。

惊蛰天气暖，庄稼成光杆。 陕西

惊蛰天转暖，牲畜发情欢；马发情，把腿叉；驴发情，拌嘴巴；牛发情，叫哈哈；羊发情，摇尾巴。

惊蛰田鸡叫，秧苗无人要。 江苏（启东）

惊蛰听见雷，小米贵起金。 山东（泰安）

惊蛰听雷，小满发水。 安徽（巢湖）

惊蛰听雷声，春分雨水增。 福建（宁德）

惊蛰听雷声。 山东

惊蛰霆雷，清明做梅。 福建（霞浦） 注："霆雷"，响雷，南平做响雷。"做梅"，下梅雨。

惊蛰头，冻死牛。 贵州（六盘水）

惊蛰未到雷公响，半个月内水汪汪。 广东（陆丰）

惊蛰未到雷先发，七七四十九日乌。 福建（福清、平潭）

惊蛰未到雷先发，四十九日不见天。 福建（福州）

惊蛰未到雷先鸣，大雨如注似蛟龙。 安徽（凤阳）

惊蛰未到雷先鸣，大雨似蛟龙。 山东（梁山）、陕西（榆林）

惊蛰未到雷先鸣，大雨似倾盆。 山东、河北（张家口）

惊蛰未到雷先声，阴阴哑哑到清明。 广东（揭西）

惊蛰未到雷先响，阴雨连绵五十天。 广东（茂名）

惊蛰未到雷先行，乌阴乌暗到清明。 广东（韶关）

惊蛰未到蟆蝈叫，秧要下三道；惊蛰到后蟆蝈叫，下秧最可靠。 湖南

惊蛰未到先打雷，大路未干雨就来。 浙江（义乌） 注：惊蛰在阳历3月6日。此时，江南丘陵地区即将进入春雨季节。如果出现"雷打惊蛰前"，说明那年的春雨来的早，雨水充足，有利于农作物的生长。所以"高山好种田"。

惊蛰未到先打雷，阴湿一百二十日。 上海

惊蛰未到一声雷，七七四十九天日不见天。

惊蛰未来先开口，青蛙冷死在田头。 广东（广州） 注："开口"，即打雷。

惊蛰未雨先响雷，四十九天雨霏霏。 福建

惊蛰未蛰，人吃狗食。 注："未蛰"，言无雷。

惊蛰未至雷先响，四十日乌暗。 广东（汕头） 注："乌暗"，阴雨天。

惊蛰闻雷，谷米成堆。 福建（福安）

惊蛰闻雷，谷米贱似泥。

惊蛰闻雷，立夏发水。 宁夏

惊蛰闻雷，米面如泥。 山西（新绛）

惊蛰闻雷，米似泥。 内蒙古

惊蛰闻雷，小满发水。 宁夏、陕西、上海、山东、河南、山西（临汾）、浙江（嘉兴）

惊蛰闻雷谷满仓，街市粮食摆满行。 广西（桂平、宜州）

惊蛰闻雷吼，粮食堆满楼。 山西（晋城）

惊蛰闻雷米如泥，春分有雨病人稀。 四川

惊蛰闻雷米如泥，新春闻雷路人稀。 上海

惊蛰闻雷米如泥。 安徽（滁州）、福建

惊蛰闻雷米似泥，春分有雨病人稀。 宁夏、陕西、贵州（黔南）[水族]、海南（屯昌）、河南（商丘）、江苏（常州）

惊蛰闻雷米似泥，春分有雨病人稀；月中若是逢三卯，到处棉花麦豆宜。

河北（涿州）

惊蛰闻雷米似泥，夏至闻雷三伏旱。 广西（来宾）

惊蛰闻雷米似泥。 四川、上海、湖北、河北、陕西

惊蛰闻雷米似泥，春分无雨病人稀，月中但得逢三卯，禾麦棉花到处宜。

惊蛰闻雷声，稻子好收成。 江苏（淮阴）

惊蛰闻雷声，黄米似粪堆。 宁夏

惊蛰闻雷声，粮满仓来谷满地。 广东（连山[壮族]、韶关）

惊蛰闻雷声，粮食堆仓顶。 广东（韶关）

惊蛰闻雷声，四季雨均匀。 广西（乐业、阳朔）

惊蛰闻雷声，早造好收成。 广东（阳江）

惊蛰闻雷未是奇，春分无雨病人稀。 上海

惊蛰闻雷未足奇，春分无雨病人稀。 江苏

惊蛰闻雷响，食饭唔使抢。 广东

惊蛰闻雷雨似泥，春分无雨病人稀。 山东（梁山）

惊蛰闻雷雨似泥，春分无雨病人稀；月中但得逢三卯，禾麦棉花到处宜。

惊蛰乌，莲仔拖上埔。 广东（惠来） 注：指雨水少，“莲蓬”都难生长。

惊蛰乌鸦叫，备耕要周到；春分昼夜平，农忙不消停。 河北（保定）

惊蛰乌鸦叫，春分地皮干。 天津、陕西、海南（保亭）、宁夏（银川）、山西（新绛）

惊蛰乌鸦叫，春分地皮开。 江苏（镇江） 注：“乌鸦”又作“黄莺”，“地皮开”又作“地皮干”。

惊蛰乌鸦叫，春分地眼开。 山西（平遥）

惊蛰乌鸦叫，春分忙种田。 山东（平原）

惊蛰乌鸦叫，农民忙拴套。 河北（廊坊）

惊蛰乌鸦叫，农民要拴套。 天津

惊蛰无冻土。 山西（长治）

惊蛰无风，冷到芒种。 广东

惊蛰无冷，百物无生。 广东（廉江）

惊蛰无冷，百姓不长；惊蛰无冻，冷到芒种。 海南（儋县）

惊蛰无凌丝。 山东（寿光）

惊蛰无硬地。 山西

惊蛰无雨旱春头。 广西（隆安）

惊蛰无雨暖，牛羊多保管。 广西（宜州） 注：指阴冷时间长。

惊蛰无照火，寒到五月尾。 福建（惠安） 注：“照火”，烤火。

惊蛰唔湿谷，夏至无禾熟。 广东 注：“唔”又作“不”。

惊蛰唔冻，冻到芒种。 福建（长汀）

惊蛰唔冻，寒到五月终。 福建

惊蛰唔冻，冷到芒种；芒种唔止，冷到秋风起。 广东（肇庆）

惊蛰唔冻，冷到食粽。 福建（晋江）

惊蛰唔冻，冷到五月中。 广东（肇庆）

惊蛰唔冻虫，寒到六月穷。 广东（平远）

惊蛰唔翻风，冷到五月中。 福建 注：“翻风”，变天刮风。“唔翻风”福安作“不动风”。

惊蛰唔返风，冷到五月中。 广东（阳山）

惊蛰唔湿谷，夏至冇禾熟。 广东（云浮）

惊蛰勿动风，冷到五月中。 浙江（宁波）

惊蛰勿放蜂，十箱九箱空。 上海

惊蛰勿耕地，好比蒸笼走了气。 浙江

惊蛰勿耕地，赛似蒸馍跑了气。 上海

惊蛰虾蛄芒种虾。 山东（无棣）

惊蛰蛤蟆叫，秧要种三道。 浙江、湖南

惊蛰下，收河坝；惊蛰晴，百样成。　陕西（汉中）

惊蛰下雨，不用走田水。　广西（象州）

惊蛰下雨，麦子歉收。　山西（太原）

惊蛰下雨，一晴九雨。　广西（崇左）、海南（保亭）

惊蛰下雨到清明。　福建（清流）

惊蛰下种谷雨花，小满玉米顶呱呱。　广西（罗城）

惊蛰先动雷，四十八天云不开。　江苏（扬州）

惊蛰先响雷，牛仔免敲槌。　福建（德化、安溪）　注："敲槌"，杀牛用具。意指天气冷，小牛会被冻死而不需用敲槌。

惊蛰响雷，大地回春。　山东

惊蛰响雷，小满发水。　广东（大埔）、广西（陆川、博白）、江西（新干）

惊蛰响雷虫蛇多。　福建

惊蛰响雷春后旱，到了小满发大水。　广东（肇庆）

惊蛰响雷多，黄梅雨水多。　上海

惊蛰响雷公，种山喝西风。　江西（玉山）

惊蛰响雷擂雪风。　浙江（丽水）

惊蛰响雷米如泥，春分下雨病人稀。　陕西（汉中）

惊蛰响雷米似泥。　广西（陆川）

惊蛰响雷无收成。　河北（望都）

惊蛰响了雷，春来地化开。　宁夏

惊蛰响声雷，满月不见天。　海南

惊蛰响声雷，小满发大水。　海南

惊蛰响一雷，反春四十天。　安徽（屯溪）

惊蛰向火，清明脱壳。　贵州（遵义）　注：脱壳，方言，减衣裳。

惊蛰雪，苦如药。　山西（原平）

惊蛰雪，凉死麦。　山西（壶关）　注："凉"又作"毒"。

惊蛰秧，赛油汤。　四川

惊蛰阳，秧盖墙。　湖南　注：秧盖墙，指秧好。

惊蛰阳气升，除虫莫放松。　天津

惊蛰要耕，春分要分。　四川

惊蛰要宁，打春要晴。　陕西（咸阳）

惊蛰一场风，倒冷三月中。　陕西（安康）

惊蛰一朝霜，牵牛吃老秧。　海南（保亭）

惊蛰一到，蛤蟆鸣叫，百虫活跃。　福建（将乐）　注："蛤蟆"或作"青蛙"。

惊蛰一点红，万物都生成。　海南、甘肃（天水）

惊蛰一个雷，白米贱似泥。　浙江（嘉兴）

惊蛰一过，雷鸣电闪都要做。 北京

惊蛰一过，落刀要做。 福建（长汀）

惊蛰一过，棉裤脱落。 河北（栾城）

惊蛰一过万物生，生产紧张时不容。 陕西（咸阳）

惊蛰一犁土，春分地气通。 广西、上海、山西、湖北，陕西、甘肃、宁夏、新疆、河北（石家庄）、江苏（六合）、山东（垦利）

惊蛰一犁土，春分地气通；惊蛰不耙地，就要误了事。 内蒙古 注：惊蛰、春分，阳历3月5或6日到19或20日。惊蛰节气表示逐渐要有雷响，蛰伏在泥土里的冬眠生物（如蜈蚣、蛇等）要惊醒起来，过冬的虫卵也要开始孵化了。其实每年各地的初雷日期是不同的，并且是变化不一的，有时迟至5、6月才有初雷。这就是说，其实惊动冬眠生物的并不是雷，而是温暖的天气。惊蛰节气，在内蒙古地区的气候特点是气温急升，降水略增。后套平原及其以西，可升至0℃以上，南部平原在－4～－8℃之间，东西辽河平原在－4℃左右，其他地区也仍在－4～－8℃，而大兴安岭尚在－12℃以下。在这个季节里，由于地温逐渐升高，土地解冻，播前整地工作十分重要。要抓紧耙耱保墒，头年没来得及秋耕的土地，要安排好春耕。倒烘送烘也很当紧，要尽早把肥料送到地里，并注意保肥，以防肥分散失。

惊蛰一犁土，春分地无结。 河北

惊蛰一犁土，春分地气通。 天津（宁河）

惊蛰一犁土，清明十晌午。 山西（长子）

惊蛰一声雷，吃饭勿用愁。 上海 注：后句又作“放下生意好种田”。

惊蛰一声雷，寒气转身回。 新疆、宁夏

惊蛰一声雷，谨防水成灾。 上海

惊蛰一声雷，蛇虫百脚全出来。 上海

惊蛰一声雷，水稻好像灰。 广东、上海（嘉定） 注：“好像灰”，言歉收。

惊蛰一声雷，蛙蛇出洞来。 浙江（杭州）

惊蛰一声雷响，冬眠万物伸腰。 安徽

惊蛰一声响，百虫浑身痒。 江苏（海安）

惊蛰一时，迎春一天。 陕西

惊蛰宜寒，社日宜雨。 江西（黎川） 注：社日指春社日，即立春后第五个戊日。这时沤田正需大量雨水。

惊蛰以后麦起节。 上海

惊蛰以前种洼地，密植施肥要合理。 宁夏

惊蛰以前做秧足，谷雨以后忙莳田。 江西、湖南

惊蛰鹰鸭叫，春分雪水干。 河北（张家口）

惊蛰有草咬，清明鱼吃饱；霜降一束草，冬鱼不落膘。 湖北（孝感）

注：食草鱼类的喂养方法。

惊蛰有打雷，番薯大如锤。　福建

惊蛰有风，吹了永无踪。　广东（江门）　注：意为惊蛰刮一阵寒风之后，天气转暖。

惊蛰有风，旱到麦子终。　山东（苍山）

惊蛰有风，一去永无踪，惊蛰无风，冷到芒种。　广东（高明）　注："一去"又作"去到"。

惊蛰有雷，梨果成堆。　山西

惊蛰有雷鸣，虫蚊多成群。　海南（海口）

惊蛰有雷鸣，雨水较调匀。　广西（来宾）

惊蛰有雷声，糜子好收成。　内蒙古

惊蛰有雷雨，遍地出黄金。　江苏（镇江）

惊蛰有雨，田荒地裂；惊蛰天晴，雨水均匀。　海南

惊蛰有雨，一晴九雨。　广东

惊蛰有雨并闪雷，麦积场中如土堆。　上海　注："闪"又作"闻"。我国北方地区常年易出现春旱，春季降雨有利于补充土壤墒情，满足越冬小麦春季生长需要，取得丰收。类似农谚有"雷打惊蛰谷米贱，惊蛰闻雷米如泥"等。

惊蛰有雨并闻雷，麦积场中如土堆。　河南　注：意指此时有雨对小麦有利。

惊蛰有雨打响雷，场里麦子堆成堆。　安徽（霍邱）

惊蛰有雨雷，麦子如山堆。　福建（仙游）

惊蛰有雨麦起身，清明有雨麦拔节。　河南（开封）

惊蛰有雨忙撒秧，惊蛰无雨莫要忙。　四川

惊蛰有雨又有雷，场里麦子成大堆。　河南（开封）

惊蛰有雨早插秧，惊蛰无雨不用忙。　广东、福建（寿宁）

惊蛰有雨早插秧，惊蛰无雨莫急忙。　广西（防城）　注："有雨"亦作"遇寒"；"无雨"亦作"遇暖"。

惊蛰有雨早插秧，惊蛰无雨莫要忙。　广西（上思）

惊蛰有雨早下秧。　广东

惊蛰鱼开口，冬至鱼封口。　河南（驻马店）

惊蛰雨，打破鼓，扇贵蓑衣霉。　福建　注：后句指春季阴雨天气多，天热早。

惊蛰雨带雷，麦堆赛土堆。　陕西（渭南）

惊蛰雨一场，四十九天没太阳。　江苏（丹阳）

惊蛰雨一场，四十九天无太阳。　上海

惊蛰玉米清明秧，种罢黄豆过端阳。　广西

惊蛰园子春分地。　河北（搏野）

惊蛰园子寒食地。　河北

惊蛰云不动，寒到五月中。

惊蛰栽松满山红。 江西（赣东）

惊蛰栽蒜，夏至吃面。 河北、陕西、天津（武清）

惊蛰栽下配种桩，立秋拔了正相当。 陕西（西安）

惊蛰栽桩立秋拔。 陕西 注：指牲畜配种时期。“桩”，指配种桩。

惊蛰在雨，一晴九雨。 湖南（湘西）［苗族］ 注：惊蛰若雨，则天晴久远，若晴一天，则连日雨。

惊蛰在月头，冷死老牯牛。 广西（荔浦）

惊蛰早，谷雨迟，清明春耕正合适。 广西（平乐）

惊蛰早，清明迟，春分播种正当时。 湖南（衡阳）

惊蛰早，清明迟，春分插秧正当时。 河南（平顶山）

惊蛰早，清明迟，春分插秧正适时。 四川、广西（玉林）

惊蛰早，清明迟，春分犁田正当时。 湖南

惊蛰早，清明迟，春分撒种正合时。 福建

惊蛰早，清明迟，春分修剪正当时。 河南（郑州）

惊蛰早，清明迟，春分栽秧正适时。 四川

惊蛰早，清明迟，春分植树最适宜。 安徽

惊蛰早，清明迟，要种大麻正当时。 宁夏（固原）

惊蛰早，清明迟；春分泡，正当时。 江苏（常州）、安徽（淮南）

惊蛰早，清明迟，春分种麦正当时。

惊蛰早晨到，下午地里跑。 陕西

惊蛰正月间，洼地种在先。 辽宁

惊蛰至，雷声起。

惊蛰至，雷声起。惊蛰前响雷，家家鸡鸭肥。 海南（海口）

惊蛰种，春分豆，清明种土豆。 福建（建阳） 注：“种”，指早稻浸种。

惊蛰种瓜，遍地开花。 湖南

惊蛰种瓜，不开空花。 四川 注：“空”亦作“虚”。

惊蛰种瓜，瓜上结瓜。 云南

惊蛰种麦堆满仓，清明种麦一把糠。 山西

惊蛰种麦光扎根。 宁夏

惊蛰种麦先扎根，清明下种两头忙。 青海

惊蛰种子生翼。 广东、福建 注：广东原注“生翼”，浸种催芽。

惊蛰寒，秧成团；惊蛰暖，秧成秆。 江西（乐安） 注：“秧成秆”，禾秧长得不好，又瘦又长。

九尽惊蛰寒，要冷多半年。 宁夏

九九加一九，耕牛遍地走。 注：古人把冬至后的81天分成9个时段，每9

天一个时段，并依次定名为一九、二九、三九，一直数到九九。九九之后，再过9天就是春分，到了春耕季节，农民都要赶牛犁地，开展春季生产活动。

九九三天惊蛰到，又犁又耙快赶早。　山西（临猗）

九九三天是惊蛰。　山西（新绛）

开河不过惊蛰。　天津（静海）

来到惊蛰一声雷，家家田稻无收成。

老牛怕惊蛰，禾怕寒露风。　广西（横县）

老牛怕惊蛰，老人怕大寒。　广西（乐业）

老牛怕惊蛰，嫩牛怕春分。　广东（连山）　注：指惊蛰、春分时寒冷。

老人怕大寒，老牛怕惊蛰。　广西（崇左）

雷打惊蛰前，高山好种田。　吉林

雷打惊蛰前，四十五天云不开。　吉林

雷打惊蛰，农田开裂。　广西（防城）

雷打惊蛰，睡倒有得食。　广东

雷打惊蛰，五谷贱如泥。　广西（罗城）

雷打惊蛰。　山西（繁峙）

雷打惊蛰边，四十五个阴雨天。　江西（南昌）

雷打惊蛰遍地牛。　河北（邯郸）

雷打惊蛰谷米贱，惊蛰闻雷米如泥。

雷打惊蛰后，春天涨水在后头。

雷打惊蛰后，低地好种豆。　新疆

雷打惊蛰后，低地种瓜豆。　广西（上思、钟山）　注："瓜"亦作"麻"。下句亦作"春水涨后头"。

雷打惊蛰后，低地种早豆。　福建（永定）　注：后句或作"烂田可种豆"。

雷打惊蛰后，低谷种蔗头。　广西（桂平）

雷打惊蛰后，低田好种豆。　上海、内蒙古、广东（肇庆）、河北（滦平）、河南（沈丘）、陕西（武功、延安）、湖北（黄梅）、浙江（嘉兴）

雷打惊蛰后，低田种蔗豆。　广东（广州）

雷打惊蛰后，二月雨连绵。　宁夏

雷打惊蛰后，高山好种豆。　广西（横县）

雷打惊蛰后，谷雨好种豆。　湖南（湘西）

雷打惊蛰后，山坡种黑豆。　山西（沁源）

雷打惊蛰后，洼地要种豆。　河南（商丘）

雷打惊蛰后，修田好种豆。　山西（晋城）

雷打惊蛰节，二月雨不缺。　海南、广东（五华、罗定）、江西（瑞金）

雷打惊蛰节，二月雨不歇，三月干耙田，四月秧出节。　广东（肇庆）

注：雨不歇又作“两绵绵”。

雷打惊蛰节，谷仓堆爆裂。　广东（清远）

雷打惊蛰节，六月无日热。　广东（肇庆）

雷打惊蛰节，满天乌黑黑。　福建（福州、福清、平潭）

雷打惊蛰节，没水过田缺。　福建（浦城）

雷打惊蛰节，泥土硬过铁。　广西（横县）　注：下句亦作“犁耙岭上歇”，“二月犁头裂”。

雷打惊蛰节，三月田干裂，四月雨不歇，五月摸水割禾捞晚蘖。　广东

雷打惊蛰节，三月田破裂，四月秧起咧，五月有水用唔彻。　广东　注：“用唔彻”，用不完。

雷打惊蛰节，鱼在滩上歇。　四川

雷打惊蛰前，雨水好时年。　广西（玉林）

雷打惊蛰前，百日不见天。　广东（阳江）

雷打惊蛰前，大小有三翻。　江西（宜黄）　注：“有三翻”，即要返寒三次。

雷打惊蛰前，二月雨连绵，三月无雨水，四月涸干田。　宁夏

雷打惊蛰前，二月雨连绵。　天津

雷打惊蛰前，二月雨涟涟。　江苏、浙江

雷打惊蛰前，二月雨绵绵，三月干抄田，四月干栽禾，五月干划船。　福建（光泽）　注：“抄田”，犁田。

雷打惊蛰前，二月雨绵绵，三月缺秧水，四月栽干田。　安徽

雷打惊蛰前，二月雨绵绵。　江西（新建）　注：后句或作“七月雨绵绵”。

雷打惊蛰前，放下生意去耕田。　广东　注：预兆雨水多，好耕田。“惊蛰前”又作“交春前”。

雷打惊蛰前，放下生意去种田。　陕西、甘肃、内蒙古、湖北（荆门）、海南（保亭）　注：“去”又作“好”，“种”又作“耕”。

雷打惊蛰前，高低好种田。　广西（桂平）

雷打惊蛰前，高地好种田。　中南地区

雷打惊蛰前，高地好种田；雷打惊蛰后，洼地好种豆。　山东（台儿庄）

雷打惊蛰前，高地好种田；雷打惊蛰后，洼地可种豆。　河南（开封）

雷打惊蛰前，高地种好田；雷打惊蛰后，低田种瓜豆。　宁夏

雷打惊蛰前，高岗能种田；雷打惊蛰后，河湾能种豆。

雷打惊蛰前，高坡好种田；雷打惊蛰后，天旱旱到秋。　广西（容县、乐业）注：“坡”亦作“山”；“种田”亦作“种豆”。

雷打惊蛰前，高山好种棉。　湖北、陕西（安康）

雷打惊蛰前，高山好种棉；雷打惊蛰后，低田种瓜豆。　湖南

雷打惊蛰前，高山好种田。　上海、广东（肇庆）、贵州（黔东南）[侗族]、

河北（井陉）、山东（新泰）、陕西（汉中） 注：“高山”又作“农夫”。早春冷、热空气交汇，如活动激烈，就会产生春雷。春雷发生早，表明暖气团来得早，来势强，以后与冷空气相遇的机会多，雨天相应增多。

雷打惊蛰后，湖田做大路。 湖北

雷打惊蛰前，高山好种田；雷打惊蛰后，低田好种豆。 江苏（淮阴）

雷打惊蛰前，高山好种田；雷打惊蛰后，高山好种豆。

雷打惊蛰前，高山好种田；雷打惊蛰后，低田种蔗头。 广东（广州）

雷打惊蛰前，高山好种田；雷打惊蛰后，水田变大路。 湖北

雷打惊蛰前，高山可作田；雷打惊蛰后，高山种黄豆。 江西

雷打惊蛰前，高山为种田。 江西（安义）

雷打惊蛰前，高山要种田。 云南（西双版纳）［傣族］

雷打惊蛰前，高山也是田；雷打惊蛰后，烂泥巴里种沤豆。 江西

雷打惊蛰前，荒岗好做田；雷打惊蛰节，二月雨唔歇。 广东（广州）

雷打惊蛰前，懒汉好种田；雷打惊蛰后，低田种绿豆。 湖北

雷打惊蛰前，岭地好种田。 江苏（徐州）

雷打惊蛰前，米谷跌价钱。 福建（武平）

雷打惊蛰前，农夫好种田。 湖南（长沙） 注：“农夫”又作“高坡”。

雷打惊蛰前，农民好种田。 广东

雷打惊蛰前，农民好种田。 山东（郓城）

雷打惊蛰前，三月耙干田。 江西（南丰）

雷打惊蛰前，山顶可种田。 海南

雷打惊蛰前，收拾牛具快耕田。 山西

雷打惊蛰前，收拾牛犋快耕田。 内蒙古

雷打惊蛰前，四十八日不见天。 浙江、江苏、上海（嘉定、川沙）

雷打惊蛰前，四十八日雨绵绵。 广东（中山）、江西（南昌、吉安、东乡）

雷打惊蛰前，四十八日雨无停。 福建（厦门）

雷打惊蛰前，四十八天雨绵绵。 湖北

雷打惊蛰前，四十八天雨绵绵；雷打惊蛰后，水田当大路。 河南（周口）

雷打惊蛰前，四十二日不见天。 广东（湛江）

雷打惊蛰前，四十九日阴暗天。 福建

雷打惊蛰前，四十九天路上粘。 福建（建瓯）

雷打惊蛰前，四十九天雨绵绵。 福建

雷打惊蛰前，四十天蒙蒙不见天。 江苏（启东）

雷打惊蛰前，四十五个阴雨天。 湖南

雷打惊蛰前，四十五日不见天。 长三角地区 注：“四十五日”，约数，形容这段时间阴雨天将较多。长三角地区进入惊蛰节气后，天气渐渐回暖，开始有雷。

如惊蛰之前打雷，说明南方暖湿气流势力较强，活跃早，未来冷暖空气交汇于本地的机会更多，它和夏季的雷阵雨不同，阴雨天气会持续数天，甚至出现几段连续阴雨天气。

雷打惊蛰前，四十五日不见天。　山西（高平）

雷打惊蛰前，四十五天连阴天。　海南

雷打惊蛰前，无水整秧田。　广东（韶关）

雷打惊蛰前，无水做秧田。　江西（万年）

雷打惊蛰前，一月不见天。　宁夏

雷打惊蛰前，雨里去耕田。　广西

雷打惊蛰日，二月雨不歇。　福建

雷打惊蛰天，米价贱如泥。　上海

雷打惊蛰天，四十八天雨绵绵。　江西（宜黄）

雷打惊蛰头，农家发大愁。　天津

雷打惊蛰头，坐吃麦米胡麻油。　宁夏

雷打惊蛰尾，春旱夏旱秋大水。　海南（保亭）

雷打惊蛰兆丰年。　广西（田阳）［壮族］

雷打惊蛰正惊蛰，高山冈上开大池。　湖北（麻城）

雷打惊蛰中，汛期夏水凶。　海南（儋县）

雷打立春节，惊蛰雨不歇。　陕西（咸阳）

雷打立春节，惊蛰雨勿歇。　上海

雷打蛰，落到大麦小麦熟。　福建（晋江）

雷打蛰，落到豆熟。　福建

雷动惊蛰前，四十五天阴。　广西（横县）

雷来早，阴雨短；雷来迟，惊蛰晴。　广西（马山）

雷鸣惊蛰节，谷价不跌米价跌，米价不跌犁耙歇。　广西（横县）

雷鸣惊蛰前，两边不过镰；雷鸣惊蛰后，一镰割不透。　四川

雷鸣惊蛰前，气候多阴湿。　上海

雷鸣惊蛰前，无水可犁田；雷鸣惊蛰后，担水去种豆。　福建（莆田）

雷响惊蛰前，烂田晒两爿，雷响惊蛰节，四十日乌黑黑，雷响惊蛰日，雨落四十日。　福建（仙游）

雷闻惊蛰口，雨落四十九。　福建（德化）

雷响惊蛰兜，有雨冇日头。　福建（仙游）　注：“兜”，边。

雷响惊蛰节，满天乌黑黑；三月无田插，四月秧三节。　福建（福清）

雷响惊蛰前，不做生意去耕田。　广西（防城）［京族］

雷响惊蛰前，春雨必绵绵。　福建（政和）

雷响惊蛰前，放下包袱去种田。　上海　注：下句又作“高山好种田”。

雷响惊蛰前，高山好种田。　福建

雷响惊蛰前，高山好种田。　四川

雷响惊蛰前，高山石壁好种田。　浙江（衢州）

雷响惊蛰前，七七不见天；雷响惊蛰后，烂田可种豆。　福建（仙游）

雷响惊蛰前，四十九天勿见天。　上海

雷响惊蛰前，夜里捕鱼日过鲜。

雷响未惊蛰，雨水四十日。　福建

冷惊蛰，暖春分，播种要抓准。　广西（贺州）

冷惊蛰，暖春分。　福建、广东（连山）[壮族]、河南（许昌）、湖北（嘉鱼）

冷惊蛰，暖春分；暖惊蛰，冷春分。　广东（韶关）、广西（玉林、容县）、江西（萍乡）

冷惊蛰，暖清明；热惊蛰，冷清明。　浙江（宁波）

冷惊蛰，暖秋分；暖惊蛰，冷秋分。　江西（吉水）

凉惊蛰，晒清明。　陕西（咸阳）

驴马惊蛰白露边，母牛配种是全年。　河南（三门峡）

蛮到惊蛰先响雷，谷子变成泥。　福建（长汀）　注："蛮"，未。后句指谷种烂掉。

盲到惊蛰先响雷，四十五日乌暗天。　广东　注："盲"又作"未"，"乌暗天"又作"暗天门"。

盲到惊蛰先响雷，四十五日暗天门。　广东（梅县）

冇到惊蛰先响雷，四十九天乌云垂。　福建

冇过惊蛰打了雷，四十八天云不开。　湖南

冒过惊蛰打大雷，四十八天云不推。　湖南（湘乡）

没到惊蛰先打雷，四十八天云不开。　四川

没有惊蛰雷先闻，必有四十五天阴。　安徽（阜南）

懵懵懂懂，惊蛰好浸种。　新疆

懵懵懂懂，惊蛰浸种。　广东、广西（藤县、平南）　注："惊蛰浸种"亦作"清明下种"。全句意为：再糊涂也要记住在惊蛰浸种。

懵懵懂懂，惊蛰落种。　福建（上杭）

牛过惊蛰节，骨头硬如铁。　河南（漯河）

牛过惊蛰节，骨头硬似铁。　长三角地区、湖北、安徽（潜山）、广西（金秀）[壮族]

牛过惊蛰马过社。　四川、湖南、江西（吉安）

牛老怕惊蛰，人老怕大寒。　内蒙古、贵州（黔东南）[侗族]

牛老怕惊蛰，人老怕冬至。　海南（临高）

暖惊蛰，冷春分，冷惊蛰，暖春分。　广东、广西（南宁）

暖惊蛰，冷春分。 福建、广东（连山）［壮族］

暖惊蛰，冷春分；冷惊蛰，暖春分。 海南（儋县）

沤田过惊蛰，除虫不费力。 广东

前晌惊了蛰，后晌拿犁别。 甘肃（庆阳） 注："别"又作"耕"。

前晌惊蛰，后晌拿犁。 江苏 注："拿"又作"拉"。

前晌惊蛰，后晌拿锄。

前晌惊蛰，后晌拿犁。 陕西（榆林）、安徽（寿县）

青蛙叫在惊蛰前，高岸变烂田。 湖南（零陵）

穷人莫听富人哄，过了惊蛰才下种。 云南（昆明）

穷人莫听富人哄，过了惊蛰就下种。 湖北（巴东）

穷人莫依富人哄，不到惊蛰不下种。 云南（玉溪）

穷人莫依富人哄，不过惊蛰不下种，穷人莫跟富人慌，不过惊蛰莫撒秧。

云南（红河）［壮族］

人老怕天寒，老牛怕惊蛰。 广西（百色）［壮族］

若要米粒大，惊蛰前撒下。 云南（楚雄）

三戊惊蛰五戊社。 贵州（铜仁） 注：立春后30天为惊蛰，50天为春社。

三月惊，四月蛰，虫子冻得笔笔直。 江西（兴国）

三月惊蛰春分到，投放鱼苗喂精料。 长三角地区 注：惊蛰、春分时节在阳历3月份，此时气温已逐渐回暖，冬季投放的鱼种开始要吃食，这时应投喂一些精饵料引食，当水温达到18℃以上时，开始正常投料，一般按鱼体（吃食鱼）总重量的3%～5%比例投喂。温度高，鱼类活动能力强，投喂饲料要多一些；温度低，鱼类活动能力差，投喂的饵料就可以少一些。

三月惊蛰春分到，投放鱼苗喂精料。 安徽（肥东） 注：惊蛰、春分时节为阳历3月，此时气温已逐渐回暖，冬季投放的鱼种开始吃食，此时应投喂一些精料。当水温达到18℃以上时，即可正常投料。

三月惊蛰又春分，稻田再耕八寸深。

上岗麦种惊蛰，下岗麦种春风。 新疆

什么不懂，惊蛰浸种。 福建（宁化）

什么不懂，惊蛰下种。 广东

瘦牛难过惊蛰。 海南（海口）

数不数，惊蛰五日就出土。 湖南（岳阳） 注："出土"，指春荞发芽。

霜打惊蛰谷米贱。 海南（海口）

朔日值惊蛰，蝗虫吃稻叶，朔日值春分，五谷半收成。

田鸡惊蛰叫，大水来得早。 广西（永福、防城）

未"惊蛰"先惊雷，四十日雨霏霏。 广东 注："惊蛰"以前，若听到打雷的声音，则以后常会出现一段较长时间的阴雨。初春，气温在正常年景是缓慢上升的，强盛的对流云系也较少出现。可是，反常的天气，气温却突然急升，强盛的对流云系常较多出现，特别是锋前暖区天气尤其常见，每当冷空气过境，锋面雷雨往往就此产生，在此以后，广东汕头、普宁地区受南岭静止锋或南海静止锋的天气系统影响的机率相对增多，并常带来较长时间的阴雨天气，威胁着春播育秧工作的正常开展。

未到惊蛰先闹雷，必有四十五天阴。　河南（郑州）

未到惊蛰雷唱歌，长月阴冷烂秧芽。　福建（泉州）

未到惊蛰雷先鸣，必有四十五日阴。　陕西　注：“鸣”，又作“闻”。

未到惊蛰雷先鸣，必有四十五日阴。

未到惊蛰听到雷，天气阴到谷雨节。　四川

未到惊蛰蛙开口，大冷天时在后头。　广东

未到惊蛰闻雷鸣，必有四十五日阴。　江苏（常州）

未到惊蛰闻雷声，四十五日暗天门。　上海

未到惊蛰闻雷声，四十五日暗天门。　上海、江苏

未到惊蛰先打雷，七七四九云不推。　湖南（长沙）

未到惊蛰先打雷，四十九日暗重重。　广东（韶关）

未到惊蛰先打雷，四十九日云不开。　江西（临川）　注：后句或作“四十九天乌云的堆”。

未到惊蛰先打雷，天门四十日不开。　福建（光泽）

未到惊蛰先打雷，天云不开雨常陪。　广东（龙门）

未到惊蛰先动雷，四十八天云不开。　湖南、陕西、浙江、湖北、山西（雁北）

未到惊蛰先动雷，四十九天云勿开。　上海

未到惊蛰先动雷，四十天内雨霏霏。　湖南

未到惊蛰先发雷，四十九日天门开。　广东（和平）、福建（沙县）

未到惊蛰先鸣雷，七七四十九天阴。　江西（南昌、安义、吉安、东乡、金溪、定南）

未到惊蛰先闻雷，四十八天云不开。　广西（上思、资源）　注：“闻”亦作“动”；“先闻雷”亦作“先打雷”、“雷先到”、“雷先行”。下句亦作“四十天内雨微微”，“四五十天阴雨天”，“阴阳晴暗到清明”、“一日落雨一日晴”。

未到惊蛰先闻雷，一日落雨一日晴，晴晴落落到清明。　安徽（贵池）

未到惊蛰先响雷，必有四十五天阴。　河南（驻马店）

未到惊蛰先响雷，谷雨之后雨微微。　广东（汕头）

未到惊蛰先响雷，七十二天云不开。　广东、福建（福鼎、周宁）

未到惊蛰先响雷，四十二日雨水灾，日响全灾，夜响半灾。　浙江（丽水）

未到惊蛰先响雷，四十九日暗天门。　广东（连山）[壮族]　注：“暗天门”

又作“云不开”。

未到惊蛰先响雷，四十九日不见开。　福建　注：“不见开”或作“暗垂垂”，指阴雨不开晴。

未到惊蛰先响雷，四十五日乌暗天。

未到惊蛰先响雷，四十五日乌低低。　广东（大埔）　注：“乌低低”，天气阴暗。

未到惊蛰先响雷，猪子牛子免敲锤。　福建（永春）

未到惊蛰一声雷，家家稻田无收成。　湖北（嘉鱼）

未到惊蛰一声雷，家家田稻无收成。

未到惊蛰一声雷，七七四十九日云勿开。　浙江（绍兴）　注：后句或作“四十五天雨门开”、“四十二日勿开脸”。

未到惊蛰一声雷，四十九日雪花飞。

未到惊蛰一声雷，四十九天门勿开。　上海

未到惊蛰一声雷，四十五日雪花飞。　山西

未过惊蛰节，打雷三告雪。　湖北（浠水）

未过惊蛰听雷声，四十五天雨难停。

未过惊蛰闻雷声，一日落雨一日晴。　四川、浙江（温州）

未过惊蛰先打雷，四十九天云不开。

未过惊蛰响雷霆，一日落雨一日晴，晴晴落落到清明。　浙江

未惊先惊，四十八天阴。　江西（赣中、萍乡）　注：“未惊先惊”，谓不到惊蛰就鸣雷。

未惊先雷，须见大水。　注：河南“大水”，又作“冰”。

未惊蛰，先开口，冷到有气有地透。　广东

未曾惊蛰雷公嗯，四十九日勿开天。　广东

未曾惊蛰先发癫，四十九日不见天。　福建（大田）　注：“发癫”，指打雷。

未曾惊蛰先开口，冷到农民无气透。　广东（广州）　注：惊蛰前雷响，预兆天气寒冷。“无气透”，广州话，意喘不过气来。

未曾惊蛰先响雷，四十九天暗迷迷。　江西

未蛰雷鸣，一百八十天水。　安徽（无为）

未蛰先雷，一百零八天阴湿。

未蛰先雷须见冰。

未蛰先响雷，阴湿百二日。　福建（同安）

未蛰先蛰，半月阴湿。　上海（青浦）

未蛰先蛰，人吃狗食。　上海　注：俗传未到惊蛰节先打雷，主荒年。后句又作“饿断狗食”、“早种先得”、“一百二十日阴湿”。

未蛰先蛰，四十五日阴湿。　浙江

未蛰先蛰，四十五天阴湿。　上海
未蛰先蛰，勿冰勿肯晴。
未蛰先蛰，一百二十日阴蛰。　江苏（南通）　注：“阴蛰”又作阴湿。
未蛰先蛰，阴湿百日。　广西、江西、浙江、江苏
未蛰先蛰，阴湿一百念日。
无时无候，惊蛰种豆。　福建（厦门）
勿到惊蛰雷当头，四十五天无日头。　上海
误了惊蛰望春分，误了春分瞪眼睛。　宁夏
雾暖惊蛰节，当年麦了结。　宁夏
响雷惊蛰口，雨天九十九。　福建
雪打惊蛰头，农家发大愁。　宁夏
燕子勿过三月三，落雁勿过惊蛰关。　浙江（宁波）
要足食，浸种过惊蛰。　广东
一爱食，浸种过惊蛰。　广东（高州）
一声春雷动，遍地起蛰虫。　湖北（荆门）
有食有食，坐到惊蛰；有闲有闲，坐到清明。　福建
有食无食，聊到惊蛰；惊蛰一过，无食也要做。　江西（兴国）
有食无食，坐到惊蛰；惊蛰一过，大家发狠做。　江西（于都）
有食无食问惊蛰。　广东
鱼虾也怕惊蛰雨，老人最惊大小暑。　福建（宁德）
雨打惊蛰节，二月雨不歇，三月耕耙田，四月禾生节。　广东（深圳）
雨打惊蛰节，二月雨不歇。　广东
雨打惊蛰节，二月雨有歇，三月不雷霆，四月秧上节，五月无干土，六月火烧埔。
福建
雨打惊蛰节，三月泥皮裂；四月水不歇，五月有谷又无热。　广东
雨打惊蛰节，社前社后一场雪。　江西（上饶）
雨打惊蛰节，湿田都开裂。　广东（茂名）
雨打惊蛰前，百日不见天。　广西（防城）
雨打惊蛰前，放下生意去种田。　内蒙古、山西（浮山）
雨打惊蛰前，高天变湖田；雨打惊蛰后，低田种瓜豆。
雨打惊蛰前，荒岗可种田；雨打惊蛰节，二月雨不歇。　广东（南海）
雨打惊蛰前，一月不见天。　浙江
雨打惊蛰前，一月勿见天。　浙江
雨洒惊蛰节，二月雨唔歇，三月田干裂，四月秧生节。　广东
雨洒惊蛰节，三月旱到裂，四月雨不歇。　海南
雨洒惊蛰节，三月坭头裂。　广东

雨洒惊蛰节，三月泥土裂。　海南

雨洒惊蛰节，三月晒秧苗，四月秧生节。　广东

雨洒惊蛰节，三月田干裂，四月雨不歇，五月摸水割禾捞晚蘖。　广东

雨洒惊蛰前，二月雨不歇，三月旱到裂。　广西（防城）

雨下惊蛰前，高田变湖田。　宁夏（石嘴山）

雨下惊蛰前，四十八天不见天。　宁夏（石嘴山）

雨压惊蛰节，四十日乌黑黑。　福建

砸田莫过惊蛰，害虫死得笔直。　上海

注："砸田"，把过冬的稻根挖起来烧掉。

早晨惊了蛰，后晌用犁别。　陕西　注："别"，音 pie，分开，指开犁春耕。

早上惊了蛰，晚上用犁揭。　陕西（咸阳）

站在惊蛰口，一碗打十斗。　福建（建阳）

蛰惊早，春分迟，春分插种最适时。　江西（龙南）

正月惊蛰迟浸种，二月惊蛰早育秧。　福建（福州）

正月惊蛰二月浸，二月惊蛰尽管浸。　福建

正月惊蛰莫在前，二月惊蛰莫缩后。　云南（玉溪）　注：惊蛰节令在农历正月间，下谷种就不能在惊蛰的开关；惊蛰节令在农历二月间，则下谷种不能在惊蛰节令的结尾。

正月惊蛰莫在前，二月惊蛰莫在后。　云南（红河）[彝族]　注：撒稻秧的时间以"惊蛰"在哪个月来定前后。

正月惊蛰莫在前，二月惊蛰莫在后。　云南

正月惊蛰秧如宝，二月惊蛰秧如草。　云南（玉溪）　注：惊蛰是撒秧节令，正月气温低秧苗难侍弄。

春　分

春分，是春季九十天的中分点。二十四节气之一，每年公历大约为 3 月 20 或 21 日，春分时节，太阳正好位于黄经 0°，阳光直射赤道。这天昼夜等长，又正当春季九十日之半，故“春分”同时兼有昼夜均分和春季中分的含义。春分以后，阳光直射位置逐渐北移，日子也逐渐变成昼长夜短。南北半球季节相反，北半球是春分，南半球则是秋分。

《月令七十二候集解》：“二月中，分者半也，此当九十日之半，故谓之分。秋同义。”《春秋繁露》说：“春分者，阴阳相半也，故昼夜均而寒暑平。”春分“三候”的物候是：“一候元鸟至；二候雷乃发声；三候始电。”这是说春分日后，燕子便从南方飞来了，下雨时天空便要打雷并发出闪电。

春分时节，在北方，春分 15 天，正处在 3 月底到 4 月初，大风卷起的扬沙、高空飘来的浮尘形成沙尘暴，对大气造成污染。尤其是西北、华北有“十年九春旱”和“春雨贵如油”之说。进入春分节之后，春季作物由南向北依次开始播种，如果此时降水偏少，旱象就会显现出来。

在南方，春分时期，常会出现持续低温并伴有连绵阴雨，对农作物的危害很大。尤其是每当气温快速回升之后，忽然又出现一段时间的持续低温，这种天气现象被称作“倒春寒”。倒春寒对南方最主要的影响是早稻烂秧，对北方的影响会涉及花生、蔬菜、棉花的生长，严重时还会造成小麦的死苗现象。

春分是农活大忙的季节，春耕春种进入一年最繁忙的阶段。这期间，越冬作物进入生长阶段，要加强田间管理。由于气温回升快，需水量相对较大，要加强蓄水保墒。“春分麦起身，一刻值千金”。我国地域辽阔，各地农业生产的地区和季节差异很大，要根据地宜、时宜、物宜的“三宜”原则做好生产的安排。北方春季少雨的地区要抓紧春灌，浇好拔节水，施好拔节肥，注意防御晚霜冻害；南方则要搞好排涝防渍工作。江南早稻育秧和江淮地区早稻薄膜育秧工作已经开始，早春天气冷暖变化频繁，要注意在冷空气来临时浸种催芽，冷空气结束时抢晴播种。

春分早报西南风，台风、虫害有一桩。　广东　注：“春风”节气，早吹西南风，当年常有虫灾或风灾。若吹“赤脚西南风”（连吹西南风 5 天以上，并常有浓积云，但没下雨），则台风早，次数多，影响大；若“夏至”日又打雷，则“小暑”、“大暑”台风常较多。俗语说：“寒热点风在作怪”。广东每到“春风”，是冷暖分界之时。然而，暖期的始点则决定于西南季风的早晚。西南风早，引导暖气流带来大量的热能，而这热能多少正是和台风、虫害浓积支成正比例。业经统计得知，“春分”节气若有 4 天以上西南风，风速在 4 米/秒以上，则当年台风和虫害活动对应很好。

爱谷爱豆，春分前后。 广东（高州） 注：指春大豆。

不到春分不暖，不到秋风不凉。 江西（乐安）

不到春分地不开，不到秋分粮不成。 吉林

不到春分地不开，不到秋分籽不来。 宁夏（银川）、山西（朔州） 注：指春种和秋收的适宜时期，只有过了春分，才能播种春播作物；过了秋分，才能收获秋熟作物。

不分（春分）不暖，不分（秋分）不冷。

不分不暖；不分不冷。 注：第一个分指春分，第二个分指秋分。

不分不种，一分就种。 江苏（南京）

不过春分不暖，不过夏至不热。

蚕豆不争田，春分借田边。 宁夏（银南）

插秧过春分，得不得由天分。 海南（海口）

吃了春分饭，一天长一线。 山西（晋城）

吃了春分酒，闲田要耕好。 浙江（丽水）

除夕沤臭肉，春分沤臭谷。 广东（连山）[壮族]

春不分不合，蛰不惊不暖。 广西（蒙山、浦北） 注：下句亦作“秋不分不凉”、“冬不至不寒”。

春不分不暖，秋不分不寒。 江苏（南通）

春不分不暖，夏不至不热。 安徽（合肥）、福建（邵武）、河南（许昌）、黑龙江（哈尔滨）、湖北（孝感）、山东（乳山）

春不分不热，秋不分不冷。 云南（昆明）

春分，秋分，日夜平分。 黑龙江（鸡西）[满族]

春分，笋满土墩。 福建[畲族]

春分，种子土内伸。 福建（南安）

春分百草齐发芽，水暖三分种下泥。 广东

春分半豆，清明全豆。

春分抱子，清明前后扫白纸。 湖南 注：“抱”又作“孵”。

春分遍地犁，秋分遍地镰。 宁夏

春分遍下犁。 宁夏

春分菠菜谷雨菜，清明前后种甜菜。 长三角地区 注：“菠菜”，又名“菠薐”，1～2 年生草本植物。原产伊朗，我国各地普遍栽培，北方以秋冬栽培和冬播春收为主，南方则秋、冬、春均可栽培，为主要绿叶菜之一。“甜菜”，亦称“糖萝卜”，2 年生草本植物，我国东北、内蒙古一带栽培较多。块根可制砂糖，叶和糖渣可作饲料，为常见蔬菜之一。此谚语是说，农历二月中春分时节开始种菠菜，三月谷雨时节种其它蔬菜，而甜菜则在农历三月前后即清明时节播种。

春分菠菜谷雨菜，清明前后种甜菜。 青海（西宁）

春分菠菜谷雨豆，清明前后种甜草。 宁夏

春分不锄麦，清明草成堆。 宁夏（固原）

春分不挡犁，秋分不挡刀。 宁夏

春分不到地不开。 吉林

春分不耕地，蒸包子跑了气。 河北（衡水）

春分不耕地，种地也漏气。 辽宁

春分不刮风，万物不扎根。 陕西

春分不浑，清明不明，夏至一到不留情。 海南（定安）

春分不浸谷，大暑无禾熟。 广东

春分不冷，冷在清明。 广西（平乐）

春分不冷，棉衣可捆。 广西（资源）

春分不冷，清明冷。

春分不暖，秋分不寒。 广西（陆川、防城）

春分不暖，秋分不凉。 海南（保亭）

春分不暖，夏至不热。 福建（建瓯）

春分不耙地，好比蒸馍走了气。 内蒙古

春分不耙地，就要误农事。 湖南（株洲）、山西（晋城）

春分不上炕，立夏栽不上。 北京（房山）、山东（牟平） 注：指春分时如果地瓜种不能上温床培育出苗，则不能在立夏时如期栽上。

春分不雨，清明不明。 湖南（衡阳）

春分不在家，白露不在地。 宁夏、青海（乐都） 注：指大蒜种植期。

春分不在家，秋分不在地。 山西（沁县） 注：指大蒜种收时节。

春分不在家，夏至不在地。 河北、山西 注：河北意指春分以前栽蒜，夏至以前收蒜；山西意指麦类的下种与收获的时期。

春分不种花，心里似猫抓。 山东

春分不种麦，别怨收成坏。 吉林、河北、天津 注：“麦”，天津指大麦。

春分插秧嫌过早，清明过后插秧好。 广东（龙川）

春分茶，发嫩芽。 福建

春分茶，发嫩芽；立夏茶，粗沙沙。 福建

春分茶，谷雨麻。 广西（桂平）

春分虫出蛰，树条返青软。 黑龙江（大庆）

春分虫儿遍地走，防治虫害早动手。 安徽（天长）

春分虫儿遍地走，农民忙动手。 天津

春分虫儿遍地走，农民们忙动手。 江苏、湖北、河南、河北、山西、吉林

春分虫儿遍地走，庄户人家快行动。

春分虫儿遍地走。　山西（太原）

春分虫儿走，农民忙动手。　河北（魏县）

春分出日头，大寒行春令。　福建（漳州）

春分锄到小满，一亩多打一担。　山西（临猗）

春分吹南风，麦收加三分。　宁夏

春分吹南风，麦子加三分。

春分吹南风，豌豆缠人身。　宁夏

春分吹南风，五月先水后天干；春风吹北风，八月稻谷收成歉。　湖南（湘西）

春分春分，百草返青。　湖北

春分春分，百草返新。　河南（南阳）

春分春分，百草萌动。　山西（宁武）

春分春分，百草行根。　安徽、江苏（镇江）

春分春分，点好花生。　陕西（渭南）

春分春分，好点花生。　四川

春分春分，好种花生。

春分春分，犁耙乱纷纷。

春分春分，麦苗起身。　上海、江苏（南京、扬州）、陕西（宝鸡）、浙江（嘉兴）

春分春分，笋尾那伸。　福建（德化）　注：后句指笋尖出土。

春分春分，田里发疯。　安徽（无为）

春分春分，种麦当紧。　山西（河曲）

春分春分，种子蛮扔。　福建（三明）　注：后句指种子随便下地都会发芽。

春分春分，昼夜平分。　江苏（苏州）　注："平分"又作"相等"。

春分春社，站在路上讲话。　江西（萍乡）

春分春种，秋分秋播。　江苏（无锡）

春分打雷雨水多。　河南（许昌）

春分大风夏至雨。　天津、河北（邢台）

春分到，把种泡，点了玉米忙撒稻。　西南地区

春分到，花儿俏。　安徽（亳州）

春分到，犁头跳。　河北（承德）

春分到了种菠菜，清明前后种甜菜。　陕西

春分到了昼夜平，耙地保墒要先行。　山西（太原）

春分的牛，冬至的料；冬天的食，夏天的力。　安徽（泗县）

春分的雨，赛金子。　宁夏、吉林

春分滴水干。　安徽（合肥）

春分地不干，清明雪常见。　黑龙江（哈尔滨）［满族］　注："不"又作"皮"。

春分地底湿。　广西（横县）

春分地漏如筛。

春分地皮干，干湿两相间。　吉林

春分地皮干，勒马等干道。　山西（新绛）

春分地皮干。　河北（肥乡）

春分地气通，解冻日日增。　山西（雁北）

春分地气通。　内蒙古、天津（静海）

春分地气透。　河北（承德）

春分东方有青云，这年麦子好收成。　湖南（湘西）

春分豆，论斗漏。　广东

春分豆，清明灌水漏。　浙江（兰溪）

春分豆苗粒粒伸。

春分豆下种。　浙江（衢县）

春分豆子伸。　福建（惠安）

春分断雪，谷雨断霜。　四川（三台）

春分断雪霜。　广西（宜州）

春分对秋分，一百八十天打转身。　湖南（零陵）

春分对秋分，一阳对一阴。　福建

春分多大风，五月多大雨。　广西（乐业）

春分多东风，麦熟年成丰。　浙江（宁波）

春分发南风，七月逢小旱。　广西（隆安）

春分放种，立夏小压，小满大压，芒种扫尾。　浙江（永嘉）

春分分百鸟，秋分分禾苗。　福建（建阳）　注：指春分前后，各种鸟类交配繁殖；秋分前后，禾苗分蘖。

春分分冷热。　广西（宜州）

春分分流，伏夜东流；秋分分流，冬夜西流。　山东（蓬莱、黄县）

春分分南风，农人无大忧，春分分北风，棉衣斗笠抗大风。　江西（南城）

春分分芍药，到老不开花。　湖南、山东　注：芍药是分株繁殖，对时节要求很严。最适宜的分株时间是在 9 月中旬至 10 月上旬。春分时节，芍药经过冬季休眠已经开始生长孕蕾，此时分株，伤害很大，伤口不易愈合，影响以后开花。

春分分种苗。　湖南（零陵）

春分分流，伏夜东流；秋分分流，冬夜西流。　山东（蓬莱、黄县）

春分风如雷吼，豌豆不出犁；出了犁沟，打破拳头。　宁夏

春分橄榄两头黄。

春分蛤蟆叫，秧要种三道。

春分瓜，清明麻，谷雨花。　广东（高州）

春分瓜，清明麻。

春分刮北风，春麦不扎根。　陕西（绥德）

春分刮北风，刮到四月中。　湖南（湘西）

春分刮大风，一直刮到四月中。　广西（荔浦）

春分刮东风，必定有收成。　宁夏

春分刮西风，阴雨天气数不通。　湖南（湘西）　注：“数不通”，方言，指数不清。

春分过，清明来，栽秧事儿早安排。　四川、江苏（无锡）

春分过后，快种黄豆。　湖南（娄底）

春分过后，下子不丢。　陕西（安康）

春分过后，种麦种豆。　陕西、甘肃、宁夏　注：指种春麦豌豆，扁豆。

春分过后虫儿走，防治虫儿早动手。　河南（郑州）

春分过后三月三，桃花杏花开满山。　山东

春分过后种田忙，夏至过后忙糊仓。　宁夏

春分过了墙，夜短白日长。　湖北（广水）

春分过了墙，夜短白天长。　河南（新乡）

春分过夜南，无钱去海担。　广东（阳江）

春分河烂一锅粥。　河北（张家口）　注：“河烂”，指河里冰层融化。

春分河自烂，捞鱼拣河炭。　山西（河曲）　注：“烂”，冰消。

春分后，好种豆。　山东、上海（川沙）、河北（张家口）

春分后，冷少，暖多。　广东（连山）[壮族]

春分后，无长冷。　广东（连山）[壮族]　注：“长冷”，冷的时间长。

春分胡麻社前谷，豌豆种在九里头。　甘肃（平凉）

春分黄鳝往上游。　安徽（肥东）

春分混种麦，小满麦定胎。　山西

春分季节有雨下，风调雨顺好年成。　广西（河池）

春分甲子雨绵绵，夏分甲子火烧天。　新疆

春分耩小麦，清明见麦苗。　河北

春分降雪，夏初雨难歇。　福建（光泽）

春分降雪春播寒。

春分节，快耖田，四犁五耙做周全。　四川

春分节，阳阴两坡拿铧揭。　青海

春分浸谷，夏至禾熟。　广西（桂平）

春分浸种，谷雨布田。　福建

春分九尽头，犁楼遍地走。　宁夏、山西（屯留）

春分九尽头，麦子种在埋头。

春分九尽头，麦子种在土里头。　陕西、甘肃、宁夏

春分九尽头。　江苏（淮阴）　注：九尽头，冬九九的末尾。

春分腊春社，禾米在山下；春社腊春分，禾米出大村。

春分来，秋分去。　福建　注：指燕子。

春分烂田不烂路，清明烂路不烂田。　宁夏

春分雷吼，豌豆不出犁沟。

春分犁不闲，谷雨好种田。　山东（滕州）

春分犁不闲，清明多植树。

春分犁耙出，乡里少闲人。　安徽

春分乱点麦。　山西（忻州）

春分乱纷纷，芒种不留种。　广西（贺州）

春分落雨，伏天不干。　天津、河北（昌黎）

春分落雨到清明，清明爱雨又来晴。

春分落雨到清明，清明落雨难得停。　广西（东兴）　注："难得停"亦作"路难行"、"无路行"。

春分落雨到清明，清明落雨天放晴。　山东（梁山）

春分落雨到清明，清明落雨又来晴。

春分落雨到清明，一日落雨一日晴。　山西（翼城）

春分落雨谷雨晴，谷雨落雨遍地青。　海南

春分落雨家家忙，种瓜点豆育薯秧。　河南（郑州）

春分埋种，清明开挖。　浙江（象山）　注："埋"又作"坞"。

春分麦，芒种糜，小满种谷刚合适。　甘肃（张掖）

春分麦，芒种糜，小满种谷正合适。

春分麦动根，一刻值千斤。　浙江、河南、山西、山东（泗水）

春分麦久土，小满见麻尖。　河南

春分麦起身，肥水要紧跟。

春分麦起身，农事要紧跟。　注：到了春分时节，冬小麦进入拔节生长阶段，此后进入一生中肥、水吸收高峰期，因此要适时重施拔节肥，干旱时配套浇灌拔节水。"农事"又作"肥水"。

春分麦起身，清明麦生胎。　山西（新绛）

春分麦起身，夏至谷怀胎。　山西（临猗）

春分麦起身，一刻值黄金。　四川、湖北、江苏（南京）、河南（濮阳）、山东（范县）　注："分"，又作"到"。四川原注意指这时正是小春作物拔节抽穗的时期，必须加强进行细致的田间管理，特别是追肥浇水。

春分麦起身，一刻值千金。　上海、贵州（遵义）、河北（易县）、河南（商丘）、湖南（衡阳）、宁夏（固原）、山西（万荣）、陕西（汉中）　注：春分前后，

冬小麦进入起身拔节阶段，是小麦生长速度最快、生长量增大的时期，对水分、养分要求也最迫切，因此是进行春季高效肥水管理的关键时期。此时期各种农活增多，农民要忙于春季田间管理和春耕春种等，片刻时间也像千金一样珍贵。类似农谚有“麦到春分日夜忙”，“麦到春分昼夜长”等。

春分麦起身，雨水贵如金（春雨贵如油）。　陕西　注：春分时节，以陕西为例，此时平均气温已回升到9℃以上，返青后的冬小麦正在拔节，已全面进入了积极生长阶段。冬小麦拔节时期也是冬小麦的小穗分化后期的孕穗期，即农家所说的“胎里富”的关键期，如果此时水肥充足，天气晴好，冬小麦的小穗便分化得好，小穗多，即农家所讲的“麦山”多，麦山多，麦穗就大，每穗的颗粒就多，这便奠定了冬小麦高产丰收的基础，因此这时节的雨水如同黄金般贵重。

春分麦起直，一刻值千金。　江苏（镇江）

春分麦入土，家家停了耧。　宁夏（石嘴山）

春分麦入土，麦熟不出伏。　内蒙古

春分麦入土，清明地头青。　河北（东光）　注：“麦”，此指大麦，春麦。

春分麦入土，秋分种冬麦。　山西（和顺）　注：“麦入土”，种春麦。

春分麦入土，小满见麻尖。　河南、山西

春分麦入土。　河北、广西、河南（新乡）、宁夏（银南）

春分麦梳头，麦子绿油油。　陕西（渭北）　注：春分时节要耙地，就像梳理头发一样，麦苗便可以长得更好。其原因是渭北多旱，地墒较差，这时冬小麦正普遍返青，而杂草往往也趁机疯长起来，因此有必要对麦田进行全面的耙耱整理，可对土地起到镇压和疏松的作用。麦田经耙耱后，可以将土壤深处的墒提上来供返青苗应用；同时经过耙耱，表土变疏松，有助于保墒，耙耱之后的镇压作用，还可以促使分蘖节壮实，使拔节后的麦秆健壮，而新生的杂草幼苗根浅，很容易将其耙出消灭，从而避免与麦苗争夺水分和养料，保证麦苗的正常返青和生长。

春分麦种凌茬。　山西（左云）

春分满地匀，立冬满地空。　广西

春分南风，先雨后旱。

春分南风强，清明好插秧。　福建（南靖）

春分牛浸溪，早稻得不多。　海南（屯昌）

春分暖，夏至热，立秋凉，冬至寒。　山东（成武）

春分暖过头，布衣换棉袄。　福建

春分暖过头，棉袄不上楼。　福建　注：指倒春寒。“不上楼”，不能搁置起来。

春分暖气来，种子土里埋。　安徽（舒城）

春分耙麦地，寒食掩老鸹。　河北（徐水）

春分起早攻南关。　浙江（舟山）　注：“攻南关”又作“到南山”。“南关”

“南山”，意指浙江、福建交界的海域。

春分气转烘，瓜豆及时种。 广西（南宁、邕宁）

春分前，犁秧田。 湖北

春分前，怕春霜，一见春霜麦苗伤。 江苏（南京）

春分前，十分田。 甘肃（张掖）

春分前，整秧田。 湖北（安陆）、湖南（衡阳）

春分前好布田，春分后好种豆。

春分前后，大麦豌豆。 天津、浙江、河南、山东、安徽（涡阳）、河北（望都、张家口）、山西（汾阳、太原）、陕西（咸阳）、江苏（高邮）

春分前后不见霜，一见春霜麦苗伤。 河南（新乡）

春分前后怕春霜，一见春霜麦根伤。 福建

春分前后怕春霜，一见春霜麦苗伤。 上海、甘肃、宁夏、安徽（濉溪）、河北（保定、邯郸、张家口）、陕西（咸阳）、浙江（湖州）、河南（濮阳） 注：“伤”又作“黄”。小麦到了春季拔节以后，幼穗加快生长发育，此时幼穗和新叶鲜嫩，耐寒抗冻能力大为减弱，一旦遇到倒春寒或雪霜天气，极端低温降至0℃以下，就会造成严重冻害，导致不同程度的减产。类似农谚有“春分雪，闹麦子”，“春雨贵如油，春雪烂麦根”等。

春分前后怕春雪，一见春雪麦苗伤。 山东（梁山）

春分前后怕见霜，一见春霜青草伤。 宁夏

春分前后晴，桑叶加一成。 江苏、浙江（湖州）

春分前后扫蚕蚁，谷雨前后蚕白头。 河南（濮阳） 注：“蚕蚁”，刚孵化出来的蚕。

春分前后有雷鸣，常有雨季伏旱临。 广西（乐业）

春分前后种青稞。 宁夏（固原）

春分前雷雨水多。 湖北（嘉鱼）

春分前冷，春分后暖；春分前暖，春分后冷。

春分前十日不早，春分后十日不迟。 宁夏（银川） 注：指小麦播种期，

春分前雨，卖儿女；春分后雨，置马骑。 吉林

春分抢种麦，清明灌麦芽。 山西（忻州）

春分清，鱼成对，鸟成双。 湖南（湘西）[苗族]

春分清明，春菜下种。 山西（太原）

春分晴，棉树结铜铃。 广西（柳城）

春分秋分，百草行根。 河南、河北（衡水）、宁夏（石嘴山）、山东（梁山）、浙江（湖州）

春分秋分，暝日对分。

春分秋分，暝日平分。 福建

春分秋分，日夜平分。　注：“日”又作“昼”。

春分秋分，日夜平分。　新疆、海南（文昌）、黑龙江（哈尔滨）、江西（临川）

春分秋分，昼夜平分。　上海、天津、浙江、四川、湖北、湖南、吉林、内蒙古、宁夏、广西（来宾、田阳）[壮族]、贵州（遵义）[仡佬族]、山西（新绛）

春分秋分，昼夜平。

春分秋分，昼夜平均，气温上升，大地回春。　山东（海阳）

春分秋分，昼夜平均。　安徽（合肥）、河南（周口）

春分秋分，昼夜相等。　山西（忻州）

春分秋分，昼夜相停。

春分秋分不用算，白天黑夜各一半。　安徽（合肥）

春分秋分不用算，黑夜白天都一样。　福建

春分秋分昼夜平。　山东（平阴）

春分日，植树木。

春分日不暖，秋分日不凉。

春分日日暖，秋分夜夜寒。　广东、海南

春分日，西风麦贵，东风麦贱。

春分日有雨，秋分日大水。　海南

春分日植树木，是日晴，则万物不成。　山东

春分若耕地，好比蒸馍跑了气。　宁夏

春分若是刮南风，五月先水后旱情。　湖南（株洲）

春分若是暖，五月先水后旱睛。

春分三场雨，遍地生白米。　山西

春分三日雨，月月水下河。　安徽（当涂）

春分上炕，山芋秧壮。　河北（完县）

春分社日晴，勤人也同懒人平，春分社日雨，勤人做去暂暂起。　广东

春分社日晴，勤人也同懒人平。　广东

春分社日晴，勤人也同懒人平，春分社日雨，勤人做去站站起。

春分社日雨，勤人做去渐渐起。　广东

春分时节，果树嫁接。

春分时节快插犁，抢种一粒收万粒。　吉林

春分时节乱插犁，抢种一粒收万粒。　宁夏（银南）

春分时节乱插犁，强种一粒收万粒。

春分秫秫秋分麦，立秋时分种荞麦。　山东（曹县）

春分秫秫秋分麦，立秋时候种荞麦。　河南（扶沟、平顶山）

春分秫秫秋分麦，要种庄稼抓时节。　安徽（濉溪）

春分秫秫秋分麦。　河南
春分秫秫秋分麦；钓把往上垂，小孩要吃麦。　河南
春分秫械秋分麦。
春分水浸溪，早稻得不多。　海南（琼山）
春分天暖花渐开，牲畜配种莫懈怠；春分天暖花渐开，马驴牛羊要怀胎。
春分田自烂。　宁夏
春分豌豆压折蔓，一垧要打八九石。　甘肃（天水）
春分无雨病人稀。　江苏
春分无雨不栽田，秋分无雨不作园。　湖北
春分无雨到清明。　江西（新干）
春分无雨划耕田，春分有雨是丰年。
春分无雨莫耕田，春分有雨是丰年。　湖南（株洲）
春分无雨莫耕田，秋分无雨莫种园。
春分无雨莫耕田。
春分无雨勤管田，秋分无雨勤管园。　湖南
春分无雨秋分补。　海南（保亭）
春分无雨又无云，生产作物少收成。　四川
春分西风多阴雨。　湖南（株洲）
春分下场雨，家家都欢喜。　吉林
春分下雨，三月不旱。　广西（荔浦）
春分下雨，三月免寒。　福建
春分下雨病人稀，惊蛰闻雷米如泥。　山西（河津）
春分下雨到清明，清明下雨不得晴。　广东（茂名）
春分下雨水均匀，春分无雨旱年成。　广西（乐业）
春分下种，清明下泥。　湖南（衡阳）
春分下种谷雨栽，过了芒种少两排。
春分小虫处处走，除虫灭害早动手。　福建
春分小黄鱼，起叫攻南头。
春分小麦日夜忙。　河南
春分选种备耕忙。　黑龙江（绥化）
春分雪，夏至风雨不停歇。　福建
春分雪水溶成河，豌豆麦子不上场。　陕西（榆林）
春分秧壮，夏至菜黄。
春分洋芋清明秧，秋分麦子寒露豆。　云南（昆明）
春分要种，秋分要净。　河北（石家庄）
春分一半麦。　山西（繁峙）

春分一到，万物生长。 江西（宜黄）

春分一到家家忙，先种瓜豆后插秧。 江西（南丰）

春分一到昼夜平，耙地保墒要先行。 山西（新绛）

春分一过土消通，青稞小麦接连种。 甘肃（定西）

春分一犁土，清明地气通。 吉林

春分一声雷，黄米贱如泥。

春分一半麦，雨洒清明节。 山西（忻州）

春分阴雨天，春季雨不歇。

春分有风，秋分有雨。 海南

春分有风发，郎中尽被杀；春分无雨下，郎中笑哈哈。

春分有水家家忙，先种瓜豆再插秧。 江西（南昌）

春分有余寒，藏衣勿宜早。 上海

春分有雨，家家欢喜。 宁夏

春分有雨，家家忙碌。 吉林

春分有雨，坛内有米。 四川

春分有雨饱万户，芒种多雨饿千家。 山西（临猗）

春分有雨病人稀，处处棉花豆麦宜。 湖南（株洲）

春分有雨病人稀，春分无雨百事无成。 吉林

春分有雨病人稀，端午有雨是丰年。 河南（安阳）、山西（翼城）

春分有雨病人稀，端午有雨兆丰年。 广西（浦北）

春分有雨病人稀，端阳有雨是丰年。（湖北）

春分有雨病人稀，清明有雨庄稼猛。（陕西）

春分有雨病人稀，五谷稻作处处宜。

春分有雨病人稀。 福建、安徽（滁州）、海南（临高）

春分有雨春不旱。 广西（上思、隆安）

春分有雨春不旱。 海南

春分有雨到清明，清明有雨无路行。 海南

春分有雨发，医生尽可杀；春分无雨下，医生笑哈哈。

春分有雨疾病少。 云南（昆明）[彝族]

春分有雨家家忙，先割麦子后插秧。 湖南、江苏、北京、江西、天津

春分有雨家家忙，先种苞米后栽秧。 山东（乳山）

春分有雨家家忙，先种豆子后育秧。 陕南 注：每年春分时节，陕南日平均气温上升至10～12℃时，汉江两岸较暖和的地区便开始了早春播种，这个地区的豆类作物多种于坡地和田棱上，豆类种子发芽需要充沛的地墒，发芽出苗时需要足够的水分，其水分吸收率在100%以上，也就是说发芽时种子吸收的水分相当于本身重量的1倍以上，因此雨后应及时趁墒播种豆类。而水稻育秧，是在秧母田中育

秧，水稻育秧对温度的要求比豆类要高，秧母田的最低温度要求比豆类种子发芽所需温度高4～5℃，即以18～22℃为宜。因此，春风逢雨以后，应尽早趁墒播种豆子，待豆子播种完后，气温又有所提升，再播种稻谷育秧。

春分有雨家家忙，先种瓜豆后插秧。　长江中下游地区、福建、湖北、新疆、山西（太原）　注：适用于我国南方地区。春分时节雨水很重要，利于农民忙于田间管理和耕种，是种瓜点豆的最佳时期，此后南方地区的早稻可以插秧。

春分有雨家家忙，先种瓜豆后撒秧。　四川

春分有雨家家忙，先种瓜豆后下秧。　上海

春分有雨家家忙，先种瓜豆后栽秧。　河北（唐县）

春分有雨家家忙，先种麦子后插秧。　山西、江苏、河北（张家口）

春分有雨家家忙，先种棉花后插秧。　河南（固始）

春分有雨家家忙，一刻时辰值千金。　江苏（徐州）

春分有雨家家忙，一刻值千金。　江苏

春分有雨家家忙，种瓜种豆又种秧。　湖北

春分有雨家家忙。　宁夏、山东、贵州（遵义）

春分有雨减三分，春分无雨好时年。　广东

春分有雨麦根烂。　河南、山西（汾阳）

春分有雨农家忙。　天津

春分有雨少病人。

春分有雨是丰年。

春分有雨万物收。　陕西（榆林）

春分有云，万物都成。　宁夏

春分有云，万物收成。　吉林

春分鱼开口，秋分鱼闭嘴。　长三角地区　注：春分逢大地复苏，万物生长之时，此时随着气温的上升，水温也随之上升，各种鱼类开始活动。如遇晴好天气，人工养殖的鱼类可以用少量的精饵料引鱼类开口吃食。秋分时节，气温逐渐下降，鱼类活动开始减少，摄食也随之减少。一般到立冬时节，人工养殖的鱼类就停止喂食了。现在看来，此渔谚说“秋分鱼闭嘴”（停食）显得早了一点。

春分鱼散塘，水减三分凉。　贵州（黔东南）

春分雨，家家喜。　河北（乐亭）

春分雨，庄户喜。　宁夏

春分雨不歇，清明前后有好天。

春分雨多，有利春播。

春分雨纷纷，乡村少病人。　湖南（岳阳）

春分雨三场，顶喝人参汤。　山西（临猗）

春分雨水香。　山西（晋城）

春分雨至，防雹袭击。

春分云满天，一定好庄田。　宁夏

春分栽菜，大暑摘瓜。　注：夏茬蔬菜，以瓜类、茄果类为主，在长江中下游，一般春分节气栽种，大暑节气开始采摘。“栽”又作“种”。

春分栽菜，大暑摘瓜。　湖南、安徽（繁昌）、河南（濮阳）

春分栽菜。　新疆

春分栽芍药，到老不开花。　上海、安徽（亳州）、河南（开封）、河北（张家口）

春分在后社在前，油盐米豆唧翻偏。　福建（长汀）　注：“唧翻偏”，指灾年物价上涨。

春分在前，斗米斗钱。　新疆

春分在前，斗米斗钱；春分在后，斗米斗豆。　广东

春分在前社在后，来年麦子割不透。　甘肃

春分在前社在后，油盐米豆慢慢走。　福建　注：“慢慢走”，指丰年物价平稳。

春分在社前，斗米斗钱；春分在社后，斗米斗豆。

春分在社前，斗米换斗钱；春分在社后，斗米换斗豆。　广东

春分在社前，庄稼拿手掀；春分在社后，一镰挖不透。　甘肃（甘南）

春分早，谷雨迟，清明播种正当时。　广东、湖南（益阳）　注：下句又作“清明时节正当时”，指播种棉花。

春分早，谷雨迟，清明插芋正当时。　安徽（阜阳）

春分早，谷雨迟，清明前后正当时。　湖南　注：指浸谷种。

春分早，谷雨迟，清明栽薯正适时。　江西（宁都）

春分早，谷雨迟，清明种花正当时。　河南（信阳）

春分早，谷雨迟，清明种麦正当时。　内蒙古

春分早，谷雨迟，清明种棉正当时。　山东、湖北、安徽（淮南）、河南（林县）、山西（沁水）　注：“种”又作“植”，“当时”又作“应时”或“适时”、“适宜”。

春分早，谷雨迟，清明种棉正当时。　注：我国江淮地区春分播种棉花偏早，谷雨播种棉花偏迟，清明前后为棉花适宜播种季节；类似农谚有“清明前，好种棉”等，而黄淮地区的棉花适宜播种季节一般在谷雨前后。“棉”又作“花”。

春分早，谷雨迟，清明种棉正当时。　湖北（钟祥）　注：襄樊、枝城作“清明早，立夏迟，谷雨种棉正当时”，咸宁作“谷雨早，小满迟，立夏种棉正适时”。

春分早，谷雨迟，清明种棉正当时。　安徽、湖北、河南、四川、山西（芮城）

春分早，谷雨迟，清明种棉正适宜。　山东（郯城）

春分早，谷雨迟，清明种棉正宜时。　山东（任城）

春分早，谷雨迟，清明种薯正当时。　湖南

春分早，立夏迟，清明谷雨正当时。　湖北（鄂北）

春分早，立夏迟，清明种花正当时。　江苏（盐城）

春分早，立夏迟，清明种棉正当时。　四川、湖南（湘潭）、江西（彭泽）

春分早，夏至涝。　福建

春分早，小满迟，清明谷雨正当时。　上海、湖北　注：指早稻育秧时间。

春分早报西南风，台风虫害有一桩。　海南（保亭）

春分正是春，谷子满田青。　福建（长汀）

春分之日雨淋淋，阴阴湿湿到清明。　天津（汉沽）

春分至，把树接，种果人，没空歇。　山东（梁山）　注：“接”，嫁接。

春分至，把树接，园树佬，没空歇。　河北、天津

春分种芍药，到老不开花。　注：春分时节芍药不能分株，否则就不会开花。芍药通常以分株繁殖为主，分株繁殖的时间以阳历 9 月下旬至 10 月上旬为宜，芍药开花期在阳历 4 月至 5 月，故不宜在春分（阳历 3 月）期间分株繁殖，否则会使植株生长不良，正常生育规律受到破坏，导致不开花。“种”又作“分”。

春分种，秋分收，花生一粒也不丢。　注：此谚语是说花生从春分节气播种，到秋分时收获。其实，花生的播种期不一定从春分开始，可以晚一些。因为花生在气温稳定在 15℃以上就可以播种，只要确保花生荚果在 20℃前完成发育，播种期还可推迟一点。有谚语说“花生无季节，种到端午节。”

春分种苞谷，清明种高粱。　河南（开封）

春分种不上花，心里像猫抓。　山东（曹县）

春分种菜，大暑摘瓜。　新疆、山东（乳山）

春分种春麦，清明种瓜豆。　宁夏（银南）

春分种春麦。　甘肃（定西）

春分种大麦。　华北

春分种大麦。　山西、山东、河南、河北、陕西

春分种豆，赶前不赶后。　福建

春分种六谷，清明种芦鸡。　安徽（安庆）　注：“六谷”，安徽土语，指玉米；“芦鸡”，桐城土语，高粱。

春分种麻种靛，秋分种麦种蒜。　安徽

春分种麻种豆，秋分种麦种蒜。　新疆

春分种麦，十种九得。　青海（乐都）

春分种麦，先扎三根；清明种麦，后扎三根。

春分种木薯，十种九得食。　广西（宜州）

春分种芍药，到老不开花。

春分种子普遍抡。　福建　注：“抡”，即播。

春分种子土里润。　福建

春分昼夜平。　江苏（镇江）　注：又作“春分昼夜两公平”。

春分昼夜停。

春分昼夜相平。　山东（梁山）

春风不见雪，惊蛰没闲人。　新疆

春风分芍药，到老不开花。　上海　注：意指芍药宜于秋分时分栽，如在春分时分栽，到谷雨是看不见开花的。

春风接，把树接，果树佬，没空歇。

春风秋风，昼夜平分。　新疆

春风下稻种，谷雨栽早禾。　福建（武平）

春风有雨家家忙，先种棉花后下秧。

春风早，谷雨迟，清明插秧最合宜。　福建

春了社，洋中没人企；社了春，洋中闹纷纷。　福建　注：指先春分后春社农事松闲，先春社后春分农事紧急。

春秋二分，昼夜相停。　山东（曹县）

春勿分勿暖，夏勿至勿热；秋勿立勿凉，冬勿至勿冷。　上海

春雨似油，春雪似毒。　陕西（陕北、渭北）　注：开春后，开始返青的冬小麦、油菜等越冬作物需要充沛的水肥，以满足其日益加快的生长发育需求，此时降下的春雨除了可以增加农田水分，还能够有效改善地墒状态，使正返青、起身的农作物水分养料充足，以保证农作物的正常生长，其时如降下少量的春雪也可以起到同样的作用。但是，如果在冬小麦已经返青即将拔节的春分季节，突遇北方强寒潮天气，降雪次数较多，雪量较大，覆盖冬小麦的雪较厚而迟迟不能融化的话，将会致使小麦苗无法正常进行光合作用，最终不能按时返青拔节，甚至导致小麦苗窒息而死。因此如遇这种状况，可以酌情给麦田撒些草木灰以加速其吸收太阳的热量，促使雪尽快融化，这样做也可以为农田增加钾肥。

大麻种在春分前，叶大皮厚又耐寒。　甘肃（平凉）

大麦不出九，春分夏出土。　湖北、安徽（淮南）

二月春分，种子头春。

二月春分快种荞，过了季节就不好。　甘肃（天水）

二月春分莫要慌，三月清明宜下秧。　湖南（长沙）

分后社，白米遍天下；社后分，白米像锦墩。　上海

分后社，米满箩；社后分，米如金。　宁夏（固原）

分后社，晚稻无上下；社后分，晚稻大株根。　浙江

分前雨，卖儿女；分后雨，买马骑。　宁夏

分在社前，斗米斗钱；分在社后，斗米斗豆。　广东（深圳）　注：“分”，指春分。

过了春分，冷死不恨。　海南

过了春分不烂秧。 陕西（汉中）

好汉唔打春分鸟。 福建（福州）

节令到春分，栽树要抓紧；春分栽不妥，再栽难成活；春分时节，果树嫁接。

今日九九尽，明日是春分。 河北（张家口）、山西（大同）

九九尽，是春分。 天津、河北（张家口）

雷打春分，雨下一春。 福建

雷打牛藤直，春分乱纷纷。 广东

麦锄春分间，瓜锄立夏前。 宁夏（固原）

麦到春分日夜长。 上海

麦到春分昼夜长，麦到清明拢三节。 山东（兖州）

麦到春分昼夜长。 山东、江苏（苏州）、山西（新绛）、陕西（渭南、武功）、山西（太原） 注：此谚语是说，当在10℃以上时，小麦节间开始伸长，此时正值春分时节。各节间的生长速度自下而上递增，最上一个节间伸长速度最快，有的每日可长1～2厘米。

麦过春分日日长，麦过立夏夜夜老。 浙江（金华）

麦过春分昼夜忙。 湖北（光化） 注："过"又作"到"。

懵里懵懂，春分浸种。 浙江（温州）

鸟雀吃了春分水，开始对对许。 福建（顺昌） 注："对对许"，交配。

泡春分，晒清明。 四川、湖北、山西（晋城）

彭祖活了八百年，田要种在春分前。 甘肃（张掖）

前分后社，米谷分家；前社后分，米谷到墩。 江西（资溪）

前分后社，三个老婆都要出嫁；前社后分，庄稼五谷堆满仓。 福建（南平） 注："出嫁"，指荒年卖妻。

前社后分，米谷满囤。 江西

青蛙春分初鸣，秋分终鸣。

劝君莫打三春鸟。 福建

让过春分，不让清明。 注：这是指春小麦的播种期。

若要米颗大，春分前头把种下。 云南

若要米粒大，春分节令把种下。 广东

撒谷近春分，冷死无人恨。 广东（番禺、顺德）

三色春分，日晒清明。 湖北（嘉鱼） 注："三色"，三色天，一天内有阴、尔、晴三种气象。

社了分，米谷不出村；分了社，米谷遍天下。

社了分，米谷如锦墩；分了社，米谷如苔鲊。

社在春分前，必定是丰年，社在春分后，穷人家里愁。 江苏

社在春分前，必定是丰年；社在春分后，穷人加上愁。 江苏（镇江） 注：

“社”，指社日，是农家祭社祈年的日子。一年中的两个社日，即春分，秋分前后最近的一个戊日，此谚指春社。

时到春分昼夜忙，清沟排涝第一桩。　湖北（鄂西）

先春分后社，打罢场就借；先社后春分，一定有收成。　宁夏（银南）　注：“社”，立春后第五个戊日，称社日。

先分后社，谷米无处借；先社后分，谷米吃过春。　广东　注：“分”，春分；“社”，春社。谷米吃过春，指丰收。

先分后社，禾种慢下；先社后分，禾种乱倾。　江西（上高）

先分后社，米谷涨价。　江西（南昌）

先分后社，米价不算贵；先社后分，白米如锦墩。

先纱后分，禾米打堆。　福建　注：“纱”，春纱，民间节气，在春分前后。

先社后春分，必定好收成，先春分后社，放下镰就借。　陕西、甘肃、宁夏

先社后春分，必定好收成。　甘肃（平凉）

先社后分，谷米相争，先分后社，谷米相借。　湖南（怀化）

杨花落，春分到。　河北（安新）

要吃白面馍，春分水涡涡。　宁夏

饮过春分酒，召集种田手。　福建

有钱难买春分雨。　广东

雨春分，冷死人。　广东（阳江）

栽薯莫过春分，种豆莫过处暑。

栽蒜不出九，春分麦入土。　山西（太原）

勿分勿暖，勿分勿寒。　上海　注：前句指春分，后句指秋分。

清　　明

清明，是二十四节气中的第五个节气，更是干支历辰月的起始；时间点在公历每年4月4、5日或6日，太阳到达黄经15°时。

清明又名“三月节”或“踏青节”。西汉时期的《淮南子·天文训》中说：“春分后十五日，斗指乙，则清明风至。”“清明风”即清爽明净之风。《岁时百问》则说“万物生长此时，皆清洁而明净。故谓之清明。”

清明三候的物候表征是：“一候桐始华；二候田鼠化为鹌；三候虹始见。”意即在这个时节先是白桐花开放，接着喜阴的田鼠不见了，全回到了地下的洞中，然后是雨后的天空可以见到彩虹了。

清明是表征春季物候特点的节气，含有天气晴朗、草木繁茂的意思。清明也是中国重要的传统节日，是民间“八节”（春节、元宵、清明、端午、中元、中秋、冬至和除夕）之一。清明节的起源，始于古代“墓祭”之礼。每年此日，举国朝野，无论天子凡夫，都要祭祖扫墓，这是中华民族通行的风俗。清明既有慎终追远的怀古情怀，又有赏春览景的欢娱气氛。

清明时节，除东北与西北地区外，中国大部分地区的日平均气温已升到12℃以上，大江南北，长城内外，到处是一片繁忙的春耕景象。“清明时节，麦长三节”，黄淮地区以南的小麦即将孕穗，油菜已经盛花，东北和西北地区小麦也进入拔节期，应抓紧搞好后期的肥水管理和病虫防治工作。北方旱作、江南早中稻进入大批播种的适宜季节，要抓紧时机抢晴早播。“梨花风起正清明”，这时多种果树进入花期，要注意搞好人工辅助授粉，提高座果率。华南早稻栽插扫尾，耘田施肥应及时进行。各地的玉米、高粱、棉花也将要播种。“明前茶，两片芽”，茶树新芽抽长正旺，要注意防治病虫。

北方的四月清明节，天气仍时有寒潮反复，依然会忽冷忽热，乍暖还寒，这样的天气，对已萌动和返青生长的农作物、林果蔬菜生长，反而危害更多大。在冷暖多变天气中，应注意防御低温和晚霜冻天气对小麦、水稻秧苗和开花果树以及其他春播作物造成危害。要注意做好农作物、大棚蔬菜防寒防冻工作。在南方，此时的雨水更多，要注意做好农田清沟排水、中耕除草，预防湿渍烂根。

清明前后，种瓜点豆。　河南（唐河、新乡）、陕西（安康、关中、延安）、甘肃（平凉、兰州、天祝、庆阳）、宁夏、山西（太原）、河北（张家口）、山东、北京、安徽（淮南）、湖北、四川、浙江　注：“种瓜点豆”又作“种瓜种豆”或“点瓜种豆”、“栽瓜点豆”，“栽瓜种豆”，“按瓜点豆”。

清明蛾子谷雨蚕，大暑蛾子立秋蚕。　东北地区

清明孵蚕子，立夏见新丝。　浙江

清明前后北风起，百日可见台风雨。　注："清明"日的前3天和后3天称为"清明"前后。每年在这段时间内吹二级以上的偏北风（西北或东北），谓之"清明前后北风起"。在这段时间内的第一天吹偏北风定为起报点，后推100天左右将有台风或大雨出现，即"百日可见台风雨"。从考证18年资料得知："清明"前后吹偏北风的有15年，对应100天左右出现台风影响的有10年，若包括出现中雨以上的降水的共有14年，另外"清明"前后没有北风的有2年，对应100天左右均没有台风和中雨以上降水出现。

清明秫秫谷雨麻，立夏前后种棉花。　河南

清明下种谷雨栽，过了芒种少两排。　陕西

清明种棉花，不用问邻家。　陕西、甘肃

白豆种在清明口，种一碗，打一斗。　宁夏

北风不送九，雨在清明后；北风送了九，雨在当节头。　宁夏

播种不过清明，移栽不过立夏。　宁夏（银南）

播种不过清明关，移栽不过立夏关。　福建（光泽）

播种勿过清明关，移栽勿过立夏关。　上海

不到清明人不忙。立夏点火夜插秧。　长江流域

不到清明就下秧，先着急来后打荒。　湖北

不到清明麦不黄，麦子收完赶插秧。　福建

不到清明人不忙，立夏点火夜插秧。　长江流域

不过清明不了北，不过立秋不了南。　海南（儋县）

不过清明不下秧，不过立夏不插秧。　湖北

不过清明节，出门棉衣不要缺。　海南（儋县）

不怕煎，不怕煮，只怕清明下苦雨。　湖北（黄梅）

不怕清明连夜雨，只怕谷雨一遭霜。　浙江（嘉兴）

不怕清明满天雨，只怕黄明一夜雨。　江苏（溧阳）　注："黄明"，清明后一百日。

不怕清明头夜鬼，只怕清明夜头雨。

不怕清明一夜雨，只怕清明连谷雨。　湖北（麻城）

不怕清明雨，只怕谷雨风。　福建（建瓯）

不怕蒸，不怕煮，就怕清明连夜雨。　安徽（阜阳）

不用问爹娘，清明前好下秧。

布谷叫，清明到。　浙江（绍兴）

吃得清明酒，蓑衣、笠帽勿离手。　浙江（绍兴）

吃过清明糍，白花跟脚来。　福建　注："白花"，当地一种清明时节盛开的野花。

吃过清明糍，百花开出来。 福建（光泽）

吃了清明馃，要到泥里裹。 浙江（杭州） 注：后句丽水作“日日田头过”、“屁股赶出火”。

吃了清明粿，就要卷大腿。 福建 注：“卷大腿”，指下田劳动。

吃了清明粿，忙到七月尾。 福建

吃了清明粿，一手扶犁耙，一手剪薯尾。 福建 注：“薯尾”，薯苗。

吃了清明酒，蓑衣笠帽不离手。 河南（林县）

吃了清明粿，家里冇的坐。 安徽（歙县） 注：“冇”，读 mao，徽州土话，没有。

吃麦不吃麦，过了清明两个月。 河南（开封）

吃仔清明饭，锄头铁鎝朝外甩。 上海

迟早靠清明，懒人靠谷雨。 广东（始兴） 注：意指清明前后播种适宜，谷雨播种太迟。

春到寒食六十天，清明夏至七十七，冬至悬春四十五，再加六十是清明。 湖北（通山）

春到清明谷雨头，瓜豆胡麻搭锄头。 宁夏

春季造林，莫过清明。 安徽（舒城）、江西（南城）

春季植树，莫过清明。 广东（阳山）

春浇清明后，冬浇冬至前。 陕西（咸阳）

春雷十日阴，半晴半阴到清明。 上海

春雷十日阴，半阴半晴到清明。 宁夏

春怕清明连夜雨，秋怕白露一朝霜。

春雨落清明，明年好年景。

打鱼人盼望好天气，就怕清明前后一场风。 天津（汉沽） 注：渔船出海最担心转季时的一场大风。

大豆西瓜清明前，玉米高粱谷雨间。 宁夏

大豆扎在清明前，秆粗秧壮角角繁。 宁夏

大寒食，小寒食，一百五，清明日。 山东（滨州）

大麻小麻，清明以后。 山西（太原）

大麻种在清明前，叶大皮厚又耐旱。 陕西、甘肃、宁夏

大麦拜社，小麦拜清明。 浙江

大雁不喝惊蛰水，小燕来过清明节。 湖北（洪湖）

大雨落清明，必定好年景。 河北（安国）

到了清明别欢喜，还有十天冷天气。 山东（桓台）

稻怕寒露一夜霜，麦怕清明连夜雨。 安徽（天长）、江西（赣北）

豆子不吃清明水，芝麻不吃芒种水。 湖南（零陵）

二月二，三月三，清明寒食过三天。　宁夏

二月二，三月三，清明前后多雨天。　陕西（咸阳）

二月二下雨管清明。　河南（南阳）

二月里清明件件清，三月里清明三勿清。　浙江（湖州）

二月里清明青苗苗，三城清明灰蒙蒙。　山西（繁峙）

二月清明，冷死盐丁。　海南（临高）

二月清明挨市街，三月清明无笋卖。

二月清明覅忙种，三月清明早下种。　陕西　注："覅"，音 bao，关中土语，即不要。

二月清明遍地青，三月清明不见青。　河北（承德）

二月清明遍地青，三月清明没一根。　山西（大同）

二月清明不赶前，三月清明不向后。　陕西（渭南）　注：指种早玉米。

二月清明不见青，三月清明遍地青。　宁夏、河北

二月清明不上前，三月清明不落后。　江苏、浙江

二月清明不要慌，三月清明栽早秧。　宁夏

二月清明不要慌，三月清明早插秧。　河南（濮阳）

二月清明不要慌，三月清明早下床。　吉林

二月清明不要慌，三月清明早下秧。　江苏、浙江、上海、湖南、湖北、广西（荔浦）　注："要"又作"用"。

二月清明不要慌，三月清明早下秧。　江西（上饶）　注：或作"二月清明不着慌"。

二月清明不要慌，三月清明早栽秧。　宁夏

二月清明不要忙，三月清明好撤秧。　河南（新乡）

二月清明不要忙，三月清明早下秧。　河北、四川、湖北、陕西、甘肃、宁夏、湖南

二月清明不要早，三月清明不要迟。　江苏（南京、淮阴）

二月清明不宜早，三月清明不宜迟。　四川

二月清明不应忙，三月清明早插秧。　陕西

二月清明不用慌，三月清明不落秧。　福建

二月清明不用忙，三月清明早下秧。　河南（洛阳）

二月清明不在前，三月清明不在后。　四川

二月清明不种前，三月清明不种后。　安徽（淮南）

二月清明不着慌，三月清明下早秧。　江苏（宝应、射阳）

二月清明菜不老，三月清明老白菜。　安徽（天长）

二月清明草不青，三月清明绿茵茵。　安徽（安庆）

二月清明吃了种，三月清明种了吃。　福建（福鼎）　注：指农历二月清明节

气早，水稻应节后播种；三月清明节气晚，水稻宜节前播种。

二月清明迟浸谷，三月清明早播秧。　广西（融安）

二月清明迟浸谷，三月清明早浸谷。　湖南

二月清明迟下种，三月清明早插秧。　湖南

二月清明春不寒，三月清明要春寒。　陕西（榆林）

二月清明春天短，三月清明春天长。　山西

二月清明多损种，三月清明秧仔青。　福建（平潭）

二月清明多下种，三月清明多剩秧。　福建

二月清明多下种，三月清明少下秧。　福建（周宁、松政、平和）

二月清明放着种，三月清明抢着种。　新疆

二月清明耕一半，三月清明种一半。　河南

二月清明谷子浸。

二月清明过清明，三月清明不等清明。　甘肃（天水专区）

二月清明寒一晌，三月清明寒十晌。　山西（忻州）

二月清明河在前，三月清明河在后。　吉林

二月清明花不开，三月清明花尽开。　陕西（宝鸡）

二月清明花不老，三月清明老了花。　新疆、江苏（东海）

二月清明花开白，三月清明花不开。

二月清明花开败，三月清明花不开。　河南　注：指杏花。

二月清明箕底担，三月清明田底青。　福建（福清、平潭）

二月清明老了花，三月清明不见花。

二月清明老了柳，三月清明柳不开。

二月清明篓里青，三月清明田里青。　湖南（零陵）　注："篓里青"，秧苗在筐里长出芽叶；"田里青"，田里插满秧苗。

二月清明篓里青，三月清明田里青。　江西

二月清明箩里青，三月清明田里青。　江西（上高）

二月清明麦勿秀，三月清明麦秀齐。　上海

二月清明麦秀齐，三月清明麦不秀。　江苏（常州）

二月清明麦在后，三月清明麦在头。　辽宁、青海（大通、门源）

二月清明麦在后。　东北地区

二月清明麦在后。　辽宁、吉林、黑龙江

二月清明麦在前，三月清明麦在后。　吉林、黑龙江、辽宁（黑山）、河南（濮阳）

二月清明麦在前，三月清明早种田。　黑龙江

二月清明麦在头，三月清明麦在后。　吉林　注：农历二月份清明，节气早，气温回升早，在清明前播种；三月清明，节气晚，气温回升慢，在清明后播种。

二月清明满地花，三月清明不见花。　山西（屯留）　注：“地”潞城作“坡”，阳曲作“二月清明花腾腾”。

二月清明满地青，三月清明满地空。　天津（汉沽）

二月清明满山青，三月清明半山青。　浙江（衢州）

二月清明满树花，三月清明不见花。　山西、陕西

二月清明没茶摘，三月清明茶太老。　福建　注：“老”，永泰作“长”。

二月清明没一根，三月清明傍路青。　山西（偏关）

二月清明莫播早，三月清明莫播迟。　广东

二月清明莫冲前，三月清明莫缩后。　四川

二月清明莫赶前，三月清明莫落后。　贵州、江苏（吴县）

二月清明莫抢头，三月清明莫落后。　浙江（常山）

二月清明莫抢先，三月清明莫落后。　浙江

二月清明莫上前，三月清明莫在后。　云南（昆明）

二月清明莫在前，三月清明莫在后。　湖南、湖北、安徽、广西（荔浦）

注：“在前”又作“向前”。湖南指早稻浸种时节。

二月清明莫占前，三月清明莫推后。　福建（福安）

二月清明莫占前，三月清明莫拖后。　福建（福安）

二月清明你莫赶，三月清明你莫懒。　福建、江苏、浙江

二月清明你莫慌，三月清明早下秧。　陕西（安康）

二月清明你莫忙，三月清明下早秧。　陕西、甘肃、宁夏、河北

二月清明你莫忙，三月清明早插秧。　陕西（西乡、武功）

二月清明你莫忙，三月清明早下秧。　陕西（西安）

二月清明蓬当草，三月清明蓬当宝。　浙江（丽水）　注：“蓬”，艾。

二月清明偏要青，三月清明偏不青。　江苏（宜兴）

二月清明前五日，三月清明后五日。　浙江（杭州）

二月清明且莫慌，三月清明早插秧。　广东

二月清明青葱葱，三月清明一遍空。　福建　注：指二月清明春来早，麦子尚青；三月清明春来迟，麦子已收完。

二月清明青河边，三月清明青半山。　陕西（宝鸡）

二月清明清明后，三月清明清明前。　浙江　注：指麻田耕地的时间。

二月清明晒死秧，三月清明冻死秧。　湖北（保康）

二月清明山不青，三月清明满山青。　江苏（南京）

二月清明墒情大，三月清明无墒情。　山西（曲沃）

二月清明食了种，三月清明种了食。　福建（福清、平潭）

二月清明是个宝，年成一定好。　云南（玉溪）

二月清明蒜在后。　黑龙江（哈尔滨）

二月清明笋夹笆，三月清明笋抽芽。 浙江（绍兴）

二月清明笋尖尖，三月清明笋打底。 上海 注："笋打底"，烧菜时笋铺碗底，这里指可以吃了。

二月清明笋如草，三月清明笋如宝。 浙江（绍兴）

二月清明笋像枪，三月清明笋像姜。 四川、浙江（湖州）

二月清明桃花败，三月清明花不开。 天津

二月清明无绿荫，三月清明到处荫。 山西（雁北）

二月清明勿要慌，三月清明早落秧。 浙江（台州）

二月清明香如草。 福建

二月清明压市街，三月清明笋难买。 浙江（宁波）

二月清明秧如宝，三月清明秧如草。 云南（楚雄）

二月清明秧在后，三月清明秧在前。 广西（融安、合浦）

二月清明叶等蚕，三月清明蚕等叶。 浙江（湖州）

二月清明一片青，三月清明草不生。 广西、河南（洛阳）、山西（晋城）

注：全年24节气，在阳历的月日是确定的，在阴历是不一定的。清明节在阳历4月5日，在常年是阴历3月初。如果碰到有闰月的阴历年，很可能在阴历二月初。那么，阴历二月行的是阳历4月的天气。三月间行的是阳历5月的天气，比较平年的二月三月，要暖得多了，所以说清明在二月，野外"一片青"，清明在三月，大地还未回春。

二月清明一片青，三月清明一片白。 天津（汉沽）

二月清明用篮挢，三月清明大担挑。 浙江（绍兴） 注："挢"，挽。

二月清明鱼如草，三月清明鱼如宝。 广东、上海

二月清明鱼是宝，三月清明鱼是草。 浙江（舟山）

二月清明鱼似草，三月清明鱼是宝。 广西（北海、合浦）

二月清明鱼盈街，三月清明断鱼卖。 上海

二月清明鱼在后，三月清明鱼在头。 山东（长岛）

二月清明榆不老，三月清明老了榆。 山西（襄汾）

二月清明榆钱老，三月清明榆钱小。 河南（三门峡）

二月清明早下秧，三月清明不着慌。 江苏（射阳、兴化、盐城）

二月清明早种秧，三月清明迟播谷。 浙江（丽水）

二月种生姜，清明种芋头。 广西（马山）[壮族]

方漆清明油，照见美人头，摇起虎斑色，提起钓鱼钩。 贵州 注："方漆"，贵州大方县所产的漆。

肥不过清明一场雨，瘦不过九月一场霜。 陕西（咸阳）

风吹十六灯，雨洒清明坟。 山西（晋城） 注："十六"，正月十六。

伏里要出油老麻种在清明头。 陕西

蛤叫清明节，收田铺席睡。　广东（湛江）　注：喻年景好，可高枕无忧。

谷怕秋来早，麦怕清明霜。　云南（昆明）

瓜要结得大，清明把种下。　内蒙古

瓜要结的大，清明把种下。　山东、上海　注：“的”又作“实”。

关东风雪大，清明回暖迟。

光清明，暗谷雨。　上海、河北、湖南、安徽（泾县）、福建（同安）、江西（南丰）、山西（晋城）　注：“光”，晴；“暗”，阴。

过罢中秋月不明，过了清明花不鲜。　河南（郑州）

过了清明，睡了一小梦；过了三月三，一夜睡半天。

过了清明，庄稼分明。　山西

过了清明别欢喜，还有十天冷天气。　天津

过了清明不要停，一担草皮一担粪。　江西（丰城）

过了清明待十天，清早晚上穿布衫。　山东（菏泽）　注：又作“过罢清明寒食天，清早晚上穿布衫”。

过了清明的雪，狗都撵不上。　山东（龙口）

过了清明饿不死驴，过了谷雨饿不死牛。　河南（南阳）

过了清明寒十天，脱了棉衣再不穿。　新疆

过了清明寒十天。　河南（商丘）、江苏（徐州）

过了清明节，白果硬如铁。　湖南（武冈）　“白果”，指白果田。

过了清明节，黄牛勿休息。　浙江（舟山）

过了清明节，就把棉衣脱。　山西（晋城）

过了清明节，老牛无假日。　四川

过了清明节，手脚晒成铁。　河北（涿州）

过了清明节，田里土里忙不撤。　湖北（来风）

过了清明节，羊腿晒成铁。　山西、湖南（衡阳）、山东（单县）

过了清明节，一天要比一天热。　河南（三门峡）

过了清明节，雨在树头歇。　云南（保山）[回族、傈僳族]

过了清明节，庄稼汉不能歇。　江苏

过了清明节，庄稼佬儿不能歇。　安徽（含山）

过了清明冷十天，脱掉棉衣再不穿。　山东（单县）

过了清明冷十天，脱了棉衣再不穿。　安徽

过了清明十日冷。　湖南（零陵）

过了清明休喜欢，还有十个大冷天。　山西（长治）

过了清明要种田，过了芒种不可种。

过了清明一层白，包子馒头往家抬。　吉林

过了清明只只肥，向北游去去生子。　福建

过了清明种高粱，谷雨种谷正相当。　山东（崂山）

过了中秋月不明，过了清明花不鲜。　湖北（枝城）

海鱼产卵清明前，河鱼产卵清明后。　天津（汉沽）

憨不死，清明不布布谷雨。　福建（龙溪）

憨到死，清明不插插谷雨。　华南地区

寒风冷雨，出在清明谷雨。清明立夏雨，牛儿苦到死。　海南（保亭）

寒食清明风雨大，春来连阴进入夏。　江苏（南京）

寒在清明肚，冻死老牛牯。　海南（琼海）

喝了清明酒，召集种田手。　福建（龙岩）

黄明雨凄凄，麦像蝗虫屎。　江苏（溧阳）

九前冬笋逢春烂，九后冬笋清明出。　四川

九月虫封口，过了清明再出土。　河南（遂平）

蕨拜清明笋拜社。　江西（上饶）

烤烟宁种清明土，不种谷雨泥。

腊肥金，春肥银，过了清明不留情。　安徽（东至）、山东（苍山）

腊月初三晴，来年阴湿到清明。　上海、江苏（常州）　注：“腊”又作“十二”。

来不付清明，去不付七月半。　福建　注：指燕子。“付”，过。

老麻子不算田，种在清明前。　陕西（延安）

雷打清明后，洼地多种豆。　安徽（利辛）　注：“多种豆”，指当年要干旱。

雷打清明节，禾田晒爆裂。　广东（阳江）

雷打清明节，早禾田爆裂。　广东（鹤山）

雷打清明前，高山可耕田；雷打清明后，平地可种豆。　福建

雷打清明前，高山涨满田；雷打清明后，平地种成豆。　四川

雷打清明前，洼地别种田。　黑龙江（绥化）

雷打清明前，洼地不种田，雷打清明后，洼地多种豆。　内蒙古

雷打清明前，洼地不种田。　河南（商丘）

雷打清明前，洼地不种田；雷打清明后，洼地多种豆。　辽宁、吉林、黑龙江

雷打清明前，洼地不种田；雷打清明后，洼地种黄豆。　新疆、湖南（零陵）

雷打清明前，洼地不种田，雷打清明后，洼地多种豆。　吉林　注：“多种豆”又作“种黄豆”。

雷打清明前，洼地好种田。　黑龙江

雷打清明前，洼地种高田；雷打清明后，洼地种黄豆。

雷响清明前，山上种大田；雷响清明后，洼地种黄豆。　黑龙江（哈尔滨）

冷到清明热到秋。　山东（青州）

冷清明，冷四天。　广西（柳江）

冷清明，热谷雨。　山西（大同）

梨花风起清明至。清明晴，谷雨淋，黄梅旱。

绿豆过清明，生叶不结仁，黑豆过立冬，害虫吃光光。　海南（琼山）

落在清明，接在芒种。　宁夏　注：“落”，指“下雨”。

麦吃二年土，只怕清明前饿肚。　浙江（奉化）

麦吃二年土，只怕清明头日雨。　浙江

麦吃两年水，只怕清明前日雨。　浙江　注：“吃”又作“食”，“前日”又作“头夜”。

麦吃两年土，只怕清明饿肚。　浙江（温州）

麦吃四季水，不吃清明连晚雨。　浙江

麦吃四季水，就怕清明淹谷雨。　江西（星子）

麦吃四季水，只怕清明当夜雨。　上海

麦吃四季水，只怕清明头夜雨。

麦吃四季水，只怕清明一夜雨。　湖北、浙江、上海、河南（新乡）　注：“一夜”又作“头夜”或“夜夜”、“当夜”，“只”又作“独”，“季”又作“时”。

麦吃四季雨，只怕清明和谷雨。　湖北　注：“和”又作“连”。

麦吃四时水，就怕清明一交水。　江西（于都）

麦到清明拔三节。　江苏（徐州）

麦到清明谷过秋。十月才有晚稻收。　福建（宁德）

麦到清明没老鸹。　江苏（徐州）　注：“没”，遮没。

麦到清明齐，禾到大暑割。　湖南（郴州）

麦到清明死，禾到大暑死。　浙江

麦到清明死，禾到雪下死。　广东　注：“雪”，大雪。

麦滚清明节。　山西（襄汾）　注：“麦滚”，滚压麦田。

麦忌清明连夜雨，稻怕八月中秋午时风。　福建（福安）

麦忌清明连夜雨，稻怕中秋午时风。　上海、福建（福安）

麦惊清明连夜雨，稻惊白露午时风。　福建

麦惊清明连夜雨，稻怕白露午时风。　福建（周宁）

麦惊清明雨，稻惊白露风。　福建（宁德）

麦怕清明白，禾怕寒露风。　江西（丰城）

麦怕清明连夜雨，稻怕寒露一朝霜。　上海、广东、福建、黑龙江、湖北、山西（太原）、江苏（南京）　注：此后句又作“棉怕八月连阴天”。

麦怕清明连夜雨，禾怕寒露一朝霜。　广东

麦怕清明连夜雨。　江苏（南京）

麦怕清明连阴雨，稻怕寒露一朝霜。　天津　注：清明时节，麦子进入抽穗扬花阶段，如此时遇连日阴雨，会影响麦子授粉，降低结实率。寒露时，晚稻处于籽粒灌浆阶段，如遇低温霜冻，会影响籽粒充实，稻谷不饱满，粒重减轻。因此，在稻麦生产上，麦田要开始沟渠，进行排水降湿；水稻要适时播种，确保安全灌浆，若遇低温霜冻，可采取灌水层，使用保温剂等措施缓和降温，减轻低温霜冻的影响。“阴”，又作“夜”。

麦怕清明连阴雨，稻怕寒露一朝霜。　天津、宁夏（银南）

麦怕清明连阴雨。　湖北

麦怕清明霜，稻怕冷北风。

麦怕清明霜，稻怕秋来旱。　上海

麦怕清明霜，谷怕老来旱。　甘肃（张掖）

麦怕清明霜，谷要秋来旱。　云南

麦怕清明雪，禾怕秋来旱。　湖南（零陵）［瑶族］

麦怕清明叶尖雨，稻怕秋来白露风。　福建（霞浦）

麦食两年水，只怕清明头夜雨。

麦种清明前后，肚子吃成石头。　甘肃（甘南）

麦种深，谷种浅，清明种豆不能变。　宁夏

麦子不怕四季水，只怕清明一夜雨。　湖北

麦子食得千日雨，只怕清明连夜雨。　福建（上杭）

猫过清明狗过夏。　山东

毛大嫂，毛大嫂，过了清明没处找。　山东（青州）　注：“毛大嫂”，指柳絮、杨絮。

毛笋清明露鼻，谷雨露头，立夏跑到石岩头。　福建（宁德）

懵里懵懂，清明浸种。　江西（南昌）

懵里懵懂，清明下种。　湖南

懵懵懂懂，清明浸种。　江西（赣中）

懵懵懂懂，清明下种。　浙江、江西、广东、安徽（怀宁）　注：“下”又作“播”。

棉怕清明雨绵丝。　江西（宜黄）

明前采芽为上春，明后采芽为二春。　安徽（舒城）

明前茶，两片芽。　安徽（桐城）

明清明，暗谷雨。　江西

莫愁小麦成空，只怕清明日起风。　上海

莫信人家扯乱谈，清明下种是应当。　湖南（怀化）［侗族］

难逛清明，好吃烧饼。　宁夏

难踏清明青，当年好收成。　吉林、宁夏

宁可清明抢前，不可谷雨拖后。　宁夏　注：指胡麻播种期，

牛盼清明羊盼夏，人过小满说大话。　陕西

牛望清明驴望夏，人到芒种说大话。　河南（南阳）

牛望清明驴望夏，人到小暑就不怕。　四川（甘孜）[藏族]

农家无茶时，喜用清明柳。　安徽（界首）　注：清明时，柳叶嫩芽可制作茶叶饮用。

骑着清明耩高粱。　山东（范县）

青壳田鸡咯咯叫，清明粽子稳牢牢。　浙江（嘉兴）

清明、谷雨第一代，立夏，小满第二代，夏至、小暑第三代，白露、秋分第四代，寒露、霜降第五代。　广东　注：文中的“代”，指三代螟虫的生长期。

清明、谷雨两相连，浸种、耕田莫拖延。　浙江（台州）

清明、夏至七十七。　内蒙古

清明爱晴，谷雨爱淋。　甘肃（天水）

清明暗，大水不离凼；清明晴，万物成。　广东

清明暗，大水不离坎。　广东（茂名）

清明暗，大水唔离岸。　广东（韶关）

清明暗，灌水不离岸；清明落，虾子跳上崖。

清明暗，戽斗不离凼。　广东（广州）

清明暗，江水不到岸。　广西（南宁）

清明暗，江水不离岸，清明落，虾子跳上镬（屋）。　江苏

清明暗，江水干塝。　广东（阳山）

清明暗，江水漫江岸；清明亮，江水落千丈。　广西（富川、百色）　注：“漫江岸”亦作“平江堤”。

清明暗，山水不离坎；清明亮，山水过屋梁。　广西（防城）

清明暗，鱼儿上高坪；清明晴，鱼儿槎下死。　广东（五华）

清明暗，雨水不离塝。　广东

清明暗淡，洼地也干旱。　广西（隆安）

清明白，收把麦。

清明白地，谷雨绿地。　江苏

清明白田，谷雨绿田。　江苏（南京）

清明白条，桑叶白挑。　浙江（湖州）　注：“白条”，桑枝头上不见桑叶蕻头，意指清明时桑树尚未放叶，则当年养蚕无大利。

清明半月一场雨，强似秀才中了举。　宁夏（银南）

清明包谷谷雨龙，稻谷播插到立夏。　陕西（安康）

清明暴。　山东

清明北风多损坏。　福建

清明北风十天寒，春霜结束在眼前。　河北

清明蓖麻和地瓜，玉米不要过立夏。　山西（长治）

清明播秧根发黑，谷雨播秧苗儿旺。　山东（菏泽）

清明播种，谷雨插田。　浙江　注："播"又作"下"，"田"又作"秧"。指中稻。

清明播种，谷雨栽秧。　江西（靖安）

清明播种顶呱呱，秋后棉田遍银花。　河南（濮阳）

清明播种立夏插，小满中耕大暑收。　福建（德化）　注：指单季稻。

清明不播种，谷雨不插田。　广西

清明不插柳，死后变黄狗。清明不戴柳，红颜变白首。植树造林，莫过清明。

清明不拆絮，到老不成器。　江苏（靖江）

清明不拆絮，到老无志气。

清明不戴柳，红颜变白首。　江南地区

清明不戴柳，红颜成皓首。

清明不戴柳，难脱黄巢手。

清明不戴柳，死后变黄狗。　江苏、浙江、安徽

清明不戴柳，死了变黄狗；清明不戴松，死了变黄鹰。

清明不戴帽，戴起不像导。　浙江（温州）　注："不像导"，不成样子。

清明不到麦不收，麦未收完又莳禾。　福建（宁德）

清明不冻，冷到芒种。　广东（高州）、广西（邕宁、武鸣）

清明不断霜，庄稼有一荒。　陕西、山西（太原）

清明不断雪，谷雨不断霜。　山西、陕西、内蒙古、宁夏、辽宁、吉林、黑龙江、河北（邢台）、河南（新乡）

清明不翻畈，种田好大胆。　江苏（吴县）

清明不耕畈，种田好大胆。　河南

清明不耕畈，作田好大胆。　四川、湖南（湘乡）　注："耕"又作"犁"，"作"又作"种"。

清明不耕田，不像是种田。

清明不见风，豆子好收成。

清明不见风，麻豆好收成。　山西（长治）

清明不见风，芝麻豆子好收成。　河北（唐县）

清明不见风，芝麻好收成。

清明不见麦，谷雨一片麦。　江苏（无锡）

清明不见麦，土地老爷打一百。

清明不见雨，麻豆好收成。　湖北、河北、山东

清明不浸谷，立秋谷不熟。　广西（荔浦）

清明不浸种，误耽二禾工。　江西　注："二禾"，晚禾。

清明不离四月。　陕西（汉中）

清明不留种，夏至不留秧。　云南（昆明）

清明不露青，棒打不出英。　河北（望都）　注：“露青”，即苗出土。完县作“出翁”，此谚谓大麦若清明节时还未出苗，貌难再秀穗。

清明不露青，大麦不出翁。　河北（望都）

清明不落，好种豆角。　广西（资源）　注：“不落”，即不下雨。

清明不落雨，稻麦出不齐。　江苏（常州）

清明不满塘，种田无指望。　江苏（江浦）

清明不明，百草难成。　湖南（益阳）

清明不明，遍地生虫。　山东（寿光）

清明不明，春雨淋淋。　江西（宜春）

清明不明，端午不午。　山东　注：言多阴雨。

清明不明，高粱不红。　山西（盂县）

清明不明，谷雨不淋。　四川、安徽（泾县）、广西（贺州、柳江、天峨［瑶族］）、山东（泰山）　注：“不淋”亦作“不雨”。

清明不明，谷雨不雨。　天津

清明不明，谷雨没雨。　福建

清明不明，谷雨无雨。　海南（儋县）

清明不明，害了农民；谷雨无雨，田交原主。　广西（平乐）

清明不明，晒破大门。　贵州

清明不明，十月一日不晴。　山东（曲阜）

清明不明，蚊虫咬人。　广西（融安）

清明不明，蚊子咬死人。　湖南

清明不明，樱花不成。　广西（乐业）［壮族］

清明不明烂早种，谷雨不淋烂早秧。　贵州（贵阳）　注：“烂早秧”又作“撒晚秧”。

清明不怕晴，谷雨不怕雨。　黑龙江

清明不怕天烧云。　江西（靖安）

清明不抢前，谷雨莫落后。

清明不清，花果不成。　山东（历城）

清明不清，四十五天黄风。　山西（晋中）

清明不清明，当年歉收成。　吉林、宁夏

清明不晴，谷雨不清。　广西（博白、陆川）

清明不晴，谷雨不雨。　广西

清明不撒谷，秋来谷不熟。　云南（玉溪）

清明不撒种，谷雨秧不长。

清明不撒种，哪有五谷生。　云南（昆明）

清明不撒种，哪有五谷生。　宁夏、云南

清明不脱絮，到老终身无志气。　江苏（南通）

清明不栽柳，红颜成白首。　天津

清明不在家，白露不在地。　河南（林县）　注：指山区的春蒜是清明播种，白露收获。

清明不在家，寒露不在地。　注：指种、收蒜日期。

清明不在家，立秋不在地。　甘肃（兰州）　注：指大蒜播种和收获的时期。

清明不在家，入伏不在地，大葱不受中伏气。　河北（张家口）

清明不在家，入伏不在地。　河北（万全）　注：指清明种蒜，入伏收获。

清明不在家，夏至不在地。　山西（古交）　注：指大蒜种收时节。“夏至”河曲作“入伏”，和顺作“白露”。

清明不在三，开春冷交关。　广西（上思）　注：“三”，农历三月。

清明不睁眼，高粱打一碗。

清明不整田，种田人好大胆。　江苏

清明不种豆，谷雨不栽桑。　江苏

清明不种豆，谷雨不栽桑。　江苏（南通）

清明不转北，冷到五月节。　广西（博白）

清明采春茶，谷雨去摘瓜。　福建（永泰）

清明蚕豆结小荚，立夏前后吃得着。　浙江（湖州）

清明草，羊吃饱，谷雨草，牛吃饱。　河南、山东、安徽（霍邱）

清明草木萌，谷雨绿葱葱。　新疆

清明草木萌，适时来播种。　山西（新绛）

清明草木萌，植树莫放松。　山东（庆云）

清明插柳，端午插艾。

清明插柳，十活八九。　河南（商丘）

清明插秧根发黑，谷雨插秧苗儿旺。　河南（濮阳）

清明茶，开白花，立夏点豆种芝麻。　陕西（汉中）

清明茶，正好价。　福建

清明茶，正开芽；谷雨茶，正好摘；立夏茶，散碴碴。　福建　注：“散碴碴”，粗老。

清明茶米沏茶新，不放冰糖吃也甜。　福建

清明长长节，醉夏日中歇。　浙江

清明长长节，做到端午歇。　浙江（台州）

清明扯竹笋，谷雨摘蕨菜。　湖南（零陵）[瑶族]

清明吃的麦仁糊涂，端午吃的大麦面馍。　河南

清明吃麦六十天，芒种时节就开镰。　山西

清明吃麦六十天。　陕西（咸阳）　注：指清明后六十天，麦子就成熟了。

清明吃榆钱，谷雨吃豆角。　河南（鹤壁）

清明出，谷雨长，入夏排成行。　福建（建瓯）

清明出谷芽，谷雨好泡茶。　浙江（绍兴）　注：云和作“清明发芽，谷雨摘茶”。

清明出日焦，低田上荐大稻露。

清明出笋，谷雨长竹。　安徽

清明出笋，谷雨成林。　福建（大田）

清明出现大头鲑，白带鱼跟在后面追。　沿海地区

清明出秧畈，立夏开秧门。　浙江（绍兴）

清明吹北风，农夫都欢容。　广西（桂平）

清明吹北风，有翼有成虫。　广东　注：“虫”，指害虫。

清明吹的西南风，茅柴田里捉白花。　上海　注：“茅柴”，茅草。

清明吹南风，五谷大丰收。　海南（琼山）

清明吹南风，一定收成半。　江苏（苏州）

清明吹南风，一定收成丰。　河北

清明吹南风，庄稼佬把手拱。　云南（昭通）　注：意即年成好，农人喜兴。

清明吹去坟头土，庄稼人一年白辛苦。　注：清明刮大风，是歉年的预兆。

清明吹西风，一定好收成。　河北（张家口）

清明春分紧相逢，植树季节在跟前。　山东（张店）

清明春风高，遍地风稳飘。　山东（临清）

清明茨园补全苗，结果的茨园翻晒好。　宁夏（银南）　注：“茨”，枸杞。

清明打了霜，九块秧田十块光。　四川、安徽（怀宁）

清明打湿纸，麦子烂成屎。　江苏（句容）　注：“纸”，扫墓所焚的纸钱。

清明大麻谷雨花，谷子下种到立夏。　山西（襄垣）

清明大南风，十月好耕农。　广西（防城）　注：下句亦作“家夫好耕种”。

清明大似年。

清明大雨下，赶紧扎连枷。　宁夏（固原）

清明戴杨柳，来世有得做娘舅。

清明蛋；好当饭。　江苏（扬州）

清明到，把稻泡。　安徽（桐城）

清明到，把谷泡。　浙江、湖北、上海、陕西（咸阳）　注：“谷”又作“稻”。

清明到，把种泡。　湖南（株洲）、江西（玉山）　注：指早稻。

清明到，白浩浩。　湖北　注：指犁过的水田。

清明到，不睡觉，乡里大娘埂上闹。　安徽（桐城）

清明到，吹鸡叫。　江苏（涟水）　注：“吹鸡”，麦叶做成的哨子。

清明到，吹麦叫。　江苏（扬州）　注：“麦叫”，麦叶做成的哨子。

清明到，催鸡叫，麦秆起身当吹哨。　陕西（西安）

清明到，钓翁笑；麦子黄，钓鱼忙。

清明到，豆魂掉。　云南（昆明）　注：指收蚕豆。

清明到，二麦翘。　江苏（连云港）

清明到，蛤蟆叫。　河南（商丘）

清明到，麦吹号。　湖北（南漳）、江苏（兴化）　注：“号”又作“哨”。

清明到，麦秆叫。　上海

清明到，麦梗叫。　上海　注：指麦子已经拔节，杆子可以做哨子吹。“麦梗叫”又作“吹麦叫”。

清明到，麦官叫，石头瓦碴跳三跳。　江苏、青海　注：“麦官”，鸟名。

清明到，麦鸡叫。　江苏（苏北）

清明到，麦叫叫。　江苏

清明到，农忙到。　福建

清明到，农人吓一跳。　内蒙古

清明到，青蛙叫，杨柳青，粪如金。　湖北（蕲春）

清明到，青蛙叫，杨柳青，李花俏。　河南（郑州）

清明到，青蛙叫。　山东

清明到，青蛙叫；清明断雪，谷雨断霜。　山东

清明到，四豆遍地撂。　宁夏　注：“四豆”，指蚕豆，花豆，绿豆，扁豆。

清明到，脱礼帽。　江西（萍乡）

清明到，鱼儿跃。　安徽

清明到，种紫稻。　山西

清明到，作田倷起跳。　福建　注：“起跳”，着急、忙碌的样子。

清明到谷雨，犁田忙无比。　湖南（湘西）[苗族]

清明到立夏，倒伏最可怕。　河南　注：清明到立夏一般是小麦孕穗至抽穗扬花的时候，此时小麦出现倒伏，说明田间密度过高，旺长、基部节间过分伸长，对产量影响很大，倒伏时间越早，减产越严重。

清明到立夏，土旺种胡麻。　青海（西宁）

清明到麦，两个半月。　江苏（连云港）

清明到数伏，不收一百一。　黑龙江

清明到霜降，鱼儿生长旺。　河南（许昌）、湖北（石首）

清明到霜降，鱼类生长旺。　长三角地区　注：从清明到霜降季节，在这近八个月中是鱼类生长最佳时期，是一年中鱼类生长最快时期。因为鱼类是变温性生物，其体温随环境温度的变化而变化，因此，水温对鱼类的生活具有特殊的意义。

在我国大多数淡水鱼类和饵料生物多属于喜温的广温性生物，一般温度15℃以上为鱼类的生长期，在适温范围内，随着温度的上升，鱼类代谢加速，生长发育加快。在长三角地区的“清明”节气温度从10℃逐渐回升到15℃以上，至7月或8月温度达到最高值，至“霜降”温度回落到15℃左右。因此，从清明到霜降的这段时期都是鱼类生长的适温范围，是一年中鱼类生长最快时期。

清明到霜降，鱼虾生长旺。　河南（开封）

清明到小满，种啥都不晚。　广西（融安）

清明的瓜，谷雨的花。　内蒙古、青海（民和）　注：“的”又作“种”。

清明的瓜长斗大，谷雨的花两把抓。　甘肃（临夏）

清明的辣子谷雨瓜，种瓜莫让时间差。　陕西（宝鸡）

清明的茄子长斗大，谷雨的棉花两把抓。　青海（民和）

清明的茄子谷雨的瓜。　宁夏（石嘴山）

清明的茄子立夏的瓜，小满的萝卜娃娃大。　甘肃（张掖）

清明的茄子立夏瓜，谷雨的棉花两把抓。　青海（民和）

清明地气通，谷雨不生凌。　河北（滦南）

清明点瓜，不开空花。（宁夏）

清明点瓜，船装车拉。　陕西（汉中）

清明点花，谷雨种瓜。　四川　注：“花”，指棉花。

清明点南瓜，南瓜上箩筐。　江苏（南京）

清明点荞不结籽，白露种荞霜打死。

清明点子，谷雨抱窝。　河南（郑州）

清明东风动，麦苗喜融融。　甘肃、陕西、江苏（盐城）

清明东南风，稻谷满田垌。　广西（上思）　注：下句亦作“高田雨水匀”。

清明动南风，今年好收成。　湖南

清明冻煞鬼。　江苏（张家港）

清明斗出，谷雨斗高。　福建（顺昌）　注：指春笋生长。“斗”，福鼎作“争”。

清明豆，豆累累。　上海、浙江

清明豆，跟雨流。　浙江（衢州）

清明豆，谷雨瓜。　湖南

清明豆，谷雨花，上罢坟，就点瓜。　陕西（咸阳）

清明豆，谷雨花，上罢坟，就压瓜。　河南（鲁山、濮阳）、山西（临汾）、河北（张家口）、山东（临清）

清明豆，淋淋漏。　福建（政和）

清明豆子谷雨花，上坟回来种南瓜。　山西（襄汾）

清明断锄，谷雨断浇。　江苏（淮阴）

清明断锄，谷雨断耙。 福建（闽清）

清明断秆脑，谷雨断犁河。 福建（霞浦） 注："断秆脑"，把稻茬刨掉。

清明断薅，谷雨断浇。 江苏 注："薅"又作"锹"或"敲"。

清明断灰料。 浙江 注：指春花。

清明断料。 浙江（金华、奉化）

清明断锹，谷雨断浇（粪）。 江苏（宜兴、苏北）

清明断霜，谷雨断寒。 福建

清明断削壅。 浙江（天台）

清明断雪，谷雨断寒。 广西（横县、乐业） 注："断雪"亦作"断雾、断霜"；"断寒"亦作"断霜、断雪"。

清明断雪，谷雨断霜，四月八断硬棒冰。 贵州

清明断雪，谷雨断霜。 安徽、福建、广东、湖北、江苏、上海、山东、河北、山西、河南、陕西、甘肃、江西、四川、云南、内蒙古、宁夏、天津、浙江 注：一般在江淮、黄淮流域，往往是到了清明时节已停止降雪；谷雨时节，晚霜基本绝迹。

清明断雪，立夏断霜。

清明断雪，谷雨断霜。清明播种，粮食满囤。 吉林

清明断雪不断霜。 安徽

清明断雪不断雪。

清明断雪不断雪，谷雨断霜不断霜。 江苏、上海、山西、河北、辽宁、吉林、黑龙江、内蒙古、福建、山东（高密） 注：多适用于我国东北地区，由于地理位置偏北，清明时节还可以看到降雪，谷雨时节还可能见到霜。比如说在内蒙古地区到谷雨晚霜尚未结束。农谚着重指明"不断霜"3字，这是提醒人们要对霜冻提高警惕和防御。

清明断雪还有雪，谷雨断霜还有霜。 江苏（连云港）

清明断雪勿断雪，谷雨断霜勿断霜。 上海

清明断雪雪不断，谷雨断霜霜不断。 江苏（南京、南通） 注："霜不断"又作"霜仍有"。

清明堆足肥，水稻有根底。 浙江 注："水稻"又作"种田"。

清明堆足肥，种田有根底。 浙江

清明对惊蛰，耕田要乞食。 广东

清明对立夏，不抓扫帚把。 宁夏

清明对立夏，黄河打个坝。 宁夏 注："黄河打个坝"，意为天旱少雨。

清明对立夏，牛羊不上洼。 宁夏

清明对立夏，早稻割无法下。 福建（海澄） 注："清明对立夏"，指清明与立夏不同月的同一日。

清明多栽树，谷雨得种田。　吉林

清明多栽树，谷雨多种田。　河北（行唐）

清明多栽树，谷雨好种田。　内蒙古

清明多栽树，谷雨要种田。　安徽、内蒙古、宁夏、上海、山西（晋城）

清明娥子谷雨蚕，大暑娥子立秋蚕。　河北、山西

清明蛾，谷雨蚕，六十天就见钱。　山东（牟平）

清明蛾子，谷雨蚕，小满二三眠。

清明蛾子谷雨蚕，大暑蛾子立秋蚕。　东北地区　注："蚕"，指山蚕。

清明蛾子谷雨蚕，小满二三眠。　辽宁

清明蛾子谷雨蚕。　山东

清明蛾子谷雨蚕。　山东（乳山）

清明垩麦，一麦两熟。　江苏（镇江）

清明饿不死驴，谷雨饿不死牛。　安徽（霍邱）

清明发芽，谷雨采茶。　四川、安徽、湖南、江苏（常州）、江西（崇义、浮梁）　注：言清明以后，谷雨以前，就有茶采。

清明发芽，谷雨摘茶。　福建（宁德）

清明翻北风，滴滴嗒嗒落到四月中。　广西（桂平）

清明翻草籽，谷雨播稻籽。　浙江（绍兴）

清明翻草子，谷雨整高滩。　湖南（湘潭）

清明翻南风，收成必定丰。　广西（柳江）　注：下句亦作"当年五谷丰"。

清明返冻十八日。　江苏（镇江）

清明返冻十八天。　河南（安阳）

清明返冷十八日。　河北（大名）

清明放鱼苗，寒露时上跳。　长三角地区　注：谚语是说，清明时节放养鱼种（指生长速度快的大规格鱼种）经过夏、秋两季的养殖，到了寒露时节（阳历10月份）就可以上市了。

清明放种人等藤，春分放种藤赶人。　浙江（文成）

清明飞鱼从南来，立夏飞鱼布满海。　海南（文昌）

清明坟上挂纸钱。

清明风，从南至，农家有收免费气。　广东（潮州）

清明风，稻谷空。　海南（文昌）

清明风，谷雨雨，稻谷不看够。　海南（琼海）　注："不看够"，别指望。

清明风，寒食雨。　山东（潍坊）

清明风从南边起，定必丰收年。　广东

清明风从南方至，定主田禾大有收。　湖南

清明风大，秋雨多下。　吉林

清明风刮坟上土，庄稼人一年白受苦。　河北（廊坊）
清明风刮坟头土，庄稼老，白受苦。
清明风刮坟头土，庄稼人一年白受苦。　吉林
清明风刮土，庄户人受苦。　山东（郯城）
清明风若从南起，定是农家大丰收。　广西（崇左）
清明风若从南起，预报丰年大有收。　广西（上思）
清明风若从南起，注定田禾有大收。　海南（琼中）
清明风若从南至，定是丰收大有年。　福建（尤溪）
清明风若从南至，定主农家大有收。
清明风若从南至，农家丰收靠得住。　湖南（衡阳）
清明风若从南至，准定农夫有麦收。
清明枫叶老，当年雨偏少。　广西（百色）[壮族]
清明逢雨又南风，上半年雨水调匀。　广西（宜州）
清明孵蚕种。　上海

清明孵蚕子，立夏见新丝。　长三角地区、四川　注："蚕子"即蚕卵，按照桑蚕的生长特点，在环境温度达到7℃以上时，蚕卵就开始发育，孵出蚁蚕；蚁蚕出壳后约40分钟即可采食桑叶。蚕的食桑量很大，因此长得也很快，并且随着时间的推移，体色也逐渐变淡，但每过一段时间后，它的食欲会逐渐地有所减退或完全禁食，并吐出少量的丝，将自己提腹足固定在蚕座上，并使头、胸部昂起，不再运动，好像睡着了一样，这一现象被称作"眠"。"眠"中的蚕，外壳看似静止不动，体内却进行着脱皮的活动，脱去旧皮之后，蚕的生长就进入到一个新的龄期，而具有眠性是蚕的生长特性之一。长三角地区目前饲养的蚕均属四眠性品种，因此，在适宜的温度条件下，蚕的幼虫期从蚁蚕到吐丝结茧共需脱皮4次，成为四眠五龄的蚕约需22～26天，而五龄幼虫的吐丝结茧过程约需两天两夜，因此蚕从孵卵至采蚕共需30天左右的时间。在长三角地区，一般清明节气后，气温已达到7℃以上，同时桑叶也已快速生长，基本满足了蚕的生长需要，因此如清明节孵蚕卵，经过30天左右，到立夏节气时，就可采摘蚕茧了。

清明孵蚕子，小满见新丝。　上海
清明赶稻穗，谷雨赶稻黄。　海南（琼海）
清明高粱谷雨豆。　湖南（零陵）
清明高粱谷雨谷，立夏芝麻小满黍。　山西、山东、河南、河北（饶阳）
清明高粱谷雨谷，十年换茬保有福。　河北（保定）
清明高粱谷雨花，立夏开苗都不差。　山东（垦利）
清明高粱谷雨尽，立夏前后种芝麻。　安徽（阜阳）
清明高粱芒种谷。　安徽（休宁）
清明高粱谷雨豆。　四川

清明高粱谷雨谷，立夏芝麻小满黍。　河南、山西、山东、河北（饶阳、保定）

清明高粱谷雨谷，年年调茬必有福。　山东

清明高粱谷雨谷，入了头伏种萝卜。　山东（郯城）

清明高粱谷雨谷，小满芝麻忙种黍。　山西、河北（邢台）　注："黍"，指晚黍。

清明高粱谷雨谷。　河北、北京、河南、湖北（荆门）、安徽（淮南）　注："高粱"又作"秫秫"。谷子又称粟，俗称小米，主要适用于我国北方地区。清明时节是高粱的适宜播种期，谷子则应在播高粱之后的谷雨期间播种。

清明高粱谷雨后，豆子种晚当日出。　山东（淄川）

清明高粱谷雨花，立夏包谷顶呱呱。　陕西（宝鸡）

清明高粱谷雨花，立夏包谷顶呱呱。　四川、陕西　注："花"，指花生。

清明高粱谷雨花，立夏苞芦顶呱呱。　安徽（歙县）　注："苞芦"，皖南土语，玉米。

清明高粱谷雨花，立夏高粱顶呱呱。　四川

清明高粱谷雨花，立夏跟前种芝麻。　湖北（房县）

清明高粱谷雨花，立夏谷子小满黍。　河北（冀县）

清明高粱谷雨花，立夏谷子小满薯。

清明高粱谷雨花，立夏之前栽地瓜。　山东（薛城）

清明高粱谷雨花，最迟小满种芝麻。　山西（襄汾）

清明高粱接种谷，谷雨棉花再种薯。　河北（东光）

清明高粱起节种，谷雨耧谷好种棉。　陕西

清明高粱小满谷，立夏该种玉稷黍。　河北（井陉）

清明高粱小满谷。　河北（蠡县）

清明庚，水流坑；清明戌，日晒路。　福建（仙游）

清明耕，谷雨耧，顶着小满种豇豆。　山东（龙口）

清明沟里跑耗子。　天津（津南区）　注：指春寒沟里有薄冰。

清明谷，不如不，芒种玉茭粗辘辘。　辽宁

清明谷雨，不辞风雨。　广东　注：意指春耕要加紧进行。

清明谷雨，不熟也得死。　福建（莆田）

清明谷雨，不熟也会死。　福建　注：言小麦收割

清明谷雨，大大小小要做母。　福建（安溪）

清明谷雨，大小作母。　上海、浙江（温州、舟山）　注：指动植物开始繁殖。后句或作"冻死母老虎"，上海指乌贼鱼。

清明谷雨，冻死老鼠。　广西、海南、湖南、福建（诏安）

清明谷雨，冻死母老虎。　浙江

清明谷雨，饿死老鼠。　福建（仙游）　注：意指种子已播到田里。

清明谷雨，寒生寒死，有禾割无谷米。　海南（屯昌）

清明谷雨，寒死牛母。　福建（安溪）

清明谷雨，冷死大老鼠。　广西（陆川）　注："冷死"亦作"冷脱"。

清明谷雨，冷死老鼠。　广东（茂名）、江西（临川）

清明谷雨，山芋催芽。　安徽（蒙城）

清明谷雨，鱼游近山；芒种夏至，鱼游外海。　海南（琼山）

清明谷雨，竹笋举举。　广西（平乐）

清明谷雨二月完，瓜菜豆子种到田。　宁夏

清明谷雨防病虫，中耕追肥不放松。　广东

清明谷雨风，冻死老家公。　湖北

清明谷雨风光好，点瓜种豆锄野草。　山西（临猗）

清明谷雨鳜鱼肥。　广西

清明谷雨季节连，快种秫秫莫迟延。　安徽（界首）　注："秫秫"，淮北土语，高粱。

清明谷雨紧相连，播种浇麦莫迟延。　河北（唐山）

清明谷雨紧相连，耕田浸种莫迟延。　江苏（苏州）

清明谷雨紧相连，浸种耕地莫迟延。　四川、湖南、天津、陕西（汉中）、河北（滦平）

清明谷雨紧相连，种过棉麦种大田。　辽宁、河北（望都）　注："麦"，河北指大麦。大田，辽宁指高粱田。

清明谷雨紧相连，种完小麦种大田。　吉林

清明谷雨两相连，浸种耕种莫迟延。　注："两"，又作"紧"；"种"，又作"田"。

清明谷雨两节连，浸种耩地莫迟延，清明高粱赶节种，谷雨耩谷好种棉。

陕西、甘肃、宁夏

清明谷雨两相边，浸种犁田莫迟延。　福建（厦门）

清明谷雨两相连，浸种催芽莫迟延。　上海

清明谷雨两相连，浸种耕地莫迟延。　宁夏、上海、江苏、甘肃、山东（高密）、江西（抚州、赣东）　注：这时的江西，赣中地区平均温度为11℃～18℃，正好浸种插秧。

清明谷雨雨涟涟，浸种耕田莫迟延。

清明谷雨两相连，泡种耕地莫迟延。　内蒙古

清明谷雨两相连，中耕除草莫迟延。　广西（富川、桂平）

清明谷雨两相连，种瓜点豆莫迟延。　山西（新绛）

清明谷雨淋，蓑衣斗笠随身行。　湖南（长沙）

清明谷雨满田青。　福建　注：意指早稻应插完。

清明谷雨农事忙，采茶养蚕栽薯秧。　海南

清明谷雨气温爽，鱼儿投饵不可忘。　湖北（石首）

清明谷雨三月过，整理本田早插秧。　江苏（常州）

清明谷雨三月过，整理水田早插禾。　江苏（泰州）

清明谷雨是晴空，做工也无用。　广西（融安）

清明谷雨四月间，培育亲鱼是关键。　安徽

清明谷雨四月间，先种高粱后种棉。　山西（新绛）

清明谷雨四月天，播种早秋莫迟延。　陕西

清明谷雨四月天，赶种早秋莫迟慢，先种谷子和高粱，然后再种烟和棉。　河南

清明谷雨天，又收豆麦又莳田。　广东

清明谷雨雨相连，浸谷插田莫迟延。　广东

清明谷雨栽姜，立夏小满栽秧。　云南（昆明）

清明谷雨正种地，立夏小满正插秧。　云南

清明谷雨止，麦子不熟也会死。　福建（同安）

清明谷雨至，麦仔不熟也死。　福建（同安、莆田、仙游）

清明谷子谷雨棉。　河南（封丘）

清明谷子四月天，赶种早秋莫迟慢；先种谷子和高粱，然后再种烟和棉。　河南

清明瓜，把咯把；谷雨豆，楼咯楼。　湖南　注："把咯把"，方言，即各个相挨；"楼咯楼"，方言，即层层相连。

清明瓜，谷雨豆，立夏三日种绿豆。　湖南（零陵）

清明刮北风，麦豆透土生。　宁夏

清明刮北风，务农白费工。　山西

清明刮大风，春天必大风，一直刮到布谷鸟叫。

清明刮大风，当年冰雹多。　山西（河曲）

清明刮大风，定是坏年成。　吉林

清明刮大风，立夏冷清清。　吉林、宁夏、天津

清明刮大风，阴雨四十五。　江苏（淮阴）

清明刮大风，准是坏年成。　宁夏

清明刮得动坟前土，风刮四十五。

清明刮的坟头土，哩哩啦啦四十五。　天津

清明刮掉坟头上，庄稼佬，白受苦。　吉林

清明刮东风，今年好收成。　陕西

清明刮动土，滴滴拉拉四十五。　江苏（六合）

清明刮动土，要刮四十五。　江苏、山西（霍县）

清明刮动土，一刮四十五。　吉林

清明刮坟土，庄稼汉真受苦。　注：清明时节，如果遭遇风沙天气，农作物就要受害，农民就要受苦，因为风沙对农业生产危害很大，沙尘覆盖在植株的叶上、花上，使农作物呼吸受阻，使果树的花不能正常受粉，作物不能正常进行光合作用。严重时将导致农作物、果树减产。遇到大的风沙天气，小面积的作物可以覆盖防沙；对大面积的农田或果园来说，就没有什么很好的办法了。如果作物、果树上落了沙尘，有条件的可以喷水冲沙，千万不能扫沙或拉沙，否则，将损伤植株，得不偿失。此外，风沙天气还会严重影响空气质量，破坏环境，引起人们的呼吸系统疾病。

清明刮风，春天必有大风，一直刮到布谷鸣。　内蒙古［鄂温克族］

清明刮风，秫秫拉弓。　山东（寒亭）

清明刮风，油菜无收。　福建

清明刮风六十天。　内蒙古（锡林郭勒）

清明刮黄土，大旱四十五。　河北（保定）

清明刮了坟上土，滴滴拉拉四十五。

清明刮了坟上土，多少农夫白受苦。

清明刮了坟上土，滴滴拉拉四十五。　河北（井陉、威县）

清明刮了坟上土，沥沥啦啦四十五。　广西（防城、荔浦）　注：“刮了”亦作“风刮”；“沥沥啦啦”亦作“阴阴湿湿”。

清明刮了坟头土，大刮小刮四十五。　河北（保定）

清明刮了坟头土，大旱四十五。　山东（东营）

清明刮了坟头土，滴滴拉拉四十五。　河北（井陉）

清明刮了坟头土，哩哩啦啦四十五。　河北（威县）、河南（商丘）、江西（新干）　注：清明在阳历4月5日。这个旱季，北京还冷，南方已热，南北的温度相差较多，气压梯度较大，所以风经常是很大的。南北气流的冲突就多发生，因此气旋频繁，雨天较多。哩哩啦啦，指连续下雨。

清明刮了坟头土，沥沥拉拉四十五。　山西（沁源）

清明刮了坟头土，一旱四十五。　河北、河南、山东、上海、山西、陕西（咸阳）

清明刮了田埂土，阴阴湿湿四十五。　上海

清明刮了新坟土，不刮不刮四十五。　北京（密云、房山）

清明刮南风，庄稼会丰收。　云南（昆明）［彝族］

清明刮起坟头土，农民白受苦。　湖南（零陵）　注：清明节刮风则当年有旱灾。

清明刮去坟前土，一年到头白受苦。　天津

清明刮去坟头土，多少农民白受苦。

清明怪风，伏里怪雨。　河北（吴桥）

清明光，谷满仓；谷雨暗，粮万担。　湖南

清明光，麦满仓；谷雨暗，鱼万担。　湖南（衡阳）

清明光，麦满仓；清明黑，麦没得。　湖南（零陵）

清明光，水浸村；清明暗，水浸坎。　海南（琼海）

清明光，一丘秧。　江西（新建）

清明鲑，谷雨带。　福建（福州）

清明粿下肚，一百二十天不分暗雨。　福建（浦城）　注：指清明过后农事繁忙，不分黑夜和白天。

清明过，栽树难得活。　江西（资溪）

清明过罢，麦瞒老鸹。　山东（曹县）

清明过罢春光老，错过时令无收成。　云南（西双版纳）[布朗族]

清明过后害虫多，加强防治莫放松。　天津

清明过后快种夏，九种必有十成收。　宁夏

清明过后三朝霜，条条沟里好铺床。　上海　注："好铺床"，指干旱；"三朝霜"又作"一朝霜"。

清明过三朝，包米土里跳。　湖南（湘西）[苗族]　注："土里跳"，指发芽。

清明寒，谷雨寒，立夏不寒也有三日寒。　江西（萍乡）

清明寒，烂谷秧；谷雨寒，烂禾秧。　江西（南丰）

清明寒，只活蚕；清明热，只活叶。　上海　注："叶"，指桑叶。

清明寒，只讲蚕；清明热，专讲叶。　上海、河北（张家口）　注："专"又作"光"。

清明寒，种高粱。　山西（平遥）

清明寒十，谷雨寒八。　湖南　注："寒八"又作"寒七"。

清明寒十，谷雨寒七，立夏不寒也要寒一日。　福建（浦城）

清明寒十，谷雨寒七，栽禾不寒，也有三日。　江西（宜丰、赣中）

清明寒十天，脱了棉衣再不穿。　江苏（沛县）

清明寒死老人，谷雨寒死老鼠。　福建

清明寒死猪，谷雨寒死牛。　海南（万宁）

清明罕雪，谷雨罕霜。　江西

清明好时节，细雨不休歇。　广西

清明好种棉，春分好种豆。

清明好种棉。　山西（新绛）

清明河豚肥，谷雨爷鱼归。　福建（漳州）　注："归"，指鱼汛期已过。

清明黑暗，水浸田坎。　广西（贵港）

清明红芋谷雨姜。 河南（周口） 注：指栽种期。

清明后，谷雨前，高粱谷子都种完。 山东（任城）

清明后，谷雨前，高粱苗儿要露尖。 长三角地区 注：高粱种子发芽温度以12℃以上为宜，在长三角地区，自清明至小暑气温已超过12℃，这时高粱各品种都可以播种。因此，又有谚语说："杨叶拍巴掌，遍地种高粱。"

清明后，谷雨前，高粱苗儿要露尖。 上海、山西、山东、河南、安徽（淮南）

清明后，谷雨前，又种秫秫又种棉。 安徽（宿州）、河南（扶沟、商丘）

清明后，紧栽树。 吉林、江苏（苏州）

清明后，摸胡豆。 四川

清明后十天，正好种豌豆。 山西（左云）

清明后西北，秧田水宜足。 上海

清明后雨，冷死老鼠。 广西

清明后雨，莫忙洗棉衣。 广西（宜州）

清明胡豆一包水，到了谷雨黑了嘴。 四川

清明花，大把抓。 山西（万荣）

清明花，大把抓；小满花，不归家。 湖南（岳阳）、河南（林县）

清明花，大车拉；谷雨花，大把抓。 陕西

清明花，大车拉；谷雨花，大把抓；小满花，不归家。 河北、山东（武城） 注：我国由南到北棉花适宜播种时间逐步推迟，一般情况下，清明前后棉花育苗属于早播早栽，易获高产；谷雨前后棉花育苗仍属于适期播栽，可获得较好收成；而到了小满节气，就属于晚播晚栽棉花了，产量水平不理想。

清明花，顶呱呱。 四川

清明花，火车拉；谷雨花，大把抓；小满花，难回家。 山西（新绛）

清明花生谷雨豆。 湖南（郴州）

清明黄风百日雨。 山西（和顺）

清明黄古赛刀鱼。 山东（胶东）

清明集缆，谷雨集舫。 广西 注："舫"，捕捞鱼苗的工具，即"捞网"。

清明季节起北风，雨水下到四月中。 广西（河池） 注："雨水下到"亦作"落雨到"、"滴滴嗒嗒"。

清明见，谷雨发。 福建（连江） 注：指清明节前后出现墨鱼，谷雨发海大量上市。

清明见白地，立夏宕不起。 上海（宝山） 注："宕"，空闲的意思。意指清明还是白地，决不应空闲到立夏，宜及时播种。

清明见白地，立夏宕勿起。 上海

清明见花，谷雨见荚，立夏见吃。 江苏（高淳）

清明见荚，立夏见吃。　江苏（苏州）　注：蚕豆清明结的幼荚，到了立夏即可采食。

清明见荚，立夏好吃。　浙江、河北

清明见青山，谷雨见青田。　江西（黎川）

清明见芽，谷雨见茶。

清明姜，谷雨秧。　广西、贵州（贵阳）

清明姜，谷雨芋，小满过，不用布。　福建（长乐）

清明姜，谷雨芋；芒种豆，夏至稻。　广东

清明姜，立夏茨。　广东

清明姜，立夏薯。　广东、江苏（扬州）

清明耩，谷雨出，立夏三天耪秫秫。

清明耩，立夏耪。　河北（衡水）

清明浇麦田。　山西、山东、河南、河北

清明窖瓜，节节开丫。　湖北

清明窖苕谷雨生，谷雨窖苕连夜生。　四川

清明节，把籽泡。　山西（夏县）

清明节，寒死播田客。　福建

清明节，麦子坐胎。

清明节，晒干柳，杂面窝窝撑死狗。　山东（曹县）

清明节，种茭白。　湖南

清明节到百花香，谷雨仍需防冻霜。　河南（濮阳）

清明浸尽，谷雨撒尽。　湖南（岳阳）

清明浸完种，立夏下完禾。　江西（弋阳）

清明浸秧，勿要问爹娘。　浙江　注："问爹娘"又作"问爹问娘"。

清明浸早种，谷雨撒迟秧。　江西（都昌）　注：清明时节，江西省日平均温度，一般均在15℃以上，符合水稻种子发芽生长的要求，所以，过去群众种植一季早中稻，都在这个时节浸种播种。解放后，由于双季稻的发展，早稻的播种期，一般已提前到春分前后，并被告分批播种，以错开农活，争取全面丰收。

清明浸种，谷雨播秧。

清明浸种，谷雨插秧。　河南（新乡）、江苏（淮阴）

清明浸种，谷雨分秧。　江西（安义）

清明浸种，谷雨落秧。　上海（川沙）　注："落秧"，插秧。

清明浸种，谷雨下泥。　湖南　注："种"又作"谷"。

清明浸种，谷雨下秧，立夏栽秧。　上海

清明浸种，立夏插田。　湖南（零陵）

清明浸种，立夏插秧。　江苏、湖北、上海、河南（三门峡）

清明浸种，立夏插秧；立夏浸种，芒种插秧。　河南　注：前指早稻，后指中稻。

清明浸种，勿要问爹娘。　浙江

清明浸种，雨水插田。　广西（横县）

清明浸种种平田，小满插秧不敢拉延。　宁夏（银川）

清明惊蛰同个月，一天太阳一天雨。　广西（宜州）

清明晴，谷米平。　福建　注：平，价格平稳。

清明掘笋，谷雨长竹。　浙江（嘉兴）

清明开，鱼仔上高海。　广东

清明开口，白露不吃，冬季不长。　湖南

清明开天，不会久晴。　湖南（常德）

清明开一日，荔枝开满室。　广东（新兴）

清明开嘴，霜降闭口。　湖北（孝感）　注：指鱼吃食情况。

清明看见蚕豆结小荚，到了立夏前后吃得着。

清明看晴，谷雨看雨。　上海

清明快种谷，谷雨要种田。　河南（杞县）

清明快种花。　河北（石家庄、邯郸）

清明来，麦坐胎。　河北（张家口）

清明来到麦发黄，麦收未完又插秧。　福建（福鼎）

清明老油菜，谷雨老菠菜。　湖北

清明冷，好年景。　辽宁、河北

清明冷死蛤。　广西（容县）

清明立夏，鱼虾相咬。　福建　注：“相咬”，指发海。

清明立夏同一日，不旱秧来也旱苗。　广西（宜州）

清明立夏雨，牛儿旱到死。　广西（防城）

清明俩月吃新麦。　河南（郑州）

清明两边荞，谷雨两边秧。　云南（曲靖）[水族]

清明两边秧，谷雨两边荞。　云南（曲靖）[彝族]

清明两旁泡稻种，端阳两边秧。　江苏（苏北）

清明两月吃干麦。　河南（扶沟）　注：“两月”又作“六十日”。

清明亮，谷雨涨。　广西（南宁）

清明亮，江水涨；清明暗，江水不离坎。　广西（浦北）

清明亮，江水涨三丈。　海南（保亭）

清明淋，果果吃不成，清明晴，果果吃不赢。　湖北

清明六十天，场上拉木锨。　江苏（苏北）、安徽（淮南）　注：意指小麦打场。

清明六十天，场上拖木锨。　江苏（宿迁）　注："木锨"，指用来扬场的农具。

清明六十天，场上扬木锨。　陕西（渭南）

清明芦稷谷雨麻，谷雨前后好摘茶。　浙江（杭州）

清明卤水冻，有蚕没处送。　浙江

清明绿河沟，谷雨绿山坡。　湖北（巴东）

清明乱，谷雨断。　湖南、浙江　注：湖南指清明时候，竹笋到处乱生，到了谷雨停止。浙江"乱"指亲鱼产卵多，"断"指停止产卵。

清明乱大风，当年冰雹多。　四川

清明螺，抵双鹅。

清明螺，抵只鹅。

清明螺蛳端午虾，九月重阳吃粑粑。　江苏（句容）

清明螺蛳端午虾，九月重阳吃爬爬。　江苏、安徽（安庆）　注："爬爬"，即螃蟹。指吃水产要及时。

清明螺蛳谷雨虾，要吃螃蟹在重阳。　上海

清明落，斗笠蓑衣挂屋角。　湖南（益阳）

清明落，虾公鱼仔跳上镬；清明开，谷米回堆。　广东（清远）

清明落，鱼落镬；清明晴，鱼上岭。　广东（茂名）

清明落，鱼仔上高锅。　广东（江门）

清明落大雨，钻心虫必多。　广西（桂平）

清明落缸。　浙江

清明落水大暑割。　浙江（萧山）

清明落透雨，秋季保丰收。　河南（焦作）

清明落雨，烂溢插起；清明天晴，高边先行。　广西（来宾）［壮族］

清明落雨，落到蚕茧白。　上海

清明落雨，落到谷雨。　浙江（绍兴）

清明落雨加秧岸，谷雨落雨没小苗。　上海　注："没"，淹。

清明落雨无日晴。　广东（连山）

清明落雨整秧田。　注：适用于我国南方地区。指清明时节多雨，可以趁田里有水，整理秧田。

清明麻，谷雨豆，四月麻豆到枝头。　福建（政和）

清明麻，谷雨瓜，芒种家家种棉花。　江苏（江浦）

清明麻，谷雨花，立夏点豆种芝麻。　山西、河南（安阳）、陕西（渭南）

清明麻，谷雨花，立夏栽稻点芝麻。　上海　注："花"，指棉花。

清明麻，谷雨花，立夏种稻点芝麻。　山西（太原）

清明麻，谷雨花。　江苏（淮阴）

清明埋老鸹（小麦）。

清明埋老鸹，谷雨麦扎肚，立夏麦穗齐，小满割大麦。　河南（扶沟）

清明麦，埋老鸹。　注："埋"又作"掩"或"漫"。

清明麦吹号，谷雨麦怀胎。　湖北（荆门）

清明麦蹿节，芒种谷扬花。　宁夏

清明麦苗漫老鸦。　河北（丘县）

清明麦掩老鸹。　注："掩"，又作"漫"。

清明麦子谷雨谷，立夏前后高粱豆。　吉林

清明麦子挂纸钱。　山西、山东、河南、河北

清明麦子没老鸹。　河北、山东

清明麦子没老鸟。

清明麦子没老鸦。　江苏（徐州）　注："没"，遮盖。

清明麦坐胎。　河北（成安）

清明忙锄麦，谷雨种瓜豆。　山西（新绛）

清明忙种麦，谷雨种大田。　黄河流域、吉林、内蒙古、河北（张家口）、黑龙江（绥化）、辽宁（辽西）　注：此指大麦、春麦。

清明冇明，阳春冇成。　湖南（怀化）

清明没雷，做田人晒脱皮。　福建

清明没晴起，谷雨水滴滴。　湖北（来凤）

清明没桃花，十里没人家。　江苏（靖江）　注："桃花"，指桃花雨。

清明没雨滴，蓑笠挂上壁。　福建

清明梅母，梅梅相顶。　浙江（温州）

清明门口插杨柳，秫种快送地里头。　上海

清明门前插杨柳，高粱种到地里头。　安徽（阜阳）

清明门上插杨柳，高粱种到地里头。　河南（濮阳）、山东（菏泽）

清明棉花谷雨豆，秋分种麦正时候。　山西（万荣）

清明明，百果好收成；清明不明，荔枝少收成。　福建

清明明，谷物好收成。　广东（肇庆）

清明明，好年成；清明暗，禾不长。　江西（吉安）

清明南风，立夏水多；清明北风，立夏水少。　福建

清明南风，夏水较多；清明北风，夏水较少。　福建

清明南风，有好收成。　江西（宜丰）

清明南风吹，风调雨顺稻禾肥。　广西、湖南（益阳）

清明南风好收成。　山西（河曲）

清明南风好讨海，白露南风双过海。　福建

清明南风起，大庆丰收年。　海南（澄迈）

清明南风起，农民心欢喜。　广东　注：后句又作“收成无好比”。

清明南风起，收成好无比。　四川、湖北、河北、上海（川沙）、海南（保亭）、河南（南阳）、湖南（郴州）、江苏（南京）、山东（滕州）

清明南风起，田禾大丰收。　广西（田阳）［壮族］

清明南风起，收成好无边。　上海

清明南风起，一年好收成。　天津、宁夏（银川）

清明南风人康宁，立夏东风少病情。　陕西（渭南）

清明南风是丰年，清明无雨是旱田。　福建

清明南风是丰年。　广西（上思、宜州）　注：“是”亦作“兆”。

清明南风双次海。　福建（福清）　注：“双次海”，或称“双过海”，一天两次出海捕捞。

清明难保明，谷雨难得雨。　浙江（丽水）

清明难得火烧天。　江西（安义）

清明难得明，谷雨难得淋。　福建

清明难得明，谷雨难得雨。　上海、海南（保亭）、江苏（连云港）

清明难得晴，谷雨难得阴。　山东

清明难得晴，谷雨难得雨。　吉林、江苏、广西、内蒙古、河北（承德）、河南（郑州）、黑龙江（齐齐哈尔）、湖北（枝城）、山西（新绛）

清明难逢三月三，夏至难逢端阳。　上海

清明嫩，谷雨硬。　四川　注：此指胡豆。

清明嫩水水，谷雨黑嘴嘴。　四川　注：指作物未成熟和成熟后的状态。胡豆（蚕豆）于清明时尚嫩，至谷雨时已老。

清明鲇鱼谷雨鲤。　广西（资源）

清明碾麦田。　山西（太原）

清明碾苗齐。

清明牛得咬，谷雨牛得饱。　贵州（贵阳）

清明浓蘖头，饿煞大眠头。　浙江（湖州）　注：清明时桑枝头上嫩叶过浓过旺，如菜蘖，到蚕大眠时没有叶吃。

清明弄里龙探亲，一场风雨天转晴。　浙江（绍兴）

清明暖，寒露寒。　陕西、湖南、福建（宁德）

清明暖蚕谷雨出，等到芒种上了族儿。　山东（滕州）

清明怕蚕，秋雨怕绵。　四川

清明怕下雨，谷雨怕刮风。　广西（德保）［壮族］

清明怕雨，谷雨怕风。　四川、安徽（泗县）、江西（赣东）、河南（郑州）、湖北（咸宁）、湖南（湘潭）　注：这段时期风雨多，会妨碍小麦抽穗开花，妨碍油菜成熟。

清明泡稻种，谷雨下半秧。　河南

清明泡田，谷雨下种。　湖北（荆门）

清明泡早稻，谷雨下半秧。　河南（南阳）

清明泡种，谷雨插秧。　陕西

清明泡种，谷雨下秧。　湖北（荆门）

清明齐，立夏黄。　浙江（绍兴）　注：指大麦。

清明齐下种。　湖南（株洲）

清明起尘，黄土埋人。　山西、内蒙古

清明起南风，来年五谷丰。　江西（峡江）

清明起南风，芒种涨大水。　福建

清明起南风，农民喜心中。　广西（河池）

清明起南风，收成不落空。　四川

清明气温暖，秋田水灌满。　广西（南丹）

清明前，不种棉。　山西（运城）

清明前，不种棉；清明后，不种豆。　甘肃（定西、天水）

清明前，插种棉。　江西

清明前，打粉田。　福建

清明前，多栽树，大好时光莫忘记。

清明前，孵蚕卵。　四川、浙江、安徽（青阳）

清明前，耕完田；清明后，吃蚕豆。　浙江、江苏（苏南）

清明前，谷雨后，立夏三天锄秫秫。　安徽（泗县）

清明前，好孵蚕。　上海

清明前，好莳田。　广东（兴宁）

清明前，好莳田；清明后，好种豆。　广东、吉林、湖北（荆门）

清明前，好种棉，清明后，好种豆。　广东（吴川）

清明前，好种棉。　广东、河南、湖北（襄阳）、河北（张家口）、广西（柳江）、江西（南康）

清明前，好种棉；谷雨后，好种豆。　福建

清明前，好种棉；清明后，好种豆。　湖北（荆门）、陕西（安康）、山东（肥城）　注：“好”又作“正”。

清明前，好种棉；清明秧，顶稳当。　湖北（鄂北）

清明前，就养蚕。　陕西、甘肃、宁夏

清明前，快撒棉。　河南　注：“快”，又作“去”。

清明前，犁烂田。　福建

清明前，犁耙田；清明后，好种豆。　广西（平乐）

清明前，萝卜甜；清明后，萝卜臭。　四川

清明前，麦种完。 宁夏（银川）

清明前，麦种完。 青海（湟中）

清明前，耙烂田。 福建

清明前，去瞒棉。

清明前，去暖蚕，四十五天就见钱。 山东（曹县）

清明前，去暖蚕。 河南

清明前，去撒棉。

清明前，去喂蚕，四十五天把本还。 安徽

清明前，去喂蚕，四十五天都见钱。 河南（新乡）、河北（张家口）

注："都"又作"就"。

清明前，去喂蚕，四十五天就见手。

清明前，去喂蚕。

清明前，去种棉，春分后，去种豆。 湖北、河北、河南（新乡）

清明前，去种棉。黄淮地区

清明前，去种棉；春分后，去种豆。 湖北、河北、河南（新乡） 注："去"又作"好"。

清明前，人逻笋；清明后，笋逻人。 福建（顺昌） 注："逻"，寻找。指清明前只有少数笋出土，清明后青笋满山。

清明前，溶田肥；清明后，溶田瘦；清明到，耕烂田。 福建（长汀）

清明前，蒜栽完。 河北（丰宁）、天津

清明前，一把荚；清明后，一把叶。 湖北（荆门）

清明前，芝麻棉。 山西（襄汾）

清明前，种花园；清明后，吃蚕豆。 山东、河北（张家口）

清明前，种花园；清明后，种蚕豆。 注："种"一作"吃"。

清明前，种早棉。 湖北（鄂北） 注："种"又作"插"。

清明前风生，清明后雨生。 山东（庆云）

清明前好插田，清明后好点豆。 广西（博白）

清明前好种棉，清明后好种豆。

清明前和后，犁耙遍地走。 宁夏

清明前后，裁扬插柳。 黑龙江（佳木斯）

清明前后，长淌直漏。 宁夏

清明前后，大麦豌豆。 内蒙古

清明前后，点瓜种豆。华北地区

清明前后，翻麻种豆。 吉林

清明前后，黄风不住。 山西（忻州）

清明前后，赖羊时候。 山西（古交） 注：指瘦羊多在此间死。

清明前后，麦豆种的时候。 青海（互助）

清明前后，麦埋老鸹。 河南 注："埋"又作"掩。

清明前后，麦幔老鸹。 河南（周口）

清明前后，麦穗见透。 江苏

清明前后，麦坐胎。

清明前后，撒谷点豆。 河南（郑州）

清明前后，撒谷种豆。 湖北（咸宁）

清明前后，手摸胡豆。 四川

清明前后，手摩葫豆。 四川

清明前后，稀泥烂透。 宁夏

清明前后，小葱上市。 天津

清明前后，莜麦豌豆。 甘肃（定西）

清明前后，雨催瓜豆。 广西（富川）

清明前后，栽瓜点豆。

清明前后，栽瓜种豆。 宁夏

清明前后，栽杨插柳。 山西、甘肃 注："栽杨"又作"植树"。

清明前后，栽杨插柳。 天津

清明前后，植树播柳。 陕西

清明前后，植树插柳。 山西、江苏（扬州）

清明前后，种瓜点豆。 注：适用于我国淮河以南地区。指清明时节，淮河以南地区日平均气温已升到12℃以上，适于瓜豆等作物田间播种以及移栽棉花的播种育苗。瓜、豆、棉花等作物的适宜播栽期主要取决于气温条件，随着地理纬度越往北，适宜播栽期越推迟。北方地区分别有"谷雨前后，种瓜（花）点豆"，"立夏前后，种瓜（花）点豆"，"小满前后，种瓜（花）点豆"等农谚。

清明前后，种瓜得豆。

清明前后，种瓜点豆，种瓜得瓜，种豆得豆。 天津

清明前后，种瓜点豆。 河南、陕西、甘肃、宁夏、山西、河北、山东、北京、安徽、湖北、四川、广东、江苏、江西 注："种瓜点豆"又作"种瓜种豆"或"点瓜种豆"、"栽瓜点豆"、"栽瓜种豆"、"按瓜点豆"。

清明前后，大种豌豆。 山西（宁武）

清明前后，扁豆豌豆。 山西（宁武）

清明前后，种花点豆。 江苏

清明前后，种麻棵，结的麻子特别多。

清明前后把秧下，谷雨前后把秧插。 湖北（荆门）

清明前后北风起，百日后跟台风雨。 海南（儋县）

清明前后北风起，百日可见台风雨。 福建、广东（肇庆）、广西（防城、罗

城)、湖南（益阳）

清明前后北风起，月内便见台风雨。　湖南（零陵）

清明前后北风走，百日要见台风到。　海南（海口）

清明前后插秧花，谷雨过后插一把。　广东

清明前后打蚕娥。

清明前后打蚕蚁，核桃结果十八年。

清明前后打蚕蚁。　湖南、江苏（无锡）　注：“打蚕蚁”，孵幼蚕。

清明前后大亢旱，夜晚要刈大风暴。　广东（潮州）

清明前后大雨落，麦子一定收得多。　河南（周口）

清明前后掸蚕蚁。　四川、浙江（湖州）

清明前后刮鬼风。　江苏（东海）、山东（日照）　注：“鬼风”，指旋风。

清明前后集蚕蚁。　江苏、安徽（青阳）　注：“蚕蚁”，蚕种。

清明前后尽栽秧。　广东

清明前后落夜雨。　四川、河北、江苏（无锡）、浙江（绍兴）

清明前后埋住狗，一亩地只打三斗。　河南

清明前后麦发胎。　河南（许昌）

清明前后麦怀胎，谷雨前后麦见芒。　湖北　注：“见芒”又作“扎肚”。

清明前后麦幔老鸹。　河南（开封）

清明前后麦生胎，点瓜种豆杷树栽。　河南（平顶山）

清明前后麦生胎，种瓜点豆把树栽。　陕西（安康）

清明前后麦是怪，三天长一筷。　江苏（兴化）

清明前后麦坐船。　上海、江苏（吴县）　注：“坐船”，指孕穗。“坐船”又作“做胎”，意指清明前后，麦苗盛长，已达孕穗时期，微风吹来，麦浪翻腾，好像坐船一样。

清明前后麦坐胎。　宁夏、浙江（慈溪）、山西（太原）　注：“坐”又作“生”。

清明前后忙落谷。　上海

清明前后蜜蜂飞。

清明前后怕黑霜，天晴有风宜早防。　陕西

清明前后怕晚霜，天晴无风要提防。　陕西

清明前后扫蚕花。　上海　注：“蚕花”，刚孵化的蚕。

清明前后十垧地。　山西（长子）

清明前后天，种树包你生。　江西（赣州）

清明前后天阴暗，须防雨水将禾浸。　广东

清明前后下了雨，胜似秀才中了举。　陕西（延安）

清明前后掩粪堆。　河南（林县）

清明前后掩老鸦，施肥浇水定不差。 河南

清明前后一场雪，到了结果一把糠。 山东（临清）

清明前后一场雨，白露前后一场风。 河北（张家口）

清明前后一场雨，好比秀才中了举。 山西（新绛） 注：下句太原作“喜得老农合不上嘴”；长治作“小麦秋粮都欢喜”。

清明前后一场雨，强如上京去中举。 陕西（西安）

清明前后一场雨，强如秀才中了举。 广西（河池）、江苏（淮阴）

清明前后一场雨，强似庄稼中个举。 甘肃

清明前后一场雨，胜过秀才中了举。 山东（牟平）

清明前后一场雨，胜似（好像）秀才中了举。 四川、河北、山西、陕西、青海、甘肃、湖南、吉林、上海、河南（安阳）

清明前后一场雨，豌豆麦子中了举。 陕西、江西（宜丰）、山东（乳山） 注：“中了举”是形容这时下雨有利于豆、麦的成长，长的拔尖。

清明前后有风霜。 内蒙古（海拉尔）

清明前后有好天，谷雨雨不断。 湖南（湘西）

清明前后雨纷纷，今年一定好年景。 宁夏

清明前后雨纷纷，麦子一定好收成。 河南（西平）

清明前后雨淋淋，当年一定好年成。 吉林

清明前后种高粱，白露前后种小麦。 陕西、宁夏、甘肃（平凉）

清明前后种高粱。 河南

清明前后种麻棵，结的麻子特别多。 上海、河北（张家口）、河南（新乡）、江西（安义）

清明前后种棉花，谷雨前后种姜芽。 广东

清明前后种棉花，秋后能收一担八。 陕西（安康）

清明前后种棉花。 河南（扶沟）

清明前浸种，谷雨要分秧。 广东

清明前看白田，清明后看麦田。

清明前罗水出溪，早谷安稳磨。 福建 注：“罗水”，浑水。

清明前毛笋出半园。 安徽

清明前去种棉，春分后去种豆。

清明前日晴，枭谷不用寻。 浙江

清明前入土，小暑后归家。 湖北（远安） 注：指早黄豆。

清明前三后四，早稻抢插适宜。 广西（藤县）

清明前三天没得摘，清明后三天摘不彻。 安徽（青阳）

清明前十日不算早，清明后十日不算晚。 河北、江苏

清明前十天不早，清明后十天不晚。 河北、江苏

清明前十晌，种麦最适当。　山西

清明前十晌种小麦座三座四，清明后十晌种小麦只座两仓。　内蒙古

清明前十天，后十天。　安徽　注：意指春天种稻头（苞米）抓紧在清明前后10天播种。

清明前十天，小麦种的欢。　内蒙古

清明前十天，正好种扁豆。　山西（左云）

清明前十天不算早，后十天不算晚。

清明前十天不早，后十天不晚。　江苏、湖北、山东（兖州）　注：指高粱种植。

清明前十天种早麦。　内蒙古

清明前收蚕豆，清明后收大麦。　福建（宁德）

清明前天寒食节，过了寒食冷十天。　江苏（无锡）　注："前天"又作"昨天"。

清明前头滴滴金。　江苏（苏北）　注："滴滴金"，指雨好。

清明前头冻死鬼。　江苏（如东）

清明前头没蒿秧，夏至前头没葱姜。　上海

清明前五天不早，后五天不晚。　山东

清明前蛤蟆叫，秧等田；清明后蛤蟆叫，田等秧。　福建（莆田）

清明前下雨滴滴金，清明后下雨滴滴银。　江苏（盐城）

清明前下雨是厚收成，清明后下雨是薄收成。　陕西

清明前一场雨，强如秀才中个举。　陕西（关中）

清明前一霍，三亩蚕豆烧一镬。　上海　注："霍"，闪电。俗传蚕豆开花时遇闪电，主减收。

清明前一日，就是寒食节。　福建

清明前有雨兄弟麦，清明后有雨子孙麦。　陕西（长安）　注：意指降雨的迟早对小麦分蘖的影响。

清明前正点棉，清明后正点豆。　陕西（渭南）

清明前种的高粱硬似棒，清明后种的高粱迎风躺。　河北（石家庄）

清明前种麦，先扎根后发芽耐旱；清明后种麦，先发芽后扎根不耐旱。　内蒙古

清明前种小麦，先蹬根后发芽。　内蒙古

清明前种由里向外好，清明后种由外向里好。　江苏（淮阴）　注：指玉米包叶变黄方向。

清明抢割麦，立秋吃麦香。　福建

清明青半山，谷雨种下田。　广西（资源）

清明青半山。　湖北（鹤峰）

清明青苗挂住纸，丰收有望心欢喜。 宁夏

清明青条，老叶金条。 浙江（嘉兴）

清明清，拔秧莳禾坪。 福建

清明清，担秧插地坪。 广东（粤北）

清明清，饿死老盐丁；清明黑，饿死老农夫。 海南（文昌）

清明清，两造好收成。 广西（防城）

清明清，去撒棉。

清明清，三造有收成。 海南（保亭）

清明清，鱼上塍；清明雨，鱼落镬。 广西（玉林）

清明清，鱼子上高坪；清明雨，鱼子坡下死。

清明清，雨水匀；清明暗，水上岸。 湖南

清明清，雨水匀；清明阴，雨淋淋。 湖南（郴州）

清明清明，冷死老人；谷雨谷雨，冷死老鼠。 福建

清明清明，笋高成人。 福建（永安）

清明清明，芋子倒眠；谷雨谷雨，芋子爬起。 福建（畲族） 注："倒眠"，指芋种下地；"爬起"，指芋芽出土。

清明清明笋挤林。 福建（松溪）

清明晴，拔秧莳荒坪；清明雨，禾麦油菜烂肚屎。 福建 注："烂肚屎"，霉烂。

清明晴，百样成。 广东

清明晴，百样成；清明落，虾公鱼仔跳上锅。 广东（韶关）

清明晴，百样成，清明打伞，黄豆光杆。 陕西（西安）

清明晴，菜豆满棚。 福建

清明晴，大水不离坪。 广西（象州）

清明晴，大水打开丝茅坪；清明暗，大水不上坎。 福建（宁化）

清明晴，担担秧苗莳禾坪；清明落，担秧莳田没落着。 福建（永安）

清明晴，担秧莳草坪。 广东（和平）

清明晴，担秧莳草坪；清明雨，蓑衣斗笠高挂起。 江西

清明晴，担秧莳茅坪；清明落，鱼仔跳上锅。 广东

清明晴，斗笠蓑衣跟背行。 湖南

清明晴，斗笠蓑衣跟背行；清明落，斗笠蓑衣挂屋角。 湖北、湖南

清明晴，高坡田有收；清明阴，低坎田得吃。 广西（环江）[壮族]

清明晴，谷雨淋，谷雨不淋晒死人。 吉林、宁夏、天津

清明晴，谷雨淋。 上海、河北（曲阳）

清明晴，瓜豆结；清明雨，瓜豆稀。 广西（来宾）

清明晴，好收成。 河南（漯河）

清明晴，好秧坪。　福建（古田）

清明晴，好种棉。　江苏

清明晴，禾搭棚。　福建

清明晴，金树挂银瓶。　广东（广州）

清明晴，鲤鱼不离庵。　广西（桂平）

清明晴，鲤鱼上高坪。　广东　注："鲤鱼上高坪"又作"鱼仔跳上坪"。

清明晴，六畜兴；清明雨，损白果。　山西（晋城）

清明晴，麦粿甜。　福建（尤溪）

清明晴，麦子成。　福建（三明）

清明晴，棉果裂得好。　广西（天等）[壮族]　注："棉果裂得好"亦作"谷米堆满棚"、"日子好安宁"。

清明晴，乃谷成；清明下，棉花搭起架。　陕西

清明晴，农夫耕田不用力。　广东（韶关）

清明晴，三造有收成。　海南

清明晴，桑叶必大剩。　河北（张家口）、浙江（湖州）

清明晴，适坡令，清明黑，适水路。　海南（屯昌）

清明晴，树上挂银铃；清明落，树上挂竹壳。　广东（韶关）

清明晴，蓑衣斗篷跟人行；清明雨，蓑衣斗篷高挂起。　贵州（贵阳）

清明晴，蓑衣笠帽随身行；清明雨，蓑衣笠帽会吊起。　广东

清明晴，万物成。

清明晴，下种莳草坪；清明雨，蓑衣不脱身。　江西（安远）

清明晴，小鱼向坡游；清明雨，小鱼走落锅。　海南（儋县）

清明晴，样样成。　广西（宾阳）　注："样样成"亦作"万物生"、"百样成"、"百事成"、"禾苗生"、"雨水匀"。

清明晴，样样平；清明雨，炙裂鼓。　福建（连城）

清明晴，一年好收成；清明雨，谷米买不起。　湖南（怀化）[侗族]

清明晴，鱼儿上高坪。　广西（桂平）　注：指有洪水。

清明晴，鱼儿走上岭；清明晴，鱼儿走落镬。　广西（北流）

清明晴，鱼虾上高坪；清明雨，鱼虾滩头死。　广西（桂平）　注："鱼虾滩头死"亦作"晒死黄毛鬼"。

清明晴，鱼仔上高坪；清明雨，鱼仔坡下死。　广西（防城）

清明晴，鱼子上高坪，清明雨，鱼子坡下死。　广东　注："坡"作"汊"。

清明晴，鱼子上高坪；清明雨，鱼子杈下死。

清明晴，鱼子上高坪；清明雨，鱼子坡下死。　安徽（当涂）

清明晴，鱼子上高坪；清明雨，鱼子滩头死。　福建

清明晴，鱼子上高坪，清明雨，鱼子坡下死。　海南（保亭）

清明晴，雨水匀。　海南、广东（连山）[壮族]、江苏（淮阴）

清明晴，早稻挑不盈。　广西（河池）

清明晴，种谷准能成；清明下，棉花搭满架。　陕西（榆林）

清明晴得过，树上有果，地下有禾。　广东

清明晴好南风，大雨在四月中。　广西（桂平）

清明晴好种棉。

清明晴天少，谷雨雨水稀。　内蒙古[蒙古族]

清明去，谷雨来，遍地返青菜起薹。　河南（郑州）

清明去，谷雨来，遍地返青要起苔。　湖北（广水）

清明去，谷雨来，撒谷种。　陕西（陕南）

清明去播种，早五天不早，晚五天不晚。

清明热，弗话叶；清明寒，弗话蚕。

清明热，勿活叶，清明寒，勿活蚕。　浙江（湖州）

清明热得早，早稻一定好。　上海、浙江、湖南（益阳）　注：清明前后，早稻育秧，春播作物发芽生长，都要求有较高的温度，才能出苗好，生长快。

清明热得早，早禾一定好。　江西（宜春）

清明日大风，种田要缺秧。　上海

清明日雨，黄霉里有水；暗则旱。

清明日雨百果损。

清明肉结冻，桑叶好奉送。　浙江（绍兴）

清明若逢晴，梅里雨淋淋。　上海、江苏

清明若逢雨，霉里雨淋淋。

清明若明大丰收，谷雨不雨万民愁。　贵州（黔南）[水族]

清明若下雨，春天雨不缺。　内蒙古[蒙古族]

清明若阴，谷雨要淋。　上海

清明撒稻子，不要问老子。　安徽（桐城）

清明撒谷种，谷穗铺田垄。　广西

清明撒花，谷雨种瓜。　河北、河南、陕西

清明撒花，立夏种瓜。　河南（濮阳）

清明撒秧，谷雨采茶。　浙江[畲族]

清明赛出，谷雨赛长。　福建（福安）　注："出"，福鼎作"生"。

清明赛出，谷雨赛高。　江西（上饶）

清明三，大暑二。　福建　注：意指早稻在清明前三天，晚稻在大暑后二天，最适宜插秧。

清明三朝阳雀啼。　湖南（湘西）

清明三日百籽出。　河南（郑州）、湖北（老河口）

清明三日不算早，谷雨三日不算晚。

清明三日后，杜鹃声啾啾。　湖南（湘西）［苗族］

清明三日晴，担秧上茅坪；清明三日落，禾种要重做。　湖南（怀化）

清明三日雪，瑞兆千日丰。　注：清明连下三天雪，预兆丰收之年。

清明三四天，紧种山坡田。　辽宁

清明三天不见雨，隔壳看见大麦米。　湖北（荆门）

清明三天不下雨，隔壳看到麦子米。　湖北（鄂北）

清明三天不下雨，一斗麦子多打几升米。　湖北（荆门）

清明三天出百子。　湖北（荆门）　注：意指清明节后天气渐暖，各种作物均可播种。

清明三天寒食节，过了清明冷十天。　山东（梁山）

清明三月，麦长三节。　安徽（阜阳）　注："三月"又作"时节"。

清明三月节，墨鱼无处叠。　山东（无棣）

清明晒到杨柳枯，又有干面又有麸。　湖北

清明晒得沟底白，沟底一亩麦。

清明晒得沟底白，野草也会变成麦。　湖北（大冶）、山西（晋城）、河南（濮阳）

清明晒得田沟白，野草也会变成麦。　江苏

清明晒得杨柳瘪，有斗大麦磨斗屑。　江苏（泰兴）

清明晒得杨柳枯，十个粪缸九只浮。　四川、江苏、上海、浙江（绍兴）

注："浮"又作"空"。清明节有插柳习俗，如插的杨柳色泽干黄为晴天湿度低，有利于麦子生长发育，要及时追肥，使麦子穗大。

清明晒得杨柳枯，又有干面又有麸。　江苏（扬州）

清明晒得杨柳枯，只有干面呒没麸。　江苏（无锡）

清明晒得杨柳青，又有麦来又有米。　江苏

清明晒干柳，撑死老黄狗。　湖北

清明晒干柳，高粱谷子撑死狗。　江苏

清明晒干柳，黑馍撑死狗。

清明晒干柳，黑馍噎死狗。

清明晒干柳，芒种打干麦。　山东（曲阜）

清明晒干柳，馍馍撑死狗。　河南（驻马店）　注：下句周口作"蒸馍撂给狗"。

清明晒干柳，馍头打死狗。　江苏（镇江）

清明晒干柳，十年九歉收。　河北（张家口）

清明晒干柳，秫秫窝窝撑死狗。　山东（郯城）

清明晒干柳，窝窝撑死狗。

清明晒干柳，窝窝馒头撑死狗。

清明晒干柳，窝窝砸死狗。　河南

清明晒干柳，一杈麦子打一斗。　安徽（淮南）

清明晒干柳，一棵高粱打一斗。　山东（薛城）

清明晒干柳，杂面窝窝胀死狗。　福建

清明晒干柳，胀死老黄狗。　河南、江苏（无锡）

清明晒干芽，窝窝撑死狗。

清明晒花，谷雨种瓜。　江苏、湖南（岳阳）　注："花"，棉籽。

清明晒花柳，干饭噎死狗。　江苏、上海

清明晒死狗，馒头撑死狗。　上海　注：丰年之意。

清明晒死柳，大米干饭噎死狗。　江苏（响水）　注："大米干饭"又作"秫秫煎饼"。

清明晒死柳，馒头噎死狗。　安徽、宁夏（银南）

清明晒死柳，米巴涨死猪。　江西

清明晒死柳，棉花噎死狗。　山东（临清）

清明晒死柳，三把麦子打一斗。　安徽（界首）

清明晒死柳，秫秫打死狗。

清明晒死柳，一杈麦子打一斗。　江苏（东海）

清明上巳晴，桑树挂银瓶；雨打石头斑，桑叶钱家给；雨打石头流，桑叶好喂牛；雨打石头遍，桑叶三钱片。

清明蛇开目。　福建

清明生，谷雨死。　福建（永泰）　注：指竹笋到谷雨能长高的就长高了，不能长高的就会烂掉。

清明施麦子，落把黑叶子。　河南、陕西、山西、山东、河北　注："施"又作"上"。

清明湿尽种，谷雨沤完田。　江西（南昌）

清明湿了老鸹毛，麦子水里捞。　山东（单县）

清明湿了乌鸦毛，今年麦子水里捞。　山东

清明湿了乌鸦毛，麦子八成坐水牢。　山东（薛城）

清明十天种高粱。

清明时节，麦长三节。　上海、安徽、江苏（吴县）、浙江（湖州）、湖南（衡阳）　注：适用于江淮、黄淮流域。清明时节小麦节间伸长数已达3节左右，此前缺乏管理的小麦田仍可抢浇拔节水改善墒情，追施拔节肥或孕穗肥（又称剑叶肥。剑叶又称旗叶，即小麦最上一张叶片，出生一半时为孕穗肥施用适期），促进小麦拔节及上部功能叶片与幼穗生长。

清明时节，栽瓜种豆。　河南（新乡）

清明时节风筝露，谷雨水涨好养蚕。　上海

清明时节好，一片叶子一个瓜。　湖南（邵阳）

清明时节好种瓜，菜豆豌豆下泥巴。　湖南（益阳）

清明时节好种瓜，蔬菜种子正发芽。　湖南

清明时节近，采茶忙又勤。　广西（凌云）

清明时节没闲人，插秧割麦两头忙。　福建（同安）

清明时节晒干柳，麦面馒头打死狗。　新疆

清明时节宜种瓜，气温合适好发芽。　陕西

清明时节雨纷纷，今年一定好收成。　上海

清明时节雨纷纷，洋芋当归赶快种。　甘肃（定西）

清明时节雨纷纷。　安徽、河南、山西

清明时节雨绵绵，先种高粱后锄田。　河南

清明时节种棉花，秋后能收一百八。　宁夏

清明莳兔仔，谷雨莳大秧。　广东

清明始见白鹭飞，谷雨方知娘娘叫。　福建　注："娘娘"，蝉。

清明是晴收成好，谷雨是雨农家宝。　江西（东乡）　注：一般来说，清明前几天为江西省播种时期，天晴，对秧芽生长有利；谷雨后一段时间为栽禾时期，落雨，禾容易成活。

清明是晴收成好，谷雨是雨农家宝。　江西（宜春）

清明收麦六十天，芒种时节就开镰。　山西（新绛）

清明秫，谷雨花，早黍晚麦不还家。　山东

清明秫秫，谷雨谷，出头伏种萝卜。　山东

清明秫秫，谷雨棉花。

清明秫秫谷雨谷，出头伏种萝卜。　山东

清明秫秫谷雨谷，过了芒种守着哭。　山东（昌邑）

清明秫秫谷雨花，谷子播种到初夏。　山东、河南、河北、山西（太原）　注："秫秫"又作"蜀黍"，"播种"又作"种"。

清明秫秫谷雨花，谷子下种不过夏。　山东　注："夏"，指立夏。

清明秫秫谷雨花，谷子要种到初夏。　河北

清明秫秫谷雨花，谷子种到初夏。

清明秫秫谷雨花，立夏前后耩芝麻。　河南（荥阳、巩县、郑州）

清明秫秫谷雨花，立夏前后秧地瓜。　山东

清明秫秫谷雨花，立夏前后栽地瓜。

清明秫秫谷雨花，立夏前后种芝麻。　河南（开封）

清明秫秫谷雨花，立夏前后耧芝麻。　注：秫即高粱。黄淮地区清明时播种棉花，立夏前后适合种春芝麻。

清明秫秫谷雨花，十年就有九不差。　河南（商丘）

清明秫秫谷雨花，要种豆子到初夏。 安徽（天长）

清明秫秫谷雨花，要种菽子到初夏。 安徽 注：“菽”，豆。

清明秫秫谷雨花，早黍晚麦不归家。 山东 注：“归”又作“还”。

清明秫秫谷雨花。

清明秫秫谷雨麻，立夏前后种棉花。 河南

清明秫秫谷雨芝。

清明秫秫秋分麦，立秋时候种荞麦。 河南（扶沟）

清明秫子谷雨花，谷子能种到初夏。 山东（临清）

清明黍秫谷雨花，小满耩谷也不差。 山东（广饶）

清明黍黍谷雨花，过了小满不种棉花。 山东（滨州）

清明黍子谷雨瓜，小满来到种芝麻。 山东（高密）

清明蜀秫谷雨谷。 注：“蜀秫”，豆子。

清明蜀黍谷雨花，谷子播种到立夏。 河南

清明薯，谷雨芋，挑断扁担挟断箸。 福建（建阳） 注：“薯”，此指山药。

清明薯，一大铺。 福建 注：“铺”，堆。

清明送，谷雨种。 山东（海阳） 注：“送”，指送粪，运肥到田。

清明笋，膝头高；谷雨笋，屋顶高。 福建

清明笋出，谷雨笋长。 四川、广州、河北、湖南、陕西、甘肃、宁夏、河南（开封）、江苏（镇江）、浙江（湖州）

清明笋出，谷雨争长。 浙江（丽水）

清明笋齐齐，立夏秧齐基。 广西（罗城）

清明踏遍田，谷雨一片青。 江苏（苏州）

清明太阳大，棉花不值价。 四川

清明桃花水，立夏田开裂。 上海、湖北（罗田）、浙江（杭州） 注：“桃花水”，桃花开时的雨水。

清明桃花水，立夏田裂开。 海南（保亭）

清明桃树去被，谷雨葡萄开墩。 新疆

清明天气好，谷种可撒早。 陕西

清明天气好，谷种要撒早。 广东、陕西 注：“要”又作“可”。

清明天气好，谷子要撒早。 江苏（常州）

清明天气晴，谷雨雨淋淋。 上海

清明天气晴，棉花摘不赢清明天气阴，棉秆光筋筋。 贵州（黔南）[苗族]

清明天气晴，庄稼好收成。 甘肃（天水）

清明天晴，谷压楼板沉。 江西（南昌）

清明天阴，夏水调和。

清明天阴，夏雨均匀。 湖北（洪湖）

清明田，谷雨岸，增产保一半。 福建（德化）

清明田，谷雨豆。 广东、福建（平和） 注：福建原注意指清明插早稻。

清明田，谷雨青。 福建（南安） 注：指清明插秧，谷雨返青。

清明田鸡叫，谷雨齐种稻。 广西

清明田鸡咯咯叫，白糖糖子稳牢牢。

清明挑花水，立夏沟开裂。 安徽（石台）

清明头的豌豆，躲过伏里的日头。 甘肃（天水）、青海（民和）

清明头日雨，秧烂麦苦。 浙江

清明头日雨，棕衣生虱子。

清明头上滴一点，兰州城里买大碗。 宁夏 注："买大碗"，指农民粮食充裕。

清明头天晴，谷米也公平。 福建

清明头夜雨，麦烂蚕饿死。 浙江（衢州）

清明头夜雨，苗烂麦也死。 福建

清明挖山谷成山，谷雨挖田泪不干。 江西（寻乌）

清明挖笋，谷雨长竹。 四川、上海（宝山、川沙）

清明挖田谷堆山，谷雨挖田泪不干。 云南

清明豌豆一把抓，小满豌豆一朵花。 陕西（延安）

清明喂个饱，瘦苗能长好。 河南（林县） 注："喂个饱"，指上肥。

清明喂食，白露停饲。 江西

清明无风声，芝麻豆子好收成。 河北（张家口）

清明无风雨，田间有多收。 江苏

清明无青麦。 福建

清明无雪下，谷雨霜无魂。 江苏（淮阴）

清明无雨，冷死老鼠。 广西（横县、防城）

清明无雨，缺油又缺米。 广西（武宣）

清明无雨多吃面。

清明无雨旱黄梅，清明有雨水黄梅。 江苏、湖北

清明无雨旱黄梅。 湖南（长沙）

清明无雨黄梅少，重阳无雨一冬晴。 江西（宜黄）

清明无雨三月旱。

清明无雨少黄梅。 上海、江西、山东 注："少"又作"旱"或"山"。

清明无雨少黄梅。 福建、安徽（安庆） 注：出自《农政全书》。"少"也作"旱"。

清明无雨少黄霉。 广西（宜州）

清明无雨水田旱。 广西（鹿寨）

清明无雨天不旱，清明有雨水田干。　广西（武宣、柳江）
清明无雨一春晴。　上海（嘉定）　注：“春”又作“冬”。
清明无雨早黄梅，清明有雨正黄梅。　上海
清明唔过麦唔黄，谷雨唔过秧唔长。　福建
清明唔浸谷，大暑无禾熟。　广东
清明唔明，蚊子咬死人；谷雨唔雨，交田给田主。　广东（韶关）
清明午前晴，早蚕熟；清明午后晴，晚蚕熟。　上海
清明午前晴，早蚕熟；午后晴，晚蚕熟。
清明午前雨，早蚕熟；午后雨，晚蚕熟；一日雨至夜，早晚蚕俱熟。
清明勿拆絮，到老呒志气。　浙江（湖州）
清明勿见麦，一亩收三石。　上海
清明勿落雨，稻麦出勿齐。　上海
清明勿清，雨水勿停。　上海
清明焐蚕种，谷雨撞头眠。　浙江（湖州）
清明焐蚕种。　注：“焐”，指孵。
清明雾浓，一日天晴。　河南
清明西北风，当年旱不轻。　河南（许昌）
清明西北风，旱了不会轻。
清明西北风，来年旱不轻。　山东（曹县）
清明西北风，培蚕多白空。　山东（单县）
清明西北风，养蚕多白空。　上海、浙江（湖州）
清明西北风，养蚕多落空。　江苏（南通）
清明西北风，养蚕落场空。　安徽
清明西北风，养蚕一场空。　宁夏
清明淅拉拉，大水浸靠壁。　江苏
清明虾，满街爬。　福建（福安）
清明虾分居。　上海
清明下，夏天雨水大。　江苏（镇江）
清明下雪，春天降大雪。
清明下雪，春天要降大雪。　内蒙古［鄂温克族］
清明下雪，砸锅卖铁。　安徽（桐城）
清明下雪春雨多。　黑龙江（黑河）［鄂伦春族］
清明下秧，谷子满仓。　宁夏、陕西、山西　注：“秧”又作“种”。
清明下秧，立夏插秧。　湖北
清明下秧，三天青桩。　湖北（鄂北）
清明下秧谷雨花，立夏前后种芝麻。　河南（商城）

清明下秧家把家，谷雨下种满天下。　安徽（淮南）

清明下秧满月栽，处暑天热谷怀胎，秋淋之前把花开，颗粒饱满多二排。　广东

清明下秧芒种栽，白露前后谷怀胎。　陕西（佛坪、咸阳）

清明下雨，坟头过水。　江苏（南通）

清明下雨，麦收闹场。　天津、河北（曲周）

清明下雨，秧黄麦死。　云南（昆明）

清明下雨，一年受苦。　江苏（扬州）　注："受苦"，指农事辛苦。

清明下雨当日晴。　山东（博兴）

清明下雨好年景。　河南（鹤壁）

清明下雨烂麦根。　上海

清明下雨晒死鱼。　广西（武宣）

清明下雨雨绵绵。　山东（乳山）

清明下芋，谷雨点瓜。　湖南

清明下早种，谷雨下迟秧。　湖南（怀化）

清明下种，不用问爹娘。　浙江

清明下种，谷雨插秧。　安徽、福建（福安）

清明下种，谷雨落谷。　江苏（射阳）

清明下种，谷雨下泥。　湖南

清明下种，谷雨下泥；春插一日，夏插一时。　湖南　注：言作物生长成熟，和蒸气有很大的关系。

清明下种，粮食落囤。　宁夏

清明下种谷雨茶，处暑荞麦白露菜。　湖南（零陵）[瑶族]

清明下种谷雨栽，过了芒种少两排。　陕西

清明下种在田间，块块青苗满垄边。　广西

清明下种早，谷雨撒迟秧。　广西（全州、灌阳）

清明夏至七十七。　河北（望都）、江苏（南京）、山西（祁县）

清明响雷头个梅。　浙江

清明削口，看蚕娘娘拍手。　江苏

清明小芦，谷雨棉花。　安徽

清明小芦谷雨花。　安徽

清明小生，谷雨大生。　湖北（洪湖）　注：鱼的产卵季节。

清明蟹，谷雨鲎。　福建（同安）

清明选稻，谷雨下秧。　河南（三门峡）

清明芽芽，谷雨摘茶。　湖南

清明芽芋艿，谷雨就要排，过了立夏就尴尬。　长三角地区　注："尴尬"，吴

方言，形容处境困难，不好对付。这里指错过季节产量不高。此谚语是说，芋艿一般在清明节前后可以育苗，到了谷雨时节就要栽入土壤，一旦过了立夏再栽种，就不适时了。

清明芽子不算早，春分芽子长好苗。　陕西（安康）

清明檐前插柳青，农人休望晴，檐前插柳焦，农人好作娇。　陕西

清明掩老鸦，浇水定不差。　河南

清明艳阳天，家家忙种棉。　安徽（望江）

清明燕子来，白露燕子去。　河南（郑州）

清明秧，顶稳当。　安徽

清明秧，谷雨豆。　广西（钟山）

清明秧，谷雨谷。　广东

清明秧，谷雨姜。　广东、江苏（南京、扬州）

清明秧，立夏苗，小暑穗，大暑谷。　四川、浙江（海盐）　注：指单季稻。

清明秧仔青，谷雨布田天。　福建（晋江）

清明秧子谷雨花，立夏包谷顶呱呱。　四川、贵州、宁夏

清明秧子靠得着，立夏包谷像牛角。　湖南（湘西）

清明秧子天，谷雨播田天。　福建（南安）

清明阳光照，一年年成好。　湖南（湘西）[土家族]

清明杨花翻，一定水连天。　河南

清明杨花翻，一定水连天。　山东（临清）

清明杨花隔港飞，出火蚕无处去买伊；清明杨花着地飞，出火蚕贱得象污泥。

清明杨花隔港飞，出头蚕呒处去买伊；清明杨花着地飞，出头蚕贱得像糊泥。

浙江（湖州）

清明杨花隔墙飞，蚕贵桑贱。　安徽（金寨）

清明杨柳变成条，麦子收一瓢，清明杨柳晒成灰，麦子收一堆。

江苏（江宁）

清明杨柳朝北拜，一年好还十年债；清明杨柳朝南拜，十年难还一年债。

上海

清明杨柳朝北拜，一年还清十年债。　广西（荔浦）

清明杨柳朝北拜，一年能还十年债。　江苏（泰县、盐城）、江西（南丰）、浙江（宁波）　注："杨柳朝北拜"，指刮南风，清明晴暖（刮南风），对农业生产有利；或作"清明南风大有收"。

清明杨柳朝北拜，一年能还十五债。

清明杨柳向北摆，今年一定好庄稼。　上海　注：俗传清明这天吹南风，主丰年；吹北风，主歉年。

清明洋芋谷雨豆，年年调茬必有福。　宁夏

清明仰，谷雨躺，立夏大翻身。　河北（徐水）

清明要禾青。　福建

清明要冷不得冷，谷雨要雨不得雨。　江苏（南京）

清明要明，冬至要阴。　浙江（湖州）

清明要明，端午要雾。　江苏（常州）

清明要明，谷雨淋零。　广西（南宁、邕宁）

清明要明，谷雨要暗。　广西（横县、宜州）、江西（新余）

清明要明，谷雨要淋。　江西、宁夏、上海、广东、湖北、湖南、江苏（镇江）、陕西（渭南）、河南（商丘）、浙江（湖州）、河北（邯郸）

清明要明，谷雨要阴；立夏要夏，小满要满。　湖北

清明要明，谷雨要雨，立夏要下。　福建

清明要明，谷雨要雨。　山西、云南、上海、江苏、安徽、江西、四川、河北、湖北、陕西、甘肃、宁夏

清明要明，立夏要下，立夏不下，犁耙高挂。　广西（罗城）

清明要明，清朦要朦。

清明要明不得明，谷雨要雨不得雨。　江苏（南京）

清明要明不得明，谷雨要雨难得雨。　福建

清明要青，谷雨要淋。　河北（井陉）

清明要晴，谷雨要雨；谷雨无雨，后来哭雨。　注："晴"又作"明"，"雨"又作"淋"。

清明要晴，谷雨要雨。　浙江、江西、福建、湖北、河南

清明要晴，谷雨要淋，端午要雾。　安徽（涡阳）

清明要晴，谷雨要淋。　广东（韶关）、江西（临川）、山西（晋城）、陕西（商洛）

清明要晴，谷雨要淋。谷雨无雨，后来哭雨。

清明要晴，谷雨要阴。　江苏、河北（张家口）　注：江苏原注意指清明之日要晴，谷雨之日要天阴，能如此，则五谷丰收。

清明要晴，谷雨要雨。　河北（廊坊）

清明要晴，雨水要淋。　陕西（安康）

清明要晴难得晴，谷雨要雨难得雨。　江西（南丰）

清明要晒，谷雨要盖。　江苏（兴化）

清明要是降雪，春天必有大雪。　黑龙江（黑河）[鄂温克族]

清明要雨，谷雨要晴。　河南（新乡）

清明夜头雨，豆麦一时死。　浙江

清明夜雨，连到谷雨。　安徽

清明夜雨淋，旱到五月尽。　宁夏

清明一半豆。　山西（静乐）　注："豆"，指豌豆。

清明一半田，谷雨一半坎。　福建　注："坎"，田埂。

清明一场霜，麦子一包糠。　陕西

清明一场雨，有菜又有米。　湖北（崇阳）

清明一尺，谷雨一丈。　广西（桂北）　注：指毛竹生长情况。

清明一吹西北风，当年天旱黄风多。　宁夏

清明一吹西北风，当年天旱刮黄风。　宁夏

清明一到，翻麻种豆。　吉林

清明一到，农夫脚躁。　江西（高安）

清明一到，农夫起跳。　山东（临清）、浙江（湖州）

清明一到，农民急发跳。　湖南（湘潭）

清明一到，农民起跳。　上海、河北（唐山）

清明一到，农人起跳。　山西

清明一到，田鸡子叫。　江苏（连云港）　注："田鸡子"，青蛙。

清明一点红，万物尽丰收。　甘肃（天水）

清明一点雨，河里一条鱼。　上海（青浦）

清明一个月，谷雨二十五。　湖北　注：意即清明1个月后或谷雨25天后，可捕捞鱼苗。

清明一根枪，姑娘采茶忙。　浙江

清明一过，麦长三节。　宁夏

清明一见麦，有一亩收一石。　上海

清明一粒谷，蚕娘真要哭。

清明一粒谷，蚕桑娘娘要哭；清明丫鹊口，看蚕娘娘要拍手。　浙江（湖州）　注：桑芽状似稻谷，俗称"叶谷眼"。如清明桑芽还处于叶谷眼状态，则桑叶歉收；如已像开口的喜鹊嘴，则丰收。

清明一粒谷，看蚕娘娘要哭；清明雀口，看蚕娘娘拍手。

清明一日五花开。

清明一日雨，早晚蚕不收。　安徽

清明一日雨，早晚蚕勿收。　上海

清明一十三，土旺就在眼跟前。　陕西　注：此处指春季土旺，在清明后13天。

清明一十三，土旺在眼前。　宁夏

清明一夜露，大小麦也要胀破肚。

清明宜晴，谷雨宜淋，庄稼多粪，头等收成。

清明宜晴，谷雨宜雨。　江西

清明以后断了霜，不种谷子种高粱。　河北（邯郸）

清明以前叶开苞，买叶的人向叶笑。　浙江

清明以前一粒谷，买叶的人向叶哭。　浙江　注：意指清明前如果气温低，桑芽未脱苞开叶，如“一粒谷”，则桑叶产量低，质量差。

清明以前种胡麻，长成九股八棵杈。　陕西、甘肃、宁夏

清明阴，谷雨淋。　上海

清明阴雨加堤岸，谷雨西风漫小桥。　江苏

清明樱桃谷雨杏。　四川

清明壅麦子，徒然黑叶子。　江西（临川）　注：小麦追肥要施得早，清明小麦正在孕穗抽穗，再追肥，只能使叶子墨绿，不仅对增产无大作用，反而影响成熟，甚至倒伏减产。

清明用白地，立夏宕勿起。　上海　注：“宕”，空闲之意。

清明油菜黄，谷雨麦穗新。　广西

清明有草咬，谷雨吃得饱。　江西

清明有个疏疏寒。　江西（宜黄）

清明有个影，河里小秧氽。　上海　注：“有个影”指晴天，预示稻秧生长好。

清明有南风，秋麦好收成。　河南（郑州）

清明有南风，时年必大丰。　广东（连平）

清明有南风，夏秋好收成。　山东、河北（吴桥）、河南（新乡）　注：“夏秋”又作“夏季”。

清明有霜，黄梅少雨。　上海

清明有霜，梅里水少。　江苏

清明有霜，霉里水少。

清明有霜，十田九光。　福建（南靖）

清明有霜必定旱。　山西（太原）

清明有霜梅少雨。　浙江（宁波）

清明有霜梅雨少。　江苏

清明有水早黄梅，清明无水迟黄梅。　上海（崇明）

清明有雾，夏秋有水。　四川、江苏（镇江）

清明有雾，夏秋有雨。　江苏、湖北（嘉鱼）

清明有雨，瓜豆冻死。　广西（宜州）

清明有雨，麦子无收成。　福建（三明）

清明有雨百果少，清明无雨少黄梅。　江苏（镇江）

清明有雨春苗壮，小满有雨麦头齐。

清明有雨早黄梅，清明呒雨迟黄梅。　浙江（宁波）

清明有雨麦秆齐，立夏有雨麦秆长，夏至有雨打粒重，立秋有雨草包田。

甘肃（定西）

清明有雨麦苗肥，谷雨有雨好种棉。　北京

清明有雨麦苗齐，小满有雨麦秀齐。　河北（望都）

清明有雨麦苗旺，谷雨有雨好种棉，小满有雨麦齐头，芒种没雨收麦忙。

清明有雨麦苗旺，小满有雨麦穗齐。　河南（商丘）

清明有雨麦苗旺，小满有雨麦头齐。　山东、河北、山西、上海、陕西、甘肃、宁夏、河南（新乡）、江苏（扬州）　注："麦苗"又作"麦子"或"苗"，"旺"又作"壮"，"头"又作"秀"。

清明有雨麦苗旺，小满有雨麦秀齐。　山东（梁山）　注：又作"清明有雨麦子旺，小满有雨麦头齐"。

清明有雨麦苗旺，小满有雨麦源齐；谷雨有雨好种棉，芒种有雨收麦田；夏至有雨豆子肥。　江苏（苏北）

清明有雨麦苗壮，小满有雨麦头齐。　天津

清明有雨麦子旺，春分有雨人人忙。　陕西（宝鸡）

清明有雨麦子旺，小满有雨麦齐头。　河南

清明有雨麦子旺，小满有雨麦头齐，春分有雨家家忙。　湖北、甘肃（天水）、浙江（杭州、嘉兴、湖州）

清明有雨麦子旺，小满有雨麦头齐。　山东（巨野）

清明有雨麦子旺，小满有雨麦秀齐。　山西（河津）

清明有雨麦子旺。　河南（商丘）

清明有雨麦子壮，立夏有雨麦穗齐。　吉林

清明有雨麦子壮，小满有雨麦头齐。　吉林、宁夏（银川）、陕西（汉中）

清明有雨苗子旺，小满有雨麦头齐。　河北（衡水）

清明有雨田禾损，立春有雨麦芽生。　陕西（汉中）

清明有雨雨绵绵。　福建

清明有雨正黄梅，清明无雨少黄梅。　上海

清明又兼闰三月，哪个能逢两个春。　四川

清明鱼产卵，谷雨鸟下卵儿。　山东（滕州）

清明鱼产籽，谷雨断鱼苗。　注：清明时节气温上升，水温也随之升至18℃左右，鱼的性腺也已发育成熟，正是鱼儿产卵繁殖的季节（指每年只繁殖一次的产漂流性卵的鱼类，鲤、鲫、团头鲂等鱼不在其列），而谷雨时节已过这类鱼的产卵繁殖季节。此谚语适合于我国中、南部地区，北部地区略迟。

清明鱼产籽，谷雨鸟孵蛋。　河南（郑州）

清明鱼产籽，谷雨鸟孵儿。　湖北（广水）、安徽（淮南）

清明鱼产籽，莫过好时机。　河南（南阳）

清明鱼嬎子，谷雨鸟抱窝。　河南（平顶山）

清明鱼开口，白露鱼闭口。　广西（象州）

清明鱼开口，白露鱼闭嘴。　新疆、浙江、江西（赣东北）、安徽（枞阳）、山东（乳山）、广西（象州）　注：这句谚语，是说明鱼类食性和成长的大致规律。温水性鱼类，在10℃以上才摄食生长，10℃以下则进入休眠状态的越冬期。鱼类在越冬时，基本上停食停长。江西省赣东北地区，清明和白露两个节气的水温，恰恰和鱼类开食与闭食相关联，一到清明，水温已经超过10℃，鱼类开了食；白露水温渐渐下降，鱼的食欲，亦复随之下降，真正闭食，要在立冬以后。

清明鱼生子，谷雨断鱼苗。　江苏

清明雨，缸里米。　甘肃（天水）

清明雨，谷雨风，寒煞老虎公。　江西（黎川）

清明雨，旱七八。　广东（连山）[壮族]　注："七八"，指七、八月。

清明雨，鲤鱼塘中死。　广东（深圳）

清明雨，麦苗壮，小满雨，麦苗齐。　山西（长子）

清明雨，麦子烂肚子。　福建（连城）

清明雨，麦子烂肚子；谷雨晴，进仓加三成。　福建（同安）

清明雨，损百果。　上海、河南（濮阳）、陕西（榆林）

清明雨，鱼儿坝下死。　广西（贵港）　注：下句亦作"鱼仔河中死"、"塘库晒死鱼"、"鱼仔进锅里"、"水浸老鼠死"。

清明雨，鱼儿滩头死。　广西（桂平）　注：指干旱天。

清明雨，鱼仔坡下死。　广东

清明雨，鱼子杈子死。　广东

清明雨，鱼子死。　海南

清明雨，重阳风。　湖北

清明雨哒哒，麦子不发作。　江苏（海安）

清明雨打柳，麦季不用愁。　山东（泗水）

清明雨儿贵如油。　山西（洪桐）

清明雨纷纷，祭墓泪淋淋。　福建

清明雨纷纷，植树又造林。

清明雨过农家天，割麦分秧相争先。　福建（尤溪）

清明雨渐增，天天好刮风。

清明雨沥沥，竹笋大拔节。　福建

清明雨涟涟，一年好种田。

清明雨落加秧岸。　江苏

清明雨落透，秋禾保丰收。　陕西（汉中）

清明雨落整秧田。　上海、江苏

清明雨湿坟上土，滴滴拉拉四十五。　安徽

清明雨湿坟茔泥，麦子长破皮。　江苏（海安）

清明雨水多，出笋满山坡。　四川、浙江（湖州）

清明雨水多，竹笋满山坡。　湖南

清明雨水紧相连，抓紧栽树莫迟延。　新疆

清明雨星星，一棵高粱打一升。　黑龙江

清明玉茭芒种花，谷子下种到立夏。　山西（临汾）

清明玉米，谷雨花，谷子抢种至立夏。　注：适用于我国淮河以北地区。清明是春玉米的适宜播种季节，谷雨是种棉花的适宜季节，春谷要在立夏之前抢早播种完毕。

清明玉米谷雨花，谷子拌种到立夏。　黄河南北地区

清明玉米谷雨花，谷子播种到立夏。　内蒙古、山西、山东、河北、河南、安徽、陕西（铜川、武功、安康）　注：“玉米”又作“包谷”。

清明玉米谷雨花，谷子入土到立夏。　山东（梁山）

清明玉米谷雨花。　山西（夏县）　注：“花”，棉花。

清明玉米谷雨棉，谷子播到立夏前。　山东（垦利）

清明芋，谷雨姜，芒种豆，夏至稻。　广东

清明芋，谷雨姜。　福建（连城、龙溪）

清明芋，谷雨薯。　福建（漳平）

清明芋艿谷雨薯。　长三角地区　注：“芋艿”，即“芋”，俗称“芋头”。此谚语是说清明时种芋艿，谷雨时种甘薯较为适时。适时早栽除了能使甘薯增产，又能改进薯块品质，一般应掌握在土温稳定在18℃以上时为春薯栽插适期，要求在谷雨始插，至小满插完。由于适时早栽，延长甘薯生长期，有利养分积累，增加块根产量，故别有农谚说：“谷雨栽上红薯藤，一查能挖数十斤。”

清明芋艿谷雨薯。　上海、浙江（嘉兴）　注：指芋艿和山薯的播种季节。

清明芋头谷雨谷。　江西（新干）

清明芋头谷雨姜。　湖南

清明芋仔谷雨姜，夏至油麻小暑豆。　广东（乐昌）

清明芋子谷雨姜，立夏种薯一直上。　福建（长汀）

清明芋子谷雨姜，芒种番薯正相当。　江西（宜丰）

清明育秧小满插秧。　宁夏（银南）

清明缘河沟，谷雨缘山坡。　河南（郑州）

清明月暗蚕豆好，清明月亮蚕豆收一髡。　上海　注：“收一髡”，形容减收。

清明月亮圆，谷米不值钱。　四川

清明栽姜，谷雨驮枪。　福建（福鼎）　注：“驮枪”，发芽。

清明栽薯谷雨芋，立夏后栽没一箸。　福建

清明栽子谷雨树，芒种前三天种糜子。　甘肃（张掖）

清明在二月，种麦赶上前；清明在三月，种麦往后延。　内蒙古

清明在前鱼在后；清明在后鱼在前，抓住时机莫偷懒，到了谷雨鱼上岸。

山东（长岛）

清明在月头，春秧放水流；清明在月尾，春秧人人缺。　福建

清明在月头，春秧放水流；清明在月中，春秧普遍好；清明在月尾，烂秧无地找。

福建

清明早，谷雨迟。　浙江（鄞县）

清明早，立夏迟，谷雨种棉正当时。　注：谷雨是我国黄淮地区棉花适宜播种季节，如果谷雨前后有雨，土壤水分充足，有利于棉籽发芽出苗，苗全苗齐苗壮。类似农谚有“谷雨有雨棉花肥，黍子出头怕雷雨”，“谷雨前，可撒棉”，“谷雨前种早棉，立夏前麦套棉”等。“立夏”也作“小满”，“当”也作“造”。

清明早，立夏迟，谷雨播种正当时。　黑龙江（齐齐哈尔）　注：指苞米种植。

清明早，立夏迟，谷雨前后正当时。　陕西、山西（太原）

清明早，立夏迟，谷雨以后正当时。　山西（汾阳）

清明早，立夏迟，谷雨正当时。　江西（九江）　注：“正当时”，指栽禾。

清明早，立夏迟，谷雨植槐正当时。　山东（郓城）

清明早，立夏迟，谷雨种花正当时。　上海（奉贤）

清明早，立夏迟，谷雨种棉正当时。　贵州、河南、天津、湖北（荆门）、江苏（建湖）、河北（石家庄、玉田、新城）、山东（泰安）、山西（临汾）、陕西（渭南）　注：“立夏迟”，保定作“小满迟”。“种棉”又作“棉花”。

清明早，立夏迟，谷雨种棉正得时。

清明早，立夏迟，谷雨种棉正适时。　河南（郑州）

清明早，立夏迟，种在谷雨正当时。　宁夏

清明早，芒种迟，谷雨种地正逢时。　注：指种大田。

清明早，夏至迟，立夏栽秧最合适。　云南

清明早，小满迟，谷雨立夏正当时。　江西（赣北）、湖南（益阳）、江苏（镇江）　注：这是指栽插早禾的时间而言。

清明早，小满迟，谷雨立夏正当宜（种棉）。

清明早，小满迟，谷雨立夏正相宜。　山东、湖北、江苏（淮阴、南京）

注：“正相宜”又作“正当时”或“最正时”。

清明早，小满迟，谷雨立夏种棉时。　山东

清明早，小满迟，谷雨棉花正当时。

清明早，小满迟，谷雨前后不相宜。　山东

清明早，小满迟，谷雨种棉正当时。　湖南、江西、河北（张家口、石家庄、保定）、河南（新乡）、山西（沁水）、浙江（萧山）　注：“正当时”又作“正适时”或“正相宜”、“最相宜”，“种棉”又作“种花”或“棉花”。

清明早，小满迟，谷雨种棉正当时。　内蒙古、江西（弋阳）

清明早，小满迟，谷雨种棉正适时。　山西（晋城）

清明早，小满迟，谷雨种棉正相宜。　山西

清明早，小满迟，谷雨种棉最相宜。　湖南、江西

清明早，小满迟，立夏种花正相宜。　浙江（慈溪）　注："花"又作"棉"，"正相宜"又作"正当时"。

清明早，小满迟，立夏种棉正适时。　江西（宜春）

清明早荞，谷雨早秧。　贵州

清明早种一天，地里粮多一半。　新疆

清明罩海雾，乌贼排道路。　福建　注："排道路"，满街摆摊卖。

清明蔗，毒过蛇。　广东（德庆）

清明争出土，谷雨争撑天。　福建（寿宁）

清明睁眼，一棵高粱打一碗。　辽宁

清明睁睁眼，一棵高粱打一碗。　吉林、辽宁、山西（太原）　注：山西原注意指清明是晴天，高粱可得丰收。

清明整秧底。　湖北

清明之前冷十天。　山东（兖州）

清明之日看分明。

清明直腰，谷雨打苞。　山东（诸城）

清明止雪，立夏止风。　云南（楚雄）

清明种，立夏栽。　江苏　注：指早稻。

清明种白豆，十成收六成。　福建（福清、平潭）

清明种扁豆，谷雨种豌豆。　河北（张家口）

清明种菜，强似放债。　注："似"又作"如"。

清明种菜，有吃有卖。　四川、陕西（渭南）

清明种春麦，籽小麦糠大。　山西（忻州）

清明种大蒜，夏至离开田。　宁夏

清明种地风生芽，过清明种地雨生芽。　河北　注：意指清明前土墒好，有风也能出芽，过清明必须下雨才能出芽。

清明种豆，惊蛰种麻。　吉林、宁夏（银南）

清明种高粱，六月接饥荒。　上海、河南（南阳）、湖北（荆门）

清明种高粱，秸秆硬似棒。　安徽（休宁）

清明种高粱，立夏三节空。　河南（濮阳）

清明种瓜，不开晃花。　吉林

清明种瓜，船载车拉。　四川、河南（洛阳、开封）、天津（大港区）

清明种瓜，船装车拉。　湖南、山东、四川、上海、浙江（宁波）、江苏（南

京)、山西(太原)、陕西(武功、陕南)、河北(张家口)、河南(新乡)　注:“船装”又作“船载”或“担挑”。

清明种瓜,担挑车拉。　内蒙古、山东(泰山)

清明种瓜,谷雨种谷。　山东(巨野)

清明种瓜,谷雨种花。　宁夏

清明种瓜,立夏开花。　山东、河南(洛阳)

清明种瓜,收时大车拉。　湖北(襄阳)

清明种胡麻,九股八个杈。　甘肃(张掖)

清明种胡麻,七股八个杈。　宁夏　注:此句指胡麻长势好。

清明种胡麻,头顶一枝花。

清明种花,谷雨种瓜。　河南(郑州)、湖北(老河口)

清明种花大把抓,小满种花不当家。　河南(鹤壁、新乡)

清明种花花成山,谷雨种花少一半,小满种花倒贴钱。　山西(临猗)

清明种花早,小满种花迟,谷雨立夏正当时。　上海

清明种花早,小满种棉迟,谷雨立夏正当时。　上海、湖北

清明种黄豆,一天一夜出榔头。　江苏(淮阴)

清明种黄豆,一天一夜就出头。　湖北(巴东)

清明种黄豆,一天一夜扛榔头。　江苏(苏北)　注:“扛榔头”,就是豆子发出的芽像人扛的榔头。

清明种芥,好似放债。　河北、山东、河南、上海

清明种芥,好似放债;清明点瓜,船装车拉。　河南

清明种尽茄和苋,谷雨播尽早禾秧。　湖南(岳阳)

清明种麻小满谷,元旦种秫秫丰足。　广西

清明种麦堆满仓,再迟种麦一把糠。　内蒙古

清明种麦谷雨谷,立夏之前种玉黍。　黑龙江(鸡西)　注:指适时早播。

清明种麦子,落把黄叶子。　江苏(连云港)

清明种棉,谷雨种菁。　福建　注:“菁”,大青叶,可制青靛染布。

清明种棉花,不用问邻家。　陕西(安康)

清明种棉花,分的七股八卡杈。　甘肃(庆阳)

清明种棉花,就地结疙瘩;立夏种棉花,有叶没疙瘩。　山西(新绛)

清明种棉用车拉,小满种棉一把抓。　河南(南阳)

清明种荞不结子,白露种荞霜打死。　湖南、上海、湖北(荆门)　注:“子”又作“果”,“种”又作“点”。湖北原注意指荞麦一年可种两季,春荞宜在清明前下种,秋荞宜在白露前下种,

清明种荞不结子。　湖南(零陵)[瑶族]

清明种荞麦,辛勤也不结。　河北(张家口)

清明种荞勿结籽，白露种荞霜打死。 上海

清明种莒，谷雨发苗。 四川

清明种秫秫，谷种三月中，种得早了好哑叭，种得晚了穗头松。 山东 注：前二句又作“九尽种秫秫，耩谷三月中”。

清明种薯正当时。 安徽（颍上）、湖南（常德）

清明种蒜，谷雨种姜。 吉林

清明种秧谷雨谷，谷子播种到初夏。 山东

清明种秧谷雨谷。 山东

清明种玉米，处暑好收成。 长三角地区 注：清明时节气温已升高，而温度是影响玉米生育期长短的决定因素，玉米在生育期间的有效积温相对稳定。适时早播，可延长出苗到抽雄花序时间，有利营养物质积累及幼穗分化，对提高产量有显著作用。但播种也不能过早，应在土壤 10 厘米土温稳定上升到 10℃～12℃以上方可播种。长三角地区露地栽培玉米一般在 3 月下旬到 4 月上旬播种，处暑前后可收获。秋玉米抢早在小暑节前播种，能防止后期低温影响，故又有农谚说：“玉米无季节，种到小暑节。”“立秋处暑天渐凉，好收玉米和高粱。”对于收获鲜穗的玉米，最晚可在立秋前后播种，至霜降节气也能收获一定产量。

清明种玉米，谷雨种棉花。 上海

清明种芋，谷雨种姜。 广东、江西、福建（武平）、广西（田阳） 注：“种芋”亦作“插秧”。

清明种早豆，谷雨两边豆。 江苏（兴化）

清明竹出笋，谷雨笋出齐。 四川

清明竹笋出，谷雨笋出齐。 四川、上海、湖南（株洲）

清明竹笋出，谷雨笋头齐。 江西（万安）

清明竹笋出。 长三角地区

清明属鸡，豆麦生蛆。 云南（大理）[白族]

清明追麻子，落地出叶子。 安徽（来安）

清明追麦子，落把黑叶子。 天津 注：“追”，追肥。

清明追麦子，落地黑叶子。 山西（临汾）

清明追麦子，赚把麦叶子。 山东（崂山）

清明着晴，谷雨着淋。 福建

清明着土大暑割。 四川

清明昨天寒食节，过了寒食冷十天。 河北（望都）、湖南（湘潭）、江苏（苏北）

清明昨天寒食节。 河南（驻马店）

清明做客吃杯茶，鱼奔浅滩客奔家。 湖南（零陵）[瑶族]

清明做梅雨，棕衣穿到生虱母。 福建

晴到清明有麦吃，落到清明无麦吃。

晴清明，烂谷雨。　浙江（湖州）

晴清明，六畜行。　江西

晴清明，六畜行；雨清明，损百果。　河南（许昌）

穷人不信富人弄，不到清明不下种。　广东

穷人莫听富人哄，清明前后播稻种。　安徽

穷人唔信富人弄，唔到清明唔下种。　广东　注：“唔”，不。

人到老来狂，麦到清明黄。　福建（福鼎）

若要山芋大，不要清明过。　江苏

若要西瓜好，清明不嫌早。　天津

三八晴，到清明。　浙江

三清明，四寒日。　河北（易县）

三日端午四日年，一日清明便下田。　浙江（丽水）

三十不当四十，清明不当惊蛰。

三十勿当四十，清明勿当惊蛰。　浙江（湖州）

三月不清明，四月不立夏，新谷又跟旧谷价。　广西（玉林）

三月初三日，难逢清明日。　上海

三月里来是清明，一场雨来一场风。

三月里清明菠菜小，二月里清明菠菜老。　山东（滨州）

三月清明遍地青，谷雨立夏混种谷。　山西（雁北）

三月清明不见，二月清明成团。　山东（日照）　注：指桃李开花。

三月清明不见花，见花秫谷耩两茬。　山东

三月清明不可早，二月清明不可迟。　广东

三月清明不可早，二月清明不可晚。　河北（石家庄）

三月清明不要慌，二月清明早播秧。　山东（菏泽）

三月清明不要懒，二月清明不要赶。　贵州

三月清明不用慌，二月清明早下秧。　河北（廊坊）

三月清明不用忙，二月清明下早秧。　广西（博白）

三月清明菜小，四月清明菜小。　山西（运城）

三月清明蚕等叶，二月清明叶等蚕。

三月清明茶等客，二月清明客等茶。　福建（明溪）

三月清明断鱼卖，二月清明鱼盈街。　江苏

三月清明谷雨过，下种蓄秧插早禾。　广西

三月清明谷雨前，二月清明谷雨后。　贵州

三月清明花不开，二月清明花定开。　山西

三月清明花不老，二月清明老了花。　山东（枣庄）　注：三月里清明，说明春寒深，花开得慢；二月里清明，说明春寒浅，花开得快。

三月清明化纸锭，吃过米粿迎龙灯。

三月清明黄梅天，菜花开的赛绒线。 河南（汝南）

三月清明看水浊，四月清明看秧缘。 福建（福鼎）

三月清明麦不秀，二月清明麦不齐。 山东（龙口）

三月清明麦不秀，二月清明麦秀齐。 上海、河北、河南（新乡）

三月清明麦勿秀，二月清明麦秀齐。 上海

三月清明麦在前，二月清明麦在后。 湖南（零陵） 注：指春小麦的播种时间。

三月清明梅不老，二月清明老了梅。 安徽

三月清明莫在后，二月清明莫在前。 江西（宜春）

三月清明莫在前，三月清明莫在后。

三月清明你莫慌，二月清明早下秧。 河南（新乡）

三月清明起南风，田禾占大有。 河南

三月清明前，二月清明后。 广西、四川、安徽（枞阳）、

三月清明山不青，二月清明满山青。 湖北（襄樊）

三月清明晚种田，二月清明早种田。 河北（承德）

三月清明文在前，四月清明武在后。 吉林 注：清明前后，长白山区江河冰雪融化，当地叫“开江”。清明前江水平缓称“文”开；江中水流把冰面硬顶起来，形成奔流汹涌的冰排，气势壮观，故称为“武”开。

三月清明勿要慌，二月清明早下秧。 上海

三月清明下薯种，五月端阳插薯苗。 湖北

三月清明香如宝。 福建（福安）

三月清明秧如草，二月清明秧如宝。

三月清明鱼如宝，二月清明鱼如草。

三月清明鱼如宝，四月清明鱼如草。 安徽

三月清明榆不老，二月清明老了榆。 新疆、河南（漯河、南阳）

三月清明雨水多，二月清明雨水少。 上海

三月清明早浸谷，二月清明迟落秧。 广东（连山）[壮族]

三月清明早浸种，二月清明迟下秧。 广东

三月清明早浸种，二月清明迟育秧。 湖南

三月清明早浸种，二月清明迟种秧。 湖南

三月清明早浸种，二月清明晚下秧。 福建（福州）

三月清明早浸种。 吉林、上海

三月清明早三日，二月清明迟十天。 广东

三月清明早三天，二月清明迟三天。 江西（乐安）

三月清明种前，二月清明种后。二月清明不抢先，三月清明不退后。

三月清明种在前，二月清明种在后。　宁夏

三月三，正清明。

三月无清明，谷米无收成。　广东（阳江）

三月无清明，四月无立夏，插秧冷倒老妈妈。　广西（荔浦）

三月无清明，四月无立夏，禾黄谷上价。　广东

三月无清明，四月无立夏，人不冷，旱得怕。　广西（上思）

三月无清明，四月无立夏。　云南（西双版纳）［瑶族］

三月有清明，四月无立夏，旱得怕，涝得怕。　广西（上思）

三月种豆清明前，二月种豆清明后。

晒谷趁天晴，种菜趁清明。　广西（全州）

上元无雨多春旱，清明无雨少黄梅。　上海、浙江（绍兴）

上元无雨多春旱，清明无雨少黄梅，夏至无雨三伏热，重阳无雨一冬晴。

湖南（零陵）

社社社，笋打辫；清明清明，笋找人。　福建（建瓯）　注：指过春社竹笋刚出土，过清明则春笋遍地。

十二月初晴，开春落雨到清明。　浙江

鲥鱼拜清明。　福建

数伏不在地，清明不在家。　河北（保定）

双月双清明，豌豆扁豆好收成。　宁夏　注：双月指闰月。

霜打清明节，大旱三个月。　湖北（洪湖）

霜前赶清明，大暑赶小寒。　山西（安泽）

水涨清明节，洪水涨一年。

四月八种豆瓜，清明节种棉花。　新疆

四月清明谷雨节，育秧春种是时节。　河南（正阳）

四月清明谷雨连，百样农活争时间，棉花瓜豆齐种下，播谷育秧莫迟延。

山东（苍山）

四月清明兼谷雨，播种插秧莫迟疑。　广东

笋活清明蕨秤社。　江西（萍乡）　注：或作“笋到清明长成竹，蕨到社时可上市”。

胎稀谷子满苗花，清明麦子掩老鸦。　河南　注：“掩”又作“埋”。

桃花水犯清明节，立夏时节田里裂。　宁夏

头清明带米来，过清明带水来。　注：指雨。“头清明”，指清明前。

土肥种胡麻，清明乱点瓜。　新疆

未过清明头，谷种还着留。　广东

下了清明节，连下三个月。　甘肃（天水）

下秧要在清明前，赶快提早办秧田。 湖北

先栽桃树后栽椒，软枣柿子清明节。 注：“椒”，花椒。

消明前，去喂蚕。

小麦过了一个冬，就怕清明一阵风。 福建

新春落雨到清明，一日落雨一日晴。 浙江（绍兴）

雪姑娘观灯，雨到清明。 天津

檐前插得杨柳青，农人休望晴；檐前插得杨柳焦，农人好作娇。 注：指清明日。

檐头插柳青，农夫休望晴。 江苏（无锡）

燕子等清明，必定好收成。 河南（商丘）

羊等清明牛等夏，人等芒种说大话。 山西

羊盼清明，马盼谷雨。 黑龙江

羊盼清明，牛盼谷雨。 山东（垦利）

羊盼清明牛盼夏，吃嘴老婆（庄稼老头）盼麦罢。 河南（林县）

羊盼清明牛盼夏，老驴老马盼四八。 宁夏

羊盼清明牛盼夏，骡马盼的把秋打。 山西

羊盼清明牛盼夏，人过小满说大话。 陕西

羊盼清明牛盼夏，人过小暑说大话。 青海、甘肃（兰州）、陕西（定边）

羊盼清明牛盼夏，人盼小暑说大话。 陕西

羊盼清明牛盼夏，庄稼老盼的是麦龙。

羊盼清明牛盼夏。 河北、江苏、内蒙古、河南（周口）、上海（宝山）

注：牛比较怕冷，过了惊蛰，天气渐渐暖和，对牛的饲养管理就比较方便了。三月时候，野外青草都长起来了，牛可得到充足的青绿饲料，养分好，又易消化，牛就容易复膘。

羊盼清明牛望夏。 山东 注：又作“羊盼谷雨牛盼夏”。

阳雀叫在清明后，高山顶上好点豆。 云南（昆明）

阳雀叫在清明后，高山峻岭好种豆。 四川、贵州

阳雀叫在清明前，高坡两塝打干田；阳雀叫在清明后，高坡两塝种黄豆。 贵州（黔东南）

阳雀叫在清明前，高山顶上好栽田。 云南（昆明）

阳雀叫在清明前，高山顶上好种田；阳雀叫在清明后，高山顶上好种豆。 陕西（宝鸡）

阳雀叫在清明前，高山峻岭好种田。 四川、贵州

阳雀来在清明间，高山顶上要种田；阳雀来在清明后，正沟田里种黄豆。 四川

要得包谷不秋分，清明过后就下种。 山西（太原）、陕西（陕南） 注：

“分”又作“风”。

要得包谷不秋风，清明前后就下种。　陕西（汉中）

要得包谷不秋封，清明过后就下种。　陕西、山西

要得棉上棉，种在谷雨前。　江苏（淮阴）

要叫豆儿圆，种在清明前。　河北（康保）、青海（民和）、山东（巨野）

要叫豆子圆，种在清明前。　宁夏（石嘴山）

要叫小豆圆，种在清明前。　陕西

要食豆，种在清明前后。　陕西、甘肃、宁夏、湖北、上海、河南（新乡）

要想吃豆，种在清明前后。　安徽（舒城）

要想吃香油，胡麻种在清明头。　宁夏

要想豆子圆，种在清明前。　河南（商丘）

要想洋芋长得大，种在清明和立夏。　陕西（西安）

要想洋芋大，种在清明到立夏。　青海

要种四季豆，还在清明后。　河南（商丘）

要种四季豆，莫落清明后；点在惊蛰口，一碗打一斗。　四川

要种四季豆，莫在清明后。　湖南（衡阳）

一年三百六十天，单忌清明与十三。　注：忌搬石头。

一年三百六十天，就怕清明第二天。　河北（承德）　注：指清明节第二天刮风，预兆当年歉收。

阴雨下了清明节，断断续续三个月。　广西

饮了清明酒，镰刀担杆不离手。　广东

油菜老来富，清明一半麦。　浙江（杭州、嘉兴、湖州）

油菜麦子受得苦，就怕清明三天两头雨。　福建（宁化）

有十日清明，无十日青麦。　福建

有叶无叶，清明廿日。　浙江

雨打坟头钱，一年好种田。　注：指清明日。

雨打墓头钱，今年好播田。　福建　注：后句或作“今岁好丰收”。

雨打墓头钱，今年好过年。　湖北（松滋）　注：“墓头钱”，指扫墓时烧的纸钱。

雨打墓头钱，麻麦不见收；雨打墓头钱，今年好种田。

雨打墓头田，高低好种田。　江苏（苏州）

雨打清明后，平坝种成豆。　湖北（云梦）

雨打清明后，洼地多种豆。　东北地区

雨打清明节，大旱三个月。　安徽（阜南）、河北（廊坊、张家口）

雨打清明节，豆儿拿手捏。　山西、河北（安国、张家口）、江苏（无锡）

雨打清明节，豆儿手里捏。　陕西（渭南）

雨打清明节，豆子用手捏。　山东　注：清明下雨兆大豆歉收；又作“雨打清明节，豆子不落叶”。

雨打清明节，干到夏至节。　上海、河南（周口）、江苏（淮安）、江西（丰城）、山东（枣庄）

雨打清明节，干到夏至歇。　山西（晋城）

雨打清明节，旱到夏至节。　广东

雨打清明节，旱到夏至歇。　浙江（丽水）

雨打清明节，麦子无法扎；雨打春分节，就把麦子杀。

雨打清明节，干到夏至节。　吉林

雨打清明节，下到夏至节。　陕西（渭南）

雨打清明前，春雨定频繁。　山东

雨打清明前，洼地好种田。　黑龙江

雨打清明头，今年好丰年；雨打清明底，秧苗烂出屎。　江西（上高）

雨打上元灯，日晒清明神。　浙江（丽水）　注：“上元”，元宵节。

雨滴清明好年光。　山西

雨浇清明低，日曝沉仔秧。　广东

雨浇清明好收成。　吉林

雨浇清明节，天旱一百零五天。　内蒙古（临河）

雨浇上元灯，日晒清明种。　广东

雨淋坟纸，担谷累出屎。　广东（深圳）　注：“坟纸”，清明扫墓时节挂的纸钱。

雨淋清明，狗吃蒸饼。　河北

雨淋清明节，干死黄豆不落叶。　湖北

雨淋上元灯，日曝清明种。　福建（德化、晋江）

雨落飘前纸，三麦长如蝗虫屎。　江苏（海安）　注：“飘前纸”，纸钱。“蝗虫屎”，比喻麦粒细小。

雨落清明节，干到立夏节。　福建（厦门）

雨清明，好年景。　山西（汾阳）

雨洒（浇）清明好年景（年成）。　浙江、湖北、山东、山西、河南、河北

雨洒清明，大好年景。　山东（博山）

雨洒清明，狗叼蒸馍。

雨洒清明好光景，哩哩啦啦到立冬。　河北（望都）

雨洒清明好年景。　安徽、天津、宁夏、河北（平山）、陕西（西安）

雨洒清明好年头。　吉林

雨洒清明节，豆子镰刀砍。

雨洒清明节，风刮一百天。　陕西

雨洒清明节，黑豆不落叶。　山西

雨洒清明节，麦子豌豆满地结。

雨洒清明节，收谷又收麦。　山西（沁县）　注：下句河津作“必定好收成”。

雨洒清明麦年成。

雨洒清明前，粮食憋破圌。　宁夏

雨洒清明头，阴沟无水流；雨洒芒种头，卖了白米买水牛。　云南（昆明）

雨洒清明土，黄风四十五。　陕西（榆林）

雨条墓头钱，今年好时年。　广东（花都）　注：“雨打墓头”，清明扫墓时节下雨。

雨沃清明纸，日曝谷雨田。　广东（潮州）

雨下清明，狗吃烙饼。　北京（房山）

雨下清明，狗吃蒸饼。　河北（平山）

雨下清明，小麦必成。　宁夏（固原）

雨下清明节，扁豆子拿镰割。　宁夏　注：此条指豆子长势好，秆粗。

雨下清明节，豆子角连角。　宁夏

雨下清明节，黄豆不落叶。　陕西　注：“下”又作“洒”，“黄豆”又作“芝麻豆子”。

雨下清明节，黄豆黑豆不落叶。　河南（卢氏、固始）

雨下清明节，天旱四五月。

雨下清明前，谷雨雨不干；雨下清明后，干到立夏头。　宁夏

芋不过清明，姜不过谷雨。　广西（靖西）

元旦日清明，年丰人康宁。　陕西（榆林）

栽杉不过清明节。　江西

栽树不过清明节，栽秧不过四月间。　云南（红河）[彝族]

栽树不过清明节。　湖北、山西、河北、陕西、宁夏、天津、河南（濮阳）

早稻清明浸种，立夏插秧；中稻立夏浸种，芒种插秧。

早豆玉米，清明下地。

早禾不吃清明水，二禾不吃谷雨水。　湖南

早禾不吃清明水。　湖南（醴陵）、江西（安义）　注：意指早稻在当地必须清明前浸种。

早清明，晚寒食。　河北（临漳）

早秧清明前，中秧清明边，晚秧迟五天。　广东、陕西、上海、江苏（射阳）　注：指落谷时间。

早秧清明前，中秧清明边。　安徽（枞阳）、陕西（陕南）

早早栽秧产量高，谷雨立夏压断腰。　云南（昆明）

正月二十不见星，哩哩啦啦到清明。　河北

正月二十不见星，沥沥拉拉到清明。　上海

正月二十不见阳，三月清明冷死秧。　广西（阳朔）

正月二十晴，果木树上挂油瓶；正月二十阴，阴阴搭搭到清明。

陕西（商洛）

正月二十阴，滴滴答答到清明。　河南（新乡）

正月十五雪打灯，清明佳节雨纷纷。　山东

正月十五雪打灯，清明时节雨纷纷。

植树造林，莫过清明。　宁夏、上海　注："莫过"又作"好勿过"。

种麻清明节，种糜端午过。　宁夏（石嘴山）

谷　　雨

谷雨是二十四节气的第六个节气，到达时间点为每年4月19、20或21日，太阳到达黄经30°时。

谷雨，源自古人“雨生百谷”之说。《月令七十二候集解》中说，“三月中，自雨水后，土膏脉动，今又雨其谷于水也……盖谷以此时播种，自下而上也”，故此得多雨之名。

谷雨三候的物候事象是：“初候萍始生；二候鸣鸠拂其羽；三候为戴胜降于桑。”意思是说，谷雨后降雨量增多，浮萍开始生长，接着布谷鸟便开始提醒人们播种了，然后是桑树上开始见到戴胜鸟。戴胜鸟是有名的食虫益鸟，大量捕食金针虫，蝼蛄、行军虫、步行虫和天牛幼虫等害虫，在保护森林和农田方面有着较为重要的作用。

谷雨是春季最后一个节气，清代农书《群芳谱》说：“谷雨，谷得雨而生也。”谷雨节气的到来意味着寒潮天气基本结束，气温回升加快，有利于谷类农作物的生长。不过，雨水并不按人们的需要而适时适量而来，而是降雨或过量而成水灾，或干旱而成旱灾，对农业生产造成严重危害，影响农业产量。在黄河中下游，谷雨有着特殊意义，既有“春雨贵如油”的降雨期盼，也有暴雨成灾的警示防范。

谷雨时节，我国大部分地区进入了春种春播的关键时期，是播种移苗、埯瓜点豆的最佳时节。这时节，南方大部分地区雨水充沛，对水稻栽插和玉米、棉花苗期生长有利。常常出现“随风潜入夜，润物细无声”、“蜀天常夜雨，江槛已朝晴”的诗情画意。这种夜雨昼晴的天气，对春种的农作物生长和越冬作物的收获都是有益的。但在西北高原山地，降水稀少，雨量通常少于20毫米。

特别需要注意的是，谷雨时气温偏高，阴雨频繁，会造成三麦病虫害发生和流行。要根据天气变化，搞好三麦病虫害防治。此外，谷雨节以后，一些地方常会出现30℃以上的高温，开始有炎热之感。南方局部的低海拔河谷地带，已经提前进入酷暑的夏季。

在黄淮平原的棉作区，农民总结出了“谷雨前，好种棉”的经验，还有“谷雨不种花，心头像蟹爬”的警示之句。棉农把谷雨节作为棉花播种的时令标志，编成谚语，世代相传。在东北水稻产区，要根据温度变化，做好育秧大棚保暖工作；西北地区要趁墒播种，雨后及时划锄保墒。已栽播地区应做好田间排水，防止春播作物受浸受淹。

挨谷撒谷，谷米满屋。　安徽

暗谷雨，光清明，此年必有好收成。　江西（萍乡）

暗谷雨，明清明。　河南（南阳）

傍谷撒谷。　安徽（枞阳）

包谷下种谷雨期。　山东

苞米下种谷雨天。

播种大秋谷雨头，有雨无雨都能收。　宁夏（银南）

布谷雨，不够养老鼠。　福建　注：意指在谷雨后播早稻，产量低。

布田布谷雨，收的不够喂老鼠。　福建（龙溪）　注：指早稻。这是龙溪县半林、苏坑等乡的情况，不适用于全县。

插田过谷雨，好过养大猪。　广东

插田过谷雨，有谷没有米。　广西（博白）

插田莫被谷雨知，谷雨知了枉心机。

插秧播谷雨，收来不够养老鼠。　福建（漳州）

插秧过谷雨，有谷无米。　海南（万宁）

吃过谷雨饭，晴雨落雪要出畈。

吃好茶，雨前嫩尖采好芽。　安徽（青阳）

吃了谷雨饭，人人要落畈。　浙江　注：后句丽水作“天晴落雨要出畈”。

吃了谷雨饭，天晴落雨要出畈。　上海、浙江、江西（南昌）　注：谷雨这个季节，气候比较温暖，全省日平均温度在摄氏十八度左右，极有利于秧苗的发育生长。“畈”，指田，“出畈”即下田。

吃仔谷雨饭，天好雨落要出畈。　上海

迟了谷雨种上秋，十种九不收。　宁夏（固原）

锄草宜早不宜迟，谷雨小暑正当时。　宁夏

春播谷雨兜，稳播大暑后。　福建

春田播到谷雨兜，晚稻播到大暑后。　福建

春田播到谷雨兜，晚田播到大暑后。

春头插秧过谷雨，春尾插秧过处暑。　广东　注：过了这两个节气才插秧，难有收成。

大豆最怕谷雨风。　福建

蛤蟆叫到谷雨前，旱地就行船；蛤蟆叫到谷雨后，洼地种黑豆。

辽宁（黑山）

蛤蟆哭在谷雨前，洼地种大田；蛤蟆哭在谷雨后，洼地种大豆。　吉林

谷后豆，吃肥肉。　宁夏（银南）　注：“谷”，指谷雨。

谷后谷，坐着哭。　吉林

谷后粟，坐着哭。　注：谷雨后种粟无收。

谷后种谷，提起就哭。　广东

谷南有雨好种棉，芒种有雨收麦田。　山东

谷雨、立夏，勿要站着说话。　江苏（吴县）

谷雨、立夏，不可站着说话。

谷雨、立夏，泡犁泡耙。　江西（新干）

谷雨、立夏，勿可站着讲闲话。　浙江（湖州）

谷雨鹌鹑叫，鱼虾向上跳。　山东（昌邑）

谷雨按瓜又点豆，防好霜冻保丰收。　山西（太原）

谷雨苞麦打苞，立夏麦呲牙；小满麦秀齐，芒种见麦茬。　河北

谷雨抱头眠。　上海

谷雨暴雨，寒露寒冷。　福建

谷雨播春秧，节季正相当。　福建

谷雨播春秧。　福建（南安）

谷雨播种到立夏。　河北（唐山）

谷雨补老母。

谷雨不冻，马上就种，谷雨上冻，小满重种。　河北　注：意指谷雨有冻，以后还可能冻，小满时须重种。

谷雨不冻，抓住就种。　内蒙古、黑龙江（大庆）、山西（晋城）

谷雨不放蜂，十笼九笼空。

谷雨不见风，麦豆好收成。　安徽（利辛）

谷雨不耩谷，立夏准栽薯。　河北（完县）

谷雨不浸，寒露不收。　黑龙江

谷雨不开江，憋死老王八。　浙江（温州）　注："开江"，指下雨。

谷雨不开江，愁死老王八。　福建（福鼎）

谷雨不淋，病疫缠人。　贵州（贵阳）

谷雨不落雨，高田无收成。　江西（分宜）

谷雨不上水，麦子活见鬼。　天津（津南）

谷雨不下，五谷不生气。　安徽（怀远）

谷雨不下，庄稼怕。

谷雨不下光旱，粮食只收一半。　陕西（宝鸡）

谷雨不下雨，饭菜无水煮。　广西（武宣）

谷雨不下雨，耕田靠水渠。　广西（桂平）

谷雨不下雨，河干蚁吃鱼。　广西（武宣）

谷雨不下雨，中秋桶无米。　湖南（湘西）[苗族]

谷雨不要雨，久雨必收青。　河南

谷雨不雨，干煞蝼蚂，饿煞老鼠。　湖北

谷雨不雨，高山不起。　江西（新余）　注："高山不起"，喻山树不长。

谷雨不雨，麦苗不齐。　陕西（汉中）

谷雨不雨，麦苗不起。　四川、北京、天津、河北（邯郸）、江西（临川）、陕西（渭南）

谷雨不雨，求不得米。　贵州（黔南）[水族]

谷雨不雨，收成不富。　广东

谷雨不雨，送田还主。　江西（吉水）

谷雨不雨，五谷不起。　福建

谷雨不雨种棉花。　河南（宁陵）

谷雨不种花，心头像蟹爬。

谷雨才断霜，十月又下雪。　湖北（利川）

谷雨菜子小满秧，六月栽苕光根根。　陕西（安康）

谷雨蚕生牛出屋。　安徽（石台）、江苏（金湖）

谷雨蚕生牛出屋。　上海　注：牛出屋，指牛出去耕田。

谷雨草子立夏秧。　浙江（鄞县）

谷雨插好秧，夏季收满仓。　湖北（荆门）、湖南（常德）

谷雨插田立夏止。

谷雨插田正适时。　浙江（丽水）

谷雨插秧谷满仓，夏至插秧像根香。　广西（罗城）[仫佬族]

谷雨插秧散水花，立夏插秧大大拿。　福建（长汀）　注："散水花"，株数不宜多。大大拿，大大把，指每把的株数要多。

谷雨插秧秧苗壮，芒种插秧光桩桩。

谷雨插秧秧茁壮，芒种插秧光桩桩。　贵州

谷雨茶，满把抓。　浙江（杭州）

谷雨茶，满地抓。

谷雨茶，赛琼浆。　安徽（舒城）

谷雨潮，蚕白头。　河南

谷雨耖田，强似放钱。　安徽（怀宁）

谷雨扯菜子，处暑砍高粱。　四川

谷雨辰值甲辰，蚕麦相登大喜欣。

谷雨辰值甲午，每箱丝棉得三斤。

谷雨绸绸，桑叶好饲牛。

谷雨春梅口中香，夏至黄梅赛红糖。　上海、河北（张家口）　注："红糖"又作"黄糖"。

谷雨促，立夏控；晒白露，灌秋分。　广东

谷雨打苞，立夏龇牙，小满半截仁，芒种见麦茬。　注："茬"，指"芒"。

谷雨打苞，立夏龇牙，小满秀齐，芒种三天见麦茬。　河北（邯郸）

谷雨打蜒蚰，打得蜒蚰勿出头。　江苏

谷雨大晴是旱年。　广西（贵港）

谷雨大旺，莜麦、胡麻一齐扬。　宁夏

谷雨到，把谷泡。　山东

谷雨到，布谷叫，前三天叫干，后三天叫淹。

谷雨到，布谷叫，前三天叫天旱，后三天叫雨涝。　河南（三门峡）

谷雨到，蛤蟆叫。　天津

谷雨到立夏，不可站着说话。　吉林

谷雨到立夏，小满到芒种。　福建（长汀）　注：前后句分别指早稻和晚稻插秧季节。

谷雨到立夏，种的萝卜能长大。　吉林、宁夏、青海（西宁）

谷雨到立夏，种啥也不差。　吉林　注："也不差"又作"都不怕"。

谷雨得雨，点雨只鱼。　江西（宜丰）

谷雨的雨贵如油。　吉林

谷雨点瓜，立夏棉花。　广西

谷雨点瓜菜。　青海（西宁）

谷雨东风南风，五月六月少雨。　河南（许昌）

谷雨东风少浸种，立夏西风少下秧。　江苏（扬州）

谷雨动毛刀。　浙江

谷雨断霜，清明断冻。　河南（商丘）

谷雨断霜，清明断雪。　广西（桂林）、河南（南阳）

谷雨断霜不断霜。　安徽

谷雨断雪，立夏断霜。　黑龙江（哈尔滨）[满族]

谷雨二遍蚕，夏至二遍地。　浙江

谷雨二遍蚕，夏至三遍田。　浙江

谷雨翻草子，立夏下麻子。　浙江（余杭）

谷雨风，麦断根。　安徽（颍上）

谷雨风，山空海也空。　广东

谷雨孵蚕，小满使钱。　新疆

谷雨呒雨雨水多。　浙江（嘉兴）

谷雨干旱，土干三尺。　吉林

谷雨蛤蟆眼眯眯。　福建　注："眼眯眯"，指冬眠刚醒。

谷雨耕山坡。　山西（晋中）

谷雨沟山坡，立夏绕河湾。　河南

谷雨谷，不如不。　山西（屯留）

谷雨谷，不收谷；小满谷，收满屋。　河北（临西）

谷雨谷，打满屋。

谷雨谷，种了胡麻迟了谷。　宁夏、陕西（榆林）

谷雨谷满田。　广东

谷雨谷雨，稻子要雨。　上海

谷雨谷雨，一滴水一条鱼。　江西（吉水）

谷雨谷雨，有雨有谷。　湖南（湘潭）

谷雨谷雨下谷种，不敢往后等。

谷雨瓜，芒种麻，立夏种西瓜。　山东（莱阳）

谷雨瓜，芒种麻。　山东

谷雨刮北风，山空田也空。　福建（德化）

谷雨刮大风，麦子减收成。　山西（沁县）

谷雨刮东风，鲐鱼如草生。　山东（芝罘）

谷雨刮南风，带鱼到山东。　山东

谷雨过，种棉花。　河南（禹县、中牟、民权、尉氏）

谷雨过后投夜霜，紧栽红薯趁春墒。　河南（洛阳）

谷雨过三天，园里看牡丹。　山东、湖北（荆门）、河南（南阳）

谷雨过三天，园中看牡丹。　湖南

谷雨过一七，油菜油滴滴。　南昌　注："春菜如虎"，是形容油菜春天长势旺盛。

谷雨好下种，小满插早秧。

谷雨很少采，立夏采不彻。

谷雨后，吃胡豆。　山西（太原）、陕西（陕南）

谷雨后，点早豆；芒种后，点秋豆。　江苏（吴县）

谷雨后，好种豆。　河北（张家口）、河南（新乡）、湖南、浙江　注：或作"小满小插，芒种大插，夏至尾插"。

谷雨后，禾苗绿油油。　上海

谷雨后，禾莆绿油油。　上海

谷雨后，立夏前，点花生，莫迟延。　安徽（枞阳）

谷雨后，撒花种豆。　湖北（鄂北）

谷雨后播谷，不够喂鸡婆。　江西

谷雨后的笋，成不了竹。　福建（武平）

谷雨花，大把抓。　河南　注："花"又作"棉"。

谷雨花，白花花；立夏花，稀花花；小满花，不回家。　河北（成安）

谷雨花，不归家，小满花，大车拉。　湖北（崇阳）

谷雨花，大把抓，立夏花，不回家。　陕西（渭南）

谷雨花，大把抓，小满花，不回家。　河北（廊坊）

谷雨花，大把抓，小满棉花不归家。　山东（任城）

谷雨花，大把抓；小满花，不归家。　山东

谷雨花，大车拉；小满花，不回家。　山东（郓城）

谷雨花，乱花花。　上海　注：“乱花花”，此指抢种，忙。

谷雨花，满把抓；小满花，不到家。　江苏（兴化）　注：“花”，指棉花。

谷雨花，满地抓；小满花，不归家。　江苏（南京）

谷雨花大把抓，立夏花不回家，小满花空踏踏。　山西（临汾）

谷雨花大把抓，小满花不回家。

谷雨加土旺，谷子胡麻一齐扬。　甘肃（天水）

谷雨降霖，贱买鲈鳞。　上海　注：俗传谷雨节如普遍下雨，主渔业兴旺。

谷雨茭菜立夏豆。

谷雨茭草立夏豆。

谷雨茭草夏至豆。　安徽

谷雨节，浇冬麦。　甘肃（张掖）

谷雨节，一点雨，一点鱼。

谷雨节，一点雨，一个鱼。

谷雨节到莫怠慢，抓紧栽种苇藕芡。

谷雨节前是清明，管好秧田最要紧。　江西（抚州）

谷雨节前是清明，培育壮秧顶要紧。

谷雨浸谷种，立夏落稻秧。　上海　注：又作“谷雨浸种，立夏落秧”。

谷雨浸种，立夏落秧。　上海　注：指晚稻。

谷雨浸种，立夏飘秧。

谷雨浸种，芒种插秧。　江苏（南通）

谷雨九天晴，白蜡变金银。　四川

谷雨晴，蓑衣斗笠打先行；谷雨雨，蓑衣斗笠好藏起。　福建（武平）

谷雨开初栽，立夏抓紧栽，小满满田栽，芒种点火栽，夏至不消栽。　云南

谷雨开封，小暑封园。　安徽（青阳）

谷雨开山倒竹麻。　福建（长汀）　注：“竹麻”，一种嫩竹，当地作为造土纸的原料。

谷雨雷，雨相随。　海南、河南（驻马店）、湖南（株洲）

谷雨雷一雷，谷米整大堆。　浙江（丽水）

谷雨雷雨响，一年一百场。　山东（章丘）

谷雨雷阵雨，恰赢施豆箍。　福建（南靖）　注：“豆箍”，或称“豆枯”，豆饼。

谷雨立夏，不可站着说话。　河北、宁夏、陕西（咸阳）

谷雨立夏，寒死老郎爸。　福建（福州）

谷雨立夏，棉麻要下。　江西（丰城）

谷雨立夏，挖渠做闸。　宁夏

谷雨立夏前，日整土来夜种棉。　江西（瑞昌）

谷雨立夏三月天，抓紧春耕别迟延；水土保持要作好，开垦荒地增良田。
甘肃

谷雨立夏四月天，抓紧春耕别迟延。　江苏（徐州）

谷雨立夏鱼到田，处暑白露鱼上碗。　湖南

谷雨两边豆。　江苏

谷雨菱草夏至豆。　安徽

谷雨落眠头，小满山新丝。　浙江

谷雨落头眠，小满出新丝。　四川

谷雨落一点，高山峒顶有得捡。　广东（韶关）

谷雨落一点，高山都有捡。　湖南（株洲）、江西（新干）　注："捡"，指收获。

谷雨落一点，高山嵊上都有捡。　福建（建宁）　注："嵊"，山顶田地。"有捡"，有收成。

谷雨落一点，山上有物捡。　福建

谷雨落雨，地无干涂。　福建（诏安）　注："涂"，泥。

谷雨落雨，粟子胀破肚。　福建（南靖）

谷雨落雨，种田不着累。　江西（南昌）

谷雨落雨海蛰发，谷雨有雾腐蛰多。　浙江（舟山）

谷雨落雨海蛰发，谷雨涨雾腐塌塌。　浙江（舟山）

谷雨落雨满地青。　海南（保亭）

谷雨麦出穗，立夏都出齐。　山西（临猗）

谷雨麦打包，立夏麦龇牙。　河北（廊坊）

谷雨麦打苞，立夏麦呲牙，小满麦秀齐，芒种见麦茬。　河北

谷雨麦打旗，立夏麦穗齐；小满葚子黑，芒种吃大麦。　河南

谷雨麦大肚，立夏麦穗齐，小满见三新。　河南　注："三新"，指葱、韭、蒜，或大麦、蚕豆、樱桃。

谷雨麦大肚，立夏麦齐穗。　河南

谷雨麦怀胎，立夏长胡须。　山西（太原）　注：江淮和黄淮南部地区在谷雨前后，冬小麦由南到北逐渐进入孕穗期，称"怀胎"；4月底抽穗扬花，5月上旬开始结实灌浆，麦穗上的芒逐渐炸开，称"长胡须"。

谷雨麦怀胎，立夏抽出来。　河北（新城）　注："抽出来"，涿州作"麦龇牙"。

谷雨麦怀胎，立夏见麦芒。　河北（吴桥）

谷雨麦怀胎，立夏麦见芒。　宁夏、江苏（连云港）、山东（梁山）

谷雨麦怀胎，立夏麦吐芒，小满麦齐穗，芒种麦上场。　上海、河南（焦作、新乡）、湖北（荆门）、河北（张家口、安国）

谷雨麦怀胎，立夏麦吐芒，小满麦齐穗，芒种麦上场。　上海、江西（安义）、山东（临清）、山西（晋城）

谷雨麦怀胎，立夏麦吐芒，小满麦穗齐，芒种麦上场。　江西

谷雨麦怀胎，立夏麦吐芒，小满麦子黄，芒种麦上场。　江苏（南京）

谷雨麦怀胎，立夏麦吐芒。

谷雨麦怀胎，立夏麦喧芽，芒种三天见麦茬。　河北（沧县）

谷雨麦怀胎，立夏吐麦芒，小满麦齐穗，芒种麦上场。　安徽

谷雨麦怀胎。　山西、山东、河南、河北

谷雨麦结穗，快把豆瓜种；桑女忙采撷，蚕儿肉咚咚。

谷雨麦扛枪。　河北、河南（新乡）、山东（聊城）、福建（龙岩）　注：扛又作抗，扛枪孕穗。

谷雨麦满胎，立夏麦见芒。　河北、广西、安徽（淮南）、河南（濮阳）、陕西（安康）　注："麦见芒"又作"见麦芒"。

谷雨麦挑旗。　山西　注：指麦穗将出。

谷雨麦挑旗，立夏麦穗齐。　山西、山东、河北（邯郸、望都）、陕西（西安）、河南　注：郑州作"谷雨麦炸肚"。"挑"又作"打"，"穗"又作"秀"。

谷雨麦挑旗，立夏麦秀齐。　山西、山东（临清）

谷雨麦挑旗，立夏种玉米。　山东（崂山）

谷雨麦挑旗。　山西

谷雨麦挺立（挑旗），立夏麦秀（头）齐。　注：黄淮北部和华北麦区在谷雨前后，冬小麦由南到北旗叶（又称剑叶，即小麦最上一张叶片）抽出，长在叶鞘上挺直竖立，仿佛一面展开的旗帜，故称"挑旗"。此后小麦进入孕穗期，俗称"打苞"，到5月上旬立夏时小麦进入齐穗期，农人称抽穗为"秀"，"秀齐"即齐穗。

谷雨麦挺直，立夏麦秀齐。　江苏、上海、河北、河南（新乡）、江苏（南京）

谷雨麦挺直，立夏麦秀实。　江西（进贤）

谷雨麦扎肚，立夏麦穗齐。　河南　注："扎"又作"大"。

谷雨麦扎肚。

谷雨麦炸肚。

谷雨没有雨，靠天难种地。　广西（隆安）

谷雨没有雨，秋来没米煮。　广西（武宣）

谷雨没雨，旱到四十五。　海南（临高）

谷雨没雨，窝堆里没米。　甘肃（天水）

谷雨縻，突破皮。　甘肃（甘南）

谷雨棉，不用谈。　甘肃（天水）

谷雨棉花立夏谷，清明前后耩秫秫。 山东（单县）

谷雨奶小麦，赚把黑菜叶。 河北（武安）

谷雨南风好收成，过了谷雨种花生。

谷雨南风好收成。 海南（儋县）、湖北（蒲圻）、浙江（台州）

谷雨南风起，三伏多暴雨。 天津

谷雨难得雨，清明难得晴。 天津

谷雨鸟儿做母。

谷雨盼雨，清明盼晴。 广西（田阳）[壮族]

谷雨螃蟹顶盖肥。 山东（无棣）

谷雨泡稻，大事无妨。 河南（汝南） 注：意指不烂秧。

谷雨泡稻，立夏插秧。 河南（平舆、正阳）

谷雨起半畈，立夏耕半摊。 浙江

谷雨起北风，山空海也空。 福建（晋江）

谷雨起西风，鲤鱼豁上尾。 江苏（金坛）

谷雨前，不撒棉。 河北、山东、河南（渑池）、山西（夏县） 注："撒"又作"种"。

谷雨前，不撒棉；谷雨后，不种豆。 陕西、甘肃、宁夏

谷雨前，不种棉。 河南（郑州）

谷雨前，不种棉；谷雨后，不种豆。 陕西、甘肃、宁夏

谷雨前，不种棉；谷雨后，快种豆。 山西

谷雨前，不种棉；立了夏，不种瓜。 陕西（渭南）

谷雨前，点种棉。 甘肃（定西）

谷雨前，耕半田。 浙江（宁波）

谷雨前，好种棉；谷雨后，好种豆。 陕西、甘肃、宁夏、河北、湖北、浙江、四川、云南、上海、江苏（南京）、广西（桂平）、山东（薛城、范县）、河南（濮阳、新乡）、山西（太原）、江西（安义）、安徽（淮南） 注："好"，保定作"紧"。

谷雨前，好种棉。 上海、天津、广西（罗城）[仫佬族]、河北（张家口）、陕西（褒城）、甘肃（张掖）、山东（郓城） 注："好种棉"又作"种好棉"。

谷雨前，好种棉；谷雨后，好种豆；谷雨少，用水浇；夏雨多，开渠道。

谷雨前，胡麻高粱种在田。 宁夏（固原）

谷雨前，紧种棉。 河北（石家庄、保定）、天津

谷雨前，就种棉；谷雨后，谷子豆。 山西（浮山）

谷雨前，乱种棉，谷雨后，就种豆。 山西

谷雨前，乱种棉；谷雨后，乱种豆。 山西（晋南）

谷雨前，麦挑旗；谷雨后，麦出齐。 湖北

谷雨前，清明后，高粱苗儿要露头。

谷雨前，清明后，种花正是好时候。

谷雨前，去种棉。　河北、河南、山东、山西

谷雨前，莳完田。　江西　注："莳田"，赣南话，插秧。

谷雨前，先种棉。　甘肃（张掖）

谷雨前，先种棉；谷雨后，乱点豆。

谷雨前，先种棉；谷雨后，种瓜豆。　河南、甘肃（张掖）

谷雨前，嫌太早，后三天，刚刚好，再过三天茶变草。　上海、湖北

谷雨前，要种棉。　河南

谷雨前，玉茭棉，谷雨后，就种豆。　山西（临汾）

谷雨前，早种棉。　安徽、陕西（关中）　注："早种棉"又作"种早棉"。

谷雨前，种地拴绳线，谷雨后，耕牛不停步。　山西（偏关）

谷雨前，种高山，过了谷雨种平川。　陕西（渭南）

谷雨前，种好棉。　江苏（海门）

谷雨前，种棉花，要多三根丫。　上海、江苏（南京、淮阴）

谷雨前，种棉花，要多三根椏。　上海（宝山）

谷雨前，种棉花。　河南（新乡）

谷雨前，种早棉。

谷雨前，种子棉，谷雨后，种大豆。　辽宁

谷雨前，种子棉。　河北（广宗、遵化）

谷雨前播种穗长，谷雨后播种穗短。　江西

谷雨前采不得，谷雨后采不彻。　安徽

谷雨前仓，一谷三秧；谷雨中仓，一谷一秧；谷雨后仓，三谷一秧。　江西（横峰）　注："仓"，横峰话，指下种。

谷雨前插秧，多打五成粮。　福建

谷雨前茶，沁人齿牙。　湖南、江西（赣东）

谷雨前茶，香人齿牙。　安徽

谷雨前的花，大车拉。　天津、河北（石家庄、邯郸）

谷雨前动犁，勿早勿迟。　浙江（鄞县）

谷雨前动犁，勿早也勿迟。　浙江

谷雨前好种棉；谷雨后，好种豆。

谷雨前和后，安瓜又点豆；采制雨前茶，品茗解烦愁。

谷雨前后，点瓜点豆。　湖南

谷雨前后，点瓜种豆。　江苏（南通）、山西（太原）　注：下句武乡作"安瓜点豆"。

谷雨前后，点瓜种豆。　注："点"一作"栽"，"种"一作"点"。

谷雨前后，孵蚕时候。 河南（南阳）

谷雨前后，撒花点豆。

谷雨前后，栽花种豆。 吉林

谷雨前后，正宜种豆。

谷雨前后，种谷点豆。 内蒙古、宁夏、山西（太原）、河北（容城）、江苏（扬州）

谷雨前后，种瓜点豆。 上海、江苏、广西、福建、云南、四川、湖北、河南、河北、山东，山西、陕西、甘肃、吉林、青海、新疆 注：“种瓜点豆”又作“点瓜种豆”或“种瓜种豆”“栽瓜种豆”“栽瓜点豆”“按瓜种豆”“安瓜点豆”。

谷雨前后，种瓜点豆；谷雨过三天，园里看牡丹。 山东

谷雨前后，种瓜耩豆。 山东（成武）

谷雨前后，种花种豆。 湖北、河北 注：“种花种豆”又作“撒花点豆”。

谷雨前后把种下。 山东 注：指谷子、高粱。

谷雨前后不下种，秋收时节光瞪眼。 湖南（益阳）

谷雨前后打杂鱼。 江苏（连云港）

谷雨前后打杂鱼。 山东（日照）

谷雨前后东南风，鱼虾靠近海边行。 山东（长岛）

谷雨前后剪干枝，早灌头水促新条。 宁夏 注：此条指对枸杞的管理，

谷雨前后见家吉。 注：“家吉”指家鱼。

谷雨前后老稚谷。 河南（林县）

谷雨前后三场冻。 山东、福建（光泽）、河北（抚宁）

谷雨前后桃花开。 山西

谷雨前后下早蚕。 河北、山东

谷雨前后一场雨，胜过秀才中了举。 宁夏、山西、贵州（贵阳）、湖北（大悟）

谷雨前后一场雨，豌豆麦子中了举。 安徽（怀远）

谷雨前后一场雨，胜似秀才中了举。 山西

谷雨前后栽地瓜，最好不要过立夏。

谷雨前后种棉花，迟了空，早了瞎。 江苏（连云港）

谷雨前后种杂粮。 天津、宁夏（固原）

谷雨前结蛋，谷雨后撒蔓。 山西（太原）、陕西（陕北） 注：“撒”又作“结”。

谷雨前三后四，棉种及时入地。 河南（周口）

谷雨前三后四。 山西（曲沃）

谷雨前三天不早，后三天不迟。 陕西（褒城）

谷雨前十天，种花要当先。 上海（嘉定）

谷雨前十天，种棉要当先。　安徽（东至）

谷雨前十天，种棉最当先。　河南

谷雨前十天种谷不早，谷雨后十天种谷不晚。　山东（章丘）

谷雨前蛙叫雨水大，谷雨后蛙叫雨水小。　海南

谷雨前五天不算早，谷雨后五天不算迟。　宁夏（银南）　注：指秋季作物的播种日期。

谷雨前响雷，十六、七天见苗；立夏后响雷，天暖十五天见苗。　安徽

谷雨前应种棉，谷雨后应种豆。

谷雨前有大风，麦收要落空。　上海

谷雨前种高粱，谷雨后种大豆。　宁夏

谷雨前种高山，过了谷雨种平川。　陕西

谷雨前种胡麻，七股八杈。　山西（太原）

谷雨前种棉花，谷雨后种豆瓜。　山西（临猗）

谷雨前抓养蚕，一月以内就见钱。　山西

谷雨荞麦立夏豆。　安徽（绩溪）

谷雨茄子清明瓜，小满的萝卜娃娃大。　陕西

谷雨青梅梅中香，小满枇杷已发黄。　安徽（歙县）

谷雨晴，半月阳；谷雨雨，半月阴。　福建（长汀）

谷雨晴，麦子入仓加三成。　福建（三明）

谷雨晴，蓑衣斗笠打先行，谷雨雨，蓑衣斗笠好捡起。　福建

谷雨晴，蓑衣箬帽勿留庭；谷雨雨，蓑衣箬帽挂庭柱。　浙江（丽水）

谷雨晴，早禾岸上蓬。　江西（南昌）　注：“岸上蓬”，喻长得快。

谷雨人去田，立夏人归田。　广东（龙门）

谷雨日，谷雨晨，茶三盏，酒三巡。

谷雨日辰值甲辰，蚕麦相登大喜欣；谷雨日辰值甲午，每箔丝绵得三斤。

谷雨日落雨，粮食尚有余。　上海

谷雨日下雨，一点一个鱼。

谷雨若逢雨来到，万物丰盛过春秋。　广西（桂平）

谷雨三半，蝎子千千万。　山西（运城）

谷雨三朝，笋子乱猋。　湖南（零陵）[瑶族]

谷雨三朝蚕白头。　四川、宁夏、山西、浙江（湖州）、上海（宝山）、河南（新乡）、河北（张家口）　注：“朝”又作“日”，“白头”又作“头白”。

谷雨三朝蚕头白。　上海、福建　注：“蚕头白”，蚕的第一次休眠。

谷雨三朝掸花蚕。　浙江（嘉兴）

谷雨三朝看牡丹，立夏三朝看芍药。　湖南　注：4月谷雨时节是牡丹花开放观赏的最佳时间，半个月后的立夏节期则是芍药开放观赏期。

谷雨三朝看牡丹。　宁夏、上海、山东

谷雨三朝霜，必定有饥荒。　安徽

谷雨三日便孵蚕，谷雨十日也不晚。　上海、江苏

谷雨三日便孵蚕，谷雨十日也勿晚。　上海

谷雨三日便拂蚕，谷雨十日也不晚。

谷雨三日蚕头白。　安徽（青阳）

谷雨三日满海红，百日活海一时兴。

谷雨三天蚕白头。　河南（平顶山）

谷雨三天看牡丹。　安徽（巢湖）

谷雨三天笋挡路，立夏三天笋上林。　湖南（郴州）

谷雨三天蚕白头，小满三天丝上街。　河南（开封）

谷雨桑条青，桑叶上秤称；谷雨桑条白，桑叶卖与谁。　山东

谷雨扫蚕，小满使钱。　安徽

谷雨山头乌紫紫。　浙江　注："紫紫"指毛笋。

谷雨苦老鸹，芒种见麦茬。　河北（新河）

谷雨上冻，谷子重种。　天津

谷雨上头眠。　四川、浙江（嘉兴）

谷雨蛇上树，立秋蛇拦路。　福建

谷雨生百谷。　福建

谷雨圣，唔如立夏定。　广东（潮州）

谷雨时，笋生枝。　广西（来宾）[壮族]　注："笋"，野竹笋。

谷雨莳田点秧花，立夏莳田揸打揸。　广东（龙门）　注："点秧花"，秧少。揸打揸，秧多。

谷雨莳田立夏止。　广东、福建（上杭）　注：指早稻。

谷雨莳田散秧花，立夏莳田抓打抓。　福建（上杭）　注：意指谷雨插秧株数可少些，立夏插秧因苗龄过大，株数可多些。

谷雨是旺汛，时刻值千金。　江苏（无锡）　注："汛"，指鱼汛。

谷雨是旺汛，一刻值千金。　上海

谷雨收菜籽，处暑砍高粱。　陕西

谷雨蜀黍立夏谷。　山东（单县）

谷雨树头响，一瓣桑叶一斤鲞；谷雨淋不休，桑叶好饲牛。　上海

谷雨树头响，一瓣桑叶一斤鲞；谷雨雨不休，桑叶好饲牛。　上海

谷雨水里浸稻种。　上海

谷雨水满沟，立夏水满河。　广西（宜州）

谷雨笋，做菜景。　福建（武平）　注：指谷雨后发的笋不能成竹，只好挖来食用。菜景，蔬菜。

谷雨笋头齐。　四川、浙江（湖州）

谷雨提耧种，墒好萌芽动。　河北（万全）　注：意指谷雨播种，土墒好，发芽快。

谷雨天，忙种烟。

谷雨天不明，白蜡大收成。　四川

谷雨天气晴，养蚕娘子要上绳。　浙江（绍兴）　注：杭州作“三月十六鸟叫晴”。

谷雨天晴，谷米满盈。　广东

谷雨天天大，立夏出了嫁，芒种生娃娃。　山西（临猗）　注：指小麦生长。

谷雨头，清明尾，要去做娘问乌贼。　浙江

谷雨旺汛，一刻值千金。　长三角地区　注：“旺汛”是雨水增多的意思。谷雨是春季最后一个节气，处在暮春时节的谷雨，春将尽，夏将至，天气温和，雨水明显增多。这是一个反映降水的节气，这个时期的雨水，对人类作物的播种和生长极为有利，古人说“雨生百谷”，就是对谷雨的注解。中国古代将谷雨分为三候：“第一候萍始生；第二候鸣鸠拂其羽；第三候为戴任降于桑。”是说谷雨后降雨量增多，浮萍开始生长，接着布谷鸟便开始提醒人们播种了，然后是桑树上开始见到戴胜鸟。此时农民刚好春耕完毕，最需要丰沛的雨水灌溉滋润，降雨对五谷生长有利，这里的“谷”，不仅指谷子这一种庄稼，而是农作物的总称。雨水适量有利于越冬作物的返青拔节和春播作物的播种出苗，但雨水过量或严重干旱，则往往造成危害，影响后期产量。所以另有谚语说“谷雨无雨，交回田主”，就是从相反的角度来说明谷雨雨水的重要，是“值千金”的。

谷雨为时雨。　山西（晋城）

谷雨无地霜，寒露无生田。　河北（完县）

谷雨无雨，佃农送田还田主。

谷雨无雨，碓头无米。　贵州（遵义）

谷雨无雨，碓窝无米。　四川

谷雨无雨，后来哭雨。

谷雨无雨，黄梅雨少。　上海

谷雨无雨，家家饿死，谷雨有雨，家家欢喜。　广东

谷雨无雨，交还田主。　福建、广东　注：后句指因天旱不宜耕种，旧时田产归地主。

谷雨无雨，今年无米。　湖南（湘西）[土家族]

谷雨无雨，来年卖女。　广西（罗城）

谷雨无雨，犁耙吊起。　广东

谷雨无雨，牛还租主。　广西（象州、扶绥）[壮族]　注：下句亦作“送牛归主”、“牛栏归主”、“犁耙挂起”、“田交田主”、“交田还主”，“送田归主”、“水桶

挑起”、“耕牛农具交田主”。

谷雨无雨，水沟晒干底。　广西（柳江）

谷雨无雨，水贵如米。　广西（武宣）　注：下句亦作“明年无米”。

谷雨无雨，鱼虾沟上死。　广西（博白、陆川）

谷雨无雨逢天晴，抗旱保苗早进行。　四川

谷雨无雨谷无米。　宁夏、天津

谷雨无雨旱河底。　湖南（株洲）

谷雨无雨水来迟，谷雨有雨兆雨多。　湖北（黄石）

谷雨无雨则春旱。　广东（连山）[壮族]

谷雨无雨作天旱。　福建

谷雨唔点禾，割来唔够喂鸡婆。　广东（南雄）　注：“点”，播种。

谷雨唔落，高田唔做。　广西（藤县）

谷雨焐蚕，小满使线。　江苏（苏北）

谷雨勿藏蚕。　上海

谷雨勿掸蚕，夏至勿种田。　上海

谷雨勿冻，抓住就种。　上海

谷雨勿论深浅。　浙江（绍兴）　注：指毛笋出齐可掘。

谷雨勿收蚕，夏至勿种田。　浙江（湖州）

谷雨勿雨，芒种勿忙。　浙江（衢州）

谷雨勿种花，心头像蟹爬。　浙江（慈溪、宁波）

谷雨焐蚕，小满使钱。　浙江、江苏（苏北）

谷雨西，淼小桥。　江苏

谷雨西北雨，赛过施豆枯。　福建

谷雨西风狂，稻田水汪汪。　广西（全州）、湖南（株洲）、海南（保亭）

谷雨西风狂，地里水汪汪。　河南（周口）

谷雨西风狂，田里水汪汪。　广西（平乐）

谷雨西风没小桥。　江苏（南通）

谷雨西风淼小桥。　江苏

谷雨西风淹小桥。　安徽（潜山）

谷雨西南多阵雨。　海南

谷雨下大雨，建房来装米。　广西（武宣、柳江）

谷雨下谷种，不敢往后等。　河南（南阳）

谷雨下谷种，不敢往后停。　山东（曹县）

谷雨下好种，芒种插早秧。　湖北

谷雨下红薯母，红薯窖口不能堵。　河南（长葛）

谷雨下还有三天大雨。　广东（连山）[壮族]

谷雨下了雨，庄稼收成没个谱。 江苏（连云港）

谷雨下霜，必有饥荒。 安徽（定远）

谷雨下雪雪变雨，立冬下雨雨变雪。 河北（易县）

谷雨下秧，大致无妨。 江苏（兴化）

谷雨下秧，立夏栽。

谷雨下秧立夏栽，不早不晚正应该。 河南（濮阳）

谷雨下雨，不愁无米煮。 广西（武宣）[壮族]

谷雨下雨，初夏多雨。 福建

谷雨下雨，旱田多产米。 广西（来宾、宜州）

谷雨下雨，四十五日无干地。 海南

谷雨下雨，一点一条鱼。 海南、江苏（镇江）

谷雨下雨多鱼虾。 安徽（巢湖）

谷雨下雨高田饭，夏至雷鸣三伏旱。 广西（贵港、平南）

谷雨下雨清明晴，当年是个好阳春。 广西（阳朔）

谷雨下早谷，节气正相当。 上海、江苏（泰州、扬州）

谷雨下早秧，气候正适当。 上海 注："气候"又作"节气"，"适当"又作"相当"。

谷雨下种，不用问爹娘。

谷雨下种，刚刚适中。 浙江 注：指中稻。

谷雨现日头，气死老黄牛。 贵州（贵阳）[布依族]

谷雨响雷三十天，立春头响雷二十天，立夏尾响雷二十天，小满节边响雷十五天。 浙江

谷雨向南倒，秋霜来得早。 河北（邢台）

谷雨杏花开，菜农快种菜。 陕西

谷雨杏花开，收拾种白菜。 青海（平安）

谷雨杏花开，小满叶儿圆。 河北（安国）

谷雨杏开花，收拾种白菜。 宁夏

谷雨掩网打"鳞刀"。 山东（日照） 注："鳞刀"，指带鱼。

谷雨杨花开，谷子高粱下种来。 河北（阳原）

谷雨养蚕，小满见钱。 河南（开封）

谷雨要雨，没雨受苦。 江苏（南通）

谷雨要雨，清明要晴。 天津

谷雨要雨。

谷雨一罢，忙种胡麻。 宁夏（银川）

谷雨一遍蚕，夏至三遍地。 江苏（常州）

谷雨一滴，油菜滴滴。 江西（新余） 注："一滴"，下一点雨。滴滴是指对

油菜收成大有影响。

谷雨一点油，十三天不套牛。 新疆

谷雨一点雨，河里一个鱼。

谷雨一点雨，河里一条鱼。

谷雨一七，油菜油滴滴。 江西

谷雨一天大雨淋，高田禾苗全栽成。 四川

谷雨以前风生芽，谷雨以后水生芽。 河北

谷雨以前一刮风，早造必定减收成。 海南（保亭）

谷雨以前有大风，麦子决定减收成。

谷雨以前种线麻，也种瓜菜种胡麻。 宁夏（银南） 注："线麻"，方言，指亚麻。

谷雨阴沉沉，立夏雨淋淋。 江苏（南京）

谷雨阴天蓑衣忙，谷雨晴天蓑衣挂上墙。 福建

谷雨阴雨长，秋分天不旱。 福建

谷雨有水建禾仓，立夏有水挖鱼塘。 广西（北流）

谷雨有雾秋分水。 湖南（湘西）[苗族]

谷雨有雾秋水大。 海南

谷雨有一点，田角不用垫。 广西（东兴）

谷雨有雨，拆水车，晒玉米；谷雨无雨，砍竹木，修水车。

广西（马山）[壮族]

谷雨有雨，多耕田地。 广西（来宾）

谷雨有雨，多耕无忌，谷雨无雨，交还田主。 广东（曲江）

谷雨前，好种棉。

谷雨有雨，风调雨顺。 广东（廉江）

谷雨有雨，棉花投比。 山东（临清） 注：指谷雨下雨极有利于棉花生长。

谷雨有雨，农家欢喜。 广西（南宁、邕宁）

谷雨有雨，期期下雨。 海南 注："期期"，海南话，经常。

谷雨有雨插高岗，无雨插低塱。 广东

谷雨有雨多耕田，谷雨无雨田丢荒。 广东

谷雨有雨多鱼虾。 江苏、安徽 注："多"又作"主"。

谷雨有雨发大水。 河南

谷雨有雨好种棉，芒种无雨好收麦。 安徽（东至）

谷雨有雨好种棉，芒种有雨烂麦田。 江苏（灌云）

谷雨有雨好种棉，芒种有雨收麦田。 山东、河南、苏北

谷雨有雨好种棉。

谷雨有雨建谷仓，谷雨无雨修水塘。 广西（玉林、桂平） 注："谷仓"亦作"粮仓"；"修水塘"亦作"挖鱼塘"、"筑水"。

谷雨有雨建谷仓。　广东

谷雨有雨涝，谷雨无雨旱。　河南（许昌）

谷雨有雨落，今年涝水多。　广西（上林）

谷雨有雨落，五谷结成坨；谷雨无雨落，五谷叶子搓索索。

湖南（怀化）［侗族］

谷雨有雨棉花肥，谷子出头怕雨喷。　山东　注：又作“谷雨有雨棉花肥，黍子出土怕雷雨”、“谷雨有雨棉花旺，谷子出苗怕雷雨”。

谷雨有雨棉花肥，谷子出土怕雷雨。　河南

谷雨有雨棉花肥，黍子出土怕雷雨。　山东、山西（新绛）

谷雨有雨棉花肥。　山东、山西、河北、河南、湖北、江苏、上海　注：“肥”又作“好”或“旺”。

谷雨有雨棉花好。

谷雨有雨棉苗肥。

谷雨有雨棉苗壮。　河南（南阳）

谷雨有雨清明晴，年有个好阳春。　海南

谷雨有雨田种芋。　海南（文昌）

谷雨有雨下，万物丰任拿；谷雨不下雨，不久见旱期。　广西（桂平）

谷雨有雨兆雨多，谷雨无雨水来迟。

谷雨有雨种好谷，芒种有雨好收成。　河南（焦作）

谷雨有雨种好棉，芒种有雨救麦田。　山西（临汾）

谷雨有雨种好棉，芒种有雨收麦田，夏至有雨豆子肥。　河南

谷雨有雨种好棉，芒种有雨种好田。　河北（望都）

谷雨有雨种芋种豆，谷雨无雨退田还主。　海南（琼山）

谷雨有雨主鱼虾。

谷雨榆钱黄，赶快种高粱。　河北（隆化）

谷雨雨，麦烂肚。　福建

谷雨雨，蓑衣斗笠高挂起。

谷雨雨，蓑衣斗笠好藏起；谷雨晴，蓑衣笠帽打先行。　福建

谷雨雨，蓑衣笠麻高挂起。

谷雨雨，一点一条鱼。　安徽（巢湖）

谷雨雨不休，桑叶好饲牛。　上海、河北（张家口）

谷雨雨不休，桑叶好饲牛；谷雨树头响，办桑叶一斤鮝。

谷雨雨不休，桑叶好喂牛。　福建

谷雨雨打蚊，大雨打大蚊，细雨打细蚊。

谷雨雨水多，季节莫错过。　广西（平乐）

谷雨雨勿休，桑叶好饲牛。　上海、浙江

谷雨玉米，立夏谷。　内蒙古

谷雨栽早秧，节气正相当。

谷雨栽禾家赛家，十日十夜遍天下。　江西（弋阳）

谷雨栽上红薯藤，一查能挖数十斤。　长三角地区

谷雨栽上红薯藤，一棵能挖数十斤。　上海

谷雨栽上红薯秧，一棵能收一大筐。　河南（开封）

谷雨栽上红薯秧，一棵能挖一大筐。　河南（平舆）

谷雨栽上红芋秧，一棵能挖一箩筐。　安徽（涡阳）

谷雨栽下苗，处暑摘新棉。　安徽（萧县）

谷雨栽秧，一棵一筐。　注：“秧”此指红薯。

谷雨栽早秧，节气正相当。　吉林、江西（宜春）

谷雨在社前，粮米不值钱。　山东

谷雨在月头，边栽边发愁；谷雨在月尾，剩秧堆成堆。　福建

谷雨在月头，禾种下一道；谷雨在月尾，下了一起又一起。　江西（上高）

谷雨在月头，么秧唔使愁。　广东　注：“么”，客家话，“无”。

谷雨在月头，无秧不用愁；谷雨在月腰，寻秧有人留食朝；谷雨在月尾，寻秧难早归。　广东

谷雨在月头，寻秧唔用愁；谷雨在月中，寻秧过数冲；谷雨在月尾，寻秧唔晓归。　广东

谷雨在月头，秧搭楼；谷雨在月中，秧有始无终。　福建（建瓯）

谷雨在月头，秧多不要愁。

谷雨在月头，秧多唔使愁；谷雨在月尾，寻秧唔知归。　福建

谷雨在月头，秧多唔使愁；谷雨在月中，三个谷子共个秧；谷雨在月尾，秧多可做坎。　福建　注：“三个谷子共个秧”，指烂秧费种。

谷雨在月头，有秧来喂牛；谷雨在月中，谷种烂开洞；谷雨在月尾，秧多可做陂。　福建（宁化）　注：“陂”，坝。

谷雨在月头，找秧不用愁，谷雨在月中，找秧到山冲谷雨在月尾，找秧不知归。　广东（连山）[壮族]　注：末句又作“找秧四处冲”。

谷雨在月尾，寻秧不知归。

谷雨在月尾，寻秧难早归；谷雨在月头，寻秧唔使愁；谷雨在月腰，寻秧有人留食朝。　广东（平远）

谷雨在月中，寻秧乱筑冲。

谷雨早，小满迟，立夏包谷正适时。　新疆（塔城）

谷雨早，小满迟，立夏播种最适时。　广东（恩平）

谷雨早，小满迟，立夏的棉花正当时。　天津、河南、山东、山西、江苏、广西、河北（安国、张家口、保定）、上海（奉贤）　注：“立夏的棉花”又作“立夏

种棉”或“立夏种花”。

谷雨早，小满迟，立夏前后正当时。　辽宁

谷雨早，小满迟，立夏种麻正当时。　吉林

谷雨早，小满迟，立夏种糜最合适。　宁夏

谷雨早，小满迟，立夏种棉正当时。　江苏、安徽

谷雨早，小满迟，立夏种棉最适时。　山东（金乡）

谷雨早不早，小满迟不迟，立夏棉花当时不当时，宁赶早不赶迟。

河北（邯郸）

谷雨早不早，小满迟不迟，立夏种棉正当时。　河北

谷雨早栽秧，节气正相当。　湖南

谷雨摘不得，立夏摘不动。　安徽

谷雨摘茶，立夏收麻。　广西（临桂）

谷雨之前刮大风，麦子必然减收成。　陕西（咸阳）

谷雨之前是清明，培育壮秧顶要紧。　浙江

谷雨之前有大风，麦子决定减收成。　上海、陕西、甘肃、宁夏、江苏（苏北）、河南（新乡）　注：“有”又作“刮”，“决”又作“一”。

谷雨之前有大风，麦子决定减收成。　苏北

谷雨之前有大风，麦子一定减收成。　河南（濮阳）

谷雨芝麻小满黍，过了立夏种上谷。　河北、山东（泰山）　注：“种上”又作“送上”。

谷雨芝麻小满黍，过了立夏送上谷。

谷雨种大田，立夏鹅毛住；小满雀来全，芒种大家乐，夏至不着棉。

谷雨种大田，小满雀来全。　江西（南城）　注：后句谓小满早稻已经成熟，麻雀都来吃新谷。

谷雨种大田。　辽宁、河北

谷雨种豆，十种十收。　吉林、天津、宁夏（银川）

谷雨种甘蔗，立夏栽棉花。　安徽（萧县）

谷雨种高粱，穗子扁担长。　湖南

谷雨种谷，棉花黑豆，玉黍高粱，也可下手。　山西（太原）

谷雨种谷子，白露栽白菜。　山东（单县）

谷雨种谷子，立夏种糜子。　宁夏、青海（乐都）

谷雨种瓜，芒种种芝麻。　广西（德保）

谷雨种瓜，清明点豆。　安徽（青阳）

谷雨种瓜，藤无空花。　湖南　注：“空花”又作“虚花”。

谷雨种胡麻，七股八棵杈。　青海（贵德）　注：“七股八棵杈”又作“七骨碌八开杈”。

谷雨种姜，夏至离娘。　广西（融安、平乐）

谷雨种棉大车拉，小满种棉不回家。　河北（保定）

谷雨种棉花，不要问邻家。　陕西（延安）

谷雨种棉花，不用问人家。

谷雨种棉花，长的好圪塔。　山西

谷雨种棉花，多长三个杈。　江苏（连云港）

谷雨种棉花，多长三枝花。　福建（漳州）

谷雨种棉花，满枝尽疙瘩。　山西（新绛）

谷雨种棉花，能长好疙瘩。

谷雨种棉花，能多三根叉。　安徽（宿松）

谷雨种棉花，秋后大把抓。　河南（周口）

谷雨种棉花，要多三根杈。　新疆、浙江（萧山）

谷雨种棉花，要多三根桠。　湖南（常德）

谷雨种棉家家忙。　山东

谷雨种青稞，穗子长的多。　甘肃（甘南）

谷雨种秋正当时。　宁夏（银川）

谷雨种山坡，立夏种河湾。　河北（行唐）

谷雨种田。

谷雨种芸豆，一把掏不透。　吉林

谷雨种早秋，节气正相当。　河北（滦平）

谷雨抓养蚕，小满见新茧。　山西

谷雨左右立夏前，正是种棉好时间，适宜时间不抓紧，错过时间悔半年。

甘肃（张掖）

谷子种在谷雨头，走走站站不发愁。　宁夏、甘肃（张掖）、青海（民和）、陕西（汉中）

过罢谷雨到立夏，农民动犁又动耙。　河南（郑州）

过谷雨到立夏，先种黍子后种麻。　山西（和顺）

过了谷雨，百鱼近岸。

过了谷雨，百鱼靠岸。　新疆

过了谷雨，百鱼上岸。　安徽、山东（滕州）

过了谷雨，不怕风雨（作物）。　湖北（荆门、浠水）　注：意指秧苗过了谷雨节后不致再遭受冻害。

过了谷雨，天气暖定。　浙江（温州）

过了谷雨，网打杂鱼。　山东（烟台）

过了谷雨地没霜。　河北（唐山）

过了谷雨断了霜，栽种红薯正相当。　河南（洛阳）

过了谷雨发豆田。　陕西

过了谷雨节，百鱼近岸多。　天津

过了谷雨节，百鱼上岸歇。　河南（郑州）

过了谷雨节，庄稼不能歇。　江苏（淮阴）

过了谷雨没地（有）霜。　广西、山东、河南、山西、陕西、江苏、河北、上海

过了谷雨没地霜。　河南（鹤壁）

过了谷雨没有霜，家家户户忙插秧。　河南（商丘）

过了谷雨没有霜。　上海、广西（鹿寨）

过了谷雨种花生。　河南（中牟）

寒食插花，谷雨种瓜。　山东（泰山）

寒食没老鸦，谷雨麦挑旗。　河北（石家庄）

寒食撒花，谷雨种瓜。　河南

寒食栽花，谷雨种瓜。　安徽（绩溪）

薅草宜早不宜迟，谷雨前后正当时。　宁夏

喝上谷雨茶，江边接蛒蚂。　湖北（武穴）　注：蛒蚂，此处指江西省购鱼苗的客户。

禾不食谷雨，锅中少米煮。　湖南　注：指插秧应在谷雨前后。

红薯谷雨贴。　湖南（湘潭）

见谷播谷。　广东（粤北）　注：前一“谷”字指谷雨节。

姜不过谷雨，芋不过清明。　广西（大新、百色）[壮族]

开犁谷子卧犁麻，谷雨以后种棉花。　辽宁　注：“卧”又作“挂”。

雷打谷雨后，粮食堆满囤。　陕西

雷打谷雨前，坑坑涨水好种田；雷打谷雨后，娘娘顶子种黄豆。　黑龙江

雷打谷雨前，涝地种瓜甜；雷打谷雨后，涝地种黄豆。　注：“涝”又作“洼”。

雷打谷雨前，秋霜准提前；雷打谷雨后，高山种大豆。　吉林

雷打谷雨前，洼地不改田；雷打谷雨后，洼地种黄豆。　江西（南昌）

雷打谷雨前，洼地不收田。　黑龙江、山西（曲沃）

雷打谷雨前，洼地不收田；雷打谷雨后，洼地种黄豆。　辽宁、黑龙江、山西（太原）

雷打谷雨前，洼地勿收田。　浙江（台州）

冷谷雨，冷皮不冷骨。　广西（柳江）[壮族]

六谷下种谷雨期。　安徽（怀宁）

麦到谷雨止，没熟自己死。　福建（福鼎）

麦生四月胎，恐怕谷雨不出来。　河北（涞源）

懵里懵懂，谷雨下种。　湖北（利川）

棉花伏桃多，要在谷雨播。　宁夏

棉花种在谷雨前，开的利索苗儿全。　甘肃（张掖）

棉种谷雨麻清明，糜子赶节在芒种。　宁夏（固原）

牛到谷雨吃饱草。　湖北、河南、上海、河北（张家口）

牛到谷雨吃饱草。　四川

牛到谷雨吃青草，人过小满说大话。　吉林

牛过谷雨吃饱草，人到芒种吃饱饭。　山东（兖州）

牛过谷雨吃饱草，人过谷雨吃饱饭。　安徽（南陵）

牛过谷雨吃饱草，人过芒种吃饱饭。　上海

牛歇谷雨马歇夏，人歇端阳人冇话。　湖南（株洲）　注："人冇话"，指无人讲闲话。

农民不得闲，谷雨沤完田。　江西（丰城）

骑着谷雨上网场。　山东（长岛）　注：谓开始打黄花鱼。

前谷雨十天不算早，后谷雨十天不算迟。　河北（蠡县）

青发谷雨前，青老立夏边。　湖北　注："立夏边"又作"谷雨后"。

人肥谷雨，牛肥处暑。　广西（荔浦）

若要棉，谷雨前。　江西（瑞昌）

三月谷雨你莫忙，四月谷雨早插秧。　湖南（怀化）

三月有雨多种谷，谷雨有雨好种棉。　山西（临汾）

山青葫芦地青瓜，谷雨种棉花。　辽宁

深耕细耙，谷雨前把种下。　山东

莳田莫被谷雨知，谷雨知了枉心机。　广东

莳田莫让谷雨知，谷雨知了枉心机。　广东（兴宁）

霜打谷雨雨成金。　福建（建瓯）

土旺胡麻谷雨谷，种了胡麻误了谷。　甘肃（定西）

蛙叫谷雨前，洼地好种田；蛙叫谷雨后，洼地别种田。　吉林

想穿棉，谷雨前。　河南（濮阳）、河北（广宗、遵化）　注："想"又作"要"。

小燕来到谷雨前，洼地种大田；小燕来到谷雨后，洼地种黄豆。　辽宁、山西（太原）、河南（濮阳）

盐碱地谷雨不算早，黄土地夏至不称迟。

燕子来在谷雨后，沤麻坑里种黑豆。　辽宁

羊到谷雨吃饱草。　山东（山亭）

羊怕谷雨马怕夏，老牛怕的耕种罢。　河北　注："怕"，疑为"盼"。

羊怕谷雨，马怕清明。　山东（崂山）

羊盼谷雨，牛盼立夏。　河北、河南、山东、山西、安徽（淮南）

羊盼谷雨马盼夏，老牛就盼耕种罢。　河北（承德）

羊盼谷雨牛盼夏，人到芒种说大话。　山东、河北、山西

羊盼谷雨牛盼夏，人过芒种说大话。　山西

羊盼谷雨牛盼夏，人盼芒种说大话。　山西（太原）

要得包谷收，谷雨前种河地，立夏前种半山，小满前种高山。　湖北（鄂北）

要得棉，谷雨前。　湖北

要好茶，谷雨芽。　浙江（台州）

要看海蛰发，且看谷雨落雨和雾发。　浙江

雨后三工霜。　福建（将乐）　注："雨"，指谷雨。

雨麦怀胎。　华北

雨前茶，撑心嫩。　安徽

雨前茶叶心儿嫩。　安徽（舒城）

雨前花，尽把抓；雨后花，不归家。　江苏（射阳）

雨前麦子雨后谷。　山西（太原）　注："雨"，指谷雨。

雨生百谷。

早挨谷雨晚挨秋。　广西（玉林）　注："早"，早造；"晚"，晚造。此句指早、晚造插秧的最佳时令。秋，立秋。

早不过谷雨，晚不过大暑。　广东

早稻播谷雨，收成没够饲老鼠。

早稻插秧赶谷雨，晚稻插秧赶处暑。　四川

早稻抢谷雨，晚稻抢大暑。　湖南、福建（光泽）

早禾莫畀谷雨知，谷雨知哩枉心机。　广东

早早栽秧产量高，谷雨立夏压断腰。　云南

枣发芽，种棉花，谷雨节后把种下。　河北

枣发芽，种棉花，谷雨前后把粪拉。　甘肃（平凉）

枣树发芽种棉花，谷雨前后把种撒。　陕西（汉中）

枣芽发，种棉花，谷雨前后把种下。　湖北（兴山）、山东（临清）

枣芽发种棉花，谷雨前后把种下。　河南（许昌）

芝麻种三季，谷雨、小满和夏至。　湖北（孝感）、河南（信阳）

只要谷雨一场雨，不要清明连阴雨。　河南（三门峡）

种棉谷雨前，棉花用不完。　陕西（安康）

种棉谷雨头，管棉到花收。　宁夏（固原）

种芝麻仨节气：谷雨、小满和夏至。　河南（南阳）

庄稼佬不懂，谷雨下种。　贵州

牛要吃饱谷雨草，人要吃饱处暑讨。　贵州（黔东南）[侗族]　注：谷雨是水草繁茂的季节，处暑是收成的季节。"讨"，方言，要。

人肥谷雨，牛肥处暑。　广西（荔浦）

夏季农谚

立　夏

立夏，二十四节气中的第七个节气。公历每年5月5日或5月6日，太阳到达黄经45°为立夏。也是阳历辰月的结束以及巳月的起始。立夏在农历上的日期并不固定，为每年四月初一前后，此因农历是阴阳历。“斗指东南，维为立夏，万物至此皆长大，故名立夏也。”《月令七十二候集解》中说：“立，建始也，夏，假也，物至此时皆假大也。”是说春天播种的植物已经直立长大了。

在天文学上，立夏表示即将告别春天，是夏天的开始，但实际上，若按气候学的标准，日平均气温稳定升达22℃以上为夏季开始，“立夏”前后，我国只有福州到南岭一线以南地区是真正的“绿树浓阴夏日长，楼台倒影入池塘”的夏季，而东北和西北的部分地区这时则刚刚进入春季，全国大部分地区平均气温在18～20℃上下，正是“百般红紫斗芳菲”的仲春和暮春季节。进入了五月，很多地方槐花也正开。立夏时节，万物繁茂。此时，温度逐渐升高，炎暑将临，雷雨增多，农作物进入旺季生长的一个重要节气。

立夏以后，江南正式进入雨季，雨量和雨日均明显增多，连绵的阴雨不仅导致作物的湿害，还会引起多种病害的流行。小麦抽穗扬花是最易感染赤霉病的时期，若未来有温暖但多阴雨的天气，要抓紧在始花期到盛花期喷药防治。南方的棉花在阴雨连绵或乍暖乍寒的天气条件下，往往会引起炭疽病、立枯病等病害的爆发，造成大面积的死苗、缺苗。应及时采取必要的增温降湿措施，并配合药剂防治，以保全苗正苗壮。

“能插满月秧，不薅满月草”，立夏时气温仍较低，栽秧后要立即加强管理，早追肥，早耘田，早治病虫，促进早发。中稻播种要抓紧扫尾。茶树这时春梢发育最快，稍一疏忽，茶叶就要老化，正所谓“谷雨很少摘，立夏摘不辍”，要集中全力，分批突击采制。

立夏前后，华北、西北等地气温回升很快，但降水仍然不多，加上春季多风，蒸发强烈，大气干燥和土壤干旱常严重影响农作物的正常生长。小麦灌浆乳熟前后的干热风更是导致减产的重要灾害性天气，适时灌水是抗旱防灾的关键措施。“立夏三天遍地锄”，这时杂草生长很快，“一天不锄草，三天锄不了”。中耕锄草不仅能除去杂草，抗旱防渍，又能提高地温，加速土壤农作养分分解，对促进棉花、玉米、高粱、花生等作物苗期健壮生长有十分重要的意义。

立夏插秧日比日，小满插秧时比时。　湖南、湖北

立夏吹东风，麦子必受冲。　北京

立夏前后种山药，枣芽发青种棉花。　山西

立夏三日梿枷响，小满三日麦粑香。　湖北

立夏三天见麦黄，立夏十天麦焦黄。　北京

立夏十八朝，家家把麦挑。　江苏

立夏种瓜豆，处暑摘棉花。　安徽

闭墓拜山无用，立夏插田无用。　广东　注：“闭墓”，清明后第七天为“闭墓”。

扁豆过立夏，一天一根杈。　陕西、河南（延津、南阳）　注：“过立夏”又作“立了夏”，“天”又作“夜”，“根”又作“个”。

扁豆立了夏，一夜发八杈。　山东（曹县）

扁豆是立夏草。　河南

播种晚了，只开花，不结籽。　宁夏

不过立夏种胡麻，九股八圪杈，过了立夏种胡麻，枝老开蓝花。

不耩夏，不耕地。　山西

不怕立夏来，最怕稔花开。　广东（增城）

布谷来了立夏呢，赶紧下种糜谷呢。　甘肃（甘南藏族自治州）

布谷鸟立夏十天叫，麦米没人要；布谷鸟立夏三天叫，麦米连糠粜。

宁夏（固原）

布田布到夏，一蔸割两下。　福建（福州）　注：“夏”指立夏。意指茎秆徒长，另一种解释为收成很好。

蚕到立夏老，麦到芒种亡。　河南（周口）

蚕到立夏死，麦到立夏亡。　湖北（荆门）、山西（河津）

插田插到“立夏”边，竹篙点火夜插田。　湖南、江西

插田插到立夏，插不插也罢。　广东（高州、番禺、顺德）　注：“插”又作“莳”，“田”又作“秧”。

插田到立夏，插唔插也罢。　广东（连山）[壮族]

插秧过立夏，插也怕，不插也怕。　广西（贺州）

茶过立夏一夜粗。　浙江

吃了立夏蛋，眼睛苦得烂。　浙江（宁波）

吃了立夏果，肩头担发火。　浙江（丽水）　注：或作“吃了立夏羹，肩头担

成坑”。

吃了立夏糊，走路要跨步。　浙江（丽水）

吃了立夏子，大小麦日夜死。　浙江（金华）

吃了立夏子，雷公打不死。　江西（萍乡）　注：“立夏子”，萍乡话，当地习俗，立夏要吃鸡蛋。

吃了立夏粽，日夜没得空。　浙江（衢州）　注：丽水作“吃了立夏饭，晴雨多出畈”。

迟麦早麦，同过立夏。　湖南（娄底）

愁也不用愁，立夏过了百日头。　福建（清流）

锄田锄到夏，一下挖三下。　福建（古田）

春不捞头，夏不捞尾。　江西（赣北地区）　注：这是指捞取鱼苗的适当时期。在习惯上，捞苗大都是从立夏开始，芒种结束。因为这段时间，鱼苗最为旺盛，量多质好，死亡很少。由于产量高，耗网率低，成本不大，不但生产单位愿意捞取这种鱼苗，同时，采购单位，也极愿意采购这种鱼苗。所谓“春不捞头，夏不捞尾”，意思是把立夏以前和芒种以后的鱼苗放弃不捞。

春不到立夏，一头挑犁，一头挑耙。　福建（晋江、南安）

春茶过立夏，一日长寸把。　浙江（绍兴）　注：湖州作“茶过立夏，一夜粗一夜”。

春荞不过夏，秋荞凭露断。　湖南（娄底）

春天抬老头，立夏看老头。　江苏（镇江）　注：后句指老年人感到气候适宜，身体舒服。

春阴立夏早。　江苏（启东）

春壅小满兜，稳壅白露头。　福建　注：意为早稻小满追肥，晚稻白露追肥；“壅”，追肥。

打田打到夏，三峡做一下，稻子长不大，肚子要玩耍。　福建（龙溪）

大麦过立夏，勿黄也脱把。　浙江（丽水）

大麦过立夏，勿死也要挂。　浙江（天台）

大麦立夏死，小麦立夏黄。　江西（新干、丰城）

大蒜不吃立夏水。　江西（萍乡）

但愿立夏一日晴，庄稼定有好收成。　宁夏

到了立夏，修沟打坝。　江西（崇义）

到了立夏不抓锄，玉米高粱成草湖。　宁夏

到了立夏乱种田。　陕西（延安）、山西（太原）　注：意指立夏后下种的庄稼多。

豆麦立夏死，谷到秋天黄。　湖南（衡阳）

豆子立了夏，一日一个杈，不见西南风，定必好收成，若见西南风，必定一场空。

豆子立了夏，一天一个杈。　河北（邯郸）

豆子立了夏，一天一个样。　天津（武清区）

端阳对立夏，麦子收不下。　陕西

多栽立夏秧，谷子收满仓。

翻立夏，水满坝。　贵州（布依）［黔南］

耕田耕到立夏边，有苗呒谷莫怨天。　浙江（宁波）　注：丽水作“立夏田泥未转边，秋后无谷莫怨天”。

谷子立了夏，生长靠锄把。　天津、宁夏（固原）

官井洋黄瓜，夏来夏去。　福建　注：后句指立夏来，夏至去。

过罢谷雨到立夏，农民动犁又动耙。　河南（郑州）

过立夏，穿葛夏。　湖南（岳阳）　注：“葛夏”，麻类纺织的夏布。

过了立夏，不分高山河坝。　四川（甘孜）［藏族］

过了立夏，插也罢，不插也罢。　广西

过了立夏，鹅毛不刮。　山东、河北（抚宁）

过了立夏，蓑衣雨帽高高挂。　广西（平乐）。

过了立夏，一夜黄一坝。　四川

过了立夏，站着说话。　河南（郑州）

过了立夏，撞到亲家不说话。　贵州（遵义）

过了立夏不播种，过了处暑不栽秧。　广东（茂名）

过了立夏不种麻，小满种麻不回家。　内蒙古

过了立夏不种麻。　山西

过了立夏不种田，过了芒种不种棉。　四川、广西（南宁）

过了立夏节，黄秧分昼夜。　湖北

过了立夏练干田，九条水牯耙不烂。　湖南（怀化）［侗族］　注：“练”，方言，即耕耙。

过了立夏勿种田，过了芒种勿种棉。　浙江（金华）

过夏晴，斗笠蓑衣跟人行；过夏落，斗笠蓑衣沤壁角。　湖南（郴州）

禾到立夏好分秧。　江苏　注：指早稻。

禾至夏边青，春至夏边黄。　湖南（零陵）

胡豆麦子死立夏。　四川

胡麻播种在立夏，开花开到秋了巴。　河北、河南、山东、山西　注：“秋了巴”，指秋末。

花出立夏土。　山东（单县）、河北（成安）

花出立夏籽。　湖北（襄阳）

慌里慌张，立夏栽秧。　贵州（遵义）

黄豆播种莫叫迟，立夏小满正当时。　河南（南阳）

黄豆播种莫要迟，立夏小满正当时。 湖北（阳新）

季节到立夏，先种黍子后种麻。

接近立夏，快种黄瓜。 宁夏

节到立夏，大水过坝。 广西（马山、南宁）

节到立夏，种子尽下。 江西（全南）

节近立夏，早种棉花。 山东（周村）

节近立夏种棉花，小满种棉不还家。 陕西（商洛）

来立夏，倒夏至。 福建 注：指黄花鱼。“倒”，返回。

雷打立夏，三日落一下。 福建

雷打立夏，三日下一下。 江西（信丰） 注：“下”，下雨。

雷打夏，无水洗犁耙；雷打秋，晚子成柴须。 福建 注：“晚子成柴须”指晚稻长不好。

雷落立夏垌，不用带蓑衣。 广西（防城）

犁田犁到立夏，大牛牯都怕。 广东

立罢夏，豌豆炸。 陕西（咸阳）

立过夏，海如耙。 江苏（连云港） 注：“耙”，指平静。

立了夏，把底纳。

立了夏，把扇架，立了秋，把扇丢。 天津、宁夏

立了夏，把扇架。 河北（沧州）、福建（龙岩）、黑龙江（佳木斯）[满族]

立了夏，把扇架；立了秋，把扇丢。 山东、内蒙古、吉林、湖北、安徽（歙县）、海南（琼山）

立了夏，百鸟会说话。 河南（南阳）

立了夏，板凳桌子朝外拉。 江苏（东台） 注：指到屋外乘凉。

立了夏，不问啥。 山东（单县）

立了夏，大小苗儿拿水压。 甘肃

立了夏，风死下，立了秋，一圪蹴。 山西（保德）

立了夏，满坡撒。 山西（翼城）

立了夏，青杨叶子说了话。 山西（长子）

立了夏，偷偷摸摸种几架。 宁夏

立了夏，夜管夜。 湖南（衡阳）

立了夏，雨水大。 河南（濮阳）

立了夏，种芝麻。 河南（驻马店）

立了夏的苗，大大小小都不饶。 甘肃（张掖）

立起夏，风死下。 内蒙古、陕西（榆林） 注：立夏后风小。

立夏，立夏，站着说话。

立夏到小满，种啥也不晚。 宁夏（固原）

立夏，跳蚤死塌塌。　福建　注：“死塌塌”指死干净。

立夏，洗犁耙，小满过，布无够田税。　福建（同安）　注：指早稻。

立夏，洗牛犁耙。　福建（晋江）

立夏，虾来虾去。　福建

立夏、小满家家忙，男女下田正插秧。　浙江

立夏、小满忙栽秧，碰到亲家不开腔。　四川

立夏拔草，秋后吃饱。　山西（太原）

立夏把扇架，立秋把扇收。　山东（即墨）

立夏把雨下，赶快把秧插。　湖北（荆门）

立夏百鸟全。　山东（泰安）、山西（定襄）

立夏拜山无肉，立夏插田无谷。　广东（三水）

立夏棒子当中腰，夏后棒子顶头梢。　山西　注：意指种早不种晚。

立夏棒子当中腰，夏后棒子顶头梢，说种早不种晚。　山西

立夏棒子小满谷。　河北（涞源）

立夏包谷把种下，节根多一道，包谷手杆大。　云南

立夏苞米长腰高，秋天穗子压弯腰。　山东（乳山）

立夏北风，雨水满垄。　黑龙江（哈尔滨）　注：指涝象。

立夏北风，雨水满垅。　湖南（湘潭）

立夏北风当日雨，立夏东风少病疴。　上海

立夏北风起，连刮四十天。　福建（漳州）

立夏北风如毒药，干断河里鹭鸶脚。　湖北（麻城）

立夏北风鱼塘空，立夏东风引雷公。　广西（上思）

立夏北风雨，池塘涨满水。　湖南

立夏北风雨，雨水多连绵。　广西（崇左）

立夏闭霜门。　山西

立夏边，插早田。　浙江

立夏边，好踏棉。　浙江（衢州）　注：丽水作“立夏沿，好点棉”。

立夏遍锄田，小满雀声声。　江苏（淮阴）

立夏遍地生火。　山西（隰县）

立夏遍地似火。　陕西（宝鸡）

立夏播种，摘来棉花胖朵朵；小满播种，摘来棉花瘪塌塌。　浙江（慈溪、鄞县）

立夏不插，处暑莫踏。　广西（平南）

立夏不插，犁耙高挂。　湖南　注：指早稻。

立夏不出蒜，兄弟各自干。　山西（临猗）

立夏不出头，割了喂黄牛。　山东（曹县）

立夏不出头，割了喂老牛。　河南（驻马店）

立夏不锄锄俩下。　福建（周宁）

立夏不打棉，芒种不下田。　四川

立夏不带耙，误了来年夏。　山西

立夏不动锄，庄稼地里好放牛。　湖北（来凤）

立夏不割场，麦在土里扬。　河南（渑池、淅川）、湖北　注：“扬”又作“藏”。

立夏不耕红。注：指高梁

立夏不耕秋地，立秋不耕夏地。　甘肃（平凉）　注：意指时间推迟了。

立夏不寒也三日。　湖南（株洲）

立夏不喝汤，走路快呀快。　湖北（洪湖）

立夏不见大麦茬。　山西

立夏不耩高田。　山东（高青）

立夏不耩红，耩红收不成。　河北（大名）　注：“红”指高粱。

立夏不耩红。　山西、山东、河南、河北（隆尧）、安徽（淮南）　注：“耩”又作“种”或“耕”。河南原注：“红”，指高粱。

立夏不耩夏。　山西（静乐）

立夏不揭板，拉得牯牛喊。　湖北（当阳）

立夏不开锄，不过三五日。　注：言一交立夏，虽未开锄，亦不过三五日之等待。

立夏不开锄头，不过三五日。　河北、河南、山东、山西

立夏不来雨，犁耙挂上天。　广西（宜州）

立夏不立夏，黄鹂来说话。　河南、山东（临清）、安徽（潜山）

立夏不立夏，黄鹂子来说话。　安徽

立夏不留油。　浙江（金华、余杭）、江苏（常州）　注：“油”，指油菜籽。

立夏不露头，割了麦喂牛。　宁夏

立夏不落，高田不作。　广西（昭平）

立夏不落雨，高田不耙田。　广西（玉林）

立夏不满，十头有一碗。　福建（宁化）

立夏不满，小满不管。　湖南（湘潭）

立夏不拿扇，急煞种田汉。

立夏不耪田，过不去三五天。　河北（三河）

立夏不起尘，来年好收成。　山西（河曲）

立夏不起尘，起尘刮倒人。　山西（晋城）

立夏不起尘，起尘刮死人。　河北（曲周）

立夏不起尘，起尘旱死人。　河北（邢台）

立夏不起尘，起尘好收成。　上海、北京

立夏不起尘，起尘活埋人。　内蒙古、宁夏

立夏不起尘，起尘火埋人。　河南（平顶山）

立夏不起尘，起尘埋了人。　山西（大同）、河南（新乡）　注："埋了人"又作"活埋人"。

立夏不起尘，起尘四十天大黄风。　山西（代县）

立夏不起尘，起尘吓死人。　北京（延庆）

立夏不起尘；起尘好收成。　北京

立夏不起风，起风活埋人。　山西（左云）

立夏不起风，起风埋了人。　山西

立夏不起蒜，必定要撒瓣。　山西（夏县）

立夏不起阵，起阵好收成。　江苏（连云港）、湖北（大冶）、广西（容县）　注："阵"，指阵雨。

立夏不热，五谷不结。　海南（保亭）

立夏不热，五谷不结；立夏冷折腰，一株打一勺。　注：夏季正是各种作物生长旺盛的季节，需要较高温度。如果夏作秋，有如秋天那样的冷凉，对作物的生长不利。

立夏不是水堆渣，秋来田地一堆沙。　广西（桂平）

立夏不挖葱，葱在土里空；小满不挖蒜，蒜在土里烂。

湖南（湘西自治州）[苗族]

立夏不挖蒜，地里留一半。　湖南（湘潭）

立夏不挖蒜，土里有一半。　四川

立夏不下，不插就罢；小满不满，芒种莫管。　广东

立夏不下，初夏干得怕。　广西（荔浦、全州）

立夏不下，锄犁高挂。　陕西（商洛）

立夏不下，大旱一夏。　河南

立夏不下，干到麦罢。　河南（郑州）、湖北（老河口）

立夏不下，干断河坝。　河北（雄县）

立夏不下，干断塘坝。　四川

立夏不下，高挂犁耙。

立夏不下，高滩放罢。　湖南

立夏不下，高田不耙。　江西（南丰）、福建（浦威）

立夏不下，高田不耙；小满不满，高田不管。　湖北（黄梅）

立夏不下，高田放下；小满不满，先种不管。　湖南

立夏不下，高田莫耙。　陕西

立夏不下，高田莫耙；小满不满，芒种莫管。　福建

立夏不下，高田且罢；小满不满，芒种不管。　湖南（郴州）

立夏不下，高田且罢；小满不满，芒种莫管。　广东（三水）　注：“下”，下田；“高田且罢”又作“不插就罢”。

立夏不下，高田无水耙；小满不满，芒种不用管。　广西（桂平）

立夏不下，搁起犁耙。　河南、江西　注：“搁起”又作“高挂”

立夏不下，旱到麦罢。　江苏（淮阴）　注：后句又作“水车无价”。

立夏不下，旱断田坝。　广西（横县）

立夏不下，旱至麦罢。　山西（和顺）　注：“旱至”晋城作“等到”。

立夏不下，禾苗难耙。　福建（光泽）

立夏不下，回家摸耙。　山东

立夏不下，交田且罢。　广东

立夏不下，犁耙干挂。　四川

立夏不下，犁耙高挂；小满不满，明年空碗。　广西（宜州、乐业）

立夏不下，犁耙高挂。　四川、河北（邯郸）、山西（晋中）

立夏不下，犁耙高挂；小满不满，干田不管。　贵州

立夏不下，犁辕高挂。　陕西、四川、湖北、甘肃　注：“辕”又作“耙”或“头”，“高”又作“干”

立夏不下，犁杖高挂。　河北（隆化）

立夏不下，气死蛤蟆。　河南（濮阳）

立夏不下，丘田莫耙。　湖南（湘西）［苗族］

立夏不下，桑老麦罢。

立夏不下，水车无价。　江苏

立夏不下，田家莫耙。　河南（新乡）

立夏不下，停犁住耙。　安徽、海南

立夏不下，无水浇花。　江苏（吴县）

立夏不下，无水洗耙。　天津、河南、浙江、宁夏、湖南（株洲）、广西（容县）、安徽（庐江）、河北（张家口）、福建（宁德）　注：又作“犁头高挂”，“伏里雨差”。

立夏不下，无水洗耙：小满不满，无水涮碗。　河南（新乡）

立夏不下，无水洗耙；立夏不落，无水洗脚。　湖北、江苏（张家港）

立夏不下，无水洗耙；小满不满，田基干断。　广东（郁南）

立夏不下，小满不满，芒种不管。

立夏不下，旱到麦罢。　河北（涉县）

立夏不下，交田且罢。　广东

立夏不下，水车无价。　江苏

立夏不下断塘坝。　安徽（长丰）

立夏不下谷，夏至不种田。

立夏不下农民愁。　黑龙江（绥化）

立夏不下田家莫耙。

立夏不下田莫肥。　湖南（衡阳）

立夏不下田莫耙，小满不满种莫管。　山西、江苏（南京）

立夏不下万人愁，二十四个秋老虎。

立夏不下雨，犁耙高挂起。　海南（海口）、贵州（黔南）

立夏不下雨，犁头高挂起；立夏下大雨，犁头跑飞起。　云南（大理）[白族]

立夏不下雨，碾下无谷米。　吉林

立夏不雨，搁起犁耙。

立夏不雨，踏破牛头鼓。　湖南（长沙）　注："牛头鼓"，方言，水车。

立夏不栽秧，谷粒不满浆。　云南（玉溪）[彝族]

立夏不造场，麦在土里扬。　山东（曹县）

立夏不造场，麦在土窝藏。　河南（郑州）

立夏不种，芒种急种，芒种不可强种。

立夏不种，芒种急种。　山东、河北、河南、山西（新绛）

立夏不种，以后强种。　内蒙古　注：立夏到小满，是内蒙古大田播种的高潮和结尾季节。因严寒季节较长，大陆性气候强烈，在一般情况下都有不同程度的春旱，降雨量集中在六、七．八月间，无霜期只有一百二、三十天。这就说明，作物最好的生长期是在五月下半月到九月上半月。立夏到小满是五月初到五月下，此时要抓紧大田播种，开始水稻、糜黍播种，并开始早播作物的田间管理。要备好夏锄工具、肥料和晚田备荒种子等。

立夏不种豆，补种喂老牛。　吉林、宁夏

立夏不种豆。　山西（太原）

立夏不种高山麦。　青海

立夏不种花，种花不回家。　山西（汾阳）

立夏不种花，种花有花没疙瘩。　陕西（绥德）

立夏不种棉，种棉不沾弦。　河南（焦作）

立夏不种夏，抢种十来下。　内蒙古

立夏不种夏，种上豌豆熟不下。　甘肃（天水）

立夏不种夏，种下不顶啥。　宁夏　注：又作"种了豌豆收不下"。

立夏布，割草库。　福建（海澄）　注：指早稻。"草库"谷少草多。

立夏布一帕，小满布一碗。　福建（南安）　注："帕"、"碗"，形容收成少。意指早稻插到立夏，小满都太迟。

立夏才种瓜，到老不开花。　安徽、湖北　注："才"又作"不"。

立夏插大薯，芒种薯插完。　安徽（来安）

立夏插田还有功，芒种插田两头空。 广东

立夏插田立秋割，小满插田担两春。 广东（高州）

立夏插田日比日，小满插田时比时。 广西（平乐）

立夏插田勿算迟。 浙江（丽水）

立夏插唔插就罢，小满种禾双谷割。 广东（揭西） 注：“双谷割”，指没有收成

立夏插秧，稻谷满仓。 浙江（金华）

立夏插秧，穗多草旺收成强。 云南 注：“草”指稻草。

立夏插秧谷满楼，小满插秧压断楼，芒种插秧难增产。

立夏插秧家把家，小满插秧普天下。 湖北、河南、安徽、陕西

立夏插秧家把家，小满栽秧普天下。 福建、南京、陕西、安徽、江苏（扬中）

立夏插秧日比日，小满插秧时比时。 湖北、湖南、四川（黔江）[土家族]、江苏（无锡）

立夏插秧穗结实，小满插秧前后株。

立夏茶，大过爷。 福建（建阳） 注：指立夏前后茶叶老得快，抓紧采茶是头等大事。

立夏茶，夜夜老，小满过后茶变草。 安徽、浙江

立夏茶，一天一样色。 福建（周宁）

立夏吃蚕豆，小满枇杷黄。 江苏（扬州）

立夏吃了摊粞饭，天好落雨呒没闲。 上海 注：农时的第七个节气，也是夏季的第一个节气。在农历四月初，公历5月5日或6日，太阳到达黄经45°时开始。“摊粞饭”，就是用糯米粉或面粉加水搅拌后，油煎成饼；“呒没”，方言，动词，意为没有。

立夏吃青，小满吃枯。 江苏（淮阴）

立夏吃杏子，端午吃枇杷。 四川

立夏出门走，雨伞不离手。 湖北（嘉鱼）

立夏滴一点，穷人端大碗。 河南（郑州）

立夏出蒜，不出就乱。 河北（定县）

立夏出太阳，棕衣带头杠。 福建（沙县）

立夏锄棉花，中伏把尖掐。 陕西（咸阳）

立夏锄田立夏肥，小满锄田不要肥。 福建（霞浦）

立夏处暑，插秧无米煮。 福建

立夏处暑好种荠，过了处暑赶三刀。 湖南（岳阳）

立夏穿袄，蚕娘倒糟。 湖北 注：蚕喜暖和的天气，如果到了立夏还要穿棉袄，说明天气冷，不利于家蚕生育。如果防寒保温条件不好，养蚕姑娘就要倒霉

了。“倒糟”，意倒霉。

立夏穿棉袄，蚕娘要倒灶。　上海、江苏（南京）　注：“倒灶”，不利。

立夏吹北风，地动人疫水泉涌。

立夏吹北风，十个口池塘九个口空。　广东（佛山）

立夏吹北风，十个鱼塘九个空。　广西（田阳）[壮族]、江苏（扬州）

立夏吹北风，十口鱼塘九口空。　江西（宜春）

立夏吹北风，无病又无凶。　广东

立夏吹北风，雨水媒人公。　广西（京族）

立夏吹东北，无水可磨墨。　海南（保亭）

立夏吹东风，麦子必受冲。　北京　注：“必受冲”又作“被水冲”。

立夏吹东风，有雨不用问。　宁夏

立夏吹东风，雨水调匀到月终。　湖南（湘西）

立夏吹南风，当年少台风；立夏吹北风，当年多台风。　海南（陵水）

立夏吹南风多雨，立夏吹西风少雨。　天津、宁夏

立夏吹西南，鲤鱼进深潭。　广西（宜州）

立夏打暴，乌贼抛锚。　上海　注：“乌贼”，墨斗鱼。

立夏打田不坐水，夏至栽秧米果稀。　广西（天峨）

立夏大插薯，芒种薯插完。　福建、上海、安徽（淮南）

立夏大插薯。　河北（张家口）

立夏大风多，大风往后拖，立夏风不住，刮倒大杨树。　河北（昌黎）

立夏大风多，大雨往后拖。　四川、山西（神池）、河南（开封）、广西（罗城）、陕西（咸阳）、河北（沧州）

立夏大风立秋雨。　河北（邢台）

立夏大晴天，棕衣蓑笠放一边。　福建

立夏当日晴，庄稼好收成。　吉林

立夏当头摘，有摘没摘十来日。　江苏（海安）

立夏到，把种泡，小满前好种田。　内蒙古

立夏到，蚕豆炒，梅子吃得晃晃叫。　江苏（海门）

立夏到立秋，莫把锄头丢。　吉林

立夏到立秋，莫离锄把头。　宁夏

立夏到夏至，热必有暴雨。

立夏到小满，倒伏麦减产。　河南（周口）

立夏到小满，杂七杂八也不管。　青海（民和）　注：“杂七杂八”指晚秋作物。

立夏到小满，种菜都不晚。　河北（张家口）

立夏到小满，种嘛都不晚。　天津

立夏到小满，种啥都不管。 江苏（徐州）

立夏到小满，种啥都不满。 云南（西双版纳）

立夏到小满，种啥都不晚。 山东（昌邑）、黑龙江（哈尔滨）、安徽（泗县）、湖北（蒲圻） 注：指种大田。

立夏到小满，种啥也不晚。 吉林、河南（郑州）、河北（石家庄）

立夏到小满，种甚也不晚。 内蒙古

立夏到小满，种什哩都不晚。 江西（安义）

立夏到小满，种什么都不晚。 辽宁

立夏到小满，种田不算晚；过了好日月，颗粒不饱满。 贵州（遵义）

立夏稻起身，抓紧防稻瘟。 宁夏

立夏稻做病，小满雨超产。 广东（普宁） 注："做病"，指孕穗。

立夏稻做病。

立夏得食李，能令颜色美。

立夏的花，大车拉。 河北（易县） 注：谓立夏种棉正合适。

立夏的田，一夜长一拳。 甘肃

立夏的燕麦，清明的青稞。 甘肃（甘南）

立夏的玉米，谷雨的谷。 河北（武安）

立夏滴一滴，洞庭湖里开大坼。 湖南（衡阳）

立夏滴一点，穷人抱大碗。 湖北（襄阳）

立夏地里拔根举，秋后就能吃个饱。 北京

立夏地里拔禾草，秋后吃个饱。 福建

立夏地里拔棵草，秋后吃个饱。

立夏地里拔颗草，秋后吃个饱。 河北、北京、山东、河南、湖北、江西、浙江、云南

立夏点瓜豆，小满不种棉。 河南、陕西、安徽、河北（邯郸）

立夏点山坡。 山西（定襄）

立夏东北风，牛羊有灾星。 山西（屯留）

立夏东风，五谷丰登。 河北（张家口）

立夏东风，五谷齐丰。 海南（保亭）

立夏东风，小麦泡肿。 山西（晋城）

立夏东风病少，初八晴明果多。 福建（南平）

立夏东风到，麦子水里涝。

立夏东风多病疴，晴逢初八果生多；雷鸣甲子和夏日，定主蝗虫损稻禾。 福建（尤溪）

立夏东风防水涝。 江苏（扬州）

立夏东风干到底，立夏西风没小桥。 江苏（镇江）

立夏东风嚎，麦子水中捞。　华北地区　注：“嚎”，安泽作摇、到。

立夏东风嚎，麦子水中涝。　广西（罗城）

立夏东风画夜晴。

立夏东风麦面多。

立夏东风难下雨。　江苏（苏州）

立夏东风起，瓜田受熬煎。　安徽（长丰）

立夏东风人少病，是日初八果多生。　海南（定安）

立夏东风少病疴，晴逢初八果生多，雷鸣甲子庚辰日，定主蝗虫损稻禾。

广西（贵港、资源）

立夏东风少病疴，晴逢初八桃李多。　湖北（石首）

立夏东风少病疴，雾逢初八果生多。　河南（南阳）

立夏东风少病疴。　湖南

立夏东风少病人。　江西（南丰）

立夏东风少病痛。　四川

立夏东风少疾病，初八天晴果木成。　宁夏

立夏东风少疾病，时逢初八果实多。　陕西（渭南）

立夏东风十八天晴。　江苏（镇江）

立夏东风水涟涟。　湖南（湘潭）、山东（垦利）

立夏东风摇，谨防麦子水里捞。　陕西（渭南）

立夏东风摇，麦从泥里捞。　四川

立夏东风摇，麦子多水涝。　贵州（黔南）

立夏东风摇，麦子水里捞。　河北（邯郸）　注：如果立夏日刮东风，秋天常有大雨。

立夏东风摇，麦子水上漂。　山东（梁山）

立夏东风摇，麦子水中涝。　内蒙古、宁夏

立夏东风昼夜晴，五日东风刮海干。　江苏（张家港）

立夏东风昼夜晴。　上海、江苏、河南（新乡）　注：“立夏”又作“夏至”。

立夏东南百草风，几日几夜好天公。　上海

立夏东南吹燥风，几天几夜好天空。　上海　注：又作“立夏吹了东南风”。

立夏东南风，大旱六月中。　山西（榆社）

立夏东南风，农夫乐融融。　上海、福建、海南（临高）、江苏（盐城）

立夏东南风，农民乐融融。　江西（南昌）　注：立夏是反映季节性的节气，表示本年夏季是从这一天开始。在这一段时间内如果刮东南风，带来海洋上的潮湿空气，则未来雨水必多，这时早稻正需要水。雨水充足，早稻丰收有望，故有“农民乐融融”之谚。

立夏东南风，农人乐融融。　广东、四川、河北、浙江（湖州）、湖北（嘉鱼）

立夏东南风，骑马拆车篷。 河南

立夏东南风，十个秧池九个空。 广东

立夏东南风，四十五天张鱼风。 上海 注：言捕捞风尾鱼的有利时机。

立夏东南风，下海捉鳀鳁。 福建

立夏东南没小桥。 江苏 注：“立夏”又作夏至。

立夏东南少病疴。 上海 注：“东南”，指风向。

立夏岽南风，大麦好撞钟。 江苏（丹阳）

立夏冻折腰，一株打一抄。 上海

立夏豆。 上海（川沙）

立夏豆子小满谷，入伏三日不种黍。 山西（汾阳）

立夏断霜，秋分来霜。 辽宁

立夏多东风，有雷五谷丰。 浙江（宁波）

立夏鹅毛不起。

立夏鹅毛湿，小满鸟来全。 海南

立夏鹅毛住，刮倒大榆树。 黑龙江（绥化） 注：指立夏应该不刮风，如果继续刮，黑龙江风力更大。

立夏鹅毛住，小满雀来全；芒种大家乐，夏至小豆拈；小暑天气热，大暑是伏天。

立夏鹅毛住，小满鸟来全。 吉林、山西（新绛）、河南（驻马店） 注：“鸟”又作“雀”。

立夏鹅毛住，有风不过午。 内蒙古

立夏鹅毛住。 河北（保定）

立夏二楼花。 河北

立夏发，小满绝，芒种柜，夏至穗，小暑饭。 福建 注：指早稻立夏分叶，小满停止，芒种孕穗，夏至抽穗结束。

立夏发北风，大小媒人公。 海南（琼山）

立夏发雾，晴到白露。 江苏（滨海）

立夏飞鱼播满海。 海南（临高）

立夏分瓣，夏至出蒜。 河北（蠡县）

立夏风，四十天。 内蒙古（阿鲁科尔沁旗）

立夏风不住，刮倒大树木；立夏蛇出洞，准备快防洪。 海南（保亭）

立夏风不住，刮到麦子熟。 黑龙江（哈尔滨）［满族］

立夏风不住，刨倒大杨树。 江苏（苏州）

立夏风从西，麦子收不及。 江苏（南通）

立夏风从西北来，瓜秧园里岂徘徊。

立夏风多变，前夏定是旱。 河北（邢台）

立夏风头死。

立夏风自死，不死人饿死。　内蒙古　注：“死”意停。

立夏逢雨栽瓜豆。　江苏（苏州）

立夏高低一齐忙。　河南、陕西（安康）、安徽（含山）　注：“高”，高田，即山田；“低”，低田，即圩田。河南原注中，高低，指大人小孩而言。

立夏高粱三节空。　江苏

立夏高粱小满谷。　河南

立夏高粱芒种谷。　河北（怀安）

立夏高粱三节空。　河北、江苏　注：意指立夏种高粱太晚，收成不好。

立夏高粱小满谷，谷雨棉花土里出。　山东

立夏高粱小满谷，享了一福享二福。　河北（张家口）

立夏高粱小满谷，小满棒子芒种黍。　山西（太原）

立夏高粱小满谷。　山西、山东、湖北、河北（滦平）、安徽（凤台）、河南（新乡）

立夏高粱小满薯。　河北（吴桥）

立夏高山糜，夏至小红糜。　宁夏（固原）　注：又作“小满透土皮”、“小满到川里”、“没面一把皮”。

立夏高山糜，小满顶破皮。　甘肃（平凉、庆阳）

立夏高山糜，小满透土皮。　陕西、宁夏、甘肃（定西）、青海（乐都）

注：“土”又作“地”。

立夏高山糜，小燕麦顶地皮。　甘肃（兰州）

立夏割头麻，小满收茄瓜。　广西（平乐）

立夏给猪洗澡，立冬给猪铺草。　安徽（歙县）

立夏耕春田，时年，芒种耕春田，一半时年。　广东　注：指冷浸田的春耕。

立夏工开，蓖麻出来。　宁夏

立夏宫，小满泉，小满有落才有碗。　福建

立夏谷，芒种糜。　陕西（陕北）

立夏谷子小满黍。　山西（武乡）、山东（梁山）

立夏刮北风，大水往下冲。　广东（罗定）

立夏刮北风，旱死青苗根。　陕西（榆林）

立夏刮北风，十个鱼塘九个空。　河南（周口）

立夏刮东风，八九不落空。　陕西（渭南）

立夏刮东风，八九禾头空，豆子结荚少，谷子穗头轻。　山东

立夏刮东风，八九禾头空，豆子结了荚，谷子穗头轻。　吉林　注：“八九”又作“必定”。

立夏刮东风，八九落了空，豆子角角少，糜子穗穗轻。　陕西（延安）

立夏刮东风，必定禾头空；黄豆不结荚，小豆胎苗瞎。 辽宁、吉林、黑龙江、内蒙古

立夏刮东风，来年五谷丰。 广西（上思）

立夏刮东风，粮食颗粒满；立夏风西南，粮食要减产。 天津

立夏刮东风，药铺把门封。 河南（焦作）

立夏刮东南，下雨不用问神仙。 山东（博山）

立夏刮风不一般，北风雨，南风旱，西南风雨水偏少，东南风雨如常年，东北风雨水偏多，西北风刮麦上天。 河南（周口）

立夏刮黄风，刮断五谷根。 山西（忻州）

立夏刮西风，六畜挨土壅。 广西（上恩）

立夏刮阵风，小麦一场空。

立夏挂犁耙。 广东 注：季节已到，再犁耙插秧也是白做。

立夏关秧门，夏至见稻娘。 浙江（绍兴）

立夏过，茶生屑。 浙江（湖州）

立夏过后麦抽芯，弱苗补肥二水跟。 宁夏

立夏过后雨水多，河沟处处水声和。 湖南（株洲）

立夏过后雨水多，河沟到处水声和。 海南

立夏过了种胡麻，个家哄个家。 青海（贵德）

立夏过三天，妇女不离边。 山东

立夏过三天，妇女不离地边。

立夏寒，秧成团；立夏暖，秧成秆。 黑龙江 注：“秧成团”，是指种苗得绵腐病。

立夏寒风起，芒种见冷雨。 河北（邢台）

立夏汗湿身，当日大雨淋。

立夏好日头，秧在塘里浮。 上海

立夏好日头，秧在田里浮。 江苏（无锡）

立夏好种烟，烟叶长如鞭。 安徽（凤台）

立夏禾，唔够喂鸡婆；立秋禾，饿死两公婆；立夏唔莳禾，割了不够喂鸡婆。 广东

立夏禾把卡。 广西（桂平）

立夏红苕哈哈笑。 贵州（遵义）

立夏后，不点豆，点豆也不收。 河北（张家口）

立夏后，好点豆。 湖北

立夏后，好种豆，夏至后，一拳头。 湖北

立夏后，南风不让北风，立冬后，北风不让南风。 内蒙古

立夏后，望小满，引水灌溉只怕晚。 陕西、宁夏、甘肃

立夏后，小满前，高粱苗儿露了尖。　黑龙江

立夏后，种早豆。　安徽（阜南）

立夏后风多，夏季雨水多。　河北（围场）

立夏后冷生风，热必有暴雨。

立夏后三天，点火栽夜田。　湖南

立夏后种胡麻，一股一个杈。　陕西、甘肃、宁夏

立夏胡麻，七股八叉。

立夏花，不大差；小满花，不回家。　河北（沧州）

立夏花，不归家。　山西

立夏花，不还家。　陕西（渭南）　注：指立夏时种棉花，无收获。

立夏花，大把抓，小满花，不归家。　注：这是说的棉花播种适期。华北地区应在立夏前下种，立夏播种已经嫌迟。淮南地区麦田套种的，在立夏前后播种，如果是晚熟品种，到小满下种，季节已经太迟，棉花将严重减产。

立夏花，大把抓；小满花，不回家。　上海、浙江、四川、辽宁　注："回"又作"归"或"到"。

立夏花，大把抓。　山东、福建

立夏花，大把抓；小满花，不到家。　辽宁

立夏花，大把抓；小满花，不归家。　江苏（太仓）

立夏花，大把抓；小满花，勿回家。　浙江、上海

立夏花，大车拉。　河南、山东、山西、河北（张家口、安国）

立夏花，小满荚。　福建　注："荚"指黄豆。

立夏花，一把抓。　宁夏

立夏慌苍蝇，立秋忙蚊虫。　福建　注："慌、忙"均指蚊蝇活跃，横飞直撞。

立夏慌忙哄种谷。　湖北（利川）

立夏慌忙混种谷。　内蒙古

立夏黄风吹，见芒不见麦。　宁夏

立夏黄风立冬雨，立夏下雨立冬暖。　陕西（榆林）

立夏黄莺叫，麦收快来到。　河南（三门峡）

立夏火烧坝。　广西（凭祥）

立夏急种，芒种急种。　山东

立夏剪香椿。　山西

立夏剪印齐。　山西

立夏见了雨，伏里雨叽叽。　宁夏（银南）

立夏见麦芒，四十天上场。　河北（保定）

立夏见麦芒。　上海、山西、山东、河南、河北、江苏（泰县）　注："见麦芒"又作"麦见芒"。

立夏见三鲜。 河南（许昌）

立夏见三新。 四川、山西（临汾） 注："三新"，指油菜、大麦、豌豆。

立夏见夏，立秋见秋。

立夏前，砍不得；立秋后，砍不歇。 江西（上饶）

立夏见夏，预备杈把。 山西（霍县）

立夏耩豆，不前不后。 山东

立夏耩河洼。 北京（延庆）

立夏耩河弯。 北京（延庆）

立夏浇一水，穗大子又肥。

立夏茭子小满谷。 山西（忻州）

立夏节气要抓紧种谷。 内蒙古

立夏节日雾，二麦满仓库。

立夏紧怕八夜雨。 河南 注：意指立夏以后正值小麦开花，这时若遇阴雨连绵，则影响小麦的开花授粉，所以这时害怕下雨。

立夏浸种，芒种插秧。 上海、湖北、湖南、江苏（常州） 注：指一季晚稻。江淮地区以及江南等地的水稻采用水育秧方式时，一般在立夏播种，到芒种时栽秧，秧龄约一个月。随着机械插秧新技术的出现，适宜秧龄已经缩短至 18 天左右，因此浸种催芽落谷的时间也推迟到小满前后。

立夏浸种，小满抛秧。 上海

立夏浸种，小满飘秧。 河南、江苏（无锡）、湖北（武汉）、江西（宜春） 注：这是指栽一季晚稻。

立夏开叫。 山东

立夏开秧门。 浙江、江苏（苏州）

立夏看三天，过了三天看十八。 黑龙江

立夏看夏，立秋看秋。 山西（忻州）

立夏看夏。 江苏

立夏看夏收，立秋看秋收。 江苏

立夏看夏田，立秋看秋田。 宁夏

立夏科瓜豆，处暑摘新棉。 安徽

立夏苦菜生，小满拔山葱。 河北（张家口）

立夏快锄苗，小满望麦黄。 山东

立夏快耩谷。 河北（蔚县）

立夏雷，六月旱。

立夏雷阵雨，风调雨也顺。 湖南（湘潭）

立夏犁田连坎光。 福建

立夏立不稳，刮倒大槐树。 山东（长岛）

立夏立不住，刮到麦子熟。　山东（高密）
立夏立不住，刮风麦子熟。　黑龙江
立夏立夏，蚕豆儿过夜。　湖北
立夏立夏，锄头莫放下。　福建
立夏立夏，穿篱穿壁。
立夏立夏，稻谷热满垅，立冬立冬，稻收田野空。
立夏立夏，稻熟满坑。　海南（文昌）
立夏立夏，动犁动耙。　湖北（随州）
立夏立夏，见到亲家不说话。　四川
立夏立夏，犁耙上钩挂。　广西（荔浦）
立夏立夏，泡犁泡耙。　江西
立夏立夏，澎犁澎耙。　南昌
立夏立夏，人穿汗褂。　贵州（黔南）
立夏立夏，是种都下。　江苏（扬州）
立夏立夏，豌豆胡豆死一坝。　四川
立夏立夏，修沟打坝。　安徽（寿县）
立夏立夏，修沟整坝。　湖南
立夏立夏，站着说话。　新疆、山东、江苏（泰兴）、湖南（零陵）、安徽（寿县）、贵州（毕节）
立夏连枷响，豆麦割上场。　江苏（南通）
立夏连日东南风，乌贼匆匆入山中。　上海　注："入山中"，钻入礁石中。
立夏连西三伏热，重阳遇戊一冬晴。
立夏梿枷响，豆麦割上场。
立夏练田不坐水，夏至栽秧不壮米。　湖南（湘西）[苗族]
立夏凉，麦子强。　吉林
立夏两边豆。　江苏（兴化）
立夏林头青，小满羊跑青。　山西
立夏乱播种。　山西（太原）
立夏乱吹风，白穗满田中。　广东（陆河）
立夏乱分籽。　山西
立夏乱种田。　河北（阳原）
立夏落，蓑衣笠帽到壁角落。
立夏落，蓑衣蓑帽到壁角；立夏晴，蓑衣箬帽满田塍。
立夏落．炒破锅；立夏明，好收成。　安徽（长事）
立夏落一点，高山有得捡。
立夏落雨，陈谷烂米。　湖南（湘西）[土家族]

立夏落雨，谷米如雨。　海南、湖南（湘潭）

立夏落雨缺秧苗。　上海

立夏落雨小满曝。　福建（霞浦）

立夏麻节节。　山西（寿阳）

立夏麻入土，小满见麻尖。　黑龙江

立夏埋姜，芒种掏枪。　福建（政和）　注："掏枪"，指发芽。

立夏麦呲芽，芒种见麦茬。　天津

立夏麦呲芽。　河北

立夏麦龇龇牙，一月就要拔。

立夏麦咧嘴，不能缺了水。寸麦不怕尺水，尺麦却怕寸水。　注：指小麦进入抽穗扬花期以后，要有充足的水分，才能正常开花、授粉、受精、结实、灌浆。

立夏麦露头，芒种不发愁。　河南（郑州）

立夏麦晒芒，立夏麦见芒。

立夏麦晒芒，扬花又灌浆。　江苏（徐州）

立夏麦晒芒。　山西、山东、河南、河北

立夏麦生胎，立秋谷抽穗。　山西（临汾）

立夏麦甩芒。　河北（巨鹿）

立夏麦挑旗，小满麦秀齐。　山东、河北、河南（新乡）

立夏麦秀齐，芒种割新麦。　注：适用于江淮麦区及黄淮南部麦区。指立夏时节小麦已经齐穗，芒种时节就可以收割小麦了。类似农谚有"立夏见麦芒，芒种见麦茬"，"立夏麦穗齐，小满硬了仁"等。

立夏麦龇牙，一月就要拔。

立夏麦龇芽。　山东（商河）、河北（保定）

立夏满河汊。　广西（容县）

立夏忙，混种谷。　山西（平遥）

立夏忙忙栽，夏至禾怀胎。　湖北（荆门）

立夏忙种谷。　内蒙古

立夏忙种烟，烟叶长如鞭。　黑龙江、江西（赣东）

立夏没棉苗，秋后没棉桃。　河南（许昌）

立夏没起底，白种一年地。　福建（吉田）

立夏没青麦，霜降没青旱，立冬没青糯。　福建（顺昌）

立夏没啥，樱桃黄瓜。　河南（洛阳）

立夏没雨，碓头没米。　福建

立夏没雨，锅里没米。　甘肃（天水）

立夏没雨，糜谷没米。　宁夏（固原）

立夏梅雨。　广西（宜州）

立夏密放，芒种稀放。　黑龙江

立夏免种，立秋免壅。　福建（武平）

立夏拿扇立秋丢。　河南（周口）

立夏南风，火烧田垌。　广西（上思）

立夏南风多，春天雨水多。　江苏（淮阴）

立夏南风割麦刀。　江苏（金湖）

立夏南风海底干，立秋南风地不干。　山西（临汾）

立夏南风旱，北风雨水多，东北风有大水。　广东（肇庆）

立夏南风凉，有粮不还仓。　河北（涞水）

立夏暖，冻死百鸟蛋。

立夏耙秧田，处暑犁耙住。　广西（桂平、岑溪）

立夏曝，乌贼暴。　福建　注："暴"，指来得快又多。

立夏起北风，瓜菜园不宁。　河北（张家口）

立夏起北风，瓜菜园内受辛勤。

立夏起北风，十口鱼塘九口空。

立夏起东风，埋鱼哭祖宗。　海南（保亭）

立夏起东风，满芒夏雨送。　福建（永泰）　注：后句指小满、芒种、夏至都有雨。

立夏起东风，十个鱼塘九个空。　广东

立夏起东风，十塘九塘空。　安徽（长丰）

立夏起东风，田禾收割丰。　广东、上海、河南（巩县、新乡）、江苏（南通）　注："起"又作"刮"。后句又作"种田的一场空"。后句谚意相反，系因地区不同而异。

立夏起黄尘，三天两头肯乱风。　山西（太原）

立夏起了风，不用问天公。　山西（晋城）

立夏起南风，家家粮满囤。　河北（张家口）

立夏起南风，鲤鱼哭公公。　安徽

立夏起西风，田禾收割丰。　海南（临高）

立夏起雨阵，风调雨也顺。　海南

立夏起云层，四十天刮黄风。　河南（安阳）

立夏起早火烧云，一年大水六七轮。　福建

立夏气死风。　山西（兴县）

立夏前，好锄田，立夏后，好种豆。　福建

立夏前，好种棉，立夏后，好种豆。　四川、湖北、山西（太原）

立夏前，好种棉，小满关内要插田。　湖北、广西（南宁）　注："田"又作"秧"。

立夏前，好种棉。 上海、湖北（荆门）

立夏前，好种棉；立夏后，好种豆。 湖南

立夏前，种好棉；立夏后，种好豆。 贵州（贵阳）［布依族］

立夏前，种梁田。 河北（霸县） 注：“梁田”，梁坡地。

立夏前，种满田。 浙江

立夏前，种早棉。 安徽

立夏前插早秧，到了芒种秧插光。 湖北

立夏前除草，禾苗长得好。 广西（平乐）

立夏前好锄田，立夏后好种豆。 福建（周宁）

立夏前后，背夫逃走。 上海 注：《沪谚》原注指困人天气，熟睡不知。

立夏前后，点瓜种豆。 黑龙江、安徽（濉溪）

立夏前后，正种麦豆。 青海

立夏前后，种瓜点豆。 宁夏

立夏前后，种瓜种豆。 广西（阳朔）、陕西（定边）、河北（涞源）、山西（太原） 注：“前后”又作“左右”，“种瓜种豆”又作“点瓜种豆”或“栽瓜种豆”、“栽瓜点豆”。

立夏前后好种麻，前三后四最适当。 浙江

立夏前后连阴天，又生腻虫（麦蚜）又生疸（锈病）。

立夏前后收山药。

立夏前后天干燥，火龙往往少不了。 注：“火龙”，指红蜘蛛。

立夏前后一场冻，白露前后一场风。 河北（平泉）

立夏前后一场霜。 山西（晋城）

立夏前后一齐忙。 浙江（温州）

立夏前后有好雨，好比秀才中了举。 山西（沁源）

立夏前后种高粱。 山西（稷山）

立夏前后种络麻。

立夏前后种棉花，结的棉桃鸭蛋大。 新疆

立夏前后种山药，枣芽发青种棉花。 山西、河北、山东（泰山）

立夏前三天勿早，后三天勿晚。 上海

立夏前是茶，立夏后是草。 安徽（石台）

立夏前头三届热。 浙江（宁波）

立夏前栽瓜种豆。

立夏前栽种稻，除草施肥更做到。 四川

立夏前种胡麻，九股十八杈；立夏后种胡麻，到老不断花。 内蒙古

立夏抢岭头。 山东、山西、河南、河北

立夏晴，坝头成沟流；立夏雨，坝头成大路。 福建

立夏晴，打锣打鼓插茅坪。　湖南（益阳）

立夏晴，大麦搭田塍；立夏落，大麦燥壳壳。　浙江（绍兴）

立夏晴，担谷上晒坪；立夏阴，转断车仂心。　江西（萍乡）　注：“车仂”，木制水车。

立夏晴，年必旱。　福建

立夏晴，蓑衣斗笠不离身。　江西（新余）

立夏晴，蓑衣斗笠随身行；立夏雨，蓑衣斗笠挂屋柱。　湖南

立夏晴，蓑衣挂壁角；立夏雨，蓑衣田里满。　海南

立夏晴，蓑衣笠帽丢干净。　上海

立夏晴，蓑衣笠帽满田塍；立夏落，蓑衣笠帽挂梁柱。　浙江

立夏晴，蓑衣笠帽满田塍；立夏落，蓑衣笠帽挂檐下。　江苏

立夏晴，蓑衣笠帽做不赢；立夏雨，蓑衣笠帽高挂起。　湖南

立夏晴，蓑衣笠头不落停；立夏落，蓑衣笠头高架坐。　湖南（郴州）

立夏晴，蓑衣满田塍；立夏落，蓑衣挂檐下。　江苏

立夏晴，蓑衣满田淋；立夏雨，蓑衣满屋挂。　江苏（无锡）

立夏晴，蓑衣箬帽满田塍。

立夏晴，蓑衣箬帽满田塍；立夏雨，蓑衣箬帽挂梁柱。　浙江

立夏晴，五谷损。　湖南（零陵）

立夏晴，五月大水六月停。　福建（将乐）

立夏晴，虾公细鱼上茅坪。　湖南（衡阳）

立夏晴，雨打山头人；立夏雨，打死垟下鬼。　浙江（台州）　注：“垟”，田地，田畈。

立夏晴，雨淋淋。

立夏晴，棕衣斗笠满田坪。　福建

立夏晴，棕衣挂寮坪；立夏雨，坝头成大路。　福建　注：“寮坪”指搭在水田边供休息用的草寮。

立夏晴，棕衣随人行。　福建（霞浦）

立夏晴，棕衣蓑笠跟秧篮；立夏雨，棕衣蓑笠都曝熟。　福建（建瓯）

立夏晴天来年旱。　山西（河曲）

立夏晴一日，农夫不要力；立夏晴三日，农夫不愁吃。　湖南（零陵）

立夏晴一日，农民不着力。　河南（新乡）

立夏蚯蚓出，麦子麦芒生。

立夏热，只话叶；立夏寒，只话蚕。　江苏

立夏热风顺涨潮，快到树荫去乘凉。　福建

立夏热起头，莫叫虫上楼。　宁夏

立夏热起头，莫让草抬头。　宁夏

立夏日落，蓑衣斗笠随身行。　海南

立夏日落雨，蓑衣斗笠身上带。　海南

立夏日落雨，棕衣满屋柱；立夏日天晴，棕衣满田塍。　浙江（丽水）

立夏日鸣雷，早稻害虫多。

立夏日晴，必有旱情。

立夏日晴，蓑衣斗笠挂上壁。　海南

立夏日晴当年旱。　河北（容城）

立夏日添晕，潮水满塘匀。

立夏日头晒进土。　江西（宜春）

立夏日下雨，夏至少雨。

立夏日遇雨，一点值千金；朝暮起东风，只是旱天翁。

立夏日子晴，蓑衣斗笠拿不赢。　江西（宜春）

立夏日子晴，蓑衣笠帽拿不赢；立夏日子雨，蓑衣笠帽高挂起。　江西

立夏日子雨，蓑衣斗笠高挂起。　江西

立夏若能初雷发，十分收成决不塌。　湖北（黄石）

立夏若能大雷发，十分收成定不差。　河南（郑州）

立夏撒荞，处暑见苗。　四川（阿坝）[羌族]

立夏撒荞，处暑看苗。　四川

立夏三朝便锄田。　四川

立夏三朝遍地锄。　内蒙古、宁夏、贵州（遵义）、福建（诏安）

立夏三朝蚕白头。　江苏（常州）

立夏三朝蚕头白。　上海

立夏三朝草麦香。　注：此谚语说明，立夏过后，气温回升快，麦子完成灌浆充实，籽粒饱满成熟，即将可以收割。因此进入立夏第三天就闻到小麦的香味。

立夏三朝炒麦香，小满三朝麦上场。　上海

立夏三朝炒麦香。　四川、河北（邯郸）、上海（川沙）、山西（太原）、河南（新乡）　注："炒"又作"燎"。"麦"，指大麦。

立夏三朝督督滴，晚蚕吃勿及。　上海　注："督督滴"，指下雨。

立夏三朝掘罢笋。　河南（新乡）

立夏三朝开蚕党。　江苏、上海　注：起源于江浙一带。立夏以后，随着气温升高，春蚕多已上蔟吐丝成茧，此时往往有走村串巷、往来于乡村间收购蚕茧的农人。蚕党（挡）指养蚕的农民或事务。"党"，又作"挡"，开卖蚕船。

立夏三朝燎麦香。

立夏三朝露，家家门前桑叶留一路。　上海

立夏三朝无干谷。　上海　注：指浸种。

立夏三朝雾，家家门前桑叶留一路。

立夏三朝雾，桑贱丝贵家家富。　安徽

立夏三尺火，夏至火连天。　安徽

立夏三日，土热三尺。　湖南（湘西）

立夏三日并锄头。

立夏三日布谷叫，收的收，了的了；立夏十日布谷叫，糜谷憋破窖。　宁夏

立夏三日出黄姑。　山东　注：“黄姑”，黄姑鱼

立夏三日见锄田，立夏十日遍锄田。　黑龙江

立夏三日开蚕房。　安徽（金寨）

立夏三日梿枷响，夏收夏种一齐忙。　安徽

立夏三日梿枷响，小满三日麦粑香。　湖北、四川（重庆）

立夏三日天变暖。　山西（晋城）

立夏三日无干谷。　江苏（常熟、镇江）　注：“无干谷”，指浸种。

立夏三日无青麦，寒露三日无青豆。　山东、上海

立夏三日樱桃红。　宁夏

立夏三日正锄田。

立夏三天遍地锄。　注：到了立夏时节气温显著增高，水分蒸发快，如果降雨不多，天气干燥和土壤干旱常常影响农作物的正常生长。此时进行中耕，不仅能除去杂草，抗旱防渍，又能提高地温，加速土壤养分的分解，对作物的健壮生长十分有利。“天”，又作“朝”。

立夏三天，麦穗出齐。　河南（商丘）

立夏三天遍锄田。　四川、江苏、安徽、山东、河南、陕西、甘肃、宁夏

立夏三天遍地锄。　山西（新绛）

立夏三天遍山黄。　四川

立夏三天不下雨，犁耙锄头高挂起。　云南

立夏三天布谷叫，各种庄稼都收到。　江苏（南通）

立夏三天采菜籽，小满三天樱桃红。　江苏（扬州）

立夏三天茶生骨，茶过立夏一夜老。　安徽（歙县）

立夏三天茶生骨。　安徽

立夏三天扯菜籽。　上海、湖北、江苏、河北（张家口）　注：“扯”又作“采”

立夏三天火，夏至火连天。　河南（信阳）

立夏三天见麦黄，立夏十天麦焦黄。　北京

立夏三天见麦芒，芒种三天见麦茬。　河北（高阳）

立夏三天看锄田，立秋三天看拿镰，立秋十天遍拿田。

立夏三天看锄田，立秋三天看拿镰。　陕西（铜川）、河北（衡水）

立夏三天梿枷响，立夏十天遍地黄。　湖北（荆门）

立夏三天乱锄地。 安徽（含山）

立夏三天麦穗齐。 安徽、江苏（镇江）

立夏三天忙锄田。 江苏（高邮）

立夏三天无嫩竹子。 福建

立夏三天樱桃红，三天遍地忙锄苗。 江苏

立夏三天樱桃红，夏至杨梅红似火。 安徽（歙县）

立夏三天樱桃红。 江苏（无锡）、河南（三门峡）

立夏三天斫菜籽，小满三天斫大麦。 江苏（南通）

立夏三鲜。 江苏 注：指樱桃、苋菜、蚕豆

立夏山头麦秆黄，夏至山头一扫光。 陕西（安康）

立夏山头青，夏至绿满川。 河北（张家口）

立夏上江边，小满收鱼花。 江西 注：长江鱼苗，是在每年立夏前后动手网捞的。各地采购人员，也在此时云集江边。在小满前后，即可捞到大批幼苗运回。

立夏上江边，小满鱼苗归。 江苏

立夏苕，顶大条。 四川

立夏蛇出洞，准备快防洪。

立夏十，当头勒。 江苏（盐城） 注：“当头勒”，指麦子基本成熟。

立夏十八朝，家家把麦挑。 江苏

立夏十八朝，家家动担挑。 江苏（海安）

立夏十八朝，家家往家挑。

立夏十八天，大麦上场掀。 江苏（仪征）

立夏十日不吼，立秋十日不走。 山西（隰县）

立夏十日不种田。 山东（莱阳）

立夏十日砍菜籽。

立夏十日梿枷响。 安徽

立夏十日麻生骨。 安徽（青阳）

立夏十日麦青干。 山西（高平）

立夏十日麦梢黄，再过十日就上场。 陕西（渭南）

立夏十日三成黄，再过十日遍地黄。 陕西（汉中）

立夏十日三样黄，再过十日遍地黄。 湖北、山西（太原）、陕西（汉中） 注：“三样”，指大麦，胡豆（蚕豆）、菜籽。

立夏十日三样黄，再过十天连枷响。 陕西

立夏十日雨涟涟，高山也变田。 湖南（湘潭）

立夏十日早，立夏十日晚。 山东（夏津） 注：意指种豆在立夏前十天早了，后十天晚了。

立夏十天布谷叫，各样庄稼都收到。 河南

立夏十天大麦黄，小满十天麦上场。 山东（滕州）、河南（开封）、陕西（咸阳）

立夏十天麦焦黄。 河南、江苏

立夏十天种棉花。 河北（徐水）

立夏十五天，大麦动木锨。 江苏（太仓） 注："动木锨"，指扬场。

立夏十五天，高山种小麦，打了个跟头田。 宁夏 注："跟头田"，方言，指种一升，收一斗，有成倍收成。

立夏时节养春蚕。 安徽

立夏莳田还有功，芒种莳田两头空。 广东

立夏莳田晚秋割，小满莳田二造空。 广东

立夏莳田有人工，芒种莳田两造空。 广东

立夏秫秫小满谷。 山东

立夏黍子小满谷，芒种玉米大圪垛。 山西（潞城）

立夏术，空帕律。 福建（晋江） 注："术"，糯稻；"空帕律"，收成少。

立夏树叶放，燕子南方来。 黑龙江（大庆）

立夏树叶开，开始收莜麦。 山西（雁北）

立夏甩麦芒，农活开始忙。 河北（新乐）

立夏水分渣，无雨旱到怕。 广西（隆安、陆川）

立夏水浸杈，小满田塘满。 广西（南宁、邕宁）

立夏水漏坝。 广西（凭祥、乎南） 注："漏"亦作"过"。

立夏水满坝，芒种水满垌。 广西（宜州）

立夏死，大把抓，小满花，不归家。 江西（崇仁）

立夏穗不齐，割了喂毛驴。 河南（南阳）

立夏穗出齐，小满灌满浆。 河南（临颍、平舆、扶沟、正阳、中牟）

立夏太阳出，快种豆和粟。 湖北（荆门）

立夏淌水。 宁夏

立夏天不晴，一年不收，三年受穷。 吉林

立夏天不晴，一年不收，三年穷。 宁夏（银川）

立夏天赶天，小满刻赶刻。 湖南（益阳）

立夏天好，落的秧苗好。 上海（嘉定）

立夏天好丰收年。 陕西（榆林）

立夏天气好，落的秧苗也会好。 上海

立夏天气凉，麦子收的强。

立夏天晴，明春好年成。 宁夏

立夏天晴，明年好年成。 天津

立夏天晴，年无收成。 湖南（湘西）[土家族]

立夏天晴不落雨，豌豆胡豆要当米。 四川

立夏天晴伏雨多。 山西（河曲）

立夏天转热，如还需穿棉袄，则天气寒冷反常，对养蚕勿利。 上海

立夏田里拔根草，秋后就得吃个饱。 江西（宜丰）

立夏田里勤拔草，秋后收成一定好。 广西（桂平）

立夏田里勤拔草，秋天一定收成好。 江苏（无锡）

立夏田作病，小满田惯产。 广东 注：立夏，水稻将要吐穗扬花。小满，水稻开始灌浆。此谚谓防止稻病和增产的关系。

立夏头里耩高粱。 山东

立夏头耧谷。 河北（隆尧）

立夏土，不可摸。 福建（晋江、同安、龙海、海澄）

立夏土开，蓖麻虫来。 河南（安阳）

立夏土开，蓖麻出来。 河北、河南、山东、山西

立夏土开，高粱出来。 河北（邯郸）

立夏土开，高粱豆儿出来。 河南

立夏土开；蓖麻出来。

立夏剜苗，夏至出蒜。 山东（博山）

立夏未翻土，只有明年空腹肚。 福建（屏南）

立夏无干谷。

立夏无狂风。 天津

立夏无雷，一日雨三回。 海南

立夏无雷动，谷仓皆成空。 四川

立夏无雷动，作田要落空。 湖北（咸宁）

立夏无雷声，粮食少几升。 四川

立夏无青麦，霜降无青稻。 福建（福安）

立夏无下，高挂犁耙。 广东（阳江） 注：“无下”，指不下雨。

立夏无雨，交返田主。 海南（保亭）

立夏无雨，叩头无米。 海南（海口）

立夏无雨，人畜闲起。 贵州（遵义）

立夏无雨，田家莫耙；小满不满，芒种不管。 海南（保亭）

立夏无雨，停耕收耙。 海南（保亭）

立夏无雨，虾公鱼嫩子一锅煮。 湖南（湘潭）

立夏无雨伏里旱。 吉林

立夏无雨淋，秧子栽藤藤。 贵州（黔东南）

立夏无雨落，旱死田中禾。 广西（富川）

立夏无雨农人愁，到处禾苗对半收。 湖北（浠水）

立夏无雨三伏热，重阳无雨一冬晴。

立夏无雨甚担忧，万物下种只半收。　海南（保亭）

立夏无雨实担忧，万物从来一半收。　湖南（湘潭）

立夏无雨下，丰收是假话。

立夏无雨要防旱，立夏落雨要买伞。　湖北（麻城）

立夏无雨要防旱，立夏有雨要买伞。　河南（焦作）

立夏唔冻，冷到芒种；芒种曙冻，冷到发黄肿。　广西

立夏唔冻，冷到芒种；芒种唔冻，冷到发黄瘇。

立夏唔下，犁耙高挂。　广东　注：又作“立夏雨唔下，犁耙要交挂”。

立夏唔种芋，有本也无利。　江西（龙南）

立夏勿留油。　上海

立夏勿落雨，犁耙倒挂起。　浙江（舟山）

立夏勿下，高挂犁耙。　江苏（苏州）

立夏勿下，无水洗耙。　上海　注：后句又作“犁耙高挂”。

立夏勿种田，昼夜勿得眠。　浙江（绍兴）

立夏西北风，不必问天空。　山西（榆社）

立夏西北风，十个鱼塘九个空。　上海

立夏西北风，有雨也稀松。　海南、陕西（咸阳）

立夏西北冷风吹，定有蝗虫满天飞。　安徽（天长）

立夏西风，小麦精空；立夏东风，小麦撞钟。　上海、江苏（吴县）　注：“撞钟”，麦穗摇摆状，指丰收。

立夏西风吹，定有蝗虫满地飞。　河北（张家口）

立夏西风少下秧。　上海、江苏（徐州）　注：立夏这天吹西风，主雨。

立夏西风是个宝，立夏东风收点草。　江苏（南京）

立夏西风雨。　山西（沁县）

立夏西南风，谷雨蜜如蜂。　广西（上思）

立夏西南风，骑马拆车棚。　江苏（如东）　注：“车棚”，指水车棚。

立夏西南风，雨水滴田中。　江西（吉安）

立夏洗犁耙。　福建　注：指早稻插秧结束。

立夏霞出，秋分霞没。　安徽（休宁）

立夏下，立冬暖。　陕西（安康）

立夏下一点，要饭的摔了碗。　河南（信阳）

立夏下雨，九场大水。

立夏下雨肯成豆。　河南（中牟）

立夏夏至东南风，做事不用问先生。　海南

立夏响雷麦受害。　宁夏

立夏响雷三伏旱。 宁夏

立夏响一声，伏里晒死人；立秋响一声，百草得养生；立冬响一声，来年送瘟神。 宁夏

立夏小滴正栽秧，秋前秋后遍坝黄。 四川

立夏小满，大水相赶。 福建（漳州）

立夏小满，稻禾有卵。 广西（藤县）

立夏小满，肥粪全赶。 福建 注：指抓紧施追肥。

立夏小满，河满缸满。

立夏小满，河水尽满。 海南、广西（防城）

立夏小满，江河水满。 海南（琼山）、江西（全南）

立夏小满，江河易满。 广东

立夏小满，江满河满。 广东（韶关）

立夏小满，盆满钵满。 福建、海南、湖南（株洲） 注：后句又作“盆盆钵钵水都满”。

立夏小满，强过挑担。

立夏小满，亲家来了不管。 湖北（五峰）

立夏小满，生子生破胆。

立夏小满，是鱼生破胆。 湖北（洪湖）

立夏小满，田坝沤断。 广西（玉林） 注：“沤”亦作“雨来”。

立夏小满，薤子挽转。 湖北（荆门） 注：意指这时要把薤叶结扎，以促进地下鳞茎的生长。

立夏小满，雨水相赶。

立夏小满，栽种不管。 云南

立夏小满，种瓜不晚。 天津

立夏小满插花田，芒种打伏夜插田。 湖南（常德）

立夏小满插秧忙，油菜豆麦前面黄。 陕西（安康）

立夏小满好栽秧。 上海

立夏小满家家忙，男女下田去插秧。 浙江、江苏（常州）

立夏小满家家忙，男女下田正插秧。 江苏、浙江

立夏小满江河满。 广东（连山） 注：即五至六月。

立夏小满节，高作田埂紧作缺。

立夏小满节，高作田塝紧作塝。 四川

立夏小满节，追浇稻秧不能歇。 山西（新绛）

立夏小满麦穗齐。 山东（山亭、德县）

立夏小满满田青，小株密植广推行。 江浙、宁夏

立夏小满青蛙叫，雨水也将到。

立夏小满三十天，紧抓浇灌不能闲。　山西（临猗）

立夏小满事最忙，鱼苗孵育是头桩。　湖北（石首）

立夏小满水满田，芒种夏至火烧天。　海南

立夏小满天气长，地里麦子快进场。　山西（临猗）

立夏小满田水满，冬来吃饭拿大碗。　贵州（贵阳）

立夏小满田水满，芒种夏至火烧天。

立夏小满蛙叫声，雨水快来到。　海南

立夏小满鱼生丘。　广西（横县）　注："丘"，田丘，指水田

立夏小满正插秧，秋后十天荡田黄。　江苏（盐城）　注："荡田"，水田。

立夏小满正插秧，秋后十天满沟黄。　陕西

立夏小满正插秧。　注：多适用于长江上游地区，到了立夏时节，该地区的前茬作物即将收获，中稻进入插秧适期。由于我国幅员辽阔，各地气候热量条件不同，其他地区的插秧适期也有所不同。

立夏小满正栽秧，秋千秋后遍坝黄。　四川

立夏小满正栽秧。　湖南、江苏、四川、江苏（镇江）、陕西（陕南）、上海（川沙）　注："栽"又作"插"；"小满"又作"芒种"。

立夏杏花开，严霜不再来。　内蒙古、陕西（西安）、山西（晋城）

立夏燕麦，疙瘩链锤。　甘肃（定西）

立夏秧，大把插。　湖北

立夏秧头罢。　广东

立夏扬尘，田禾不成。　甘肃（平凉）

立夏要凉，麦子收的强。　山西、山东、河南、河北

立夏要下，不下干断塘坝。

立夏要下，小满要满。　安徽、湖北、广西（宜州）

立夏一场风，立秋还场雨。　山东（莱阳）

立夏一场风，十穗麦子九穗空。　山西（新绛）

立夏一场风，夏天晒坏了葱。　吉林

立夏一场风，夏天晒死葱。　宁夏

立夏一番晕，添一番湖塘。

立夏以前一场雨，五谷丰登有了底。　河北（廊坊）

立夏以前栽地瓜，谷子下种不过夏。　注：指我国北方地区，在立夏以前栽地瓜（即甘薯）秧，谷子播种不要过了立夏，以利于获得高产。

立夏有北风，十个鱼塘九个空。　海南

立夏有风三伏热，重阳无雨一冬晴。　湖南（岳阳）

立夏有雷响，阴雨四十天。　福建

立夏有麦，立秋有稻。　福建（南安）

立夏有雨长流水，立夏无雨塘水干。　广西（横县）

立夏有雨禾苗好。　四川、陕西、甘肃、宁夏

立夏有雨没风，麦子先收八成；立夏有雨有风，麦子丢了三成；立夏无雨尽风，刮干囤子大瓮。　山西（临猗）

立夏有雨雨水好。　广西（宜州）

立夏酉逢三伏热，重阳戊遇一冬晴。

立夏雨，坝头成大路；立夏晴，蓑衣斗笠跟着行。　四川

立夏雨，尖斗谷子平斗米。　湖北（来凤）

立夏雨，冇水莳秧地；立夏晴，有水莳唔平。　福建　注："莳唔平"指多雨，插秧来不及整平土地。

立夏雨，明年少秋收。　湖南（衡阳）

立夏雨，如谷米。　山东（单县）

立夏雨，蓑衣斗笠不离体；立夏晴，蓑衣斗笠上高钉。　四川

立夏雨，蓑衣斗笠才高举；立夏晴，蓑衣斗笠跟着行。

立夏雨，蓑衣斗笠高挂起。　江西（金溪）

立夏雨，蓑衣箬帽高高举。　上海

立夏雨，样样死；立夏晴，样样成。　江西（奉新）

立夏雨，鱼子虾公干破嘴。　江西（宜黄）

立夏雨，涨大水。　湖南（衡阳）

立夏雨不下，挑水洗犁耙。　广西（资源）

立夏雨不下，无水洗犁耙。　江西（吉水）

立夏雨来到，麦子水里泡。　宁夏（石嘴山）

立夏雨来落，蓑衣放在田角落。　上海

立夏雨少，立冬雪好。　陕西（渭南）

立夏栽稻点芝麻。

立夏栽的秧，夏至离了娘。　江苏（淮阴）

立夏栽瓜，抹脑一朵花。　湖南（益阳）

立夏栽禾，不够养鹅。　江西　注：作物生长，具有强烈的季节性。根据赣中气候条件，早稻一般以谷雨后立夏前插秧为宜，过迟会影响收成。

立夏栽禾，早禾早一日，谷粒出得齐。　江西

立夏栽禾家对家，小满栽禾乱插花。　江西（南昌）

立夏栽姜，夏至离娘。　黑龙江、山东（张店）、陕西（汉中）　注：立夏栽的姜，到了夏至，新生出的姜叶离开了母姜。

立夏栽姜，夏至取娘。　湖南、上海　注："取娘"，指姜苗出土，将姜种取出。"取娘"又作"离娘"。

立夏栽姜，小满掏枪。　福建（周宁）　注："掏枪"，指萌芽出土。

立夏栽薑，夏至离娘。

立夏栽棉花，谷雨种甘蔗。　江西

立夏栽棉花。　安徽（萧县）

立夏栽苕，斤多一条，小满栽苕，半斤一条，芒种栽苕，筋筋吊吊。　四川

立夏栽秧，穗多草旺收成强。　云南　注：草，指谷草。

立夏栽秧谷满楼，小满栽秧压断楼，芒种栽秧难增产，夏至栽秧没干头。

立夏栽秧莫嫌早，谷根深来谷粒饱。　云南（昆明）

立夏栽秧莫嫌早，谷根深来谷子饱。　云南　注：庄稼生根需要的温度比长茎叶需要的低。早春播种，虽然地上部分看不到明显生长，但能早扎根，深扎根，为以后生长打好基础，所以籽粒饱满。反之，晚播的庄稼地上地下一齐生长，棵子长成了，季节也到了，所以“青粒多”，“三分丢”。小满栽秧正当时，芒种栽秧颗粒稀，夏至栽秧穗头短，万般宜早不宜迟。这是指早稻或早熟中稻而言。栽插过晚，秧苗已老，返青缓慢，生长不良，产量不高。

立夏栽秧收成好，夏至栽苕苕大条。　四川

立夏栽秧晚．谷子不饱满。　湖南（湘西）[苗族]

立夏栽秧一两家，小满栽秧时比时。　湖北、江西

立夏栽芋成枯株，立夏栽薯成秤锤。　福建（顺昌）

立夏栽芋头，强如种绿豆。　安徽

立夏栽早，不够供鸟。　福建（顺昌）

立夏栽早禾，不够供老婆。　福建（宁化）

立夏在厝鱼起厝，立夏在洋没鱼尝。　福建（宁德）　注：指立夏如在农历四月上旬，即捕黄花鱼的船（俗称“瓜对”）出港之前，则渔业会丰收，立夏如在四月中旬，即捕黄花鱼的船出港之后，则会歉收。

立夏斩风头，强风不再来。　山西（晋城）

立夏斩风头。　宁夏、河北（威县、蠡县）、江苏（镇江）　注：指立夏日左右刮风，往往是头大尾小或有头无尾。“斩风头”又作“风头死”。

立夏折折腰，一株打一抄。　安徽

立夏之朝遍地锄。　广西（桂平）

立夏之后种高粱，秸子软如面条汤。　河北（平泉）

立夏芝麻，花儿开得摆不下。

立夏芝麻谷雨谷。　安徽

立夏芝麻芒种谷。　河北（张家口）　注：“谷”又作“粟”。

立夏芝麻小满谷，过了立夏种大黍。　河北（抚宁）

立夏芝麻小满谷。　河南（新乡）、河北（高阳）、山东（范县）　注：“谷”又作“黍”

立夏止，大豆死。　湖南（岳阳）

立夏止黄风，止不住四十天。 山西（定襄）

立夏至小满，种啥也不晚。 陕西（安康）

立夏种，芒种栽。 江苏 注：指中稻。

立夏种半田。 浙江（金华）

立夏种稻，不够鸟盗。 海南（临高）

立夏种稻子，小满种芝麻。 山西（太原）

立夏种高粱，不紧也不慌。 山西（安泽）

立夏种高粱，小满种谷子。 内蒙古 注：高粱是喜温作物。在整个生育期需要的温度较玉米为高，种子发芽出苗的最低温度为摄氏六至七度，但发芽缓慢，易霉种，当土温升到摄氏十至十三度时，才宜于播种，利于出苗。因此高粱的适宜播种时期，是土温达到摄氏十至十二度以上。在内蒙古地区一般以谷雨到立夏左右为播种适期。

立夏种谷，边种边出。 河南（南阳）、山东（博山）

立夏种瓜豆，处暑摘新棉。 安徽

立夏种瓜豆，处暑摘棉花。 安徽 注：立春、立夏、立秋、立冬各前十八日叫土王日。本条谚语指立夏前的土王日。

立夏种瓜豆。 河南（西华、灵宝）

立夏种黑豆，根梢不结角。 山西

立夏种胡麻，到老一朵花。 内蒙古

立夏种胡麻，到老一片花。 宁夏

立夏种胡麻，防止四月八的黑霜杀。 甘肃（甘南）

立夏种胡麻，花儿开得摆不下。 青海（乐都）

立夏种胡麻，九股八圪杈。 河南、河北、山东、山西、内蒙古 注：“圪杈”又作“个杈”。

立夏种胡麻，九股十八叉。 山西（忻州）

立夏种胡麻，九股十八杈；小满种胡麻，到老一朵花；芒种耩胡麻，终九不回家。 内蒙古 注：立夏种胡麻，是在少数犯风地区及乌兰察布盟后山，锡林郭勒盟南部一带，在巴彦淖尔盟河套灌区，土默川一带可于清明前后，乌兰察布盟前山丘陵区可在谷雨前后。胡麻，即油用亚麻。

立夏种胡麻，七股八圪叉；小满种胡麻，到老才开花；芒种种胡麻，永久不回家。 山西（汾阳）

立夏种胡麻，七股八圪叉；小满种胡麻，到秋只开花。 山西（武乡）

立夏种胡麻，七股八圪杈。 内蒙古

立夏种胡麻，七股八个杈。 山西、内蒙古

立夏种胡麻，七股八个杈；小满种胡麻，到老一枝花。 内蒙古

立夏种胡麻，七股八个杈；小满种胡麻，到老一朵花；芒种种胡麻，终久不

回家。

立夏种胡麻，七枝八个杈；小满种胡麻，秋后也开花。 河北（尚义）

立夏种胡麻，七枝七个杈。 山西

立夏种胡麻，秋后不开花。 宁夏

立夏种胡麻，秋后还开花。 甘肃（平凉、庆阳）

立夏种胡麻，十月里禄枝下。 甘肃（定西）

立夏种胡麻，头顶一朵花，不但不结子，熟的不齐差。 甘肃（平凉）

立夏种胡麻，头顶一朵花。

立夏种胡麻，头顶一枝花。 陕西、宁夏、甘肃（庆阳、定西） 注："枝"又作"朵"，

立夏种胡麻，要防四月黑霜杀。 陕西（安康）

立夏种胡麻，一股一个杈。 陕西（榆林）

立夏种花生，定能好收成。 河南（郑州）

立夏种花生，准有好收成。 河南（三门峡）

立夏种姜，夏至收"娘"。

立夏种姜，夏至偷娘。 湖北（荆门）、浙江（奉化）

立夏种茭子，小满种直谷。 山西（太原）

立夏种辣椒，从根红到梢。 黑龙江

立夏种粮齐。 江苏

立夏种粮时，种迟地不宜。 安徽

立夏种绿豆。 河南（平顶山）

立夏种绿豆。立夏大插薯。

立夏种麻，七股八叉。 福建（霞浦）

立夏种麻，七股八杈。 宁夏、天津、河北、安徽（青阳）、陕西（武功、陕南）、山西（太原） 注："七股八杈"，指播种晚了，麻不拔高，生出很多枝杈。

立夏种麻，数伏就拔。 河北（临城）

立夏种麦子，有牛没格子。 青海（湟源）

立夏种眉豆，一棵能收一箩头。 注：眉豆是攀缘性植物，茎蔓长，分枝多，爬满篱架，花多荚多，单株产量很高。

立夏种眉豆，一棵能收一箩头。 河南

立夏种梅豆，一棵能结一箩头。 河南（商丘）

立夏种梅豆，一棵能收一箩头。 河南

立夏种糜子，杏儿塞住牛鼻子。 宁夏（银南）

立夏种棉花，不如把地闲下。 甘肃（张掖）

立夏种棉花，不如收拾走人家。 湖南

立夏种棉花，不要问人家。 安徽（宿松）

立夏种棉花，到老有疙瘩。　河南（汝南、新蔡）、山西（临汾）

立夏种棉花，宁愿走人家。　湖北

立夏种棉花，十年九瞎。　山东（泰安）

立夏种棉花，土里结疙瘩，小满种棉花，到老不回家。　河南（扶沟）

立夏种棉花，勿要问人家。　浙江（慈溪、龙山）　注："勿要"又作"不用"。

立夏种棉花，有柴没疙瘩。　山西（运城）

立夏种棉花，有花没疙瘩。　陕西（咸阳）、山西（晋南、太原）、陕西（兴平、武功）、甘肃（甘南）　注："有花"又作"有柴"或"有树"、"有苗"。

立夏种棉花，有苗没疙瘩。　山西、河南（三门峡）

立夏种棉花，有树没圪塔。　山西、陕西

立夏种洼田，小满就开铲。　辽宁

立夏种夏，强种十来下。　内蒙古

立夏种夏田。　河北（蔚县）

立夏种燕，疙瘩连串。　甘肃（甘南）

立夏种莜麦，十里总不差。　河北（康保）

立夏种杂田。　内蒙古、山西（大同）、河北（万全）

立夏种早麻。　河北（蔚县）

立夏种芝麻，杆上尽是花。　湖南（益阳）

立夏种芝麻，七股八个杈；小满种芝麻，到老一朵花。　河南（信阳）

立夏种芝麻，七枝八个杈。　河南（洛阳）

立夏种芝麻，七枝八桠杈。　上海

立夏种芝麻，七株八个丫。　安徽（利辛）

立夏装高粱，以防虫子伤。　山东（郓城）

立夏准备小满忙。　山东

立夏最好晴一日，农夫耕田不用力。　陕西（汉中）

立夏做田立秋割，小满做田耽二春。　广东

淋着土王头，大雨满坡流。　注：立春、立夏、立秋、立冬各前十八日叫土王日。本条谚语指立夏前的土王日。

漏夏漏夏，有水洗犁，无水洗耙。　福建　注："漏夏"指立夏下雨。

麦奔立夏谷奔秋。　湖北

麦奔立夏死，谷奔白露黄。　湖南（怀化）[侗族]

麦奔夏，禾奔秋，玉米绿豆奔白露。　湖南（怀化）[苗族]

麦不过夏。　安徽（阜阳）

麦从立夏黄，菜到谷雨死。　江西（赣中）

麦从立夏死，谷到秋天黄。　四川

麦到“立夏”死，豆到“立秋”黄。 湖北

麦到立夏，不黄活割；禾到秋天，不死活拌。

麦到立夏，不死活杀。 湖南（湘西）

麦到立夏，谷到秋分，见个日头死条根。 河南（漯河）

麦到立夏谷到秋，寒露才把豆子收。 湖北（荊门）

麦到立夏收，谷到处暑黄。 湖北

麦到立夏死，谷到立秋黄。 湖北（荆门）

麦到立夏死，棉到立夏止。 湖北（仙桃）

麦到立夏死，种花立夏止。 河南（驻马店）

麦到立夏死。 湖北、四川 注：“到”又作“从”。

麦花立夏后，旱花立夏前。 上海（川沙） 注：“麦花”，麦田里种的花。“旱花”，光田里种的花。

麦是立夏草，过了立夏夜夜老。 江西（丰城）

麦子吃了立夏水，一夜断了九条根。 湖南（娄底）

麦子立夏死，不死捋胡子。 湖南（娄底）

棉花是立夏草，早种十天也不早。 河南（固始）

南方立夏鹅毛住，北方立夏刮倒树。 河北（保定）

南风管立夏，高田捕鱼虾。 湖南（郴州）

南风管立夏，阴沟露鱼虾；北风管立夏，水田种芝麻。 海南（保亭）

能栽霜打头，不栽立夏后。 山东（烟台）

宁肯熏打头，不栽立夏后。 山东（邹县）

宁栽霜打头，不栽立夏后。

农时节令到立夏，查补齐全把苗挖。

蔷薇开花“立夏”前，不久大雨即绵绵。 北京

日落红云霞，难播立夏秧。 广西（桂平）

立夏种瓜豆，处暑摘新棉。 安徽

入夏立夏，春庄稼种罢。 江苏（淮阴）

三月立夏，稻熟米起价。 海南（琼山）

三月夏，夏起手，夏撒手。 福建 注：“夏起手”，指立夏开始插秧。“夏撒手”，指夏至插秧结束。

三月夏，夏起手；四月夏，夏撒手。 福建（长乐） 注：意指立夏在三月才开始插秧，如在四月则已插完。

上午立了夏，下午把扇拿。

上午立夏，下午割麦。 湖南

生地立夏种谷子，熟地立夏种糜子。 甘肃（天水）

莳田不怕立夏雨，扮禾不怕火烧天。 湖南（衡阳）

莳田到立夏，你打我也打，莳田到立秋，莳也丢，唔莳也丢。　广东

莳田过立夏，莳也罢，唔莳也罢。　广东

莳田莳到立夏，恰似同人借。　广东（兴宁）

莳田莳到立夏，恰似同他相借。　广东

莳田莳到立夏，莳唔莳都罢，莳田莳到立秋，莳唔唔都丢。　广东（曲江）

莳田莳到立夏，莳唔莳都罢。　广东

莳田莳到立夏，也就割，有就罢。　广东

莳田莳到立夏节，不如上山去采蕨。　广东（兴宁）

莳田莳到立夏节，好似上山去坳葛。　广东

莳田莳到立夏节，唔当上山拗赤蕨。　广东（梅州）

莳田莳到立夏节，有秧也歇，无秧也歇。　广东（博罗）

莳田莳过立夏，莳也罢，唔莳也罢。　广东

莳夏禾，喂鸡婆。　江西

四月立夏，雨水凄凄。　福建（龙海）

四月立夏、小满来，割完小麦把棉栽。　浙江（慈溪）

四月立夏耕种忙，中饭送到田坎上。　湖北（来凤）

四月立夏麦田黄，割了麦子栽高粱。　四川

四月立夏水添河，三月立夏河烧水。　广西（扶绥）[壮族]　注："水添河"亦作"添河水"，"河烧水"亦作"火浇河"。

四月立夏望小满，插上春秧莫迟缓。　河南（固始）

四月立夏小满到，枇杷发黄笋子高。　广西

四月立夏小满过，棉花出土麦穗高。　河北、河南、山东、山西

四月立夏小满来，八月豆角正当栽。　广西

四月立夏小满来，割完小麦把棉栽。　广西、浙江（慈溪）

四月立夏又小满，割罢大麦插秧田。　陕西（安康）

四月无立夏，新谷赛过老谷价。　江西（万载）

四月无立夏，新谷要当旧谷价。　广东　注：意即收成差，新谷长价，下句又作"新米粜做老米价"。

四月无立夏，新米粜过老米价。　河北、广东　注："过"又作"出"。

天长不过立夏，天短不过冬至。　山西（芮城）

听说立了夏，家家把苗挖。　山东（寿光）

头茶勿过立夏节，二茶勿过端午节，三茶勿过七月七。　浙江（绍兴）

头麻不过立夏关，二麻不过处暑关，三麻不过立冬关。　浙江（丽水）

蜿豆到立夏，一天一个荚。　湖南（常德）

豌豆扁豆一立夏，一夜一个杈。　陕西（铜川）

豌豆到立夏，一天一个荚。　湖北

豌豆立了夏，一日一个岔；不见西南风，决定好收成；若见西南风，决定一场空。

豌豆立了夏，一天一个杈。　湖北、上海、甘肃、宁夏、山西、河北、陕西（长安）、河南（新乡）、江西（安义）　注：“天”又作“夜”或“宿”。

豌豆立了夏，一夜一个杈。

乌鱼怕立夏，青干鱼怕立秋。　海南（文昌）　注：“乌鱼”，马鲛鱼。

五月立夏小满来，割麦插秧莫怠慢。　山西（新绛）

五月立夏最是忙，割麦插秧莫要晚。　安徽（肥西）

喜的立夏白撞雨，最怕立夏吹北风。　广东　注：指早稻。“白撞雨”，晴天下阵雨，

夏前叫，没人要；夏后叫，带糠粜。　注：“夏”，指“立夏”。

夏公，田缺放空空；夏母，棕蓑幔到生虱母。　福建（晋江）　注：指立夏逢单日多晴天，逢双日多雨天。“夏公”，立夏逢单日。“夏母”，立夏逢双日。

夏过三日无青麦。　福建（福清、平潭）

夏后三天，点火插夜田。　湖南、江苏　注：指早稻。“夏”指立夏。

夏后芋，没一箸。　福建（建阳）

夏立夏，淘沟筑坝。　四川

夏前吃井叫，有车个恰吃，无车个啸。　注：“吃井”，指水鸟名。

夏前叫，连糠粜；夏后叫，没人要。　陕西（周至）　注：“夏”，立夏。以黄莺鸣叫时期预断丰歉。

夏前三日茶。　福建（龙岩）　注：指采茶

夏前三日好采茶。　福建（永春）

夏前栽禾多分叶，夏后栽禾少分叶。　福建

夏前栽禾返青易，夏后栽禾返青难。　福建（永安）

夏日播田出双稻。　福建（福州）

夏收忙忙，龙口夺粮。　安徽

夏栽薯成簇簇，夏栽芋找不着。　福建（福清）　注：指立夏栽地瓜长成堆，立夏种芋头结芋小。

夏种谷穗子空，芒种种谷穗子硬。　山西（大同）

想要棵儿大，不要等立夏。　河北（宣化）

小麦不吃立夏水。　四川、河南（信阳）

小麦开花虫长大，消灭幼虫于立夏。

小麦青青大麦黄，家家户户养蚕忙。　注：长江中下游地区到了立夏时节，小麦还是青绿色的，大麦已经发黄进入灌浆后期，即将收割，此时春蚕饲养也很快就要上蔟吐丝了。

小满尽田赶，小工饭大碗。　福建（石狮）

小暑刮南风，十冲干九冲。　注：小暑在阳历7月6日左右，正将梅雨结束之际。这时若盛行南风表明锋面已经北移，使得长江流域在单一的热带气团控制之下，天气晴好，进入伏旱。

燕子街泥早，立夏无水浇；燕子街泥迟，立夏雨叽叽。　宁夏（银南）

秧是立夏草，过了立夏夜夜老。　浙江、广东、湖南（岳阳）

洋芋到立夏，蛋蛋核桃大。　陕西

洋芋跟立夏，颗子非常大。　宁夏（固原）

要避立夏风，早种能早收。　山西（晋南）

要吃面，立夏十日旱；要吃米，一伏三场雨。　陕西（咸阳）

要穿棉，棉花种在立夏前。　上海

要想豆子圆，种在立夏前。　河北（张家口）

一立夏，把衣挂。　河北（邯郸）

一年四季东风雨，立夏东风昼夜晴。

一天不锄草，三天锄不了。

有水布立夏，无水布小满。　福建（福清、平潭）

雨打立夏，呒水洗耙。　浙江

雨打立夏，没水洗耙。

雨打立夏，无水洗耙。　浙江、河北（张家口）

雨打立夏，雨水常下。　上海

雨打立夏头，河鱼眼泪流。　浙江、安徽（和县）

雨打立夏头，河鱼眼泪流；雨打立夏脚，河鱼拿勿着。　浙江（永嘉）

栽禾栽到立夏边，日栽禾苗夜生根。　江西（宜春）

栽田栽到立夏，割稻不够养老爹。　福建

早插不过立夏，晚插不过白露。　海南（儋县）

早晨立了夏，后晌牲口打上注。　宁夏

早晨立了夏，中午虫虫会说话。　陕西（渭南）

早晨立了夏，中午虫儿会说话。　安徽

早稻播立夏，割稻要相骂。　福建（诏安）

早稻不过立夏，晚稻不过立秋。　广西（全州）

早稻插到夏，有插也无食。　福建（龙溪）

早稻插立夏，插不插都罢。　广东

早稻插夏兜，晚稻插暑后。　福建（光泽）　注："夏兜"，立夏前后。

早稻过立夏，插不插也罢。　广西（罗城）

早稻勿过立夏关，晚稻勿过立秋关。　浙江（衢州）

早禾栽到立夏边，日栽禾苗夜生根。　江西（峡江）

早上立了夏，晚上浇几把。　甘肃（兰州）

早下种，晚下芽，到立夏，下哑巴。　江苏（兴化）

枣芽发，种棉花，立了夏，办置洼。　山东（龙口）

正月插杨活溜溜，立夏栽柳无本收。　陕西

种芋到立夏，只生三个杈。　福建（永安）

种芋种到夏，一个闺女，一个郎爸。　福建　注：“闺女”指结出的新芽。“郎爸”，指做种的老芋。

小　满

小满，二十四节气的第八节气。公历每年5月20日到22日之间太阳到达黄经60°时为小满。小满的含义是夏熟作物的籽粒开始灌浆饱满，但还未成熟，只是小满，还未大满。《月令七十二候集解》："四月中，小满者，物致于此小得盈满。"这时全国北方地区麦类等夏熟作物籽粒已开始饱满，但还没有成熟，约相当乳熟后期，所以叫小满。南方地区的农谚赋予小满以新的寓意："小满不满，干断田坎"；"小满不满，芒种不管"。把"满"用来形容雨水的盈缺，指出小满时田里如果蓄不满水，就可能造成田坎干裂，甚至芒种时也无法栽插水稻。

"小满"时节，标志着农事活动即将进入大忙季节，夏收作物已经成熟，或接近成熟；春播作物生长旺盛；秋收作物播种在即。北方地区的春播工作已基本结束，各地要做好春播作物的田间管理。出现降雨的地区要抓住雨后的有利时机，及时查苗、补种，力争苗全、苗壮；同时注意防御大风和强降温天气对春播作物幼苗造成的危害。

北方冬小麦已进入产量形成的关键阶段，应加强后期肥水管理，防止根、叶早衰，促进冬小麦充分灌浆，提高籽粒重；墒情偏差的地区要适时灌溉，防御高温、干旱和"干热风"天气造成的危害，对可能出现大雨、大风的地区，在天气过程来临前不要浇水，以减少小麦倒伏。

南方夏收粮油作物产区要抓住晴好天气，适时收晒成熟的小麦、油菜，避免不利天气造成损失。江南、华南地区在早稻移栽后应注意浅水灌溉、适时施肥，促进早稻早生快发和多分蘖；对水多的田块要及时排水晒田，控制无效分蘖，并注意做好稻田病虫害的监测与防治工作。

小满三新见，樱桃蒜和茧。　陕西、甘肃、宁夏

小满十八天，生熟都要割。　河南

小满天赶天，芒种刻赶刻。　湖南、江西

小满无青麦，芒种一刀割。　安徽

板田到小满，犁索根根断。　浙江（宁波）　注："板田"，指硬结的田。

播田过小满，不够养草蝗；播田过小满，最多收一碗。　福建

播小满，吃一碗。　福建

不入小满，到不了夏天。　新疆

布田布小满，一亩割一碗。　福建（南安）

布田到小满，闲人你莫管；布田布到夏，一蔸割两下。　福建（长乐）　注：意指早稻小满插秧，管理的好，仍有收成。

菜籽不过小满，麦子不过芒种。　湖北、山西（太原）、陕西（关中）

蚕麦不过小满。　湖北（荆门）

插禾到小满，不得禾桶满。　广东

插田不过小满，吃饭不离大碗。　广西（柳城）

插田插到小满，插死不够一餐。　广西（博白）

插田插到小满，谷子结得饱满。　湖南（零陵）

插秧插到小满边，竹篙点火夜插田。　浙江

插秧插到小满沿，夏至插田喊皇天。　浙江（丽水）

插秧插小满，三亩割一碗。　福建（南安）

插秧过小满，做死都无一碗。　广东

插秧骑在小满头，就不怕霜降尾。　海南（文昌）

吃大碗，看小满。　福建（同安）　注：指此日天气好坏定夏季收成。

春布小满兜，晚布白露头。　福建（晋江）　注：指受到旱时的最插秧季节。

春蚕不吃小满叶，夏蚕不吃小暑叶。　黑龙江、山西、上海、江苏、广西、湖北、河北（张家口）、安徽（青阳）、河南（平顶山）、山东（临清）

春蚕勿吃小满叶，夏蚕勿吃小暑叶。　上海

春分麦入土，小满见麻尖。　河南、山西

春霜不出三日雨，小满梅阳三大水。　福建　注："梅阳"指阴雨天气，又称"黄梅"。

春壅小满兜，稳壅白露头。　福建　注：意为早稻小满追肥，晚稻白露追肥。"壅"，追肥。

粗田有人管，布田布小满。　福建（罗源）

大落大满，小落小满。

大麦不吃小满水，小麦不吃芒种水。　江苏（南京）

大麦不过小满，小麦不过芒种。　黑龙江、宁夏、甘肃、陕西（渭南）、河南（新乡、巩县、信阳）、山东（苍山）、浙江（余姚）、陕西（兴平、褒城）、安徽（淮南）　注：南方麦区，一般大麦的收获期在小满节前后，小麦的收获期在芒种节前后。而北方麦区农谚通常为"大麦不过芒种，小麦不过夏至"。

大麦过小满，勿割自会断。　江苏（苏州）

大麦勿吃小满水，小麦勿吃芒种水。　浙江（萧山）

大麦勿过小满，小麦勿过芒种。　上海　注：指收获期。

大雨落在小满前，农夫不愁水灌田。　安徽、宁夏

到了小满节，昼夜难得歇。　注：小满时节后期，夏收、夏种、夏管，三夏大忙的序幕从此时拉开，这是农民一年中又一个繁忙的季节。流行于上海地区的农谚"小麦过小满，勿割自会断"、"麦子一熟不等人，耽误收割减收成"，就是说明麦子一熟就要收割，否则就会减少收成。"小满见三新"，到了小满时节，大麦、小麦、

油菜、蚕豆等都要收获了，对棉花、水稻等作物，在这前后也要下种，故另有农谚说："过了小满十日种，十日不种一场空"，而且种后就要加强田间管理。所以到了小满和芒种时节，农民们忙得昼夜都难得歇息。

到了小满节，昼夜难得歇。 河北

东风迎小满，立夏雨哗哗。 海南

蕃茄种在小满前，夏至以前要种完。 陕西（西安）

过了小满，伙计不听老大管。 山东（长岛）

过了小满，青熟就砍。 山西（运城）

过了小满，薤果子挽转。 湖北

过了小满十日种，十日不种一场空。 河北、内蒙古 注：指要抓住这个最后的播种时机，把应播的都播上，如果再拖后，即便勉强种上，也难以成熟，秋后即有"一场空"的危险。

过小满，十日种，十日不种一场空。 山东、河南、山西（新绛）、河北（武安）

好蚕不吃"小满"桑，好牛不吃中午草。 江西、湖南

好蚕不吃小满桑，好牛不吃中午草。 江西（安义）

好蚕不吃小满叶。 湖北、山东、山西、江西（永修）、河南（郑州）、上海（宝山） 注："不"又作"勿"。

好蚕勿吃小满叶，小满三朝见新茧。 上海

黄麻不起春，只要小满青。 上海

节到小满，亲鱼催产。

节到小满见三新，樱桃黄瓜大麦仁。 河北、山东（兖州）

今年小满出水，明年正月曝脯。 福建（建瓯）

紧赶慢赶，小满开铲。 吉林 注："小满，又作"芒种"。

紧赶慢赶，小满开割。 黑龙江

雷打暑，洗净锅头无米煮。 广东（广州） 注：又作"雷打暑，冇得煮"。

雷打小暑头，七月水横流。 广东（连山）[壮族] 注："水"广州作"大"。

立夏花，满车拉；小满花，不回家。 山西（忻州）

麦傍小满禾傍秋，冬后十日满田黄。 湖南（湘西）[苗族]

麦奔小满谷奔秋。 陕西（武功）

麦奔小满禾奔秋。 湖南

麦到小满，到立秋。

麦到小满，稻到立秋。 注："稻"，早稻。

麦到小满稻到秋，再不收割就会丢。 江西（进贤）

麦到小满谷到秋，迟早成熟一路收。 浙江、安徽（庐江） 注："到"又作"交"。

麦到小满谷到秋，是早是迟一路收。　湖北　注："谷"，指中稻。
麦到小满谷到秋，再要不收一半丢。　河南（扶沟）
麦到小满谷到秋。　湖北、河南（罗山）
麦到小满季节，灌满浆，芒种收割。　江苏
麦到小满日夜黄，割了麦子老了茶。　福建（晋江）
麦到小满日夜黄。　上海、河北（唐山）、江苏（淮阴）、浙江（金华）
麦到小满死，谷到白露黄。　湖北
麦过小满，日红夜红。
麦过小满，一日更比一日黄。　安徽（宿州）
麦过小满谷过秋，再不收割就要丢。　江西（波阳）
麦过小满七八天，麦过芒种青有面。　河南
麦过小满十八天，就是不熟也要干。　河南（周口）
麦交小满谷交秋。
麦交小满谷交秋，寒露才把豆子收。　陕西、河南（商丘）
麦交小满谷交秋。　河北、河南（新乡）、江苏（无锡）
麦进小满，青黄不管。　云南
麦子不吃小满水。　湖南
麦子不喝小满水。　山西（壶关、繁峙）
猛雨下在小满前，农夫不愁雨灌田。　云南（昭通）
棉花最晚，不可种到小满。　河南（新郑、鲁山、濮阳、灵宝）
秋过小满十日种，十日不种一场空。　河南（南阳）
小满三天麦粑香。　河北（邢台）
上十天小满过小满，中十天小满靠小满，下十天小满起小满。　江苏（南通）　注："上，中，下"，指小满在四月的哪一旬。
莳田到小满，竹篙点火搞原田。　广东
莳田莳到小满，不得禾桶满。　广东
莳田莳小满，拌禾只有秆。　广东
水满江河满，不满天必旱。　海南（海口）
头蚕勿吃小满叶，二蚕勿吃夏至叶，秋蚕勿吃白露叶。　浙江
头满的胡麻二满的谷。　宁夏
头水谷子小满种，小满麦子淌头水。　宁夏
土旺种小苗，小满种糜谷。　甘肃（庆阳）
五月立夏小满来，抓紧育蚕把桑采。　上海
西风送小满，夏季定是旱。　海南
西瓜怕热雨，麦子怕热风。　注：小满时，大田西瓜一般正处于坐果期，温度过高会影响花粉的活力，同时花粉的耐水性弱，一旦雄花、雌花柱头淋到雨水就会

丧失生育能力，影响授粉、受精与结实；而小麦正处于乳熟期，非常容易遭受干热风的侵害。类似农谚有“麦黄不要风，有风减收成”，“麦收三月雨，害怕四月风”等。

夏到小满，种啥都不晚。　山西（临汾）

小麦过小满，不割自己断。　江西（赣西）

小麦过小满，勿割自会断。　湖北、广西、上海（川沙）、河北（张家口）

注：“勿”又作“不”。

小满，满，黄梅，管。　江苏

小满白露国，早晚勿适布。　福建（福清、平潭）

小满白露过，早吃不用播。　福建（福州）　注：指插到稻过了小满，插晚稻过了白露，均无收成。

小满半月有日食，包谷高粱当两季。　四川

小满北，大水淹头壳。　福建

小满北，掩头角，小满南，水上潭。　福建（霞浦）　注：“北、南”指风向。“掩头角”指天冷。

小满北风叫，旱断草和苗。　河北（唐山）

小满遍地青，白水田里不下种。　宁夏　注：“白水田”，方言，指不施底肥的田。

小满不成头，割了喂老牛。　江西（临川）　注：意指栽种早稻，不可违误农时，根据江西省气候条件，栽植早稻以谷雨后立夏前为宜。

小满不出头，割了喂老牛。

小满不锄田，不过三五天。　北京（延庆）

小满不割麦，麦在土里黑。　湖南（湘西）

小满不刮风，十天吃烧饼。　河南（安阳）　注：下句寓意小麦成熟。

小满不光场，麦在土里扬。　陕西（铜川）

小满不满，白雨不灌。　宁夏

小满不满，大满不管；小满满一满，大满满三满。　福建（松溪）

小满不满，大小全管。　山西

小满不满，到老不赶。　山东（潍坊）

小满不满，地裂田干。　河北（廊坊）

小满不满，干段塘坝。　四川

小满不满，干断河坎。　陕西（商洛）、河北（张家口）

小满不满，干断田坎。　四川、湖南、陕西（汉中）、贵州（贵阳）、广西（罗城、隆林）、湖北　注：后句苗谚又作“劝君快赶”；后句江陵作“长工回转”，洪湖作“犁耙高挂”。

小满不满，干断阳坎。　安徽

小满不满，高田不管。

小满不满，黄梅不管。　江苏、上海（川沙）　注：小满节无雨，黄梅时节雨少。

小满不满，今年粮减。　湖南（湘西）[土家族]

小满不满，麦粒不满。

小满不满，麦收有险。　河南（南阳）

小满不满，麦有一险。　陕西（武功）、江苏（南京）、山东（张店）、河北（雄县）　注：“一险”，指籽粒尚未饱满，极怕干旱和倒伏。在黄淮地区及长江中下游地区，小满时小麦正处于乳熟期，非常容易遭受干热风或高温逼熟的侵害，从而导致小麦叶片青枯发黄、籽粒灌浆不足、干瘪而减产。

小满不满，麦子有闪。　江苏（徐州）　注：“有闪”，闪失，危险，损失。

小满不满，芒种不赶。　福建、浙江、河北　注：“不赶”又作“乱砍”。

小满不满，芒种不管。　四川、河南、新疆、湖北、广西、浙江、江西、陕西（商洛、陕南、武功）、安徽（阜阳、淮南）、山西（太原）、山东（寿光）、广东（肇庆）　注：“不”又作“莫”；“不满”，灌浆不饱满；“不管”，不能搭镰收割。

小满不满，芒种不管：小满满，芒种管。　江苏（淮安）

小满不满，芒种不管；立夏不探，瞎胡大散。　湖南（长沙）　注：“不满”，不管，不探指不下雨。“瞎胡大散”，指没收成。“瞎胡大散”又作“长工自散”。

小满不满，芒种不管；忙一忙，三两场。　河南

小满不满，芒种不忙。　山东（高密）

小满不满，芒种大反。　福建(永安)　注:“大反”指与“不满”相反，雨水多。

小满不满，芒种开镰，麦收寒天。

小满不满，芒种开镰。

小满不满，芒种莫管，小满一满，芒种双产。　山西（晋城）

小满不满，芒种莫管。　江苏、广东

小满不满，芒种造反。　福建（南平）

小满不满，芒种做大旱；小满有满，旱田有拣。　福建

小满不满，南风不管。

小满不满，田地不管。　湖南（常德）

小满不满，无水洗碗。　海南

小满不满，下水洗碗。　四川　注：“水”指河流。

小满不满，夏至雨水少。　广东、海南（保亭）

小满不满，雨水不匀；小满要满，芒种不旱。　海南（保亭）

小满不满，种甚也不管。　山西（忻州）

小满不满黄梅不管。

小满不满芒种不管。

小满不满芒种乱吹。

小满不满塘，五黄六月抬城隍。　湖南（衡阳）

小满不起蒜，留在地里烂。　内蒙古、河南（内乡、淅川）

小满不撒花，芒种不留花。　河北（成安）

小满不收麦，杆杆都有得。　湖南（娄底）

小满不收蒜，留在地里烂。　河南（驻马店）

小满不挖蒜，蒜在泥里烂。　陕西（安康）

小满不挖蒜，土里吃一半。　湖南（怀化）[侗族]

小满不下，伏天太阳大。　四川、贵州（遵义）

小满不下，高挂犁把。

小满不下，黄梅少雨。

小满不下，黄梅雨少。　江苏（连云港）、安徽（桐城）、河南（新乡）、湖北（黄石）、江西（宜春）　注：在长江流域，小满不下雨，表示当时北方寒流弱，南方暖空气增强，温度逐渐增高，形成本地黄梅雨少。后句又作“干断塘坝”。

小满不下，犁耙高挂。　四川

小满不下雨，担水上田坝。　广西（横县）

小满不下雨，黄梅少见雨。　江苏（南京）

小满不下雨，犁耙高挂起。　四川

小满不雨，芒种无水。　湖南（湘西）[苗族]

小满不栽秧，来年闹饥荒。　云南

小满不种，芒种不留。　河北（邯郸）

小满不种高山谷。　山西（隰县）

小满不种黑。　河北（涞源）

小满不种花，种花不回家。　山东（德县）　注：“不种花”又作“去种花”。

小满不种棉，芒种提稗子，夏至见谷面。

小满不种棉。

小满布田上下工，芒种布田上下时，夏至布田上下兜。　福建（周宁）

注：指前后所插的产量高低不同，要赶季节及时插秧。

小满才种花，没柴没疙瘩。　山东

小满菜籽芒种草。　青海、甘肃（定西）　注：“草”，青燕麦草。

小满蚕麦熟。　河北、上海、江苏（无锡、扬州）、河南（新乡）

小满插金，芒种插银，夏至插秧草里寻。　安徽（舒城）

小满插齐秧，三分粮入仓。　河北（保定）

小满插田两三家，芒种插田满天下。　安徽

小满插田普天下，芒种插秧分上下。　安徽（枞阳）

小满插秧不算早，芒种插秧不算迟。　黑龙江

小满插秧个把家，芒种插秧满天下。　浙江（湖州）

小满插秧谷满仓，夏至插秧香签签。　广东

小满插秧家把家，芒种插秧普天下。　陕西

小满插秧日比日，芒种插秧时比时。　黑龙江　注：插秧要快，应尽量设法在短期内插完，时间不能拖得太长。到了芒种，更应抓紧时间插秧，故有“时比时”之喻。

小满插秧正当时，芒种插秧颗粒稀。　安徽（全椒）

小满插芋，一莵一箸。　湖南（湘潭）　注：“一箸”指收成少。前句又作“芒种贴芋”。

小满插早禾，不够养鸡婆。　江西　注：“养”又作“喂”。

小满长齐，芒种剥皮。　贵州（遵义）、湖北（荆门）、江西（赣中）

小满吃半枯。　安徽、江苏（涟水、兴化）　注：“半枯”，指麦子到小满时就成熟一半。“半枯”又作“半指”。

小满吃麦二三家，芒种吃麦遍天下。　安徽（颍上）

小满吃麦家把家，芒种吃麦普天下。　安徽

小满吃牛枯。　安徽　注：指麦子到小满时就成熟一半。

小满吃水，大满吃米。　湖北（蒲圻）

小满池塘满，不满防大旱。　福建（武平）

小满迟，清明早，谷雨立夏正是好。

小满打火夜插田，芒种插田分上下。

小满打满，大溪无满小涧子满。　福建（漳平）

小满大风，树头要空。

小满大麦黄，忙蚕又栽秧。

小满大麦黄，忙了蚕桑又插秧。　江苏（镇江）

小满大麦黄，收了大麦又插秧。　宁夏

小满大麦黄，收了麦子又插秧。　天津

小满大满，到处有水泉。　福建

小满大日，无出三日。　福建　注：指不出三日会下雨。

小满大雨大碗，小雨小碗，无雨无半碗。　福建（南靖）

小满当日见三鲜。　山东（泰安）

小满到，草种倒。　江苏（吴县）　注：“草种“，指红花草。

小满到，黄瓜叫。　福建（福州）

小满到，黄鱼叫。　上海

小满到，麦粒饱。　江苏（无锡）

小满到芒种，一种顶十种。　河南（林县）

小满稻有产。　河南（新乡）

小满的高粱芒种的谷，没牛没子的守着哭。　**甘肃（天水）**

小满的花不回家。　**山西**　注："花"指棉花。

小满的水，粮仓里的米。　**黑龙江**

小满地里一片黄。　**山西（浮山）**

小满点棉，胜如枉然。　**湖南**

小满点芝麻，夏至种大黍。　**广西**

小满定麦胜。　**山西（临汾）**

小满动三车，忙得不知他。

小满动三车。　**上海（松江、嘉定）、江苏（苏州）、江西（奉新）**　注：三车指丝车、油车和水车。江南地区到小满节气时，油菜籽已成熟，蚕已结茧，水稻要插秧，所以要及时榨油、缫丝、翻水。

小满肚，种着番薯牯。　**广东**　注：指种番薯时间太迟产量低。

小满发水。　**湖北**

小满发一碗，小暑割来煮。　**广东**　注：指单季晚稻。

小满番薯芒种田。　**福建（德化）**

小满防虫患，农药备齐全。

小满肥粪当人参。　**福建**

小满分明秋干旱。　**宁夏**　注："分明"，指天气晴好。

小满分明秋来旱。　**福建（宁德）**　注："分明"指日暖夜寒温差大。

小满风，林头空。　**河南、河北（承德、张家口）、山东（泰山）**

小满旺日头，黄梅里晒石头。　**江苏（张家港）**

小满高粱芒种谷。

小满高粱芒种谷，寒露蚕豆霜降麦。　**湖北、河南**

小满高粱芒种谷，立夏种上玉蜀黍。　**河北、山东**

小满高粱芒种谷，小满芝麻芒种黍。　**上海、河北（滦平）**

小满高粱芒种谷，再迟收不足。　**广西**

小满高粱芒种谷。　**山东、河南、河北、福建、上海、山西（临汾）**　注："谷"又作"黍"。

小满高山糜，土旺出地皮。　**宁夏**

小满割不倒，芒种割不及。　**山东、江苏（扬州）**　注：言山东一带，小满时麦子未熟，芒种时即完全熟了。

小满割不得，芒种收不得。　注：指小麦。

小满割不得，芒种削不及。　**山东、河北、陕西、甘肃、宁夏**　注：指小满时麦子未熟，芒种时即完全熟了。

小满割大麦，芒种小麦黄。　**安徽（肥西）**

小满根头滥，吃口大米饭；小满根头白，到老无收割。　**黑龙江**

小满沟不满，芒种秧水短。

小满沟勿满，为何不种旱。

小满谷，打满屋。　山西、山东、河北、河南（林县）　注：小满节种谷产量高，这是华北地区的经验。南方雨水较多，情况就不同了。安徽省农科院在合肥试验，谷子对播种期的要求并不严格，从 4 月到 7 月，随时可种，不但能正常成熟，产量也相差不多。

小满谷，当年福。　北京（房山）

小满谷，两头粗。　河北

小满谷雨忙春耕。　上海

小满刮北风，旱断寸草根。　内蒙古、山西（芮城）

小满刮北风，旱断五谷根。　山西（雁北）

小满刮风，庄户人没工。　山西（朔州）

小满刮南风，早子好三分。　福建　注："早子"指早稻。

小满过，不要布；小满田，不布还是闲。　福建（长乐）　注：指早稻。

小满过，布田唔过买物配。　广东（潮州）

小满过，葚子黑，芒种一过吃新麦。　山东（任城）

小满过后温度升，时时注意防鱼病。

小满过了是芒种，抗旱保墒要认清；男女老少齐动员，锄草追肥紧相连。

小满过三，有螟害，便会歉收。　广东

小满薅草不算薅，大暑薅草折断腰。　宁夏

小满好插田，芒种快种豆。　江苏、湖南（常德）　注：指中稻。

小满后，芒种前，麦田串上粮油面。

小满后四天绝霜。　内蒙古

小满花，不到家。　山西（浮山、沁水）、安徽（萧县）、黑龙江（伊春）

注：有些花在小满前后栽种，开花期拖后。

小满花，不归家。　辽宁、湖南、江苏、河北、福建、宁夏、甘肃（天水）、陕西（武功）、山西（太原、临县）、河南（新乡）、湖北（荆门）、安徽（淮南）、上海（宝山）　注：指小满种棉花过迟，收获不好。

小满花，不回家，谷雨花，满地抓。　山西（沁水）

小满花，不回家。　天津

小满花，不回家；大麦花，种芝麻；小麦茬，玉米要早种；麦茬田苗要早锄。　河南

小满花，不回家；谷雨花，大车拉。　河北（博野）　注：指小满种棉过迟不能高产，谷雨种棉正合适。

小满花，大把抓。　河北（张家口）

小满花，大车拉。　河北、河南、山西、山东（汶上）

小满花，芒种荚，夏至摘。 福建

小满黄鳝赛人参。 江苏（常州）

小满回头满。 广西（钟山）

小满会，种眉豆。 山东、江苏（苏北）

小满会，种眉豆；麦踏豆，紧跟溜。 山东

小满会，种梅豆。 江苏

小满夹芒种，一种顶两种。 山西（黎城）

小满见麻尖，接芒点小豆。 山西（和顺）

小满见苗，必定不见桃。 河南（新蔡）

小满见青杏，桃是五月鲜。 天津

小满见三黄。 陕西（铜川） 注："三黄"，指油菜、枣花、黄杏。

小满见三鲜。 注："三鲜"，指黄瓜、蒜薹、樱桃。

小满见三鲜：黄瓜、蒜墓和樱桃。 山东（郯城）

小满见三新，芒种吃大麦。 新疆 注："三新"，指三种蔬菜。

小满见三新，芒种见麦茬。 河北（大名） 注："三新"，指大麦、油菜、蒜薹，"围场三新"指黄瓜、樱桃和蒜薹。

小满见三新，芒种见麦茬。 河南（封丘）

小满见三新，芒种一半场。 湖北

小满见三新。 注：指到了小满时节，各种各样的大田作物及瓜果蔬菜陆续成熟并收获上市，可供人们尝鲜，故也有"小满见三鲜"之说。但各地所指"三新"或"三鲜"不同，江南地区多指大麦、油菜、蚕豆，黄淮地区多指小麦（仁）、大蒜、蚕茧。河北指青菜、茧、蒜。林县指大麦、豌豆、油菜。河南漯河指大麦、油菜．蒜。河南新乡指樱桃、茧，蒜。

小满见三汛。 江苏（吴县） 注："三汛"，指三麦、油菜、黄豆都将进入收获季节。

小满见新茧。

小满见新燕。 山东（临清）

小满江河干，芒种水漫禾。 海南（澄迈）

小满江河干，芒种水种禾。 广东（江门）

小满江河满，不满大旱天。 广东 注："大旱天"又作"天大旱"。

小满江河满，不满天大旱。 广东（韶关）

小满江河满，夏至水推秧。 广东（阳江） 注："推"又作"流"。

小满耩胡麻，平顶一朵花。 山西（朔州）

小满耩花，十年九瞎。 山东（夏津）

小满接芒种，二晚要下种。 江西（宜黄）

小满节，压番碧勿使扼；夏至节，一百死九十八。 福建（福清、平潭）

小满节，雨锐锐。　福建（惠安）　注："锐锐"指纷纷落下。

小满节，种眉豆。　河北　注："眉"又作"梅"。

小满节到，豌豆黄了。　湖北、河南（洛阳）

小满节气到，快把玉米套。

小满节无雨，黄梅也少雨。

小满节无雨，芒种节少雨。　湖南（湘潭）

小满金，芒种银，夏至栽秧草里寻。　陕西（安康）

小满尽田赶，小工饭大碗。　福建（石狮）

小满就得江河满，江河不满天苦旱，小满没满，大水后面赶。　福建

小满就要江河满，江河不满天大旱。　江西（信丰）

小满开花芒种吃。　河南（新乡）

小满看青黄，芒种场里忙。　山西（临猗）

小满快到，蓝花豆熟了。　河南（信阳）　注："蓝花豆"，方言，蚕豆，也叫胡豆。

小满来，芒种去。　福建

小满里日头，晒得开石头。　江苏（扬州）

小满两头忙，栽秧打麦场。　江苏（常州）、山东（曹县）

小满了，不种一碗了。　青海　注：指小满一到，播种旱田则迟了。

小满临，麦满仁。　河北（张家口）

小满落一滴，芒种落一粒。　海南

小满落雨透水节。　福建（晋江）　注："透水节"指小满节从头至尾都下雨。

小满麦半仓。　河南（新乡）

小满麦不满，必定有一闪。　山东（郯城）

小满麦不满，二麦有一闪。　山东（德县）　注：指小满麦子不满仁就要歉收。

小满麦地满，大麦上场小麦黄。　山东（苍山）

小满麦定胎。　河南

小满麦断根，芒种见三新。　河北（邯郸）

小满麦断根，小满好种谷。　河北（邯郸）

小满麦渐黄，夏至稻花香。

小满麦就满，不满有一闪。　山东（台儿庄）

小满麦粒硬，收成方可定。　河北（安国）、陕西（咸阳）

小满麦满。　江苏（常州）

小满麦满仓。　湖南、江西（安义、南昌）

小满麦满仁。　河北（丰宁）、河南（开封）

小满麦满仁儿。　河南（新乡）

小满麦齐穗，芒种麦上场。 注：此谚语是说，小满时麦子进入灌浆阶段，籽粒充实快，麦粒体积和鲜重达最大值。芒种时，麦粒已变黄，胚乳呈蜡状，粒重达最大值，此时是收获适期，故又有农谚称："小满三天遍地黄，再过三天麦上场。"

小满麦上浆。 江苏（镇江）

小满麦梢黄，芒种麦上场。 河南（周口）

小满麦穗齐，芒种麦上场。 宁夏

小满麦挺直，芒种麦穗齐。 黑龙江

小满麦秀齐。 天津、河北（博野）、山西（太原）

小满麦摇旗，芒种麦秀齐。 黑龙江 注："摇旗"，指拔节。"麦秀齐"，指麦穗已出齐。

小满麦也满。 江苏（苏州）

小满麦炸肚。 黑龙江

小满麦子黄，芒种麦进仓。 上海

小满麦子黄，芒种麦上场。 江苏（南通）

小满麦子黄，夏至稻花香。 广西

小满满，黄梅管。 上海

小满满，芒种管。 河南、江苏（常州） 注：指麦到小满季节灌满浆，芒种才管割。

小满满池塘，芒种满长江。 湖南（湘潭）、福建（泰宁）

小满满池塘，夏至满大江。 湖南（株洲）、广西（荔浦） 注："夏至"亦作"芒种"。

小满满池塘，夏至下九江。 江苏（丹阳） 注："九江"，泛指大江。

小满满到线，芒种管到年。 江西（萍乡）

小满满咚咚，早禾唔敢动。 注：指早稻小满时生满全田并已孕穗，不能再耕田。

小满满过线，芒种管过年。 江西

小满满过线，夏至管到懒。 海南

小满满齐沿，芒种管半年。 湖北（通城）

小满满起沿，芒种管半年。 江西（赣东） 注：谚语是说小满时塘库都落满了水，储水就能保用一段时期。

小满满渠沟，芒种不断流。 宁夏

小满忙种田，老少勿得眠。 上海

小满芒种，不是元宵佳景。 福建（德化）

小满芒种边，点火夜插田。 湖南

小满芒种边，荒山烂麦园。 湖南（娄底）

小满芒种播薯无。 福建（永春）

小满芒种节，栽薯不用压；若种夏至节，一百要死九十八。　福建（福州）

小满没青麦，寒露没青谷。　福建

小满梅，犬子不食钵底糜。　福建

小满梅。十八回。　福建　注：指小满下梅雨主以后多大雨。

小满糜，顶地皮。　宁夏、青海（民和）

小满糜，芒种谷，没米没籽守着哭。　宁夏

小满糜子芒种草。　青海（民和、乐都）

小满糜子芒种谷，没米没子守着哭。　青海（湟中）

小满棉花正当家。　浙江（宁波）

小满苗出嫁，小撮密植大田插。　宁夏

小满苜蓿发光光。　山东

小满鸟来全，芒种不种田。　黑龙江（哈尔滨）　注：指种大田。

小满暖洋洋，不热也不凉。　吉林、内蒙古、河北（昌黎）、河南（三门峡）

小满暖洋洋，锄麦种杂粮。　内蒙古、山西（晋城）

小满暖洋洋，勿热也勿凉。　上海

小满暖洋洋，夏锄好时光。　山西（新绛）

小满枇杷黄。　四川

小满枇杷已发黄。　上海（上海县、川沙）

小满七，割到迫。　广东

小满七八天，青棵都有面。　河南（三门峡）　注："青棵"，指未黄的麦棵。

小满前，见新蚕。　浙江

小满前，乱种田，小满到，插水稻。　陕西（渭南）

小满前，乱种田；小满后，光种糜子不种豆。　陕西

小满前，刨刨田；小满后，锄黑豆。　山西（偏关）

小满前，水满田，是丰年。　安徽（舒威）

小满前，一把荚；小满后，一把叶。　黑龙江

小满前插秧，秋来谷满仓。　广西（靖西）

小满前后，安瓜点豆。　内蒙古　注：小满前后主要是指菜豆等。

小满前后，点瓜种豆。　山西、陕西、内蒙古、北京（延庆）、河北（蔚县）

注："点瓜种豆"又作"栽瓜种豆"或"种瓜点豆"、"栽瓜点豆"。

小满前后，犁麻点豆。　山东、河北、山西（临汾）　注："犁麻"又作"种瓜"。

小满前后，犁麻种豆。　湖北

小满前后，蜜蜂分封。　河北、上海

小满前后，种瓜播豆。　内蒙古

小满前后，种瓜种豆。

小满前后刮大风，麦子一定好收成。　黑龙江

小满前后蜜蜂飞。　上海、河北、山西、安徽（肥西）、河南（开封）

小满前后莫行船。　福建（长汀）

小满前后一场冻。　河北（平泉）

小满前后一场雨，强如秀才中了举。　黑龙江

小满前后应时谷。　山西（孟县）

小满前后鱼汛发。　浙江

小满前后鱼汛旺。　上海、吉林（蛟河）、河南（周口）、黑龙江（绥化）、山东（梁山）、河南（郑州）、海南（海口）

小满前后种糜子，谷雨前后种谷子，清明前后种高粱，白露前后种小麦。　甘肃（庆阳）

小满前后种糜子，谷雨前后种谷子，清明前后种高粱。

小满前后种糜子，谷雨前后种谷子。　陕西、宁夏、甘肃（平凉）

小满前后种糜子。　宁夏

小满前后种早谷。　山西（阳曲）

小满前十天不早，后十天不迟。　陕西（陕南）

小满青，满洋赶。　福建（晋江）　注：“满洋”，指田野；“赶”，指忙于挑肥、施肥。

小满青粒硬，收成方可定。　宁夏

小满晴，不过三日晴。　福建（漳州）

小满晴，麦开心。　上海

小满晴，麦穗响铃。　湖北

小满晴，麦穗响铃铃。　上海

小满晴，麦子如响铃。　江苏（盐城）

小满晴，麦子响叮叮。　江西（临川）

小满晴，麦子响铃铃。　陕西、甘肃、宁夏、上海、河北（张家口）、河南（新乡）、浙江（杭州、嘉兴、湖州）　注：“子”又作“穗”。

小满雀来全。

小满葚子黑，芒种吃新贡。　河南（濮阳）　注：“葚子”方言，桑葚，也叫桑葚子。

小满葚子黑，芒种割大麦。　山东（成武）

小满葚子黑，芒种吃大麦。　山东（汶上）

小满日苍白，三夏大风来。　河北（廊坊）

小满日头，晒开石头。　江苏、上海

小满三，对头担；小满七，割到爆。　广东

小满三，对头担；小满七，割到幅。　广东（潮州）

小满三朝割草种。　江苏（常州）

小满三朝见新蚕。　江苏（吴县）、江西（永修）　注："新蚕"，新茧；"三朝"又作"十日"。

小满三朝见新苗。　注：指小满前三天就有麦收。

小满三朝麦全熟。　上海（川沙）　注：指小麦从霜降下种，到小满期间成熟。

小满三朝丝上街。　河北、江西（赣中）

小满三朝丝上行。　上海、河南（新乡）

小满三朝雾，倭豆统烂糊。　浙江（舟山）　注："倭豆"，指蚕豆。

小满三日出明鱼。　山东

小满三日见三黄。　山东

小满三日见新茧。　山西、河南、上海（嘉定、宝山、川沙）、浙江（绍兴）、河北（张家口）　注："日"又作"朝"。

小满三日麦耙香。

小满三日上，田中望麦黄。　河北

小满三日望麦黄。

小满三天遍地锄。

小满三天遍地黄，再过半月麦进仓。　江苏（徐州）

小满三天遍地黄，再过三天麦上场。　上海、安徽、江苏（徐州）

小满三天遍地黄。　河北（邢台）、安徽（太和）、陕西（武功）

小满三天见新茧。　安徽（青阳）

小满三天看麦黄。　河南（商丘）

小满三天满地黄，再过三天麦上场。　天津

小满三天望麦黄，磨好镰刀扫净场。　山西（临猗）

小满三天望麦黄，小满麦满仓。

小满三天望麦黄。　陕西、甘肃、宁夏、湖北、湖南、山东、河北、河南（新乡）、江西（安义、靖安）、江苏（南通）、上海（川沙）

小满三天望麦子黄。

小满三新见，樱桃、茧和蒜。

小满三新见，樱桃茧和蒜。　陕西、甘肃、宁夏　注：后半句又作"樱桃蒜和茧"。

小满三月见新茧。　河南（安阳）

小满桑儿黑，芒种吃大麦。　山东、河北、河南　注："桑儿"又作"桑椹"或"椹子"。

小满桑葚黑，芒种大麦割。

小满桑葚黑，芒种三麦收。　上海　注：多适用于长江中下游地区。小满时节，桑葚（桑树结的果实）成熟变黑，可以进行采摘了。芒种时节，大麦、元麦（裸大麦）、小麦等都已收获到家了。

小满桑葚黑，芒种小麦割。

小满桑葚黑。　上海

小满桑椹黑，芒种吃大麦。　江苏（南京）

小满桑椹黑，芒种大麦割。　河北、上海、河南（新乡）

小满桑椹黑，芒种割大麦。　江西（临川）

小满桑椹黑，芒种三麦收。　上海（川沙）

小满桑椹黑。　山西、上海（宝山）

小满桑籽黑，芒种割大麦。　宁夏

小满桑子黑，芒种吃小麦。　江西（进贤）　注："桑子"，指桑椹。

小满杀油菜。　山西（襄汾）

小满山头白，紧割三日麦。　浙江（绍兴）

小满山头乌，小麦出胡须。　浙江（余姚）

小满山头雾，大麦好烂糊。　湖北（大冶）

小满山头雾，晒死老黄牛。　海南

小满山头雾，小麦变成糊。　上海、安徽（石台）、浙江（慈溪）

小满山芋用箩担，芒种山芋用菜篮，夏至山芋像鸡蛋。　江苏（无锡）

小满椹子黑，芒种吃大麦。　河北、河南（新乡）、江苏（阜宁）

小满椹子黑，芒种割大麦。　河北（大名）

小满十八天，不熟也要干。　山东（曹县）

小满十八天，不熟自干。

小满十八天，不熟自己干。　河南、山西（夏县）

小满十八天，麦子不熟也要干。　河南（濮阳）

小满十八天，青秆自死。　河南（扶沟）

小满十八天，青麦也成面。

小满十八天，生熟都要干。　河南　注："干"又作"割"。

小满十日遍地黄。　陕西

小满十日吃白面。　江苏（盐城）

小满十日刀下死。　河南

小满十日见白面。　河北、陕西、河南（新乡）

小满十日满地黄。

小满十日种，不种一场空。　河北（廊坊）

小满莳田强种粟。　福建

小满莳秧好，晚莳有白蛸。　福建、江苏（南京）　注："白蛸"，稻田螟虫害。

小满莳早禾，唔够喂大鹅。　福建（龙岩）
小满收麦家把家，芒种收麦普天下。　江苏（扬州）
小满熟了樱桃茶。　河北（张家口）
小满黍子芒种麻，早黍晚麦不到家。　山东（莱阳）
小满黍子芒种麻。　湖北（荆门）
小满水，团团返。　福建（诏安）
小满水满塘，不满防大旱。　福建
小满台风无人知。　海南（文昌）
小满塘坝满，农家忙田管。　安徽
小满淌水，前三后四。　宁夏　注：指小麦浇水在小满前三天，后四天均可。
小满淌一水，麦穗象铃垂。　宁夏
小满天赶天，芒种刻赶刻。　湖南、江西、福建、河北（承德）、江苏（无锡）注：指中稻。
小满天赶天，芒种时赶时。　安徽、贵州（遵义）[苗族]
小满天落雨，日头晒脑壳。　广西（资源）
小满天难当，蚕要温和麦要寒。　江西（赣北）
小满天难做，蚕要温和麦要寒。　河南（新乡）、江苏（徐州）
小满天气晴，红苕干断藤。　四川　注："红苕"，方言，亦作"苕"，红薯。
小满天气晴，麦穗摇铃铃。　湖北
小满天若晴，十有九天阴。　广西（资源）
小满天若阴，又挨日晒挨雨淋。　广西（资源）
小满天天赶，芒种不容缓。
小满田，早种一宿高一拳。　浙江（台州）
小满田怀产。　广东　注："怀产"，指孕穗。
小满田间满，芒种又忙管。　吉林
小满田满，芒种忙管。　宁夏
小满田头雾，小麦变成糊。
小满头上一点漏，拔去黄秧栽绿豆。　江苏（江浦）
小满豌豆花，芒种吃角角。　山西（灵石）
小满豌豆芒种谷，夏至十天为晚秋。　陕西（渭南）
小满完，准备镰。　吉林、宁夏、天津（汉沽）
小满未满，还有危险。
小满闻雷伏雨少，小满无风卡脖旱。　河北（邢台）
小满乌，大水满草埔。　福建（德化）
小满乌，割草铺。　福建（龙溪）　注：指早稻叶色到小满时应转黄，否则产量低。

小满无风麦不熟，立秋无风荞不收。　内蒙古

小满无满，芒种大旱。　福建

小满无青麦，芒种插秧忙。　福建（福安）

小满无青麦，芒种一刀割。　安徽　注：利辛县“割”又作“切”。

小满无雨，碓坑无糠。　湖南（衡阳）

小满无雨，黄梅少雨。　上海

小满无雨井无泉，赶快开渠引水源。　广东

小满无雨甚堪忧，万物从来一半收；秋分若逢天下雨，纵然结果也难留。　黑龙江

小满唔满，芒种唔管。　江西（安远）　注：“唔”，安远话，意为没有。

小满五日满，粮仓装满仓。

小满勿落雨，日后雨水少。　上海

小满勿满，黄梅不管。　上海

小满勿满，芒种勿管。　上海

小满勿满，芒种要赶。　浙江（丽水）

小满勿满塘，种田佬没指望。　江苏（无锡）

小满勿上山，倒掉喂老鸭。　上海

小满勿上山，斩斩喂老鸭。　浙江（宁波）

小满勿烧柴，麦秆当柴麦爿。　浙江（台州）

小满勿下，干断塘坝。　上海

小满勿种田，一头黄秧一头便。　浙江

小满物满盈，小麦快长成，大地色彩多，青黄绿白红。

小满西风日日晴，转了东风勿到明。　江苏（南通）

小满西南风，天干热死人。　海南

小满下雨麦穿针。　江苏（镇江）　注：“麦穿针”，指细秕遇雨出芽，“麦穿针”又作“麦生须”。

小满下雨没田埂，芒种下雨无涸田。　福建（尤溪）

小满下雨通节水。　福建　注：指“小满”若要下雨，要一直下到端午节。

小满小插，芒种大插，夏至尾插。　浙江

小满小满，不热不寒。　山西（晋城）

小满小满，池满塘满。　广西（龙州）

小满小满，蛇蚤一大碗。　福建（晋江）

小满小满，还得半月二十天。

小满小满，黄梅不管。　山西（安泽）、江苏（南京）　注：“黄梅”又作“芒种”。

小满小满，江满河满。小满小满，大水上溪坂。　福建（尤溪）　注：“溪坂”

指河岸。

小满小满，麦粒渐满。　注：小满时，我国冬麦区小麦大多灌浆充实临近结束，籽粒接近饱满，麦粒开始变黄。类似农谚有“麦到小满日夜黄”等。

小满小满，麦粒渐满。小满未满，还有危险。

小满小满，麦有一险。　天津、宁夏、山西（晋城）　注：“一险”，指热风。

小满小满，芒种不管。　吉林

小满小满，塘满田满。　湖南（郴州）

小满小满，田里要满。　福建

小满小满，无处不满。　福建（福州、周宁）、江西（临川）

小满小满满田赶。　福建（宁德）

小满杏花冻。　河北（围场）

小满秧，芒种扎。　上海　注：“扎”指插秧。

小满秧长满，芒种快栽种。　贵州（黔南）[水族]

小满要赶，芒种要忙。　福建（宁德）　注：指中耕施肥要抓紧。

小满要满，不满干断田坎。　湖北

小满要满，芒种才管。　广西（资源、罗城）

小满一场雪，麦子拿牛揭。

小满一朵花，芒种乱开花。　陕西（榆林）

小满一朵花，夏至吃豆荚。　陕西

小满以前，春秧栽完。　河南（信阳）

小满蝎，堵着就食。　广东　注：“蝎”，潮州话，指三化虫。

小满樱桃昼夜红，立夏东风昼夜晴。　江苏（扬州）

小满油菜芒种麦，秋分糜子寒露谷。　陕西（咸阳）

小满莜麦，穗稠籽大。　山西（神池）

小满有雨，锅里有米。　陕西（延安）

小满有雨，节节有雨。　浙江（湖州）

小满有雨好栽秧，小满无雨干田庄。　四川

小满有雨麦苗旺，芒种有雨麦头齐。　黑龙江

小满有雨麦难收。

小满有雨麦收好，芒种有雨豌豆宜。　陕西

小满有雨麦头齐。　河南（商丘）、山东（龙口）

小满有雨收麦好，芒种有雨豌豆宜，黍子出地怕雷雨。

小满有雨收麦子，芒种有雨豌豆宜。　陕西、甘肃、宁夏

小满有雨豌豆收，小满无雨豌豆丢。　山西（晋中）

小满有雨无旱忧。　广西（荔浦）

小满有雨雨水足，小满无雨旱五谷。　新疆、广西（来宾、容县）

小满鱼米齐。 山东

小满鱼睁眼。 山东（长岛）

小满雨，肥谷米。 江西（南丰）

小满雨，肥米谷；芒种雨，无干土。

小满雨，肥米谷。 福建。

小满雨，较肥桧。 广东 注：“桧”，读若箍，豆饼。

小满雨，较肥米谷；芒种雨，无干土。 福建（平和）

小满雨，粒粒似珍珠。 黑龙江

小满雨不下，伏天太阳大。 安徽、河南（郑州）

小满雨纷纷，麦粒能穿针。 江苏（连云港）

小满雨水相赶。 福建（龙海）

小满雨滔滔，芒种似火烧，夏至如瓢浇水。 云南

小满雨滔滔，芒种似火烧。 海南、江西（赣东）、云南（昆明）

小满雨滔滔，夏至如瓢浇，芒种似火烧。

小满雨下，伏天太阳大。 湖北（郧西）

小满玉米立夏谷。 山西（襄垣）

小满玉米芒种黍。 宁夏、河北（邯郸）

小满栽禾，供不得一只鸡婆。 江西

小满栽禾两三家，芒种栽禾遍天下。 江西（黎川） 注：这是指栽植中稻而言。

小满栽禾飘水花，芒种栽禾拿打拿。 福建（建宁） 注：“飘水花”，指插秧株数要少。“拿打拿”，指插秧株数要多。

小满栽禾齐田花，芒种栽禾抓打抓。 福建 注：“齐田花”，指插秧株数要少。“抓打抓”，指插秧株数要多。

小满栽姜，夏至离娘。 注：此谚语是说，小满时分栽培的生姜，到了夏至的时候，可以掘取母姜了。因为生姜栽培的一个特点，种姜栽植以后到新姜收获时多数不腐烂，因此种姜可以回收，于生长期内提取母姜的，谚语形象的称为“离娘”。

小满栽茄子，到老不收一碟子。 山东（郯城）

小满栽山田，十年无一年。 云南（玉溪）

小满栽苕，一窝一瓢，芒种栽苕，斤多一条，夏至栽苕，筋筋吊吊。

四川（三台）

小满栽秧个把家，芒秧栽秧普天下，夏至栽秧大把抓。 陕西（汉中）

小满栽秧谷满仓，夏至栽秧一包糠。

小满栽秧家巴家，芒种栽秧遍天下。 河北（雄县） 注：“家巴家”，方言，指少数人家。

小满栽秧家把家，芒种栽秧分上下。 安徽（石台）

小满栽秧家把家，芒种栽秧满天下。　贵州（遵义）

小满栽秧家把家，芒种栽秧普天下。　河南、江苏、安徽、陕西、山西（太原）　注："普"又作"遍"。安徽原注指冬闲田，后指麦茬田。

小满栽秧家数家，芒种栽秧普天下。　陕西（安康）

小满栽秧颗颗满，芒种栽秧禾线短，夏至栽秧有个屌。　湖南

小满栽秧人人忙，芒种打火夜插秧。　河南（长葛）

小满栽秧三道根，芒种栽秧两道根，夏至栽秧一道根，小暑栽秧不生根。　云南

小满栽秧压断腰，芒种栽秧轻飘飘，夏至栽秧一包草。　云南（大理）[回族]

小满栽秧一碗油，芒种栽秧半碗油，夏至栽秧啃骨头。　云南（昆明）

小满栽秧胀破仓，夏至栽秧一包糠。　云南

小满栽秧正当急，芒种栽秧颗粒稀；夏至栽秧穗头短，万般宜早不宜迟。　贵州

小满栽秧正急急，芒种栽秧颗粒稀，夏至栽秧穗头短。

小满栽芋，三蔸一箸。　湖南

小满栽早禾，不够养鸭婆。　江西

小满栽种三道根，芒种栽种两道根，夏至栽种一道根，小暑栽种不生根。　云南（玉溪）

小满在月初，有收也勿富。　上海

小满在中腰，寒豆满担挑。　上海

小满在中腰，一个麦捆两头挑。　江苏（启东）

小满早晨西南风，这个节里干松松。　江苏（淮阴）

小满榛子黑，芒种割大麦。　河北

小满之后是芒种，抗旱保墒最要紧。

小满芝麻，芒种黍稷。　河南（新乡）

小满芝麻芒种豆，秋分种麦到时候。　注：多适用于黄淮地区。小满前后适合种芝麻，芒种前后适合种夏大豆，秋分是冬小麦播种的时节。

小满芝麻芒种谷，过了夏至种大黍。　安徽（濉南）、河南（新乡）、山东（桓台）

小满芝麻芒种谷，过了夏至种稻黍。　山东（金乡）

小满芝麻芒种谷，过了夏至种穄黍。

小满芝麻芒种谷，立夏不种，芒种急种。

小满芝麻芒种谷。　安徽

小满芝麻芒种黍。　山西、山东、河北（围场、张家口）河南（新乡）、湖北（荆门）、甘肃（天水）　注："黍"又作"谷"。

小满至芒种，一耪顶两耪。　河北（邢台）

小满中，夏至栽。　江苏　注：指晚稻。

小满种番薯用箩担，芒种种番薯用菜篮，夏至种番薯像鸡蛋。 浙江（桐庐）

小满种高粱，不用再商量。 甘肃（天水）

小满种高山，芒种种河川。 山西（古交）

小满种胡麻，到老不还家。 宁夏、青海（乐都） 注："不还家"，指不结籽。

小满种胡麻，到老还开花。 陕西（榆林）

小满种胡麻，到老一朵花。 河北、河南、山东、山西（静乐）

小满种胡麻，到秋只开花。 河南

小满种胡麻，冻死不回家。 河北（张家口）

小满种胡麻，七股八圪叉。 山西（太原）

小满种胡麻，秋后还有花。 河北（康保）

小满种胡麻，收割满地花。 内蒙古

小满种胡麻，头上一枝花。 陕西、宁夏、甘肃（天水） 注："上"又作"顶"。

小满种胡麻，至老也开花。 内蒙古

小满种胡麻，自老也开花。 内蒙古

小满种胡麻，到秋只开花。 河南

小满种胡麻，头上一枝花。

小满种胡麻，至老也开花。 内蒙古

小满种棉，砸断田埂。 江西（新建）

小满种棉不到家。 安徽（东至）

小满种棉花，光长柴火架。小满种棉花，有柴少疙瘩。

小满种棉花，秋后不归家。 河北

小满种棉花，有柴没疙瘩。 山东

小满种薯用箩担，芒种种薯用菜篮，夏至种薯像鸡蛋。 浙江

小满种田，廿担牛泥廿担便。 浙江

小满种田还勿迟，火烧黄秧呒道理。 浙江（舟山）

小满种芋没一碗。 福建（平潭）

小满种早谷。 山西（忻州）

小满种芝麻，节节都开花。 河南（漯河）

小满种芝麻，亩产二千八。

小满种芝麻，亩收一担八。 湖北（荆门）

小满种芝麻，亩收一石八。

小满种芝麻，夏至种红薯。 广西（平乐）

小满种芝麻。 湖北

小满种种看，芒种种一半，夏至要种完。 浙江（绍兴）

小满作南风，早禾好三分。　江西（宜春）

小满做南风，早稻好三分。　福建（长乐）

小妞梳小辫儿，小满迎小燕儿。　吉林

秧奔小满谷奔秋。　湖北、贵州（遵义）、云南（玉溪）

秧奔小满禾奔秋。　湖南、湖北、广东、四川、云南、山西、江苏　注：“禾”又作“谷”，指中稻。

秧到小满，不论长短。　广西（灌阳、荔浦）

秧过小满十日载，十日不栽难安排。　陕西、山西

秧过小满十日种，十日不种一场空。　湖北

秧过小满十日栽，十日不栽难安排。　陕西、广东、山西（太原）

秧过小满十日种，十日不种一场空。　湖北、安徽（舒城）、河南（濮阳）

秧过小满十日种，十日勿种一场空。　浙江

养蚕养到小满上，养蚕娘子要吃糠。　浙江

一到小满，种种管管。　福建

油菜不过小满。　浙江（萧山）

油菜勿过小满。　上海　注：指收割期。

雨打小满头，鱼虾目滓流。　福建（惠安）

雨洒小满节，豆子用手捏。　黑龙江

芋蛋种小满，不够掘一碗。　福建［畲族］

栽禾栽到小满，打禾不得箩筐满。　广东

栽禾栽到小满，亩田收得斗半。　江西（新余）

栽田栽到小满，割稻不够养老妈。　福建

栽秧无非小满，古语栽秧早一天。　陕西

枣发芽，种棉花，过了小满就白搭山东。　山东（济宁）

芒　　种

芒种，二十四节气中的第九个节气。公历每年6月5日或6日太阳到达黄经75°时为芒种。华北地区有“四月芒种麦在前，五月芒种麦在后”的说法，这种情况是阴历算法造成的。按阴历计算，一年实际上是344～345天。这比地球绕太阳一周的天数要少10～11天，因此必须三年一闰（有时是两年一闰），补充所短的天数。闰月时，节气不是提前就是推后，因而芒种有时在4月，有时在5月。中国农民深知4月芒种由于打春早，节气推前，所以种庄稼就种得早，要种在芒种前，5月芒种，就把庄稼种在节气之后。

《月令七十二候集解》：“五月节，谓有芒之种谷可稼种矣。”意指大麦、小麦等有芒作物种子已经成熟，抢收十分急迫。晚谷、黍、稷等夏播作物也正是播种最忙的季节，故又称“芒种”。春争日，夏争时，“争时”即指这个时节的收种农忙。人们常说“三夏”大忙季节，即指忙于夏收、夏种和春播作物的夏季管理。

芒种的“芒”字，是指麦类等有芒植物的收获，芒种的“种”字，是指谷黍类作物播种的节令。“芒种”二字谐音，表明一切作物都在“忙种”了，所以“芒种”也称为“忙种”。

“芒种”的农事活动讲究“适时而作”。对中国大部分地区来说，芒种一到，夏熟作物要收获，夏播秋收作物要下地，春种的庄稼要管理，收、种、管交叉，是一年中最忙的季节。长江流域“栽秧割麦两头忙”，华北地区“收麦种豆不让晌”，“芒种芒种，样样都忙”。由于小麦成熟期短，收获的时间性强，天气的变化对小麦最终产量的影响极大。这时沿江多雨，黄淮平原也即将进入雨季，芒种前后若遇连阴雨天气及风、雹等，往往使小麦不能及时收割、脱粒和贮藏而导致麦株倒伏、落粒、穗上发芽霉变及“烂麦场”等，使眼看到手的庄稼毁于一旦。所以，“收麦如救火，龙口把粮夺”的农谚正形象地说明了麦收季节的紧张气氛，必须抓紧一切有利时机，抢割、抢运、抢脱粒。“春争日，夏争时”，一般而言，夏播作物播种期以麦收后越早越好，以保证到秋前有足够的生长期。

芒种到来预示着全国各地农忙季节的正式来临。陕西，甘肃、宁夏是“芒种忙忙种，夏至谷怀胎”。广东是“芒种下种、大暑莳”。江西是“芒种前三日秧不得，芒种后三日秧不出”。贵州是“芒种不种，再种无用”。福建是“芒种边，好种籼，芒种过，好种糯”。江苏是“芒种插得是个宝，夏至插得是根草”。山西是“芒种芒种，样样都种”。“芒种糜子急种谷”。四川、陕西是“芒种前，忙种田，芒种后，忙种豆”。从以上农事可以看出，到芒种节，我国从南到北都在忙种了，农忙季节已经进入高潮。

芒种不种高山谷，过了芒种谷不熟。　北京
芒种忙忙割，夏至无一颗。　安徽
芒种收新麦，立夏快插田。　安徽
芒种不见苗，到老不结桃。　安徽
芒种插稻天赶天，夏至插秧时赶时。　安徽、河南、四川、陕西
芒种插秧不算早，夏至插秧不算迟。　河北
芒种忙忙插，“夏至”挂犁耙。　四川、陕西
芒种没雨麦难收，夏至没雨豆子丢。　河南
芒种三天无青麦，长到小满玉米芒种黍。
芒种栽芋重十斤，夏至栽芋光根根。　安徽
芒种种高粱，不如喂母鸡。　河南、湖北
不到芒种，棉被莫入槓。　广东（深圳）
不到芒种不算忙，不到夏至不老秧。　湖北
不到芒种人不忙，芒种打火夜插秧。　湖北
不到芒种人勿忙。　浙江（湖州）
不怕芒种夏至，最怕七月十四。　广东（连山）　注：指最怕七月十四日有大雨。
布谷叫，芒种到。　天津、宁夏、吉林
蚕老桑子黑，芒种吃大麦。　河南（濮阳）
插秧如赶考，收麦如抢宝。　陕西
吃了芒种水，死禾爬跳起。　江西（靖安）
大麦不过芒种，小麦不过夏至。
山西、山东、河南、河北、湖北、陕西、甘肃、宁夏、浙江（杭州、嘉兴、湖州）、江苏（苏北）、江西（莲花）、山东（日照、泰山）
大麦不过芒种，小麦不过小满。　湖北
到了芒种不忙种，夏至栽来不中用。　贵州（铜仁）[苗族]
稻插芒种收，稻插夏至丢。　宁夏
端阳有雨是丰年，芒种闻雷美亦然，夏至风从西边起，瓜蔬园内受煎熬。
端阳有雨是丰年，芒种闻雷天报喜。　海南（海口）
发尽桃花水，必定旱芒种。　湖北（松滋）
番子不食芒种水。　福建　注：“番子”，双季晚稻。
番薯插苗芒种腹，收成大过人头壳。　福建　注：“芒种腹”，指芒种期间。
赶上芒种种豆子，夏至不种高秆糜。　甘肃（天祝）
过了芒种，不可强种。　安徽、广西、湖北、河南、辽宁、吉林、北京、河北（武安、定兴）、云南（大理）[白族]、黑龙江（绥化）、海南（儋县）　注：“可”又作“得”。由于早霜来临早，从芒种至早霜来临只有100天左右的时间，过了芒

种再播种的作物一般很难正常成熟。

过了芒种，不可抢种。

过了芒种，不可下种。　广西（融安）　注："下种"亦作"强种"。

过了芒种，不能强种。　四川、吉林　注："能"又作"可"。

过了芒种，不要忙种。　山西（新绛）

过了芒种，过不了夏至。　山东

过了芒种，还有十天急种。　山西（左云）

过了芒种，紧塞塘孔。　湖南（零陵）

过了芒种，快把棉衣送。　湖北（咸宁）

过了芒种，生熟都弄。　山东（曹县）　注：一边夏收一边种植，意指早腾茬，以备播种。

过了芒种别胡种。　山西（浮山）

过了芒种不补种。　湖北

过了芒种不点棉，过了夏至不插秧。　广西、河南（商城）

过了芒种不栽棉，过了夏至不种田。　四川、湖北（鄂北、荆门）　注："栽棉"又作"种棉"，"种田"又作"栽田"。

过了芒种不种，过了夏至不莳。　福建（建瓯）

过了芒种不种稻，过了夏至不栽田。

过了芒种不种棉，过了立秋不种田。　四川

过了芒种不种棉，过了立夏不种田。　四川、江西（进贤）、云南（红河）[彝族]

过了芒种不种棉，过了夏至不栽田。　湖南、山东（郓城）、江苏（镇江）、陕西（安康）、河南（南阳）

过了芒种不种棉，过了夏至不种田。　江苏（徐州）

过了芒种不种棉。　河北（安国）

过了芒种急种田，早种一天是一天。　陕西（铜川）

过了芒种节，不管熟和青。　山西（河津）

过了芒种无青麦，过了寒露无青豆。　上海　注："无青豆"，指黄豆成熟。

过了芒种无生麦。　河北（邯郸）

好禾不离芒种秧。　广东

禾生芒种节，家伙不离手。　广东　注：指双季早稻开始收割。

禾望芒种水，芋望夏至坭。　广东

慌慌张张，芒种下岗秧。　广东　注："岗"，指丘陵小山坡的地。

接芒点小豆。　山西（和顺）

结不结，芒种乱割麦。　河南（潢川）

紧赶慢赶，芒种开铲。　内蒙古

紧赶慢赶，芒种下铲。　辽宁、吉林、黑龙江、河北

进入芒种六月天，抓紧铲蹚莫消闲。　吉林

九尽花不开，芒种没有麦。　山东（曹县）

九尽杨不落，芒种麦不割。　山东

九九杨不落，芒种麦不割。　河南（郑州）

雷打芒种，稻子好种。

雷打芒种好年成。　江西（信丰）

雷打芒种头，河鱼眼泪流；雷打芒种脚，河潭刮三刮。　福建（福鼎）　注："头、脚"分别指早晨和晚上，"刮三刮"指干旱。

雷公打芒种，谷子满仓送。　广西（上思、来宾）

六月里芒种割芒种，五月里芒种刚搭镰。　山西（芮城）

麦到芒种谷到秋，寒露才把豆子收。　河北、山东、河南、安徽

麦到立夏死，豆到立秋黄。　湖北

麦到芒种，稻到立秋。　安徽　注：稻指早稻。

麦到芒种，高粱到秋。　山东

麦到芒种刀不歇。　安徽

麦到芒种刀下死。　江苏（淮安）

麦到芒种二百三，早晚都一般，麦到芒种二百五，神仙也难估转麦到芒种一百八，掌柜多给撒一把。

麦到芒种割半拉。　山东（梁山）　注："半拉"指半边、半块，这里指收割过半。

麦到芒种谷到秋，白露一到把豆钩，过了霜降刨芋头。　山东（曲阜）

麦到芒种谷到秋，豆子寒露及时收。　河南（南阳）　注："秋"，指秋分。

麦过芒种青有面，枣过白露青地甜。　河南（郑州）

麦到芒种谷到秋，豆子寒露快镰钩。　山西（新绛）

麦到芒种谷到秋，豆子寒露拿镰割。　河南（永城、项成、荥阳、西华）

麦到芒种谷到秋，豆子寒露使镰钩，骑着霜降收芋头。　山东

麦到芒种谷到秋，豆子寒露用镰钩，骑着霜降收芋头。

麦到芒种谷到秋，寒露才把地瓜收。　吉林

麦到芒种谷到秋，寒露才把冬梨收。　宁夏

麦到芒种谷到秋，寒露才把豆子收。　上海、宁夏、天津、湖北、山东、河北（张家口）、河南（新乡）、江西（安义）　注："到"又作"过"。

麦到芒种谷到秋，寒露才把红薯收。　山东（梁山）、河北（邯郸）

麦到芒种谷到秋，寒露方把豆子收。　安徽（涡阳）

麦到芒种谷到秋，寒露以后刨红薯。

麦到芒种谷到秋，黄豆割在秋分前后。　山东

麦到芒种谷到秋，芝麻到了白露收。　安徽（阜南）

麦到芒种谷到秋。　上海、湖北、山东　注：“到”又作“立”。

麦到芒种谷立秋，豆子寒露使镰钩。　山东、河南、河北、湖北

麦到芒种谷入秋，迟割一时见半丢。　山东

麦到芒种连芒死，出暑三日无生谷。　山东（新泰）

麦到芒种秋到秋。　河北、陕西、甘肃、宁夏　注：“秋”，指高粱。

麦到芒种秫到秋，豆子顶到寒露收。　安徽（阜阳）

麦到芒种秫秫到秋，黄豆白露往家收。　安徽（凤台）

麦到芒种薯到秋，豆过天社使镰搂。　山东

麦到芒种死，谷到秋分熟，寒露快把谷子收。　山西（芮城）

麦到芒种夜夜老。　浙江（湖州）

麦到芒种自死。

麦到夏至谷到秋，寒露才把豆子收。　山西、山东、河南、河北

麦到夏至谷到秋，秋风才把豆子收。　山东（平度）

麦到小满，稻到立秋。

麦顶芒种秋顶秋，过罢霜降刨芋头。　山东

麦割芒种谷立秋，豆过寒露使镰钩。　山东（蒙阴）

麦过了芒种，过不了夏至。　山东、河北

麦过芒种稻过秋，豆过天社使镰钩。

麦过芒种谷过秋，寒露才把豆子收。　山东

麦过芒种谷立秋，豆过寒露用镰钩。　山东、湖北、河南、河北　注：“过”又作“到”，“用”又作“使”，“豆过”又作“豆子”。

麦过芒种谷立秋，豆过天社使镰钩。　山东　注：“立”又作“到”或“过”。

麦过芒种谷立秋，豆子过了天社用镰钩。　山东

麦过芒种谷立秋，豆子秋分前后收。　安徽（天长）

麦过芒种谷立秋，豆子收在分前后。　山东

麦过芒种自死。　山西（万荣）

麦见芒，一月黄。　新疆

麦稍黄，不到芒种不得尝。　陕西

麦熟芒种，豆熟秋分。　河南（荥阳）

忙种、忙种，不可强种。　黑龙江（哈尔滨）

芒不芒，两三场。　山西（晋城）

芒不芒，三两场。　河南

芒不种豆。　青海（西宁）

芒不种谷，夏不种糜。　陕西（延安）　注：“芒”，芒种；“夏”，立夏。

芒不种青稞。　青海（大通）

芒后逢壬立梅，至后逢壬梅断。

芒前，禾头正；芒种后，禾头斜。 福建

芒种，不动镰；芒种后，不见面。 陕西

芒种，芒种，该种就种。

芒种，芒种，过了芒种，不可抢种。 天津 注："抢种"亦作"强种"。

芒种，芒种，六谷黄豆都好种。 浙江（奉化）

芒种、立夏，亲戚见面不说话。 河南（周口）

芒种、夏至，有食懒去；立冬、小夏，煮饭唔彻。 广东（梅州） 注："唔彻"，意即来不及。

芒种白拉拉，大水打上壁。

芒种北风多，六月大风多。 福建

芒种北风起，庄稼根干死。 福建（仙游）

芒种秕，中秋蛏。 福建 注："秕"，虾秕，小虾。

芒种边，好栽籼；芒种过，好栽糯。 福建（顺昌） 注：指籼稻在芒种时适期播种，粳、糯稻在芒种以后适期播种。

芒种边，七天七夜不见天。 湖南

芒种变，临时变；夏至变，死没变。 福建 注：指芒种出现阴雨天气较短，夏至出现阴雨天气持续时间长。

芒种播田看水花，夏至播田上兜抓。 福建

芒种播田上下工，夏至播田上下昼。 福建 注：指芒种插秧前后两天就不一样，夏至插秧上下午就不一样。

芒种播田时，女人领棉被，男人领棕衣。 福建

芒种播早番，两番没一番。 福建（同安）

芒种不播秧，没米赶军坡。 海南（海口）

芒种不播种，夏至水流秧。 广东（高州）

芒种不插秧，谷子是米糠。 陕西（安康）

芒种不插秧，流泪望谷仓。 广西（柳江）

芒种不插秧，秋后喝菜汤。 陕西（延安）

芒种不插秧，夏至不种芝麻。 广西（龙州）[壮族]

芒种不出蒜，烂了没的怨。 河北（定州）

芒种不出头，不如拔了喂老牛。

芒种不出头，不如拔起喂了牛。 注：指棉。

芒种不出头，割了喂老牛。 河南

芒种不动钐，必是减一半。 河南（临颍）

芒种不分桠，夏至禾不花。 江西（宜春）

芒种不割，夏至不留。 江苏（淮阴）

芒种不割田倒，夏至不打飞跑。 湖北（嘉鱼） 注：指农作物不及时收割就会倒伏，不及时打就要生虫蛾。

芒种不割土里钻，夏至不打飞满天。 注：麦子割晚了容易落粒（土里钻），上场后打晚了，容易淋雨生芽，或被虫蛀空。等到麦蛾满天飞，怨天也没用了。

芒种不割土里钻，夏至不打天上飞。 山东、湖北（荆门） 注："割"又作"收"

芒种不旱会大旱。 福建（将乐）

芒种不见菌，到老不见桃。 山西（临汾）

芒种不见棉花苗，到了秋天不结桃。 河南（商丘）

芒种不见苗，到老不结桃。 四川、湖南、陕西（渭南）、江苏（盐城）、湖北（荆门）、安徽（淮南、望江） 注："桃"，指棉花。

芒种不见苗，棉花不结桃。

芒种不浸谷，立冬禾不熟。 广东（高州）

芒种不开镰，不过三五天。

芒种不可强种，种了也白瞎种。

芒种不可强种。 北京（昌平、顺义）、河北（玉田） 注："强"又作"抢"。指芒种时播种已晚。

芒种不留花，留花是白搭。 河南

芒种不忙，年后没得噇。 江苏（泰兴） 注：方言，噇，音 chang，指大吃大喝。

芒种不忙，一年无粮。 河南（扶沟）

芒种不忙栽，夏至谷怀胎。 贵州

芒种不怕火烧天，夏至不怕雨连绵。 江西（宜黄）

芒种不怕火烧天。 江西

芒种不收草里眠，夏至不碾飞满天。 陕西（咸阳） 注："草里眠"，指不及时收，麦粒自落草中；"飞满天"，指麦子外皮自己破裂。

芒种不收草里眠，夏至不碾飞满天。 陕西

芒种不收天上收。 湖北（荆门）

芒种不收土里钻，夏至不打飞满天。 河南（许昌） 注："飞满天"，指麦生蛾子。

芒种不抬头，一直忙到秋。 吉林、宁夏

芒种不下，高挂犁耙。 河南（宣阳、信阳）

芒种不下，犁耙高挂。 江苏

芒种不下雨，两日半发大水。 上海

芒种不下雨，夏至十八河。 贵州

芒种不写大一字。 湖北（远安） 注："写大一字"，喻舒坦地睡觉。

芒种不雨，犁耙挂起。　山东
芒种不雨汛来早。　河北（邢台）
芒种不栽田，夏至不栽棉。　四川
芒种不栽秧，谷子是米糠。　宁夏、陕西（武功、陕南）、山西（太原）
注："栽"又作"栽"，"是米糠"又作"一把糠"。
芒种不栽秧，秋来吃谷糠。　贵州（贵阳）[布依族]
芒种不种，迟种无用。　四川
芒种不种，等于白空。　江西（赣中）
芒种不种，过后落空。
芒种不种，过了急种。　江苏
芒种不种，好似白种。　江西（大余）
芒种不种，还要抢种十日。　山西（长子）
芒种不种，莫怨仓空。　湖南（湘西）[苗族]
芒种不种，一年落空。　广西（宜州）
芒种不种，再种无用。　贵州
芒种不种，种来无用。　贵州
芒种不种，种起无用。　湖南（城步）
芒种不种，种下无用。　云南（红河）[彝族]
芒种不种高杆糜，低着腰儿把地犁。　青海（民和）
芒种不种高山谷，过了芒种谷不熟。　安徽（霍山）
芒种不种谷，抢种十日谷，夏至高山不种黍，抢种十日小稷黍。　北京（延庆）
芒种不种谷，夏至可种糜。　青海
芒种不种谷，种谷抱着哭。　北京（延庆）
芒种不种谷。　山西（长治）
芒种不种棉，小满不栽田。　广西（南宁）
芒种不做夏至过。　江西（于都）
芒种布田好大豆，夏至布田不气蔸。　福建（周宁）　注：指中稻。
芒种布田上下午，夏至布田上下蔸。　福建（龙溪、周宁）　注："午"又作"日"。
芒种插得是个宝，夏至插得是根草。　江苏　注：指水稻插秧要早，才能壮苗高产。芒种时节插秧比较好，夏至插秧有点晚，水稻生育期缩短，不利于高产。
芒种插禾，斗天一箩。　湖北
芒种插苗是个宝，夏至插苗是根草。　福建　注：指旱地瓜苗。
芒种插薯，一蔸一柱。
芒种插薯，一蔸一柱；小满点棉，胜如枉然。　湖南
芒种插薯，一蔸一箸。　湖南

芒种插薯百是百，夏至一千折八百。　福建

芒种插薯不用压，一千还剩九百八。　福建（惠安）

芒种插薯是个宝，夏至插禾是根草。　湖南（岳阳）

芒种插薯是个宝，小满芝麻棵棵好。

芒种插薯是个宝，小满芝麻株株好。　广西

芒种插薯是个宝．小满芝麻棵棵好。　注：此谚语是说，芒种时用茎蔓栽种甘薯和小满期间播种芝麻最为适时。“是个宝”、“棵棵好”是谚语押韵的表现手法。

芒种插田是个宝，夏至插田是根草。　湖南、江苏　注：指中稻。

芒种插秧不算早，夏至插秧不算迟。　江苏、浙江、广东、安徽（青阳）、河北（张家口）　注：“不算”又作“不为”。

芒种插秧结金塔，夏至插秧米粒稀。芒种插秧天赶天，夏至插秧时赶时。

吉林

芒种插秧快起莸，夏至插秧两个头。　福建（福鼎）　注：“两个头”，意指插后根很难长，指好在第一节再生新根成活。

芒种插秧容易老，夏至插秧得根草。　广西（陆川、博白）

芒种插秧天赶天，夏至插秧时赶时。　陕西（武功、咸阳）、河南（濮阳）

注：“插”，又作“栽”，“天赶天”又作“日赶日”。

芒种插秧勿算早，夏至插秧勿算迟。　浙江

芒种插秧勿算早，夏至插秧勿算晚。　上海

芒种插秧秧易老，夏至插秧是根草。　广西

芒种插秧要赶天，夏至插秧要赶时。　海南

芒种插秧夜打火，夏至插秧光杆壳。　宁夏、陕西（武功、渭南）、山西（太原）

芒种插芋，三莸两著。　湖南（湘乡）、安徽（亳州）　注：指芒种插芋，太失时间性了，也没有繁盛的可能。

芒种扯，夏至铲。　广东　注：“扯”，广州话，拣草。

芒种吃打麦。　山东（菏泽）

芒种赤煞煞，大水十八交。　注：“赤煞煞”，又作“晴”。

芒种虫，食到哄。　广东　注：“食”又作“吃”。

芒种虫，食到穷。　广东

芒种抽芒，夏至抽穗。　江西（吉水）

芒种出日头，河里露石头。　湖南（衡阳）

芒种出粟，夏至出禾。　湖南（衡阳）

芒种打灯夜插秧。　安徽、湖北、江苏　注：“灯”又作“火”，指插麦田秧。

芒种打鼓宿插秧。　安徽（天长）

芒种打火夜插秧，抢好火色多打粮。　注：“打火”，指掌灯。

芒种打火夜插秧，棒槌落地都生根。　湖北

芒种打火夜插秧，过了夏至插秧分早晚。　江苏

芒种打火夜插秧，抢好火色多打粮。　湖北（荆门）

芒种打火夜插秧，一日要办九日粮。

芒种打雷好年成。　河南（周口）

芒种打雷年成好，一日春雷十日雨。　山东（乳山）

芒种打雷年成好。　湖南、广西（象州）、黑龙江（牡丹江）[满族]

芒种打雷是旱年。　湖南、河南、河北（邯郸）、陕西（宝鸡）

芒种打雷收成好，端午有雨是丰年。　浙江

芒种打雷天下旱，夏至打雷米生虫。　福建

芒种打雷下大雨，一升芝麻换升米。　四川

芒种打田不堵水，夏至栽秧少一腿。　贵州（遵义）

芒种打田不坐水，夏至栽秧米颗稀。　贵州

芒种打田不坐水，夏至栽秧少一腿。　贵州（贵阳）　注："坐水"，方言，蓄水。

芒种打田夏至栽，七斜八倒也怀胎。　湖南（衡阳）

芒种打田一碗装，夏至栽秧一堆糠。　贵州（遵义）　注：喻打田、栽秧晚了就不会有好收成。

芒种打田用碗装，夏至栽秧象高粱。　贵州

芒种打头夜耕田。　江西（南昌）

芒种大家乐。　江苏（苏州）

芒种大麦收，鲦鱼大回游。　上海

芒种大忙，能多打粮。　吉林、内蒙古　注：在芒种这个节气里，农活重点是以夏锄为中心的田间管理。要突击夏锄，加速夏锄进度，提高夏锄质量。间苗作物要结合锄地，适当间苗，大豆等也要结合锄地适当疏苗。小麦等应追肥灌水。芒种也是缺苗补种和播种糜黍等小日期作物的主要时期，是春播的结尾时期。

芒种当，下晚秧。　福建（晋江）

芒种刀下死，老少一齐黄。　江苏（高邮、兴化）

芒种刀下死，老少一齐忙。　江苏（盐城）

芒种到，无老少，黄金铺地，老少弯腰。　江苏（常州）

芒种到，无老少。　河北

芒种到，夏种闹。　安徽（宿松）

芒种到夏至，老少一齐忙。　上海

芒种稻出耸。　广东　注："出耸"，吐穗。

芒种稻亢亢。

芒种稻茸茸。　浙江

芒种稻冗冗。

芒种的糜，如手提。 宁夏 注：指芒种种糜，生长快。

芒种的水麦成堆，夏至的水一泡灰。 甘肃（张掖）

芒种灯火夜插秧。 宁夏、安徽

芒种地里没青苗。 河南（许昌）

芒种地里无青苗。 湖北（襄阳）

芒种地里无剩麦。 安徽、江苏（南通、镇江）

芒种点灯夜插秧。 江苏（连云港）

芒种点一点，旱田谷易捡；芒种旱一旱，大水十八番。 福建

芒种碟，无讨食。 福建（诏安）

芒种顶端午，一亩地拾个单裤。 山东（滨州） 注：指农历五月五日芒种则不收棉花。

芒种定早禾，白露定晚禾。 江西（全南）

芒种都打板，夏至禾出穗。 山东、湖北

芒种豆，夏至稻。 河南（新乡）

芒种豆打板，夏至禾出穗。 山东、湖北

芒种豆打板，夏至禾出穗；芒种莫锄豆，夏至莫锄禾。

芒种豆打板，夏至禾出穗；芒种莫锄豆，夏至莫耘禾。

芒种端午前，处处有荒田。 天津、江苏（镇江）、陕西（安康）、海南（文昌）

芒种端午前，处暑有荒田。

芒种端午前，打起火把去耘田。

芒种端午前，点火夜耕田。 四川、浙江（杭州）

芒种端午前，家家有荒田，夏至连端午，家家卖儿女。

芒种端午前，农民处处欢。 河北（张家口）

芒种端午前，无车莫种田。 江苏（扬州）

芒种端午前，修车去种田。 广西（荔浦） 注："车"指水车。

芒种端阳前，处处有荒田；芒种端阳后，处处有酒肉。 宁夏

芒种端阳前，到处有荒田；芒种端阳后，到处有秧田。 吉林

芒种多西南，早稻病虫重。

芒种蛾多，夏至虫多。 山西（忻州）

芒种发北风，干断青苗根。 湖北（浠水）

芒种发夏至，梅饭顶到鼻。 福建（福清、平潭） 注：意指芒种节发夏至南风，风调雨顺，水稻丰收。

芒种发夏至，米饭顶到鼻。 福建（福州）

芒种放山兰，夏至忙插秧。 海南（琼海）

芒种疯鲨。 广西

芒种逢雷物质茂。

芒种逢壬必霉。

芒种逢壬必有霜。　上海

芒种逢壬便立梅。

芒种逢壬便立霉，遇辰则绝。

芒种逢壬便入梅，夏至逢庚便出梅。　上海

芒种逢壬便入梅。

芒种逢壬入梅，夏至逢庚出梅。　江苏

芒种逢壬入霉，夏至逢庚出霉。

芒种复至日渐长，小麦大麦抢上场。　浙江

芒种腹，栽番薯较大头壳。　福建（晋江、惠安）

芒种赶禾发，夏至赶禾胎。　广西（邕宁）

芒种赶紧种，夏至谷怀胎。　湖南（常德）　注：指迟熟早稻

芒种赶紧种，夏至谷怀胎；伏天铲破皮，好比秋后耕一犁。　东北地区

芒种赶快芽，夏至出禾花。　江西（弋阳）

芒种赶忙栽，夏至谷怀胎。　吉林、海南、福建（浦城）、浙江（金华）、山西（平遥）　注："赶忙栽"又作"紧忙种"。

芒种高山荞，立夏高山糜。　宁夏

芒种割麦，立秋割谷，天社割豆。　山东（高青）

芒种割一半，收麦如救火。　江苏（南京）

芒种割一半。　山东、河北、陕西、甘肃、宁夏、山西（新绛）　注："割一半"又作"一半刈"。

芒种根兜反，夏至水流秧。　广东（肇庆）

芒种跟前，忙糜子不忙谷。　陕西（延安）

芒种庚，水流坑；芒种戊，日晒路。　福建（仙游）

芒种耕禾，越长越缩。

芒种谷，大碗捂。　河北（易县）

芒种谷，赛过虎。　天津、河北

芒种刮北风，旱断春苗根。　河南（焦作）

芒种刮北风，旱断青苗根。　上海、山东、河北、广东、内蒙古、山西（浮山）、广西（容县）、江苏（盐城）

芒种刮北风，旱情会发生。　湖南

芒种刮北风，旱死小麦根。

芒种管好番薯大，夏至唔改番薯坏。　广东　注："唔改"，不挖；"坏"，腐烂。

芒种灌满浆，夏至收小麦。　新疆

芒种光光，十年九荒。　山东　注："光光"，刚出土的棉苗。

芒种过，逢丙入梅；小暑后，逢庚起伏。　浙江（绍兴）
芒种过，水可脱。　广东　注：指双季早稻。
芒种哈哈，大水十八塔。　海南（保亭）
芒种旱，扁担断。　福建
芒种旱，吃饱饭。　吉林
芒种好，鳓鱼到。　江苏、山东
芒种好节气，棒棒坠落地；落地就生根，生根就成器。　湖北（远安）
芒种好晒田，夏至雨绵绵。　四川
芒种禾打苞，夏至禾要交。
芒种禾合色，夏至分高低。　江西（新建）　注："合色"，禾苗返青。
芒种禾状肉，夏至禾见谷。　广东
芒种黑，涂草埔。　福建　注："涂"指淹、浸。
芒种后，夏锄前，多添功夫别疼钱。　河北、山西、辽宁
芒种后，夏至前，多铲多耥莫消闲。　吉林
芒种后，有活做不够。　天津
芒种后逢丙入梅，小暑后逢未出梅。　福建
芒种后响雷，天暖八、九天有苗。　安徽
芒种后栽插，不够养鸡鸭。　福建
芒种花，不还家。　湖北
芒种花，不回家。　山东（曹县）
芒种花，芒种花，过芒种，不种它。　湖北（枝城）
芒种慌慌，点火栽秧。　贵州（黔西南）
芒种黄豆脱，夏至水流秧。　广东（惠东）
芒种黄豆夏至秧，想种好麦迎霜降。　河南（潢川）
芒种火烧鸡，夏至烂草鞋。　福建
芒种火烧山，大水十八番。　福建
芒种火烧天，大雨十八番。　江西（黎川）
芒种火烧天，下雨十八遍；夏至水来溪，大水十八倍。　福建（沙县）
芒种火烧天，夏到雨涟涟。　新疆
芒种火烧天，夏天雨绵绵。　广东（肇庆）
芒种火烧天，夏至大晴天。　广西（桂平）
芒种火烧天，夏至三水连天。　海南
芒种火烧天，夏至水涝田。　福建　注："涝田"作"涟涟"。
芒种火烧天，夏至水连连。　广东（韶关）
芒种火烧天，夏至水连天。　云南（大理）[白族]
芒种火烧天，夏至水满田。　辽宁、福建、江西、江西（新干）

芒种火烧天，夏至水淹田。 安徽

芒种火烧天，夏至水泱泱。 福建（浦城）

芒种火烧天，夏至雨连绵。 广东、江西、云南（昆明）、陕西（汉中） 注："连绵"又作"绵绵"。

芒种火烧天，夏至雨涟涟。 湖北、湖南、广西、江西、福建（清流）

芒种火烧天，夏至雨淋头。 广东

芒种火烧天，夏至雨淋头。

芒种火烧天，夏至雨绵绵。 四川、湖南、吉林、江西、山西（新绛）、河南（三门峡）、安徽（明光）、浙江（仙居） 注：这里所说的"火烧天"，是指天空出现的红霞。芒种，正是多雨时节。根据各地经验，如果是早晨"火烧天"，就要下雨，如果是晚上"火烧天"，虽然要晴几天，但不久还会下雨，一般不会有严重干旱。

芒种火烧天，要雨到秋边。 广西（荔浦）

芒种火烧天，有雨在秋边。 福建（光泽）

芒种火烧云，夏至大雨淋。 山西（临汾）、河南（焦作）

芒种火烧云，夏至水涝田。 福建

芒种火烧云，夏至有大风。 山西（和顺）

芒种火烧云，夏至雨连绵。 江苏（扬州）

芒种急种，不如不种。 河南

芒种急种，高坡不种。 山西（太原）

芒种季，夏至穗。 福建（惠安） 注："季"，打苞，孕穗。

芒种茧上场，夏至杨梅满山冈。

芒种见锄刀，夏至见豆花。 河北（怀安）

芒种见麦茬，错了两三天。 山西（阳泉）

芒种见麦茬，前晌不拔后晌拔。 河南

芒种见麦茬，夏至麦青干。

芒种见麦茬。茬一作楂。

芒种见麦茬。 广西、山西、山东、河南、河北（唐县） 注：一说是麦茬间的晚庄稼，应该在芒沖时进行播种，一说是到芒种麦子初熟，已见收成了。

芒种见麦芒，麦见芒，一月黄。 宁夏、山西（浮山）

芒种见麦穗，夏至谷怀胎。 吉林

芒种见麦穗。 宁夏

芒种见麦楂。芒种一半刈。

芒种见青天，夏至雨绵绵。 河南（郑州）

芒种见肉，夏至见谷。 广东（和平）

芒种见粟，夏至见谷。 广东、福建（政和）

芒种脚，好田要放干。 福建（龙溪）

芒种节，不要扼。 福建

芒种节，插番薯不用压。 福建（长乐）

芒种节，插番薯而扼扼；夏至节，一百死去九十八。 福建（平潭） 注："而扼扼"，随便插都会成活。

芒种节，食唔彻。 广东（梅州） 注：喻农事活动多，吃饭都来不及。

芒种节插薯不用压。 江苏

芒种节到，夏种忙闹。 湖北（郧西）

芒种节到赶快栽，夏至一到谷怀胎。 河南（南阳）

芒种节前吃好麦，芒种节后吃瘦麦。 陕西

芒种节日雾，井中全无水。

芒种紧绷绷，午前午后争。 浙江（丽水）

芒种浸尽天下种。 江西（安义）

芒种浸晚种，夏至叫皇天。 江西（安义） 注："叫皇天"，指没有办法。

芒种浸种晚，夏至叫青天。 广东

芒种开花花，夏至结荚荚。 陕西（榆林）

芒种开了铲，夏至不安眠。 河北

芒种开了铲，夏至不穿棉。 辽宁（辽西）

芒种开了铲，夏至不拿棉。 吉林

芒种看旱麦有子，夏至有雨稻大收，处暑无雨万人愁。

芒种快快栽，夏至谷怀胎。 湖南、江苏（镇江）

芒种腊花天，三日四夜不见天。 湖南（衡阳） 注：形容农忙。

芒种雷颠颠，梅雨十八天。 安徽（枞阳）

芒种雷公响，夏至水推秧。 广东（阳江）

芒种离着端午远，小麦有一闪。 山东（苍山）

芒种犁半茬。 河南

芒种里的人，沿路撒尿沿路行。 江苏（江宁）

芒种里头不种豆，种的早了不丰收。 河南

芒种立夏边，后生家走路老人家牵。 江苏

芒种连牢黄梅雨。 江苏（苏州）

芒种两头栽。 贵州（黔东南）[侗族]

芒种林上禾起节。 广东

芒种芦花开，夏至禾怀胎。 湖南 注："怀"又作"装"。

芒种芦花开，夏至禾装胎。

芒种落秧不为早，夏至落秧不为迟。 广东（开平）、江苏（南通） 注："不为迟"又作"就会迟"。

芒种落秧不为早，夏至落秧就会迟。

芒种落秧不为早，夏至落秧就嫌迟。　江苏（镇江）

芒种落雨，端午涨水。　湖南

芒种落雨草开花，夏至落雨无棉花。　江西（都昌）

芒种落雨草扛花，耖掉棉花种西瓜。　江西（分宜）

芒种落雨草芊芊，夏至落雨叫皇天。　江西（上高）　注：“芊”，读 qian，茂盛。

芒种落雨碓打糠。　江西（大瘐）

芒种落雨火烧街，夏至落雨烂破鞋。　浙江（台州）　注：“街”或作“溪”。

芒种落雨忙种田；芒种无雨空过年。　浙江、贵州（贵阳）

芒种落雨忙种田；芒种勿落雨空过年。　浙江

芒种落雨水烧溪，立夏落雨水涝田。　福建

芒种麦登场，龙口夺粮忙。

芒种麦登场，秋耕紧跟上。　山西（晋城）

芒种麦秆青，烂得剩条筋。　江苏（无锡）

芒种麦露芒，一月上了场。　山西（代县）

芒种麦上场，龙口夺粮忙。　注：“龙口”指降雨。小麦成熟收获期间，雷阵雨天气较多，特别是长江中下游地区梅雨季节有时提前，因此，小麦一旦成熟就要抢收抢晒，确保颗粒归仓，防止出现烂麦场（也称烂场雨）。

芒种麦上场。　河南（新蔡、林县）

芒种麦装仓，稻田忙插秧。　宁夏

芒种麦子不可留，留来留去掉了头。　河北（柏乡）

芒种忙，两三场（小麦）。

芒种忙，乱打场。　安徽（阜阳）

芒种忙，麦上场，庄稼孩子没有娘。　山东（曹县）

芒种忙，麦上场。　上海、河南（濮阳）、江苏（盐城）、山东（兖州）　注：“麦上场”许昌作“三两场”。

芒种忙，麦上场；耩上豆子，再收高粱。　河南

芒种忙，麦子黄，好似龙口去夺粮。　山东

芒种忙，三两场，农家的孩子没有娘。　江苏（镇江）　注：“没有娘”，指孩子无人照管。

芒种忙，三两场。　河南　注：“三两场”，指收打两三场了。

芒种忙，三两场。　河南（平顶山）　注：后句安阳作“麦上场”。

芒种忙，收割忙。　上海（川沙）

芒种忙，下晚秧。

芒种忙插秧，霜降稻米香。　宁夏、天津

芒种忙出，夏至禾出。 广西

芒种忙打苞，夏至要禾交。 湖南

芒种忙倒插，五月挂犁耙。 四川

芒种忙两头，忙收又忙种。 陕西（安康）

芒种忙忙插，夏至把灰撒。 广西（资源）

芒种忙忙插，夏至挂犁耙。 贵州（遵义）

芒种忙忙割，夏至无一棵。 安徽（淮南）

芒种忙忙割，夏至无一颗。 新疆

芒种忙忙莳，夏至莳拉利。 福建 注：“拉利”，指干净。

芒种忙忙栽，夏至不怀胎。 江西（高安） 注：“怀胎”，灌浆。

芒种忙忙栽，夏至谷怀胎。 四川、广东、甘肃、宁夏、湖南、四川、贵州、河北、山西、安徽、江西、陕西（汉中、陕南、武功）、贵州（遵义） 注：“忙忙”又作“赶紧”或“赶快”、急忙、不忙、“栽”又作“种”。

芒种忙忙栽，夏至禾包胎。 江西（万载）

芒种忙忙栽，夏至禾怀胎。 海南（临高）

芒种忙忙栽。 江西（靖安）

芒种忙忙种，谷子糜子一起种。 宁夏

芒种忙忙种，过时打个空。 江苏、四川、黑龙江

芒种忙忙种，秋来肩膀挑得疼；芒种懒不忙，秋来看光光。

湖南（怀化）[侗族]

芒种忙忙种，人空牛也空。 河南、江苏（徐州） 注：谓人和牛均已全部下田，不在屋中。

芒种忙忙种，夏至不栽秧。 湖南

芒种忙忙种，夏至挂犁耙。 湖南（城步）

芒种忙收，日夜不休。 湖北（随州）

芒种忙收。 上海

芒种忙收割，夏至无一颗。 江苏（盐城）

芒种忙头脱，夏至水拖秧。 江苏（扬州）

芒种忙栽，夏至谷怀胎。 广西（南宁）

芒种忙栽秧，八月十五喝汤汤。 甘肃（天水）

芒种忙栽种，夏至谷怀胎。 江苏（江都）

芒种忙种，不能闲空。 广西（罗城） 注：“不能闲空”亦作“样样要种”。

芒种忙种，过了芒种要落空。 内蒙古

芒种忙种，样样要种，一样不种，秋后囤空。 吉林

芒种忙种，样样要种。 湖南

芒种忙种，种啥啥成。 河南（信阳）

芒种忙种。　上海

芒种忙种过了芒种不用种。　海南（临高）

芒种忙种米值钱。　江西（南丰）

芒种忙种田，早夜勿得眠。　上海

芒种芒不出，夏至禾先出。　广东

芒种芒出，夏至禾出。　江西（宜春）

芒种芒打苞，大暑把谷交。　广东

芒种芒打苞，夏至谷放刁。　湖北　注：刁，即称穗，黄冈方言。

芒种芒打苞，夏至谷放吊。　湖北

芒种芒花开，夏至禾仓推。　福建　注："禾仓推"指雨水大，洪水冲走谷仓。

芒种芒忙丫，夏至开禾花。　广东

芒种芒头脱，夏至水冲秧。　广东（连山）［壮族］

芒种芒头脱，夏至水流秧。　广东

芒种芒头脱，夏至水推秧。　江西（定南）

芒种芒头脱，夏至水拖秧。　广东

芒种芒丫丫，夏至开禾花。　江西

芒种芒种，苞谷黄豆都好种。　湖北（巴东）

芒种芒种，不可强种。　海南（儋县）

芒种芒种，各样忙种，过了芒种，不如不种。　江苏（淮阴）

芒种芒种，谷黍齐种。　河北（张家口）

芒种芒种，过了芒种不可强种。　山东（文登）

芒种芒种，过了芒种不用种。　广东

芒种芒种，黄豆要种。　安徽（泗县）

芒种芒种，樑样要种；一样不种，秋后囤空。　山西（新绛）

芒种芒种，连收带种。　注：芒种的芒，指麦类等有芒作物的收获；种指谷黍类、豆类等作物的播种。此外，芒种二字谐音忙种，指农忙季节进入高潮。多适用于黄淮、江淮及江南地区的夏收夏种。芒种时节麦子成熟，是收割麦子的高峰时期，有"芒种到，无老少"之称，接茬要忙着播种秋熟作物。

芒种芒种，六谷黄豆都好种。　浙江（奉化）

芒种芒种，棉花黄豆乱种。　上海

芒种芒种，抢收抢种。　山西（万荣）

芒种芒种，样样都忙。

芒种芒种，样样都种。　山西、内蒙古

芒种芒种，样样好种。　安徽

芒种芒种，样样要种，样样不种，秋后仓空。　江西（鹰潭）

芒种芒种，样样要种，一样不种，秋后囤空。　陕西（咸阳）、山东（崂山）、

江苏（镇江）

芒种芒种，样样要种。 上海、江苏、浙江、安徽、湖北、四川、广东、云南（红河）［彝族］ 注：芒种是农民一年中最忙碌的时节，人们常说的“三夏”大忙季节，对夏熟作物要收获，秋熟作物要播种，春种作物要管理这三大农事活动。其实芒种芒种，样样都要收种，首先是对夏熟作物的收割。俗话说，“麦收如战场”，这时节是用分、秒来计算的：“小满赶天，芒种赶刻”“芒种忙，收割忙”“芒种夏至麦上场，家家 户户一齐忙”说的就是这个理。

芒种芒种，样样要种；一过芒种，不可强种。 江苏（扬州）

芒种芒种，样样要种；一样不种，秋后落空。 海南（文昌）

芒种芒种，又收又种。 江苏（无锡）

芒种芒种，庄稼猛长。 宁夏

芒种芒种忙半月。 安徽

芒种芒种忙忙种，到了夏至失了种。 广西（灌阳）

芒种芒种忙忙种，干也种来湿也种。 云南、浙江（壕县）

芒种芒种忙忙种。 湖南

芒种芒种忙着种，谷子糜子一起种。 吉林

芒种芒种样样忙，忙了收割忙插秧。 上海

芒种芒种样样要种，一样不种，秋后囤空。

芒种茫茫，大水推秧。 广西（宜州、上思） 注：“水”亦作“雨”

芒种没有水，无饭来塞嘴。 广西（柳江）

芒种没雨麦不收，夏至没雨豆子丢。 河北（邯郸）

芒种没雨麦难收，夏至没雨豆子丢。 河北、山东、辽宁、河南（新乡） 注：“没”又作“无”，“豆子”又作“豌豆”。

芒种没雨麦难收，夏至没雨豌豆丢。 山西（浮山、临汾）

芒种蒙头落，夏至水推秧。

芒种糜，出土齐。 甘肃（张掖）

芒种糜，拿手提。 宁夏、青海、甘肃（张掖）

芒种糜子，急种谷。 内蒙古 注：到了芒种时期，生长日期较长的谷子（迟熟种），已不能再播了，故说“绝种谷”，但生长日期较短的谷子品种，此时播种还可得收。

芒种糜子不伸手。 内蒙古 注：到了芒种这个节气，“大黄糜子”、“大红糜子”等晚熟种，早应播种完毕，此时再种，如遇低温，则会延长抽穗和成熟。此类品种的适宜播种期，是在小满至芒种期间。

芒种糜子盖土皮。 甘肃（张掖）

芒种糜子急种豆，赶种十日小红谷。 陕西（延安）

芒种糜子急种谷。 山西、河北（万全） 注：糜子又称为稷米、穄米，是一种生长期短的禾本科作物，80～100天就能成熟，是秋熟作物中最后播种的庄稼。华北地区如遇到天旱无雨，其他作物误了节气时，多用它来弥补。谷子比糜子生长期长，生长后期有可能遭受冻害，因此要抓紧播种。

芒种糜子截种谷。　陕西（延安）

芒种鸣雷年成好，今年黄牛不吃草。　湖南（湘西）［苗族］

芒种摸锄豆，夏至见谷面。

芒种摸锄豆，夏至莫耕禾。　湖北（山东）

芒种南，白露澹。　福建（同安）　注：“南”指南风，“澹”，湿，指多雨。

芒种南风扬，大雨满池塘。　海南（保亭）

芒种闹了场，夏至雨茫茫。　河北（易县）

芒种农村无闲人。　江苏（常州）

芒种怕雷公，夏至怕北风。　广西（资源、桂平）

芒种期间忙插秧。　上海　注：此谚语是说，芒种时正是麦子、油菜等夏熟作物成熟收获、秋熟作物栽种时期，是农民最忙碌的季节，所以农谚又说：“芒种芒种，样样要种”。长三角地区种植单季晚稻，芒种期间正是水稻移栽适期，因此有“芒种期间忙插秧”之说。

芒种期间忙插秧。　上海（松江）

芒种起北风，耕田谷品空。　广东

芒种起夏至，黄尖时上鼻子。　福建（福清、平潭）　注：“黄尖”，指晚稻；“时上鼻”，指秧过老。

芒种前，稻下田；芒种后，快种豆。　河南（焦作）

芒种前，广栽田；芒种后，广种豆。　云南（玉溪）　注：这里的“豆”指黄豆，刀豆、老鼠豆，不含吞豆在内。

芒种前，广种田；芒种后，广种豆。　云南（玉溪）

芒种前，好踩田，芒种后，好锄豆。　湖南（湘乡）

芒种前，好栽田；芒种后，好种豆。　四川、湖南（怀化）、福建（松溪）

芒种前，红苕移栽完。　陕西（渭南）

芒种前，乱种田，芒种后，只种糜子不种豆。　陕西（武功、榆林）、山西（太原）

芒种前，乱种田。　陕西（延安）

芒种前，忙种田；芒种后，忙种豆。　四川、江苏、广东、陕西（安康）注：指晚稻。

芒种前，手刨田。　山西（繁峙）

芒种前，指头好洗田。　江苏、上海（川沙）　注：意指芒种前耙田的紧要。芒种前二百三十天大约为寒露节前后，在淮北地区，正是小麦播种适期，所以说“早晚都一般”。芒种前二百五十天为秋分前，种麦偏早，风险大。如果天气冷得晚，小麦容易过苗受冻，所以说“神仙也难估”。芒种前一百八十天，已到大雪节了，种的是晚麦，分叶少，产量低，必须加大播种量，所以说“掌柜多给撒一把”。

芒种前好莳田，芒种后好种豆。 江西

芒种前好收，芒种后少收。 安徽（阜阳）

芒种前后，背夫逃走。 浙江（绍兴） 注：指妇女不堪劳累，逃回娘家。

芒种前后，脚后老婆跟人逃走。

芒种前后，夜当日走。 浙江（温州）

芒种前后，栽瓜种豆。 陕西（榆林、陕南）

芒种前后果瞭哨，水肥管理连环套。 宁夏（银南） 注：“果”，指枸杞；“瞭哨”，方言，此处指稀稀落落。

芒种前后麦上场，男女老少昼夜忙。

芒种前后麦梢黄，红花小麦两头忙。 注：黄淮地区芒种前后小麦、中草药红花同时成熟收获，既要忙着收割小麦，也要忙着收获红花。

芒种前后起南风，四处雨水白茫茫。 福建

芒种前后十八工，一工抵十工。 浙江（绍兴）

芒种前后早种一天，早收十天。

芒种前抢插秧，芒种后抢种豆。 陕西（汉中）

芒种前三后四，种下谷子不迟。 陕西

芒种前三后四种谷子。 陕西（延安）

芒种前三日秧不得，芒种后三日秧不出。 江西

芒种前熟麦，五月芒种麦不熟。

芒种青遥遥，大水十八交。 浙江（湖州） 注：“青遥遥”或作“赤皎皎”。

芒种晴，坝头成杆林；芒种溦，坝头成大路。 福建（古田）

芒种晴，坝头成菅林；芒种雾，坝头成大路。 福建（屏南）

芒种晴，宽种田，紧割麦；芒种落，紧种田，宽割麦。 浙江（金华）

芒种晴，入菇林。 福建（同安）

芒种晴，蓑衣蓑帽满田塍；芒种落，蓑衣蓑帽放壁角。 安徽

芒种晴，提菇篮；芒种雨，没菇晒。 福建（沙县）

芒种晴，庄稼成；芒种旱，吃饱饭。 吉林

芒种晴，庄稼成。 宁夏

芒种晴天，夏至有雨。 河南

芒种丘陵割一半，夏至平川不见面。 山西（闻喜）

芒种热得很，八月冷得早。 湖南

芒种日暗，大水淹上坎。 福建

芒种日赶日，夏至时赶时。 湖北（孝感）

芒种日晴热，夏天多大水。 浙江

芒种日日下，经不起夏至三日晴。　福建（长乐）　注：指夏至后水分蒸发快，如天晴就容易成旱。

芒种日头夏至风，小暑南风十八工。　海南（保亭）

芒种日头夏至风。　湖南

芒种日下雨，不是干死泥鳅，就是烂段犁扣。　山东

芒种日下种，不是干死泥鳅，就是旱断犁扣。

芒种入梅，夏至交时。　江苏、上海

芒种入梅，夏至交莳。　江苏　注：每年农历五月，江南地区出现时间较长，降水相对集中的阴沉多雨天气，此时正当梅子黄熟季节，名为“黄梅天”，又称“霉天”，历书规定芒种后第一个壬日入梅，时间约一个月，夏至后半个月为。“莳天”，“莳”又作“时”。

芒种入霉，夏至交时。

芒种若有雨，夏至火烧埔。　福建

芒种三，碰麦割。　河南

芒种三日见麦茬，处暑三日割晚谷。　山东（青州）

芒种三日见麦茬。　山东（单县、诸城）

芒种三日看麦茬。　山东

芒种三日碰割麦。　河南

芒种三天，青秆自死。　河南（驻马店、西平、广武）　注：“青秆”，指青麦秆。

芒种三天见麦茬。　北京、山东、吉林、天津、山西、河南、江苏（扬州）、河北（张家口、安国、饶阳）　注：“见”又作“看”；“麦茬”，指麦子收割后留在地里的残根。

芒种三天看麦楂。　北京

芒种三天西南风，麦子不熟也得收。　山东

芒种扫种。　福建（建瓯）　注：“扫种”指各种种子都要播种了。

芒种晒沙滩，夏至雨淋头。　海南

芒种山药立夏豆，秋分种麦正时候。　河北（张家口）

芒种烧半天，大雨十八变。　福建　注：“烧半天”，指出红霞。

芒种少雨，点雨化虫。　江西（万载）

芒种莳田两造空。　广东

芒种莳田忙，夏至不分秧。　江西（龙南）

芒种莳田日隔日，夏至莳田时隔时。　湖南（衡阳）

芒种莳田上下午，夏至莳田上下兜。　福建（福州）　注：指这两个气节农时紧迫，插秧上下午、上下兜，效果都有差别，“莳”光泽作“插”。

芒种收麦，秋分收豆。　河南（商丘）

芒种收新麦，夏至插秧田。　安徽（怀远）

芒种黍子急种谷，平地还有十墒糜。　山西（盂县）

芒种黍子急种谷。　河北（张家口、阳原）

芒种黍子夏至麻。　河北（涞源）

芒种树头红，夏至树头空。　广东（高州）　注：意指荔枝在芒种成熟。

芒种水，毒过鬼。　广东（湛江）　注：“毒”又作“恶”。

芒种水，恶似虎。　广东

芒种水，有去无回。　海南（琼海）

芒种水打芒，夏至水秧流。　广东

芒种水来溪，夏至好煎鲞。　福建（沙县）

芒种死禾还有转，夏至死禾一把秆。　广东

芒种似火烧，夏至如瓢浇。　云南（昆明）

芒种粟，夏至谷。　广西（钦州）

芒种腾半茬，再种豆芝麻。　河南

芒种提前打糜谷，每亩能打三石六。　宁夏

芒种天，麦穗沉甸甸。　河北、宁夏、江苏（无锡）

芒种天，三天五日不见天。　湖南（零陵）

芒种天赶天，夏至时赶时。　河南（郑州）

芒种天旱麦有籽，夏至有雨主大收，处暑无雨万人愁。

芒种天旱麦有子，夏至有雨主大收，处暑有雨万人愁。　浙江

芒种天气暗，大水冲田坎；芒种见晴天，有雨在秋边。　福建

芒种天气晴，处处有荒田。　河南（洛阳）

芒种天晴好芝麻，夏至有雨开豆花。　河南（商丘）

芒种天晴芝麻好，夏至有雨豆花开。　陕西（汉中）

芒种天早麦有子。　注：“天”又作“看”。

芒种田里忙收割，夏至田里一扫光。　江苏（无锡）

芒种田无隙。　福建（福清、平原）

芒种霆雷天赤洋，夏至霆雷米生苔。　福建（霞浦）　注：“赤洋”指干旱，“生苔”，发霉，指多雨。

芒种头，河鱼流泪，雨芒种脚，鱼捉勿着。

芒种头，水流牛。　广东（广州）

芒种豌豆迸，不收角角空。　宁夏

芒种闻雷美自然。　陕西

芒种闻雷是丰年。　四川

芒种闻雷是好年。　黑龙江

芒种闻雷有冬旱。　广西（宜州、上思）　注：“冬”亦作“天”。

芒种乌，割草埔。　福建

芒种乌，五月无干路，六月无干埔。　福建

芒种乌暗暗，大水爬上岸。　福建

芒种无大雨，秋来没米煮。　广西（武宣）

芒种无大雨，夏至必有洪。　广西（宜州、上思）

芒种无雷见丰年。　河北　注："见"又作"是"。

芒种无雷是丰年，黄梅无雨难种田。　江苏（南京）

芒种无雷是丰年。　吉林、安徽（寿县）、湖北（大冶）

芒种无青棵，小满吃半枯。

芒种无生麦，寒露无生豆。　山东、上海

芒种无穗出，夏至穗出齐。　福建（长乐）

芒种无雨，山头无望；夏至无雨，碓头无糠。　湖北（松滋）

芒种无雨，十月无霜。　湖北（蒲圻）、河南（郑州）

芒种无雨对年荒。　湖南（衡阳）

芒种无雨旱六月。　海南

芒种无雨旱天高，芒种有雨多水涝。　广东（肇庆）

芒种无雨空种地。　河北（昌黎）

芒种无雨空种田。　上海、河南（新乡、三门峡）、江苏（苏北、镇江）　注："空种田"又做"田空种"

芒种无雨麦不收，夏至无雨豌豆丢。　辽宁

芒种无雨麦不收。　河北（张家口）

芒种无雨田空种。　安徽（和县）

芒种唔耙田冇浆，夏至唔耙田冇秧。　广东

芒种勿落雨，隔日做大水。　浙江（仙居）　注："隔日"或作"两日半"。

芒种勿落雨，夏至雨绵绵。　上海

芒种勿种花，连娘勿归家。　浙江（宁波、镇海）　注："连娘"慈溪作"到老"

芒种勿种田，早晚没有米。　上海

芒种勿斫，草枯麦落。　浙江（湖州）

芒种西风芒种雨，西风下雨三十五。　广东（湛江）

芒种西南风，夏至雨连天。　安徽

芒种虾，梅免爬。　福建（惠安）

芒种下锄片，夏至锄一半。　河北（涞源）

芒种下肥、夏至下粪。　福建

芒种下秧大暑莳，准时十月有禾黄。　广东

芒种下秧大暑莳。　广东

芒种下雨火烧鸡，夏至下雨湿破鞋。 福建

芒种下雨火烧土，芒种好天水流埔。 福建（永春）

芒种下雨火烧溪，夏至下雨烂柴鞋。 福建（宁德） 注："柴鞋"指木屐。

芒种下雨火烧溪，夏至下雨路溜泥。

芒种下雨水长流，无水有秧不要留。 四川

芒种下雨水长流，夏至无雨禾苗枯。 四川

芒种下种、大暑莳。 广东 注："莳"指移栽植物。

芒种夏至，按种糜黍。 内蒙古

芒种夏至，包蜜一日熟几次。 海南（定安） 注："包蜜"，海南话，菠萝蜜。

芒种夏至，飞鱼不见。 海南（临高）

芒种夏至，禾苗赛势。 福建（长汀、上杭） 注："赛势"，竞长。

芒种夏至，会吃不会去。 福建

芒种夏至，会食勿会行气。 福建

芒种夏至，芒果落蒂。 广西

芒种夏至，面线师傅吃自己。 福建（永春） 注：指芒种夏至多雨。做面线的师傅没法做工挣钱。"面线"即线面，福州特产，一种细长如线的面条。

芒种夏至，日晒死巴丽。 海南（琼中）[黎族] 注："巴丽"，黎族地区的一种小鸟。

芒种夏至，日头生刺。 福建（惠安） 注：指眼光强烈如刺扎人。

芒种夏至，屎屙屋里。 福建（莆田） 注：指下雨下不停，没法出门上厕所。

芒种夏至，屎拉厝里。 福建

芒种夏至，收麦种谷。 宁夏

芒种夏至，水浸禾田。 广东

芒种夏至，水推秧地。 广西（博白）

芒种夏至，要吃懒去。 福建（连城）

芒种夏至，有食懒去。 福建、广东（连南）[瑶族]、江苏（盐城） 注：后句又作"有食要牵"。

芒种夏至，有食懒煮。 广东（韶关）

芒种夏至，芝麻下地。 广西（柳城）

芒种夏至边，打火夜栽田。 新疆

芒种夏至边，十天半月不见天。 湖南（零陵）

芒种夏至边，正是涨水天。 湖北（黄梅）、安徽（巢湖）

芒种夏至边，走路要人牵。 上海、浙江（湖州）、江苏（常州） 注：此时气候潮湿，多雨路滑。

芒种夏至不离涝，小寒大寒不离雪。　贵州（黔东南）[侗族]

芒种夏至不要困，一道锄头一道粪。　江西（九江）、安徽（蒙城）

芒种夏至常雨，台风迟来；芒种夏至少雨，台风早来。　福建

芒种夏至夹端阳，必有大水入屋墙。　海南（保亭）

芒种夏至间，小麦黄大片。　山西（屯留）

芒种夏至节，柱杖过阳缺。　广东（大埔）　注：意指到了这个季节，人易倦困。

芒种夏至来，谷有亭子胎。　湖北

芒种夏至六月底，薅草种谷摘枸杞。　宁夏（银南）

芒种夏至六月天，除草防雹麦开镰。

芒种夏至六月中，夏收接着又夏种。

芒种夏至六月中，玉米大豆种入田。　山西（新绛）

芒种夏至麦秸黄，快收快打快进仓。　河北（行唐）

芒种夏至麦粒贵，快打快收快入仓；夏播作物抓紧种，田间管理紧跟上。
内蒙古

芒种夏至麦上场，家家户户一齐忙。

芒种夏至麦子黄，快收快打快入仓。　陕西（汉中）

芒种夏至忙，莫把烟草忘。

芒种夏至日渐长，小麦大麦抢上场。　上海、浙江

芒种夏至少雨，台风将起步。　福建

芒种夏至是水节，如若无雨是旱天。　广东

芒种夏至水，一日三时催。　广东（台山）、广东（韶关）

芒种夏至天，有食爱人牵。　广东（大埔）　注："爱"，客家话，需要。意指到了这个季节认节，人感到很疲倦。

芒种夏至天，有食要人牵。　江苏

芒种夏至天，走路颠倒颠。　福建[畲族]

芒种夏至天，走路脚打偏。　江西（全南）

芒种夏至天，走路要人牵。　福建、四川、上海、江苏、安徽、湖北、贵州、江西（靖安）　注："天"又作"边"。注：指多雨，路泥泞难行。

芒种夏至天，走路要人牵；牵的要人拉，拉的要人推。　江苏、浙江

芒种现蕾，带桃入伏。

芒种现青天，有雨在秋边。　海南、湖北（红安）

芒种响雷年成好，今年黄牛不吃草。　海南

芒种响雷天大旱，夏至响雷多毒虫。　福建

芒种小满，种田不晚。　河北（张家口）

芒种压薯正十斤，夏至压薯只二斤，小暑压薯一条根。　浙江（温州）

芒种秧，大暑禾，霜降谷。 广东

芒种秧，夏至豆。 广东（高州） 注：指秋黄豆。

芒种秧，夏至坡。 海南（琼中）[黎族]

芒种秧能栽，夏至谷包胎。 广西（天峨）[瑶族]

芒种洋芋重一斤，夏至洋芋光根根。 宁夏

芒种要插秧，季节要跟上。 广西（龙州）[壮族]

芒种要忙种，过时种无用。 广西（乐业）

芒种要是忘插秧，八月十五唱汤汤。 宁夏

芒种一把糜，寒露一升米。 宁夏

芒种一把秧，霜降一锅粮。 宁夏

芒种一半茬。 湖北（十堰）

芒种一半刈。

芒种一到，快快下小秧。 江苏

芒种一到，勿问老少。 上海

芒种一滴雨，能生万条虫。 江西（南昌）

芒种一声雷，定有三日雨。 福建

芒种一声雷，时中三日雨。 上海 注：“中”又作“里”。

芒种一声雷，莳里三日雨。 安徽（天长）、江苏（苏州）

芒种一声雷，一晴久雨不用推。 湖南（湘西）

芒种宜雨，但需迟。

芒种宜雨但须迟。

芒种油麻夏至豆。 广西（北海、东兴、融安）

芒种有禾不得回，夏至无禾叫得回。 江西（万安） 注：“不得回”，长不好；“叫得回”，还来得及。

芒种有水便下秧，夏至无水恨断肠。 广东

芒种有雨，夏至晴天。 河南

芒种有雨便下秧，夏至冇雨要思量。 广东

芒种有雨便下秧，夏至无水要思量。 广东（徐闻）

芒种有雨便下秧，夏至无雨要思量。 广东

芒种有雨麦田收，夏至没雨豌豆丢。 山西（浮山）

芒种有雨收麦地，夏至有雨豆子肥。 河北、山西（新绛）、河南（新乡）

芒种有雨收麦子，夏至有雨收豆子。 上海

芒种有雨豌豆收，夏至有雨扁豆收。 陕西（绥德）

芒种有雨豌豆宜，夏至有雨豌豆丢。 江苏

芒种有雨一场空。 广东（广州）、江苏（无锡）

芒种雨，百姓苦。

芒种雨，好晒被；芒种晴，水流城。　福建（大田）

芒种雨，火烧道。　福建（古田）

芒种雨，火烧溪；夏之雨，烂破鞋。　福建

芒种雨，农民苦。　内蒙古

芒种雨，晒死芋。　福建

芒种雨，晒死芋；芒种晴，水流域。　福建（龙溪）　注："水流域"，指雨水充足。

芒种雨，十八回。　福建（德化）

芒种雨，水流路。　福建（仙游）

芒种雨，无干涂。　福建（诏安）

芒种雨，无干土。　福建

芒种雨连连，夏至旱死田。　福建

芒种雨连绵，夏至火烧天。　广西（柳城、来宾）

芒种雨涟涟，农家泪涟涟。　吉林、宁夏

芒种雨涟涟，夏至旱燥田。　江西

芒种雨涟涟，夏至火烧天。　江苏、广西、湖南

芒种雨涟涟，夏至水冲田。　福建（连城）

芒种雨临头，芒种岗秧青。　广东

芒种雨淋淋，夏至干粉田；芒种火烧天，夏至水冲禾。　福建

芒种雨淋淋，夏至火烧云。　江苏（金坛）

芒种雨绵绵，夏至火烧天。　湖南、浙江（嘉兴）

芒种雨少气温高，玉米间苗和定苗，糜谷荞麦抢墒种，稻田中耕勤除草。

芒种雨汛高峰期，护堤排涝要注意。

芒种玉米倒，夏至完晚稻。　广西

芒种遇雷，年丰物美。　湖南（株洲）

芒种遇雨，年丰物美。　广东、江西、江苏（苏州）　注：芒种期间，农家形成一片繁忙景象，所以叫作芒种。在这时期如天常下雨，农作物就会长得好，取得丰收。因此时早稻正在孕穗，一季晚稻正在栽植，田里需要足够的雨水，地里的旱作物也要吸收大量的水分。

芒种耘禾，越长越缩。　江西

芒种孕，夏至穗。　福建（仙游）

芒种栽高，弄把柴烧。　湖南（衡阳）　注："高"，高粱。

芒种栽高粱，抹脑一杆枪。　湖南（湘潭）　注："抹脑一杆枪"，指顶上无穗。

芒种栽瓜，不如走人家。　湖南（衡阳）

芒种栽禾，不了供鸡嫫。　注："鸡嫫"，指母鸡。

芒种栽禾丛丛起，夏至栽禾丛丛死。　福建（武平）

芒种栽禾齐手发，夏至栽禾焦辣辣。　福建（明溪）　注："齐手发"，随插随返青。"焦辣辣"，叶子焦枯。

芒种栽禾线线短，夏至栽禾光杆杆。　湖南（湘西）

芒种栽红苕，又大又无毛。　四川

芒种栽茼是个宝，夏至种茼是根草。　湖南（岳阳）

芒种栽葵花，立夏种花生。　山东（泰山）

芒种栽老禾，不够喂鸡婆。　四川

芒种栽老禾，栽起喂鸡婆。　四川

芒种栽苕斤打斤，夏至栽苕光根根。　湖北（荆门）

芒种栽苕重十斤，夏至栽苕光根根。　四川

芒种栽薯是个宝，小满芝麻株株好。　安徽（泗县）

芒种栽薯重十斤，夏至栽薯光长根。　河南

芒种栽田日管日，夏至栽田时管时。　湖南（怀化）

芒种栽秧，每亩少收俩成三；夏至栽秧，秋风冷雾空喜欢。　云南

芒种栽秧吊线短，夏至栽秧有个卵。　四川

芒种栽秧分早晚，夏至栽秧昼夜分。

芒种栽秧分早晚。　安徽

芒种栽秧赶上期，夏至栽秧谷子稀。　贵州（六盘水）

芒种栽秧谷登尖，夏至栽秧像香签。　贵州（黔东南）[侗族]

芒种栽秧谷满尖，夏至插的象香签。　山东、四川、安徽、湖北（荆门）

芒种栽秧谷满尖，夏至栽秧像插签。　四川

芒种栽秧谷满圈，夏至栽秧像香线。　浙江（湖州）

芒种栽秧家把家，夏至栽秧遍天下。　江苏（扬州）

芒种栽秧家把家，夏至栽秧满天下。　江苏　注，指晚稻。

芒种栽秧家把家，夏至栽秧普天下。

芒种栽秧家不家，夏至栽秧满天下。　注：指稻麦田。

芒种栽秧家家忙，夏至打灯夜栽秧。　注：芒种正是江淮地区麦茬稻插秧时期，需抓紧农时适期插秧，到夏至尚未完成栽插任务时，就该日夜加班，赶快栽完。

芒种栽秧稞，收割养鸡婆。　湖北

芒种栽秧日管日，夏至栽秧时管时。

芒种栽秧穗不长，夏至栽秧杆杆光。　四川

芒种栽秧穗子短，夏至栽秧光秆秆。

芒种栽秧天赶天，夏至栽秧时赶时。　上海、四川、云南（昭通）、山东（菏泽）

芒种栽秧小蔸蔸，夏至栽秧全无收。　湖南（怀化）[侗族]

芒种栽芋，两人扶不住。　福建（惠安）

芒种栽芋重十斤，夏至栽芋尽是根。　安徽（宿州）

芒种在中间，两头插秧莫偷闲。　广西（三江）[侗族]

芒种早，吃饱饭。　宁夏

芒种站一站，冬天少顿饭；芒种赶一赶，冬天添个碗。　浙江（丽水）

芒种芝麻，夏至黄豆。　四川

芒种芝麻，夏至绿豆。　广西（桂平）、湖北（荆门）

芒种芝麻夏至豆，不忙时候种小豆。　陕西、甘肃、宁夏、山西（太原）

芒种芝麻夏至豆，立夏过后点绿豆。　四川

芒种芝麻夏至豆，秋分种麦是时候。　河南（商丘）

芒种芝麻夏至豆，秋分种麦正时候。　山东、四川、河北（遵化）、河南（新乡）、陕西（武功）、安徽（阜阳）、山西（临汾）　注："正"又作"好"或"到"，"是"。

芒种芝麻夏至豆。　河北（邯郸）、江西（宜春）、广西（天等）、河南（平顶山、新乡）、甘肃（天水）

芒种中间两头插。　湖南（怀化）

芒种种半稻。　浙江

芒种种大荞。

芒种种豆，不怕地瘦。　湖南（湘潭）

芒种种豆，小满栽秧。　江西（萍乡）

芒种种高粱，不如喂母鸡。　吉林

芒种种高粱，不够喂鸡鸭。　黑龙江

芒种种谷，勿够饲鸭。　浙江（衢州）

芒种种胡麻，到老不回家。　河北（阳原）　注："到老"又作"终久"。

芒种种胡麻，永久不回家。　山西（忻州）

芒种种姜，夏至取粮。　江西（铜鼓）

芒种种姜，夏至娶娘。　河南（南阳）

芒种种葵花，立夏种花生。　湖北、上海、河南（信阳）

芒种种葵花。　河北（张家口）

芒种种六谷，亲人死掉没人哭。　浙江（上虞）　注："没人哭"又作"没有工夫哭"

芒种种芦穄，不够饲雄鸡。　江苏（苏北）、浙江（义乌）　注：言太迟，"穄"即高粱。

芒种种糜急种谷。　山西

芒种种棉花，到老勿归家。　浙江（慈溪）

芒种种棉花，老婆无脚纱。　浙江　注：宁波作"夏至补棉花"。

芒种种棉化，到老勿归家，老婆无脚纱。 浙江

芒种种棉桃小颗，夏至插秧米不圆。 湖南（湘西）［苗族］

芒种种苕斤打斤，夏至栽苕光筋筋。 四川

芒种种秫稷，不如喂母鸡。 山西、山东、河南、河北 注：“秫稷”又作“高粱”。

芒种种黍稷。 河南（新乡）

芒种种薯是个宝，小满芝麻棵棵好。 上海

芒种种水花，夏至老大抓。 福建（建阳） 注：指芒种插秧株数宜少，夏至插秧株数宜多。

芒种种田，如手拔田。 山西

芒种种田夜管夜，夏至种田土大管土大。 浙江（宁波）

芒种种田株株着，夏至种田插到塥。 浙江（台州）

芒种种五谷，亲人死了呒不功夫哭。 江苏（无锡）

芒种种籼稻，秋收一毡帽。 江苏（高淳）

芒种种早稻。 浙江（鄞县）

芒种重端阳，大水满城墙。 江西（瑞昌）

芒种壮苞夏至出，夏至壮苞连夜出。 湖南（零陵）

芒种走早秧，夏至走迟秧。

芒种作雨货烧溪，夏至作雨烂掉鞋。 福建（福安、政和、龙溪） 注：“烂掉鞋”指多雨。

芒种做雨火烧街，夏至做雨烂了鞋。 福建

宁浇芒种的水，不浇夏至的油。 甘肃（张掖）

宁浇芒种水，不浇夏至油。 甘肃（甘南）

起芒种，见锄人。 河北（张家口）

千算万算，芒种下钐。 注：“钐”是北方收割麦子的一种工具。淮北地区在芒种节前后，正是小麦收割脱粒最紧张的阶段。

热在芒种夏至，冷在小寒大寒。 海南（定安）

人怕没得食，稻怕芒种蝪。 广东 注：“蝪”，螟虫。

日见芒种晚间梅。

若要豆，芒种后。 江西

三伏有雨收麦好，芒种有雨豌豆宜，黍子出地怕雷雨。 河南（新乡）

三夏大忙，龙口夺食。 陕西（渭南）

水三时，火芒种。 上海

四月“芒种”刚搭镰，五月“芒种”不见田。 陕西、甘肃、河南、河北

四月插秧芒种日，小麦宜播霜降日。 广西（天等）

四月里芒种节，家家收麦忙不歇。 上海

四月里芒种净了坡。　山东（肥城）　注：“净了坡“，夏收结束，庄稼上场。”“坡”指田野，山地。

四月里芒种麦收了，五月里芒种麦不熟。　河北（冀县）

四月里芒种忙不种，五月里芒种忙种上。　宁夏

四月里芒种四月里吃，五月里芒种顶夏至。　山东（滨州）

四月芒，不到忙；五月芒，过了忙。　河南、江苏（常州）

四月芒，不见黄；五月芒，麦上场。　山西（万荣）

四月芒种，不到忙种；五月忙种，过了芒种。　山东（郯城）

四月芒种，不到忙种；五月芒种，必到忙种。　江苏（南京）

四月芒种不到芒，五月芒种是一场。　山东、河北、河南（新乡）　注：“不到芒”又作“不到忙”，“是一场”又作“一半场”。

四月芒种不到芒种，五月芒种必到芒种。　河南（新乡）　注：“必”又作“才”。

四月芒种不见面，五月芒种不搭镰。　新疆

四月芒种不见面，五月芒种割一半。　河北、陕西、甘肃、宁夏、安徽（全椒）、河南（新乡）

四月芒种不见面，五月芒种割一片。　江苏（南通）

四月芒种不见田，五月芒种才搭镰。　陕西（商洛）

四月芒种不见田，五月芒种正拿镰。　河南（固始、灵宝）

四月芒种不开镰，五月芒种割一半。　山西（洪洞）

四月芒种不闹麦。　河北（邢台）

四月芒种不算忙，五月芒种麦上场。　河北（张家口）

四月芒种不下镰，五月芒种已收完。　陕西　注：“不”又作“才”。

四月芒种不种，五月芒种混种。　河南、江苏（淮阴）

四月芒种才搭镰，五月芒种不见田。

四月芒种才开镰，五月芒种收割完。　江苏（扬州）

四月芒种顶芒种，五月芒种过芒种。　山东（枣庄）　注：四月芒种，小麦不到节气就收割；五月芒种，小麦过了节气才成熟。

四月芒种刚搭镰，五月芒种不见田。　陕西（宝鸡、关中）、河北（张家口）、山西（垣曲）　注：“刚”又作“忙”或“才”，“搭”又作“开”。

四月芒种刚开镰，五月芒种割一半。　山西（闻喜）

四月芒种割半茬，五月芒种吃新麦。　河南（林县、濮阳）

四月芒种割一半，五月芒种不见田。　山西（曲沃、永济）

四月芒种节气早，五月芒种节气迟。　青海

四月芒种快快种，五月芒种慢慢种。　广西（崇左）

四月芒种麦不熟，五月芒种麦打头。　山东（德县）

四月芒种麦不响，五月芒种地上躺。　河南（固始、新蔡）

四月芒种麦割完，五月芒种麦开镰。　河北、陕西、甘肃、宁夏、上海、山东（博兴）　注："麦开镰"又作"将开镰"。

四月芒种麦开镰，五月芒种麦割完。　上海（川沙、宝山）

四月芒种麦上场，五月芒种麦青黄。　山东（槐荫）

四月芒种麦熟了，五月芒种麦不熟。　山东（平原）　注：又作"四月芒种麦割了，五月芒种麦不倒"。

四月芒种麦在场，五月芒种麦在地。　陕西、甘肃、宁夏、河南（新乡）

注："场"又作"前"，"地"又作"后"。

四月芒种麦在场。　河南

四月芒种麦在后，五月芒种麦在前。　山东

四月芒种麦在前，五月芒种谷在后。　江苏

四月芒种麦在前，五月芒种麦在后。　河南（南阳）、山东（夏津）　注：多适用于华北地区。由于农历与公历的差别，使得节气有时提前有时推后。农民通过长期实践总结出芒种这天处于农历四月时，则节气提前，小麦成熟的时间相对较早；而芒种处于农历五月时，则节气推后，小麦成熟的时间相对较迟。

四月芒种麦在前，五月芒种麦在后。　注："麦在前"，指麦熟在芒种前。

四月芒种麦在田，五月芒种麦上场。　湖北

四月芒种忙不见，五月芒种吃一半。　山东（曹县）

四月芒种忙忙种，五月芒种不忙种。　安徽、湖北（潜江）　注："忙忙种"、"不忙种"老河口作"不忙种"、"急忙种"。

四月芒种前，五月芒种后。　河北（张家口）　注：指小麦收割的时间．若芒种在四月，小麦成熟在芒种之前，若芒种在五月，小麦成熟在芒种之后。

四月芒种让人种，五月芒种抢来种。　上海（松江）

四月芒种如赶仗，误了芒种要上当。　湖北（当阳）

四月芒种收了麦，五月芒种麦不收。　河北（保定）

四月芒种收一半，五月芒种不见面。　陕西（商洛）

四月芒种熟的早，五月芒种熟不了。　河北（赵县）

四月芒种熟了麦，五月芒种麦不熟。　河北

四月芒种头芒种，五月芒种过芒种。　河北（广宗）

四月芒种雨，五月六月无干土。　安徽

四月芒种雨，五月没干土，六月火烧埔，七月海底晒石埔。　福建　注："石埔"指石板地。

四月芒种雨，五月水浸芋。　福建

四月芒种雨，五月无干土，六月火烧茅。　海南（屯昌）

四月芒种雨，五月无干土，六月火烧坡，七月海底曝石头。

四月芒种雨，五月无干土，六月火烧铺。　广西（上思）、广东（湛江）
四月芒种在后，五月芒种在前。　青海（湟源）
桃姑娘脱裤子，芒种头上洗肚子；桃姑娘谷雨脱裤子，芒种头上晒肚子。宁夏　注：指芒种时桃子脱毛有雨，谷雨时脱毛芒种晴天。
头麻不过芒种节，二麻不过五十日，三麻不过重阳节。
头麻不过芒种节，二麻不要一个月。　湖北
头麻芒种边，二麻不过五十天，三麻要在霜降前。　湖南、湖北（荆门）
豌豆芒种开花花，到了夏至结荚荚。　陕西（咸阳）
晚谷要喝芒种水。　湖北　注：指晚季粳，用作双季稻。
五月的芒种顶芒种，四月的芒种打罢了场。　山东（邹县）
五月里芒种不中割，四月里芒种净了坡。　山东（梁山、汶上）
五月龙船北。　广西
五月芒种不动杉，四月芒种割大半。　山东（台儿庄）
五月芒种不下店，四月芒种割一半。
五月芒种插田，六月稻海茫茫。　广西（三江）[侗族]
五月芒种场不净，四月芒种净了场。　山东（平阴）
五月芒种稻夏至，稻禾追肥种玉米。　广西
五月芒种麦不熟，四月芒种焦了头。　河南（平顶山）
五月芒种麦不熟，四月芒种麦熟透。　山东（陵县）
五月芒种麦不熟。　山西（平遥）
五月芒种麦割完，四月芒种麦开镰。　山西（新绛）
五月芒种麦在地。　河南（开封）
五月芒种忙忙种，雷雨像刀也要种。　云南
五月芒种一半刈，四月芒种光嗒嗒。　河南
五月芒种又夏至，早熟萝卜正当时。　广西
五月芒种雨，六月火烧埔。　福建（南安）
五月芒种雨，六月无干土。　福建
夏到芒种，点水插秧；过了季节，误了时光。　陕西（汉中）
小麦过芒种，菜籽不过小满。　湖北、山西（太原）、陕西（关中）
小麦过芒种，勿割自会断。　上海
小麦芒种刀下死。　安徽
小麦怕芒种，谷子怕立秋，豆子过了霜降用镰钩。　山东（滨州）
小麦无春夏，芒种一刀割。　江苏（盐城）
秧奔芒种米奔秋。　贵州
阳雀叫，芒种到。　贵州（黔南）
要吃糯米糕，芒种快浪稻。　宁夏　注：“浪稻”，方言，种稻。

要等人家牛空，插田插到芒种。 湖南

莜麦芒种快动手，过了夏至没准头。 山西（忻州）

有钱难买芒种坼，芒种落雨开禾花。

雨打芒种头，旱死小芋头。 四川

雨打芒种头，河沟无水流。 河南（郑州）

雨打芒种头，河鳗眼泪流。 浙江

雨打芒种头，阴沟没有流。 四川

雨打芒种头，阴沟无水流。 湖北（黄石）、安徽（颍上）

雨打芒种头，鱼虾目滓流。 福建（福清）

雨洒芒种头，阴沟无水流。 四川、福建（福安）、湖南（湘潭）

栽禾栽到芒种，一蔸打一禾桶。 江西（分宜）

栽秧割麦两头忙，芒种打火夜插秧。 湖北

早稻怕芒种，晚稻怕秋分。 广东

早稻最怕芒种蝪。 广东

早拣芒种晚拣霉。

早上芒种晚上梅，芒种一过就上梅。 上海

早造有谷穗，最怕芒种水。 广东

早造最怕芒种虫，晚造最怕寒露风。 广东（湛江、高明）、海南（乐东）、广西（容县）

夏　至

夏至，二十四节气中的第十个节气。公历每年6月21日或22日太阳到达黄经90度时为夏至。公元前七世纪，先人采用土圭测日影，就确定了夏至，是二十四节气中最早被确定的节气之一。据《恪遵宪度抄本》："日北至，日长之至，日影短至，故曰夏至。至者，极也。"夏至这天，太阳直射地面的位置到达一年的最北端，几乎直射北回归线（北纬23°26′），北半球的白昼达到最长，且越往北昼越长。夏至以后，太阳直射地面的位置逐渐南移，北半球的白昼日渐缩短。民间有"吃过夏至面，一天短一线"的说法。而此时南半球正值隆冬。

中国民间把夏至后的15天分成3"时"，一般头时3天，中时5天，末时7天。这期间我国大部分地区气温较高，日照充足，作物生长很快，生理和生态需水均较多。此时的降水对农业产量影响很大，有"夏至雨点值千金"之说。一般年份，这时长江中下游地区和黄淮地区降水一般可满足作物生长的要求。《荆楚岁时记》中记有："六月必有三时雨，田家以为甘泽，邑里相贺。"可见在1000多年前人们已对此降雨特点有明确的认识。

夏至时节，我国南方大部分地区农业生产因农作物生长旺盛，杂草、病虫迅速滋长蔓延而进入田间管理时期，高原牧区则开始了草肥畜旺的黄金季节。此时，华南西部雨水量显著增加，因此，要特别注意作好防洪准备。夏至节气是华南东部全年雨量最多的节气，往后常受副热带高压控制，出现伏旱。为了增强抗旱能力，夺取农业丰收，在这些地区，抢蓄伏前雨水是一项重要措施。

"不过夏至不热"，"夏至三庚数头伏"。天文学上规定夏至为北半球夏季开始，但是地表接收的太阳辐射热仍比地面反辐射放出的热量多，气温继续升高，故夏至日不是一年中天气最热的时节。大约再过二三十天，一般是最热的天气了。夏至后进入伏天，北方气温高，光照足，雨水增多，农作物生长旺盛，杂草、害虫迅速滋长漫延，需加强田间管理。

夏至前后，淮河以南早稻抽穗扬花，田间水分管理上要足水抽穗，湿润灌浆，干干湿湿，既满足水稻结实对水分的需要，又能透气养根，保证活熟到老，提高籽粒重。俗话说："夏种不让晌"，夏播工作要抓紧扫尾，已播的要加强管理，力争全苗。出苗后应及时间苗定苗，移栽补缺。夏至时节各种农田杂草和庄稼一样生长很快，不仅与作物争水争肥争阳光，而且是多种病菌和害虫的寄主，因此农谚说："夏至不锄根边草，如同养下毒蛇咬。"抓紧中耕锄地是夏至时节极重要的增产措施之一。棉花一般已经现蕾，营养生长和生殖生长两旺，要注意及时整技打杈，中耕培土，雨水多的地区要做好田间清沟排水工作，防止涝渍和暴风雨的危害。

夏至插老秧，秋来喝米汤。　陕西、四川、湖北、山西

夏至十日麦梢黄，再过十日都上场。　陕西、山西

夏至雷，六月旱。　注：夏至响雷下雨，则于节气内多阵雨天气，一般12天阵雨后，即将进入农历六月小暑，大暑节气，就出现一段晴热的天气故有“夏至雷，六月旱”这一谚语的流传。

夏至雷声响，茅草晒做灰。　安徽

夏至棉田草，犹如毒虫咬。　安徽

夏至水满塘，秋季谷满仓。　陕西、甘肃、宁夏、山西

夏至下雨起西风，屋檐沟里钓虾公。　湖南

夏至杨梅满山红，小暑杨梅要出虫。　浙江

爱玩夏至日，爱眠冬至夜。

白相要在夏至日，困觉要在冬至夜。　江苏（苏州）

播田播夏至，割稻割两下。　福建　注：后句指产业低。

不到夏至不老秧。　湖北、河南（南阳）

不过夏至不热，不过冬至不冷。　山西

不过夏至天不暖，不过冬至天不寒。　宁夏

不要愁，不要愁，夏至过了有日头。　福建（连城）

不至夏至不热，不到冬至不寒。

插田插到夏至，打谷打一记。　浙江　注：“插田”又作“早稻”。

插田插到夏至尾，一粒谷，二粒米。　浙江（龙泉）

插秧不过夏，种麦不滞霜。　江苏（徐州）

插秧到夏至，不快也不迟。　海南（白沙）[黎族]

插秧过夏至，稻叶比针细。　广西（三江）[侗族]

插秧在夏至，收成四得一。　广西（靖西）

长不过夏至，短不过冬至。　湖南、云南（大理）[白族]

长长到夏至，短短到冬至。　浙江（湖州）

长到夏至，短到冬至。　宁夏、上海、天津、陕西（咸阳）、江西（抚州）

长到夏至短到冬，过了冬，一天长一葱。　山东（牟平）

长到夏至短到冬。　山东（栖霞）

长抵夏至，短抵冬至。　湖北（黄冈）　注：指昼长。

长夏至，短冬至。　河北（沧州）、湖南（衡阳）　注：指白天的长短。

吃了夏至饭，夜长昼渐短。　广西（乐业）

吃了夏至饭，一天短一线。　内蒙古、河南（许昌）、山西（雁北）

吃了夏至饭，一天短一线；吃了冬至饭，一天长一线。　四川

吃了夏至饭，一天短一线；吃了冬至面，一天长一线。　河北（望都）

吃了夏至面，一日长一线。　江西（南城）

吃了夏至面，一天短一天。　上海、广西（象州）

吃了夏至面，一天短一线。　江西、陕西（宝鸡）、安徽（桐城）、黑龙江（佳木斯）[满族]、江苏（句容）

吃了夏至面，一天短一线；吃了冬至面，一天长一线。　天津

吃了夏至粥，日子渐渐促。　江苏（苏州）　注："促"，短促。

愁也不要愁，夏至过了有日头。　江西（南丰）

春争日，夏争时，一年大事不宜迟。　内蒙古　注：芒种，农活繁重，时间紧迫，要分秒必争，这也就是"夏争时"的意思。

春至至短，冬至至长。　湖南

大旱不过夏至。　山西（忻州）

到了夏至节，锄头不能歇。　天津、宁夏、湖北、江西（吉安）、广西（桂平）、陕西（渭南）、海南（海口）、福建（德化）

到了夏至节气，锄头不能歇息。　吉林

冬日十雾九天晴，夏至浓雾雨相随。　四川

动了夏至风，爱吃不爱动。　江西（广昌）

端午、夏至浪荡开，三交大水并一交来。浙江（绍兴）　注："浪荡开"，相距较远。"浪荡开"、"一交来"或作"阔绷绷"、"一交涨"。

端午、夏至连，大水没河塍。　浙江（绍兴）

端午、夏至远迢迢，大水要发两三遭。　浙江（绍兴）

端午水，夏至梅。　浙江（宁波）

端午夏至汗滔滔，黄霉大水两三潮。　上海

端午夏至连，抄手好种田；端午夏至隔得开，三大水併次来。

端午夏至连，抄手可种田；端午夏至隔得开，三次大水并次来。

广东（连山）[壮族]

端午夏至连，抄手种荒田。　江苏　注：种荒田"又作"好种田"。

端午夏至连，大水没潮田。　上海

端午夏至连，快活种年田。　浙江（绍兴）　注：后句或作"跷脚拐手好种田"。

端阳离夏至远，三麦有一闪。　江苏（徐州）

短不过夏至夜，长不过冬至夜。　四川

短到夏至，长到中秋。　江西（南昌）

短勿过夏至夜，长勿过冬至夜。　浙江（嘉兴）

二遍锄在夏至后，谷子一镰割不透。　河南（商丘）

二遍锄在夏至后，苗儿一镰割不透。　山西、山东、河南、河北

发透夏至南，台风会少来。　福建　注："发透"指越刮越大，从早刮到晚。

放牛伢子不要愁，过了夏至有日头。　江西（广昌）

分龙后夏至，番季无田莳。　广东

分龙后夏至，有秧唔使莳，夏至后分龙，顶多两座砻。　广东　注：指晚稻。

分龙兼夏至，旱掉没口气。　福建　注：后句指农作物都旱死。

分龙遇夏至，有秧不使莳。　广东

分垅后夏至，下季无田莳。　广东

分垅遇夏至，有秧不用莳。　广东

伏里锄一遍，赛过水浇园。

高高棉花平平稻，夏至黄苗是大稻。　浙江（宁波）

谷过夏至就烧芽，种到地里不顶啥。　山西（太原）

过了“夏至”不栽田，过了“芒种”不点棉。　陕西、甘肃、宁夏、山西

过了夏，满地压。　陕西（商洛）　注：指插秧。

过了夏，一天短一耙；过了冬，一天长一葱。　山东（日照）　注：“夏”又作“夏至”；“冬”又作“冬至”。

过了夏至，啥田也不种。　吉林

过了夏至，一日短一齿。　广东（韶关）

过了夏至不栽田，过了芒种不点棉。　陕西、甘肃、宁夏、山西。

过了夏至不种田，人到六月不转闲。　宁夏

过了夏至浆黄豆，一天一夜抗榔头。

过了夏至节，铲蹚不能歇。　吉林

过了夏至节，锄地不能歇。　河北、河南、山东、陕西、山西（芮减）

过了夏至节，夫妻各自歇。

过了夏至节，耕牛把气歇。　湖南（湘西）

过了夏至节，关水扎好缺。　四川

过了夏至节，一天一片叶。　湖北

过了夏至郎，一日闹一场。　江西（宜春）　注：“夏至郎”，夏至日；“闹一场”，下一场雨。

过了夏至莫栽秧，及早碎垡种旱粮。　云南（昆明）

过了夏至无青麦，过了冬至无青豆。　江西（南丰）

过了夏至无青麦，过了寒露无青豆。　河北、安徽（泗县）河南（开封、新乡）、浙江（湖州）

过了夏至一天一叶。　安徽（青阳）

过了夏至栽老秧，拿着馍馍换米汤。　湖北　注：“馍馍”又作“干饭”。

过夏至，麦自死。　陕西

过夏至种黄豆，给蛤蟆田鸡做大寿。　浙江（杭州）

喝了夏至茶，一天短一耙。　安徽（桐城）

荷花开在夏至前，不到几天雨涟涟。　注：夏至是在农历五月中，荷花开花应

在农历六月，俗语说："六月荷花，八月藕。"如果荷花提前开花，说明气候反常，预示不久就要下雨。

黑豆不识羞，夏至开花到立秋。　黑龙江

黑豆不识羞，夏至开花至立秋。　山西（阳曲）

黑芝麻，夏至种，黄芝麻，在芒种。　上海

黑芝麻夏至种，黄芝麻在芒种。　湖北

进入夏至六月天，黄金季节要抢先。　广西（桂平）、陕西（安康）、山东（博山）

进入夏至六月六，黄金季节要争先。　江苏（常州）

进入夏至六月天，黄金季节要赶先。　陕西、安徽、河南　注："夏至"，农时的第十个节气，在农历五月中旬，公历6月21日或22日。太阳到达黄经90°夏至点时开始。夏至这日白天最长，黑夜最短，这一天中午太阳位置最高，印影最短，古代又称"日北至"或"长日至"。有谚语说"长到夏至，短到冬至"、"夏至勿种秧，冬至勿望娘"，意思是夏至这天白天时间太长了，冬季这天白天时间太短了。

进入夏至六月天，黄金季节要争先。　吉林

进入夏至六月天，抢黄季节要抢先。　宁夏

宽慢人，宽慢福，夏至种田对开谷。　浙江（金华）

老狗最怕夏至，老牛最怕耙秧地。　广东（罗定）

雷打"夏至"节，六月天开裂。　广东

雷打夏至，火烧秧地。　广东（肇庆）、海南（琼山）

雷打夏至，火烧秧地。　广西（田阳、陆川）[壮族]

雷打夏至，台风绝迹。　福建

雷打夏至节，六月犁头歇。　海南

雷打夏至节，六月田开裂。　宁夏、湖南（株洲）、海南（儋县）、广东（韶关）、广西（防城）　注："田开裂"又作"犁头歇"。

雷打夏至上，大路滚成浆，雷打夏至下，大路可走马。　江苏

雷打夏至上，大路烂成浆；雷打夏至下，大路好跑马。　广西（东兴）

雷打夏至下，大路好跑马；雷打夏至上，大路烂成浆。　海南（琼山）

雷打夏至星，无水洗犁耙。　海南（定安）

雷劈夏至节、六月犁头歇。　广西（浦北）　注："犁头歇"亦作"田龟裂"

雷响夏至上，大路踩成浆。　广东（肇庆）　注："夏至上"，夏至之前。

雷响夏至下，水田跑得马。　广东（肇庆）　注："夏至下"，夏至之后。

淋头伏，旱末伏。　内蒙古　注：农谚是以夏至这天的风、云征象，来判断是否有雨。六月的东风，带来海洋上潮湿的暖空气，此时空气的热力对流容易发生，所以是易于成云落雨的。如六月间天气晴朗，万里无云，这表明在夏至后数天内的天气是比较稳定而持久的，如延续至三伏，那天气会是异常的炎热。

六十养儿不得力，夏至栽秧不得吃。　湖南（湘西）[苗族]

露多夏至后，春分秋分无。 湖北

露无夏至后生。 安徽（舒城）

麦到夏至谷到秋，寒露才把豆子收。 吉林、山东、山西、河南、河北

麦到夏至谷到秋，秋风才把豆子收。 山东（平度）

麦到夏至连夜死。 河南（三门峡）

麦到夏至死，禾到大暑死。 江苏（苏州）

麦到夏至死根，稻至寒露叶黄。 宁夏

麦到夏至望天飞。 安徽（阜阳） 注：意指麦收到场要快打，如在场上堆放过久，受潮生虫，麦蛾乱飞，麦轻飘扬。

麦割夏至，谷割秋分。 山西（屯留）

麦割夏至。

麦过夏至，不割自死。 山西（屯留）

麦过夏至，青干自死。 山西（高平）

麦过夏至谷立秋，豆过天社使镰钩。 山东

麦过夏至十日枯。 辽宁

麦怕夏至谷怕秋，过了秋就把谷子钩。 山东（栖霞）

麦收夏至。 山东（胶东）

麦收夏至不隔夜，豆收芒种不隔晌。 宁夏

麦收夏至满天飞。 河南（南阳） 注：谓割麦不及时打场，垛到夏至就会生麦蛾。

麦收夏至早，不成就要倒。 山西（潞城）

梅内芝麻时内豆，完秧莫落夏至后。 江苏（建湖）

南风送夏至，早禾不结籽。 江西（宜春）

南风送夏至，早禾干绝气。 湖南（岳阳）、江西（金溪）

南风送夏至，早禾旱断气。

藕花开在“夏至”前，不到几天雨涟涟。 安徽（安庆）

热从夏至起，冷从冬至来。 福建（南平）

热煞夏至日，困煞冬至夜。 上海

人到夏至边，走路要人牵。 湖南

日长长到夏至，日短短到冬至。 上海

日长到夏至，日短到冬至。 江苏（南京）

日长夏至，夜长冬至。 广东（韶关）

日长在夏至，夜长在冬至。 广西（平乐、荔浦）

日长至夏至，日短至冬至。 海南

若要萝卜大，夏至把种下。 山西（河津）

三节在一堆，田缺没水淌。 福建 注：“三节”指夏至、端午、分龙。

生团勿长志，番薯压到夏至。　浙江（温州）

十年八年，夏至割完。　山东（潍坊）

时到夏至不种油。　河南（濮阳）　注：谓夏至不种油料作物。

时里三雷，米谷成堆；时里无雷，秕谷成堆。　江苏（常州）　注：三时在夏至之后，这是最热的天气，也是稻作区域需水最切之时。这时候的雨，以雷雨为主。所以说“时里三雷，米谷成堆”。反之，如果时里没有雷，雨水就嫌太少，不免有旱魃成灾，以致“秕谷成堆”了。

天长不过夏至，天短不过冬至。　河南（濮阳）

天长长不过夏至，天短短不过冬至。　山西（沁源）

天长数夏至，天短数冬至。　安徽

头茶不见夏至天，二茶不看爬龙船，三茶不会七巧星。　注：“爬龙船”，指端午节；“七巧星”，指农历七月初七。

晚稻插夏至，有插也无吃。　福建（龙溪）

晚谷要喝夏至水。　湖北　注：指早中稻用作双季晚稻。

未过夏至勿算热，未过冬至勿算清。　浙江（丽水）　注：“清”，寒。

唔怕夏至风，至怕芒种虫。　广东

五月十五过夏至，今年夏天好收成。　山西（雁北）

五月夏至小满随，薅草淌水施追肥。　宁夏

西南犯夏至，鱼虾卖不去。　广西（防城）　注：“西南”指西南风。

嬉夏至日，困冬至夜。　上海

夏不至不热，秋不分不凉。　广东（韶关）

夏过不插田，秋过不种莲。　广西（桂平）

夏后三天，点火插夜田。　湖南、江苏　注：指早稻。“夏”指立夏。

夏节日，打天雷，塘低乌焦灰。　浙江、河北

夏在三伏首。　河北（成安）

夏早迟迟种，春迟早早耕。　广西（桂平）

夏至，稻好试。

夏至，见秧刺。　福建（同安）　注：指晚稻秧芽。

夏至拔蒜，不拔掉蛋。　河北（安新）　注：“掉蛋”，指蒜头掉在地里。

夏至白天最长，冬至白天最短。　山西（和顺）

夏至白撞雨，十眼鱼塘九眼起。　广东（佛山）　注：“起”，鱼浮起，指死鱼多。

夏至百日种麦。　山西（太原）、陕西（关中）

夏至百重霉。　福建　注：“百重霉”指多梅雨。

夏至伴端阳，好汉嫁婆娘。　湖南（湘乡）

夏至伴端阳，家家饿断肠。

夏至北，谷空壳。　福建

夏至北风旱，西风秋雨多。　陕西（渭南）

夏至北风送雨来。　江苏

夏至备爬犁，冬至修牛具。　黑龙江（牡丹江）[朝鲜族]

夏至被雷震，晚禾不用粪。　广西（玉林）

夏至边，东边雨不落西边田。　福建（宁化）

夏至便一便，早稻上岸。　浙江（台州）　注："便"，念"ruan"，指下雨使土地松软。

夏至薄薄雾，塘底当大路。　浙江（金华）　注："当大路"或作"好打铺"。

夏至不播沟沟田。　山西（忻州）

夏至不插秧，冬至不栽油。　福建（顺昌）

夏至不趁工，冬至不讨工。　福建

夏至不出谷，土地老爷也要哭。　四川

夏至不出棉花苗，到老不结棉白头。　江西（安义）

夏至不出棉花苗，到死不结棉花桃。　江西（南昌）

夏至不出苗，到老不结桃。　湖北

夏至不出蒜，蒜头就散瓣。　山东（高密）

夏至不出头，割了喂老牛。　湖北、江西（安义）　注："了"又作"来"

夏至不出头，庄稼喂老牛。　天津

夏至不出窝，纵多也不多。　湖北

夏至不出五月，冬至不出十一月。　四川

夏至不出五月，冬至不出十月。　江苏（徐州）、河北（石家庄）、贵州（贵阳）

夏至不出五月，冬至不了十月。　海南

夏至不锄，寒露不收。　陕西（铜川）

夏至不锄，寒露不熟。　陕西（武功）

夏至不打飞上天，芒种不割草来眠。　四川、重庆、湖北（新洲）、安徽（阜阳）

夏至不打飞上天。　湖北

夏至不打雷，大水连天回。　福建（古田）

夏至不打满天飞，小暑不打一堆灰。

夏至不倒秧。　山西（阳曲）　注："倒"移栽。

夏至不定棉花苗，到老不结桃。　湖北

夏至不分秧。　湖南

夏至不耕板，年成对半减。

夏至不过不暖，冬至不过不寒。　北京、吉林、江苏（连云港）、河北（滦南）

夏至不过不暖，至冬不过不寒。　广东（肇庆）

夏至不过不热，冬至不过不寒。　江西（抚州）、贵州（贵阳）

夏至不过不热，冬至不过不冷。　河南（安阳）

夏至不过禾不黄，立秋不过天不凉。　福建

夏至不过禾不黄，鸟儿不叫天不光。　广东

夏至不过寞道热，冬至未过莫道寒。　海南

夏至不慌，秋钻精光。　广东

夏至不间苗，必定抱空瓢。　内蒙古

夏至不间苗，到秋得不着。　吉林

夏至不耩亩田。　山东（滨州）

夏至不浸谷，立冬禾不熟。　广西（陆川、玉林）

夏至不开苗，必定抱了瓢。　浙江、山西、河南、河北、山东（泗水）、

夏至不来，水柜不开。　广东、福建、浙江、湖北、上海、嘉定、江苏

注："水柜"，冬青花。

夏至不来，水渠不开。　上海（嘉定）

夏至不来不热，冬至不来不冷。　湖南（娄底）

夏至不离五，冬至不离十。　山东（泰安）

夏至不离五月，冬至不离十一月。　陕西（渭南）

夏至不留种。　广西（蒙山）

夏至不垄葱，垄葱一场空。　山西（忻州）

夏至不刨蒜，蒜就离了瓣。　河北（邯郸）　注："离"，滦平作"散"。

夏至不刨蒜，蒜在泥里烂。　山西（翼城）、河北（唐山）

夏至不刨蒜，缨子倒一片。　河北、河南、山东、山西、安徽（淮南）

注："刨"又作"起"。河南原注："缨子"，即叶子，

夏至不起尘，起了尘，四十五天大黄风。　山西（寿阳）

夏至不起蒜，必定散了瓣。　吉林、陕西、天津（武清）、黑龙江（大庆）

注：夏至时节大蒜已基本停止生长，应及时收获；若过时不收，大蒜容易散瓣、霉烂。类似农谚有"夏至不刨蒜，蒜在泥里烂"。

夏至不起蒜，蒜在地里烂。　黑龙江（佳木斯）

夏至不起蒜，蒜在泥里烂。　山东（博山）

夏至不取帽，收不到被窝套。　湖北

夏至不热，冬至不冷。　陕西、四川

夏至不热，五谷不结。　福建（三明）

夏至不拾蒜，蒜在泥里烂。　天津（武清）

夏至不收牛不牵。　陕西（安康）

夏至不暑，冬至不冷。　海南（保亭）

夏至不踏车，冬至不看夜。　江苏（苏州）

夏至不挖蒜，必定散了瓣。　湖南（怀化）[侗族]

夏至不挖蒜，过了季节烂了瓣。　宁夏　注：又作“夏至不起蒜，必定散了瓣”。

夏至不挖蒜，蒜在地里烂。　内蒙古

夏至不下，挂起犁耙。　山西（新绛）

夏至不下，犁头高挂。　河北（雄县）

夏至不下雨，火烧鲤鱼床；甲子不下雨，天旱六十天。　广西（龙州）［壮族］

夏至不下雨，九江十八干。　陕西

夏至不响雷，稻谷哪里来。　广东

夏至不掩姜，大出右四两。　湖南（郴州）

夏至不栽，东倒西歪。　四川、贵州、云南、天津、河北（承德）、广西（隆林）

夏至不栽禾，割了喂鸡鹅。　福建

夏至不栽秧，栽秧是白忙。　山西（新绛）

夏至不栽秧。　注“不”又作“勿”。

夏至不在泥里也在水里。　湖北　注：“也”又作“就”，指双季晚稻。

夏至不在秧，栽秧是白忙。　山西（太原）

夏至不至不热，冬至不至不寒。　福建

夏至不种稻。　宁夏

夏至不种豆，十种九不收。　山西（太原）

夏至不种豆，种豆籽刚够。　山西（忻州）

夏至不种高秆麻，低着腰儿把地犁。　甘肃（定西）

夏至不种高粱米。　甘肃

夏至不种高三黍，还有十二天小红糜。　内蒙古　注：高三黍，即糜、谷、黍。农谚是说夏至时节，正是内蒙古地区田间管理的紧要时期，大日期的糜、谷.黍播期已过，但如再播小日期的小红糜及小黄罗黍等尚有收成。

夏至不种高三黍，还有十天平地黍。　内蒙古

夏至不种高三黍，还种十天小红黍。　内蒙古

夏至不种高山糜，平地不种小百糜。　宁夏

夏至不种高山糜，种上没粒一包皮。　宁夏

夏至不种高山糜，种上无米一包皮。　宁夏

夏至不种高山糜。　甘肃（兰州）、山西（太原）、陕西（延安、定边、铜川）

夏至不种高山黍，还有十日小糜黍。　河南、河北（万全）

夏至不种高山黍，还有十天小糜黍。　山西（繁峙）

夏至不种高山黍，还种十亩小糜黍。　河南

夏至不种高山黍，糜子谷子不误种。　内蒙古

夏至不种高山黍，平地还有十日谷。　山东、河南、河北、湖北、山西（太原、新绛）

夏至不种高山黍，平地还有十天谷。　河北（井陉）

夏至不种高山黍，平地还种十天小稷黍。　河北（涞源、蔚县）

夏至不种红，暑伏不种黑。　河北（内丘）　注：“黑”，指黑豆。

夏至不种棉。　河北

夏至布田上下株。　福建　注：指过了季节插秧，生长不好，高矮不齐。

夏至才种田，四穗值一穗。　广西（天等）［壮族］

夏至草头齐，冬至自会死。　浙江（杭州）

夏至插禾，斗种一萝。　广东

夏至插禾，割了喂鹅。　江苏（镇江）　注：指中稻的育秧和栽秧适期，

夏至插黄秧，勿够接钱粮。　浙江（桐庐）

夏至插黄秧，勿够解钱粮。

夏至插老秧，还比种豆强。　陕西（安康）

夏至插老秧，秋后喝米汤。　湖北、甘肃、宁夏、陕西（武功、安康、汉阴、石泉、陕南）、山西（太原）　注：“插”又作“栽”，“秋后”又作“赶上”或“只够”、“不够”、“光够”、“只能”。

夏至插老秧，只能喝米汤。

夏至插田没有谷。　浙江（龙泉）

夏至插秧不结子，芒种插秧正当时。　湖北

夏至插秧没干头。　云南

夏至插早禾，刚够养鸡婆。　湖南（零陵）

夏至蝉啾啾，一日雨三遍。　广西（贵港）

夏至蝉鸣叫，旱天要来到。　河南（郑州）

夏至蝉鸣叫，天旱定可靠。　湖北（江陵）

夏至长，冬至短，二八月，昼夜平。　山东（桓台）

夏至长，冬至短。　山东、吉林

夏至长三分，冬至当日回。　山东（梁山）

夏至吃的歹大麦，处暑吃的好饺子。　山西（寿阳）

夏至迟栽禾，饿死老鸡婆。　福建（建宁）

夏至虫，食到哄。　注：“食”又作“让”

夏至出日长，冬至出日短。　天津

夏至出蒜，不出就烂。　上海（宝山）、河南（商丘）、河北（张家口）　注：“就”又作“定”。

夏至出蒜，勿出就烂。　上海　注：“出蒜”，指收获。

夏至锄地有三好，杀虫锄草土变好。　宁夏

夏至锄三遍，胜过多施三次肥。　上海（奉贤）

夏至锄三遍，庄稼长成铁杆杆。　宁夏

夏至锄三遍，庄稼穗像鸡蛋。　吉林

夏至锄头，好似膏头。
夏至锄一遍，结得棉桃像鸡蛋。 宁夏
夏至吹北风，十个鱼塘九个空。 广西（防城）
夏至吹的西南风，勿种低田命该穷。 上海
夏至吹东风，望雨一场空。 江西（南昌）
夏至吹东南，隔岭多雷雨。 广西（宜州）
夏至吹个北，田坎不要塞。 湖南 注：后句又作“高田不用塞”。
夏至吹了团团风，种田种地一场空。
夏至吹了转圈风，种田种地一场空。
夏至吹南风，大旱六十天。 海南（儋县）
夏至吹西南，大雨要冲潭。 海南
夏至吹西南，高山变龙潭。 海南
夏至打雷，禾苗生两回。 广西（宜州）
夏至打雷，六月担泥槌。 广东（廉江）
夏至打雷，十八个雷。 浙江（嘉兴）
夏至打雷，台风暴雨来相随。 海南（定安）
夏至打雷十天梅。 福建（永泰）
夏至打声雷，茅草晒成灰。 安徽（长丰）
夏至打西南，高山变龙潭。 湖北（黄岩）
夏至大烂，黄鱼当饭。
夏至大烂，梅雨当饭。
夏至大雨十八场。 贵州（毕节）
夏至大雨小暑旱。 广西（宜州、上思）
夏至当日长，冬至当日短。 宁夏
夏至当日回，冬节长一针节；腊八长一杈把，过了年长一椽。 山西
夏至当日回三刻。 山西（忻州）
夏至到，锄头刮子不能了。 广西（平乐） 注：“不能了”，即不能放。
夏至到，秧把撂。 江苏（扬州、宿迁）
夏至到初伏，东风难下雨。 河南（焦作）
夏至到冬至，每天相差一分半。 上海
夏至到小暑，好大南风好大雨。 安徽（歙县）
夏至到小暑，一天南风一天雨。 安徽
夏至到要齐心，收早在晚调大兵。 四川
夏至稻好试。
夏至稻好拭。 广东 注：“好拭”，可收割，
夏至稻田草，农民薅断腰。 宁夏

夏至稻田草，农民累断腰。　吉林

夏至得禾试。　广西（平南、陆川）　注："禾试"，方言，试锄新禾。意为开始进行田间管理。

夏至滴一点，集上买大碗。　甘肃（甘南）

夏至滴雨值千金。　贵州（黔南）[苗族]

夏至地不湿，旱地不用犁。　广西（陆川）

夏至点黄豆，拧秸不拆豆。　安徽

夏至点雨值千金。　江西

夏至丁，三年长一斤。　浙江

夏至定禾苗，好坏地里瞧。　河北（张家口）

夏至定禾苗。　江苏（镇江）、河北（邯郸）

夏至东，半月雨来冲。　内蒙古、上海

夏至东北，鲤鱼拆屋。　注：主大水

夏至东北，鲤鱼跳屋。　上海　注：夏至日吹东北风，主涝。

夏至东风，阴雨绵绵。　河北（宝坻、香河）

夏至东风潮，麦子水里捞。　山西（忻州）

夏至东风恶过虫，七月东风旱如沙。　海南

夏至东风恶过鬼，一斗东风三斗水。　海南、广西（天等）、广东（汕头）

注："夏至"节气，从海洋吹来的暖湿偏东气流，受到地形的抬升作用，造成了空气的层结不稳定，就容易下起较大的雨。故此，本地就有"夏至东风恶过鬼，一斗东风三斗水"的说法。

夏至东风恶过龙，七月东风旱如沙。　广西（防城、东兴）

夏至东风嚎，麦子坐水牢。　河南（新乡）

夏至东风水漫桥。　河南（三门峡）

夏至东风天无雨，夏至有雨北风生。　江苏（常州）

夏至东风无好天。　山东

夏至东风摇，大水淹过桥。　福建（南靖）

夏至东风摇，低田挨水泡。　广西（全州）　注："摇"亦作"到"。

夏至东风摇，叫化子扔了瓢。　山东（高青）

夏至东风摇，麦子水里捞。　河北、新疆、天津（西青）、黑龙江（鹤岗）

夏至东风摇，麦子水里捞；夏至西风刮，麦子干场打。　山东（梁山）、甘肃（张掖）

夏至东风摇，麦子水里涝。　辽宁、北京（昌平）

夏至东风摇，麦子坐水牢。　湖南、宁夏、吉林、湖北、上海（松江）、山东（烟台）　注：意指夏至时节麦已成熟，如果还未收割，东风一吹，下起雨来，麦子就浸在水里了。

夏至东风雨，麦子坐水捞。　山西（晋城）

夏至东南，老龙归潭；夏至西南，老龙上屋。　浙江

夏至东南，老龙抓潭；夏至西南，淹没小桥。　上海　注："老龙抓潭"天旱。

夏至东南拔草风，几天几夜好天公。　上海

夏至东南第一风，不种潮田命里穷。　上海、江苏　注：上海俗称低田为"潮田"。夏至吹东南风，无旱，低田能丰熟。

夏至东南第一风，不种低田骂老公。　海南

夏至东南第一风，不种湖田命里穷。

夏至东南第一风，勿种低田骂老公。　上海　注：下句又作"勿种潮田命里穷"。

夏至东南第一风，勿种低田命里穷。　浙江（嘉兴）

夏至东南风，半月雨来冲。　安徽（长丰）

夏至东南风，必定收洼坑。　上海、安徽、吉林、山西（晋城）　注："收洼坑"，就是低地丰收之意。

夏至东南风，打马奔东棚。　山东（苍山）

夏至东南风，单收平地坑。　山东　注：又作"夏至东南风，收了盆底坑"。

夏至东南风，当日就撒网。　海南（保亭）

夏至东南风，当时就搬罾。　山东（兖州）

夏至东南风，当天龙点兵。　山东（滨州）　注：指当日下雨。

夏至东南风，过后雷雨多。　海南

夏至东南风，黄鳝问泥鳅。　安徽

夏至东南风，平地把船撑。　山西、陕西、天津、河南（开封）、山东（鄄城）

夏至东南风，荞麦收挂坑。　山东（薛城）

夏至东南风，十八日来搬罾。　山东　注："搬罾"，一种捕虾方式。

夏至东南风，十八天拔小罾。　江苏（连云港）　注："拔小罾"，谓可捕鱼。

夏至东南风，十八天后大雨淋。

夏至东南风，十八天乱搬罾。　安徽（枞阳）

夏至东南风，午后雷阵雨。　广西（崇左）

夏至东南风，下雨不用问先生。　山东（梁山）

夏至东南风，小暑有台风。　福建

夏至东南风，要收洼地坑。　山东

夏至东南风，一月以后就搬罾。　山东（微山）

夏至东南风，只收盆底坑。　江苏（沛县）

夏至东南风，终日雨纷纷。　江苏（苏州）

夏至东南风，种地种到坑。　山东（滕州）

夏至东南风，庄稼老头耕洼坑。　山东

夏至东南没小桥，夏至西北田熟好。　浙江（湖州）

夏至东南没小桥。

夏至东云作水灾。　福建

夏至冬至，暝日相距。　福建（晋江）

夏至冬至，日夜柏相距；春分秋分，日夜平分。

夏至冬至，日夜相等。　内蒙古、吉林、广西（田阳）

夏至冬至，日夜相等；春分秋分，日夜平分。　海南（琼山）、福建（福鼎）

夏至冬至，日夜相等；春分秋分，昼夜平分。　河北（抚宁）

夏至冬至，日夜相距。　上海、安徽（合肥）、陕西（宝鸡）

夏至冬至，日夜相距；春分秋分，日夜平分。　江苏（镇江）

夏至冬至，日夜相距；春分秋分，昼夜平分。　山东（临清）

夏至咚咚咚，天下断谷芒。

夏至动动手，强似冬天满坡走。　安徽

夏至动雷，不旱六七月。　广西（宜州、钟山）

夏至动雷，六月不旱旱七月。　海南

夏至动雷，日落三回。　广西（横县）

夏至动雷，芋头成两锤。　广西（横县）

夏至豆连角。　山西（朔州）

夏至端，旱一千。　山西（芮城）

夏至端午后，农人吃块肉。　安徽（明光）

夏至端午后，提着猪头又买肉；夏至在月中，耽搁了粜米翁。　山东

夏至端午后，无车勿动手。　江苏（常州）

夏至端午后，又吃蒸馍又吃肉。　河南（商丘）

夏至端午连，农夫好耕田。　广东

夏至端午前，百姓闲半年。　山东（郯城）

夏至端午前，必定要歉年。　河南（商丘）

夏至端午前，必是丰收年。　上海

夏至端午前，抄手种旱田。　江苏

夏至端午前，处处有荒田；夏至端午后，庄稼吃酒肉。　山西（晋城）

夏至端午前，定是大丰年。　江苏（镇江）

夏至端午前，家家卖庄田。　安徽（天长）

夏至端午前，农民好种田。　江苏

夏至端午前，农人泪涟涟；夏至端午后，农人吃块肉；夏至临端午，农人守着麦秸垛哭。

夏至端午前，双手插秧田。　上海、江苏、河南（新乡）

夏至端午前，双手种稻田。

夏至端午前，无车种稻田。　江苏

夏至端午前，庄家闲半年；夏至端午后，庄家吃酒肉。 安徽（砀山）

夏至端午前，庄稼老汉泪涟涟；夏至端午后，又吃馍馍又吃肉。 山东（巨野）

夏至端午前，庄稼老头泪涟涟。 河南（周口）

夏至端午前，庄稼闲半年；夏至端午后，庄稼吃酒肉。 安徽

夏至端午前，坐了种年天；夏至端午后，无车弗动手。

夏至端午远，麦子有一闪；夏至端午前，庄稼老头泪涟涟；夏至端午后，提着猪头又买肉；夏至在月中，耽搁了粜米翁。 山东

夏至端阳前，叉手种田年。 江苏

夏至端阳前，处处无闲田，夏至端阳后，处处秧不够。 云南（大理）

夏至端阳前，发愤种良田；夏至端阳后，斗米换斗豆。 湖北（嘉鱼）

夏至端阳前，农民愁吃穿；夏至端阳后，农民多吃肉。 河北（张家口）

夏至端阳前，坐了好种田；夏至端阳后，无车勿动手。

夏至端阳前，坐着好种田。 江苏（常州）

夏至短根线，冬至长根线。 湖南（衡阳） 注："线"，代指时间量词。

夏至多拔一棵草，冬至多吃一个饱。 吉林

夏至多锄草，籽粒就能饱。 山东

夏至多晴天，有雨在秋边。 湖南（长沙）

夏至二更后，停秧先种豆。 甘肃（天水）

夏至发风热。 湖南（益阳）

夏至发雷三伏旱。 江西（新干）

夏至发雷三日雨，夏至无雷大台风。 福建（永定）

夏至发了风，十个菜园九个空。 湖南（娄底）

夏至发南风，抢挂头上捉虾公。 海南

夏至发雾，晴到白露。 浙江（台州）

夏至发西南，老龙落深潭。

夏至发西南风，老龙落深潭。 注："落深潭"，指晴。

夏至翻白云，三天方得两天晴。 湖北（孝感）

夏至翻白云，三天没有雨天晴。 湖北 注："白"又作"生"，"没有"又作"冒得"。

夏至翻云，三天没有两天晴。 湖南（零陵）

夏至泛云生，四十五日风不正。 湖北

夏至分龙水，来少不来多。 江西（奉新）

夏至分龙水溜秧。 广西（北流）

夏至分龙雨涟涟，淋山淋岭不淋田。 广西（平乐）

夏至风吹东北起，瓜果园里尽遭瘟。 湖北（南漳）

夏至风吹弥佛面，有米弗肯贱；风吹弥佛爷背，无米弗肯贵。

夏至风吹弥佛爷面，有米勿肯贱；风吹弥佛爷背，无米勿肯贵。

夏至风从东北起，瓜果园内受熬煎。　内蒙古

夏至风从东南起，经常要下连阴雨。　河南（新乡）

夏至风从南方起，定有蝗虫卷稻田。　上海

夏至风从南方起，秋来一定下大雨。　河南（鹤壁）

夏至风从南方起，秋来一定雨淋淋。　四川

夏至风从南风起，秋来一定有风雨。　湖北（仙桃）

夏至风从南风起，秋天一定有大雨。　山西（晋城）

夏至风从西北来，瓜菜五谷晒卷叶。　云南（昆明）[彝族]

夏至风从西北来，瓜果园里流眼泪。　黑龙江　注：夏至，刮西北风，说明天旱。缺水使各种瓜类生育不良，幼瓜蔫萎，产量降低。

夏至风从西北来，园内尽是烂瓜菜。　广西（贵港）

夏至风从西北起，瓜菜园内受熬煎。　广西（上思）

夏至风从西北起，瓜果田里收成低。　陕西

夏至风从西北起，瓜果园内受熬煎。　河南、内蒙古　注：夏至，正是瓜果生长发育的良好时期。瓜果性喜高温多湿，此时如有较高的温、湿度，可促其正常生长发育。反之，此时如有西北风，常常阴雨连绵，湿度大，温度不足，所以对瓜果生育不利。“果”又作“蔬”。

夏至风从西北起，瓜蔬园里受煎熬。

夏至风从西北起，果树园里受熬煎。　河南（广武、新蔡、新乡）　注：“果树”又作“瓜果”，

夏至风从西北起，蔬菜歉收瓜果稀。　河南（商丘）

夏至风从西北起，园中瓜果受熬煎。　湖南（湘潭）

夏至风从西边起，瓜菜园中受煎熬。　四川

夏至风打转，鲤鱼草棵窜。　安徽（枞阳）

夏至风东南，平地能撑船。　河南（周口）

夏至风刮佛爷面，有粮不贱。　湖北（武昌）　注：佛爷是面南而坐的。那么，“风刮佛爷面”指的是南风。

夏至风刮佛爷面，有粮也不贱；夏至风刮佛爷背，缺粮也不贵。

夏至风刮公祖面，有粮不贱；夏至风刮公祖背，有粮也不贵。　海南（保亭）
注：“公祖面”，指南风。“公祖背”，指北风。

夏至风刮麻叶翻，当年必定水淹湾。　安徽（金寨）

夏至风起东南，瓜园里受熬煎。　河南（鹤壁）　注：谓下连阴雨。

夏至逢端午，麦贵一百天。

夏至逢端午，卖男又卖女。　广东（大埔）

夏至逢端午，霜降过重阳，一年收得两年粮。　广西（乐业）

夏至逢端午，霜降遇重阳，唔卖仔亦卖姑娘。　广东（中山）　注：指卖儿卖女度灾荒。

夏至逢端阳，麦子不上场。　河北（安新）

夏至逢端阳，贫富少口粮。　湖南

夏至逢端阳，霜降过重阳，一年收得二年粮。　安徽（天长）

夏至逢端阳，霜降过重阳，一年收得两年粮。　广东（龙川）、海南（澄迈）

夏至逢端阳，水淹八道墙。

夏至逢端阳，水淹八沟墙。　云南（昆明）

夏至逢庚便出霉，芒种逢庚便入霉。

夏至逢晴天，有雨在秋边。　福建

夏至逢辛三伏热，重阳逢戌一冬晴。　福建（宁德）

夏至逢酉三分热，夏至逢亥一冬晴。　宁夏　注：“酉、亥”指交节时刻。

夏至伏天到，中耕很重要，伏里锄一遍，赛过水浇园。

夏至伏天到，中耕很重要。

夏至浮云生，四十五日风不正。　湖北

夏至旼雨三伏热。　浙江（台州）

夏至赶端午，讨口子不吃菜豆腐。　四川

夏至赶端阳，伏天缺太阳。　四川

夏至赶端阳，好汉卖儿郎。　陕西

夏至赶端阳，好汉卖婆娘。　陕西（汉中）、云南（玉溪）

夏至赶端阳，家家断种粮。　湖南（零陵）　注：“赶”，靠近。

夏至赶端阳，家家卖儿郎。　云南（大理）[白族]

夏至高山不种薯。　河南（林县）

夏至高山不种田，还有十垧小黑黏。　山西（和顺）　注：“小黑黏”，指生长期短的黑黏黍。

夏至高山不种田，还有十天小黑点。　河南

夏至高山不种田。　河南（林县）

夏至隔夜西风晴，拔只黄秧手里顿。　上海

夏至根边草，赛如毒蛇咬。　注：指棉花。

夏至耕禾，不够喂鸡婆。　江西

夏至耕田，三遍当一遍。　浙江

夏至狗，冬至猫。

夏至狗，冇不定走广东。　注：指没有地方躲。

夏至狗，没处走。　陕西（渭南）

夏至狗，无处走。　广东、宁夏

夏至谷长穗，白露豆结顶。　陕西（榆林）

夏至谷穗长，白露豆接顶。　浙江　注：“谷穗长”又作“谷长穗”。

夏至谷穗长，白露豆结顶。　浙江、山西（太原）

夏至谷子不抬头，只能割了喂老牛。　河南（驻马店）

夏至刮东风，半月水来冲。　海南、山西（晋城）

夏至刮东风，鲤鱼塘里哭公公。

夏至刮东风，塘里鲤鱼哭公公。　湖南（零陵）

夏至刮西南，九日地下烂。　福建

夏至刮西南风，十八天遭水冲。　河南（周口）

夏至颳东风，鲤鱼塘里哭公公。

夏至关秧门。　浙江（绍兴）

夏至观青天，有雨在秋边。　四川

夏至灌满塘，谷子到了仓。　注：蓄水，是农业生产的最重要的准备工作。常年做好蓄水工作，才能充分发挥水利工程的灌溉作用。一般塘坝都有比较高的埂，当塘水已平地面，花水不能进塘的时候，群众就把汇集在低田里的水车进塘，实行立体蓄水，塘水比周围的地面都高。这样，既加大了蓄水量，以后又可自流灌溉，是“闲时蓄水忙时用”的一个好经验。

夏至灌满塘，谷子到了仓。　湖北　注：“灌”又作“水”。

晚禾不吸夏至水。　湖南

夏至过，插新秧。　广东

夏至过端午，千日不收麦。

夏至过后白昼短一线，冬至过后白昼长一线。　上海

夏至过后吹东风，牛郎一去永无踪。　江西（上高）

夏至过后起南风，牛郎一去永无踪；夏至过后起北风，城墙底下捞虾公。

江西（吉水）

夏至过后水如金。　江西（高安）

夏至过后雨如金。　海南、江西（遂川、新建）　注：夏至也是反映季节的节气。这时的雨水对农田最为重要。当然，这里的夏至不能把它理解为仅指夏至这一天，而应看作是指这一段时间而言。

夏至过后雨赛金。　山东（乳山）

夏至过三墟，新谷新米压崩墟。

夏至过三日，不论生与熟。　广东　注：指米谷登场，米市兴隆。

夏至旱，小暑满。　海南

夏至禾篼脑偏偏。　湖南（新宁）　注：意指夏至栽的秧不正篼，长不成禾。

夏至禾弯腰。　湖南（娄底）　注：指早稻。

夏至红现西，顷刻披蓑衣。　广西（象州）

夏至虹把东，水流柴头勿会。　福建（漳浦）

夏至后，不喂狗。　河北（张家口）

夏至后分龙，顶多两座砻。　广东

夏至后分龙，顶多雨做砻；分龙后夏至，番季无田莳。

夏至后分垅，钉多两座砻。　广东　注："砻"，磨谷工具，喻丰收。

夏至后十日短一刻，冬至后十日长一刻。　浙江（温州）

夏至后十日短一刻，冬至后十日长一夜。　四川

夏至后压，一担苗一担薯。　浙江

夏至后种禾，老婆嫁了来赔。　福建（沙县）

夏至还是棉花苗，到老不结桃。　湖南（益阳）

夏至黄金水。　浙江（鄞县）

夏至黄苗双发稻。　浙江　注："发"又作"胎"，指单季双稻。

夏至黄苗双胎稻。

夏至馄饨冬至面。

夏至馄饨冬至团，四季安康人团圆。

夏至馄饨免疰夏。

夏至火连天。

夏至火烧天，大水十八番。　福建（沙县）　注："番"又作"场"。

夏至忌日晕，晕则有大水。

夏至季节到，刮起西风淹小桥。　上海

夏至季节若吹一天东风，要下三天雨。　广东

夏至加端阳，田里不打粮。

夏至夹分龙，眼睛要晒黄。　浙江（丽水）　注：农历四月二十日为小分龙日，是地方性热阵雨开始多起来的时间；五月二十日为大分龙日，是地方性热阵雨盛行的时间。

夏至见春天，有雨到秋天。

夏至见稻娘。　浙江

夏至见稻头，清明见麦头。　浙江（湖州）

夏至见豆花，一月就回家。　山西（左云）

夏至见娘稻，见穗一个月。　浙江

夏至见青天，有雨到秋边。　浙江（金华）

夏至见青天，有雨要到秋天。　安徽

夏至见晴天，有雨在秋边。　江西（资溪）

夏至见三庚，立春后两月。

夏至耩豆，不前不后。　山东（滕州）

夏至耩黄豆，一天一夜扛榔头。　河南（沈丘、潢川、固始）、安徽（淮南）

注："耩"又作"播"或"种"，"锄"又作"锄"。

夏至节，高筑缺。　湖北

夏至节到，黄豆芝麻价钱高。　湖北

夏至节气一完了，稻田之水没过脚。　黑龙江　注：喻夏至后雨多。

夏至节前西风大水忙，夏至节后西风地皮干。　江西（宜丰）

夏至节前西风大水兆，夏至节后西风地干燥。　江苏

夏至节前西南大水兆，夏至节后西北地皮干。　上海

夏至节前西南风，下雨下到打崩垌；夏至节后西南风，日头晒得皮都红。　广西（博白）

夏至节钱西风打水兆，夏至节后西风地干燥。

夏至紧靠端阳，麦子不能上场。　安徽

夏至近端阳，麦子不上场；夏至五月底，禾黄米价起。

夏至进入伏里天，耕田像是水浇园。　山西（晋城）

夏至进三伏，冬至人寒九。　新疆

夏至开秧把。　上海　注："开秧把"即插秧。

夏至开秧生。

夏至靠端午，麦受千日苦。　山东（莱芜）

夏至靠端阳，麦子不上场。　山东

夏至靠端阳，小麦不上场。　吉林

夏至靠端阳，种地不让晌。　河南（开封）

夏至苦荞，芒种甜荞。　甘肃（定西）

夏至来，把秧栽。　河北、山东、湖南、河南（新乡）、山西（太原）、江苏（苏北、常州）　注：指晚稻。

夏至来，赶快老栽秧。　上海

夏至来，中稻栽。　湖南（常德）

夏至来到，不种油料。　河南（濮阳）

夏至来了把秧栽。　上海（宝山）

夏至烂，十八天。　浙江（湖州）

夏至郎，夏至郎，淋女不淋娘，一日落成七八场。　江西（临川）

夏至雷，割稻幔棕蓑，插秧兼戽水。　福建

夏至雷，割稻披披蓑。　海南（海口）

夏至雷，割稻披棕蓑，插夏田，白甲黄，不黄不白倒吊穗。　福建（同安）

注：意指夏至响雷多阵雨，迟插的稻子病虫害多。

夏至雷，割稻披棕蓑，插秧兼讨水。　福建（海澄、漳浦）

夏至雷，割稻披棕蓑，踏车压稿免扶槌。　广东（潮州）

夏至雷，六月旱。　海南

夏至雷，披棕蓑。　海南

夏至雷，三伏旱。　内蒙古

夏至雷，芋头三只锤。　广西（北海、防城）　注："三只锤"，指芋头长得多。

夏至雷，早稻累。　浙江　注：指稻好而劳动时出力。

夏至雷，早的倒吊穗，晚的白到黄。　福建（海澄）

夏至雷动，不旱六月旱七月。　云南（大理）[白族]

夏至雷公叫，旱情就来到。　广西（柳江）

夏至雷公叫，三伏必有旱。　广西（融水）

夏至雷轰，一日二十场。　广西（玉林）　注："场"，此指下雨次数。

夏至雷鸣，不旱六月旱八月。　海南（儋县）

夏至雷鸣，沤烂田塍。　广西（北流）　注："田塍"亦作"地坪"。

夏至雷鸣，芋头似响铃。　广西（上思）

夏至雷鸣旱八月。　上海

夏至雷鸣三伏旱，夏至无雷水冲滩。　广西（邕宁）

夏至雷鸣三伏旱，重阳无雨一冬下。　广西（罗城、柳江）

夏至雷鸣天天雨。　吉林

夏至雷霆三伏淋。　福建

夏至雷霆雨淋琳。　福建

夏至雷响，打破梅娘。

夏至雷响，割稻披蓑。　海南

夏至雷响，割稻披棕蓑。　福建

夏至雷响，割稻子批棕蓑。

夏至雷响，割禾披蓑。　广西（桂平）

夏至雷响，三十六朝雨打场。　浙江（宁波）

夏至雷响天多晴。　山东

夏至响雷天多雨。　山东

夏至雷一声，上昼锄花下昼困。　上海

夏至冷，一棵豆子收一捧。　陕西、甘肃、宁夏

夏至冷雨初秋旱。　河北（邢台）

夏至离着端阳远，麦子必定有一闪。　山东（宁阳）　注："闪"，闪失。

夏至犁地有三好：虫死，草死，土变了。

夏至犁田有三好：虫死、草死、土壤好。　陕西（渭南）

夏至犁一回，等于施上肥。　山西（临汾）

夏至里，种玉米。　陕西（三原）

夏至连单五，千天不收麦。　山东（平阴）

夏至连端午，打破车水鼓。　湖北（保康）
夏至连端午，人牛都受苦。　安徽（天长）
夏至连端午，衣破无人补。　湖北（枝城）
夏至连端阳，家家吃种粮。　四川
夏至连端阳，冇米过重阳。　湖南（娄底）
夏至连分龙，种豆一包脓。　广东
夏至练田不坐水。　湖南（湘西）　注："不坐水"，指失水，漏水。
夏至两边豆，重阳两边麦。　四川、上海（宝山）
夏至两断流主旱。
夏至临端午，三年不收麦。　山东（曹县）
夏至临端午，农人守着麦秸垛哭。
夏至临端午，守着麦垛哭。　山东（兖州）
夏至临端午，庄户老儿抱着麦垛哭。　山东（滕州）
夏至临端阳，麦子不上场，夏至五月底，禾黄米价起。
夏至临端阳。　江苏（南京）
夏至榴花照眼明。　江苏（扬州）、河南（新乡）、上海（川沙、上海县）
夏至萝卜，大暑菜。　黑龙江　注：这是指萝卜和白菜的种植时期。
夏至萝卜荚。　山西（阳曲）
夏至落，干断河。　湖南（常德）
夏至落大雨，八月做大水。　福建
夏至落一滴，蓑衣斗笠挂上壁。　湖南（零陵）
夏至落雨，九场大水。
夏至落雨，田缺不堵。　福建
夏至落雨，一滴千金。　河北（滦南）
夏至落雨北风生。　江苏（南通）
夏至落雨不过墙。　福建
夏至落雨蛤蟆叫。　江苏（连云港）
夏至落雨隔堵墙，淋爷不淋娘。　江苏（淮阴）、江西（丰城）
夏至落雨荒山头。
夏至落雨九河水。　四川
夏至落雨烂破鞋。　福建
夏至落雨十八河。　陕西、安徽
夏至落雨十八落，一天要落七八砣。

夏至落雨田筑缺，冬至落雨田开缺。　江苏（无锡）　注："缺"，即田沟、缺口。

夏至落雨值千金。　内蒙古

夏至落雨做重梅，小暑落雨做三梅。　上海、浙江（绍兴）、江苏（苏州）

夏至麦拔完。　河北（保定）

夏至麦到口。　河北、陕西、甘肃、宁夏

夏至麦断根。　山西（高平）

夏至麦秆青。　河南

夏至麦根烂。　新疆（呼图壁）

夏至麦开镰，快种回茬田。　山西（临汾）

夏至麦芒死。　山东（滨州）

夏至满塘谷满仓。　湖北（蕲春）

夏至忙插芋，芋叶大如鞭。　安徽（蒙城）

夏至忙忙，点灯栽秧。　江苏（镇江）

夏至忙忙，点火插秧，过了季节，误了时光。　浙江、贵州、安徽（枞阳）、山西（太原）　注："时光"又作"日光"。

夏至忙忙，点火栽秧，早栽是米，晚栽是糠。　云南

夏至忙忙，点火栽秧。　四川、云南（大理）[白族]

夏至忙种麻，披头一朵花。　山东

夏至冇雷多雷雨。

夏至没出霉，大雨十八回。　福建

夏至没到莫说热，冬至没到莫说寒。　河南（平顶山）

夏至没过莫道热，夹衣夹裤脱不得。　四川

夏至没过莫说热，冬至没过莫说冷。　湖北

夏至没过天不热，冬至没过天不寒。　海南（海口）

夏至没雷，六月没台。　福建

夏至没雷，山海倒霉。　福建　注："倒霉"，梅雨天气复来。

夏至没露水，露水非夏至。　福建（福清）

夏至没雨，锅里没米。　河北（尚义）

夏至没转雷，大水十八回。　福建（安溪）

夏至没转螺，大水十八回，夏至转螺子，坑降无水洗脚爪。　福建（泉州）

夏至霉，老鼠不食番薯皮。　福建（宁德）

夏至霉花子，独生一个泡。　江苏　注："霉"，指每年五、六月间的梅雨季节。

夏至闷雷有大雨。　广西（宜州）

夏至闷雷雨不停。　广西（宜州）

夏至闷热汛来早。

夏至糜，出土皮。　新疆（呼图壁）

夏至糜，顶土皮。　甘肃（临夏）

夏至糜，芒种谷。　宁夏

夏至糜分前后天。　陕西

夏至糜子分前后，前晌里收，后晌里不收。　陕西

夏至米上街。　福建（永定）

夏至棉花根边草，胜过毒蛇咬。　上海

夏至棉花根际草，胜如毒蛇咬。　江苏（南京）、浙江（慈溪、临山）、山西（太原）　注："际"又作"头"。

夏至棉花根头草，赛过毒蛇咬。　河南（南阳）

夏至棉花快锄草，不锄就被毒蛇咬。　山西（新绛）

夏至棉田草，如同毒蛇咬。　宁夏　注：夏至时杂草迅速滋生蔓延，对庄稼的危害比毒蛇咬过还大，应及时进行防除，加强田间管理。类似农谚有"夏至不锄根边草，如同养下毒蛇咬"等。

夏至棉田草，胜如毒蛇蛟。　内蒙古、广西（桂平）　注：指其间杂草、病虫迅速溢长蔓延。

夏至棉田草，胜似毒蛇咬。　宁夏、湖南、江苏（南通）

夏至鸣雷，一天下三回。　广西（南宁）

夏至鸣雷旱六月。　福建

夏至鸣雷旱三伏。

夏至鸣雷三伏旱，夏至无雨热三伏。　江苏（南京）

夏至鸣雷三伏旱。　湖南、河南、河北（丰宁）、广东（郁南）　注："鸣"又作"响"，"旱材"又作"热"。湖南又作"夏至发雷六月旱"。

夏至南，梅雨北，做了无得落。　福建（福清、平潭）

夏至南，收干淡。　广东　注：言夏至南风，水旱田都不好。

夏至南，薯苗插下不安闲。　福建（福清）

夏至南风多，小暑有台风。　海南、广西（罗城）

夏至南风刮干河。　山西（晋城）

夏至南风起，户户谷满仓。　福建（仙游）

夏至南风起，秋天多来雨。　河南（许昌）

夏至南风十八工，小暑南风昼夜冲。　湖南（零陵）

夏至南风雨水多。　海南（保亭）

夏至难逢端午节，百年难得岁交春。　新疆

夏至难逢端午节，百年难逢岁朝春。　河北（滦平）

夏至难逢端午节，百岁难逢岁日春。　湖南

夏至难逢端午日，百年难遇岁朝春。　天津、内蒙古、福建（龙岩）、河南（洛阳）、广西（田阳）、江苏（徐州）　注："岁朝春"，指农历正月初一恰逢立春。

夏至难逢端午日，风调雨顺庄稼好。　上海

夏至难逢端午日。　四川、浙江、广东（韶关）

夏至难逢重五日，百年难逢岁早春。

夏至娘，落倒墙；夏至佳，晒得叭哈哈。 注：“娘、佳”同“母、公”，分别指逢双日和指逢单日。“叭哈哈”，张大嘴喘气，指天热。

夏至鸟笼笼，大水浸到冬。

夏至农田草，胜如毒蛟蛟。

夏至拍叫开，三交大水一起来。

夏至排谷粒。 浙江（舟山）

夏至刨蒜，不刨就烂。 河北（望都）

夏至飘白云，三天不见两天晴。 河南（信阳） 注：下句三门峡作“三天两头遭雨淋”。

夏至起北风，瓜蔬园内受辛勤。 河南

夏至起北风，早稻一定丰。 广西（扶绥）

夏至起端阳，有麦不上场。 山西（高平）

夏至起风三伏热。 上海

夏至起了西南风，老龙旱死深潭中。 广西（柳江）

夏至起南风，大旱六十工。 福建

夏至起时，冬至数九。 湖南（湘潭） 注：从夏至起半个月叫做时，头时三天，中时五天，三时七天。从冬至日起开始数九。

夏至起莳，冬至起九。 江苏（淮阴）

夏至起蒜，必定散了瓣。

夏至起西北，晒死摇葱竹。 浙江

夏至起西风，天气晴得凶。 湖南

夏至起西风，天气热得凶。 海南

夏至起西风，屋檐底下掉蜈蚣。 湖北（安陆）

夏至起西风，屋檐沟里钓虾公。 湖北

夏至起西风，屋檐见虾公。 湖北（荆门）

夏至起西南，老龙归深潭。 江苏 注：“起”又作“发”，“归”又作“落”。

夏至起西南，山上变水潭。 广西（宜州）

夏至起西南，时里雨弹弹。 湖南（湘潭）

夏至起西南，时里雨潭潭。 江苏（无锡）、湖北（黄岩）

夏至起西南，铁打扁担两头弯。 浙江（台州）

夏至前，扁连连；夏至后，吃饱豆。 山西（繁峙）

夏至前，吃井叫；有车吃，无车叫。 江苏

夏至前，好种棉；夏至后，好种豆。 陕西

夏至前，芒种后，这时可种宜时豆。 山东（青州）

夏至前，蟹上岸；夏至后，水上岸。 四川 注：“蟹上岸”，指雨少天旱。

夏至前，蟹上岸；夏至后，蟹下水。　海南

夏至前肥谷，夏至后肥草。　湖北

夏至前后，田满水，好烫酒。

夏至前后，田缺口，好剥狗。　浙江

夏至前后，田水煮狗；冬至前后，冻死老狗。　浙江（台州）

夏至前后草满坡，马不吃夜草不肥。

夏至前后吹南风，紧紧跟着雨公公。　海南

夏至前后忙半月。　安徽（广德）

夏至前后三天，必有一场大雨。　上海

夏至前后一条鲎，拔掉黄秧种赤豆。　浙江（绍兴）

夏至前后种玉米。　河南

夏至前见豆，花丢啦；夏至后见豆，花收啦。　山西（神池）

夏至前来，谓之梨鹕；夏至后来，谓之梨涂。

夏至前墁芝麻。　安徽

夏至前莳秧，一夜行根；夏至后莳秧，十夜兴根。

夏至前莳秧，一夜行根；夏至后莳秧，十夜行根。　江苏（南京）　注：行根，根部生长。

夏至前头不等叫，健劲人讨懒人笑。　注：不等，鸟名，如闻此鸟在夏至前鸣叫，主丰收。

夏至前头不等叫，勤谨人讨懒人笑。　江苏

夏至前头吃井叫，有车吃，无车叫。　江苏　注："吃井"，水鸟名，意指吃井叫得早，主旱，有水车的人家不受旱荒。

夏至前头鸪鹁叫，勤讲的被懒惰笑。

夏至前头鸪鹁叫，勤谨讨懒笑。　山东

夏至前头隔夜雨，干煞山田没掉瓜。　江苏（连云港）

夏至前头知了叫，勤劳要被懒惰笑。

夏至前西南风大水浸，夏至后西南风地皮干。　海南

夏至前蟹上岸，夏至后蟹下水。　海南

夏至前壅稻，夏至后壅草。　浙江

夏至钱壅稻，夏至后壅草。　湖北、山西、太原、浙江（温州）

夏至抢梁头。　河北（张家口）　注："抢"抢种，"梁头"，指山梁地。

夏至抢种田，昼夜勿得眠。　上海

夏至荞，满山抛。　宁夏

夏至荞麦小满雨，八月种麦有根据。　甘肃（环县、平凉）

夏至青粒硬，收成方可定。　宁夏

夏至晴，半月晴。　福建

夏至晴，秋分雨。　海南
夏至晴，蓑衣箬帽勿留停；夏至雨，蓑衣箬帽上庭柱。　浙江（丽水）
夏至晴明麦熟年。　上海（松江）
夏至秋分定禾苗。　广东
夏至去端午远，麦子有一闪；夏至端午前，庄稼老头泪涟涟。
夏至日，冬至暝。　福建
夏至日，雾到岸；夏至后，水到岸。　安徽（巢湖）
夏至日，蟹到岸。　注："日"又作"前"，"到"也作"上"。
夏至日，蟹到岸；夏至后，水到岸。
夏至日不要出门莳秧，冬至日不要归去望娘。　上海
夏至日不要出去莳秧，冬至日不要归去望娘。　注："归"又作"出"。
夏至日长，冬至日短。　上海、江西（安福）
夏至日长，冬至夜长。　广东（汕头）
夏至日长夜短，冬至日短夜长。　安徽
夏至日出火，大雨不过七月半。　上海（松江）
夏至日出火。　广西（贵县）、福建（福清）
夏至日吹调头风，今年勿是好年丰。　上海
夏至日吹乱头风，种田种地一场空。　上海
夏至日得雨，一滴值千金。
夏至日得雨，一点一千金。　山西
夏至日得雨，一点值千金。　江苏、山西（浮山）
夏至日的雨，一滴值千金。
夏至日个雨，一点值千金。
夏至日刮西北风，一半收成一半荒。　海南（琼山）
夏至日降雨，豆子值万金。
夏至日借去种田，冬至夜还来做米。
夏至日落雨，一滴值千金。　湖北、山西、湖南（湘潭）、河南（新乡）
注："落"又作"得"，"滴"又作"点"。
夏至日莫与人栽秧，冬至日莫与人打更。　江苏（无锡）
夏至日起早，红那边，旱那边。
夏至日太阳最高，所以热力最强。
夏至日头虎，鱼虾翻腹肚。　福建
夏至日头往南转，巧妇少做一针线。　石家庄
夏至日无光，五谷难满仓。　贵州
夏至日勿去莳秧，冬至日勿去望娘。　江苏（太仓）
夏至日勿要替人做工，冬至日勿要替人打更。

夏至日雨，其年必丰。　四川、山东、河北

夏至日雨，一滴千金。　天津、吉林

夏至日雨，一点千金。

夏至日在端阳前，遍地无水灌秧田。　湖北（洪湖）

夏至日在端阳前，无水车稻田。　海南　注："车"，海南话，灌溉。

夏至日至长，冬至日至短。　福建、江西（靖安）

夏至日种田，冬至夜牵砻。　浙江（嘉兴）

夏至日最长，冬至日最短。　广西（柳江）

夏至日最长，家家户户忙。　江苏（扬州）

夏至入伏，扇子不离手。　内蒙古

夏至入头九，羽扇握在手；二九一十八，脱冠看罗纱；三九二十七，出门汗欲滴；四九三十六，卷席露天宿；五九四十五，炎秋似老虎；六九五十四，乘凉进庙寺；七九六十三，床头扯被单；八九七十二，子夜寻棉被；九九八十一，开柜拿棉衣。　河北（武安）　注：以夏至开始数九，是武安民间的一种习惯说法。

夏至若吹一天风，十口谷仓九口空。　湖南（零陵）

夏至若无雨，辗子无米推。　吉林

夏至若响雷，出门掠鱼披棕蓑。　福建

夏至若遇西北风，十条河水九条空。　上海

夏至三把火，晒燥麦子做米果。　江西（于都）

夏至三遍田，谷雨二遍蚕。　浙江

夏至三场风，遍地都是空；九尽三场雪，遍地都是米。　山东（枣庄）

夏至三朝，知了上树稻成行。

夏至三朝蝉上树。　上海

夏至三朝雾，出门要摸路。　上海　注：指多雨。

夏至三朝雾，泥鳅要摸路。　海南、浙江（嘉兴）

夏至三朝雾，塘坝要干涸。　湖南

夏至三朝知了叫。　江苏（镇江）

夏至三根结成伴，七天七夜长成半。　湖南（岳阳）　注：指中稻。

夏至三更看禾苗。　湖南（零陵）

夏至三更入伏凉。　江苏（徐州）

夏至三更数伏头。

夏至三庚便入伏，冬至百六是清明。　山东（青州）

夏至三庚便入伏。

夏至三庚便数伏，冬至当日就进九。　安徽（滁州）　注："三庚"指夏至后第三个庚日入伏。

夏至三庚便数伏。　黑龙江（哈尔滨）[满族]

夏至三庚伏，立秋五戊社。　宁夏　注：夏至后第三个庚日入伏，立秋后第五个戊日是社日。

夏至三庚归头伏，冬至百六是清明。　福建（浦城）

夏至三庚禾如箭。　四川

夏至三庚起头伏。　湖南（零陵）　注："庚"，天干第七位。谓头伏开始的时间为夏至后第三个庚日。

夏至三庚人头伏。　山东　注："人"又作"数"。

夏至三庚入伏，冬至逢庚作九。　湖南（衡阳）

夏至三庚入伏，立秋五戊为社。　山西

夏至三庚入头伏。　内蒙古、河南（平顶山）　注：夏至三庚入头伏，也就是夏至后第二十四天入头伏。夏至这一关正是一个庚日，夏至后第十天为第二个庚日，第二十天为第三个庚日，也就是夏至后廿天入头伏。按阳历说，"三伏"期一般在七月中旬至八月中旬左右，但具体日期每年各有不同，需要查看历书才能知道。

夏至三庚数头伏。　山西

夏至三庚孕头伏。　河北（涞水）

夏至三庚属伏头。　注：自夏至日数起，至第三个庚日为初伏，第四个庚日为中伏，第六个庚日即立秋后第一个庚日为末伏。

夏至三日麦芒死。　山东

夏至三天，肚子吃个鞭杆。　宁夏　注："鞭杆"，又叫辗转儿，用熟麦粒碾成。

夏至三天，青秆自死。　河南（林县）

夏至三天，晒过年间。　甘肃（兰州）

夏至三天不沾磨，夏至十八天见个。　宁夏

夏至三天不治磨。

夏至三天打乌麦；立秋三天见秫秸全。　山东（泗水）

夏至三天没有麦。　山西、山东、河南、河北、江苏（镇江）

夏至三天南，后月一定干。　湖北（红安）　注："南"，南风。

夏至三天南，来月一定干。　海南

夏至三天无青麦。　河南（新乡）、江苏（镇江）

夏至三天雨，后日一定干。　海南

夏至三圩，新谷出圩。　广西（宾阳）

夏至三样黄。　陕西　注："三样"，指菜籽、胡豆、大麦。

夏至三天进麻园。　安徽（青阳）

夏至扫南风，十田有九空。　湖南（零陵）

夏至十八天，冬至当日还。　河北　注："还"又作"回"。

夏至十八天，冬至当日回。　山西（晋城）、山东（宁阳）、江苏（镇江）、陕西（商洛）、河北（安国）　注：夏至后经过十八天，白天开始变短，冬至后，白天当日就变长。

夏至十八天，一天长一天；冬至十八天，一天短一天。　四川、浙江（湖州）

夏至十八天，一天短一天。　山东（郯城）、河南（南阳）

夏至十八天转阴，冬至当日转阳。　江苏（无锡）

夏至十二遍山黄，预备工具上麦场，大暑小暑割麦忙。　山东、甘肃、山西（太原）

夏至十二遍山黄，预备工具上麦场。　山西（新绛）

夏至十日草麦死。　陕西（渭南）　注：指麦子成熟后自然死亡。

夏至十日连枷响。　山西（古交）

夏至十日麦茬烂。　河北（邯郸）

夏至十日麦秆黄，小暑不割麦自亡。　山西（临汾）

夏至十日麦秆黄，小暑不割麦自死。　黑龙江

夏至十日麦根烂。　山西（晋中）　注：意指过了夏至十天，麦已黄熟，其根朽腐，可开始动镰收割。

夏至十日麦尽黄，再过十日都上场。　陕西（陕北）、山西（太原）　注："尽"又作"梢"或"焦"、"进"，"日"又作"天"。

夏至十日麦青干，小暑不割麦自死。　山西（壶关）、河北（张家口）

夏至十日麦稍黄，再有十天麦上场。　陕西（延安）

夏至十天后揭糜子。　陕西（延安）

夏至十天麻。　注：大麻

夏至十天为晚禾。　广西

夏至十天为晚苗。　河北、河南（焦作）　注：指晚秋种植时间。

夏至石榴照眼明，处暑石榴口正开。　四川

夏至时端午，家家卖儿女。

夏至时端午，家家卖男女。

夏至时节天最长，南坡北洼农夫忙。玉米夏谷快播种，大豆再拖光长秧。早春作物细管理，追浇勤锄把虫防。夏播作物补定苗，行间株间勤松耪。棉花进入盛蕾期，常规措施都用上，一旦遭受雹子砸，田间会诊觅良方。一般不要来翻种，追治整修快松耪。高粱玉米制种田，严格管理保质量。田间杂株要拔除，母本玉米雄去光。起刨大蒜和地蛋，瓜菜管理要加强。久旱不雨浇果树，一定不能浇过量。麦糠青草水缸捞，牲口爱吃体健壮。二茬苜蓿好胀肚，多掺干草就无妨。藕苇蒲芡都管好，喂鱼定时又定量。青蛙捕虫功劳大，人人保护莫损伤。

夏至食个荔，一年都无弊。

夏至莳秧不算晚，铁扁担挑稻两头弯。　江苏（昆山）

夏至是青天，有雨在秋边。　四川、江西、上海、河北　注：“是”又作“见”，“青”又作“晴”。

夏至是晴，有雨在秋边。

夏至是晴天，有雨到秋天。　广西（横县、全州）

夏至是晴天，有雨在秋天。　云南（玉溪）、广西（平乐）、河北（廊坊）

夏至是晴天，有雨在眼前。　山东（曹县）

夏至是晴天，雨水在秋边。　江苏（常州）

夏至是晴主旱灾，夏至日雨主大雨。　广西（荔浦）

夏至收蒜，不收就烂。

夏至水开面，冬至雪就来。　江苏（淮阴）

夏至水满塘，秋后谷满仓。　福建

夏至水满塘，秋季谷满仓。　宁夏、湖南、甘肃、陕西（太原）

夏至水满塘谷满仓。　湖北

夏至水满田，稻子定增产。　宁夏

夏至水满田，水稻定增产。　天津

夏至水门开，暑到霉就来。　江苏（睢宁）

夏至水淹垌，芒种水淹田。　广西（隆安）

夏至四面风，十只池塘九只空。　上海（嘉定）

夏至四窝风，困到床上扳虾公。　江苏

夏至摊在端午前，庄稼老头泪涟涟。　山东（郓城）

夏至天好，黄梅雨少。　上海（嘉定）

夏至天渐短。　天津

夏至天空乌蒙蒙，三晴两雨年成丰。　海南

夏至田鸡叫午前，高田有大年；夏至田鸡叫午后，低田不要愁。　山东

夏至田鸡叫午前，高田有大年；夏至田鸡叫午后，低田弗要愁。　江苏

夏至田里拔棵草，冬天多吃一顿饱。

夏至田中无站麦。　山东（日照）

夏至头，担水淋禾头；夏至尾，禾黄米价起；夏至腰，有米无人挑。　广东（吴川）　注：“头，尾、腰”，指月初、月末和月中。

夏至推到端午后，又吃馍馍又吃肉。　山东（郓城）

夏至拓头时。　上海

夏至挖大蒜，过了节气烂成瓣。　吉林

夏至弯弯腰，胜过冬天跑十遭。　安徽

夏至汪汪。打破池塘。　四川

夏至未插秧，万代饿肚肠：种田卡立秋，得种不得收。　广西（隆安）[壮族]

夏至未到，雨水未过。　海南

夏至未到莫道热，冬至未到莫道寒。 江西（宜春）

夏至未到莫道热，冬至未到莫道寒。 安徽（合肥）

夏至未过，水袋未破。 浙江、福建、湖北、江苏、江西（崇仁）、 注：“水袋未破”，喻不会下雨。

夏至未过莫道热，冬至未过莫道寒。 吉林、黑龙江、广西（宜州）、陕西（宝鸡）

夏至未过莫道热，冬至未过莫道冷。 四川

夏至未来莫道热，冬至未到莫道寒。 上海

夏至未来莫道热，冬至未来莫道寒。 河北（衡水）、山西（晋城）、江苏（镇江）、广东（韶关）、江西（吉安、宜春） 注：夏至，太阳光直射在北纬二十三度半，在七、八月的时候，正是三伏天。这时太阳光强烈集中，照射面积大，各地向日的时间长，形成白天长，黑夜短，地面保持的热量最多，所以说“热在三伏”。冬至以后，第十九天到二十七天这段时间，就是“三九”。这时候，日光是斜射的，阳光较弱，同时，北半球离开太阳最远，被照射的面积小，各地向日的时间也短，形成日短夜长，加之地面保持的热量最少，所以说“冷在三九”。

夏至未来莫道热。

夏至未来莫讲热，冬至未来莫说冷。 四川

夏至未头遍，天谷莫怨天。 浙江 注：“未”又作“没”

夏至闻雷三伏干。 安徽（颍上）

夏至闻雷响，三伏旱死秧。 广西（平南）

夏至乌胧胧，大水浸到冬。 湖北

夏至乌笼笼，大水浸到冬。 江西（新建） 注：“乌笼笼”，喻云雨多。

夏至无发，小暑作乱。 福建（福清、平潭） 注：“无发”，指没有南风，“作乱”，指要刮大风。

夏至无风，瓜果成功。 内蒙古、安徽（合肥）、河南（郑州）

夏至无风三伏热，重阳无雨一冬干。 吉林

夏至无风三伏热，重阳无雨一冬晴。 福建（宁德）

夏至无雷六月滥，冬至有雷六月旱。 海南（保亭）

夏至无雷三伏旱。 广东（肇庆）

夏至无苗，到老无桃。 湖北（广水）

夏至无青麦，寒露无青豆。 山东、上海

夏至无日头，一边吃，一边愁。 海南、河北（张家口）、江苏（扬州）

夏至无水，碓里无米。 广东（韶关）

夏至无蚊到立秋，禾出九月就回头。 广东

夏至无响雷，大水十几回。 海南

夏至无雨，碓里无糠。 江苏、宁夏、上海、江西（宜春）

夏至无雨，碓里无米。　广西、四川、湖北、河北、吉林、山西（晋城）、上海（嘉定）、江苏（苏北）　注：“碓里”又作“碓头”或“缸里”、“囤里”。

夏至无雨，碓头无米。　江苏（镇江）

夏至无雨，囤里无米。

夏至无雨，缸里无米。　广西（博白）、河南（三门峡）

夏至无雨，缸内无米。　福建

夏至无雨，锅里无米。　山东（兖州）　注：下句又作“囤里无米”

夏至无雨，禾黄米价起。　福建（长汀）

夏至无雨火烧天，禾上出火瓦冒烟。　江西（新余）

夏至无雨见青天，要想有雨到秋边。　湖南

夏至无雨见晴天，自然有雨等秋边。　海南

夏至无雨看青天，有雨还在立秋边。　湖北（荆门）

夏至无雨热难当，重阳无雨一冬晴。　江西（分宜）

夏至无雨三伏旱，夏至有风三伏涝。　河南（新乡）

夏至无雨三伏热，处暑难得十日阴。　山西（晋城）

夏至无雨三伏热，冬至无雨四九寒。　江西（吉安）

夏至无雨三伏热，秋后响雷百日暖。　陕西（安康）

夏至无雨三伏热，重阳无雨三冬雪。　广西

夏至无雨三伏热，重阳无雨一冬干。　福建

夏至无雨三伏热，重阳无雨一冬晴。　四川、江西、湖北（大悟）

夏至无雨三伏热。　湖南、黑龙江（七台河）、安徽（庐江）、江苏（南京）注：“无雨”又作“无云”。

夏至无雨三伏热。　天津

夏至无雨三伏天，重阳无雨一冬干。　河南（三门峡）

夏至无雨现青天，有雨直到立秋边。　湖北（洪湖）

夏至无云，三伏热。　注：出自《农政全书》，指夏天没有云，强烈的太阳光就得直射地面，所以天热。

夏至无云三伏热，重阳无雨冬至晴。　上海

夏至无云三伏热，重阳无雨一冬晴。　上海、黑龙江、北京、四川、内蒙古、湖北（洪湖）、山西（雁北）、广西（上思）、江苏（南京）、海南（东方）

夏至无站麦，霜降无青豆。　江苏（南通）

夏至无转雷，大水十八日，虾蛄哭无脚，坑蝀哭无皮。

夏至唔到唔热，冬至唔到唔寒。　广东（大埔）

夏至唔醃姜，一兜无四两。　广东

夏至五日端，麦贵一千天。　山西（河曲）

夏至五日头，一边吃一边愁。

夏至五月半，麦子一把面。　黑龙江

夏至五月初，麦子一把麸；夏至五月半，麦子一把面。　宁夏、山西（太原）

夏至五月初，麦子一把麸。　黑龙江

夏至五月初，麦子一把麸；夏至五月半，麦子一兜面。　辽宁

夏至五月底，不种谷子就吃米。　河南

夏至五月底，吃油赛喝水。　湖北（保康、均县）

夏至五月底，谷黄米价起。　四川

夏至五月端，粮食贵千金；一年两头大，粮食剩不下。　河南

夏至五月端，麦贵一千天。

夏至五月后，停秧先种豆。　甘肃（天水）

夏至五月头，边吃边留；夏至五月中，边吃边松；夏至五月尾，边吃边悔。　湖南

夏至五月头，不吃馍馍光喝油。　宁夏　注：又作“多种胡麻吃香油”。

夏至五月头，不吃馍馍尽喝油，夏至五月中，十个油房九个空，夏至五月底，十个油房九个挤。　甘肃、青海、河北、江苏、湖北　注：“尽”又作“光”，“房”又作“坊”或“桶”。

夏至五月头，不种芝麻吃香油，夏至五月中，十个油房九个空。　河南

夏至五月头，不种芝麻喝香油。　河北

夏至五月头，不种芝麻喝香油；夏至五月中，十个油房九个空。　河南

注：“喝香油”又作“就吃油”

夏至五月头，不种芝麻就吃油。　河南　注：“就吃油”又作“喝香油”。

夏至五月头，不种芝麻也吃油。　陕西

夏至五月头，不种芝麻也吃油；夏至五月终，十个油坊九个空。

夏至五月头，吃水如吃油；夏至五月申，油坊座座空；夏至五月尾，吃油如吃水。　湖北（竹溪）

夏至五月头，稻谷压弯头；夏至五月终，稻谷粒粒空。　吉林

夏至五月头，多种芝麻吃香油。　河南（扶沟）、安徽（肥西）

夏至五月头，穷人不要愁；夏至五月中，饿死粜禾公；夏至五月尾，穷人要卖子。　福建（宁化）

夏至五月头，十座油房九座流。

夏至五月头，十座油头九座空。

夏至五月头，十座油头九座流。

夏至五月头，旋吃旋忧愁。

夏至五月头，一边吃，一边愁；夏至五月中，白饭满童童；夏至五月尾，禾黄米价贵。　江苏（扬州）

夏至五月头，一边吃，一遍愁。

夏至五月头，一边吃一边愁；夏至五月中，白饭满童童；夏至五月尾，禾黄米价起。

夏至五月头，一石谷子买头牛；夏至五月中，谷黄米价松。 四川

夏至五月头，油坊油长流。 河南（鹤壁）

夏至五月头，种上芝麻吃香油；夏至五月中，十个油坊九个空。

河南（驻马店）

夏至五月头，种下芝麻打香油；夏至五月中，十个油房九个空。

陕西（商洛）

夏至五月头边食。 湖南（郴州）

夏至五月尾，不种稻子也吃米。 河南、河北（张家口）、陕西（榆林）

注：“尾”又作“底”，“稻”又作“谷”。

夏至五月尾，禾黄谷价起。 湖南

夏至五月尾，禾黄米价贵。 注：“贵”又作“起”。

夏至五月中，白饭满童童。

夏至五月中，白饭满幢幢。 河北

夏至五月中，耽搁了粜米翁。 山东

夏至五月中，谷黄米价松；夏至五月底，谷黄米价起；夏至五月头，一石谷子买条牛。 四川

夏至五月中，十个胡麻九个空。 宁夏 注：又作“十油座坊九座空”。

夏至五月中，十个油房九个空。

夏至五月中，十家油坊九家空。 安徽（和县）

夏至五月中，十座油房九座空。 江苏

夏至五月终，耽搁粜米翁。 湖南（郴州）

夏至勿出谷，土地爷也要哭。 浙江（台州）

夏至勿出五月，冬至勿出十一月。 浙江

夏至勿过，水头勿破。 浙江（湖州）

夏至勿来，水关勿开。 江苏

夏至勿来，水柜勿开。 浙江 注：“水柜”，冬青花。

夏至勿起畈，年成对半减。 浙江

夏至勿起蒜，必定散了瓣。 上海

夏至勿挖蒜，蒜在泥里烂。 上海

夏至勿要栽秧。

夏至勿栽秧。

夏至勿在莳里，冬至勿在九里。 江苏（苏州）

夏至勿种田，昼夜勿得眠。 浙江、上海 注：“勿种田”又作“不种田”。

夏至雾茫茫，洪水满山冈。 新疆

夏至雾茫茫，洪水漫山冈。　广西（全州、荔浦）

夏至雾茫茫，洪水漫山冈。　湖南（株洲）

夏至西北，鲤鱼上屋；夏至东南，鲤鱼住潭。

夏至西北风，菜园一场空。　湖南、上海

夏至西北风，谷子棵棵空。　河北（衡水）

夏至西北风，瓜果总成空。　广西（来宾）

夏至西北风，果园一扫空。　广西（田阳）[壮族]

夏至西北风，秋天雨水丰。　广西（玉林）

夏至西北风，十个铃子九个空。　上海（奉贤）　注：上句预兆秋雨多；下句又作“棉桃要化脓”。

夏至西北风，十雨九场空。　河南（信阳）

夏至西北风，十雨九阵空。　湖北（大悟）

夏至西北风，收了蛤蟆坑。　山东（郓城）

夏至西北风，水田做好路。　福建（诏安）

夏至西北风，种田一场空。　上海　注：后句又作“黄泥要变脓”。

夏至西北风，庄稼多害虫。　上海

夏至西北雨，水田嗵做路。　福建（同安）

夏至西风，秋后多雨。　河南（洛阳）

夏至西风，三车勿动。　上海　注：“三车”，碾米用的风车，除去棉子的轧车，榨油的油车，言主年成歉收。

夏至西风多秋雨。　江苏（无锡）

夏至西风旱，连虫子都干死。　湖北

夏至西风没小桥。　江苏（徐州）

夏至西风秋雨多。　海南（保亭）

夏至西南，老龙拉袋，车断河干。　浙江

夏至西南，老农耙田。　上海（嘉定）

夏至西南，十八天水来冲。　安徽（怀远）

夏至西南，莳里潭潭。　江苏（盐城）

夏至西南风，老人沿塘哭。　上海　注：夏至日吹西南风，主涝。

夏至西南风，六月水横冲。　海南

夏至西南风，六月水横流。　广西（融水、上思）

夏至西南风，秋天大雨倾。　河南（焦作）

夏至西南风，十八天搬大罾。　江苏（泗阳）　注：指有阴雨

夏至西南风，十八天水来冲。　湖北（阳新）

夏至西南风，十八天水来冲。　上海（松江）、安徽（怀远）、山西（晋城）　注：上句又作“夏至西风”。

夏至西南风，十八天下满坑。　山东

夏至西南风，莳里干松松。　江苏（连云港）

夏至西南来的阵，经过雨水下一寸。　江苏（扬州）

夏至西南没小桥，车棚搭来像小庙。

夏至西南没小桥，大鱼小鱼都跑掉。　上海（青浦）

夏至西南没小桥，小暑西南一日了。　江苏、上海（嘉定）　注："没小桥"，形容水大而小桥被淹没。"西南"，指西南风。

夏至西南没小桥，种仔潮田喊懊恼。　上海　注："潮田"，指低田。

夏至西南没小桥。　上海（金山、南汇、川沙、宝山）、江苏（苏州、南通）　注：西南风来自大陆，又干又热，俗称干热风，故主晴。梅雨季节的西南风则例外，有些不是来自陆地的干热风，而是太平洋高压的边缘气流，带有大量的湿暖空气，如与冷空气相遇，会造成持久的阴雨。

夏至西南时里浑。　上海

夏至西南淹小桥，东北鲤鱼沿塘跑。　上海

夏至下，三伏炸。　湖北（来凤）　注："炸"，大旱。

夏至下九江，船老板喝米汤。　湖南（湘西）[土家族]　注："下"，下雨；"九江"，泛指所有江河。

夏至下雨纳破鞋。　福建（福清、平潭）　注："纳破鞋"，指雨多。

夏至下雨三伏旱，立秋下雨草没面。　甘肃（兰州）

夏至下雨三伏冷。　福建（顺昌）

夏至下雨下九缸，夏至无雨到秋凉。　湖南（湘西）

夏至夏至，老少皆死。　江苏（扬州）　注："死"，指麦子全部割完。

夏至夏至，棉被棉袄入橱子。　福建（上杭）

夏至夏至，日头生刺。　贵州（遵义）

夏至夏至，太阳下地。　四川

夏至响空雷，立秋烘得火。　福建（霞浦）

夏至响雷，出海披棕蓑。　广东（汕头）

夏至响雷，割稻背棕蓑。　广东（潮州）　注：后句又作"出海掠鱼披棕蓑"。

夏至响雷，割稻披蓑。　注："夏至"交节气这一天，如果响雷下雨，则以后12天内，常有阵雨或雷雨天气。过去本地农业生产，早稻多种早熟品种，时届夏至节气就有"夏至稻，可试"（试割），夏至后3至5天早熟稻普遍都可以收割，此时碰上雨一阵晴一阵的天气，容易造成谷穗在田里出芽，故此，农民只好冒着阵雨披上蓑衣进行抢收。夏至节气，正是地方性对流雨的多发期，这一天响雷下雨本地常处于副高北缘和冷锋前部，这正好说明这种天气系统有持续影响的趋势，短、中期时间内，将继续有雷阵雨出现。

夏至响雷，旱三伏。　广东（连山）[壮族]

夏至响雷，禾秆烧灰。 广西（容县）

夏至响雷，塘低烧灰。 江苏

夏至响雷，乡塘底烧灰。 注："烧"读做"煤"。

夏至响雷，一日三回，夏至无雷旱三伏。 海南（保亭）

夏至响雷犯重梅。 浙江（宁波）

夏至响雷呒六月。 浙江（丽水）

夏至响雷公，十担竹箩九担空。 浙江（台州）

夏至响雷公，塘底好栽葱。 湖南（株洲）

夏至响雷旱三伏。 上海

夏至响雷六月旱，旱就旱，唔旱沤烂。 广东 注："唔"，不。

夏至响雷六月旱。 浙江（云和）

夏至响雷沤烂秆。 广东（肇庆）

夏至响雷三伏寒，重阳响雷一冬暖。 四川

夏至响雷三伏旱，立秋响雷草无面。 青海、甘肃（兰州）

夏至响雷三伏旱。 江西（南丰）

夏至响雷三伏冷，夏至无雷晒裂笕。 福建（屏南） 注："笕"，引水的长竹管。

夏至响雷三伏冷，夏至无雨晒死人。

夏至响雷三伏冷。 福建（清流）

夏至响雷三伏热。

夏至响雷天多晴。 江苏（扬州）

夏至响雷天多雨。 山东

夏至响声雷，茅草晒成灰。 海南（保亭）

夏至响声雷，茅草晒作灰，早稻担勿归。 浙江

夏至响声雷，三十六个雨落做堆；落着水推，落勿着晚稻晒成灰。 浙江（温州）

夏至小工吃自己。 福建（德化）

夏至小暑，山药入土。 河北（藁城）

夏至小暑，无雨无水。 海南

夏至辛逢三伏热，重阳戊遇一冬寒。 山东（莱州）

夏至雪花完，小满雁来全。 辽宁

夏至眼鼓鼓，万物奠落土。

夏至秧，俩人抗。 福建（沙县） 注：意指单季稻到夏至就要开始分裂。

夏至扬扬，踏折车梁。 江苏 注："扬扬"，指雨多。

夏至杨梅红似火，大暑莲蓬水中捞。 安徽

夏至杨梅满山红，小暑杨梅要出虫。 浙江（余姚）

夏至杨梅满山红，小暑杨梅要生虫。

夏至洋洋，干了水塘。　广西（象州）

夏至夜短，冬至夜长。　江西、广西（平乐）　注：春分以后，太阳光直射点从赤道上慢慢地向北推移，到了夏至就达到北移的最后界限——北回归线。夏至以后，日光直射点又慢慢南移，到了秋分又直射在赤道上。所以夏至夜短，冬至夜长。

夏至一场雾，河底当大路。　河南（许昌）

夏至一场雾，湖里变大路。　湖北（黄石）

夏至一场雾，塘江变大路。　山西（晋城）

夏至一场雨，一滴值千金。

夏至一朝雾，塘河成大路。　广西（桂平、隆安）

夏至一滴嗒，坑里壕里收芝麻。　黑龙江（齐齐哈尔）

夏至一滴值千金。　江苏（扬州）

夏至一过，不种高杆。　陕西（安康）　注："高杆"，指玉米、高粱等作物。

夏至一过，雨线断裂。　河北（石家庄）

夏至一过断栽秧。　宁夏、陕西（武功）、山西（太原）

夏至一过日渐短，一天更比一天暖。　陕西（西安）

夏至一记轰，塘底挖个洞。　浙江（金华）

夏至一七，万事大吉。　江西（南昌）

夏至一日北风三日雨。　福建

夏至一声雷，黄梅去又回。　上海（川沙）、江苏（无锡）

夏至一声雷，黄梅做到小暑里；小暑一声雷，黄梅做到大暑里；大暑一声雷，黄梅做到腊底里。　上海

夏至一声雷，重新做黄梅。

夏至一十八，高山不种糜，平地不种稻。　宁夏

夏至一十八，犁耙绳索盘回家。　湖北（十堰）

夏至一十八，青草挽疙瘩。　青海

夏至一十八，日头转回家。　河南（郑州）　注：谓夏至以后，太阳开始南移，白天日趋变短。

夏至一十八，山阴才生发。　甘肃（兰州）

夏至一天长，冬至一天短。　吉林

夏至一天长一天，冬至一天短一天。　上海

夏至一天短一粑，冬至一天长一葱。　山东（淄川）

夏至一天天最长，冬至一天天最短。　河北（石家庄）

夏至一完，风云雨涟涟。　黑龙江（佳木斯）［朝鲜族］

夏至一阳短，冬至一阴长。　上海

夏至一阳生，天时渐渐短。　上海

夏至一阴，冬至一阳。　山东（梁山）

夏至一阴生，冬至一阳生。　黑龙江、江苏（扬州）　注：指过了夏至天气转凉，故谓生阴，过冬至春日在即故谓生阳。

夏至一阴生，天时渐短；冬至一阳生，天时渐长。　河北（沧州）

夏至以前耩隔耧青准收，夏至以后耩隔耧青准丢。　山东　注："隔耧青"，间作，意指夏播间作，在夏至以前播种能增产，在夏至以后播种就要减产。

夏至阴生，冬至阳生。　河北（滦南）

夏至有风豆类空。　广西（玉林）

夏至有风三伏热，重阳无雨一冬晴。　湖南、上海、四川、湖北、山东（梁山）、江苏（南通）、广西（田阳）、山西（晋城）

夏至有风三伏热。　山东

夏至有风三伏天，立秋打雷一场空。　河南（洛阳）

夏至有风三伏雨，立秋无雨一场空。　山西（安泽）

夏至有来莫喊热，冬至右来莫道寒。　湖南

夏至有雷，六月旱，夏至逢雨，三伏热。

夏至有雷，三日一回；夏至无雷，三伏缺水。　广东（肇庆）

夏至有雷，三天一回；夏至无雷，沤烂秆堆。　广东

夏至有雷，少十日霉。　福建

夏至有雷，十八日雨。　福建

夏至有雷，要烂秆围」夏至无雷，百日无雨。　海南

夏至有雷高田熟，低田水浸不收谷。　江苏（常州）、湖北（大冶）

夏至有雷高田熟，低田水没勿收谷。　上海

夏至有雷六月旱，夏至无雷六月烂。　福建（南靖）　注：同安前后句对调。

夏至有雷六月旱，夏至无雷六月滥。　海南

夏至有雷三伏冷，重阳无雨一冬唬。　浙江

夏至有雷三伏冷，重阳无雨一冬晴。　广西（马山）[壮族]

夏至有雷三伏热。　江苏

夏至有雷声，六月有旱情。　吉林

夏至有日三伏热。

夏至有太阳，最贵是高粱。

夏至有雨，仓里有米。　天津、宁夏

夏至有雨，撑船入市。　广东（肇庆）

夏至有雨，难晴五日。　广西（宜州）

夏至有雨，其年必丰；夏至无雨，碓里无米。　湖北（崇阳）

夏至有雨扁豆收。

夏至有雨大河满，夏至无雨小河断。　贵州

夏至有雨豆子肥。　宁夏、山东、河北（邯郸）、陕西（渭南）、江苏（宿迁、徐州）

夏至有雨浸烂鞋，夏至没雨拖破犁。　福建

夏至有雨浸破鞋，夏至无雨拖破犁。　海南

夏至有雨六月旱，夏至没雨六月烂。　福建

夏至有雨三伏热，其日没雨年必丰。　内蒙古

夏至有雨三伏热，重阳无雨一冬晴。　内蒙古

夏至有雨十八河，夏至无雨干断河。　云南（文山）[苗族]

夏至有雨十八河，夏至无雨十八旱。　广西（南宁）

夏至有雨十八河，要是无雨干断河。　海南（保亭）

夏至有雨十八雨，无雨不断河。　广西（横县）

夏至有雨收豆子。　天津、河南（商丘）

夏至有雨应秋旱。

夏至有雨主大收；处暑有雨万人愁。　湖南（湘潭）

夏至有云六月旱，夏至有雷三伏凉。　河北（保定）

夏至有云三伏热，夏至无云三伏冷。　上海

夏至有云三伏热，重阳无雨一冬晴。　江苏、上海（嘉定、宝山）

夏至有云三伏热。

夏至酉，逢三伏热，夏至戌，遇一冬晴。

夏至酉逢三伏热，夏至戌过一冬晴。

夏至酉逢三伏热，重阳戌逢一冬晴。　广西（马山）

夏至酉逢三伏热，重阳戌遇一冬干。

夏至酉临六月旱，重阳戌过一冬晴。

夏至鱼齐，白露鸟齐。　山东（长岛）

夏至与重阳两日，天干逢辛戌则知夏天．冬天之寒热。　山东

夏至雨，肥稻黍。　广西（鹿寨）

夏至雨，浸破鞋，夏至无雨拖破犁。　海南

夏至雨，七十二次西北雨。　福建（同安）

夏至雨，一滴值千金；处暑雨，有稻也无米。　黑龙江（齐齐哈尔）

夏至雨，一滴值千金；处暑雨，有谷没有米。　江西（南昌）

夏至雨，一点值千金；处暑雨，有谷也无米。　上海（川沙）

夏至雨，值千金。　安徽、山东（梁山）

夏至雨不见，三伏使劲摇蒲扇。　山东（泰安）

夏至雨不落，伏天难睡着。　广西（武宣）

夏至雨不止，天天病来泄。　福建　注："病来泄"像患腹泻病，指雨下不停。

夏至雨点值千金。 天津、上海、江苏、吉林、黑龙江（伊春）、河南（濮阳）、广西（象州）、陕西（安康、咸阳） 注：夏至时节晚稻插秧都已结束，玉米进入拔节抽雄花序期，这期间我国大部分地区气温较高，日照充足，作物生长很快，正需要水分滋长发育，所以这时的雨水对水稻、玉米和其他作物的生长发育有很大的好处，可以满足植物生理和生态对水分的需求。此时的降水对水稻、玉米和其他作物等产量形成以及获取丰收起着关键性作用，故有“夏至雨水值千金”的说法。另外，由于夏至时节正是长三角地区黄梅季节，谚语“黄梅无雨，半年荒”，也生动地说明了此时雨水对农作物生长的重要性。

夏至雨断流。 浙江 注：指夏至落雨主旱。

夏至雨分路。 山西（黎威）

夏至雨来临，一点值千金。 河北（张家口）

夏至雨涟涟，芒种火烧天。

夏至雨涟涟，秋天旱了田。 福建（宁化）

夏至雨淋淋，仓里粮米多。 吉林

夏至雨淋淋，一点值千金。 福建

夏至雨落，田无四角。 上海 注：后句指雨水多。

夏至雨满坑，秋后好年景。 河南（郑州）

夏至雨绵绵，做官不如种田。 安徽（贵池）

夏至雨水多，伏天流成河。 广西（荔浦）

夏至雨漾漾，踏断水车梁。 上海

夏至遇端阳，白在田中忙。 云南（大理）

夏至月头，无水饲狗；夏至月底，多风多水。 海南

夏至栽禾，斗种一箩。 江西（安义）

夏至栽禾，饿死鸡婆。 安徽（无为）、江西（临川）

夏至栽花，服侍老爷。 江西（南丰）

夏至栽老禾，栽起喂鸡婆。 四川

夏至栽老秧，不如种豆强。 陕西、甘肃、宁夏

夏至栽老秧，干饭边稀汤。 湖北（鄂北） 注：指岗地。

夏至栽老秧，干饭变米汤。

夏至栽老秧，供上喝米汤。 新疆、陕西（褒城）

夏至栽老秧，光够喝米汤。 陕西（汉中） 注：指迟栽秧收成少。

夏至栽老秧，还比种豆强。 陕西（西安、城固、褒城）

夏至栽老秧，秋后喝米汤。 四川

夏至栽老秧，赛过种高粱。 湖北（鄂北） 注：指山区。

夏至栽老秧，只够喝米汤。 河南（信阳）

夏至栽茄，累死老爷。

夏至栽茄子，累死老爷子。　黑龙江、河北、河南、山东、辽宁、山西（太原）、安徽（淮南）　注：意指夏至栽茄子已晚。

夏至栽茄子，热死老爷子。　陕西

夏至栽茄子，一栽一碟子。

夏至栽苕，斤多一条。　四川、浙江、山西（太原）

夏至栽苕，斤斤吊吊。

夏至栽苕，一窝一瓢。　四川

夏至栽苔，斤多一条。　宁夏

夏至栽苔，一窝一瓢。　四川

夏至栽秧，秋风冷雾白喜欢。　云南

夏至栽秧半栽青，早上栽秧晚扎根。　河南（汝南、新蔡）

夏至栽秧不算晚，铁扁担挑稻两头弯。

夏至栽秧不用薅，抬起头来就打苞。　湖南（怀化）[苗族]

夏至栽秧分时刻。

夏至栽秧分昼夜，小暑栽秧分时辰。　江苏（常州）

夏至栽秧米颗稀。　广西（南宁）

夏至栽秧时管时，芒种栽秧天管天。　四川

夏至栽秧昼夜分，早晨栽秧晚扎根。　上海、吉林

夏至栽秧昼夜分，早晨栽秧夜扎根。　河南（南阳）

夏至在初，山顶能种谷。　广西（上思）

夏至在端午头，一边吃，一边愁。　山东（兖州）　注：意为来年小麦歉收。

夏至在端午头，一边吃一边愁。　山东

夏至在头，边吃边愁；夏至在尾，边吃边悔。　陕西（汉中）　注：喻天气转热

夏至在头，越吃越愁；夏至在中，越吃越松；夏至在尾，边吃边悔。

广西（隆林、田阳）

夏至在头服老秧，夏至在中服寄秧，夏至在尾服嫩秧。　四川　注："服"，使……服，谓宜……（种）……好。

夏至在五六月，勿卖牛车便卖屋。

夏至在月初，挑谷进圩人人争；夏至在月中，挑谷进圩无人问；夏至在月尾，禾苗再好也成虫。　广西（大新）

夏至在月头，边吃边愁。

夏至在月头，边吃边闷愁。　海南

夏至在月头，担水淋禾头。　广东

夏至在月头，穷人不用愁；夏至在月尾，穷人要卖子。　福建（清流）

夏至在月头，挑水淋禾头；夏至在月尾，登高看大水。　广东（大埔）

夏至在月头，挑水淋薯头；夏至在月尾，高山看大水。　海南

夏至在月头，无秧不用愁；夏至在月尾，寻秧不知归。　广东

夏至在月头，旋吃旋忧愁；夏至在月中，耽搁粜米翁。

夏至在月头，种田男儿不用愁；夏至在月中，种田男儿一场空；夏至在月尾，前头种了后头毁。　海南

夏至在中，边吃边松；夏至在头，边吃边拯愁；夏至在底，边吃边煮。　湖南

夏至在中央，好汉卖儿郎；夏至在前，越吃越绵；夏至在尾，越吃越悔。

注："越吃越绵"指粮价涨，"越吃越悔"指粮价下跌。

夏至早上见天红，红到哪里雨量空。　海南

夏至涨水真涨水。

夏至照日长，冬至照日短。　海南（海口）

夏至争回头。　河北（阳原）　注：意指夏至种大秋作物已晚，这时先种的垄比后种的好。

夏至正出霉，下雨十八回。　福建（福安）

夏至正当午，种田人白受苦。　山东（梁山）　注："午"指端午。

夏至止不得，大水流石壁。　福建（古田）

夏至止不住，大水冲倒树。　福建（政和）

夏至止长，冬至止短。　陕西

夏至止栽，冬至止种。　福建（建瓯）

夏至至长，冬至至短。　四川、江苏（南通）、广西（容县）、江西（南昌）、贵州（遵义）

夏至至短，冬至至长。　山东（肥城）、广东（肇庆）

夏至至短不见短，冬至至长不见长。　江西（萍乡）

夏至至栽，东倒西歪。　湖南（岳阳）　注：指水稻。

夏至至在头，禾黄谷价愁；夏至至在中，禾黄谷价松；夏至至在尾，禾黄谷价起；夏至管端阳，好汉嫁婆娘。　湖南（岳阳）　注："头、中、尾"，分别指月头、月中、月尾。

夏至种，秋分收，玉米百日保丰收。　注：多适用于黄淮海平原地区和长江中下游地区。夏至播种玉米，秋分时节收获玉米，玉米生长期约100天，可以确保丰收。

夏至种，秋分收，玉米百日保丰收。　山东（郯城）

夏至种豆，不论地瘦。　山东

夏至种豆，不怕地瘦。　宁夏

夏至种豆，不前不后。　山东

夏至种豆，勿论地瘦。　山东、浙江（宁波、枣化、鄞县）　注："勿"又作"不"，"地瘦"又作"地肥瘦"。

夏至种豆，一担不收。 湖北

夏至种豆，重阳种麦。 江苏（涟水、建湖）

夏至种豆子，收一蒜臼子。 山东（菏泽、泗水）

夏至种瓜，开花不结果。 广西（德保）

夏至种瓜一朵花。 湖南

夏至种红豆，爬不出地墒沟。 安徽（颍上）

夏至种黄豆，长死一榔头。 安徽（淮南）、湖北（鄂北） 注："长死"又作"长它"或"只长"。

夏至种黄豆，长死一拳头。 安徽（霍邱）

夏至种黄豆，紧长一拳头。 湖北（仙桃） 注：指夏至后种黄豆，长得再好也长不高了。"紧长"，方言，尽量长。

夏至种黄豆，劈头一榔头。 河南（南阳） 注：谓黄豆歉收。

夏至种黄豆，准备两箩头。 河南（确山、平顶山）

夏至种六谷，有蒲没有肉。 浙江（绍兴）

夏至种绿麻，长如草鞋爬。 浙江（宁海、奉化） 注："绿"又作"络"。

夏至种络麻，不上草鞋耙。 江苏

夏至种棉，荒了田园。 湖南（常德）

夏至种棉花，不如打伞走人家。 江西（于都）

夏至种三豆，不问地肥瘦。 江苏（连云港） 注："三豆"，指黄豆、黑豆、绿豆。

夏至种粟，一个穗一碗粥。 湖北

夏至种芝麻，当头一朵花。 上海

夏至种芝麻，脑头开朵花。 浙江（宁波）

夏至种芝麻，披头一朵花。 山西（临汾）

夏至种芝麻，劈顶一朵花。 河南

夏至种芝麻，头顶一朵花。 四川、河北、安徽（淮南、庐江）、河南（新蔡、固始、内乡、淅川、禹县、新乡）、湖北（荆门）、陕西（武功）、山东（单县） 注：指夏至时节种芝麻太晚，开的花往往不能完全结实，芝麻产量较低。"头顶"又作"当头"或"劈顶"、"头带"、"顶上"、"披头"，"朵"又作"把"或"枝"。

夏至种芝麻，头顶一朵花；夏至种黄豆，只长一榔头。 安徽 注：指夏至前种最好。

夏至种芝麻，头顶一棚花。 湖南 注：谓种芝麻时间已晚，仅顶部开花，后句又作"当头一枝花"。

夏至种芝麻，头顶一蓬花。 河北（博野）

夏至种芝麻，头顶一枝花；立秋种芝麻，老死不开花。 江西（丰城） 注：二句或作"节节都开花"，四句或作"到老不开花"。

夏至昼暖夜来寒，虽是江湖也防旱。　贵州（黔南）[水族]

夏至转多雾，塘河变大路。　广西（玉林）

夏至转雷六月旱。　福建（德化）　注："转"又作"无"。

夏至转螺子，坑降无水洗脚爪。　福建　注："转骡子"，打雷。"坑降"，又名"古蝀"、"石蛉"，均指棘胸蛙。

夏至做雨雨水多。　福建

夏种不可迟，最迟到夏至。　山东（郯城）

夏种前后差一分，每亩少收好多斤。　上海

夏种如赶考。　上海

小小黄梅三尺雨，夏至西南没小桥。　上海　注：言鱼逃得快，像头上张了篷帆。

养仔没志气，插田到夏至。　福建（福鼎）

要想锄好地，锄在夏至前。　山西（盂县）

要想萝卜大，夏至把种下。　辽宁、黑龙江、河北（张家口）

要想萝卜大，夏至把子下。　陕西（咸阳）

要做夏至日，要困冬至暝。　福建

一九二九扇子不离手，三九二十七，吃茶如蜜汁，四九三十六争相路头宿，五九四十五树头积叶舞，六九五十四乘凉不入寺，七九六十三夜眠寻被单，八九七十二被单添夹被，九九八十一家家打炭罄。

元麦不过夏至。　浙江（杭州、嘉兴、湖州）

元麦勿过夏至。　浙江

早稻插到夏，有插也无食。　福建（龙溪）

早稻插到夏至尾，一棵秧苗三粒米。　湖南（常德）

早稻插到夏至尾。　浙江

早稻栽到夏至尾，一棵秧苗三粒米。　注：以上指早、中稻的育秧和栽秧适期。

正要日长，夏至一杠；正要日短，冬至一赶。　江苏（海门）

芝麻夏至五月种，十个油坊九个空。　山东（曹县）

知了夏至后头叫，冬仓白米飞飞叫。　浙江（湖州）　注："飞飞叫"，行俏，价格看涨。

知了夏至前头叫，冬仓白米吼人要。　浙江（湖州）

种秋不过夏至关，过了夏至苗难安。　陕西（咸阳）

四月蒜，泥里站，过了夏至分成瓣。　陕西（西安）

重霉重夏至，白饭碰到鼻。　福建　注：指夏至梅雨连绵早稻会丰收。

走路要走夏至日，困觉要困冬至夜。　上海　注："走路要走"又作"休息要休"、"做活要做"。

小　暑

小暑，二十四节气的第十一个节气。公历每年7月7日或8日太阳到达黄经105°时为小暑。到7月22日或23日结束。此时正值初伏前后。小暑期间，全国大部分地区进入盛夏。《月令七十二候集解》："六月节……暑，热也，就热之中分为大小，月初为小，月中为大，今则热气犹小也。"暑，表示炎热的意思，古人认为小暑期间，还不是一年中最热的时候，故称为小暑。也有节气歌谣曰："小暑不算热，大暑三伏天。"指出一年中最热的时期已经到来，但还未达到极热的程度。俗话说："热在三伏"。我国三伏天气一般出现在夏至的28天之后，即所谓"夏至三庚数头伏"。

小暑来临，降水明显增加，且雨量比较集中，华南、西南、青藏高原也处于来自印度洋和我国南海的西南季风雨季中，而长江中下游地区则一般为副热带高压控制下的高温少雨天气，常常出现的伏旱对农业生产影响很大，及早蓄水防旱显得十分重要。农谚说："小暑一声雷，倒转做黄梅"，小暑时节的雷雨常是"倒黄梅"的天气信息，预兆雨带还会在长江中下游维持一段时间。"伏天的雨，锅里的米"，这时出现的雷雨，热带风暴或台风带来的降水虽对水稻等作物生长十分有利，但有时也会给棉花、大豆等旱作物及蔬菜造成不利影响。

小暑前后，除东北与西北地区收割冬、春小麦等作物外，农业生产上主要是忙着田间管理了。早稻处于灌浆后期，早熟品种大暑前就要成熟收获，要保持田间干干湿湿。中稻已拔节，进入孕穗期，应根据长势追施穗肥，促穗大粒多。单季晚稻正在分蘖，应及早施好分叶肥。双晚秧苗要防治病虫，于栽秧前5—7天施足"送嫁肥"。"小暑天气热，棉花整枝不停歇。"大部分棉区的棉花开始开花结铃，生长最为旺盛，在重施花铃肥的同时，要及时整枝、打杈、去老叶，以协调植株体内养分分配，增强通风透光，改善群体小气候，减少蕾铃脱落。盛夏高温是蚜虫、红蜘蛛等多种害虫盛发的季节，适时防治病虫是田间管理上的又一重要环节。"

不怕小暑至大暑，就怕立秋至处暑。　山西（太原）　注：指天旱。

不问有料没料，小暑要耕三交稻。　江苏（苏北）

不问有料无料，小暑要耘三次稻。　江苏（徐州）

插田插小暑，不够喂老鼠。　福建

吃了小暑饭，太阳一天短一揸。　安徽（来安）

大麦不过小暑，小麦不过大暑。　黑龙江

豆到小暑，无熟也死。　福建（南平）

福雨淋淋农民喜，小暑防洪别忘记。

高宝盐阜兴泰东，小暑怕刮西南风，此日若刮西南风，五谷禾苗被水冲。 江苏（苏北） 注：指江苏省高邮、宝兴、盐城、阜宁、兴化、泰州、东台等县，小暑日如刮西南风，主当年淮水下注。

过伏不栽稻，栽了收不到。 注：适用于江淮及江南地区。从小暑开始进入伏天，到了小暑时节就不宜再栽插水稻，季节太晚，栽了也不能丰收。

过了小暑，不种玉蜀黍。 河南、安徽（霍山）

过了小暑和大暑，还有十八只秋老虎。 江西（高安）

过了小暑节，大粪上不得。 湖北

过了小暑节，撒豆不落叶。 贵州（贵阳）

过了小暑节，种的豆子不落叶。 河南（洛阳）

过了小暑节，种的黄豆不落叶。 注：大豆迟至夏至节播种就长不高了。小暑后播种的大豆，生育期更短，株高不到芒种播的一半，产量受到很大影响。

过了小暑节，种的黄豆不落叶。 湖北（鄂北） 注：意指种豆已晚。

过了小暑节，种豆不落叶。 陕西（榆林）、河南（南阳） 注：谓豆叶长不老，豆子歉收。

坏了小暑，淹死老鼠。 湖北（随州）

见暑不种黍和豆。 注：黍也称稷、糜子，是我国北方的一种粮食作物。指到了小暑时节就不再种黍和豆了，时间太晚，种了收获较少。类似农谚有“伏里种豆，收成不厚”。

今年小暑热，来年雨水多。 吉林

雷打小暑前，大水漫过田。 海南（临高）

雷打小暑头，大水打横流。 海南（琼山）、广西（东兴）

雷打小暑头，七月水横流。 海南（保亭）、广东（韶关）、广西（平乐）

淋了小暑头，下个阖街流。 河北（邯郸）

淋破小暑头，四十天不断流。 安徽

六月逢双暑，有米无柴煮。 江苏（南京）

六月逢双暑，注意防风雨。

六月小暑大暑临，稻勤耕耘棉摘心。 江苏（扬州）

六月小暑大暑临，新谷登场棉摘心。 贵州

六月小暑接大暑，红日如火锄草苦。 安徽（灵璧）

六月小暑连大暑，中耕锄草勤培土。 江苏（连云港）

麦怕小暑连阴雨，谷怕寒露刮大风。 山西（太原）

梅天芝麻时天豆，小暑还可种小豆。 江苏（兴化）

霉里芝麻时里豆，小暑还可种小豆。

霉里芝麻莳里豆，小暑里头种赤豆。

闷雨下在小暑前，百姓不愁水种田。 海南

宁插小暑秧，莫插大暑禾。 广东

宁在小暑赶，不在大暑撵。 宁夏

七月小暑大暑连，菜园出来去摘棉。 山西（新绛）

七月小暑连大暑，中耕除草不失时。 山西（夏县）

七月小暑连大暑，中耕除草莫耽误。

七月小暑连大暑，中耕除草勤培土。 山西（临汾）

千浇万浇，不如暑头一浇。 湖南（湘潭）

晴暑天，烂白露。 安徽（定远）

热小暑，冷大伏，秋哭落。 江苏

人在屋里热得跳，稻在田里哈哈笑。 注：水稻喜高温多湿环境，夏季三伏炎热天气有利于水稻的生长发育。类似农谚有“铺上热得不能躺，田里只见庄稼长”，“三伏不热，五谷不结”，“人往屋里钻，稻在田里窜”。

暑天里三场雨，夏布衫子都挂起。 山西（临汾）

头年小暑热，第二年雨水多。 宁夏

头年小暑热，转年雨水多。 天津

五月小暑大暑天，六月小暑跨三天。 广西

五月小暑少四日，六月小暑晚十日。 福建（晋江） 注：“少四日”，前四天，“晚十日”过后十天。

下了小暑，灌死老鼠。 陕西（咸阳）

小暑、大暑，淹死老鼠。

小暑、大暑勿是暑，立秋、处暑才是暑。 浙江（湖州）

小暑拔三稂，一拔大精光，大暑拔荸荠，一拔就离泥，獐舌拔到秋，来年不再有。 注：杂草的繁殖能力很强，一棵杂草上的种子，一般多达1万到10万粒。一棵野苋菜的种子，甚至多到50万粒以上，一棵狗尾草（稂）一年可以结出125万粒种子。特别是庄稼长大以后，在庄稼棵里常常散生一些黄瘦的杂草。这些杂草看起来可怜巴巴，“寄人篱下”，对当季庄稼似乎危害不大，但是，它照样开花结籽，留下无穷祸根。对杂草要强调除恶务尽，彻底消灭。

小暑白豆大暑米。

小暑包谷吃不得，大暑包谷吃不彻。 湖南（湘西）[苗族]

小暑北风，大暑红霞。 福建（龙海）

小暑北风，一斗风三斗水。 福建（龙海）

小暑北风水流柴，大暑北风天红霞。

小暑拨三粮，一波大精光；大暑拨荸荠，一拨就离泥。

小暑补棵一斗米，大暑补棵一斗粞，立秋补棵补个屁。 上海

小暑不出子，大暑不会黄。 江西 注：意指早稻在小暑节不抽穗，到大暑节也不会黄。

小暑不锄草，禾苗毒虫咬。　天津、宁夏

小暑不锄草，小苗毒虫咬。　吉林

小暑不打尖，棉花别想见。　宁夏

小暑不管田，等于没有田。　宁夏

小暑不见底，有谷没有米。

小暑不见底，有谷也无米。　浙江（余姚）　注："也无"又作"没有"

小暑不见蔸，大暑不见穗。　广东

小暑不见日头，大暑晒干石头。　湖南、安徽（固镇）

小暑不见日头，大暑晒开石头。　山东（泰安）、江苏（盐城）

小暑不淋，干死竹林。

小暑不淋，干死竹林；大暑连阴，遍地黄金。　湖北（建始）

小暑不落雨，干死大暑禾。　江西（南昌）

小暑不落雨，旱死大暑稻。　海南

小暑不落雨，旱死大暑禾。　江西、江苏（盐城）、河北（丰宁）

小暑不满，干断田坎。　河北（邯郸）

小暑不热，五谷不结。　湖南（湘潭）

小暑不热，五谷不结；大暑无汗，收成减半。　湖北、河南（郑州）

小暑不湿谷，立冬稻不熟。　海南（澄迈）

小暑不湿谷，立冬禾不熟。　海南（临高）

小暑不算热，大暑到伏天。　山东（日照）

小暑不算热，大暑进秋天。　江西（南丰）

小暑不算热，大暑热煞人。　河南（焦作）

小暑不算热，大暑三伏天；立秋忙打甸，处暑动刀镰；白露盼割地，秋分无生田；寒露不算冷，霜降变了天。

小暑不算热，大暑三伏天。　海南、江西、吉林、安徽（枞阳）、湖南、江苏（连云港）、辽宁（辽西）

小暑不算热，大暑是伏天。　宁夏、湖北（浠水）

小暑不算热，大暑在伏天，立秋高粱红，处暑动刀镰，白露种小麦。

小暑不算热，大暑在伏天。　内蒙古、福建

小暑不算热，大暑正伏天。　内蒙古、天津、河北（昌黎）　注：指小暑时天气还不算最热，大暑进入末伏后才是最热的时候。类似农谚还有"小暑不算热，大暑三伏天"等。

小暑不算热，大暑正暑天。　山西（晋城）

小暑不算热；大暑中伏天。

小暑不算数，大暑热掉魂。　江苏（淮阴）

小暑不用薅，大暑不用刀。　云南（楚雄）

小暑不栽薯，栽薯白受苦。　河北

小暑不栽秧，大暑不点豆。　河南（郑州）

小暑不种黍，一伏不种豆。　山西（高平）

小暑不种薯，立伏不种豆。　注：这里的“薯”是指马铃薯，马铃薯通常有春种和秋种。春季种植应提前催芽，在2月中旬种植，在高温前形成产量；而小暑种植，后期因高温不利于产量形成。7月中旬以后种豆，因高温和短日照，开花早，株型小，产量低。

小暑采，大暑割。　江西（宜春、新干）　注：江西中部地区，一般都是禾到大暑时方全熟，小暑时只半熟。旧社会农民，受地主阶级剥削，贫困缺粮，小暑时就开始采些熟穗充饥。所以，有“小暑采”的说法。

小暑插老秧，过年卖老娘。　黑龙江、浙江　注：“老娘”，指老婆。

小暑插老秧，无谷完钱粮。　浙江

小暑成老鼠，立秋成鱼鳅。　福建（德化）

小暑吃包谷，大暑吃早谷。　四川

小暑吃大麦，大暑吃小麦。　黑龙江、山西（朔州）

小暑吃大薯，大暑吃小薯。　河北（张家口）

小暑吃的歹大麦，寒露吃的好高粱。　黑龙江

小暑吃绿，大暑吃谷。　湖南（岳阳）

小暑吃麦麦，大暑吃角角。　山西（盂县）

小暑吃芒果。

小暑吃黍，大暑吃谷。

小暑吃黍，大暑吃粟。　湖北　注：“粟”又作“谷”

小暑吃粟，大暑吃谷。　湖南

小暑吃土，大暑吃田。　四川　注：“土”，代指旱地作物；“田”，代指水田作物。

小暑吃小瓜，大暑吃大瓜。　山西

小暑吃园，大暑吃田。　江西（永修）

小暑吃圆，大暑吃甜。　安徽（长丰）　注：指西瓜。

小暑迟稻黄，大暑谷满仓。　广东

小暑出谷，大暑长肉。　四川

小暑出谷，大暑吃谷。　上海

小暑出谷，大暑好吃。　浙江（舟山）

小暑出谷，大暑生育，中伏开镰。　浙江（舟山）

小暑除草大暑大，大暑除草看球外，立秋除草大无赖。　福建（德化）　注：“大无赖”，指大不多。

小暑锄头火，来年雨水多。　山西（河曲）、山东（梁山）、河南（驻马店）

注："锄头火"，谓天干旱。

小暑锄头火，来年雨水多。

小暑吹了东南风，四十五天拔草风。　江苏（苏州）　注："拔草风"，即舶、棹风，又叫排风，海风古名，此风主夏秋必旱。

小暑吹南风，大暑坐蒸笼。　福建（三明）

小暑吹西北，鲤鱼上厝角。　福建（南靖）　注：指此日刮西北风有大雨。

小暑催禾出，大暑催禾黄。　江西（丰城）

小暑搭嘴，大暑吃米。　湖北　注：意指早熟籼稻，到了小暑将要成熟，到了大暑则全部成熟。

小暑打雷，大暑打堤。　湖北（黄冈）

小暑打雷，大暑破圩。　河南、安徽（肥东）、江苏（苏州）

小暑打雷，重新做霉。　江苏（南通）

小暑打雷伏里干，夏至闻雷三伏干。　新疆

小暑打雷伏夏旱，夏至闻雷三伏干。　四川

小暑打一点，大暑淹一片。　安徽（舒城）

小暑大麦黄，大暑大麦捞上场。　甘肃（张掖）

小暑大热好丰年。　广西（玉林）

小暑大暑，爱吃呣爱煮。　福建（晋江）

小暑大暑，包谷锅头煮。　贵州（遵义）

小暑大暑，遍地开锄。　河南（周口）

小暑大暑，插秧不迟；立秋处暑，插秧无米。　海南（琼海）

小暑大暑，锄地别耽误。　河南（商丘）

小暑大暑，谷子乱出。　四川　注："乱"又作"瓢"。

小暑大暑，灌死老鼠。　青海、宁夏、陕西、河北、内蒙古、四川、广西、吉林、上海、甘肃（平凉、天水）、天津（武清）　注："灌"又作"泡"，"老鼠"又作"野老鼠"，"灌死老鼠"是形容雨量大的意思。

小暑大暑，快把草锄。　天津、黑龙江（绥化）

小暑大暑，囫孬相堵。　广东（饶平）

小暑大暑，皮肉不可相触。　广东（汕头）

小暑大暑，热得叫苦。　河北（石家庄）

小暑大暑，热得无处躲。　海南

小暑大暑，热得无钻处。　山东（梁山）

小暑大暑，热死老鼠。　河南（濮阳）、江苏（金湖）　注："热"又作"灌"；"热死"驻马店作"淹死"。

小暑大暑，热无钻处。

小暑大暑，日蒸夜煮。　江西（黎川）

小暑大暑，生熟都取；小雪大雪，生熟都捋。 广东

小暑大暑，是禾要出。 湖南（隆回）

小暑大暑，淹死老鼠。 山西、安徽（阜阳）、福建（福鼎） 注：谓小暑、大暑要注意防汛。

小暑大暑，炎死老鼠。 贵州（黔东南）

小暑大暑，有米不愿回家煮。

小暑大暑，有食都懒煮。 广东（佛山）

小暑大暑，有食懒煲。

小暑大暑，有食懒煮。 山东（曹县） 注：指天热做饭苦。

小暑大暑，有食难煮。 江苏（徐州） 注：指天气热做饭辛苦，“难”又作“懒”。

小暑大暑，炙死老鼠。 福建（长汀）

小暑大暑，中间入伏。 天津

小暑大暑，准备割谷。 湖北（荆门）

小暑大暑不热，小寒大寒不冷。

小暑大暑不算暑，立秋处暑才算暑。 天津、吉林、宁夏

小暑大暑不算暑，立秋处暑正是暑。 江西、江苏（常州） 注：三伏天是盛夏时期，这时梅雨天气已经消失，海上，吹来晴热的东南风，天气晴朗，温度急升，是一年中最热的一个时期。

小暑大暑不为暑，立秋处暑正是暑。 海南

小暑大暑锄黍苗，雨水过了苗不牢。

小暑大暑二节气，萝卜土豆种到地。 上海、河北（张家口）

小暑大暑紧相连，气温升高热炎炎。 新疆

小暑大暑紧相连，种好蔬菜摘新棉。 山西（临猗）

小暑大暑雷，雨从南起。 海南

小暑大暑旁，双抢正大忙。 湖南（湘西）[苗族]

小暑大暑七月间，追肥授粉种菜园。

小暑大暑七月中，锄草防害保收成。 陕西（延安）

小暑大暑抢栽红薯。 河南（信阳）

小暑大暑虽是暑，立秋处暑更是暑。 福建

小暑大暑天不热，小寒大寒天不寒。 海南（保亭）

小暑大暑天气热，小雪大雪天气寒。 天津、宁夏

小暑大暑天头热，小雪大雪天头冷。 吉林

小暑大暑未是暑，立秋处暑正是暑。

小暑大暑未是暑，立秋处暑正是暑。 福建

小暑、大暑勿是暑，立秋、处暑才是暑。 浙江（湖州）

小暑大暑一大把，立秋薯小一根鞭。　江苏

小暑大暑早稻黄，精打细收谷入仓。　浙江

小暑到，大麦黄，大暑小麦登上场。　天津、宁夏（固原）

小暑到大暑，田里不停锄。　宁夏、吉林

小暑到大暑，早禾先尝新。　福建

小暑稻生子。　黑龙江

小暑地里无剩麦。　天津、宁夏（银南）

小暑点一点，大暑没河坎。　河北（曲周）

小暑丢点子，高山摸虾子。　江苏（大丰）　注："丢点子"，方言，下零星小雨。

小暑东，一场空；小暑南，吃不赢。　江西（乐平）

小暑东北，鲤鱼翻坝。　上海

小暑东北，鲤鱼沿塘坝；小暑东南，鲤鱼钻深潭。　浙江

小暑东北风，大水淹地头。

小暑东北风，鲤鱼跳屋脊。　江苏

小暑东风，一斗风三斗水。　福建（龙海）

小暑东风，大暑红霞。　福建（龙海）　注：都为下雨之兆。

小暑东风摇，必定水里捞。　天津

小暑东风早，大雨落到饱。　福建（漳州）

小暑东南风，七七四十九天敞门风。　江苏（淮阴）

小暑东南风，日夜好天空。　福建

小暑东南风，三车都勿动。　注："三车"指牛车、风车、脚车。

小暑东南风，四十五天干松松。　上海

小暑东南风，四十五天泥缝风。　上海

小暑东南风做旱，伏天西北腊冰坚。

小暑动雷，倒做黄梅。　江苏

小暑动雷，倒做黄霉。

小暑豆，大暑谷。　江西（赣中、靖安）、河南（新乡）、河北（张家口）

小暑豆腐大暑饭。　四川、浙江（衢州）　注：指小暑收豆，大暑收稻。

小暑对小寒，晴则惧晴，雨则惧雨。　广西（荔浦）

小暑多吹风，大暑热烘烘。　广西

小暑多燥风，日夜好天空。　江苏（淮安）　注："燥风"，指东南风。

小暑蛾子，立秋蚕。　黑龙江

小暑垩稻一换二，大暑垩稻一换一。　江苏（海门）

小暑发棵，大暑发粗，立秋长穗。　上海、江苏（南京、徐州）　注："发棵"、"发粗"、"长穗"，都是指晚稻在某一季节的生长发育特点和标志。此谚语是

说，小暑正是晚稻分叶高峰期；大暑后分叶开始消退，茎秆开始长粗；立秋时水稻开始幼穗分化，决定穗型大小。

小暑发棵，大暑发粗；立秋做肚，处暑根生谷；白露白迷迷，秋分稻秀齐；寒露住水稻，霜降一齐倒。　上海　注：指晚稻从发棵到成熟的全过程。“做肚”即孕穗，“秀”又作“头”。

小暑放河，大暑放浪。　山西（长子）

小暑风不动，霜冻来的迟。　山西（晋城）

小暑风西北，鲤鱼飞过屋。　安徽（寿县）

小暑逢庚起初伏。　福建（浦城）

小暑逢庚起伏初。

小暑逢六，青菜贵如肉。　江苏（兴化）

小暑伏中无酷热，田中五谷多不结。　河北（邯郸）

小暑干松松，四十五天干松松。　上海

小暑赶禾黄，大暑满垌光。　广西（博白、陆川）

小暑割不得，大暑收唔彻。　广东（梅州）　注：指农事忙。

小暑割小麦，大暑割大麦。　山西（大同）

小暑耕田大暑干，大暑耕田不相干。　浙江

小暑谷露头。　河北（保定）

小暑谷吐穗，夏菜上全。　黑龙江

小暑刮南风，久旱天气晴。　河南（扶沟）

小暑刮南风，日头晒干坑。　河南（三门峡）

小暑刮南风，十冲干九冲；黄鳝问泥鳅，那里有陷洞。

小暑刮南风，十冲干九冲。　湖南（株洲）

小暑刮起东北风，看着河水往上升。　海南

小暑挂种茧，出蛾大暑前。　黑龙江

小暑管秋忙，样样不能放。　陕西（西安）

小暑管玉茭，人工授粉好。

小暑过，一日热三分。

小暑过后十八天，庄稼不收土里钻。　河南（郑州）、湖北（竹溪）

小暑过热，九月早凉。　海南

小暑过热九月冷。　福建（宁德）

小暑过一七，作田人硬似铁。　江苏（高淳）

小暑过一日，生谷无半粒。　江西（峡江）

小暑薅秧大暑耥，十二担稻稳稳当当。　江苏（常州）　注：下句又作“一穴多收好几两”。

小暑后，不种豆。　河南（新蔡）

小暑后，大暑前，二暑之间种绿豆。

小暑后，种绿豆。　宁夏

小暑呼雷，谷米成堆。　山西（忻州）

小暑黄麻大暑粟。　四川

小暑黄梅烂大伏。　上海

小暑黄鳝赛人参。　上海、河南（安阳）

小暑黄鳝勿值钿。　上海

小暑黄鳝值千金。　河北（张家口）

小暑忌东风，大暑忌红霞。　云南（昆明）[彝族]

小暑见个儿，大暑见垛。　宁夏

小暑见个儿，大暑见垛儿。

小暑见见底，有谷又有米。　上海　注："见见底"，指搁田。

小暑见角哩，大暑见垛哩。　甘肃（甘南）

小暑见三新。　黑龙江　注："三新"指大麦；豌豆、樱桃，小暑时已收获。

小暑交大暑，热得无处躲。　江西（临川、赣南）

小暑交大暑，热来无处钻。　注：此时正是长三角地区最炎热的时候，难怪旧时在田间劳作的农民热得无处容身。但这时对喜温作物是有利的，它的生长速度之快达到了顶峰。如果这时期该热时天气不热，对喜温作物特别是水稻反而会影响它的生长发育。在四百多年前古人曾经说过："六月不热，五谷不结。"为什么这样说呢？《田家五行》中用老农民的话说，三伏天，正是水稻搁田，又是施肥的时候，因此最需要晴天，天晴则必然天热。所以又说："六月盖夹被，田里无张屁。"如果六月凉，冷雨多，雨多水大，淹没田地，田里就没有收成了。因此，谚语"小暑交大暑，热来无处钻"和"人在屋里热得双脚跳，稻在田里乐得哈哈笑"反过来说明温度高对水稻等喜温作物生长是有利的。

小暑交大暑，热来无钻处。　上海、吉林、内蒙古、山西（阳曲）、河南（新乡）、湖北（汉川）

小暑接大暑，落场车稻雨。　上海（南汇）　注："车稻"，南汇方言，是满足的意思。小暑交大暑时期，稻秧在田，需要有足够的雨水。

小暑节，筑塘缺。　湖北（蕲春）

小暑节后，十八天浏浏风。　江苏（南通）

小暑节日雾，高田多失误。

小暑惊东风，大暑惊红霞。　福建

小暑开黄花，芭蕉叶上晒棉花。　江苏（海门）

小暑开黄花，白露摘白花。　江苏（太仓）

小暑开黄花，白露摘棉花。　甘肃（张掖）

小暑开始热，减衣身上轻。

小暑看禾，大暑看谷。　湖南（衡阳）

小暑看黄秧。　江苏（盐城）　注：苏北地区早籼稻在小暑时候已经入孕穗阶段，叶子稍稍落黄是生长正常的表现，如未转色就有徒长的倾向。

小暑口禾黄，大暑满嘴光。　广东

小暑快入伏，大暑中伏天。　山东、江苏（镇江）、贵州（铜仁）　注："伏"，指三伏天，即阳历七月中旬到八月中旬这段时间，其中包括大暑。立秋两个节气，小暑在七月的七或八日，正值初伏前。

小暑快入伏。　黑龙江、宁夏、天津

小暑扩杈，大暑发粗。　黑龙江　注："生子、扩杈"，指分蘖。发粗是指水稻孕穗，茎秆变粗。

小暑来得迟，荷花开满池。　湖南（益阳）

小暑懒一懒，粮米少一碗。　吉林

小暑懒一懒，粮食少一碗。　天津、宁夏

小暑雷，黄梅归，倒黄梅，十八天。　上海、湖北、江苏（扬州）

小暑雷，秋里旱。　福建

小暑雷公叫，鲤鱼坎上跳。　湖南（湘西）[苗族]　注：指兆旱。

小暑雷公叫，鱼虾满溪跳。　海南

小暑雷公叫，鱼虾水坝跳。　广西（融水、二思）

小暑雷响，花萁像香梗。　上海　注："香梗"，形容棉花秆瘦弱。

小暑雷雨大暑阴。　福建（浦城）

小暑里，起燥风，日日夜夜好天空。　海南

小暑里不见太阳，大暑里晒破石头。　江苏

小暑里插秧，只好收点种粮。

小暑里插秧，只好收点种子粮。　上海（上海县、川沙）

小暑里吹排风。　山东　注："排风"，夏季季候风。

小暑里黄鳝不值钱。　江苏（淮阴）　注："不值钱"又作"赛人参"。

小暑里黄鳝赛人参。

小暑里开黄花，芭蕉上晒棉花。　江苏　注：意指歉收。

小暑里开黄花，本钱不得到家，大暑里黄花正当家。　江苏（南通）

小暑里排风凉飕飕。　江苏（苏州）

小暑里热煞鳅，大伏里没日头。　江苏（丹阳）

小暑里日头，晒得裂石头。　江苏（无锡）

小暑里若刮西南风，农夫忙碌一场空。　江苏（扬州）

小暑里莳秧，扁担挑得像弯梁。　上海（嘉定）

小暑里莳秧，行行有两样。　江苏

小暑里莳秧，只捞点钱粮。　上海（宝山）　注："后句又作"只完完钱粮"，

“还勿够完粮”。

小暑里莳秧无好稻。　江苏（南通）

小暑里收棉花，芭蕉上晒棉花。　注：指歉收。

小暑里头七天阴，一个月里难转晴。　上海　注：“转”又作“得”。

小暑里西南连拔草，大暑里西南燥到底。　上海

小暑里西南没小桥。　江苏（连云港）

小暑里栽黄秧，只收喂鸡粮。　江苏（苏州）

小暑里栽秧喂老鼠，庄稼宜早不宜迟。　江苏（无锡）

小暑里煮煞鳅，大暑里凉悠悠。　江苏（苏州）

小暑立秋三十三，荞麦压折铁扁担。　宁夏（固原）

小暑荔枝大暑稻。　福建（福州、德化）

小暑连大暑，除草防涝莫踌躇。

小暑连大暑，曝死山老鼠。　福建（福安）

小暑连枷响，大暑发河涨。　太原

小暑凉，大水淹倒墙。　安徽（安庆）

小暑凉爬爬，大暑热熬熬。

小暑凉爽大暑热。　福建

小暑凉飕飕，大暑热熬熬。

小暑凉飕飕，大暑热吼吼；小暑热过头，大暑凉飕飕。　上海

小暑凉飕飕，大暑热难熬。　湖南

小暑凉飕飕，大暑热煞鳅。　上海

小暑凉飕飕，大暑热死狗。　江苏（连云港）

小暑淋一身，遍地是黄金。　福建（上杭）

小暑六月豆上市，大暑新米登场。　浙江

小暑露水甜似蜜。　江苏（南京）

小暑捋，大暑割。　江西（新干）

小暑落雨饿死鼠，大暑落雨饿死牛。　福建

小暑落雨沤烂秆，大暑落雨沤烂秧。　广东

小暑落雨做重梅。　浙江（绍兴）

小暑麦断根。　山西（武乡）

小暑麦自死。　山西（沁县）

小暑满田红，大暑满田空。　广东

小暑忙锄草，庄稼收成好。　天津、宁夏

小暑忙起沟，大暑割谷天。

小暑没雨望大暑，大暑没雨过三暑。　福建（宁德）　注：“三暑”指处暑。

小暑糜子夏至谷。　陕西（榆林）、山西（太原）

小暑棉花见双花，随时要把头儿掐。　宁夏

小暑莫种豆，大暑莫栽秧。　云南（大理）[白族]

小暑南，车干塘；小暑北，晒死艻。　江西（新建）

小暑南，干断潭。　江苏、湖南（湘潭）

小暑南，旱干塘；小暑北，浸烂谷。　海南（保亭）

小暑南风，大暑旱。

小暑南风，五谷全丰。　江西（弋阳）

小暑南风大暑旱。

小暑南风旱。　山西（太原）

小暑南风飘，旱死山草苗。　广西（容县）

小暑南风日夜干。　江西（南昌、横峰）　注：在暖空气控制下，北方冷空气势力弱不易侵入，冷暖空气无交锋机会，所以南风发得越久，温度越高，蒸发越大，最易引起干旱。

小暑南风日夜掀，不怕湖田水里眠。　江西（鄱阳）

小暑南风十八朝，吹得南山竹子焦。　江苏

小暑南风十八朝，吹的山中竹叶痨。　湖南

小暑南风十八朝，烤得南山竹也焦。　四川、上海、江西（宜春）

小暑南风十八朝，晒得南山竹都焦。　海南

小暑南风十八朝，晒得南山竹也焦。　江西、江苏（扬州）

小暑南风十八朝，晒得南山竹也叫。　湖北、浙江

小暑南风十八朝，晒得南山竹叶焦。　上海、安徽（南陵）

小暑南风十八朝，上晏揾柴下晏烧。　广东（茂名）

小暑南风十八潮，大暑南风点火烧。　四川、福建（仙游）　注：“十八潮”，连续多日刮潮湿的南风。

小暑南风十八干。　湖北

小暑南风十八浇，大暑南风点火烧。　安徽

小暑南风十八飘，晒死南山草木苗。　广西（玉林）　注：下句亦作“晒得南山草地叫”、“吹得禾苗焦”、“上午打柴下午烧”。

小暑南风十八飘，晒死南山小竹苗。　海南

小暑南风十八期，上午砍柴下午烧。　湖南

小暑南风十八天，大暑南风到秋边。　安徽、湖南、江西（安义、临川）

注：“到秋边”又作“点火烧”。

小暑南风十八天，大暑南风干破天。　江西（峡江）　注：后句或作“大暑南风到秋边”。

小暑南风十八天，地里坷垃都晒干。　河南（濮阳）

小暑南风十八天，干得放牛伢子叫皇天。　江西（丰城）

小暑南风十八天，天天息在夜饭边。　江西（兴国）

小暑南风十八天，虾公鱼子似油煎。　江西（万年）

小暑南风十八天。　江西

小暑南风十八燥，大暑南风点火烧。　湖南、江西（赣中、奉新）

小暑南洋十八朝，晒得塘边芦叶焦。　河南（周口）　注：指连续十数天刮湿热的南风。

小暑南洋十八潮，晒得南山竹叶焦。　湖北　注："十八潮"，连续十数天湿热的南风。

小暑南洋十八天。　湖北

小暑怕东风，大暑怕红霞。　海南（海口）、安徽（滁州）、广东（韶关）、广西（罗城、上思）

小暑怕南风，大暑怕红霞。　湖南（衡阳）

小暑胖头跳，大暑鲤鱼跃。　黑龙江　注："胖头"，即鳙鱼。

小暑碰鼻子，还种十垧小糜子。　山西　注："碰鼻子"指"地皮"

小暑曝秋脯，大暑藏老鼠。　福建

小暑七天无禾割，大暑三天割不赢。　江西（临川）

小暑起，大暑死。　广东　注："起"，起虫，指第三代三化螟；"死"，虫死。

小暑起东北，鲳鱼沿塘坝；小暑起东南，鲳鱼钻深潭。　海南（儋县）

小暑起东北，鲤鱼飞上屋。

小暑起东北，鲤鱼跳上屋。　江苏（镇江）

小暑起东北，鲤鱼沿塘坝。

小暑起东风，风雨打头壳。　福建

小暑起东风，日夜好天空。　河南（信阳）

小暑起东南，鲤鱼钻深潭。

小暑起风，雨水满地垌。　广西（博白、陆川）

小暑起了西北风，鲤鱼飞上房屋顶。　吉林

小暑起南风，伏内干烘烘。　安徽

小暑起南风，绿豆似柴篷。

小暑起南风，十冲干九冲。　安徽（长丰）

小暑起南风，十冲旱九冲。　安徽、湖北（荆门）

小暑起热风，暝日好天空。　福建

小暑起西北，鲫鱼飞上屋。　天津（大港）

小暑起西北，鲤鱼翻过屋，小暑起西南，鲤鱼奔深潭。　江苏（镇江）

小暑起西北，鲤鱼屋上飞。　河北（博野）　注："西北"，指从西北来的雨。

小暑起西南，老龙奔潭潭；小暑起西北，鲤鱼飞过屋。　上海　注：小暑日吹西南风，主旱，吹西北风，主涝。

小暑起西南，老龙滚深潭；小暑起西北，鲤鱼飞过屋。 江苏（宜兴） 注："滚深潭"又作"奔龙潭"。

小暑起西南，鲤鱼钻深潭。 江苏

小暑起燥风，日日夜夜好天公。 上海

小暑起燥风，日夜好天公。 浙江（绍兴）、山东（梁山）

小暑起燥风，日夜好天空。 上海、江西（进贤）、贵州（黔南）

小暑起燥风，月夜好天空。 黑龙江

小暑前，草除完。 黑龙江

小暑前，芒种后，正好直播秋豆豆。 陕西

小暑前，炎热天，晚稻定要栽下田。 四川

小暑前后，播种绿豆。 河南（驻马店）

小暑前后把水浇，棉长尺五高。 甘肃（张掖）

小暑前后发大水。 山西

小暑前五日割不得，后五日割不及。 广东

小暑荞麦立夏菜，误了农时吃不开。 山西（静乐）

小暑青稞赛老稻。 河北（张家口）

小暑热，大暑热，薅秧割埂抢时节。 贵州（黔南）[水族]

小暑热，果豆结。 安徽（南陵）

小暑热，果豆结；大暑不热，五谷不结。 海南、安徽

小暑热，无君子。

小暑热得透，大暑冷飕飕。 湖南（湘西）[苗族]、山东（郓城）、浙江（温州）、福建（屏南）

小暑热得透，大暑凉飕飕。 四川

小暑热得透，大暑凉飕飕。 上海、宁夏、海南、天津、江苏（南京）、安徽（贵池）、湖北（云梦）、江西（南昌）、山西（潞城）

小暑热过头，九月早寒流。

小暑热过头，秋季凉得早。 海南

小暑热过头，秋天冷得早。 江西（万安）

小暑热破头，大暑凉飕飕。 江苏（宜兴）

小暑热煞鳅，大暑热煞牛。 上海

小暑热死鳅，大暑晓日头。 浙江（湖州）

小暑热太甚，秋寒早来临。 内蒙古

小暑日里响了雷，又要做黄梅。 江西（余干）

小暑日落雨，黄梅颠倒转。 江苏、安徽（安庆）

小暑日晴，小雪必晴；小暑日雨，小雪必雨。 湖南（湘西）[苗族]

小暑日头火，来年雨水多。 广西（罗城）

小暑日下雨半月雨。　上海

小暑日雨落，黄梅颠倒转。　注：小暑节日宜晴

小暑日雨落，黄梅头倒转。

小暑日子雷一雷，四十五天转黄梅。　江苏（靖江）

小暑若刮西南风，农夫忙碌一场空。　浙江（湖州）、湖北（嘉鱼）

小暑若刮西南风，农民忙碌一场空。　山东（泰安）　注：下句又作“农村五谷减收成”。

小暑若刮西南风，农人忙碌一场空。　四川、海南（保亭）

小暑若刮西南风，五谷禾苗被水冲。　海南

小暑若始热，早稻勿会饱粒。　福建（南靖）

小暑三朝瓜开秤。　江苏（无锡）

小暑三朝一声雷，七十二个阵头到立秋。　江苏（常熟）

小暑三日遍地黄，再过三天麦上场。　宁夏

小暑三日不青豆，大暑三天无青稻。　福建（福清、平潭）

小暑三日没生豆，大暑三日没生稻。　福建（福清）

小暑三日无青豆，大暑三日无青稻。　福建（福清、平潭）

小暑鳝鱼赛人参。　上海

小暑少禾黄，大暑满田光。　福建（永定）

小暑少落雨，热的像火炉。　福建

小暑湿北，大暑湿南。　安徽（合肥）

小暑十八天，生熟都要干。　宁夏

小暑十天数伏，冬至三天交九。　河南（南阳）

小暑莳黄秧，只好放官粮。　江苏（常州）　注：“放官粮”，即开仓赈济。

小暑莳秧大暑耥，十二担米稳当当。　江苏（苏南）

小暑是晴天，不会受干旱。　湖南（湘西）[苗族]

小暑收大麦，大暑收小麦。

小暑暑苗，大暑暑谷。　四川

小暑水如银，大暑雨如金。　湖南（株洲）

小暑水涨一尺，大暑水退一丈；小暑水退一尺，大暑水涨一丈。

安徽（巢湖）

小暑汤，一抹光。　江西（南昌）　注：“汤”，南昌话，下雨。

小暑天气热，棉花整枝不能歇。　河南（开封）　注：小暑时节天气炎热，棉花生长较快，为了控制棉花营养生长，要不停地进行棉花整枝，包括去叶枝、抹赘芽、打边心、去老叶、剪空枝、摘顶心等。

小暑天气热，棉花打枝不停歇。　江苏（江都）　注：“打”又作“整”。

小暑天气热，棉花整枝不停歇。　四川

小暑天热无君子。　安徽（桐城）　注："无君子"指男人打赤膊。

小暑天热小寒冷，大暑天热大寒冷。　广东（肇庆）

小暑天阴雨，大暑太阳毒。　江苏（阜宁）

小暑田边看，大暑割一半。　江西（南昌）

小暑头，日夜吼。　江苏（泰兴）

小暑头，日夜驹。　江苏（泰县、兴化）　注："驹"，形容下雨的声音。

小暑头，响声雷，犁脱黄秧种赤豆。　上海

小暑头里一个雷，二十四个小阵头。　浙江（湖州）

小暑头上雷，四十五天不套犁。　河南（三门峡）　注：谓多阴雨。

小暑头上雷一雷，二十四个倒黄霉。　江苏（南京）

小暑头上七天阴，蓑衣斗篷不离肩。　江苏

小暑头上一滴漏，拔掉黄秧种赤豆。　江苏（南京）

小暑头上一滴油，四十九天不断流。　山东（曹县）

小暑头上一点漏，拔掉黄秧种绿豆。

小暑头上一点漏，拔去黄秧种绿豆。　四川

小暑头上一点漏，割了黄秧栽绿豆。　浙江

小暑头上一点漏，七七四十九天不断流。　江苏（镇江）

小暑头上一点雨，拔去黄秧种绿豆。　上海

小暑头上一声雷，半月黄梅倒转来。　江苏

小暑头上一声雷，半个月黄梅倒过来。

小暑头上一声雷，半月黄梅倒转来。　江苏

小暑头上一声雷，烂伏过黄梅。　江苏（丹阳）

小暑头上一声雷，四十五天倒黄梅。　北京、安徽（安庆）、上海（松江）、江苏（常州）、江西（抚州）　注：小暑在七月初，在长江流域黄梅天气已经过去。这句话的意思是：如果小暑日打雷，接着再来四十五天的黄梅天气。

小暑头上一声雷，一十八天云不推。　湖南（株洲）

小暑温暾大暑热。　湖南（湘潭）、江苏（扬州）　注："温暾"，方言，温暖。

小暑闻雷，加紧保圩。　安徽、河南

小暑乌云接，泥块硬如铁。　江苏、上海（宝山）

小暑无处买，大暑无处卖。　安徽（贵池）

小暑无青稻，大暑不见穗。　福建（龙海）

小暑无青稻，大暑连头无。

小暑无生稻，大暑连头无。　福建

小暑无雨，堆头无米。　安徽（寿县）

小暑无雨，饿死老鼠。

小暑无雨，十八天南洋风。　湖北（罗田）

小暑无雨半月旱，大暑无雨满天干。　湖南（衡阳）

小暑无雨等大暑，大暑无雨过三伏。　江西（新干）

小暑无雨过大暑，大暑无雨过处暑。　福建

小暑无雨看大暑，大暑无雨看处暑。　海南

小暑无雨看大暑，大暑无雨一场空。　福建

小暑无雨十八风，大暑无雨一场空。　湖北（汉川）、河南（三门峡）

注：谓旱灾歉收。

小暑五日做黄梅，小暑六日勿黄梅。　上海

小暑西北风，房檐趴虾公。　河南（信阳）　注：谓发大水。

小暑西北风，鲤鱼飞上屋。　山东（梁山）、湖北（当阳）

小暑西北风，鲤鱼飞屋中。　黑龙江（黑河）

小暑西北风，水冲鲤鱼到屋中。　贵州（贵阳）[布依族]

小暑西北风，四九冷得凶。　江苏（东台）

小暑西北风，滕王阁上钓虾公。　江西（南昌）

小暑西北风，未晚雷先轰。　江苏（常州）

小暑西南，老龙归深潭。

小暑西南风，三车勿动。　注："三车"指油车、轧花车、碾米的风车。

小暑西南风，三车不用动。　上海、江苏（徐州）　注："不用"又作"都弗"。"三车"，指抽车、轧车、风车。

小暑西南风，三车都弗动。　上海

小暑西南风，三车都勿动。　浙江（嘉兴）

小暑西南风，下田苦车篷。　江苏

小暑西南风，鱼头插上三尺篷。　上海

小暑西南没小桥，大暑西南水入腰。　安徽（当涂）

小暑西南没小桥，大暑西南踏入腰。

小暑西南踏直腰，夏至西南没小桥。　浙江

小暑西南勿回头，三石一亩稳悠悠。　上海

小暑西南淹小桥，大暑西南踏入腰。

小暑西南转头，三石一亩勿忧。　浙江（嘉兴）

小暑下粪，如同催命。　湖北（广水）

小暑下几点，大暑没河堤。

小暑下雨，饿死老鼠，大暑下雨曝死牛蜱。　福建

小暑下雨，淹死老鼠。　湖南（长沙）

小暑下雨饿死鼠，大暑下雨饿死牛。　海南

小暑下雨浸死猪，大暑无雨热死鱼。　海南

小暑下雨十八雨，小暑无雨十八风，大暑无雨一场空。　海南（保亭）

小暑下雨拖淡稻。 福建（晋江） 注："淡"，湿。

小暑响雷作三梅。 安徽

小暑响了雷，倒做十八梅。 江西（东乡）

小暑小吃，大暑大吃。 山东

小暑小出，大暑大出，大暑过后割不及。 福建

小暑小出，大暑大出。 浙江（绍兴）

小暑小干，大暑大干。 海南

小暑小割，大暑大割。 天津、江西、福建（龙岩、永定、德化）、广东（广州）、广西（柳城、桂平）、山东（泰山） 注："割"，割禾，即收割早稻。

小暑小割，大暑喝煞。 福建（晋江）

小暑小寒，晴雨相应。 福建

小暑小禾黄，大暑满田光。 广东

小暑小禾黄，大暑一片光。 广东

小暑小禾黄。

小暑小忙，大暑大忙。 福建、江西（全南）

小暑小食，大暑大食。 福建（龙岩、永定）

小暑小熟，大暑大熟。 福建、广西（钦州）

小暑小暑，灌死老鼠。 黑龙江 注：指雨多。

小暑小用，大暑大用。 浙江（嘉兴） 注：指间作晚稻施肥。

小暑杨梅重阳菱。 上海

小暑一场，大水汪汪。 河北（昌黎）

小暑一到禾就黄，大暑一到谷满仓。 广东、江西（宜春）

小暑一到禾转黄，大暑一到谷满仓。 江西（宜春）

小暑一滴，逼水横流。 河北（安新）

小暑一滴雨，遍地出黄金。 湖南（衡阳）、江苏（海安）、江西（崇仁） 注："是"又作"出"。

小暑一点漏，丢了黄秧种绿豆。

小暑一斗东风三斗水。 福建（诏安）

小暑一根草，吃掉十棵苗。 天津、宁夏

小暑一刮西南风，地里庄稼就要崩。 河南（开封） 注："崩"方言，音peng，损坏，完蛋。

小暑一交，雨水即少。 上海

小暑一雷破九台，大暑见霞台风来。 福建（南安）

小暑一粒谷，大暑一穗谷。 上海（川沙） 注：意指早稻在小暑时开始抽穗杨花，到大暑时已经颗粒满穗而成熟。

小暑一七，万无一失。 江西（奉新）

小暑一声雷，半个月黄梅倒转回。　广西

小暑一声雷，半月吃黄梅。　广西（横县）

小暑一声雷，半月黄梅倒转回。

小暑一声雷，倒转黄梅十六日。　上海（嘉定）

小暑一声雷，倒转作黄梅。

小暑一声雷，倒转作黄梅；大暑一声雷，要做七十二个野黄梅。　上海

小暑一声雷，倒转做黄梅。

小暑一声雷，倒转做黄梅。　浙江、湖南、福建（福清）　注："黄梅"，黄梅天气。

小暑一声雷，翻转倒黄梅。　江苏、河南、四川、湖南、上海（松江、青浦、川沙）　注："倒"又作"做"。

小暑一声雷，翻转作黄梅。　江西（崇仁）

小暑一声雷，翻转做黄梅。　河南、江苏　注：小暑的到来，标志着我国大部分地区进入了一个炎热的时期，但还未到达最热。为什么说小暑这天或期间听到雷声，会使梅雨季节倒转来呢？因为长三角地区这时黄梅天气已经过去，如果"小暑"这天或其间打雷，表明天空中有潮湿空气活动，此时北方有小股冷空气南下，闷热潮湿的阵雨、雷雨等不稳定天气又重新在长三角出现，并且维持相当一段时期，像重做黄梅一样，在气象上称为"倒黄梅"。所以浙江的农谚也说："小暑一声雷，倒转做晚黄梅。"江苏的农谚更是用夸张的口气说："小暑当前一声雷，四十五天倒黄梅。"当然，"倒黄梅"并不一定在小暑日这一天打雷后才出现。另外"倒黄梅"维持时间短则一周左右，长则十天半月，不会超过四十五天的。这条谚语告诉农民根据这种天气情况，要主动积极地采取措施，做好各种农作物的防涝工作。

小暑一声雷，翻转做重梅。

小暑一声雷，黄梅倒转来。　上海（嘉定）

小暑一声雷，黄梅颠倒转。　江苏

小暑一声雷，黄梅去不回。　四川

小暑一声雷，黄梅去又回。　安徽（安庆）、江苏（扬州）

小暑一声雷，黄梅依旧回。　江西、江苏、贵州（铜仁）、上海（南汇、宝山、崇明）　注："回"又作"归"

小暑一声雷，黄霉依旧归。　江西

小暑一声雷，烂伏过黄梅。　江苏

小暑一声雷，七七四十九日倒黄梅。　江苏（徐州）　注："倒黄梅"，谓又恢复黄梅季节的天气。

小暑一声雷，七十二个夜黄梅。　上海（嘉定）

小暑一声雷，三十六个连环阵，七十二个野黄梅。　上海

小暑一声雷，晒谷搬去又搬回。　福建（永定）

小暑一声雷，晒谷有你累。　福建（上杭）

小暑一声雷，十七八个野黄梅。　上海　注：下句又作“稻熟变黄梅”、“黄梅做到大暑里”。

小暑一声雷，四十五天做黄梅。　江苏

小暑一声雷，一日雨三回。　海南（海口）

小暑一声雷，一重要烂二重霉。　福建（霞浦）

小暑一声雷，依旧倒黄梅。　河南（新乡）、江苏（南京）

小暑一声雷，重新过黄梅。　江苏（无锡）

小暑一声雷，重新做黄梅。　江苏、上海、福建（福鼎）　注：小暑在阳历七月七日或八日，在上海地区，这时黄梅天已经过去，如果在此期间打雷，表明天空中有潮湿空气活动，可经常出现雷雨，像重现黄梅一样，后句又作“推倒做重梅”，“黄梅倒转来”、“黄梅依旧回”。

小暑一声澎，棉花剩根梗。　浙江

小暑一夜雷，依旧倒黄梅。　广东（江门）

小暑一只鼎，陈年宿债还干净。

小暑刈过半。　江西（南昌）

小暑银雨，大暑金雨。　福建

小暑油麻大暑豆。　福建（福清）　注：“油麻”，指芝麻。

小暑油麻大暑瓜，过了小满不种花。　湖南（衡阳）

小暑油麻大暑瓜。

小暑油麻大暑粟。

小暑有雨，饿死田鼠。　福建

小暑有雨，沤烂大暑。　广西（田阳）[壮族]、湖南（株洲）

小暑有雨到秋晴，无雨定是半月晴。　四川

小暑有雨旱，大暑雨如金。

小暑有雨浸死猪，大暑有雨毒死鱼。　福建（漳州）

小暑有雨旱，小寒有雨冷。　广西（田阳、上思）[壮族]

小暑雨，禾秆烂成屎。　江西（临川）

小暑雨涟涟，防汛最当先。　山西（新绛）

小暑雨如银，大暑雨如金。　海南、湖北（黄石）　注：指小暑、大暑时节温度高、日照强，农作物叶片水分蒸腾快，正是需要水分的关键时期，降雨有利于农作物生长。相似农谚有“伏里多雨，囤里多米”，“伏天雨丰，粮丰棉丰”。

小暑雨水勤，大暑进伏天。　河北（张家口）

小暑栽谷秧，不够交公粮。　河北（张家口）

小暑栽红薯。　宁夏

小暑栽红薯。　山西、山东、河北、河南（潢川）

小暑栽了不生根，大暑栽了不发芽。 云南（玉溪）

小暑栽麻，磨地开花。 江西

小暑栽秧，不够交根。 江苏（常州）

小暑栽秧，不够完粮。 湖南、江苏 注："完"又作"缴"。

小暑栽秧，十有九荒。 云南（大理）[白族]

小暑栽秧，勿够完粮。 浙江

小暑栽秧不生根，割倒一工打半升。 云南

小暑栽秧不用薅，大暑栽秧不用刀。 云南（楚雄）[彝族]、贵州（贵阳）、四川（凉山）[彝族]

小暑栽秧喂老鼠，庄家宜早不宜迟。 江苏、黑龙江

小暑栽秧无好稻。 黑龙江

小暑在暑不算暑，立秋处暑才是暑。 江西（铜鼓）

小暑早荔，大暑晚荔。

小暑枣生熟，处暑枣尝尝，秋分枣子落苏常。

小暑枣生熟，处暑枣当当，秋分枣子落。

小暑之日闻惊雷，四十九天倒黄梅。

小暑芝麻大暑豆。 湖南（湘西）

小暑芝麻大暑麦，伏里芝麻莳里豆。 安徽（天长）

小暑芝麻大暑粟。 上海、浙江（金华）、河北（张家口）、河南（新乡）、福建（松溪） 注："芝麻"又作"油麻"，"粟"又作"瓜"。

小暑芝麻当头一朵花。 江苏（泰兴）

小暑种大黍，大暑种小黍。 河北（武安）

小暑种豆，矮脚矮手。 浙江（绍兴）

小暑种黄豆，少结不少豆。 安徽（霍邱）

小暑种绿豆，一天一夜扛鋤头。 河南（固始）

小暑种萝卜，大稻耗。 江苏（苏北）

小暑种麻，一莞一挂，大暑种麻，磨地开花。 江西（高安）

小暑种糜糜，犁破地皮皮。 山西（古交）

小暑种棉花，头顶一枝花。 河南（项城）

小暑种田一担谷，大暑种田一场哭。 浙江（湖州）

小暑种芝麻，当头一枝花。 上海、湖北、江苏（南京）、河南（林县） 注："当头"又作"头顶"或"当顶"，"枝"又作"棚"或"蓬"。

小暑种芝麻，头顶一棚花。

小暑煮黄秧，大暑煮婆娘。 江苏（溧阳）

小暑壮苞大暑出，大暑壮苞连夜出。 湖南（零陵） 注：指中稻。

小暑准备箩，大暑好割禾。 江西（萍乡）

有钱难买小暑青。

有钱难买小暑青。　广东　注：指双季晚稻。

鱼长三暑。　江西（都昌）　注：三暑是指小暑、大暑、处暑三个节气。这时，水温都在摄氏二十五度以上，正是水生生物繁殖生长最旺季。不仅水温适宜鱼类的生长，而且食料比较充足。

雨搭小暑头，二十四天不断头。

雨打小暑头，二十四天不停留。　江苏（南京）

雨打小暑头，黄梅倒转流。　上海

雨打小暑头，黄梅雨倒流。　广西（贵港）

雨打小暑头，四十五天不用牛。

雨打小暑头，四十五天没日头。　河南（安阳）

雨打小暑头，四十五天勿停头。　上海　注："勿停头"又作"无日头"。

雨打小暑头，万事不用愁。　海南（临高）

雨打小暑头，万事无忧愁。　广西（田阳）［壮族］

雨淋小暑头，七七断水流。　陕西（渭南）

雨淋小暑头，七七四十九日断水流。　广东（惠来）

雨淋小暑头，四十九日断水流。　浙江（宁波）

雨落小暑头，干死黄秧渴死牛。　山东

雨落小暑头，干死秧苗渴死牛。　贵州（贵阳）［苗族］

雨落小暑头，干死庄稼渴死牛。　山西（平顺）

雨落小暑头，河里断了流。　湖北（崇阳）

雨下小暑，灌死老鼠。　陕西（渭南）

栽苕越早越好，小暑大暑大把。　湖北

栽秧到小暑，收货不够喂老鼠。　安徽

栽秧栽到小暑，人拖得剥皮老鼠。　江苏（镇江）

栽秧栽到小暑，收稻不够喂老鼠。　注：指单季晚稻的育秧和栽秧适期。从季节看，小暑栽秧并不算太晚，水稻减产的原因，或者是下秧太早，秧龄过长，"带肚子上轿"，或者单晚品种生育期太长，秧龄太短，后期受低温冻害。

栽秧栽到小暑头，又有人来又有牛，还有人家带咸菜，还有人家带香油。

江苏（苏北）

种田过小暑，有谷无米。　海南（保亭）

行行六寸，蔸蔸八根。四月秧，如烧香；五月秧，大把抓；小暑秧，满地拈。

黑龙江　注：插秧早，每丛的株数可少些（如烧香）；晚插秧，每丛的株数应适当增加（大把抓）；到了小暑插秧已晚，每丛的株数应适当增加（大把抓）；到了小暑如果勉强要栽，则更应增加株数（满地拈）。

大　暑

大暑，二十四节气的第十二个节气。公历每年7月23日或24日太阳到达黄经120°时为大暑。《月令七十二候集解》："六月中，……暑，热也，就热之中分为大小，月初为小，月中为大，今则热气犹大也。"大暑是一年中最热的节气，"大暑"与"小暑"一样，都是反映夏季炎热程度的节令，"大暑"表示炎热至极。大暑正值"中伏"前后，全国大部分地区进入一年中最热时期，也是喜温作物生长最快的时期，但旱、涝、台风等自然灾害发生频繁。有谚语说："东闪无半滴，西闪走不及"。人们也常把夏季午后的雷阵雨称之为"西北雨"，并形容"西北雨，落过无车路。"

"禾到大暑日夜黄"，对我国种植双季稻的地区来说，一年中最紧张、最艰苦、顶烈日战高温的"双抢"战斗已拉开了序幕。俗话说："早稻抢日，晚稻抢时"、"大暑不割禾，一天少一箩"，适时收获早稻，不仅可减少后期风雨造成的危害，确保丰产丰收，而且可使双晚适时栽插，争取足够的生长期。要根据天气的变化，灵活安排，晴天多割，阴天多栽，在7月底以前栽完双晚，最迟不能迟过立秋。"大暑天，三天不下干一砖"，酷暑盛夏，水分蒸发特别快，尤其是长江中下游地区正值伏旱期，旺盛生长的作物对水分的要求更为迫切，真是"小暑雨如银，大暑雨如金。"棉花花铃期叶面积达一生中最大值，是需水的高峰期，要求田间土壤湿度占田间持水量在70%～80%为最好，低于60%就会受旱而导致落花落铃，必须立即灌溉。要注意灌水不可在中午高温时进行，以免土壤温度变化过于剧烈而加重蕾铃脱落。大豆开花结荚也正是需水临界期，对缺水的反应十分敏感。农谚说："大豆开花，沟里摸虾"，出现旱象应及时浇灌。

"稻在田里热了笑，人在屋里热了跳。"盛夏高温对农作物生长十分有利。民间流传着这样的农谚，大暑处在中伏里，全年温高数该期。这个节气雨水多，有"小暑、大暑，淹死老鼠"的谚语，要注意防汛防涝。春夏作物追和耪，防治病虫抓良机。玉米人工来授粉，棒穗上下籽粒齐。棉花管理须狠抓，修追治虫勤锄地，顶尖分次来打掉，最迟不宜过月底。大搞积肥和造肥，沤制绿肥好时机。雨季造林继续搞，成片零星都栽齐，早熟苹果拣着摘，红荆绵槐到收期。高温预防畜中暑，查治日晒（病）和烂蹄（病）。水中缺氧鱼泛塘，日出之前头浮起。矾水泼洒盐水喷，全塘鱼患得平息。

布田布大暑，无死三丛一管米。　福建　注："管"，半升，指连作晚稻。

插大暑，有米煮；插立秋，谷无收。　福建

大暑、小暑，慌薯乱薯。　云南（玉溪）　注：大小暑是栽红薯的季节。

大暑不割禾，一天丢一箩。　江西（临川）

大暑不割禾，一天少一箩。

大暑前后，晒死泥鳅。

大暑不耕苗，到老无好稻。　江苏

大暑不浇肥，秋后无好稻。　江苏（苏州）

大暑不浇禾，到老无好稻。　湖南　注：指中稻。

大暑不浇苗，到老无好稻。　湖南、江西　注：大暑时节，中晚稻多处于幼穗形成期和拔节期前后，是需水需肥的重要时刻和防止倒伏的重要时期，此时稻田要频繁浇水，做到干湿交替、湿润灌溉，否则到成熟时不会有好的收成。

大暑不浇苗，到老无老稻。　浙江、陕西、甘肃、宁夏、河南（新乡、周）、湖北（鄂北）、安徽（淮南、桐城）、江苏（无锡）　注："不"又作"弗"。

大暑不浇苗，小麦无好收。　陕西、甘肃、宁夏

大暑不热，地要开裂。　广西（平乐）

大暑不热，冬天不冷。　海南、湖南、江西（崇仁）　注："冷"又作"寒"。

大暑不热，五谷不结。　上海、安徽、广西（横县）　注："大暑"亦作"两暑"；"五谷"亦作"谷子"。

大暑不收禾，一日脱一箩。　湖南（湘潭）　注：指早稻。

大暑不收禾，一夜脱一箩。　湖南、湖北、江西

大暑不暑，五谷不起。

大暑不暑无米煮。　福建

大暑不完禾，一天失一箩。　江西

大暑不完禾，一夜少一箩。　江西（吉安）

大暑不雨秋边旱。　湖北

大暑不耘苗，到老无好稻。　江苏（淮阴）

大暑不栽秧，小暑不种豆。　云南、贵州　注："种"又作"栽"。

大暑不种田，种田也枉然。　山西（太原）

大暑插不死，三丛一斤米。　福建

大暑插禾，立秋插田谷线长。　广东

大暑插田插稻花，立秋插田楂打楂。　广东

大暑插田禾衣打，立秋插田谷线长。　广东

大暑插秧，立冬满仓。　福建

大暑插秧大丰收，秋后插秧要减收。　福建

大暑吃大瓜，小暑吃小瓜。　江苏

大暑吃黍。　湖北

大暑吃小麦，小暑吃大麦。　江苏（扬州）、河北（蔚县）、山西（天镇、岚县）　注："吃"又作"拔"。

大暑锄禾苗，过时禾不牢。　陕西（渭南）

大暑大割。　江西（靖安）

大暑大落，晚秋大死。　福建

大暑大落大死，无落无死。

大暑大暑，不熟也熟。　江西（黎川）

大暑大暑，热煞老鼠。　安徽（肥东）

大暑大暑，生熟都取。　广东　注：“取”，割，收，

大暑大暑，鱼死田基底。　广西（柳江）[壮族]

大暑大暑早稻黄，细收细打谷上仓。　浙江

大暑大雨，百日见霜。

大暑大雨行。　湖北

大暑单，插早无饭餐。　广西（玉林）

大暑到，暑气冒。

大暑到立秋，割草积肥是时候。　黑龙江、湖北、四川

大暑到立秋，割草沤好肥。　吉林

大暑到立秋，割草压肥好时候。　山东（东平）、河南（开封）

大暑到立秋，积粪到田头。　山西（长治）

大暑的糜，拿手提。　新疆

大暑丢一丢，耕掉黄秧种小豆。　江苏（徐州）

大暑东风早，雨水落到饱。　福建（三明）

大暑度秋风，秋后热到狂。

大暑对大雪，小暑对小雪。　海南

大暑蛾子立秋蚕。　安徽（金寨）

大暑番薯带水驴。　福建（德化）　注：“驴”，指中耕。

大暑封行密，处暑封行稀，立秋前后秧子搭头最相宜。

大暑逢中伏，作物长得速。　广西（平乐）

大暑弗浇苗，到老无好稻。

大暑搁大禾，小暑搁小禾。　注：”大禾”晚稻，“小禾”中稻。意指分蘖末期要排水晒田。

大暑更加忙，二秋作物上了场。　宁夏

大暑谷露头。　河北（围场）

大暑过，乱刀剁。　江西（丰城）

大暑过热，九月早寒。　福建（古田）

大暑过三朝，种豆不撑腰；大暑过十七，米谷无一粒。　江西（南昌）

大暑过三朝，种豆不撑腰；大暑过一七，米谷有一粒。　广东

大暑过三朝，种豆不探腰。　湖南

大暑过三朝，种豆不涨腰。 湖南、河北（张家口） 注：“涨”又作“探”。

大暑过三天，庄稼不收土里钻。 河南（漯河）

大暑过一日，青谷无一粒。 江西（万安）

大暑旱过，锣鼓敲破。 河南（信阳） 注：谓助阵浇水锣鼓不停地敲。

大暑烘，立秋凉：大暑凉，立秋烘。 海南（保亭）

大暑烘，秋薯塞竹窿；大暑冻，秋薯当谷种。 广东（始兴） 注：“烘”，热；“塞竹窿”，喻多得到处都是；“当谷种”，喻少得很。

大暑后插秧，立冬谷满仓。

大暑后立秋前，最好插完田。 广东

大暑节有雾，高田多失误。 四川

大暑焗热转北风，西边黄云黄到东，二三天内雨重重。 广东（肇庆）

大暑开红花，四十五天捉白花。

大暑开黄花，四十五日捉白花。 浙江、湖北、河北、山西（太原）、上海（川沙、上海县） 注：“捉”又作“拾”或“摘”，“捉花”，是采收棉絮的俗称。此谚语是说，棉花在大暑时开黄花，立秋时结桃，白露时桃绽吐絮。从大暑到白露相隔 45 天。另一农谚也说：“秋分白露头，棉花才能收。”

大暑开黄花，四十五天拔白花。 江苏（兴化） 注：“白花“，指棉花。

大暑开黄花，四十五天捡棉花。 湖南（常德）

大暑开黄花，四月十五日捉白花。 江苏（盐城）

大暑开头雨，立秋抗旱苦。 福建

大暑前，小暑后，两暑之间种绿豆。

大暑来，种芥菜。 河北、河南、山东、山西

大暑老鸭胜补药。

大暑雷打呖呖声，秋后风台暴雨增。 福建（宁德）

大暑雷响有秋旱，小暑雷响定烂冬。 海南（保亭）

大暑里三个阵，三石田稻勿用问。 上海

大暑连天阴，遍地出黄金。 海南 注：指大暑时节是一年中最热的时候，如果大暑连续阴天，有利于农作物避免高温热害。

大暑连天阴，遍地是黄金。 广东（广州）

大暑连阴，遍地黄金。 河南（平顶山）

大暑莲蓬水中扬，秋分菱角舞刀枪，霜降上山采黄柿，小雪龙眼荔枝配成双。

大暑莲蓬水中扬。 安徽（歙县）

大暑凉，饿断肠，大暑热，食唔绝。 广东

大暑凉，饿断肠；大暑热，食唔彻。 广东（广州）

大暑凉，秋后热。 广东（佛山）

大暑凉，早插秧。 广东

大暑漏水，漏水烂冬。　浙江（丽水）

大暑落雨秋后热。　福建（长泰）

大暑没雨不丰收。　吉林

大暑闷热当天雨。　海南

大暑苗不死，三蔸一斤米。　福建

大暑莫种豆，小暑莫栽秧。　云南（大理）　注："豆"，指黄豆，节令过迟，不能成熟。

大暑南风点火烧。　海南

大暑南风干破天，车得水车叫皇天。　湖南（衡阳）

大暑闹雷有秋旱。　湖南（湘西）[苗族]

大暑怕早晚霞，台风打树倒屋斜。　海南（琼山）

大暑前，小暑后，两暑当中种绿豆。　安徽、浙江、湖北、陕西　注："当中"又作"之间"

大暑前，小暑后，两暑见面种黄豆。　河南（固始）

大暑前，小暑后，两暑之间种绿豆。　福建

大暑前，小暑后，两暑中间种菜豆。　江西（临川）

大暑前，小暑后，两暑中间种黄豆。　河南（周口）

大暑前，小暑后，庄稼老汉种绿豆。　湖北、吉林、宁夏、上海（川沙、上海县）、江苏（南京）、安徽（淮南）　注：绿豆春夏皆可种，春种小暑成熟，一边吃新绿豆，一边还可再种，俗称"吃绿种绿"。

大暑前后，两天晴来三天沤。　广西（柳江）

大暑前后，晒煞泥鳅。　浙江（湖州）

大暑前后，晒死泥鳅。

大暑前后，衣裳湿透。

大暑前后，衣裳溻透。

大暑前后锄，赛如大粪浇。　安徽（含山）

大暑前三天出三星，离热不要紧，后三天出三星，热的翻眼睛。

大暑前三天割不得，大暑后三天割不出。　江西、江苏（南通）

大暑前三天有禾割，大暑后三天割不赢。　江西（靖安）

大暑前三天没禾收，大暑后三天割不赢。　江西

大暑前小暑后，赶快种绿豆。　湖南（郴州）

大暑热，秋后凉。　海南、湖南（湘潭）

大暑热，秋后凉；大暑凉，秋后热。　江苏（新沂）

大暑热，田头歇；大暑凉，水满塘。　海南（保亭）、湖南（株洲）

大暑热，小暑寒，白露秋分黑霜见。　宁夏

大暑热，小暑冷，白露秋分见青霜。　吉林

大暑热不透，大热在秋后。　贵州（遵义）

大暑热不透，大雨留秋后。　福建（平潭）

大暑热处外，处暑热处内。　浙江（湖州）

大暑热厝外，处暑热厝内。　广东（潮州）

大暑热得慌，四个月无霜。　湖南

大暑热的怪，要凉单等立秋来。　山西（临汾）

大暑热的慌，四个月无霜。

大暑日头小暑阴，禾盈田垅谷满囤。　湖南（怀化）

大暑日下雨，稻秆烂如泥。　福建

大暑若落雨，溪底好行路。　福建

大暑三场雨，瘪稻变成米。　江苏（淮阴）

大暑三朝稻有孕。　黑龙江

大暑三伏逢酷热，早稻秋禾皆大熟。　福建（德化）

大暑三日稻。　浙江（宁波）

大暑三日清，大寒三日烧。　福建（德化）　注：指最热和最冷的节气里，也会有几天冷或暖天气。

大暑三天吃新米。　上海　注："吃新米"，又作"米上街"。

大暑三天米上街。　江苏（扬州）　注：早稻

大暑深锄草。　山西（和顺）

大暑熟菠萝，小暑熟早稻。　广西（陆川）

大暑双，插早也无妨。　广西（玉林）

大暑天，三天不下干一砖。

大暑天，瓦不干，三天不下干一砖。　陕西（咸阳）

大暑天连阴，遍地是黄金。　四川、江苏（南京）

大暑头，无秧不用愁；大暑腰，寻秧请食朝；大暑尾，寻秧不晓归。　广东

大暑透凉，干枯河床。　安徽（和县）

大暑无汗，收成减半。

大暑无酷热，五谷不多结。　山西（晋城）

大暑无酷热，五谷都不结。　广东、四川　注："都"又作"多"。

大暑无酷热，五谷多不结。　河南（濮阳）

大暑无雨，吃水背躬。　湖南（湘西）[苗族]　注："吃水背躬"，形容取水艰难。

大暑无雨初秋旱。　河南（开封）

大暑无雨满江，小暑无雨十八天风。　湖北（宜城）

大暑无雨米缸空。　吉林

大暑无雨秋边旱。　海南

大暑无雨一场空。　海南

大暑勿粑稻，到老勿会好。　上海（川沙）

大暑勿把稻，到老勿会好。　上海　注："把稻"拔除稻田杂草。

大暑勿会暑，五谷勿会起。　福建（南靖）

大暑勿浇苗，到老呒好稻。　浙江（湖州）

大暑勿浇苗，到老无好稻。　湖南、江苏、上海（川沙、宝山）　注："勿"又作"不"。指大暑时，稻正需充足水分，若遭干旱，收成即受影响。

大暑勿浇苗，到头呒好稻。　江苏（苏州）

大暑勿耘稻，到老无好稻。　上海

大暑西北风，数九冷得凶。　江苏（扬州）

大暑下得三场雨，必定大熟年。　上海

大暑下破头，一直淋到头。　宁夏

大暑下雨灾害多。　福建（古田）

大暑响雷，一日三回。　广东（深圳）

大暑响雷有秋旱，大暑落雨烂冬天。　广西（玉林）

大暑响了一声雷，十七八个野黄梅。　山西（晋城）

大暑小暑，包谷砍到锅头煮。　四川

大暑小暑，遍地开锄。

大暑小暑，不熟也熟。　江西（黎川）

大暑小暑，灌死圪狸老鼠。　山西（静乐）

大暑小暑，灌死老鼠。　内蒙古

大暑小暑，禾归秧去。　广西（玉林）

大暑小暑，快把草除。　吉林

大暑小暑，快插红薯。　湖北（荆门）

大暑小暑，连午竖午。　安徽　注：意指夏种要抓紧。

大暑小暑，糜谷乱出。　宁夏

大暑小暑，瞑煮日煮。　福建（永安）　注：后句指天气热得昼夜都像在蒸笼里蒸。

大暑小暑，热煞老鼠。

大暑小暑，水不消煮。　四川

大暑小暑，午午竖午。　安徽　注：说明夏种要抓紧。

大暑小暑，淹死老鼠。　四川

大暑小暑，有粮懒煮。　宁夏

大暑小暑，有米懒煮。　广西（容县、龙州）

大暑小暑，中间入伏。　天津

大暑小暑不是暑，立秋处暑正当暑。

大暑小暑锄黍苗，雨水过大苗不牢。　河北（张家口）
大暑小暑锄黍苗。　湖南
大暑小暑割麦忙。　山西（新绛）
大暑小暑紧相连，气温升高热炎炎；百家庄稼生长快，水肥管理是关键。　内蒙古
大暑小暑六月天，热得叫人无处钻。　河南（许昌）
大暑小暑六月中，酷暑烫天热煞人。　湖北（嘉鱼）
大暑小暑七月间，及时中耕莫放松。　海南（临高）
大暑小暑天气热，防治鱼病要施药。　安徽
大暑小暑未为暑，立秋处暑正是暑。　广东（潮州）
大暑小暑一大把，立秋薯小一根鞭。
大暑炎热，保水如油。　山西（沁源）
大暑炎热好丰年。　海南
大暑阳，十年九年无收成。　海南
大暑要热，立秋要雨。　陕西（咸阳）
大暑一粒谷，处暑一穗谷。　山西（晋城）
大暑一声雷，七十二个夜黄梅。　上海（嘉定）
大暑一声雷，十七八个野黄梅。　江苏、上海（川沙、宝山）
大暑一声雷，五谷必受损。　河南（许昌）
大暑一声雷，依旧倒黄梅。　江苏（盐城）
大暑一天西北风，必有一天河不通。　江苏（淮阴）
大暑阴，雨水多。　海南
大暑阴雨淋，一秋雨不停。　吉林、宁夏、天津
大暑阴雨天，遍地出黄金。　福建（龙岩）
大暑油麻小暑粟。　河南（新乡）、河北（张家口）
大暑油麻一朵花。　浙江（江山）
大暑有东风，虫害人得病。　山西（太原）
大暑有雨，秋雨水足。　海南
大暑有雨，霜降有风。　广东（肇庆）
大暑有雨多雨秋水足，大暑无雨少雨吃水愁。　湖南（湘潭）
大暑有雨米满仓，大暑无雨空米缸。　天津、宁夏
大暑有雨米满缸，大暑无雨空米缸。
大暑有雨秋水足。　福建
大暑雨，烂草埔。　福建（德化）
大暑雨淋淋，黄梅又回来。　上海
大暑雨淋头，糜谷甩折头。　宁夏

大暑玉米小暑谷。　四川

大暑月下雨，稻秆烂如泥。　广西

大暑栽黄秧，立秋种苗秧。　浙江　注："黄秧"，晚稻直接育在田里；"苗秧"，秧田育的秧苗。

大暑在七，大寒在一。　内蒙古、湖南

大暑早，处暑迟；立秋种薯正当时。　湖南、江西（临川）　注：上条系指过去露地育薯苗的播种时间。为了争取早播，提高红薯产量。目前，一般都采用温床育苗，播种期也相应地提早到惊蛰至春分。

大暑早，处暑迟，立秋种薯正适时。　湖北、河南、安徽

大暑早，处暑迟，三秋荞麦正当时。

大暑展秋风，秋后热到狂。　福建（南靖）

大暑展秋威，大寒行春令。　福建（诏安）

大暑折瓜，春分栽菜。　上海

大暑正伏天。　内蒙古

大暑种黄秧，立秋种苗秧。　浙江　注："黄秧"晚稻直接育在田里；"苗秧"，秧田育的秧苗。

大暑种蔬菜，生活巧安排。

大暑种油麻，当头一朵花。　浙江（金华）　注："油麻"又作"芝麻"。

大小暑，发大水。　山西（和顺）

大小暑，果旺季，注意预报谨防雨。　宁夏　注："果"，指枸杞。

大小暑，晒死狗。　山西（大同）

大小暑种荞麦，种罢荞麦就种菜。　内蒙古

甘薯种到六月六，萝块大小萝卜头；甘薯种到大小暑，薯块像个烟筒嘴。

浙江（永嘉）

过了大暑，黄鳝咬人。　上海

过了大暑不中芥，过了小暑不种豆。

过了大暑不种菜，过了小暑不种豆。　宁夏

过了大暑不种荞，过了小暑不种豆。　陕西（武功）、山西（太原）

禾到大暑日夜黄。　江西（余干）、湖南（株洲）

禾到大暑死，有青禾没青米。　广西（贺州）

禾黄问大暑。　福建

禾衣大暑死，生禾不生米。　广西（平南）

怀了大暑，淹死老鼠。　湖北（随县、枣阳）

雷打暑，得半煮；雷打秋，得半收。　广东（韶关）

凉大暑，热立秋。　广西（北流）

六月大暑晒不死，七月秋烘烘死人。　福建（福州）

六月大暑毋想雪。　广西（兴安）

六月逢双暑，有米没柴煮。　海南

绿豆要吹大暑风，过了大暑无收成。　上海

宁插大暑边，不插小暑前。　广东

七月大暑小暑边，夏收夏种双抢时。　海南（琼山）

秋菜下种，大暑立秋。　山西（太原）

热不过大暑小暑，寒不过大寒小寒。　海南（澄迈）

热不过大小暑，冷不过大小寒。　山西（盂县）

热大小暑，冷大小寒。　福建（福州）

三伏大暑热，冬必多雨雪。　湖北（天门）

暑伏不热，五谷不结。　内蒙古　注：各种谷类作物进入抽穗成熟时期，需要较高的气温。如果该热不热，气温低，光照差，则将严重影响五谷结实或因结实不饱满而降低产量和品质。

暑有雨主多雨，大暑无雨有秋旱。　广西（荔浦）

一到大暑，有吃懒煮。　广西（平南）

早稻不见大暑脸。

早稻出大暑，家里无米煮。　福建　注：指早稻到大暑才抽穗将无收成。

早稻大暑篼，晚稻立冬篼。　福建（连江）

早芋禾苗秋下死，大暑立秋莳翻薯。　广东

种田在大暑，人不喊苦牛喊苦。　广西（靖西）

老蔗吃大暑，新蔗吃白露。　福建（永春）　注：指宿根蔗成熟早，施肥迟到大暑，新蔗可延至白露。

大暑前，小暑后，两暑之间种绿豆。　安徽（明光）

大暑小暑，有米懒煮。

大暑小暑天气炎热，小孩不宜挤在一起。　广东

秋季农谚

立　　秋

立秋，是二十四节气中的第十三个节气，公历每年8月7日至9日太阳到达黄经135°时为立秋。立秋的“立”是开始的意思，《说文解字》说，“秋，禾谷熟也”，是指庄稼成熟的时期。立秋表示暑去凉来，秋天开始之意。《月令七十二候集解》：“秋，揪也，物于此而揪敛也”。立秋不仅预示着炎热的夏天即将过去，秋天即将来临，也表示草木开始结果孕子，收获季节到了。

我国古代将立秋分为三候：“一候凉风至；二候白露生；三候寒蝉鸣。”是说立秋过后，刮风时人们会感觉到凉爽，此时的风已不同于暑天中的热风；接着，大地上早晨会有雾气产生；并且秋天感阴而鸣的寒蝉也开始鸣叫。

“秋后一伏热死人”，立秋前后我国大部分地区气温仍然较高，各种农作物生长旺盛，中稻开花结实，单晚圆秆，大豆结荚，玉米抽雄吐丝，棉花结铃，甘薯薯块迅速膨大，对水分要求都很迫切，此期受旱会给农作物最终收成造成难以补救的损失。所以有“立秋三场雨，秕稻变成米”、“立秋雨淋淋，遍地是黄金”之说。双晚生长在气温由高到低的环境里，必须抓紧此时温度较高的有利时机，追肥耘田，加强管理。此时也是棉花保伏桃、抓秋桃的重要时期，“棉花立了秋，高矮一齐揪”，除对长势较差的田块补施一次速效肥外，打顶、整枝、去老叶、抹赘芽等要及时跟上，以减少烂铃、落铃，促进正常成熟吐絮。茶园秋耕要尽快进行，农谚说：“七挖金，八挖银”，秋挖可以消灭杂草，疏松土壤，提高保水蓄水能力，若再结合施肥，可使秋梢长得更好。立秋前后，华北地区的大白菜要抓紧播种，以保证在低温来临前有足够的热量条件，争取高产优质。播种过迟，生长期缩短，菜棵生长小且包心不坚实。立秋时节也是多种作物病虫集中危害的时期，如水稻三化螟、稻纵卷叶螟、稻飞虱、棉铃虫和玉米螟等，要加强预测预报和防治。北方的冬小麦播种也即将开始，应及早做好整地、施肥等准备工作。

白菜白菜，立秋快栽。　上海、河北（滦平）、山西（襄垣）、河南（濮阳）、湖北（鄂北）

白日立秋露水好，夜头立秋露水少。　云南（玉溪）

白天立秋为晚秋，五谷户户有；黑夜立秋为瞎秋，一户半户有。　江苏（宝兴）

包谷过了秋，家家快抢收。　湖南（湘西）

北风立秋，秋谷无收。　湖北（汉川）

闭眼秋，光溜溜。　上海

播立秋，插失收。　福建

播田播到秋，割稻流目油。　福建（南靖）　注："目油"指眼泪。

捕拉秋，一棵棉花十一纠。　注："捕拉"指摘心；"一纠"指一怀；"秋"指立秋。

捕拉秋，一棵棉花拾一纠。

捕拉秋，一颗棉花拾一斤。

不插过立秋，只打一半收。　广西（武宣）[壮族]

不到立秋，不能挂锄钩。　山东（郓城）

不漏秋，粒粒丢；漏哒秋，粒粒收。　湖南（益阳）

不怕立秋雷，只怕处暑雨。　海南

不怕立秋下，就怕秋傻瓜。　山东（梁山）

不怕五月干断流，只要六月得顺秋，早的不好迟的好，丢了这头有那头。　湖南（湘西）[苗族]　注："顺秋"指立秋日变冷。

布田布到秋，巡田拈嘴须，割稻面忧忧。　福建（长泰）

残暑蝉催尽，新秋雁带来。　山东（烟台）

插田插过立秋，有种也少收。　广东（高州）

插田插过秋，冇得秆，冇得收。　广东

插田过三秋，有种亦无收。　广东

插秧过立秋，有种无收。　海南（海口）

朝晨秋，着衣秋；夜里秋，脱衣秋；中午秋，赤膊秋。　江苏

朝立秋，冷飕飕；暮立秋，热到头。　江西（临川）

朝立秋，冷飕飕；午立秋，热死牛；夜立秋，热到头。　河北（新河）

朝立秋，冷飕飕；夜立秋，热到头。　黑龙江（齐齐哈尔）　注：指立秋日的时间。

朝立秋，冷啁啁；晚立秋，闹龙宫。　江苏

朝立秋，凉飕飕；暮立秋，热到头。　山西（新绛）

朝立秋，凉飕飕；晚立秋，热当头。　湖北

朝立秋，凉飕飕；晚立秋，热到头。　四川、江西、上海、江苏、河北、河南　注："朝"、"晚"，指早上、晚上。

朝立秋，凉飕飕；晚立秋，热烘烘。　天津

朝立秋，凉飕飕；夜立秋，热当头。　宁夏

朝立秋，凉飕飕；夜立秋，热到头。　江苏

朝立秋，凉飕飕；夜立秋，热吼吼。　上海

初伏打尖去棉头，立秋大小一齐搂。　辽宁、山西（太原）

穿秋漏伏，锅子焙谷。　湖南

穿秋漏伏，日子难过。　湖南　注：“穿秋”指立秋日下雨；“漏伏”指伏日下雨。

春不离五九，秋不离三伏。　贵州（贵阳）

春耕不着忙，秋后脸饿黄。　天津

春耕一分忙，秋后多打粮。　天津

春刮东南夏刮北，立秋的西南等不到黑。　山东

春后雨过暖，秋后雨过寒。　安徽

春季播种顶呱呱，秋后棉田开银花。　上海

春季栽满山，夏天活一半，秋后不见面。

春天不忙，秋后无粮。　天津

春天不生产，秋后白瞪眼。　天津

春天多流一滴汗，秋后多收一斗半。　天津

春夏雷雨少，秋后台风扰。　上海

春雨蓄满塘，秋后多打粮。　黑龙江（牡丹江）

雌秋雄白露台风少，雄秋雌白露台风多。　上海　注：“雌”指有雨；“雄”指无雨。

打到秋，种到秋；种到秋，收到秋。　湖北

打鼓立秋，五谷歉收。　陕西（商洛）　注：“打鼓”，即打雷。

打雷立秋，干断河沟。　四川

打雷立秋，干死泥鳅。　新疆、湖北（郧西）、陕西（咸阳）

打雷立秋，干死鱼鳅。　四川

打雷送秋，干断河沟。　四川、山东、安徽（舒城）

打雷送秋，干死泥鳅。　江西（宜春）

打秋雷，要绝收。　江西（横峰）

打碎秋胆，不作风潮也立秋。　江苏

打碎秋胆，勿做风潮也立秋。　上海　注：立秋日有雷雨，俗称“打碎秋胆”，宝山称“打碎秋缸”，旧俗认为“打碎秋胆”，可以免去风潮的灾害。

大年秋后砍，小年春前砍。　四川

到老秋，核桃满山沟。　黑龙江

到了立秋，芝麻封底。　安徽（凤台）

到了立秋节，锄苗不敢歇。　山西（襄垣）

到立秋，打镰钩。　河北、河南、山西、山东

稻怕秋来早，人怕老来磨。　福建（晋江）　注："磨"指遭难。

稻怕秋前发，人怕老来穷。　上海（宝山）　注：稻麦施肥应根据稻麦成长的不同情况进行，早期和晚期同样重要。如果稻在早期施肥多而后期缺肥的话，则会形成根大穗小而早在立秋之前就发棵的情况，当地称之为"大根稻"，这样收成就不好。

地瓜长在立秋，上粪浇水准丰收。　山东（平阴）

点雨破秋，般般无收。　江西（宜丰）

斗秋十八虎，顺秋十八暴。　湖南　注："斗秋"，方言，指立秋之日未变冷；"虎"指秋老虎；"顺秋"指立秋之日变凉。

豆是秋后草。　山东（巨野）

豆是秋后花，就怕草咬它。　上海

豆子立秋，十八日裹顶。　山东　注："顶"又作"头"。

二伏花摘顶，立秋一齐揪。　河北、山西（太原）

二禾不过秋，过秋对半收。　广西（桂林、贺州）

二禾不过秋，过秋减半收。　广西　注："二禾"指双季晚稻。

二月初三一场雨，夜夜凉爽到立秋。　江苏

二造插过秋，稻谷折半收。　广西（荔浦、全州）

番薯种过秋，只只大过煲。　广西（桂平）　注："番薯"，桂平话，即红薯。

犯秋十八寨。　湖南（长沙）　注："犯秋"指立秋日下雨；"寨"，方言，淋。

犯秋一日，犯了处暑无了日。　湖南

伏包秋，般般收；秋包伏，谷难熟。　四川（甘孜）[藏族]

伏包秋，凉悠悠；秋包伏，热得哭。　四川

伏包秋，折半收；秋包伏，收满屋。　四川

伏里下雨伏里干，立秋下雨连阴天。　山东（泗水）

伏里一勺水，秋后一勺粮。　河南（洛阳）

伏里有秋，秋里有伏。　四川、浙江（绍兴）

伏暑打花头，立秋把头揪。　山东（临清）

甘薯不害羞，一直栽到秋。　广东（茂名）

甘蔗秋后甜，番薯秋分大。　福建　注：指这两种蔬菜收获时节。

干秋湿冬，干冬湿春。　湖南（长沙）

刚立秋，棉花一齐摘了头。　江苏、河南（新乡）

高粱间苗晚，秋后不睁眼。　黑龙江（鸡西）

高山种处暑，平地种白露。　湖北

谷怕秋后旱，高粱怕油汗。　注："油汗"指蚜虫。

关门秋，热煞人；开门秋，凉飕飕。　安徽（铜陵）

管你秋不秋，落发雨来种豌豆。　湖南（岳阳）

光眼秋，拣田收；瞎眼秋，满田收。 江西

光眼秋，树上有；瞎眼秋，泥里有。 广东（兴宁） 注："树上有"指水果；"泥里有"指稻类。

光眼秋，有得收；瞎眼秋，一齐丢。 江西

过了立秋才插田，种多也枉然。 广西（武宣）

过了立秋节，寒夜日里热。

过了立秋节，夜寒白天热。 海南、广西（鹿寨、乐业）、山东（金乡）

过了立秋节，夜寒日里热。 广西（鹿寨、乐业）、江西（临川）

过了立秋节，夜冷白天热。 贵州（遵义）

过了立秋节，夜冷日里热。 湖南

过了立秋节，夜凉白天热。 湖南、山西（闻喜）

过了立秋节，一夜冷一夜。 山西（临汾）

过了秋，把头揪，一株棉花摘一兜。 贵州（遵义）

过了秋，禾根忧。 广西（横县）

过了秋，晚禾折半收。 广西（横县、罗城）

过了秋，栽下稻谷光杆丘。 浙江（衢州）

过立秋，一日短一梳；过冬至，一夜长一镰。 海南（屯昌）

过秋不种秋，种秋也不收。 山东、河北 注：指立秋后不宜再播种。

过秋插秧折半收。 广西（横县）

过秋冇过伏，有禾都冇谷。 广东

禾到秋，日夜收。 江西（东乡）

禾到秋边老，麦到夏边黄。 湖南

禾到秋边死，麦到立夏黄。 湖南 注："禾"指早稻。

禾到秋边死，麦到立夏亡。 湖南

禾到秋边止，麦到夏边黄。 湖南（零陵）

禾稻立秋，连作免收。 福建

禾过立秋，有种无收。 广东

禾怕立秋死，人怕老来穷。 江西

黑豆不怕羞，五月开花结到秋。 山东（张店）

黑豆不知羞，五月开花结到秋。 天津

黑豆勿识羞，五月花开结到秋。 浙江（温州）

红薯不过秋，过秋不过沟。 广西 注：红薯早栽的产量高，迟栽的产量低，特别是夏至节以后，迟栽的减产幅度很大。南方无霜期长，还能"乖乖结在大路边"，在北方，天气冷得早，就会"夏至栽薯光根根"了。

红薯不害羞，一直种到秋。 河南（许昌）

红薯不怕羞，一直栽到秋。 江西（瑞金）

花见花，四十八。 注：第一个“花”是“花朵”，第二个“花”是“花絮”，总体指棉花。

黄昏秋，牵砻闹悠悠。 江苏（无锡）

火禾割到立秋节，晚禾好到白露边。 江西

火烧白露火烧秋，大熟年成一半收。 上海 注：立秋、白露这天，忌火日。

鲫鱼不害羞，稀稀拉拉产到秋。 湖北

鲫鱼不怕羞，稀稀拉拉甩到秋。 河北

交了立秋节，夜寒白天热。 上海

交秋别暑，有食懒煮。 广东（肇庆）

交秋末伏，鸡蛋晒熟。 河南（郑州）、湖北（咸宁）

交秋三日，地凉三尺。 湖南

交秋一场雨，遍地是黄金。

开眼秋，般般收；闭眼秋，般般丢。 安徽（来安）

开眼秋，平平收；闭眼秋，大丰收。 江西（吉水） 注：“开眼秋”指白天立秋；“闭眼秋”指晚上立秋。

烂伏旱秋，旱伏烂秋。 浙江（绍兴）

烂秋有收，旱秋无收。 安徽（泗县）

雷打立秋，迟禾有得收。 广东 注：指立秋前打雷歉收，立秋后打雷丰收。

雷打立秋，禾苗折半收。 广西（来宾、桂林）

雷打立秋，年冬丰收。 福建（南靖）

雷打秋，布袋丢。 福建

雷打秋，稻半收。 福建（建瓯）、浙江（温州）

雷打秋，稻丰收。 福建、安徽（桐城）

雷打秋，得半收。 广东（韶关）

雷打秋，得半收；秋打雷，结米团。 海南（文昌）

雷打秋，低田无收。 福建（晋江）

雷打秋，低洋无收。 福建（惠安）

雷打秋，冬半收。

雷打秋，对半收。 江西（广昌）

雷打秋，对半收；秋打雷，禾成锤。 福建（沙县）

雷打秋，对半收；雨打秋，加倍收。 福建（觉溪）

雷打秋，对半收；雨打秋，有米到福州。 福建

雷打秋，番薯变髻溜，晚稻无半收。 福建 注：“髻溜”，发辫，指地瓜长得细长。

雷打秋，番薯会大白西秋。 福建（仙游） 注：“白西秋”指马尾松叶。

雷打秋，番薯大过煲。 广西（容县）

雷打秋，干正沟。　四川

雷打秋，耕田耕到鬪。　广东　注：雷打秋则少收成，越干越生气。

雷打秋，谷丰收。　云南（大理）［白族］

雷打秋，禾多收。　福建

雷打秋，坏晚稻。　福建（同安）

雷打秋，减少五成收。　广东

雷打秋，烂番薯。　福建

雷打秋，脸忧忧。　福建

雷打秋，两造防虫到田头。　广西（桂平）

雷打秋，没得收。　黑龙江、内蒙古、上海、江苏（常州）、福建（古田）、河南（新乡）　注："秋"指立秋。秋收冬藏，到了秋天就不需要雷雨了，这时候如果还有雷雨，那么将可收获的谷物，势必要腐烂在田里而"没得收"了。内蒙古地区以立秋后的多雷、多雷雨来预测丰歉，是因为一般立秋后空气较凉爽而干燥，这也正是各种大秋作物后期所需要的环境条件，但如果立秋以后多雷雨，对一些作物会造成贪青徒长，也容易遭受霜冻。

雷打秋，面忧忧。　福建（龙溪）　注：指有洪水。

雷打秋，年冬好收。　福建（平和、海澄）

雷打秋，三年两不收。　湖南（郴州）

雷打秋，三日一次忧。　浙江、福建（漳州）

雷打秋，山区眉忧，平洋丰收。　福建

雷打秋，上垃挨下垃。　福建（武平）　注："上垃挨下垃"指晚稻长势好。

雷打秋，上丘倒下丘。　福建（平潭）

雷打秋，十个耕田九个休。　广东

雷打秋，十足禾苗一半收。　广西（贺州）　注："禾苗"又作"年成"。

雷打秋，四十日田埂不用修。　福建

雷打秋，四十日田口不收。　福建（仙游）

雷打秋，田埂开起也有收。　福建（福清）

雷打秋，晚禾折半收。　江西、河南、陕西、甘肃、宁夏、上海

雷打秋，样样有。　福建

雷打秋，一半收。　广东、四川、浙江、湖北（嘉鱼）

雷打秋，有肥无肥一样收。　福建（莆田）

雷打秋，有种无收。　广东（化县）　注：指立秋响雷必大旱，年成坏。

雷打秋，有种无收；秋打雷，结果累累。　广东

雷打秋，有作无收；秋打雷，禾谷结成团。　广东

雷打秋，鱼虾向外溜。　江苏、上海

雷打秋，斩半收。　广西（防城）　注："斩半收"亦作"歉半秋"、"冬丰

收”、“禾苗对丰收”、“禾稻一半收”、“有种没有收”。

雷打秋，折半收。　广东、四川、浙江

雷打秋，值半丘。　湖南（零陵）

雷打秋，中半收。　广东、四川、浙江

雷打秋，做无收；秋打雷，结谷槌。　海南（屯昌）　注：“雷打秋”指立秋前打雷；“秋打雷”指立秋时打雷。

雷打秋得半收，雷打秋甚担忧。　广东（五华）

雷打秋头，无水饲牛。　海南

雷打秋头三年愁，雷打秋日一年乐。　海南（保亭）

雷公打秋，年情十足收。　广东（海丰）

雷轰秋，禾多收。　陕西（榆林）

雷扣秋高下有雨。

雷劈秋，千斤收。　广西（玉林）

雷震秋，得半丘。　广东

雷震秋，禾半收。

雷震秋，禾多收。

雷震秋，晚禾折半收。　江西、河南、陕西、甘肃、宁夏、上海

冷到寒食，热到立秋。　河南（郑州）

鲤鱼不怕羞，稀稀拉拉到立秋。　湖北、河北　注：“到立秋”又作“甩到秋”。

立罢秋，把扇丢。　河南（漯河）

立罢秋，把扇收。

立罢秋，锄把丢。　安徽

立罢秋，锄杆丢。　江苏

立罢秋，大把揪。　河北、山东、山西、湖北、河南（濮阳）

立罢秋，大鱼小鱼都上钩。　山东

立罢秋，刮一场，冷一场；立罢春，刮一场，热一场。　河北

立罢秋，挂锄勾。　河南（郑州）

立罢秋，凉飕飕，田间管理不罢休。　河南（郑州）

立罢秋，下一场冷一场；立罢春，下一场暖一场。　江苏（镇江）

立罢秋万事休，棉花治虫不能丢。　河南（安阳）

立冬打软枣，立秋摘花椒。　河北（张家口）

立过秋，扇子遍河丢。　四川

立了秋，把地丢。

立了秋，把花丢。

立了秋，把尖揪。　湖北、河南（濮阳）

立了秋，把椒扣。　河南、辽宁

立了秋，把扇丢。 海南、黑龙江、湖南、天津、河北（沧州）、江苏（镇江）、江西（上高）、山东（长岛）

立了秋，把扇丢；立了秋，挂锄钩；立了秋，把头揪。

立了秋，把晌丢。 山西（武乡、屯留）

立了秋，把头丢，一棵棉花拾一兜。 山东、湖北（荆门）、江西（安义）

立了秋，把头丢。 山东（德县）

立了秋，把头揪，一棵棉花拈一兜。 安徽（东至）

立了秋，把头揪，一棵棉花拾一兜。 山东、湖北（荆门）、江西（安义）、山西（曲沃） 注：打顶心的作用是，打破顶端生长优势，促使棉花早结桃、多结桃、结大桃，可以减少无效果枝，无效花蕾，避免空耗养分，影响产量和品质。立秋，是打顶的最后期限，水肥条件差，棉株长势弱的棉田，打顶时期还要提早一些。“把头揪”是艺术性的修辞。打顶心，要求打小顶，一叶一芽最好，不可大把揪。

立了秋，把头揪，一颗棉花拾一兜。 陕西（渭南）

立了秋，把头揪。 湖北、河南（濮阳）、江西（临川）、山东（梁山） 注：指打顶心。棉花属于无限花序，在适宜的条件下，可以不断现蕾、开花，消耗大量的营养物质。单个棉铃从现蕾到裂铃至少需要70～80天，为保证棉铃形成纤维，立秋前后要及时打顶，以便减少原有蕾铃脱落，提高产量。

立了秋，把头扭。 河南（林县）

立了秋，板凳桌子往家拖。 江苏（盐城）

立了秋，北风溜。 山东（高密）

立了秋，背起锄头不害羞。 河北（临漳）

立了秋，便把扇子丢。

立了秋，遍地揪。 陕西、甘肃、宁夏、河北 注：指棉花。

立了秋，不罢休。 湖北（洪湖）

立了秋，不挂锄头再加油。 山西（古交）

立了秋，不论大小一齐揪。 湖南、江苏（淮阴） 注：指棉花。该条谚语也指立秋以后，温度渐渐下降，露地栽培的喜温蔬菜，特别是瓜类、茄果类、豆类等蔬菜生长速度减缓，影响果实膨大和转色，不可能再形成产量。“揪”指拔掉衰败的瓜菜植株。

立了秋，不闲坐。 内蒙古

立了秋，锄别丢，管到底，保丰收。 山东（崂山）

立了秋，锄不丢，棉花整枝莫放手。 河南（濮阳）

立了秋，寸草遮羞。 河北（邯郸）

立了秋，大把揪。 华北地区、山东、湖北、河南（濮阳） 注：指棉花。

立了秋，大小一齐抽。 浙江

立了秋，大小一齐揪。 山东（范县）、河北（安国）、湖北（荆门）、山西（永济）、天津（西青） 注：“揪”指棉花打顶。天津西青区指西瓜拉秧。

立了秋，当时休。 山东（微山）

立了秋，顶尖群尖一起揪。 河北（保定）

立了秋，圪蹴一圪蹴。 陕西（榆林） 注：“圪蹴”，陕西土语，蹲，这里指休息。

立了秋，圪蚤壁虱下了沟。 山西（壶关）

立了秋，更加油，丰收不到手，管理不罢休。 内蒙古

立了秋，挂锄钩，吃瓜看戏街上游。 山西（忻州）

立了秋，挂锄钩，带着镰刀去南沟。 注：言积绿肥。

立了秋，挂锄钩，夹着镰把上南沟。 河南（新乡） 注：指割青闹粪。

立了秋，挂锄钩，哩哩啦啦把秋收。 山东（文登）

立了秋，挂锄钩，拿起镰刀去地头。 宁夏

立了秋，挂锄钩，歇歇喘喘好收秋。 山东（文登）

立了秋，挂锄钩。 河北、河南、山东、山西、陕西、甘肃、宁夏、湖北、广西、上海、江苏（南通）

立了秋，挂锄头，准备种麦抢时候。 山西（运城）

立了秋，挂锄头。 宁夏、天津

立了秋，蛤蟆肿嘴蛇跳沟。 山西（高平）

立了秋，薅小苗；一亩地，一小瓢。 河北

立了秋，好练牛。 湖北（荆门） 注：“练牛”指耕田。

立了秋，加把油。 山西（晋城）

立了秋，紧个耧。 山西

立了秋，九不收。 湖北

立了秋，裤腿往下揪。 山东（长岛）

立了秋，连草收。 宁夏、天津

立了秋，凉凉快快正好耧。 山西（武乡）

立了秋，凉飕飕，放牛小子不圪蹴。 山西

立了秋，凉飕飕。 河北（邢台）

立了秋，两道沟。 河南

立了秋，哪里下雨哪里收。 海南（保亭）、河南（郑州）、山东（滕州）

立了秋，哪里有雨哪里收。

立了秋，那里下雨那里收。 山东

立了秋，苹果梨子陆续揪。 注：立秋以后，北方地区苹果、梨的早熟品种等都将陆陆续续成熟，可以采摘了。

立了秋，扇莫丢，中午头上还用着。

立了秋，扇子丢。　陕西（西安）

立了秋，十八天熬热。　河南

立了秋，暑气收。　山东（梁山）

立了秋，顺树流。　河北（邯郸）

立了秋，万事休。　湖北

立了秋，小粮小食往回收。　山西（襄垣）

立了秋，歇晌就是一圪蹴。　山西（沁县）

立了秋，一把半把往家揪。　注：棉花采收要及时，特别是碰上秋雨连绵，籽棉淋雨或受泥土污染，容易霉烂变质。

立了秋，一把半把往家收。　北京

立了秋，一把一把往家揪。　江苏（淮阴）

立了秋，一齐揪。　陕西（周至）

立了秋，一枝棉花捡一兜。　广西、山东　注："捡"又作"拾"。

立了秋，雨水少，蓄水保水最重要。　广西（柳城）

立了秋，雨水收，沟渠路闸赶快修。　宁夏

立了秋，雨水收，有塘有坝赶快修。　甘肃、宁夏、陕西、云南、安徽、江西（赣南、宜丰）

立了秋，雨水收。　云南（昆明）

立了秋，枣核天，热在中午，凉在早晚。

立了秋，寸草都结子；黄金铺地，老少低头。

立了秋的蚊子咬煞人。　山西（晋中）

立秋不耥稻，处暑不长稻。　江苏（南京）、上海（川沙、宝山）

立秋，立秋，大季收完种晚秋。　湖北（来凤）

立秋、处暑，连夜种番薯。　广东

立秋、处暑，上蒸下煮。　江西（崇仁）

立秋蛤蚂叫，嘴巴干起泡。　湖北（竹溪）

立秋爱雨，白露喜晴。　广西（德保）［壮族］

立秋熬热十八天。　河南（商丘）、山东（菏泽）

立秋扒破皮，秋后顶一犁。　安徽、河北、北京、陕西、甘肃、宁夏

立秋扒破皮，秋后顶一犁；立秋耙一耙，强似犁一夏。　河南　注：指立秋锄地或耙地保墒特别重要。

立秋拔麻，处暑谢瓜。　天津（武清）

立秋把垄放，来春苗儿旺。　吉林　注：庄稼铲过三遍，立秋后再铲一遍，谓之放秋垄。

立秋北风来，渔家当发财。　广西（东兴）［京族］

立秋变凉，天短夜长。　陕西（汉中）

立秋遍地黄，处暑一扫光。 陕西、山东（滕州）、山西（太原）、河南（开封）

立秋播种，处暑定苗，白露晒盘，秋分拢帮，寒露平口，霜降灌心，立冬砍菜。 北京 注：指大白菜。

立秋播种，处暑移栽，白露晒盘，秋分拢帮，寒露平口，霜降灌心，立冬砍菜。

立秋不拔菜，必定要受害。 陕西、甘肃、宁夏、山西

立秋不拔菜，必定遭霜害。 山西（临汾）

立秋不拔菜，一定受霜害。 陕西、甘肃、宁夏、山西（太原） 注：“受霜害”又作“霜杀坏”。

立秋不拔葱，落个一场空。 吉林

立秋不拔葱，霜降心就空。 吉林

立秋不插秧，大暑不种豆。 广西（龙州）[壮族]

立秋不插秧，立夏不入鱼。 广西（龙州）[壮族]

立秋不插秧，霜打稻穗难灌浆。 广东 注：“稻穗”又作“谷穗”

立秋不出头，拔掉喂老牛。 宁夏 注：“不出头”指不出穗。

立秋不出头，拔去喂老牛。 甘肃（天祝）

立秋不出头，拔下喂老牛。 吉林

立秋不打禾，夜夜掉一箩。 江苏（南通）

立秋不打雷，三天收一半。 湖北（鄂北）

立秋不打耒，夜夜掉一箩。

立秋不带耱，不如家里坐。 山西（晋中、运城）

立秋不带耱，不如家中坐。 山西（新绛）

立秋不带耙，误了来年夏。 陕西、山西、甘肃、宁夏、河北、青海 注：“来年夏”又作“半个夏”，到了立秋节气，雨季已经过去，耕地时，必须注意耙地保墒，如果放松这一工作，土壤水分不足，种下的麦子出苗不好，必将影响来年夏季收成。

立秋不带耙，准备打坷垃。 河南（南阳、荥阳）

立秋不动耥，处暑不耙泥。 江苏

立秋不割稻，秋后叫懊恼。 江苏

立秋不割禾，割了不够喂鸡婆。 广东

立秋不见底，有谷没有米。 浙江（萧山）

立秋不见霜，插柳正相当。 天津

立秋不见雨点，喝汤还要舔碗。 宁夏

立秋不见雨点，喝汤又舔饭碗。 吉林

立秋不立秋，还有一个月的好热头。

立秋不立秋，六月二十头。　山东、河北（高阳）、河南（驻马店）、江苏（苏北、镇江）、山西（晋城）

立秋不立秋，苇塘窝里看雁头。　安徽（当涂）

立秋不立秋，苇子窠里看历头。　注："窠"又作"科"。

立秋不立秋，苇子窠里看历头。　河北（安新）

立秋不立秋，苇子头上看历头。　河南（驻马店）　注：谓芦苇抽穗到立秋。"历头"，方言，指皇历。

立秋不落，寒露不冷。

立秋不落耥，处暑不耘稻。　江苏

立秋不落一年丢。　湖南（岳阳）

立秋不落雨，二十四个秋老虎。　湖南（益阳）

立秋不拿到，到秋喂老牛。　注：指谷子

立秋不起蒜，必定散了瓣。　吉林、内蒙古　注：蒜薹叶色由绿转变成灰绿色，即开始成熟，应抓紧收获，如收获不及时，则地下鳞茎外表膜容易腐烂，蒜瓣容易分离（散瓣）。立秋是内蒙古地区白皮蒜收获适期，紫皮蒜可在这以前的大暑起收。

立秋不入园，处暑不下田。　湖南（郴州）

立秋不深耕，来年虫害生。　山西（忻州）

立秋不生头，砍的喂了牛。　山西（隰县）

立秋不使牛，抢耕十垧土。　内蒙古

立秋不下，犁耙高挂。　山东（博兴）

立秋不下，犁头高挂。　新疆

立秋不下万人忧，处暑不破半个秋。　山西（长治）

立秋不下雨，会出秋老虎。　福建

立秋不下雨，塘角鱼死泥底。　广西（宁明）

立秋不下种，处暑不栽秧。　广东、江苏（镇江）

立秋不修，白露不收。　江西（崇仁）

立秋不压瓜。　河北

立秋不雨，寒露不冷。　广西（荔浦）

立秋不栽葱，霜降必定空。　河南（新乡）、河北（张家口）　注："霜降"一作"过时"。

立秋不栽葱，霜降心定空。　宁夏

立秋不栽禾，一亩收一箩。　湖南（株洲）

立秋不种，处暑不栽。　山西（晋中）　注：指白菜。

立秋草，棒打倒。　江苏（徐州）、山东（莱芜）

立秋草结籽，寒露百草枯。　江苏（无锡）

立秋插苕，不如种荞。　陕西（汉中）

立秋插秧不长谷，白露鸭儿不长肉。　广西（宾阳）

立秋吃秋。　河北、山西

立秋抽禾秕，寒露露禾标，霜降降禾齐，立冬小雪满坡红。

立秋出草还打种。　山东（招远）

立秋出两荚，十年九不收。　河北、河南、山东、山西

立秋出苗四指高，拔节秀穗搭半腰。　山西（晋南）

立秋出穗中秋齐，到了白露变米粒。　宁夏

立秋锄破皮，秋后顶一犁。　安徽、河北、北京、陕西、甘肃、宁夏

立秋处暑，插秧无米煮。　福建（龙岩）

立秋处暑，稻大草死。　海南（琼海）

立秋处暑，多稻拔穗。　福建（福安）

立秋处暑，老汉露头。　内蒙古、上海　注：内蒙古地区指有霜冻。处暑季节在内蒙古地区的气候特点是天气转凉，霜冻出现。“老汉露头”是形容出现白霜的意思。此时，大秋作物即将相继成熟，要做好各项收获准备，不放松后期管理，防御各种自然灾害，以争取丰产丰收，并做好田间选种工作。上海地区“老汉”指老菱。

立秋处暑，犁耙收去。

立秋处暑，青禾无青米。　福建

立秋处暑，热死老虎。　贵州（遵义）

立秋处暑，上蒸下煮。　广东（广州）、海南（保亭）、湖南（株洲）

立秋处暑，下塘畏水。　湖南（衡阳）

立秋处暑，鱼虾晒死。　海南（琼山）

立秋处暑，种菜莫误。　注：提示立秋至处暑是秋冬蔬菜播种的重要时节，大部分二年生蔬菜，如萝卜、胡萝卜、白菜、甘蓝、芹菜等都要在这个时节播种，才能获得较好的产量。

立秋处暑，种菜莫悮。　河南（林县）

立秋处暑，种菜无误。　宁夏、河北（徐水）

立秋处暑八月到，玉米掰开肚皮笑。　陕西、甘肃、宁夏　注：多适用于西北地区。8月立秋处暑时节，玉米已经成熟，扒开外面的苞叶进行曝晒，促使籽粒尽快脱水，以便收获脱粒。

立秋处暑八月临，天高云淡爽气清。　山西（新绛）

立秋处暑八月天，防止病虫管好棉。

立秋处暑八月中，管理杂粮莫放松。　宁夏

立秋处暑八月种，培育杂粮莫放松。　浙江

立秋处暑地里忙，割了早稻种杂粮。　安徽（安庆、舒城）

立秋处暑定禾苗。　广东（韶关）

立秋处暑风渐凉。　山东（枣庄）

立秋处暑划破皮，赛过秋后犁几犁。　山西（临汾）

立秋处暑满田黄，白露秋分一扫光。　湖南

立秋处暑七月间，要割高粱五谷锄。　安徽（六安）

立秋处暑秋收忙，秋季选种正相当。　河南、内蒙古、宁夏　注：立秋、处暑选种最为适宜，因为此时大田作物已到成熟阶段，作物品种性状和特征已基本表现出来，是大田选种的良好时机。时间充裕，选种范围广，选后如发现遗漏，尚可补救。

立秋处暑秋收忙，秋收选种正相当。　安徽（南陵）

立秋处暑去打草，白露秋分正割田。　内蒙古、山西（晋城）

立秋处暑热到顶，鱼儿泛塘水须嫩。　湖北（石首）　注："泛塘"指鱼翻肚浮水面。

立秋处暑是七月，石榴开口桐落叶。　广西

立秋处暑天渐凉，白菜下种新花初上场。　华北地区、河南、山东

立秋处暑天渐凉，好收玉米和高粱。　上海

立秋处暑天渐凉。　黑龙江（黑河）

立秋处暑天气凉，翻晒夏茬紧打场。　宁夏

立秋处暑完犁耙。　广东

立秋处暑有阵头，三秋天气多雨水。

立秋穿棉衣，寒露晒爆堤。　广西（上思）

立秋吹北风，十个鱼塘九个空。　海南

立秋吹东风，渔家肚皮空。　广西（东兴）［京族］

立秋吹风凉，作物要上场。　山西（浮山）

立秋吹西风，雨水一日落到晚。　广西（东兴）［京族］

立秋打花椒，白露打核桃。　河北（保定）

立秋打花椒，立冬打黑枣。　河北（平山）

立秋打了雷，百样花回；处暑打雷，有去无回。　湖南（长沙）

立秋打雷，百日来霜。　山东（曹县）

立秋打雷，百日没霜。　吉林

立秋打雷，谷子生霉。　湖南（怀化）［侗族］

立秋打雷，禾倒生儿。　湖北

立秋打雷，秋雨相随。　江苏（盐城）

立秋打雷，霜冻来迟。　江苏（无锡）

立秋打雷，天收一半。　河南（三门峡）

立秋打雷冬雨少，立秋无雷冬雨多。　海南

立秋打雷禾苗生儿。 河南（郑州） 注："禾苗生儿"寓意天连阴。

立秋打雷冷得早。 广西（荔浦）

立秋打雷荞半收。 上海

立秋打雷荞麦丰。

立秋打雷秋里旱，秋里无雨吃饱饭。 湖南（怀化）

立秋打雷秋里荒，来年作物断种粮。 湖南（怀化）[苗族]

立秋打雷三河水，立秋无雷一年闷。 海南

立秋打雷三河水。 安徽（桐城）

立秋打雷天连阴。 河南（三门峡）

立秋打雷雨水多。 河南（信阳）

立秋打青草，处暑收葡萄。 河北（万全）

立秋大忙，绣女下床。

立秋大雨人欢喜，处暑大雨令人愁。 河南（开封）

立秋单芽爪，十年九不收。 山东、河南、山西、河北、安徽（淮南） 注：绿豆如立秋方二荚一叶，定难丰收。

立秋单眼爪，三荚来送老。 山东（乐安） 注：指种豆太晚。

立秋单爪芽，十年九不收。 山东、河南、山西、河北、安徽（淮南）

立秋当天东北风，棉花烂成脓。 江苏（张家港）

立秋到，晚秧插，过了立秋收成差。 湖北

立秋到，一担挑，再过几天一把草。 浙江（嘉兴）

立秋到处暑，正好种萝卜。 湖北

立秋到时桐叶落。 上海

立秋稻要耥，处暑不动泥。 广东

立秋的草，搬倒拉倒。 河北（易县）

立秋的草，锄打就倒。 山东（栖霞）

立秋的蕾，白露的花，十年就有九白搭。

立秋的蕾，白露的花，温高霜晚收棉花，温低霜早就白搭。

立秋的蕾，一包水；白露的花，不归家。 山东（陵县）

立秋的糜糜二指高，拔节秀穗摸作腰。 山西（盂县）

立秋滴几滴，一秋无透雨。 河北（廊坊）

立秋点白菜。 山西

立秋顶手，还收两斗。 河北（邱县）

立秋东北风，大雨淹田垌。 广西（上思）

立秋东北风，秋雨满天铺。 上海

立秋东北风，早防蛀心虫。 湖北（大悟）

立秋东风多雨，南风旱。 河南（新乡）

立秋东风水潭潭，立秋西风地里干。　福建
立秋东南风，稻花三开三闭；西南风，五开五闭；西风，七开七闭。
立秋东南风，高温来得迟；立秋西北风，低温来得早。　上海
立秋东南风，晒谷在田垌。　广西（上思）
立秋东南风，雨水匀匀下。　广西（上思）
立秋多雨来年旱。　山西（河曲）
立秋二日种白菜。　山西（太原）
立秋发雾，晴到白露。　浙江、江苏（溧阳）、山西（晋城）
立秋发西风，风暴来得凶。　广西（东兴）[京族]
立秋发西风，田口不用封。　广西（上思）
立秋发西风，田缺四十九日不用封。　广东（连山）[壮族]
立秋反比大暑热，中午前后似烤火。
立秋分早晚。　江苏（邗江）、山西（临汾）
立秋逢双雨水少，若逢单日雨水多。　江苏（无锡）
立秋逢雨，竖稻生芽；立冬逢雨，冻煞牛羊。　上海
立秋逢雨来春旱。　广西（隆安）
立秋割半稻，立冬割半稻。　浙江（鄞县）
立秋割糙糁，霜降起地瓜。　江苏（连云港）　注："糙糁"即糜子，一种杂粮。
立秋割早稻，立冬割晚稻。　浙江
立秋根头草，好比毒蛇咬。　浙江
立秋耕地不耙，恐误来年麦夏。　河南
立秋公，雨一双；大暑公，雨半空。　福建（诏安）
立秋沟菜，处暑移栽，秋分拢帮，寒露蹲底，霜降扭心，立冬起菜。
河北（冀东）
立秋谷勾腰，快些磨镰刀。　四川
立秋挂锄钩。　河北（平泉）
立秋果，处暑桃。　河南
立秋果子退暑桃。　陕西　注："退暑"即处暑。
立秋过伏，热死老虎。　江西（丰城）
立秋过后，还有老虎在一头。　注："老虎"指秋老虎，秋热。
立秋过后，鱼肥游内；冬至过后，鱼群游开。　海南（琼山）
立秋过后露水多，白露过后早上寒。　广西（龙州）[壮族]
立秋过后天气凉，家家户户添衣裳。　福建
立秋过后早晚凉。　江苏（响水）
立秋过三朝，担秧满洞丢。　广东（德庆）
立秋还有秋老虎。　河南（周口）　注："秋老虎"指秋热。

立秋寒来早，立春暖到迟。　贵州（黔东南）[侗族]

立秋旱，干死泥鳅；立秋雨，绵绵不休。　海南

立秋旱，减一半。　山西（晋中）

立秋薅小苗，一亩一小瓢。　河北（衡水）

立秋核桃白露梨，寒露柿子摆满集。　河南（周口）

立秋核桃白露梨，寒露柿子红了皮。　河南（平顶山、商丘、新乡）、山东（平阴）

立秋核桃白露梨，寒露柿子来赶集。　河南（新乡）

立秋核桃白露梨，寒露松子和榛子。　黑龙江（伊春）

立秋核桃白露梨。　上海（川沙）

立秋核桃白露枣，寒露柿子穿红袄。　安徽、河南（南阳）

立秋轰一轰，鱼干整大瓮。　浙江（金华）

立秋后，处暑前，播种油菜苗齐全。　陕西（宝鸡）

立秋后，搁锄头；草不薅，自蔫头。　湖北（竹溪）

立秋后，满把凑，强如种菉豆。　安徽　注：指栽晚稻，“菉”又作“绿”，“菉豆”即绿豆。

立秋后，四十五日浴堂干。

立秋后，天气凉，三轮苗水浇适当。　陕西、宁夏、甘肃

立秋后，雁爪绿豆。　河南（固始、伊阳）

立秋后冷生雨。　江苏（睢宁）

立秋后三场雨，夏布衣裳藏箱里。　上海

立秋后三场雨，夏布衣裳高搁起。　新疆

立秋胡桃白露梨，寒露柿子红了皮。　山西、安徽（歙县）、福建（龙岩）

立秋胡桃白露梨，寒露柿子来赶集。

立秋胡桃寒露梨，八月柿子红了皮。　广西（象州）

立秋花椒采在手，处暑石榴正开口，白露打得胡桃落，秋分菱角如刀钩。　上海

立秋花咧嘴，处暑棉不开。　华北地区、河南、山东

立秋花龇牙。　河北（巨鹿）

立秋划破皮，秋后顶一犁。　安徽、河北、北京、陕西、甘肃、宁夏

立秋忌雨，大暑忌雷。　广东（五华）

立秋加一伏。　山东（梁山）

立秋见虹，百草生粒。　福建

立秋见花朵，处暑摘新花。

立秋见秋，早晚都收。　山西、江西（南昌）

立秋见秋，早晚都有收。　广东（韶关）

立秋见西风，三日雨淙淙。　湖北（黄冈）

立秋见雨，秋收见喜。 四川

立秋见爪，三个月送老。 安徽（淮南）

立秋降早霜，庄稼一把糠。 河南（三门峡）

立秋交秋，无雨堪忧，万物半收。 广东（湛江）

立秋交三伏。 山东（泰安）

立秋节前有伏汛，霜降前后有秋汛。 上海

立秋节日雾，河底干草铺。 海南

立秋节日雾，长河作大路。 河北、山东（文登） 注："作"也做"做"。

立秋惊蛰接柿树，强似伏天接万株。 河南

立秋净钱，还能收镰。

立秋九日，添层单衣。 新疆

立秋开太阳，来年无春粮。 湖南（湘西）[苗族]

立秋开头坐一坐，来年春天挨顿饿。 河北

立秋看年景。 黑龙江

立秋看巧云，早种荞麦跟芜菁。 上海

立秋看秋，立夏看夏。 宁夏

立秋看秋。 山东、河北

立秋看庄稼，黑谷黄棉花。 陕西、河北（张家口）

立秋看庄稼，黄谷白棉花。 山西（临汾）

立秋靠住阡儿，能打一瓦坛儿。 河北（平山）

立秋靠住钱，还能收一镰。 河北（冀西）、山东（鲁中） 注：山东指到立秋谷子苗能靠住铜钱，还能有收成。

立秋雷，十八锤。 福建（仙游） 注：后句指多雨。

立秋雷打头，百姓白费劳。 海南（儋县）

立秋雷轰轰，抢割莫放松。 湖北（武穴）

立秋雷轰轰，秋后大窟窿。 江苏（大丰）

立秋雷鸣，百日来霜。 山西

立秋雷鸣，荞麦好收成。 河北（张家口）

立秋雷声欺，无雨一百天。 江苏（徐州）

立秋雷声响，秋后翻白浪。 江苏（溧阳）

立秋雷声响，一百天无霜。 吉林

立秋雷响，百日无霜。 黑龙江、内蒙古、宁夏、四川、天津、广东（肇庆）、海南（临高）、河南（信阳）、山东（博山）、山西（曲沃）、云南（西双版纳）

注：指从立秋那天算起。

立秋雷响，雷紧两散。 上海

立秋雷响百日霜。 广西（罗城）

立秋雷响响，损失百担粮。　上海　注："担"又作"挑"。

立秋雷响响，损失万担粮。　广西（荔浦）

立秋雷一声，秤上要加秤。　江西　注："秤"又作"称"。

立秋梨上味。　山西

立秋立凉哩，数九数暖哩。　山西（永和）

立秋立南风，就是怕北风。　海南

立秋立秋，马肥膘厚。　新疆［维吾尔族］

立秋立秋，哪里行雨哪里收。　江苏（扬州）

立秋立秋，晒死泥鳅。　广西（灌阳、桂平）

立秋立秋，扇拌去收。　福建（同安）

立秋立秋刮北风，稻要收获必然丰。　海南（保亭）

立秋凉，光棍慌。　湖南（衡阳）

立秋凉飘飘，经秋热到杪。　注："飘飘"又作"飕飕"。

立秋凉飕飕，经秋热到头。　注："凉飕飕"又作"凉台飕"。

立秋两场雾，讨饭都无路。　浙江（湖州）

立秋两耳糜，每亩打石八。　山西　注："两耳"指刚出土分叶。

立秋两荚豆，十年九不收。　天津

立秋两日撒白菜。　河北（张家口）

立秋亮光光，干死老青枫。　贵州（遵义）［土家族］　注：立秋在三伏之中，贵州省尚处于副热带高气压控制之下，一般为伏旱或连晴少雨时期。

立秋淋湿头，一月不套牛。　宁夏

立秋漏，稻草沤。　湖南（零陵）

立秋漏，有荞豆。　湖南（湘西）［苗族］

立秋漏秋，干死泥鳅。　广西（全州）

立秋漏秋，天天烂路。　湖南（怀化）

立秋乱出头。　山西（广灵）

立秋乱穗穗，秋分小秋回。　宁夏

立秋落，雨水多。　四川

立秋落滴笃，稻谷炒破锅。　浙江（杭州）

立秋落雨，不堵田畦四十五。　海南（定安）

立秋落雨廿日旱，廿日之后烂稻秆。

立秋落雨十八缸。　广西（融安）

立秋落雨是漏秋，收了谷子稻草丢。　贵州（黔南）

立秋落雨做秋淋。　福建　注："秋淋"指阴雨连绵。

立秋妈，雨泡泡；大暑下雨半秋淋。　福建（诏安）

立秋满田黄，家家修小仓。　四川

立秋忙打靛，处暑动刀镰，白露齐割地，秋分无生田；寒露割苏子，霜降菜宜腌。

立秋忙打靛，处暑动刀镰。 辽宁（辽西）

立秋忙打靛，处暑动刀镰；白露齐割地，秋分无生田。 河南

立秋忙打靛，处暑割麻田。

立秋忙打算，处暑动刀镰。 海南

立秋忙种菜，处暑割稖根。 江苏（淮阴） 注：“稖”指玉米。

立秋忙种大白菜。 山西

立秋忙种麦，处暑沤麻秆。 吉林

立秋没有大雨泡，沥沥拉拉实难熬。 山东

立秋没有三批叶，到老都不结。 安徽 注：指晚玉米。

立秋没有三片叶，到老都不结。

立秋没有雨，生产没指望。 海南（定安）

立秋没雨家家愁。 吉林

立秋糜，四指高，出穗拔节打缠腰。 陕西 注：“打缠腰”又作“至了腰”。

立秋糜，四指高，一出穗，打在腰。 山西（临县）

立秋糜儿五指高，出穗拔节打缠腰。 陕西（榆林）

立秋糜子不出头，不如割倒喂黄牛。 陕西（铜川）

立秋糜子二寸高，到了秋收没半腰。 山西（平遥）

立秋糜子圪攒攒，临了收割手腕挽。 陕西 注：“圪攒攒”指长得直。

立秋糜子生破芽，出穗八节镰刀割。 内蒙古

立秋糜子四寸高，出穗拔节溜人腰。 宁夏

立秋糜子四指高，拔节出穗搭在腰。 陕西（延安）

立秋糜子四指高，拔节撒顶打在腰。 陕西（延安）

立秋糜子四指高，拔节秀穗掺了腰。 内蒙古

立秋糜子四指高，拔节秀穗打在腰。 内蒙古

立秋糜子四指高，出穗拔节打至腰。 内蒙古

立秋糜子四指高，出穗拔节至了腰。

立秋糜子生破芽，出穗拔节镰刀割。 内蒙古

立秋棉管好，整枝不可少。

立秋棉桃白露豆，寒露红薯破地皮。 广西

立秋苗壮，丰收在望。 贵州（毕节）

立秋苗子四指高，拔节秀穗达到腰。 河南

立秋鸣雷，百日来霜。 江苏（苏州）、江西（南昌）、上海（金山）

立秋鸣雷，百日无霜。

立秋末伏垃塌热。 山西

立秋呒雨廿日晴。 浙江（舟山）

立秋拿住手，还打三五斗。　河北（井陉）　注：“打”又作“收”。

立秋那天，好种不闲。　河南（潢川）

立秋南风必旱，东北风大雨。　广西（宜州）

立秋南风当日雨。　湖北（应城）

立秋南风当天坏。　宁夏

立秋南风多旱，东北风强，有大雨。　广西（崇左）

立秋南风旱，西风大雨多。　陕西（渭南）

立秋南风起，农民不愁食。　广西（东兴）[京族]

立秋南风秋要旱，立秋北风冬雪多。　江西（吉水）

立秋难得小雨淋，处暑难得一日晴。　山西（左云）

立秋难得一日晴，如果晴，定丰年。　注：“定丰年”又作“定年丰”。

立秋难得一日清。　山西（怀仁）

立秋闹雷公，秋后无台风。　上海

立秋耙破地皮，秋后抵得一犁。　上海

立秋炮声轰，损掉黄金万石谷。　江苏（海安）

立秋劈叶子。　山东　注：指在高粱晒红米时，把中下部衰老的黄叶子打去，保留顶上四、五片新鲜叶子，既有利通风透光，防止倒伏，打下的叶子又是牲口的好饲料。不过，打叶过早会减产，据试验，抽穗期打叶子，比红米期打叶子要减产二成以上。

立秋起南风，秋后要旱冬。　福建（政和）

立秋掐花心，立冬斫花柴。　华北地区、河南、山东

立秋前，把地耕，能把土地养分增。　山西（浮山）

立秋前，好种田；立秋后，好种豆。　广西（宜州）[壮族]

立秋前，莳完田。　广东

立秋前不白，立秋后没得。　湖北　注：指荞麦应在立秋节两三天抢种。

立秋前打顶心，一颗多结几个铃。　江苏（连云港）

立秋前后，正种绿豆。　湖北、上海

立秋前后不收割，一天就要少一箩。　四川

立秋前后不收禾，一天就要脱一箩。　河南（信阳）、陕西（渭南）

立秋前后狗脱毛，棉袄上头套皮袄。　宁夏

立秋前后刮北风，稻子收获定然丰。　山西、黑龙江、江苏（苏北）

立秋前后早稻收，处暑割稻不问青。　安徽（桐城）

立秋前后捉鬼使，不见闲人在抱仔。　广东

立秋前三天，白菜把籽安。　河南（鹤壁）

立秋前三天，立秋后三天，前前后后共六天。　河北（邯郸）　注：指种菜时间。

立秋前三天不结籽，后三天结籽籽不黑。　湖北

立秋前施一盏，等于立秋后施一碗。　浙江

立秋前十天不结，后十天不黑。　河南（濮阳）

立秋前无雨，白露雨来渥。　福建

立秋前雨多，立秋后雨少。　宁夏

立秋前早一天种，早一天收。

立秋荞麦白露花，寒露荞麦收到家。　秦岭淮河以南地区、黑龙江、天津、陕西、甘肃、宁夏、河南（新乡）

立秋荞麦两个夹，丢了种子没处抓。　宁夏

立秋荞麦日晒死，处暑荞麦满肚子。　上海、湖北（荆门）　注："子"又作"籽"。

立秋青秋。　江苏（扬州）

立秋清明，万物不成。　广东（东莞）

立秋晴，八月雨；立秋雨，八月旱。　广西（上思）

立秋晴，八月雨水多。　广西（宜州）

立秋晴，好收成。　海南（保亭）

立秋晴，秋雨少。

立秋晴，一秋晴，立秋雨，一秋雨。　湖北（罗田）、浙江（舟山）

立秋晴，一秋晴。　安徽

立秋晴，一秋晴；立秋雨，八月旱。　海南（保亭）

立秋晴天秋天旱。

立秋晴一日，农夫不用力。

立秋晴一日，往后日头了不得。　海南

立秋秋风凉，捡花要加忙。　湖北（鄂北）

立秋去暑苦无雨，后来六畜有虚惊。　山西

立秋热，一豆打一个，立秋凉，一豆打一场。　天津

立秋日晴明，万物不成熟。

立秋日下雨，收水车归仓。　广西（隆安）

立秋若落雨，雨水浸田土。　福建

立秋若下雨，水车扛屋里。　贵州（黔西南）[布依族]

立秋撒，处暑栽，过了小雪捆起来。　河北（大名）

立秋三场雨，秕稻变成米。　四川、宁夏、河南（新乡）

立秋三场雨，秕谷变成米。　河南（三门峡）

立秋三场雨，秕子变成米。　江西（宜春）

立秋三场雨，遍地是黄金。　注：立秋时节正是夏玉米、水稻、大豆等秋熟作物旺盛生长和结实的时候，需要大量的水分，如果雨水丰富，秋熟作物就会长得茂

盛，容易获得高产。类似农谚有“立秋雨淋淋，遍地是黄金”，“立了秋，哪里有雨哪里收”，“立秋无雨是空秋，万物历来一半收”等。

立秋三场雨，单衣就收起。 安徽（界首）

立秋三场雨，单衣快搁起。 湖北（随州）

立秋三场雨，稻薯如吃补。 福建

立秋三场雨，褂子高挂起。 山东（巨野） 注：“褂子”又作“麻布衫子”。

立秋三场雨，夏布衣裳高搁起。 四川、广西、上海、河北、河南、山东、山西、福建（南靖） 注：“搁”又作“挂”。

立秋三场雨，夏季衣裳高挂起。 内蒙古

立秋三交雾，讨饭都无路。 安徽（长丰）

立秋三日遍地红。 宁夏、湖南（湘潭）、山东（即墨） 注：立秋以后不久，高粱穗子就由青变红。指北方地区在立秋后数日，就可以陆续收割高粱了。类似农谚有“立秋十日遍地红”，“立秋十天动镰刀”等。

立秋三日，百草结籽。 湖南（湘潭）

立秋三日，寸草格子。 河南 注：“格”又作“结”。

立秋三日，寸草结籽。 陕西、新疆、江苏（苏州）

立秋三日，地凉三尺。 四川（涪陵）[土家族]

立秋三日，土凉三尺。 湖南

立秋三日，梧桐落叶。 福建（长汀）

立秋三日后，稻子粒粒黄。 江苏（淮阴）、浙江（永嘉）

立秋三日镰刀闪，处暑割禾不问青。 安徽（桐城）

立秋三日镰刀响，处暑拿镰不问青。 湖北（枣阳）

立秋三日雨，葱蒜萝卜勤作务。 陕西（渭南）

立秋三日雨，葱蒜萝卜一齐收。 河北、上海、陕西、甘肃、宁夏、浙江、安徽（淮南）、江西（宜丰） 注：“齐”又作“起”，“一齐收”又作“一起取”。

立秋三日雨，五谷一齐收。 上海

立秋三天，寸草结籽。 山东（梁山）

立秋三天，旱死秋田。 宁夏

立秋三天，水冷三分。 四川、广西（乐业）

立秋三天，蚊子进山川。 广西（全州）

立秋三天，种的荞麦似鞭杆。 宁夏

立秋三天便不同。

立秋三天遍地红，秋后热死老犍牛。 陕西（宝鸡）

立秋三天遍地红。 湖北、河北、陕西、甘肃、宁夏、山东、上海、安徽（淮南、阜阳）、河南（汝南、固始、虞城、正阳、唐河、新野、封丘、宁陵、新蔡、扶沟、濮阳、新乡、商丘、周口） 注：指高粱成熟。

立秋三天遍地黄，八月金风吹禾香。 安徽（淮南）

立秋三天遍砍田。 山东（滕州）

立秋三天耩芝麻。 山东

立秋三天懒过河。 河北（滦南）

立秋三天镰刀响，立夏三天遍锄田。 江苏（徐州）

立秋三天镰刀响，小孩就要搬肩膀。 山东（郯城）

立秋三天满地红。 山西（晋城）

立秋三天忙种菜。 天津（北辰）

立秋三天晴，高粱穗变红。 上海、黑龙江、吉林 注：上海指春播高粱在立秋节已普遍成熟。黑龙江地区指高粱喜晒。高粱是风媒花，花期多雨，花粉破裂，影响授粉，因而减产。高粱成熟时怕连阴雨，特别是密穗高粱，容易穗上生芽。

立秋三天晚白菜。 河北（石家庄、保定、平山）

立秋三天雨，葱蒜萝卜一齐收。 河北、陕西、甘肃、宁夏、浙江、上海、安徽（淮南）

立秋三天种白菜。 河北（安国）

立秋杀高粱，寒露打完场。 山东、湖北（荆门）

立秋闪一闪，一亩少一百。 浙江（温州）

立秋尚防秋老虎。 海南（屯昌） 注："秋老虎"指高温湿热。

立秋十八，寸草结荚。 宁夏

立秋十八日，百草结子粒。 四川 注："子"又作"籽"。

立秋十八日，百草结籽实。 江苏（淮阴）

立秋十八日，寸草都结籽。 河北（保定）、山西（临汾）

立秋十八日，寸草皆秀。 山东、河北（衡水）

立秋十八日，寸草结籽粒。

立秋十八日，河里不见洗澡的。 山东（蒙阴）

立秋十八日，青草结籽。 浙江（温州）

立秋十八日，庄稼都秀齐。 山西（长治）

立秋十八天，百草穗子齐。 山西（保德）

立秋十八天，寸草都结籽。 河南（南阳）、山东（梁山）

立秋十八天，寸草皆结顶。 注："顶"又作"子"。

立秋十八天，寸草结籽。

立秋十八天，寸草结籽种。

立秋十八天，寸草遮羞。 山西（夏县）

立秋十八天，河里无澡洗。 江苏（徐州）、山东（郯城）

立秋十八天草结籽。 四川

立秋十八晌，寸草结籽粒。 天津

立秋十日，寸草生籽。 山西（浮山）

立秋十日遍地红。

立秋十日遍地黄，处暑拿刀不认青。 湖北

立秋十日遍割田。 山东（滕州）

立秋十日遍砍田。 山东 注：指收割高粱。

立秋十日吃早谷，处暑半月吃晚谷。 河北、山东、广东、上海、江西（安义）、江苏（南通）

立秋十日吃早谷，处暑十日吃晚谷。 山东

立秋十日吃早谷，芒种以前见新麦。 山西（临汾）

立秋十日吃早谷。 湖南

立秋十日动镰刀。 北京

立秋十日割早黍，处暑三日无青穆。

立秋十日看棉花，七铃八角，亩产担把。 湖北 注："把"又作"多"。

立秋十日无雨，晒的百草无子。 甘肃（兰州）

立秋十天，开始动镰。 河北（承德）

立秋十天遍地红。 湖北、河北、陕西、甘肃、宁夏、山东、河南（汝南、固始、虞城、正阳、唐河、新野、封丘、宁陵、新蔡、扶沟、濮阳、新乡）、安徽（淮南）

立秋十天遍地黄。

立秋十天动刀镰。

立秋十天懒过河。 山东（梁山）

立秋十天难过河。 河北

立秋时节满天晴，万物只有半收成。 贵州（贵阳）

立秋时节选种忙，地里选比家里强。 山西（临汾）

立秋是白天，处暑摘新棉。 江苏

立秋手搭屋。

立秋双荚豆，十年九不收。 河北

立秋水浸涌，浸到白露穷。 广东（肇庆）

立秋水冷三分。 河南（洛阳）

立秋水一洗，再有热痱起。 福建（武平）

立秋顺秋，绵绵不休。 四川、湖北（嘉鱼）

立秋死鱼虾，冬至会寒冷。 海南（临高）

立秋四指高，植迟都收了。 陕西（渭南）

立秋天渐凉，处暑谷渐黄。 内蒙古、河北（灵寿）、山西（晋城）

立秋天气凉，处暑谷渐黄。 吉林

立秋天气晴，早霜杀庄稼。 陕西（咸阳）

立秋天气仍不凉，冰雹还要下几场。　河南（三门峡）

立秋天气爽，处暑动刀镰。　山西（新绛）

立秋天气爽，整修场院忙。　山西（新绛）

立秋天晴朗，拆下晒台竹筒做水车；立秋天下雨，收回水车竹筒放家里。　广西（马山）[壮族]

立秋天雨见丰收，处暑大雨苗难留。　陕西

立秋霆天雷，三年没大灾。　福建（霞浦）

立秋透骨风。　天津

立秋脱伏，热得细崽妹子哭。　江西（丰城）

立秋脱伏，生的晒熟。　湖南　注：后句又作“晒破瓦屋”、“晒得鬼哭”、“晒死老黄牯”。

立秋脱袱，上蒸下焗。　广东（阳山）

立秋晚稻处暑豆。　江西、浙江（湖州）

立秋温不降，庄稼长得强。

立秋温度高，红蜘蛛少不了。

立秋闻雷，百日见霜。　福建（仙游）

立秋闻雷，百日无霜。　上海（宝山）

立秋闻雷，百日无霜；如种荞麦，必收满仓。　山东

立秋无雨，白露雨淋淋。　海南

立秋无雨，百姓叫苦。　福建

立秋无雨，二十日晴。　山东

立秋无雨，二十四天秋老虎。　福建（浦城）

立秋无雨，干到湖底。　湖北（汉川）

立秋无雨，寒露不凉。　海南

立秋无雨，来年少雨。　四川

立秋无雨，留秧十八日。　浙江（绍兴）

立秋无雨，秋后少雨。　河南（许昌）

立秋无雨，秋天少雨；白露无雨，百日无霜。　山西（晋城）

立秋无雨，天气干热。　上海

立秋无雨，万物歉收。　海南（临高）

立秋无雨，一半收成。　山西（新绛）

立秋无雨，作物半收。　广西（罗城）

立秋无雨百草愁。　上海

立秋无雨百草忧。

立秋无雨半冬晴。　河南、河北、上海（嘉定）

立秋无雨半秋干，半秋无雨一秋干。　湖南（零陵）

立秋无雨不必忧，晚稻生长瞑日抽。　福建
立秋无雨不用愁，二苗长得绿油油。　广西（柳江）
立秋无雨不用忧，晚造生长朝赛朝。　广西（宜州）
立秋无雨冬霜少，立秋有雨冬霜多。　福建（诏安）
立秋无雨对天求，田中万物尽歉收。　四川
立秋无雨对天求，万物田中尽歉收。
立秋无雨二十晴，廿日之后烂稻秆。　上海
立秋无雨二十日晴。　山东
立秋无雨谷物愁，秋粮只有一半收。　浙江（嘉兴）
立秋无雨尽堪忧。　广西（南宁）
立秋无雨绝了旱，牛羊吃草告艰难。　宁夏
立秋无雨空欢喜，万物虽丰只半收。　江苏
立秋无雨令人忧，万物历来得半收。　广东（罗定）
立秋无雨民担忧，下到处暑一半收。　山西（长子）
立秋无雨农家愁，地里作物一半收。　海南（海口）
立秋无雨农家愁，干死烂田老泥鳅。　贵州（遵义）
立秋无雨秋干热，立秋有雨秋拉拉。　上海　注："秋拉拉"指多雨水。
立秋无雨秋干热，立秋有雨秋落落。
立秋无雨秋干热。　江苏（南通）
立秋无雨人发愁，庄稼顶多一半收。
立秋无雨甚堪忧，万物从来一半收；处暑若逢天下雨，纵然结果也难留。
广西（梧州）
立秋无雨甚堪忧，万物种来一半收；处暑若是逢天雨，纵然结实也难留。
湖南
立秋无雨甚堪忧，植物徒然只半收；处暑若逢天下雨，纵然结实也难留。
立秋无雨甚堪忧，庄稼只能折半揪。　辽宁
立秋无雨实担忧，万物从来只半收。　宁夏
立秋无雨实堪忧，万物从来一半收。　贵州（黔南）[水族]
立秋无雨实堪忧，万物到头吃半收。　安徽（石台）
立秋无雨实可愁，五谷将来只半收。　福建
立秋无雨似堪忧，万物虽丰只半收。
立秋无雨事堪忧，万物从来只半收。　广西（玉林）
立秋无雨是堪忧，万物从来折半收，立秋若逢天下雨，枝头结果也难留。
广西（贵港）
立秋无雨是空秋，万物历来一半收。　福建（莆田）
立秋无雨是空收。　福建（龙岩）

立秋无雨水，白露雨来淋。

立秋无雨送秋干，送秋无雨一冬干。　湖南、四川、陕西（咸阳）

立秋无雨送秋旱，送秋无雨一冬干。　湖北（京山）

立秋无雨送秋旱，送秋无雨一冬旱。　浙江（丽水）

立秋无雨送秋看，送秋无雨一冬干。　湖南　注："看"又作"香"。

立秋无雨万人愁。　宁夏、上海、湖南（邵阳）

立秋无雨万人忧，处暑落雨只半收。　浙江（温州）

立秋无雨一半收，处暑有雨也难留。

立秋无雨一半收。　上海

立秋无雨一冬干，来年春有倒春寒。　广西（乐业）

立秋无雨一冬旱。　福建（清流）

立秋无雨一冬晴。　河南、河北、海南（琼山）、上海（嘉定）、江西（乐安）、广东（连山）[壮族]

立秋无雨迎秋干，送秋无雨一冬干。　海南　注："送秋"指秋末冬初。

立秋无雨忧，五谷会失收。　福建

立秋无雨再添愁。

立秋无雨真忧愁，五谷缺水一半收。　福建

立秋无雨正堪忧，万物从来一半收。　广西（上思、平南）

立秋无雨只半收。　四川、河北

立秋无雨最惨，大熟年成一半。　上海

立秋无雨最堪愁，大熟年成一半收。　上海（嘉定、宝山、崇明）

立秋无雨最堪愁，万物从来只半收。　福建

立秋无雨最堪忧，万物陡然折半收。　上海（嘉定）

立秋无雨最忧愁，大熟年成一半收。　上海

立秋无云，晒死鱼虾。　海南（海口）

立秋五戊为秋社。　湖南　注："五戊"，按天干地支计日，第五个带有戊的日为五戊。

立秋捂，收晚谷。　河北（保定）　注："捂"指阴天。

立秋勿拔草，处暑勿长稻。　上海（川沙）

立秋勿动耥，处暑勿摸草。　江苏（徐州）

立秋勿落雨，要旱十八天。　浙江（绍兴）

立秋勿耥稻，处暑勿爬泥。　江苏（扬州）

立秋勿耥稻，处暑勿长稻。　上海

立秋雾，草叶枯；白露雾，加条裤。　福建（宁化）

立秋西北风，粮食加倍增。　河北（张家口）

立秋西北风，秋后干得凶。　广西（容县）、江苏（丹阳）、山东（成武）

立秋西北风，秋后旱得凶。 吉林

立秋西南风，禾稻可倍收。 河南（新乡）

立秋洗肚子，不长痱子拉肚子。

立秋喜西南，三日收三石，四日收四石。 浙江（湖州）

立秋喜西南。 江苏、上海

立秋喜雨，白露喜晴。 四川、河南、山东（枣庄）、陕西（宝鸡）

立秋下，秋傻瓜。 山东（曹县） 注："秋傻瓜"指立秋时辰下雨易涝。"傻"又作"瞎"，指歉收。

立秋下，万物收，立秋不下万人忧。 山西（襄垣）

立秋下秧白露栽，小雪前后铲白菜。 河南（焦作）

立秋下雨，百日见雪。 天津

立秋下雨，百日无霜。 山东

立秋下雨，虎皮晒起。 四川

立秋下雨，粮菜俱丰。 广西（德保）[壮族]

立秋下雨得丰收，处暑下雨粮少收。 山西（晋城）

立秋下雨好冬种，处暑下雨件件收。 海南（临高）

立秋下雨件件丢，处暑下雨件件收。 河北（昌黎）

立秋下雨秋拉呱。 江苏（淮安） 注："拉呱"，方言，邋遢，不利索。

立秋下雨秋雨多，立秋无雨秋雨少。

立秋下雨人欢乐，处暑下雨人人愁。 河南

立秋下雨人欢乐，处暑下雨万人愁。 上海、北京、山西、河北（井陉）、河南（镇平）、湖南（大庸）、陕西（榆林） 注：立秋约在阳历八月八日，这时的稻作正需大量的水，这时如不下雨，谷物就要枯萎。处暑在八月二十四日左右，稻作正在抽穗结实，如果多雨，花粉易掉落，结果就无望了，即使结成了谷子，也因天雨而腐烂。

立秋下雨人人愁，结上棉桃也难留。 江苏（镇江）

立秋下雨人人愁，庄稼从来不丰收。 陕西（渭南）

立秋下雨人人乐，处暑下雨人人愁。 江苏（张家港）

立秋下雨偷偷雨，立秋无雨枉功劳。 广西（桂平）

立秋下雨万般好，处暑下雨万物丢。 河北（武安）

立秋下雨万物收，处暑下雨万物丢。 吉林、江苏（苏州）、江西（临川）、山西（临县、太原）

立秋下雨无人愁。 广西（兴业）

立秋下雨一秋下，立秋无雨一秋干。 江苏（无锡）

立秋响雷，百日见霜。

立秋响雷，百日吭霜。 浙江（湖州）

立秋响雷，百日无霜。　四川、湖南（郴州）、陕西（宝鸡）

立秋响雷，稻谷成堆。　江苏（淮阴）

立秋响雷，谷子歉收；立冬响雷，冻死耕牛。　广西（三江）[侗族]

立秋响雷，晚稻成堆。　海南（保亭）

立秋响雷，芋头成两捶。　广西（桂平）

立秋响雷公，秋后无台风。　海南、浙江

立秋响雷公，三年无台风。　福建、江苏（镇江）

立秋响雷公，十个稻头九个空。　浙江（丽水）

立秋响雷年冬好。　福建（南靖）　注："年冬"指晚稻。

立秋响雷时年差。　广东（连山）

立秋响雷天不旱，九月响雷不行船。　河南（三门峡）

立秋响雷天气冷。　福建（罗源）

立秋响天雷，三年没大灾。　福建（福鼎）

立秋响天雷，塘底好种菜。　浙江（金华）

立秋小雨秋雨均，立秋打雷一场空。　河南（焦作）

立秋小雨秋雨匀，立秋打雷一场空。　湖北（麻城）

立秋秧苗处暑栽，小雪大雪往家抬。　河北（武安）

立秋秧青麦黄，绣女也帮忙。　浙江（宁波）

立秋养，白露栽。　山东（东平）　注：指栽白菜。

立秋养苗，处暑栽菜，白露晒盘，秋分拔帮。　山东

立秋养苗，处暑栽菜，白露晒盘，秋分拢帮，寒露平口，霜降灌心，立冬砍菜。　陕西（渭南）　注：指白菜。

立秋要起阵，起阵好收成。　江苏（淮阴）

立秋夜晚黑压压，阴天大雨下沙沙。　广西（武宣）[壮族]

立秋一百，提镰割麦。

立秋一遍地，来年不费力。　黑龙江（哈尔滨、鸡西）

立秋一场风，从秋刮到春。　宁夏、天津

立秋一场雨，遍地出黄金。　内蒙古、四川

立秋一场雨，遍地见黄金。　山东

立秋一场雨，遍地金银子；立秋三场雨，稻禾变成米。　海南（保亭）

立秋一场雨，遍地是黄金。　江苏、四川、上海、新疆、河北、江西（金溪）、浙江（杭州、嘉兴、湖州）、河南（扶沟、平顶山、新乡）、广东（广州）、陕西（咸阳）　注："立秋"又作"交秋"、"拦秋"，"是"又作"出"。

立秋一场雨，夏衣多搁起。　江苏

立秋一场雨，夏衣放柜里。　河南（濮阳）

立秋一场雨，夏衣高搁起。　山东（乳山）、山西（沁县）

立秋一场雨，夏衣高挂起。　河南（新乡）、贵州（黔东南）［侗族］

立秋一场雨，夏衣高捆起。　江西（东乡）、陕西（宝鸡）

立秋一场雨，夏衣紧收起。　福建

立秋一场雨，赢过勤织布。　福建

立秋一到，农人齐跳。　山西（太原）

立秋一干，减收一半。　湖北

立秋一根草，赛比毒蛇咬。　浙江（慈溪）

立秋一庚末伏见。　湖南（零陵）　注：末伏开始的时间是立秋节气之后的第一个庚日。

立秋一过，水凉三分。　海南

立秋一过处暑临，棉花如雪谷如金。　山西（临猗）

立秋一轰隆，各种植物不中用。　江苏（扬中）

立秋一日，气冷三分。　湖南

立秋一日，水冷三尺。

立秋一日，水冷三分，忙栽晚稻秧，迟栽空费工。　湖北

立秋一日，水冷三分。　宁夏、湖北、湖南、吉林、上海、黑龙江（哈尔滨）、江苏（常州）、江西（宜春）、陕西（安康）

立秋一日，水冷三分；立秋十日，寸草结籽。　安徽（屯溪）

立秋一日，水凉三分。　天津、河北（滦南）

立秋一声雷，大秤加大锤。　海南（保亭）

立秋一声响，失误万担粮。　江苏（宝应）

立秋一十八，百草结疙瘩。　四川

立秋一十八，百草秀穗。　江苏（苏北）

立秋一十八，百样结疙瘩。　陕西

立秋一十八，寸草都开花。　陕西（汉中）

立秋一十八，河里没孩娃。　河南（许昌）

立秋一十八，再看秋庄稼。　陕西（延安）

立秋一时，水冷三分。　云南（大理）［白族］

立秋一捂，还收晚谷。　河北　注：指谷子至立秋方寸许，手能捂起，亦有收获之望。

立秋一捂，收块好谷。　河北（冀西）、山东（鲁中）　注：指谷子种晚了，到立秋用手捂不住苗子，还能获得一些收成。

立秋一捂儿，还打把谷儿。

立秋一仗雨，一担谷子九斗米。　湖北（郧县）

立秋以后天气凉，三轮苗水浇适当。

立秋应了秋，绵绵雨不休。　陕西（安康）

立秋用手捂，一亩打斗五。　河北（邯郸）
立秋有好雨，遍地都是粮。　福建
立秋有好雨，遍地都是米。　河北（石家庄）
立秋有好雨，遍地皆是米。　天津
立秋有雷鸣，晚禾好收成。　湖北（恩施）
立秋有雷鸣，五谷好收成。　吉林、宁夏
立秋有水家家有，立秋无水家家忧。　广西（桂平）
立秋有水秋秋有，立秋无水旱白露。　广东（高明）
立秋有雨，春来有米。　云南
立秋有雨，谷把头低。　河北（张家口）
立秋有雨，后秋雨多。　河北（安国）
立秋有雨，活木坐耳。　陕西（渭南）　注：指有利木耳生长。
立秋有雨，来年有米。　云南（大理）[白族]
立秋有雨，立冬有粟。　福建（南安）
立秋有雨，秋收欢喜。　广东、四川、海南（临高）
立秋有雨，秋收欢喜；芒种有雨，年丰物美。　广东
立秋有雨，秋收有喜。　广东、四川
立秋有雨，秋天雨多。　吉林
立秋有雨，万物荣。　山西（忻州）
立秋有雨，蓄水防旱。　广西（宜州）
立秋有雨般般收，立秋无雨人人忧。　上海、湖北、四川
立秋有雨般般有，立秋无雨万人忧。　湖南（株洲）
立秋有雨不会旱，立秋无雨是秋旱。　河南（郑州）
立秋有雨插高岗，立秋无雨插低塱。　广东　注：立秋下雨不怕旱，立秋无雨一定旱。
立秋有雨插高岗，立秋无雨插下塘。　广东
立秋有雨插上岗，无秋无雨掉落塘。　广东（阳江）
立秋有雨兜兜有，秋霖夜雨定丰收。　广东（吴川）
立秋有雨好冬种，处暑有雨冬天旱。　广西（桂平）
立秋有雨家家有，立秋无雨百家忧。　广东
立秋有雨沤秋淋。　广东（阳江）
立秋有雨丘丘收，立秋无雨人人忧。
立秋有雨丘丘有，立秋无雨甚忧忧。　广东、山西
立秋有雨秋秋有，立秋无雨半成收。　广西（扶绥、横县）[壮族]　注：民间有一种说法，立秋有雨，那年则风调雨顺，农作物获得好收成；立秋无雨，那年雨水就少，农作物少收成。“半成收”亦作“一冬晴”、“甚担忧”、“百家忧”。

立秋有雨秋秋有，立秋无雨堪担忧。　湖南（零陵）

立秋有雨秋秋有，立秋无雨晒秧头。　广东

立秋有雨秋秋有，立秋无雨甚担忧。　山西、广西（乐业）、广东［壮族］

注：广东连山“甚担忧”又作“旱地头”。

立秋有雨秋秋有，立秋无雨一冬晴。　广东（肇庆）

立秋有雨秋秋雨，立秋无雨家家忧。　广东（深圳）

立秋有雨秋收有，立秋无雨百家忧。　广西（龙州）

立秋有雨秋中旱，立秋无雨吃饱饭。　广西（武宣、柳江）

立秋有雨人欢乐，端午有雨禾苗秀。　山东（乳山）

立秋有雨人人喜。　福建

立秋有雨人心乐，处暑下雨万人闷。　海南

立秋有雨十八天。　河北（涞水）

立秋有雨莳上岗，立秋无雨莳落塘。　广东

立秋有雨万物去，处暑有雨万物收。

立秋有雨万物收，处暑无雨万物丢。　浙江（杭州）

立秋有雨万物收，立秋无雨万人忧。　河北（邯郸）

立秋有雨万物收，立秋无雨一半收。　山西（晋城）

立秋有雨万物收。　江苏

立秋有雨唔使忧，百物逢雷得丰收。　广东

立秋有雨喜丰收，立秋无雨人人愁。　广西（横县）

立秋有雨下四十五，立秋无雨旱四十五。　海南（澄迈）

立秋有雨下一七，立秋无雨干着急。　江西（东乡）

立秋有雨样样收，处暑有雨一半收。　河南（三门峡）

立秋有雨样样收，立秋无雨人人忧。

立秋有雨样样收，立秋无雨万人忧。　海南（保亭）

立秋有雨样样收，立秋无雨一半丢。　河北（大名）、河南（濮阳）

立秋有雨样样有，立秋没雨人人忧。　福建

立秋有雨样样有，立秋无雨收半秋。　山西（高平）

立秋有雨一秋吊，吊不起来就要涝。　宁夏、河南（安阳）、湖北（通山）、山东（梁山）、山西（晋城）、陕西（渭南）　注：“吊”指断断续续地下雨。陕西渭南“吊”指无雨。

立秋有雨雨水足，立秋无雨天大旱。　广西（马山）［壮族］

立秋有雨雨调匀监。　广西（东兴）［京族］

立秋有雨月月有，立秋无雨日日忧。　海南（琼山）

立秋雨，白露旱，棉花桃儿如蒜瓣。　注：指棉铃不大。

立秋雨，拆谷架修水车。　广西（马山）［壮族］

立秋雨，谷成堆。　湖南（湘西）［苗族］

立秋雨，秋收喜。　福建

立秋雨，秋雨多。　宁夏、天津

立秋雨，一秋雨。　安徽

立秋雨，涨九江。　四川

立秋雨不收，农民种田用不愁。　广西（桂平）

立秋雨不下，蔗农哭呱呱。　广西（南宁）

立秋雨滴，谷把头低。

立秋雨连绵，排涝莫等闲。　黑龙江（大庆）

立秋雨淋淋，遍地生黄金。　湖南、山西（晋中）

立秋雨淋淋，遍地是黄金。

立秋雨绵绵，烂秋十八天。　江西（吉水）

立秋雨绵绵，喜庆丰收年。　海南（琼山）

立秋雨三场，家家吃猪羊。　安徽　注：指丰收。

立秋雨水淋，遍地是黄金。　山西（太原）

立秋栽葱，白露点蒜。　陕西（汉中）

立秋栽葱，白露栽花。

立秋栽葱，白露栽蒜。　河南、黑龙江、上海、广西、湖北、甘肃、宁夏、陕西（关中）、安徽（涡阳）、江西（丰城、宜春）、江苏（南京）

立秋栽葱，白露种蒜。　湖南、河南（濮阳）

立秋栽葱，寒露栽蒜。　山东（乳山）

立秋栽葱，苗长易丰。　湖南

立秋栽禾，斗种一箩。　江西（上饶）

立秋栽红薯，强似种绿豆。

立秋栽晚谷，处暑摘新棉。　河南

立秋栽芋头，强如种绿豆。　安徽、河北

立秋栽芋头，强于种绿豆。　安徽（凤阳）

立秋在白天，冬天雨水不均匀。　广西（柳城）

立秋在伏秋老虎。　湖南（衡阳）

立秋在六月，初雾来得早，秋季收成差；立秋在七月，初霜来得晚，秋季收成好。

立秋在夜里，冬季雨水多。　广西（柳城）

立秋早，白露迟，油菜处暑正当时。　陕西（咸阳）

立秋早，白露烂。　福建（同安）

立秋早，寒露迟，白露麦子正当时。　新疆

立秋早，秋分迟，白露种麦正当时。　山西（平遥）

立秋早，霜降迟，白露秋分正当时。　湖北

立秋早，霜降迟，寒露收瓜正当时。　黑龙江

立秋早晚凉，中午汗还淌。

立秋早晚凉，中午汗湿裳。

立秋早晚凉。

立秋澡洗招秋狗子。　山东（沂水）　注：“澡洗”指在河里游泳、洗澡。“秋狗子”指痱子。

立秋摘花椒，白露打核桃，霜降下柿子，立冬吃软枣。

立秋摘花椒，白露打核桃，霜降卸柿子，立冬打软枣。　山西

立秋摘花椒，白露打核桃，霜降摘柿子，立冬打软枣。　山东、上海、河北、陕西（关中、宝鸡、陕南）、河南（安阳、新乡）

立秋摘花椒，白露打核桃。　安徽、山东（泰山）

立秋摘花椒，白露打胡桃。　安徽、四川、湖南（大庸）

立秋摘花椒，白露打胡桃；霜降摘柿子，立冬打红枣。　福建（邵武）

立秋摘花椒，白露打胡桃；霜降摘柿子；立冬打软枣。

立秋摘花椒，秋分打红枣。　河南、河北、陕西、甘肃、宁夏、湖南、山西、山东（单县）

立秋摘花椒，秋分打枣儿。　河北、陕西、甘肃、宁夏、河南（新乡）、山西（太原）

立秋长一拳，秋后收好田。　山西（万荣）

立秋罩雾，晴到白露。　福建（永定）

立秋之后，还有二十四个秋老虎。　湖北　注：指立秋后，有二十多天大热天气。

立秋之后三场雨，夏布衣裳高搁起。　湖南

立秋之前先揪头，棉花长得像绣球。　江苏（徐州）

立秋之日凉风至。

立秋之时，水冷三分。　四川

立秋芝麻结顶。　河北、河南、山东、山西

立秋直西南，三日收三石，四日收四石。　注：立秋日刮西南风，主禾苗倍收。

立秋至，夜雨好睡觉。　海南

立秋至大寒，回南雨就到。　海南

立秋至大寒，回暖雨就到。　广东（韶关）

立秋至时梧叶落。　江苏（徐州）

立秋中伏尽，处暑末伏完。　天津、河北（永年）、河南（开封）、山西（长治）

立秋种，处暑移，十年就有九不离。

立秋种，处暑栽，过了小雪收白菜。　山东（临淄）

立秋种，处暑栽，立冬前后收白菜。　注：大白菜种植和收获的季节。一般而言，江淮地区大白菜适宜播种的季节为8月上中旬，收获季节为11月上旬。

立秋种，处暑栽，小雪前后收白菜。　陕西（咸阳）

立秋种白菜，处暑摘新棉。　山西

立秋种白花，十六天转回家。　安徽　注："白花"指荞麦。

立秋种黑豆，一亩打三斗。　山东（无棣）

立秋种糜子，愁得雀儿哭鼻子。　宁夏

立秋种荞麦，秋分麦入土。　山西、山东、河南、河北、安徽（淮南、泗县）

立秋种荞麦，捎带种油菜。　山西（平遥）

立秋种粟，不如歇的。　河南

立秋种芝麻，老死不回家。　河北（唐县）

立秋种芝麻，老死不开花。　湖北、安徽、上海、江苏（南京）、河南（濮阳、林县）　注："死"又作"是"，"老死"又作"至死"，"开"又作"收"。

立秋种芝麻，老死不开花；小暑种芝麻，头顶一枝花。　山东（菏泽）

立秋种芝麻，老死勿开花。　上海

立秋种芝麻，死也不开花。　海南（琼山）

立秋种芝麻，头顶一枝花。　河南

立秋种芝麻不开花，伏里种芝麻不结果。　海南（文昌）

立上秋，抱圪肘。　山西（壶关）

立月秋，早早犁耙早早收。　广东

连作插齐秋，过秋秧可丢。　广东

六日进头伏，立秋就落谷。　四川

六月初三不下雨，日照风雨直到秋。　江苏（兴化）

六月初三晴，山筱尽枯零；六月初三一阵雨，夜夜风潮到立秋。

六月初三晴，竹筱尽枯零；六月初三一个阵，夜夜风潮到立秋。　江苏

六月初三下场雨，凉风飕飕乱到秋。

六月初一一剂雨，夜夜风潮到立秋。

六月底，七月头，十有八载节立秋。

六月弗出汗，秋后必要乱。

六月立秋，迟了不收；七月立秋，迟早都收。　宁夏、天津

六月立秋，瓜菜不收。　内蒙古

六月立秋，两头不收。　山西（晋中）

六月立秋，晚的不收；七月立秋，早晚都收。　河南

六月立秋，晚了不收；七月立秋，早晚都收。　河北（武安）

六月立秋，早收晚丢。　内蒙古　注："六月立秋"是指阴历而言，是说内蒙

古地区立秋后，冷空气开始出现，初霜期将近，收获迟了，有些作物就可能遇上霜害而减产。

六月立秋，早收晚丢；七月立秋，早晚都收。 吉林、湖北（蒲圻）、江苏（常州）、山西（晋城）

六月立秋，早收夜丢。 上海

六月立秋，植收晚丢；七月立秋，植晚都收。 河南（郑州）

六月立秋布秋前，七月立秋布秋后。 广东

六月立秋插秧后，七月立秋插秧前。 广东

六月立秋寒来早，七月立秋冷来迟。 福建

六月立秋紧丢丢，七月立秋秋里游。

六月立秋紧溜溜，七月立秋秋后油。 福建（晋江、同安）

六月立秋冷得早，七月立秋冷得迟。 广西（荔浦）

六月立秋清明早，七月立秋清明迟。 福建（建瓯）

六月立秋秋前种，七月立秋秋后种。 山西（翼城）

六月立秋样样丢，七月立秋样样收。 河北（邢台）

六月立秋遇时收，七月立秋般般收。 陕西（汉中）

六月六，看谷秀，立秋十八草皆秀。 内蒙古

六月秋，般般丢；七月秋，般般收。 湖南（怀化）[侗族]

六月秋，般般收。 辽宁

六月秋，便罢休；七月秋，沥沥拉拉种到头。 山东（兖州）

六月秋，插过秋；七月秋，秋前丢。 湖北、山东、浙江、江西

六月秋，打花秋；七月秋，般般有。 陕西（榆林）

六月秋，大把撷。 河南

六月秋，丢的丢，收的收。 新疆

六月秋，丢的丢，收的收；七月秋，全部收。

六月秋，赶紧收；七月秋，慢慢收。 浙江

六月秋，及早收；七月秋，慢慢收。

六月秋，减半收；七月秋，般般收。 云南（楚雄）

六月秋，紧凑凑；七月秋，闲悠悠。 广东

六月秋，紧紧收；七月秋，缓缓收。 河北（邢台） 注：“秋”指立秋。

六月秋，紧淋淋；七月秋，慢悠悠；八月秋，禾打扮。

六月秋，紧溜溜；七月秋，慢悠悠。 广东

六月秋，紧乱乱；七月秋，慢悠悠。 海南

六月秋，紧要要；七月秋，慢游游。 广东

六月秋，快快收。 山西、浙江

六月秋，犁耙急急收；七月秋，犁耙慢慢收。 海南（定安）

六月秋，绿的留，黄的收；七月秋，黄绿一齐收。　青海（化隆）

六月秋，慢慢游，七月秋，犁耙快快收。　广东

六月秋，慢慢游；七月秋，犁耙速速收。　广东

六月秋，慢悠悠；七月秋，紧凑凑。　广东

六月秋，秋前稻。　浙江

六月秋，秋前收。　上海　注：指早稻。

六月秋，秋前收；七月秋，秋后收。　上海

六月秋，三遍肥料一齐丢；七月秋，拉拉塌塌下到秋。　广东

六月秋，收的收来丢的丢；七月秋，黄的绿的一起收。　青海

六月秋，麯到收，七月秋，挂锄头。　上海

六月秋，提前冷；七月秋，推迟冷。

六月秋，田里秋；七月秋，屋里秋。　湖南（岳阳）

六月秋，小地收，大地丢。　甘肃（兰州）

六月秋，样样收；七月秋，样样丢。　辽宁、山西（太原）

六月秋，要到秋；七月秋，不到秋。　河北、山西

六月秋，一半收；七月秋，样样收。　新疆（乌鲁木齐）

六月秋，栽过秋；七月秋，插齐秋。　湖北、山东、浙江、江西　注：“插齐秋”又作“秋边丢”。

六月秋，早罢手。

六月秋，早罢休。　河北

六月秋，早罢休；七月秋，做到头。　上海

六月秋，早败秋；七月秋，种到秋。　浙江（绍兴）

六月秋要到，七月秋不到。　河北

漏伏漏秋，五谷丰收。　湖南（零陵）　注：“漏”指下雨。

漏了秋，十八汪，漏了处暑最难当。　湖南　注：“十八汪”指久雨。

漏秋十八缸，日日有雨落。　海南（保亭）

漏秋十八天。　湖南

漏雨淋秋，早晚皆收。　江西（崇仁）

落雨立秋头，落后毒日头。　宁夏

落雨怕立秋，庄稼一半收。　广东

麦夺夏，谷夺秋。　湖北

麦好在种，秋好在管。　湖北（荆门）

麦耙耱，秋在锄。　河南（扶沟）

麦要种好，秋收锄好。　河南　注：“收”又作“要”。

麦在打扮秋在锄。　河南　注：“打扮”又作“打耙”。

麦在种，秋在锄。　陕西（武功）、山西（太原）　注：“锄”又作“管”。

棉锄七道止，立秋断草子。 湖北

棉花不害羞，拉拉扯扯长到秋。 河南（驻马店）

棉花不害羞，离离拉拉结到秋。 安徽（淮南）

棉花不害羞，里里拉拉到了秋。 山东（邹平）

棉花不害羞，连续长到秋。 山东（泰山）

棉花不害羞，拖拖拉拉到了秋。 山东（邹平）

棉花不怕羞，滴滴拉拉出到秋。 江苏（徐州）

棉花锄草锄到秋。 湖北

棉花到立秋，杈子满地揪。 山东（临清）

棉花立了秋，便把顶心揪。 山东（滨州）

棉花立了秋，大小一齐揪。 陕西、山西、甘肃、河北、河南、宁夏、上海

棉花立了秋，大小一齐收。 安徽（淮南）

棉花立了秋，顶尖群尖一起揪。 山西（翼城）

棉花立了秋，高矮一齐揪。 河北、安徽（望江）

棉花立了秋，就把头来揪。 山东、安徽、江苏

棉花立了秋，一把一把往家揪。 山东

棉花立了秋，有桃就有收。 宁夏、天津

棉田再旱，不能漫灌。

莫说三伏热，一雨便成秋。 河南（南阳）

莫栽立秋禾，不够喂鸡婆。 江西（黎川）

宁肯秋前差七天，不肯秋后差一天。 湖北 注：意指头季稻在立秋前成熟的品种，要尽可能抢早收割；立秋以后，双季晚稻的插秧时间十分紧迫，不能延缓。

平办谷田浅插秧，立秋三日谷满仓。

扑拉秋，一棵棉花拾一纠。 江苏（南京） 注：“扑拉秋”，方言，“扑拉”，棉桃开裂声；“秋”，棉花秋天成熟。

曝秋烂伏，曝伏烂秋。 福建（霞浦）

七月的秋栽过秋。

七月刮秋风，八月便来寒。 浙江（丽水）

七月立秋，迟早都收；六月立秋，早收迟丢。

七月立秋，早晚都收。 山东（鄄城）、山西（和顺）、陕西（安康）

七月立秋，稙晚都收。 河北（平乡） 注：“稙”指早种早熟的庄稼。

七月立秋处暑到，收割玉米和中稻。 广西

七月立秋慢溜溜，六月立秋快加油。

七月立秋又处暑，青白菠菜都播种。 广西

七月冇立秋，鸭儿冇水游。 广西（玉林）

七月秋，般般收。 贵州

七月秋，般般收；六月秋，打花收。　甘肃（天水）

七月秋，迟禾紧紧收；六月秋，迟禾慢慢收。　广东（怀集）

七月秋，紧秋秋；六月秋，慢悠悠。　广东

七月秋，浪悠悠。　广西（合浦）

七月秋，犁耙早早收。　广西（陆川）

七月秋，里里外外施到抽。　浙江　注：指晚稻拔节期施肥。

七月秋，里里外外莳到秋。

七月秋，里里外外施到头。　浙江（嘉兴）、上海（宝山）

七月秋，坡地多种两三丘。　广东

七月秋，全盘收；六月秋，减半收。　贵州

七月秋，莳到秋；八月秋，便把休。

七月秋，莳到秋；八月秋，便罢休。　福建

七月秋，莳到秋；六月秋，便罢休。　江苏（苏北）

七月秋，万般收；六月秋，一半丢。　湖南（湘西）

七月秋，栽秧忙；六月秋，栽秧丢。　河南（罗山）

七月秋，种到秋；六月秋，早排秋。　浙江

七月秋剥皮，八月秋风凉。　湖南（零陵）

七月秋汏，八月落白雨。　浙江（舟山）

七月秋风起，八月秋风凉，九月打动懒婆娘。　广西（平乐）

七月秋风起，八月秋风凉，九月秋风吹过场。　广西（平乐）

七月秋风起，八月秋风凉，九月秋风收流浪。

七月秋风起，朋友显高低。

七月秋风起，嬉客见高低。

七月秋风雨，八月秋风凉。

七月秋样样收，六月秋样样丢。

七月顺秋路淋湿，杂木扁担要挑直。　湖南（湘西）[土家族]

七月无立秋，迟禾无得收。　湖南、广东（番禺、顺德）　注：意指如立秋在六月底而仍在七月插秧，则节气已晚，插下后生长期短，致使穗少粒少，将会减产。“禾”又作“插”。

七月无立秋，迟禾有得收。　广东

七月无立秋，晚秧就少收。　广东

七月无立秋，鸭儿无水游。　广西（玉林）

七月无秋，迟播无收。　广西（藤县）

七月有三秋，迟禾有得收。　广东（鹤山）

齐秋三场雨，遍地出黄金。　江苏

起秋乱冒穗。　宁夏

前秋冷得早，后秋穿棉袄。　吉林、宁夏、天津

前晌立秋秋，后晌圪蹴蹴。　山西（隰县）

抢秋抢秋，又种又收，不抢就丢。　广西（平乐）

荞麦地里养泥鳅，立秋有雨万物收。　河北、河南（新乡）、山西（新绛）

荞麦下种，立秋以后。　山西（太原）

青蛙叫在立秋头，一秋少雨晒日头。　宁夏

清早立了秋，晚上凉飕飕。　上海

晴秋不冬，雨雪不凶。　湖北（阳新）　注：指立秋晴天，冬天不冷，雨雪少。

秋半热。　湖北（长阳）

秋半天。　湖北（郧县）　注：指立秋后常出现半天阴、半天晴的天气。

秋包谷，九十天，抽花成熟各一半。

秋北三天必有霜。　内蒙古　注：“霜”又作“雨”。

秋不立不冷，冬不至不寒。　湖南（衡阳）

秋不凉，谷不黄。

秋不凉，粒不黄。

秋不凉，籽不黄。　安徽（贵池）、河北（滦平）、山东（泰安）

秋不凉，籽不实。　黑龙江

秋不秋，六月二十头。　山东、天津（津南）

秋不秋，七月二十头。　黑龙江（鸡西）　注：指阴历七月二十之前必立秋。

秋不秋，七月廿头。

秋不食辛辣。

秋草九子十三孙，最怕立秋不除清。　浙江（慈溪）

秋滴淋淋，夏滴旱。　山西（盂县）　注：“秋”、“夏”，指立秋、立夏。

秋东风，防虫害。　广西（崇左）

秋发东风禾白穗。　安徽（当涂）

秋发南，雨淋淋；秋发北，旱死麦。　江西（宜黄）

秋风凉，摘花忙，绒绒雪团收进仓。　山东

秋谷碌，收秕谷。　江苏（苏州）　注：“谷碌”指打雷声；“秕谷”指瘪谷。

秋刮北，雨连绵。　安徽、河南

秋旱接伏旱，棉田还得灌。

秋旱如刀刮。　注：“刮”又作“剐”。

秋禾莳到处暑，有得莳来没得煮。　广东

秋后拔稗，勿如割柴。　上海

秋后北，田干裂。　江苏

秋后北风凉，大晴送重阳。　湖南（怀化）[侗族]

秋后北风起，夜间有白霜。　黑龙江
秋后北风晒死鬼。　广东（连山）[壮族]
秋后北风天脚空，一定打台风。　海南、广西（防城）
秋后北风田干裂。　安徽
秋后北风田里干。　江苏、上海（宝山）
秋后北风雨。　甘肃
秋后不深耕，来年虫子生。　天津、广西（贵县）
秋后草，棒打倒。　河北（邯郸）
秋后草，割圪脑；春季草，连根刨。　山西（沁水）
秋后草，人拉倒。　河南（新乡）
秋后打雷，百日无霜。　河南、江西（东乡）
秋后的日头晒死牛。　陕西（铜川）
秋后东风当时雨。　河南（鹤壁）
秋后多雷，番禾少收。
秋后多雷，晚禾少收。　内蒙古
秋后发海云，要刮西北风。　天津（汉沽盐场）
秋后伏，赛老虎。　福建（长乐）
秋后甘蔗节节甜。　四川　注：“秋后”亦作“正月”。
秋后还有二十天热。　安徽（合肥）
秋后好耘田。
秋后加一伏。　河南（商丘）、山东（梁山）
秋后看庄稼，黑谷黄棉花。　陕西
秋后辣椒老来红。　广西（桂平）
秋后雷多，晚禾少收。　上海
秋后雷多籽不实。
秋后雷发，大旱一百八。　安徽（濉溪）
秋后南风常有雨。　广东
秋后南风当时雨，秋后北风田干裂。　上海
秋后南风当时雨。　四川、河北、江苏、河南（南阳）、上海（宝山）
秋后南风涨大水。　江西（德兴）
秋后南风正当洒，秋后北风田干裂。　广东
秋后起阵阵阵寒。　浙江、江苏、上海
秋后秋风凉，大雨送重阳。　江西（上饶）
秋后热，不怕稻身大。　浙江
秋后热得很，来春冷得多。　广西（罗城）
秋后三场雨，遍地出黄金。　安徽、江苏（南京）、河南（新乡）、浙江（湖州）

秋后三场雨，遍地都是谷；秋后三场风，遍地都是空。　山东（苍山）
秋后三场雨，遍地是黄金。　安徽（宿州）
秋后十八盆，一盆凉一盆。　安徽（肥西）
秋后十八日，河头呒人立。　浙江（绍兴）
秋后十日伏。　四川、浙江（绍兴）
秋后霜多籽不实。　安徽（望江）、河北（邯郸）
秋后透雨，霜期远离。　河南（安阳）
秋后无霜叶落迟。　安徽（屯溪）
秋后西风当时雨。　湖北
秋后西风雨，久雨西风晴。　河南（洛阳）
秋后西风雨，南风下到夜，东风无不晴，北风下到明。　陕西
秋后西风雨。　陕西（武功）、山西（太原）
秋后西南雨潭潭。　江苏（苏州）
秋后蛤蟆叫，干得犁头跳。
秋后响雷，百日暖和。　陕西（汉中）
秋后响雷，百日无霜。　河南（周口）
秋后验庄稼，黑谷子黄棉花。　陕西
秋后洋姜多偎土，一墩能结一百五。　山东（郓城）
秋后要深耕，来年虫不生。　黑龙江（绥化）
秋后要深耕，晒土灭害虫。　天津
秋后一场雨，遍地是黄金。　上海
秋后一场雨，一斗谷子九升米；秋后一场霜，一斗谷子九升糠。
河南（三门峡）
秋后一伏，晒死老牛。
秋后一伏，是稻都出。　江苏（苏北）
秋后一伏。　山东（桓台）　注：秋后仍有酷热天气。
秋后一伏赛老虎。　天津、安徽（合肥）
秋后有一伏，太阳赛猛虎。　黑龙江（齐齐哈尔）
秋后有一伏。　河北（保定）、黑龙江（哈尔滨）[满族]
秋后雨水多，来年春雨少。　福建
秋后雨水多，来年雨水缺。　安徽（凤台）
秋后雨水多，来夏淹山坡。　山东（博山）
秋后雨水多，秋夏淹山坡。　广西（罗城）
秋后雨天多，来年蝗虫少。　河南（焦作）
秋后只管淋，谷子要返青。　上海
秋后种田若能收，姑娘潨浴也勿羞。　浙江（绍兴）

秋季砍一次，抵上春季砍二次。 福建（屏南）

秋夹伏，热得哭。 四川

秋甲子连阴，夏甲子旱，壬子癸丑水连天。

秋间伏，热得哭。 四川、浙江（温州）

秋看庄稼，黑谷子，黄棉花。 陕西（周至）

秋来北风多，南风是雨窝。 广东（肇庆）

秋来伏，热得哭。 云南（昭通）

秋老虎，热死牛。 安徽（合肥）

秋雷打下，担米回家。 海南（临高）

秋雷应雨。 四川

秋雷雨不落。 安徽（宿松）

秋里落，秋里烂，秋里不落秋里旱。 湖南（怀化） 注："秋里"，上句中指立秋，下句中指秋季。

秋里十日伏，伏里十日秋。 山东（梁山）

秋里一根草，赛如毒蛇咬。 浙江

秋霹雳，损晚谷。 长三角地区、四川、河北 注："霹雳"指打雷，"晚谷"即晚稻。谚语是说立秋这天打雷，对晚稻有害。因为秋天已到收获的季节，不需要雷雨了。而且立秋时正是晚稻扬花灌浆的时候，如果气温低，阴天多雨，稻花易受损失，造成瘪粒多，产量低，收成就不好了。另有农谚"秋孛鹿（雷声），损万斛"也说明了这个道理。

秋千一根丝，秋后报九枝。

秋前拔稗，吃白米饭；秋后拔稗，弄点烧柴。

秋前拔稗，等于放债；秋后拔稗，等于还债。 江苏（扬州）

秋前拔稗，多收根柴；秋后拔稗，等于卖柴。 江苏（南通）

秋前拔稗，强如放债。 上海

秋前拔稗，秋后拔坏。 上海

秋前拔稗，胜似放债；秋后拔稗，胜似借债。 上海 注："借债"又作"卖柴"。

秋前拔稗，收谷放柴；秋后拔稗，譬如买柴。 江苏

秋前拔稗，收租放债；秋后拔稗，譬如卖柴。

秋前拔稗，收租放债；秋后拔稗，譬似买柴。

秋前拔草，秋后饭粮。 上海

秋前北风当时雨，秋后北风田干裂。 山东

秋前北风交现雨，秋后北风有点雨。 福建（连城）

秋前北风就下雨。 广东

秋前北风马上雨，秋后北风多晴天。 吉林、河南（濮阳）、黑龙江（伊春）

秋前北风马上雨，秋后北风无滴水。

秋前北风马上雨，秋后北风无点云。　吉林、河南（濮阳）

秋前北风秋后雨，冬暖春寒夏季干。　山东（新泰）

秋前北风秋后雨，秋后北风遍地干。　上海、江苏（扬州）

秋前北风秋后雨，秋后北风冬前雪。　山东（泰安）

秋前北风秋后雨，秋后北风干到底。　湖南、山东、云南、四川、江西、河北、安徽、江苏、广西（荔浦、象州）、河南（开封）

秋前北风秋后雨，秋后北风干河底。

秋前北风秋后雨，秋后北风干湖底。　江苏、湖北、上海、山东、安徽

秋前北风秋后雨，秋后北风旱到底。　天津、云南、四川、江西、河北、安徽、江苏、广东（连山）[壮族]

秋前北风秋后雨，秋后北风晒干土。　湖南

秋前北风秋后雨，秋后北风雨涟涟。　河北

秋前北风秋后雨，秋后北风燥溪底。　福建（浦城）　注："燥溪底"又作"没河水"。

秋前北风秋后雨，秋后南风雨团团。　河北

秋前北风秋后雨，秋后西风旱到底。　黑龙江（牡丹江）

秋前北风雨，秋后北风晴。　福建、湖南、山东

秋前北风雨连绵。　河北

秋前北风招现雨，秋后北风干到底。　江西（南城）

秋前不插晚稻秧，霜打稻穗难灌浆。　长江流域、广东　注：以上指双季晚稻的育秧和栽秧期。在长江流域都是把立秋作为双季晚稻栽秧的最后期限。

秋前不干，秋后莫怪天。　上海（宝山）　注："干"又作"搁"，"怪"又作"怨"。

秋前不干稻，秋后莫懊恼。　注："干"又作"搁"，"莫"又作"喊"。

秋前不搁稻，秋后要懊恼。　江苏（江都）

秋前不搁田，秋后叫皇天。　上海（上海县）、浙江（绍兴）　注："秋后"又作"割稻"。

秋前不搁田，秋后叫懊恼。　上海（宝山）

秋前不搁田，秋后莫怪天。　江苏（镇江）

秋前不搁秧，秋后乱慌张。　广东

秋前不烤，秋后要倒。　浙江、广东　注：浙江指单季晚稻。

秋前不烤稻，秋后要烦恼。　浙江

秋前不脱水，大米围住嘴。　广东

秋前草，细细找；秋后草，薅光了。　云南

秋前插田日管日，秋后插田时管时。　湖南（湘潭）

秋前吹风打日头，秋后吹风打夜晚。　广东（番禺、顺德）　注：立秋前台风

多在白天，立秋后多在夜晚。

秋前多施一担肥，秋后多打一担麦。　山东（曹县）

秋前番干处暑豆。　福建（长汀）　注：指立秋前开始晒地瓜干，处暑收大豆。

秋前干草，秋后干稻。　山东、上海、江西（资溪）

秋前虹，米谷来；秋后虹，米谷去。　河南

秋前鲎，鲎个米下来；秋后鲎，鲎个米上去。　上海（嘉定、宝山）

秋前鲎，鲎米谷下雨；秋后鲎，鲎米谷上去。

秋前鲎，米谷去。　山西　注：“鲎”，读若候，指虹。

秋前鲎下，秋后鲎上。　上海（崇明）

秋前鲛鲛，米谷下雨；秋后鲛鲛，米谷上去。

秋前看苗，秋后看稻。　江苏（淮阴）

秋前没有砍，秋后砍不了。　安徽　注：指北方的稖头到秋后就能砍了。

秋前南风秋后雨，秋后南风干死黄栗树。　湖南（娄底）

秋前南风秋后雨，秋后南风水满塘。　湖南（衡阳）

秋前南风雨潭潭。

秋前秋后，好种绿豆。　湖北

秋前秋后，荞麦绿豆。　安徽（明光）

秋前秋后，三日早豆。　福建

秋前秋后，雁爪绿豆。　河南

秋前秋后，燕爪绿豆。

秋前秋后，鹰爪绿豆。　安徽

秋前秋后，又收谷子又收豆。　广西（贺州）

秋前秋后，正好种豆。　江西（赣中）

秋前秋后，最宜插稻。　广东（新丰）

秋前秋后北风寒，有雨在眼前。　河北

秋前秋后都勿怕，只怕交秋十日晒。　上海

秋前秋后忙，四十天不上床。　安徽（桐城）

秋前秋后一场雨，白露前后一场风。

秋前三片叶，六谷有得吃。　浙江（绍兴、嵊县）

秋前三日插秧好，秋后三日插秧差。　福建

秋前三日花花割，秋后三日家家割。　湖南（岳阳）

秋前三日冇禾打，秋后三天打不赢。　湖南

秋前三日无稻割，秋后三日割不赢。　江西（玉山）

秋前三日无稻割，秋后三日割勿及。　浙江（金华）

秋前三日无禾割，秋后三日烂禾头。　福建（长汀）

秋前三天，秋后三天，打蛮三天，打赖三天。 广东 注：指晚稻插秧在立秋前后三天为宜，有特殊困难过三天也可，但再延三天就不行了。

秋前三天，秋后一七。 浙江

秋前三天割不成，秋后三天割不赢。 湖北

秋前三天割不得，秋后三天割不彻。 注：指早熟中稻。

秋前三天好晚禾，秋后三天屁的禾。 广东

秋前三天接秋雨，秋后三天送秋雨。 贵州

秋前三天没得割，秋后三天割不彻。 安徽、江苏（夹化、泰县）

秋前三天没得割，秋后三天割不及。

秋前三天没得割，秋后三天割不了。

秋前三天没得割，秋后三天割不清。 山东

秋前三天没得空，秋后三天割不了。 江苏（南京）

秋前三天没割稻，秋后三天割不了。 江苏（淮安）

秋前三天无谷割，秋后三天割不赢。 湖北

秋前三天叶落光，秋后三天叶不落。

秋前三张叶，不怕霜与雪。 浙江

秋前生虫，损一茎，发一茎；秋后生虫，损了茎，无了一茎。

秋前生虫，损一茎，发一茎；秋后生虫，损一茎，少一茎。 长三角地区、河北 注：虫害发生在立秋之前，稻苗正在分蘖，茎有损害，植株还能发生分蘖，还有成穗的补救机会。但到了立秋以后，稻秆已经在拔节孕穗，如遭虫害，损伤的稻茎不能再发生分蘖了，即使有分蘖产生，也都是无效分蘖，会造成穗数减少，影响产量。因此，要及时做好病虫害的防治工作，确保水稻足穗。“少”又作“没”。

秋前生虫，损一茎生一茎；秋后生虫，损一茎无一茎。 上海

秋前施一盏，等于立秋后施一碗。 浙江 注：“立秋后”又作“秋后”

秋前十日不断水，秋后十日遍地金。 湖南、江西、广东(五华)、河北(新乐)

秋前十日谷盖田，秋后十日一把草。 湖南（常德） 注：“一把草”指晚稻无收成。

秋前十日老断水，秋后十日遍地金。 湖南

秋前十日无饭吃，秋后十日满坪黄。 湖南（湘西）

秋前十天看秧长，秋后十天看米出。 贵州

秋前十天怕焦花，秋后十天怕霜打。

秋前十天怕潦花，秋后十天怕霜打。 注：“潦花”又作“了花”，指七月下雨。

秋前十天无稻收，秋后十天遍地黄。 黑龙江

秋前十天无谷打，秋后十天遍冲黄。 江苏、山东、四川（三台）、湖北（鄂西北）、江西（安义）

秋前十天无谷打，秋后十天遍地黄。

秋前十天无谷打，秋后十天打不完。

秋前十天无谷打，秋后十天满田黄。

秋前十天无米出，秋后十天满田花。　贵州

秋前十天无水断，秋后十天遍地金。　广东

秋前十天秧，秋后十天稻。　河南（新乡）

秋前莳田杀晚禾，秋后莳田要屌砣。　湖南（衡阳）　注：“屌砣”指无收成。

秋前莳田争一日，秋后莳田争一时。　广东（乐昌）　注：秋后插秧争分夺秒。

秋前水滚脚，秋后有谷割。　河南（郑州）、湖北（广水）

秋前四十种包谷，秋前二十种糜谷。　陕西（咸阳）　注：“秋”，指立秋。“四十”、“二十”指天数。

秋前田里常弯腰，秋后有吃又有烧。　浙江（绍兴）

秋前晚禾，秋后无禾。　湖南（衡阳）

秋前无善北，秋后无善南。　河北

秋前无雨快动手，预防秋后二十四个火老虎。　陕西

秋前无雨水，白露狂雨淋。　上海

秋前无雨水，白露往来淋。

秋前无雨水，白露枉来淋。　上海

秋前勿干田，秋后莫怪天。　上海

秋前勿搁田，秋后叫皇天。　上海

秋前勿烤，秋后懊恼。　上海

秋前小播，立秋大播，处暑不播。　浙江（丽水）

秋前小播，立秋大播，处暑勿播。　浙江

秋前要搁稻，稻好勿跌倒。　上海

秋前要雨难得雨，秋后要晴难得晴。　河南（郑州）

秋前一把荚，秋后一把叶。　注：沿江地区中稻田套种泥豆，大都在立秋前后进行。秋前种的泥豆，在低温到来前已成熟，叶子全部脱落，所以农谚说“叶落光”和“一把荚”。秋后种的泥豆，往往尚未完全成熟，低温已经到来，所以农谚说“叶不落”和“一把叶”。

秋前一根丝，秋后爆九枝。　上海

秋前长薯叶，秋后长薯块。　福建（福清）

秋热如老虎，日头烫屁股。　浙江（金华）

秋热收晚田。　山东

秋热损稻，凉则必熟。

秋热损稻，秋凉必熟。　黑龙江

秋日北风是雨娘。　河北

秋收稻，夏收豆。　江苏（苏北）

秋收稻，夏收头。高早禾，矮晚造。　广东（番禺、顺德）　注：意指早稻要禾架长的高，晚稻要长的矮。

秋收一到，谷场见稻。　湖北（鄂北）

秋熟籽粒成。　山东

秋水可当本。　浙江（鄞县）

秋水如肥料。　浙江

秋水入冲，浸到白露穷。　广西（平南）

秋天白露蔗。　福建（福安）　注："天"又作"田"，意指立秋后是水稻的生长盛期；白露以后是甘蔗的生长盛期。

秋天不铲㔆，打谷无一半。　浙江（龙泉）

秋天草，莫打倒。　山西

秋天落夜雨，遍地出黄金。　江西

秋天一日刮北风，紧跟三日雨不停。　河北（香河）

秋天宜收不宜散。

秋天雨水多，来年蝗虫稀。　注：蝗虫在湖滩荒地上产卵。旱年湖滩荒地没有水，蝗卵全部孵化，所以蝗蝻就多了。涝年湖滩荒地淹了水，杀死蝗卵，自然蝗虫就少了。

秋头暑尾，插秧合时。　广东

秋勿凉，籽勿黄。　江苏（无锡）

秋响雷，暖十日。　陕西（榆林）

秋雨一阵凉，白露一场霜。　广东（肇庆）

秋种一把，强似一夏。　注：淮北地区的涝灾，大都发生在7月份，春播庄稼常常受淹减产，甚至颗粒无收。麦子等秋播作物，在雨季到来之前已经收获，所以收成比较可靠。

人怕老来穷，稻怕秋前发。　江苏（宜兴）

人怕老来穷，谷怕秋后虫。　黑龙江

人怕年老穷，禾怕秋后虫。　陕西、广东、山西（太原）、湖北（荆门）

日立秋，坧坧有；夜立秋，做一坧。　广东（蕉岭）

日立秋，坧坧有；夜立秋，做一坧；六月秋，紧淋淋；七月秋，慢悠悠；八月秋，禾打扮。

日立秋，蚯蚓有；夜立秋，做半坧。　广东　注："蚯蚓有"，指水稻较好；"做半坧"，指甘薯较好。

日立秋，主冷；夜立秋，主热。

日立秋样样有，夜立秋番薯有。　广东（平远）

入伏到立秋，棉田添人手。　上海、湖北　注：“立秋”又作“入秋”。

入伏下雨伏里旱，立秋下雨火烧山。　山东（海阳）

入了伏，不离锄；立了秋，挂锄头。　河北（丰宁）

入了伏，不离锄；入了秋，挂锄头。　陕西、甘肃、宁夏

入秋锄不丢，秋后得丰收。　山东（崂山）

入秋十八暴。　安徽（桐城）

闰年立秋在六月，立秋之后雨水多。　宁夏

三伏不尽秋到来。

三伏不尽秋来到。　河北（巨鹿）、河南（安阳）、黑龙江（大兴安岭）、山东（汶上）

三伏搭一秋。　四川、浙江（衢州）

三伏热过头，冬天雨雪稠。　浙江（衢州）

三伏头上是立秋。　河北（吴桥）

三伏未进秋来到。　山西（晋城）

三伏衔着秋，天气热如锅。　浙江（永嘉）

三秋不如一秋忙，秋收一日顶三晌。　湖北（松滋）

三秋无雨稻半收，处暑晴明实难留。　上海

山薯勿怕羞，一直栽到秋。　浙江

山芋不怕羞，一直栽到秋。　江苏（江浦）

山芋勿怕羞，最晚栽到秋。　江苏（无锡）

十月立秋，多耕几丘。　海南（儋县）

十月无立秋，晚造鸭儿有水游。　广西（桂平）

莳禾莳到秋，只有一半收。　福建

莳田到立秋，人收我也收，人家一丘收几箩，我家一箩收几丘。　广东

莳田到立秋，莳一坵，丢一坵。　广东（连平）

莳田过立秋，迟禾冇得收。　广东

莳田莳到立秋，不如上山打老鼠。　广东

莳田莳到立秋，莳唔莳都忧。　广东

莳田莳过立秋，莳也丢，唔莳也丢。　广东

是稻营秋出。　安徽

暑伏打花顶，立秋花眦芽。　河北、河南、山东、山西

数伏栽大葱，立秋种蔓菁。　河北（行唐）

双抢如救火，过秋就不妥。　广西（宣州）[壮族]

水到立秋无法救。　江西（玉山）

顺秋十八暴，逆秋十八干。　湖北（恩施）

顺秋十八雨，对秋十八晴。　海南

台风年年有，就怕夹立秋。　上海

天高立秋晒破头，云低入伏淋破头。　宁夏

天怕秋没雨，禾怕钻心虫。　江苏、四川（宜宾）、湖北（荆门）、安徽（淮南）、河北（张家口）

田不秋翻不肥，地不秋翻无水。　黑龙江（牡丹江）

听说立了秋，棉花把头揪。　山东（寿光）

头伏萝卜二伏芥，立秋前后种白菜。　河北、河南、山东、山西、黑龙江

头伏萝卜二伏芥，立秋三五种白菜。　山西（翼城）

头伏荞麦二伏菜，立秋蔬菜长得快。　宁夏

头伏芝麻二伏豆，粟谷种在立秋后。　湖北（荆门）

头伏芝麻二伏豆，晚谷种在立秋后。　南方地区

头伏芝麻二伏豆，晚粟种到立秋后。

头伏芝麻二伏豆，晚粟种在立秋后。　湖北（荆门）

头季到立秋，二季就没收。　福建（周宁）

头麻不过节，二麻不过秋，三麻霜前收。　注：沿江和江南，苎麻一年收割三次，农谚指出每次收割的适期。“节”指端午，“秋”指立秋，“霜”指霜降。

头晌立罢秋，后晌凉飕飕。　山东（曹县）

头晌立了秋，晚上凉飕飕。　黑龙江　注：“头晌”指上午。

头上汗珠砸脚面，秋后睛吃稻米饭。　天津（东丽）

脱衣秋，热得久；着衣秋，热勿久。　上海

晚稻不吃立秋水。　四川

晚稻不过秋，过秋九不收。　福建、湖南、四川、安徽（安庆）、海南（文昌）、江苏（江浦）、江西（南昌）　注：“秋”指立秋。

晚稻不过秋，过秋难丰收。　广西（罗城）

晚稻不过秋，过秋无谷收。　湖南　注：“无谷”又作“一半”。

晚稻不在水，不在粪，全靠秋前奔。　湖北

晚稻插秋后，只能折半收。　广东

晚稻插田，秋前暑尾。　广东

晚稻到秋长三眼，早稻到秋肚中生。　江苏（淮阴）

晚稻过了秋，有秧也要丢。　浙江（台州）

晚稻过了秋，只能折半收。　广西

晚稻过秋，别想丰收。　福建

晚稻勿过秋，过秋九呒收。　浙江（台州）

晚稻一过秋，十有九不收。　广东、河南（信阳）　注：“秋”指立秋。

晚谷不过秋，过秋九不收。　四川（阿坝）[羌族]

晚谷不要粪，全靠秋前奔。　湖北

晚禾不过秋，过秋九不收。　四川、浙江、湖北、江西、上海　注："禾"又作"稻"。

晚禾不过秋，过秋无谷收。　江苏（连云港）

晚禾不过秋，过秋一半收。　江西（宜春）　注：栽晚禾（一晚和二晚）必须争取季节。

晚禾不要粪，全靠秋雨淋。　注：夏天酷热，立秋前后下雨，天气逐渐凉爽，利于晚禾分蘖。

晚禾插田不过秋，过秋才插无谷收。　广西（天峨）[苗族]

晚禾若无粪，全靠秋前奔。　江西

晚立秋，热煞牛。　上海

晚立秋，热死牛。　新疆

晚秋不过秋，过秋九不收。　吉林、宁夏　注：此条意为立秋之后不再播种晚秋作物。

晚秋要早，早秋要晚。　河南（平顶山）

晚入秋，红薯大丰收。　广西（上林）

晚秧不过秋，过秋减少收。　广西（扶绥）

晚秧不下粪，只要秋前奔。　湖北

晚造不过秋，过秋冇谷收。　广东（佛山）

未秋先秋，棉花像绣球。　上海

未秋先秋，棉要罗朵，长来像绣球。　江苏（海门）　注："罗朵"，方言，指花朵。

未秋先秋，踏断蛮牛。　上海　注：干旱需戽水。

未秋先秋，踏断眠牛。　长三角地区　注："眠牛"，旧时水车轴两端的枕石。立秋不仅表示秋天的开始，也预示着草木开始孕子结果。立秋前天气阴湿，气温降低，是未秋先秋的景象，主立秋后干旱；旧时种稻的农民忙着踏车戽水，会把眠牛石踏断。

未秋已先秋，棉花桃子像绣球。　江苏（苏北）

蚊从立秋死。

五月秧，如烧香；六月秧，大把夯；立秋后，满地攒，强似种绿豆。　安徽（芜湖）　注：当地栽晚稻，大暑前后每穴栽三四根，立秋前六、七天每穴栽八根左右，立秋后每穴根数更多。因为栽得迟，分蘖少，收成少。

瞎目秋，番薯芋子有；光目秋，米谷有；雷打秋，禾丰收。　广东（五华）　注："瞎目"、"光目"指夜间或白天立秋。"雷打秋"指立秋时节响了雷。

瞎眼秋，红薯芋头大过牛；光眼秋，红薯芋头没得收。　广西（平乐）

瞎子秋，满田收；光子秋，拣田收。　广东　注："瞎子秋"指立秋在黑夜。

夏天的阵头，打一个热一个；秋天的阵头，打一个凉一个。　江苏

夏作秋，有得收。 湖南（益阳）

响雷在立秋，五谷大丰收。 海南（琼山）

小鲫鱼，不怕羞，稀稀拉拉拖到秋。 江苏

小鲤鱼，勿怕羞，拖拖拉拉到大秋。 浙江

小秋顺秋，小雨常流。 甘肃（天水）

雄秋雌白露，白米铺街路。 上海 注：“雄秋”，指从子时到午时立秋；“雌白露”，指从未时到亥时交白露。

雄秋雌白露，荒一路熟一路。 上海

燕鱼不害羞，沥沥拉拉到老秋。 山东（烟台）

要吃米，立秋再下三场雪；要吃面，一九一场雪。 新疆

要得晚谷胜，只要秋前拼。 湖北

要得晚秋胜，须在秋前奔。 湖北

要钓鱼，单等立秋中秋节。 江苏

要想明年虫子少，秋后割掉田边草。 黑龙江（牡丹江）

要想新鱼产得好，秋前喂食不偷巧。 湖北（嘉鱼）

一场秋风一场凉，过白露就有霜。 河南（新乡）

一场秋风一场凉，三场白露一场霜。 内蒙古、河南（许昌） 注：立秋后，气温逐渐下降，天气变凉，冷空气移来，同本地的暖空气接触，易形成秋雨，降雨后冷空气增强，露和霜，都是水汽凝结的现象，是由当时的温度条件决定的。内蒙古，“凉”又作“冻”。

一场秋风一场凉，一场白露一场霜。 湖北（洪湖）

一场秋雨一层凉，一过白露就有霜。 河南（鹤壁）

一场秋雨一场寒，十场秋雨换上棉。

一场秋雨一场寒，十场秋雨要穿棉。

一场秋雨一场寒，一场白露一场霜。 贵州（六盘水）

一场秋雨一场寒。

一场秋雨一场凉，三场白露一场霜。 内蒙古、山西、陕西、辽宁、湖北、甘肃、宁夏、河北、河南、上海、浙江、天津（北辰）

一场秋雨一场凉，十场秋雨下严霜。 天津（北辰）

一场秋雨一场凉，一场白露一场霜。 山西、陕西、辽宁、湖北、甘肃、宁夏、河北、河南、上海、浙江

一立秋，不圪蹴。 内蒙古

一立秋，草回头。 内蒙古

一立秋，一圪蹴，一立夏，大躺下。 山西（朔州、岚县）

一年劳动在于秋，十成庄稼十成收。

一年之季在于秋，谷不到家不算收。 湖北、浙江 注：“到家”又作“归仓”。

一阵秋风一阵凉，三场白露两场霜。　内蒙古

一阵秋风一阵凉，三场白露一场霜。　黑龙江（绥化）

一阵秋风一阵凉，一场白露对场霜。　河南（郑州）

一阵秋风一阵凉，一场白露一场霜。　黑龙江

一阵秋雨，一阵凉；一场白露，一场霜；严霜单打独根草，蚂蚱死在草根上。　河北

一阵秋雨一阵凉，一场白露一场霜。　北京、浙江、山西（晋城）

阴年立秋明，阳年立秋冻。　陕西（榆林）　注："阴年"指单数年份；"阳年"指双数年份。

迎秋三场雨，遍地出黄金。　安徽、江苏（南京）、河南（新乡）

有钱难买秋后热。　吉林、湖北（蒲圻）

有收无收，栽齐立秋。　四川

有收无收，长齐立秋。　湖北（宜城）

雨打立秋，干死泥鳅。　河北（乐亭）

雨打立秋，万物丰收。　安徽（泗县）

雨打立秋，五谷丰收。　陕西（渭南）

雨打立秋头，晚稻喂黄牛。　浙江（宁波）

雨打立秋头，庄稼双泪流。　宁夏

雨打秋，薄薄收。　浙江

雨打秋，件件收。　湖南（株洲）、浙江（金华）　注："秋"指立秋。

雨打秋，满满收。　江西（万载）

雨打秋，折半收。　广西（来宾、横县）

雨打秋头，晒干鳍头。

雨打秋头，晒杀鳍头。

雨打秋头，晒杀穗头。　浙江

雨打秋头，晒煞鳍头。　河南

雨打秋头，晒煞穗头。　河南

雨打秋头，无草饲牛。　河南、上海、河北（张家口）

雨打秋头，无草喂牛。　上海、广东（广州）、河北（张家口）

雨打秋头廿日旱，再过廿日烂稻秆。　河北（张家口）、浙江（杭州、嘉兴、湖州）

雨过地皮湿，入秋十八暴。　湖北（恩施）

雨降立秋，不种也有收。　海南（琼山）

雨落秋，不用愁。　广西（龙州）[壮族]

预先十日作秋天。　江苏（扬州）　注：指立秋前数日，天气即有转凉迹象。

栽到秋，收到年。

栽种过秋，庄稼半收。　福建

早晨立哒秋，晚上凉飕飕。　湖南

早晨立了秋，后晌冷飕飕。　新疆

早晨立了秋，晚上凉飕飕。

早晨立了秋，晚上凉悠悠。　广东（广州）、河北（沧州）

早晨立了秋，下午冷飕飕。　四川（阿坝）[羌族]

早晨立秋凉飕飕，晚上立秋晒煞人。　山西（平遥）

早晨秋，凉飕飕；黄昏秋，闹啁啁。　江苏（海门）　注：“啁啁”指高热。

早晨秋，凉飕飕；夜立秋，热烌烌。

早晨秋，闹稠稠；夜里秋，阴飕飕。　上海

早晨秋，闹啁啁；夜里秋，瀴飕飕。　上海　注：“闹啁啁”指喧闹、嘈杂；“瀴飕飕”形容有点儿凉。言早晨立秋，预示秋里雨水多；夜里立秋，预示秋里风凉。

早晨秋，着衣秋；夜里秋，脱衣秋；中午秋，赤膊秋。

早打雷，雨淋淋，立秋打雷，少收成。　云南（昭通）

早稻立秋像钻，晚稻立秋上窜。　江苏（南京）

早稻勿插六月秧，晚稻勿过立秋关。　上海

早禾傍秋死。　广西

早禾不吃交秋水，六月栽禾强栽粟。　福建

早禾不吃立秋水，晚稻不受寒露风。　湖南（郴州）

早禾立秋死，迟禾处暑黄。　湖南（零陵）

早禾立秋死，迟禾立秋黄。　湖南　注：“迟禾”指中稻。

早了不结，迟了不黑；立秋倒好，难得偌巧。

早立秋，冷啾啾；晚立秋，闹龙宫。　江苏（淮阴）　注：“闹龙宫”指天热想下水游泳。

早立秋，冷飕飕；暮立秋，热当头。　四川、江西、上海、江苏、河北、河南

早立秋，冷飕飕；晚立秋，热死牛。　湖南、天津

早立秋，凉飕飕；黄昏秋，热稠稠。　江苏（无锡）

早立秋，凉飕飕；晚立秋，热到头。　湖南、上海

早立秋，凉飕飕；晚立秋，热死牛。　吉林、山东（临清）、山西（沁水）、陕西（渭南）

早立秋，凉飕飕；夜立秋，热到头。　浙江（湖州）

早立秋，凉飕飕；夜立秋，热吼吼。　江苏（镇江）

早立秋，凉飕飕；夜立秋，热难受。　浙江（湖州）　注：“热难受”又作“晒煞牛”。

早立秋，凉飕飕；夜立秋，晒死牛。　四川

早立秋，凉悠悠；夜立秋，热浮浮。

早立秋，闹啁啁；夜立秋，热当头。　上海、山东

早立秋，雨啁啁。　上海

早立秋，早晚凉飕飕；晚立秋，扇子不能丢。　江苏（射阳）

早立秋收，晚立秋丢。　吉林、宁夏

早起立了秋，皮上凉飕飕；早起打了春，晌午吃饭不用温。　山东

早起秋，凉飕飕；黄昏秋，热啁啁。　山东

早起秋，凉修修；黄昏秋，热愁愁。

早秋丢，晚秋收，中秋热死牛。

早秋丢，晚秋收。　黑龙江　注：指荞麦。

早秋耕，晚春耕。

早秋凉冰冰，晚秋晒死人。　广西（来宾）[壮族]

早秋凉飕飕，晚秋热死牛。　上海、四川

早秋凉飕飕，晚秋晒煞牛。　上海

早秋凉飕飕，晚秋晒死牛。　广东、上海、四川、广西（来宾）、江苏（涟水）

早秋收，晚秋丢。　辽宁（黑山）　注：上午立秋叫早秋，下午立秋叫晚秋。

早秋桃，潜力大；晚秋桃，不保险。　江苏（镇江）

早秋阴飕飕，晏秋热愁愁，夜秋蜂稠稠。　浙江（绍兴）　注："蜂稠稠"指虫豸多。

早上立了秋，晚上凉飕飕。　吉林、宁夏、河南（安阳）、山东（滕州）、安徽（休宁）

早上立了秋，下午凉飕飕。　山西（榆次）

早上立了秋，中午挂锄钩。　山西（新绛）

早上立秋凉飕飕；晚上立秋热死牛。　四川、安徽、河北

早上秋，凉飕飕；中午秋，热煞泥鳅；晚上秋，痱子愁。　江苏（南京）

早霜立秋白露间，晚霜立夏前后点。　新疆

早夜立秋凉飕飕，日中立秋热烘烘。　上海

早种不收，迟种不黑，立秋正好种荞麦。　河南

长安秋后西风雨。　陕西

着不着，秋前三张箬。　浙江　注："箬"指叶。

着衣秋，凉飕飕；脱衣秋，热两头。　上海　注："两头"指早晚。早上立秋为着衣秋，主风凉，晚上立秋为脱衣秋，主炎热。

着衣秋主热，脱衣秋主凉。　浙江（湖州）

睁眼秋，丢又丢；闭眼秋，收又收。　湖北（仙桃）

睁眼秋，收又收；闭眼秋，丢又丢。　湖北　注："睁眼秋"指午前立秋；"闭眼秋"指午后立秋。

只可秋前三张叶，不可秋后买米吃。　浙江

只望立秋晴一日，农民不用力耕田。　广东

中伏的萝卜末伏的菜，立秋种的疙瘩菜。　陕西

中伏萝卜末伏菜，秋后再种蔓菁菜。　陕西（长安）、山西（太原）

中伏萝卜末伏芥，立秋前后大白菜。　河北、河南、山东、山西

中伏萝卜末伏芥，立秋前后种白菜。　陕西（咸阳）

中午立秋，早晨夜晚凉幽幽。

种成的麦，锄成的秋。　湖北、山西、太原、江苏、陕西（关中）

种地不浇水，秋后准后悔。　黑龙江（牡丹江）

种过立秋折半收。　广西（马山）

种好的麦，锄成的秋。　湖北、山西、太原、江苏、陕西（关中）

种麦秋前不早，秋后不迟。　山西（太原）

种棉不治虫，秋后一场空。　天津

种薯过秋，薯大如煲。　广西（崇左）

种薯莫过秋，必定得丰收。　广西（宜州）

种田靠漏伏，种山靠漏秋。　湖南（零陵）

昼立秋，寒飕飕；夜立秋，热到头。　山东（兖州）

昼夜温差大，有利籽粒发。　注：立秋后温度开始下降，昼夜温差较大，有利于籽粒养分积累和充实膨大。在昼夜温差较大的地区，粮食作物籽粒饱满，瓜果较甜。

庄稼就怕夹秋旱。　注：立秋前后的干旱叫“夹秋旱”。这时，正是中稻开花结实，晚稻圆杆打苞，豆子开花结荚，红薯薯块迅速长大的时候，所以需水最多。类似谚语还有“秋旱如刀剐”。

处　暑

处暑，是二十四节气中的第十四个节气，公历每年8月22日至24日太阳到达黄经150°时为处暑。《月令七十二候集解》："七月中，处，去也，暑气至此而止矣。"意思是炎热的夏天即将过去。虽然处暑前后我国北京、太原、西安、成都和贵阳一线以东及以南的广大地区和新疆塔里木盆地地区日平均气温仍在摄氏二十二度以上，处于夏季，但是这时冷空气南下次数增多，气温下降逐渐明显。

我国古代将处暑分为三候："一候鹰乃祭鸟；二候天地始肃；三候禾乃登。"此节气中老鹰开始大量捕猎鸟类；万物开始凋零；"禾乃登"的"禾"指的是黍、稷、稻、粱类农作物的总称，"登"即成熟的意思。

处暑以后，除华南和西南地区外，我国大部分地区雨季将结束，降水逐渐减少，尤其是华北、东北和西北地区必须抓紧蓄水、保墒，以防秋种期间出现干旱而延误冬作物的播种期。处暑是华南雨量分布由西多东少向东多西少转换的前期。这时华南中部的雨量常是一年里的次高点，比大暑或白露时为多。因此，为了保证冬春农田用水，必须认真抓好这段时间的蓄水工作。高原地区处暑至秋分会出现连续阴雨水天气，对农牧业生产不利。我国南方大部分地区这时也正是收获中稻的大忙时节。这时节连作晚稻正处于拔节、孕穗期，是最需要肥料和水的关键时期，要注意灌好"养胎水"，施好"保花肥"，并加强以防治稻飞虱和白叶枯病为主的田间管理。一般年辰处暑节气内，华南日照仍然比较充足，除了华南西部以外，雨日不多，有利于中稻割晒和棉花吐絮。可是少数年份也有如杜诗所言"三伏适已过，骄阳化为霖"的景况，秋绵雨会提前到来。所以要特别注意天气预报，做好充分准备，抓住每个晴好天气，不失时机地搞好抢收抢晒工作。

八月处暑到，种荞准备好。　湖北（荆门）

播处暑，无米煮。　福建

播田过处暑，有谷没有米。　海南（海口）

不怕九九南风吹一七，只怕处暑南风吹一日。　湖南（娄底）

处了暑，被子捂。　河南（南阳）

处暑，处暑，处处要水。　山西（晋城）

处暑、白露头，种田老倌日夜愁。　浙江（湖州）

处暑安荞，白露看苗。　江西（分宜）

处暑扒破皮，能顶秋后搞一犁。　河北（涞源）

处暑拔稗双家穷。　江苏

处暑拔麻绑扫帚。　河北（阜平）

处暑拔麻摘老瓜。 华北地区、陕西、甘肃、宁夏、河南、山东

处暑白露节，日热夜不热。 海南、江西、宁夏、江苏（连云港）

处暑白露节，日热夜间寒。 吉林

处暑白露节，晚上凉快日里热。 湖南

处暑白露节，夜寒白天热。 湖南、吉林、天津、河北（成安）、黑龙江（牡丹江）、山西（阳曲）

处暑白露节，夜冷白天热。 湖北、安徽（肥东）

处暑白露节，夜凉白天热。 长三角地区

处暑白露节，夜凉日里热。 江西（宜春）

处暑白露节，夜凉天不热。 湖南

处暑白露闻雷声，十天以内不会冻。 内蒙古（呼和浩特、乌兰察布）

处暑半阴晴，白露雨淋淋。 浙江（温州）

处暑北，大风作。 福建

处暑北，热得胶搅搏。 福建（诏安） 注：“胶搅搏”指翻来覆去不安的样子。

处暑北风恶，秋天干了河。 广西（荔浦）

处暑北风晴。 山东

处暑北风阴，拦秋北风晴。 江苏（无锡）

处暑不插田，插了也枉然。 广东

处暑不抽穗，白露不低头，过了寒露喂老牛。

处暑不出穗，白露不低头，到了寒露喂老牛。 宁夏

处暑不出穗，白露不低头，寒露喂老牛。 贵州

处暑不出穗，白露不低头；过了寒露后，糜子喂老牛。 青海

处暑不出头，拔掉喂老牛。 河南（焦作） 注：“不出头”指玉米不出天缨。

处暑不出头，拔了喂老牛。 河北、宁夏

处暑不出头，不如割的喂了牛。 山西（新绛、襄汾）

处暑不出头，到秋喂老牛。 内蒙古 注：“出头”指庄稼长穗。

处暑不出头，割倒喂老牛。 内蒙古 注：处暑以后，河北省北部、内蒙古地区天气已冷，农作物此时如果还不抽穗，以后就难望有收成。“老”又作“黄”。

处暑不出头，割倒养老牛。

处暑不出头，割了喂老牛。 吉林、江苏、湖南、辽宁、山西、山东、河北、黑龙江（绥化）、甘肃（平凉） 注：庄稼处暑时不结籽粒，只能割了做饲料。

处暑不出头，割去喂了牛。 山西、山东、湖南、河北、甘肃（平凉）

处暑不出头，割下喂了牛；处暑出了头，粮食满街流。 山西（晋中） 注：指玉米、高粱、谷子播种早迟和产量的关系。

处暑不出头，是谷喂了牛。

处暑不出头，挽上喂了牛。 山西（新绛、襄汾）

处暑不出头，庄稼永不收。　山西（沁源）

处暑不锄田，来年手不闲。

处暑不处暑，七月十五吃稻黍。　河南、山西（晋城）

处暑不带耱，不如家中坐。　河北、甘肃

处暑不带耱，不如在家坐；白露不带耙，误了来年夏。　黑龙江　注：“耱”，读 mò，也叫耢，功用与耙差不多，用以平整土地。处暑耕地时，要随耕随耱；白露耕地时，要随耕随耙，以使麦田平整，土壤细碎，否则来年的收成就不会好。

处暑不带耙，不是懒蛋是劣把。　山西（临猗）

处暑不带耙，误了半年夏。　河北、山西（运城）

处暑不带耙，误了来年夏。　河北、山西（运城、长子）

处暑不放本，白露枉费心。　上海、浙江（鄞县）　注：这是说晚稻要在处暑前施好追肥；如果到白露再施追肥，就来不及了。

处暑不放车，白露枉费心。　浙江、江苏（南通）

处暑不放粪，白露枉费心。　福建（武平）　注：“放粪”指施肥。

处暑不肥田，白露要怨天。　福建（漳平）

处暑不干田，白露要怨天。　浙江

处暑不干田，白露要怨天；处暑根头白，白露枉费心。　浙江

处暑不勾头，割回去喂老牛。　四川　注：指水稻。

处暑不见底，有谷亦无米。　浙江（鄞县）

处暑不见面，庄稼丢一半。　河南（信阳）

处暑不浇苗，到老无好稻。　河北、上海、江苏（南京）

处暑不浇苗，到老无好苗。　山西（晋城）

处暑不浇苗，至老无好稻。

处暑不觉热，水果免想结。

处暑不救禾，干到白露没奈何。　江西

处暑不开花，收不到白棉花。　广西、上海（奉贤）

处暑不开花，一定采不了白棉花。　注：“白”又作“新”。

处暑不开花，摘不下白棉花。　广西、上海（奉贤）

处暑不留蕾，白露不留花。　山西（河津）

处暑不露头，割了尽喂牛。

处暑不露头，割了喂老牛。　黑龙江、河北（易县）

处暑不露头，割下喂老牛。　江苏、湖南、辽宁、江苏（无锡）　注：“不露头”指不抽穗。“喂老牛”指收成无望。

处暑不露头，长大喂老牛。　山东（龙口）

处暑不落浇，将来无好稻。　江苏

处暑不落雨，赶快去车水。　江苏（连云港）

处暑不落雨，干到白露止。　江西（东乡）

处暑不拿镰，没有十天闲。　河北、陕西、宁夏、甘肃

处暑不热，五谷不活；寒冬不冷，六畜不稳。　北京　注：“活”又作“结”。

处暑不收花，一定采不了白棉花。　河北、湖北　注：“白”又作“新”。

处暑不收墒，不如炕上躺。　山西（长子）

处暑不收蒜，一定分了瓣。　湖北

处暑不通，白露枉用功。

处暑不吐，白露不泄。　江西（临川）　注：“吐”、“泄”均指下雨。

处暑不下雨，干到白露底。　海南

处暑不下雨，干得白露底。　湖南（湘潭）

处暑不下雨，结果也不收。　安徽（宿松）

处暑不秀，白露不收。　注：“秀”又作“袖”。

处暑不一样，白露不加苗。　注：至处暑时，田中晚禾可分优劣，至白露时，则收成已定，不再增加。

处暑不雨，结实难收。　湖南（湘西）[苗族]

处暑不耘田，误了下半年。　福建

处暑不栽薯。　河北（徐水）

处暑不长禾，白露养空壳。　湖北

处暑不找黍，白露准割谷。　河北（保定）

处暑不种薯。　山东（东平）

处暑不种田，将就种上也能吃半年。　安徽

处暑不种田，种了也枉然。　天津

处暑不种田，种田也枉然。　江西、山西、山东、河北、陕西、江苏（淮安）、河南（许昌）　注：立秋节是栽插双季晚稻的一个下限，如果迟到处暑节才栽秧，季节过晚，难望有收。“也”又作“是”。

处暑不种田，庄稼老汉灌菜园。

处暑不种田，庄稼老汉忙菜园。　河南（濮阳）

处暑不种田，庄稼老汉下菜园。　河南（商丘）

处暑不种田，庄稼老头浇菜园。　河北、陕西　注：“头”又作“汉”或“人”，“浇菜园”又作“灌菜园”或“种菜田”。河北意指秋收情况已大体决定，农民有余力顾及园艺。

处暑栽菜白露追，秋分放大水。　河北（任丘）

处暑插禾，亩产半箩。　广东

处暑插禾，亩田半箩。　湖北

处暑差社二十八，黄豆没几荚；处暑差社三十三，黄豆荚满藤。　福建

处暑出大日，秋旱曝死鲫。

处暑锄草根，来年草回头。　河北（万全）

处暑储犁耙，秋分定禾价。　广东

处暑处暑，处处要水。　上海、江苏、湖南（株洲）、浙江（龙泉）

处暑处暑，处处要雨。　河南（开封）、江苏（南京）

处暑处暑，处处有雨。　湖北（黄石）

处暑处暑，灌死老鼠。　湖北

处暑处暑，热杀老鼠。

处暑处暑，热煞老鼠。　长三角地区　注："煞"，吴方言，助词，意为死（用在动词后边表示程度深）。在长三角地区，立秋、处暑过后，有些年份炎热的天气仍多有出现，造成这时土壤中热量积累继续增加，导致土壤温度持续上升趋势，在谚语中有"大暑热处外，处暑热处内"的说法，这对于习惯伏于洞穴内活动的老鼠来说是极不适应的。

处暑处暑，热死老鼠。

处暑处暑，热至此止。　福建（龙岩）

处暑处暑，土地公公要雨。　安徽（肥西）

处暑处暑处处要水。　江苏

处暑此日若有雨，庄稼长好也难收。　内蒙古

处暑打苞，霜降割谷。　湖北　注：指一季晚粳。

处暑打不脱，一定是空壳。　四川

处暑打谷，不论生熟。　四川

处暑打了雷，荞麦无法回；处暑落了雨，荞麦驮断树。　湖南（娄底）

处暑打了雷，鱼虾变成泥。　江西（南昌）

处暑打雷，秆烂成泥。　湖南（郴州）

处暑打雷，寒露风偏早。　广东（韶关）

处暑打雷，荞麦一去不回。　陕西（榆林）

处暑打雷，荞麦一去无回。　河北（张家口）　注："一"又作"有"。

处暑打雷公，老鼠赶打洞。　海南

处暑打雷十八江，老鼠盘好隔年粮。　江西（兴国）

处暑大风霜来早。　河北（沧州）

处暑大雨淋，晚稻半收成。　浙江（衢州）

处暑当天一声雷，四十五天倒黄梅。　福建

处暑当头一粒谷。　江苏（吴县）、上海（嘉定）

处暑当头雨，有谷没有米；处暑雨勿通，白露枉用工。　浙江（杭州）

处暑到秋分，大蒜播种是时辰。　湖南（湘西）［苗族］

处暑到社二十三，荞麦压断铁扁担。　宁夏

处暑到社廿七八，花麦黄豆不结荚；处暑到社廿二三，花麦黄豆有的担。

浙江

处暑的核桃白露枣，霜降的柿子红山坡。 湖北

处暑的花不归家。 河北（蠡县） 注：“归”又作“回”。

处暑的雨，凤凰头上的血。 四川

处暑的雨，谷仓的米。 安徽（肥西）、湖北（天门）

处暑的雨，粕了秕。 青海

处暑灯蛾，白露绉禾。 广东（粤中） 注：第四代三化螟在处暑前后出现，白露前后出现枯心苗。

处暑地门关。 河北（石家庄）

处暑点荞，白露看草。 四川

处暑点荞，白露看苗。 四川、云南、广西（南宁）

处暑定禾苗，白露看禾标。 广东（新丰） 注：“标”指禾苗生长快。

处暑定禾苗，白露望禾标。 广东（粤北）

处暑定禾苗，霜降无老少。 江西

处暑定犁耙，秋分定禾价。 广东（平远）

处暑定犁耙，秋分定禾架。 广东

处暑定年成。 河北（滦南）

处暑定年景。 河北、山东（胶东）

处暑东北风，大路当河通。 福建（晋江）

处暑东北风，大路做河通。

处暑东风转北，雨水稳稳得。 广西（上思）

处暑东南至东北，雨水稳得。 湖南（湘西）[苗族] 注：“东南”、“东北”均指风向。

处暑动刀镰。 江苏（扬州）

处暑动刀无老嫩。 湖北 注：言中稻（一季稻）收割的季节最迟不过处暑，因为处暑后天渐凉了，中稻不收不会继续生长。

处暑动雷，秋雨累累。 湖南（零陵）

处暑动雷，有去无回。 湖南（零陵） 注：指荞麦无收成。

处暑动镰刀。 宁夏

处暑豆，升换斗。 福建（武平）

处暑豆，乌溜溜。 浙江（丽水）

处暑豆，刈一斗。 福建（长汀）

处暑断大雨。 广西（宜州）

处暑断犁耙。 广东、湖南、河北、河南（新乡）

处暑断壅，白露断浇。 浙江（绍兴） 注：指单季晚稻施肥。

处暑垩苗，稳收好稻。 江苏

处暑番薯白露姑。 广东（番禺、顺德） 注："姑"指慈姑。

处暑番薯白露菇。 广东 注：指下种时间。

处暑番薯立秋插。 广东 注："插"又作"秧"，指插秧。

处暑肥，正当时；白露肥，没人施。 福建

处暑风刮谷。 山东（泰安）

处暑风雨大，大水淹菩萨。 湖南（株洲）

处暑逢单，板田难翻。 四川

处暑逢单，放火烧山；处暑逢双，水淹谷桩。 四川

处暑逢单，一冲焦干。 四川

处暑逢漏雨，结果难留住。 福建（南平）

处暑逢霜，割尽谷桩。 四川

处暑逢雨秋末旱。 广东（连山）[壮族]

处暑高粱白露谷，寒露两边挑豆莆。 山东 注："豆莆"，指割下的豆堆。

处暑高粱白露谷，过时不收抱头哭。 山东、安徽（阜南）

处暑高粱白露谷，寒露两旁看豆铺。 山东

处暑高粱白露谷，寒露两头挑豆铺。 山东 注："豆铺"指割倒的豆堆。

处暑高粱白露谷，立冬萝卜小雪菜。 山东（滨州）

处暑高粱白露谷，秋分开豆铺。 山东（范县）

处暑高粱白露谷，霜降到了拔萝卜。 注：指北方处暑时节收获高粱，白露时节收割谷子，霜降时节可以拔萝卜。

处暑高粱白露谷。 山东（巨野）

处暑高粱遍地红。 山东

处暑高粱遍拿镰。

处暑高粱立秋谷，霜降收红薯。 山东（泰安）

处暑割谷无老嫩。 湖北

处暑割黍。 河北（井陉）

处暑割线麻，白露割黄烟。 黑龙江

处暑格雨滴滴落，过年多买几斤肉。 江苏（无锡）

处暑隔秋三十三，豆豆麻麻用箩担；处暑隔社三十四，豆豆麻麻没得担。 福建

处暑隔秋三十三，荞麦豆子老大担。 福建 注："秋"指秋社。

处暑根生谷，田里无水大家哭。 上海

处暑根生谷，无水长不足。 黑龙江、吉林

处暑根头白，白露枉费心。 浙江

处暑根头白，到老没得割。 浙江

处暑根头白，每亩差一石。

处暑根头白，每亩减一石。　浙江

处暑根头白，米汤没得喝。　浙江

处暑根头白，农夫吃一吓。

处暑根头白，农民吃一吓。　广东

处暑根头草，好比毒蛇咬。　注：指晚稻。

处暑根头黑，到老有得吃。　浙江

处暑根头黑，种田有得吃。　上海、浙江　注："种田"一作"到老"。

处暑根头烂，吃口白米饭。　浙江

处暑根头湿，白露扁担晴。　江苏（吴县）

处暑根头水，白露枉来淋。　浙江

处暑根头乌，到老晒勿枯。　浙江（象山）

处暑根头乌，到老晒勿枯；处暑根头白，亩亩差一石。　上海

处暑根头乌，晚青晒勿枯。　浙江（舟山）

处暑公，番薯香；处暑母，有好食。　海南（澄迈）　注："公"指单日；"母"指双日。

处暑公，犁耙冚过冚；处暑乸，犁耙返屋下。　广东　注："处暑公"指处暑的当天是单日。"处暑乸"指处暑的当天是双日。"屋下"指家里。

处暑公，犁耙陇过陇；处暑乸，犁耙放屋下。　广东

处暑够苗不封行，白露封行不铺雾。　广东

处暑谷儿长，大风要提防。

处暑谷渐黄，大风要提防。　山西（太原、新绛）

处暑过了禾翻身，三月无雨减一分。　江西（永新）

处暑过秋，薯大如牛。　广西（南宁）[壮族]

处暑过身，拖刀不认青。　湖南（岳阳）　注：谓稻谷收割期已到。

处暑还无雨，五谷空籽粒。　吉林

处暑寒来。

处暑寒来觉夜长。　山西（忻州）

处暑好发河。　山西

处暑好晴天，家家要采棉。　浙江、湖北（鄂北）

处暑好晴天，家家摘新棉。　四川、上海、浙江、河南、安徽、湖北（鄂北）

处暑禾定柱，立冬禾望垌。　广西（宾阳）

处暑禾堪栽，最怕白露来。　广东（阳春）

处暑禾田连夜变。

处暑禾停秆。　广西（桂平）

处暑核桃白露枣。　河南（漯河）　注：指作物成熟。

处暑红鼻枣，秋分拍打了。　河南（新乡）

处暑红圈胆，秋分落了竿。　注："竿"又作"杆"。

处暑红薯一挂鞭，白露红薯一根藤。　湖南、浙江

处暑后十八盆汤，立秋后四十日浴汤干。

处暑后十八盆汤。　江苏（苏北）

处暑花，不归家。　山东　注：指棉花处暑开的花不能吐絮。

处暑花，不回家。

处暑花，捡到家；白露花，不归家。　河南（濮阳）

处暑花，捡到家；白露花，不归家；白露花，温高霜晚才收花。　注：指棉花。

处暑花，能成花；白露花，水疙瘩；秋分花，不归家。　注：处暑开的花，能正常吐絮；白露开的花，能成铃但不能吐絮；秋分开的花，完全无效，白白消耗棉株的养料。

处暑花红枣，秋分打尽了。　河南、河北

处暑花红枣，秋分尽打了。　河南（南阳）

处暑花开谷熟。　山东（高青）

处暑黄豆白露麦，寒露萝卜摘油菜。　福建（宁化）

处暑及早捉黄塘，块块稻田苗兴旺。　上海

处暑急急追，单怕寒露来。　广东

处暑急急追，单怕白露来。白露白茫茫，早的割，迟的黄。　广东（五华）

处暑剪菽，白露割谷。

处暑见红枣，秋分打遍了。　上海、河南（新乡）　注："见"一作"花"。

处暑见红枣，秋分打尽了。　上海、河北（张家口）

处暑见红枣，秋分打净了。

处暑见开头，白露扎包袱。　山东　注：指白露开始采摘新棉。

处暑见三白。　山东（临清）

处暑见新花，莫忘水浇田。　河北（博野）　注：指棉花的后期灌溉。

处暑见新花。　山西、湖南、广西、浙江、河北（定县）、河南（新乡、南阳、平舆、濮阳）、湖北（荆门）　注：处暑时，一般棉花即开始裂铃吐絮，而处暑时节棉花新开的花蕾就不能正常结铃吐絮。

处暑见新粮。　天津（大港）

处暑见新棉，白露割谷子。　山东（梁山）

处暑见新棉。　上海

处暑节，种荞麦。　四川、江西（安义）

处暑节，昼夜一刻热。　湖南（株洲）、江西（临川）　注：处暑是反映气温的节气，这时，正从炎热的夏天过渡到凉爽的秋天，只有中午一阵较热。

处暑节里的雨，百万仓里的米。　浙江（杭州）

处暑节气来，要种大白菜。　山东（郓城）

处暑节日半阴晴，白露定是雨淋淋。 海南

处暑紧紧栽，最怕白露来。 广东（化县）

处暑久雨天必旱，处暑无雨白露雨。 广西（上思）

处暑就把白菜移，十年准有九不离。

处暑开花不见花。 河北、湖北、陕西（咸阳）、安徽（淮南）、江苏（镇江）

注：指棉花到处暑才开花，到收割前就不能吐絮了。后一“花”字指棉绒。

处暑开花不见絮。

处暑开花不是花。 河北

处暑开雷，谷场三堆。 上海 注：“三堆”即好谷、瘪谷、稻穗。言收成不好。

处暑砍高粱。 山东

处暑看年景。 吉林

处暑看庄稼，黑谷黄棉花。 河南

处暑苦逢天下雨，纵然结实也难留。 广西（玉林、容县） 注：“留”又做“收”。

处暑雷唱歌，阴雨天气多。 湖南、江西

处暑雷公叫，老鼠恶过猫。 广东（惠州）

处暑雷声稻虫多。 江苏、上海、浙江

处暑雷声起，瘪谷绕场飞。 上海

处暑雷响，谷流三江。 海南

处暑蕾有效，秋分花成桃。

处暑离秋三十三，荞麦压断铁扁担。 山西（太原）、陕西（关中）、甘肃（天水）

处暑离社二十七，番薯豆子有一粒。 江西（会昌）

处暑离社二十七，荞麦豆子无一粒。 江西（宜丰）

处暑离社二十三，种下荞麦任你担。 江西（横峰）

处暑离社三十三，荞麦豆子用箩担。 江西（高安）

处暑离社三十三，荞麦挑断铁扁担。 广西

处暑离社三十三，荞麦压坏铁扁担。 陕西（渭南）

处暑离社三十三，荞麦用起铁棍担。

处暑离社三十三，种荞挑断铁扁担。 湖南（零陵）

处暑犁耙住，立冬田垌空。 广西（桂平）

处暑犁耙住，秋分满垌匀。 广西（桂平）

处暑里的水，仓库里的米。 江苏

处暑里的水，谷仓里的米。 浙江、江苏（射阳）、上海（宝山）

处暑里的雨，凤凰头上的血。 浙江（湖州）

处暑里的雨，谷仓里的米。 注：处暑节气晚稻正在打苞抽穗，需水最殷。

处暑里的雨，收不及个米。 江苏

处暑里的雨，收勿及的米。　上海
处暑里个水，谷仓里个米。　上海
处暑里个水，蒲篓里个米。　上海　注："蒲篓"指盛米容器。
处暑里下雨，百万仓里满米。　浙江
处暑立年景。　宁夏
处暑镰刀响，胡麻先遭殃。　山西（左云）
处暑凉，浇倒墙。　青海
处暑漏一漏，好种秋大豆。　福建（光泽）
处暑漏一漏，紧种三日豆。　浙江（东阳）
处暑漏一漏，种得三日豆。　浙江［畲族］
处暑漏一漏，种得十天豆。　福建（浦城）
处暑漏一漏，种得十天秋大豆。　福建（浦城）
处暑乱结蔀，白露正当家，寒露还归家。　浙江（慈溪）
处暑萝卜，白露菜。　注：指江南处暑时节可以种萝卜，白露时节可以种白菜。
处暑萝卜，白露荞。　云南（红河）［彝族］
处暑萝卜白露菜，不到秋风不种麦。　陕西
处暑萝卜白露菜，耽误季节你莫怪。　长三角地区　注：农历七月可以种萝卜，八月可以种其他蔬菜，切不可错过了农时季节，如果错过了你可别怪别人。
处暑萝卜白露菜，秋分麦子人不怪。　陕西（西安）
处暑萝卜白露菜，秋分种菜小雪盖。　江西（万安）
处暑萝卜白露菜，秋分种麦人不怪。　吉林、山东、贵州（贵阳）
处暑萝卜白露菜，秋分种麦正相宜。　上海
处暑萝卜白露菜，深种茄子浅栽葱。
处暑萝卜白露菜，霜降的麦子要搞快。　陕西（西乡）
处暑萝卜白露菜。　湖南、上海、江苏（徐州、南京）、浙江（杭州）、湖北（鄂北）、河南（新乡）、安徽（淮南）、河北（张家口）
处暑萝卜白露葱。　吉林
处暑萝卜白露芥。　福建
处暑落，霜雪迟半月。　福建
处暑落点点，包谷光杆杆。　陕西（宝鸡）　注："落点点"指下雨。
处暑落了雨，谷黄爱落地。　湖北（红安）
处暑落了雨，秋季雨水多。　云南（昆明）
处暑落了雨，往后有久雨。　广西（平乐）
处暑落水刮北风，晚造多虫又烂冬。　广西（桂平）
处暑落下雷暴雨，没有老鼠啃禾穗。　江西（宜黄）

处暑落一点，高山都有捡。　江西（广昌）

处暑落一点，倭薯豆子现成捡。　福建（宁化）　注：“倭薯”指地瓜。

处暑落一番，豆麦随身担。　福建（清流）

处暑落雨百草长，白露落雨霜莅慢。　浙江（丽水）

处暑落雨断牛粮。

处暑落雨还刮风，十只桔子九只空。　江西（宜春）

处暑落雨好收成。　上海

处暑落雨十八闹，一天要落好几道。　四川

处暑落雨是虫药。　浙江

处暑落雨万人愁，晚禾结穗也难留。　广西（田阳）[壮族]

处暑落雨有雨落，处暑不落要晴燥。　福建（浦城）

处暑落雨又起风，十个桔园九个空。　江西（玉山）

处暑满地黄，家家修粮仓。　注：“粮”又作“廪”。

处暑满地新花白，又收又摘无闲人。　山东

处暑满垌黄，白露满田光。　广西

处暑满垅黄，白露一扫光。　湖南

处暑满田塍，晚稻减年成。　浙江（上虞）

处暑满田黄，家家修谷仓。　江苏（盐城）

处暑满田黄，家家修廪仓。

处暑没移框。　福建（罗源）　注：“没移框”指水稻不宜再移植补蔸。

处暑梦个白露菜。

处暑糜穗日夜长。　吉林、宁夏

处暑棉花捡斤半。　浙江、河南（新乡）

处暑棉花检斤半。

处暑棉田见新花，及时采摘善收贮。

处暑呒扁苗。　浙江（绍兴）

处暑呒青稻，小满呒青麦。　浙江

处暑呒有空心草。　浙江（嘉兴）　注：单季稻已拔节孕穗。

处暑拿镰不问青。　湖北

处暑难得十日晴。　江西（南昌）

处暑难得十日阴，白露难得十日晴。　四川、山西、湖北、河南、河北、安徽、上海、湖南、陕西（宝鸡）、福建（同安）、浙江（湖州）

处暑难得十日阴。　湖南、河南（濮阳）

处暑难得十日雨，白露难得十日晴。　黑龙江

处暑难得阴，白露难得晴。　湖南（湘西）[苗族]、江苏（常州）

处暑难得雨，白露难得晴。　江苏（常州）

处暑难逢十日阴，白露难逢十日晴。

处暑难买十月阴。　广东（大埔）

处暑难阴，白露难晴。　上海

处暑闹，一天要落七八道。　四川

处暑捻花割芝麻。　山东（高青）

处暑葡萄白露菜，不到秋分不种麦。　山西（曲沃）

处暑掐黍割黄谷。　河北

处暑前，棉开花；处暑后，收到家。　安徽（宿松）

处暑前，莫荒田；处暑后，莫点豆。　江西（万安）

处暑前后，小黄竹断尾初霜到。　福建　注："断尾"指枯梢。

处暑前后落白米。　浙江（绍兴）

处暑前后种白菜，早种三天不早，晚种三天不晚。　河南（中牟、南阳）

处暑前三后四。　福建（浦城）

处暑前三后四有霜。　内蒙古　注：指在呼伦贝尔盟大兴安岭山地地区，因位置偏北，地势高，在处暑前后，如有冷空气入侵，就可能有霜出现。

处暑前三天不结，后三天不黑。　江西（萍乡）　注：指荞麦。

处暑前三天割生禾，处暑后三天割烂禾。　湖南（零陵）

处暑前三天冇得扮，处暑后三天扮不赢。　湖南（衡阳）　注："扮"，方言，收稻谷。

处暑前十天不为早，处暑后十天不为迟。　湖北（荆门）

处暑荞，白露菜，秋分麦子满地盖。　云南

处暑荞，白露豆，不要误时候。　云南

处暑荞麦，白露齐苗。　江西（赣中）

处暑荞麦，白露油菜。　浙江（杭州、萧山）、湖北（荆门）

处暑荞麦白露菜，寒露种菜钵头闲。　浙江

处暑荞麦白露菜。　江西、湖南、浙江（宁海）、安徽（枞阳）、湖北（鄂北）

处暑荞麦白露花，白露荞麦砸断桠。　江西（安义）

处暑荞麦白露花，不到秋分不种麦。　江西（弋阳）

处暑荞麦白露花，霜降荞麦收到家。　上海、河南（三门峡）

处暑荞麦白露花，霜降荞麦站断枝。　江西（安义）

处暑荞麦不用肥，粮满仓，草成堆。　安徽（淮南）

处暑荞麦不用肥。　广西

处暑荞麦一朵花，白露荞麦驮断桠。　江西（樟树）

处暑荞子白露菜，寒露霜降点得快。　四川

处暑晴，白露雨。　福建

处暑晴，布衣当光到京城。

处暑晴，冬雨多。 海南（保亭）

处暑晴，干死河边芭茅林。 四川、湖北（嘉鱼）

处暑晴，干死河边铁马根。

处暑晴，干死青㭎林。 四川

处暑晴，割稻芽。 海南（定安）

处暑晴，谷草白如银。 四川

处暑晴，谷米上山平。 浙江、江苏（苏北）、河南（新乡）

处暑晴，老鼠入树林；处暑雨，老鼠咬禾穗。 福建（建瓯）

处暑晴，粟子堆成坪。 福建（南靖）

处暑晴到夜，荞麦栽到社。 江西（宜春）

处暑晴的好，干死巴茅草。 安徽（长丰）

处暑秋杂正出穗，糜谷荞麦淌三水。 宁夏

处暑去暑，灌死老鼠。 海南、河北（涞源、宣化）、内蒙古（通辽） 注：内蒙古“去暑”指暑热已去。河北处暑时节，夏天已过，在河北北部地区温度较冷，且这一带正是寒潮前锋位置，气旋在此发生很多，所以常有秋雨绵绵的景象。

处暑去暑，暑尽寒来。 海南

处暑热渐止，常有大风雨。 福建（厦门）

处暑任犁耙。 广东

处暑日，故礼逐；处暑过，不用布。 福建（罗源） 注：“故礼逐”指还来得及。

处暑日，曝死鲫。 福建（云霄）

处暑日北来，晒出脑汁来。 山西（平遥）

处暑日的雨，一点值千金。 上海

处暑若动雷，荞麦有去没有回。 广西、安徽（淮南） 注：指没收成。

处暑若逢天不雨，纵然结实也难留。

处暑若逢天不雨，纵然结实也难收。 山西

处暑若逢天不雨，纵然结实也无收。

处暑若逢天降雨，纵然结实也不收。 陕西（商洛）

处暑若逢天落雨，十分结实也难收。 广西（贵港、桂平）

处暑若逢天下雨，十分收成难收齐。 河北（邯郸）

处暑若逢天下雨，虽然结实也悲愁。 福建（同安）

处暑若逢天下雨，桃梨花果叶难留。 江西（上饶）

处暑若逢天下雨，纵然得食也难留。 广东（四会）

处暑若逢天下雨，纵然结果也难收。 广西（资源）

处暑若逢天下雨，纵然结实也难留。 广东、上海、四川、湖南、山西、广西（上思、梧州）

处暑若逢天下雨，纵然结实也难收。　四川、湖南、山西、上海（嘉定、宝山、崇明）、广西（梧州）

处暑若逢天下雨，纵然有谷也无米。　广东（惠东）　注：指谷粒不饱满。

处暑若逢天下雨，纵使稻结也难收。　海南（琼山）

处暑若逢天一雨，十分结实也难收。　广西（贵港、桂平）　注："一雨"，俗语，下一场雨。

处暑若逢无雨日，纵然结实也不多。　陕西（咸阳）

处暑若逢雨，结实也难收。　甘肃（平凉）

处暑若还天不雨，纵然结实也难收。

处暑若还天不雨，纵然结子难保米。　河北（张家口）

处暑若是逢天雨，纵然结实也难留。　湖南

处暑若无雨，白露枉来霜。　浙江

处暑若无雨，结穗也难收。　内蒙古

处暑若下雨，果实很难留。　四川

处暑若歇田，割稻叫艰难。　福建　注："歇田"指无雨。

处暑三，收叶蔓；处暑四，收个屁。　浙江（兰溪）

处暑三，有豆担；处暑四，种种看。　浙江

处暑三朝稻生囡。

处暑三朝稻有孕。　河北、浙江、上海、四川、河南（新乡）、江苏（无锡）

处暑三朝谷有孕。　河北、浙江、上海、河南（新乡）

处暑三朝水，白露稻上场。　上海

处暑三日稻有孕，寒露到来稻入囤。　注：指晚稻。

处暑三日割黄谷，逢雨不收黄返青。　山东

处暑三日割黄谷。　山东（掖县）

处暑三日强种田，早种荞麦莫偷闲。　河南

处暑三日抢种田，晚秋荞麦莫偷闲。　陕西

处暑三日抢种田，早种荞麦别偷闲。　宁夏

处暑三日无青穇，立秋十天割早谷。　山东　注："穇"又作"糁"、"稷"、"谷"。

处暑三天遍地红。　山东（巨野）

处暑三天遍开镰。　山东（东平）

处暑三天满天红。　山东（单县）

处暑三天种撞田。　河南（周口）

处暑三田水，白露稻上场。　上海

处暑三田水。　上海（上海县）　注：指处暑时田里要戽三次水。

处暑三月无生谷，豆过天社把镰下。　山东（坊子）

处暑上一作，家家满仓谷。　浙江

处暑十八耙，懒人种荞麦。　江西

处暑十八盆，白露加三盆。　江苏（镇江）

处暑十八盆，河里吭下溷浴人。　江苏（太仓）

处暑十八盆。　注：指处暑后还要洗十八天澡，天才凉快。

处暑十八秋，轰隆收秕谷。　湖南　注："轰隆"指雷声。

处暑十日忙割谷。

处暑十天忙割谷。　山西、山东、河北、河南（新乡）　注："忙"又作"正"。

处暑石榴口正开。　上海（川沙）

处暑石榴正开口。　河南（平顶山）

处暑时节快选种。　吉林、宁夏

处暑屎，正及时；白露屎，没人使。　福建

处暑收黍，白露收谷。　北京、河北（望都、张家口）、山西（太原）、河南（新乡）

处暑属木，种一斗收一屋；处暑属金，种一斗收一升。　湖南（零陵）　注：指种黄豆。

处暑穗儿长，秋分糜子黄。　宁夏

处暑提镰割早稻，白露提镰不认青。　河南（光山、罗山）

处暑天不暑，炎热在中午。

处暑天不雨，结果也难收。　湖北（五峰）

处暑天高，晒死岩猫；处暑天矮，晒死爬海。　四川　注："爬海"，方言，螃蟹。

处暑天还暑，好似秋老虎。

处暑天渐凉，新花初上场。　山东（梁山）

处暑天落雨，结实也难成。　福建（尤溪）

处暑天若晴，结实自盈盈。　福建（顺昌）　注：后句指结粒饱满。

处暑田豆，白露荞麦。　浙江　注："白露"一作"谷雨"。

处暑田豆白露荞，下种勿迟收成好。

处暑田豆白露荞。　浙江、河北（张家口）、河南（新乡）

处暑田发白，一年脚白赤。　上海　注：后句言白辛苦一年。

处暑田内箩担子，白露田内一场空。　安徽

处暑田水满田塍，晚稻减年成。

处暑头上落白米。　江苏（宜兴）、上海（松江）

处暑头上一个雷，秕谷两三堆。　注："秕谷"又作"秕壳"。

处暑头上一个雷，稻壳两三堆。　安徽（长丰）

处暑头上一声雷，秕谷两三堆。　河北　注："秕谷"又作"秕壳"。

处暑尾，白露头，鱼死起来不断头。 河南（驻马店）、湖北（孝感）、江西（九江） 注：立秋至秋分，是鱼病最多时期，而处暑至白露，又达到了高峰。秋分以后，病情逐渐好转，到了白露节气，如仍无病鱼发现，本年可望不发病害。若是白露以前就已发现病情，那么鱼死的情况，将会更严重，应注意预防。

处暑尾巴白露头，死鱼不断头。 浙江

处暑闻雷，遍地见贼。 注："见"又作"是"。

处暑闻雷，谷扬三堆。 江苏 注：指好谷一堆，次谷一堆，瘪谷一堆。

处暑闻雷稻虫多。 浙江、上海（嘉定）

处暑无雷，百日无霜。 河南（郑州）

处暑无论大小。 福建 注：指过了处暑，晚稻不论高矮，都进入孕穗期。

处暑无青穇，白露无青豆。 江苏（无锡）

处暑无霜，无雨洗秧。 四川

处暑无台风，不必问天公。 广西（上思）、海南（保亭）［黎族］ 注：广西上思地区此句谚语意为秋旱。"问天公"即求天公。海南地区此句谚语意为天必久雨。

处暑无下肥，白露工白费。 福建（同安）

处暑无雨，百日无霜。 江西（鹰潭）

处暑无雨，旱到白露。 广东（大埔）

处暑无雨秋有干。 江西（南丰）

处暑无雨一冬晴，处暑有雨难收冬。 海南（屯昌）

处暑无雨一冬晴，处暑有雨一冬冰。 湖南

处暑无雨一冬晴，处暑有雨雨一冬。 湖南

处暑唔怕栽，最怕白露来。 广东（阳春）

处暑勿放本，白露枉费心。 上海、浙江 注："放本"指施肥。

处暑勿浇肥，结谷也无收。 上海

处暑勿浇苗，到老无好稻。 河北、上海、江苏（南京、吴县）

处暑勿浇苗，到老直苗苗。 江苏（吴县）

处暑勿落浇苗雨，虽然结实也歉收。 江苏（徐州）

处暑勿落雨，百草勿结籽。 浙江（金华）

处暑勿落雨，农民要饿肚。 浙江

处暑勿雾，晴到白露。 浙江（宁波）

处暑下雨，稻谷全秕。 海南（临高）

处暑下雨，多风多雹。 天津、河北（雄县）

处暑下雨，禾生两耳。 广东 注：指虫害多。

处暑下雨，结果难成。 山东（青州）

处暑下雨，结实难当。 江苏（扬州）

处暑下雨风刮谷。　山东（泰安）

处暑下雨烂谷箩。　山东　注：中稻一般在处暑成熟，这时阴雨连绵，就会造成“烂谷箩”。

处暑下雨米缸空。　黑龙江（牡丹江）［朝鲜族］

处暑下雨十八缸，处暑无雨干断江。　湖北（嘉鱼）

处暑下雨十八闹，处暑无雨十八燥。　广西（荔浦）

处暑下雨十八糟。　注：“糟”又作“朝”。

处暑下雨水浸冬。　海南（琼山）

处暑下雨天下忧。　福建（福鼎）

处暑下雨万人愁。　山西（忻州）

处暑下雨主连阴。　江苏（连云港）

处暑响雷，百日无霜。　上海

处暑响一下，禾谷豆麦走滑石。　福建（宁化）

处暑鹞子白露鹰。　山东（长岛）

处暑夜夜点诱蛾灯，立冬处处有好收成。　上海

处暑一根枪，三天三夜赶上娘。　浙江（嘉兴）

处暑一齐倒，白露收谷草。　四川

处暑一声雷，秕谷满场堆。　浙江（嘉兴）、上海（嘉定）

处暑一声雷，瘪谷满场堆。　上海、浙江（嘉兴）

处暑一声雷，秋里大雨来。

处暑一声雷，秋天大雨来。　云南（昆明）

处暑一仗霜，一担谷子九斗糠。　湖北（郧县）

处暑移白菜，猛锄蹲苗晒。

处暑阴一阴，稻草烂成筋。　广东、福建（福鼎）

处暑油豆白露齐。

处暑油豆白露荞。　浙江（余姚）

处暑有下雨，中稻粒粒米。

处暑有雨，冬季多雨。　海南（屯昌）

处暑有雨，碓里有米。　贵州（遵义）

处暑有雨，晚稻粒粒米。　福建（华安）

处暑有雨，有做无米。　海南（海口）

处暑有雨，庄稼粒粒都是米。　陕西（榆林）

处暑有雨滴滴是米，处暑无雨百日无霜。　河南（驻马店）

处暑有雨河涨水，处暑无雨干断河。　四川（阿坝）［羌族］

处暑有雨来年旱。　广西（荔浦）

处暑有雨粮满库。　福建

处暑有雨十八朝，处暑无雨干断江。　四川　注：“朝”又作“江”。

处暑有雨十八河，处暑无雨干断河。　贵州（贵阳）

处暑有雨十八江，处暑无雨一河装。

处暑有雨一冬淹，处暑无雨一冬干。　安徽（寿县）、湖北（郧西）

处暑鱼速长，管理要加强，饵料要增加，疾病早预防。

处暑雨，串串珠；白露水，无益处。　广东（肇庆）

处暑雨，滴滴都是米。　四川、陕西（渭南）

处暑雨，粒粒都是米。　福建（南安）、河北（邯郸）、江西（宜黄）

处暑雨，粒粒皆是米。　山东、浙江、上海、河北（张家口）、河南（新乡）

注：处暑时节，秋熟作物多处于籽粒开始形成或充实期，水稻一般处于孕穗期，对水分需求量大，此时降雨有利于作物生长发育，获得丰收。“米”又做“稻”。

处暑雨，粒粒米。　吉林

处暑雨，虽然结实莫欢喜。

处暑雨，偷稻鬼。

处暑雨，有谷就有米。　江西（宜黄）

处暑雨，有谷也无米。

处暑雨不动，白露枉用功。　江苏

处暑雨不过，白露枉相逢。　安徽

处暑雨不通，白露万事空。　四川

处暑雨不通，白露万物空。　海南、四川、江苏（南通、苏北）

处暑雨不通，白露枉费功。　江西（临川、丰城）　注：处暑为一季中晚稻需水的关键时期，如果处暑还不下雨，禾在生长后期已被干坏，即使白露再下雨，也是作用不大了。

处暑雨不通，白露枉相逢。　河南、河北（邯郸）

处暑雨不通，白露枉用功。　广东、江苏

处暑雨连连，庄稼结实难。　江苏（苏州）

处暑雨如金。

处暑雨似金。　江苏（常州）

处暑雨甜，白露雨苦。

处暑雨勿流，结实也难收。　上海

处暑雨勿通，白露万物空。　上海

处暑雨勿通，白露枉相逢。　上海

处暑浴壶干。　上海　注：处暑以后，暑退凉生，无须沐浴。浴壶（海盆）搁置不用。

处暑浴盆干。　江苏（镇江）

处暑栽，白露上，再晚跟不上。　山东（范县）　注：“白露上”指施肥。

处暑栽，白露追，秋分放大水。

处暑栽白菜，有利没有害。 河北（沧州）、河南（林县）

处暑栽禾，斗种一箩。 湖北、江西（安义） 注："一"又作"半"。

处暑栽禾，饿死鸭婆。 江西

处暑栽禾，只产一箩。 江西（弋阳）

处暑栽黄秧，能收一箩筐。 河南（固始）

处暑栽荞，白露看苗。 四川、云南、广西（南宁）

处暑栽薯一根鞭，白露栽薯一根藤。 湖南、浙江 注：浙江"一根鞭"又作"一挂鞭"。

处暑栽粟秧，粟头粟秆一样长。 浙江

处暑栽粟秧，穗子秆子一样长。 南方地区

处暑栽苕一挂鞭，白露栽苕一根藤。 湖南（湘西）

处暑栽秧，斗田一箩。 湖北

处暑早，秋分迟，白露前后正当时。 山西（平陆）

处暑早，秋分迟，白露种麦正当时。 宁夏（固原） 注：此条适于山区的山地。

处暑早，秋分迟，白露种麦正合时。

处暑早的雨，谷仓里的米。

处暑长薯。

处暑找暑，白露割谷。 北京（房山）

处暑找黍，白露割谷。 北京、河北（曲阳、望都、张家口）、山西（太原）、河南（新乡）

处暑找薯，白露割谷。 河北（徐水）

处暑种白菜，有利没有害。 河北（邯郸）、河南（商丘）、黑龙江（双鸭山）、山东（曹县）

处暑种白花，七十天归家。 安徽（淮南）

处暑种包芦，秆子像灯草，穗头像红枣，肥料种子白送了。 上海 注："包芦"，即玉米，亦称番麦。

处暑种高山，白露种平川；秋分种门边，寒露种河湾。 山西（运城）

处暑种红薯，急过借米煮。 广西（贺州）

处暑种黄豆，一升滚一斗。 福建

处暑种麦，白露齐苗。 江西（弋阳）

处暑种蔓菁。 河南（林县）

处暑种荞，白露看苗。 四川、宁夏、云南、江西（宜春）、广西（南宁）

处暑种荞，不如栽苕。 湖南（岳阳）

处暑种荞当得谷，白露种菜当得肉。 四川

处暑种芫荽，白露种菠菜。　陕西（西安）

处暑住犁耙，种不完也罢。　广西（钦州）

处暑抓黍。　山西、山东、河南、河北

处暑做雨村人忧，田园谷米只半收。　福建（霞浦）

处暑三，收叶蔓；处暑四，收个屁。

处暑田豆白露荞。

处暑雨，虽然结实莫欢喜。

春风荞麦处暑豆。　福建（沙县）

大冬怕处暑，秔仔怕秋风。　福建（皆江）　注："大冬"，单季稻，在处暑时螟害最严重；"秔仔"，晚稻，秋风时螟害严重。

稻怕处暑风，人怕老来穷。　黑龙江

豆吃处暑露，迟勿落叶早无荚。　浙江（丽水）

干到处暑雨，有谷也无米。　江西（崇仁）

高粱不处暑。　山东

高粱处暑不出头，到秋喂老牛。　吉林

高粱处暑不出头，干脆砍倒喂老牛。　山东（临清）

高山种处暑，平地种白露。　江西（靖安）

谷到处暑黄，家家场中打稻忙。

过了处暑，不论生熟。　四川

过了处暑不种秋。　河南（郑州）

过了处暑不种田。　河南（濮阳）

过了处暑节，不打自己跌。　四川

过了处暑节，不怕割出血。　湖南　注："割出血"指割生禾令人可惜，但不割禾不会再黄，浪费更大。

过了处暑节，夜寒白日热。　上海

过了处暑节，夜冷白天热。　福建（南安）

过了处暑节，种豆不落叶。　湖南

过了处暑热不来。　山西（晋中）

禾到处暑无灾害。　江西（萍乡）

禾苗处暑定高低。　福建（光泽）

交了处暑节，夜寒白天热。　江苏（苏州）

茭草处暑不出头，只中铡了喂老牛。

口外怕处暑，口里怕白露。　河北（宣化、张北）、山西（大同）　注：指降霜时间。"口"，张家口。"口外"，"口里"指张家口以北和张家口以南。

麦是处暑草，不割自跌倒。　内蒙古

棉到处暑，桃儿争裂。　天津

棉到处暑节，桃儿争着裂。 宁夏

棉花值金板，处暑一条槛。

农时节令到处暑，早秋作物陆续熟。

千车万车，不及处暑前一车。 江苏（扬州）

千车万车，不及处暑一车。 浙江、河北、江苏（南京、徐州）、上海（宝山） 注：“及”又作“如”，“处暑”又作“头上”。

千车万车，不及处暑一车；千戽万戽，不及处暑一戽。 江苏 注：处暑节气正是晚稻孕穗时期，是水稻一生中生理需水的高峰期，也是形成产量的关键期。此时天气炎热，水分蒸发量大，若此时缺水，会抑制植株对无机营养的吸收，不能满足颖花分化发育对氮、碳营养的需要，造成穗粒数减少，结实率下降。要保持浅水层，以满足水稻幼穗分化所需水分。“不”又作“勿”。

千车万车，勿及处暑一车。 上海 注：“车”指灌溉。

千戽万戽，不及处暑一戽。 江苏（徐州）

千戽万戽，不如处暑一戽。 江西（弋阳） 注：“戽”，戽斗，泛指汲水灌田的农具。此处指要浇水或指下雨。

千戽万戽，勿及处暑一戽。

千浇万浇，不及处暑头上一浇。 江苏（常州）

千浇万浇，不及处暑一浇。 江苏（苏北）

千浇万浇，不如处暑一浇。 陕西（渭南） 注：后一“浇”字指雨水。

千亩万亩，处暑不锄收不上一亩。 宁夏

前三天不结，后三天不黑；当着处暑种，正是抢火包。 湖南（湘潭） 注：指秋荞的播种期。

前三天不结，后三天不黑；当着处暑种，正是抢火色。 湖北

去暑不出头，割例养老牛。

去暑不锄田，来年手不闲。 山西（和顺） 注：指草荒。

去暑不露头，割下喂老牛。

去暑剪，白露割谷。

去暑剪椒，白露割谷。

若逢处暑雨，结实也难收。 广东（深圳）

若要谷，处暑里摸。 上海

三伏定旱涝，处暑看收成。 天津

三伏有雨秋后热，处暑白露无甚说。

三暑无雷稳收冬，三暑打雷一场空。 福建

三天长一盘，处暑就长完。 上海

山怕处暑，川怕白露。 内蒙古、山西（朔州） 注：山怕处暑，是因为高山处温度下降又早又快，在处暑后就可能出现霜冻，威胁作物。“川”指平原，平原

地带温度下降较慢，白露节后才出现霜冻，因此根据农谚，山地和平原在气温和出现霜冻日期上，一般约差一个节气。

莳禾莳到处暑，有时莳冇得煮。　广东（茂名）

莳田莳到处暑，不如上山捉老鼠。　广东（和平）

莳田莳到处暑，收成唔够喂老鼠。　广东

天下若逢处暑雨，纵然结实也难收。　广东（深圳）

头秋旱，减一半，处暑雨，贵如金。　山西（晋城）

晚插秧苗过处暑，收谷不够养老鼠。　广西（平乐）

晚稻插田过处暑，收割不够喂老鼠。　广西（平乐）

唔怕处暑来，至怕盐霜柏花开。　广东　注：下句又作“最怕盐枫柏开花”。“盐霜柏”、“盐枫柏”均指一种小植物。

一过处暑，就能吃个穗穗。　山西（沁源）

有稻无稻，处暑放倒。

雨打处暑头，长柄锲子割稻头。　浙江（湖州）

早种荞麦早生根，过了处暑明年栽。　江西（赣中）

白　　露

白露，是二十四节气中的第十五个节气，公历每年9月7日至9日太阳到达黄经165°时为白露。《月令七十二候集解》中说："八月节……阴气渐重，露凝而白也。"天气渐转凉，会在清晨时分发现地面和叶子上有许多露珠，这是因夜晚水汽凝结在上面，故名。古人以四时配五行，秋属金，金色白，故以白形容秋露。进入"白露"，晚上会感到一丝丝的凉意。

我国古代将白露分为三候："一候鸿雁来；二候玄鸟归；三候群鸟养羞。"是说时值白露节气，鸿雁与燕子等候鸟准备南飞避寒，百鸟开始贮存干果粮食以备过冬。

白露是收获的季节，也是播种的季节。富饶辽阔的东北平原开始收获谷子、大豆和高粱，华北地区秋收作物成熟，大江南北的棉花正在吐絮，进入全面分批采收的季节。西北、东北地区的冬小麦开始播种，华北的秋种也即将开始，应抓紧做好送肥、耕地、防治地下害虫等准备工作。黄淮地区、江淮及以南地区的单季晚稻已扬花灌浆，双季双晚稻即将抽穗，都要抓紧目前气温还较高的有利时机浅水勤灌。待灌浆完成后，排水落干，促进早熟。如遇低温阴雨，还要注意防治稻瘟病、菌核病等病害。秋茶正在采制，同时要注意防治叶蝉的危害。

俗话说"白露秋分夜，一夜冷一夜。"此时冷空气日趋活跃，温度下降速度逐渐加快，常常出现秋季低温天气。因此，应预防病虫害和低温冷害。对于蔬菜，白露后的天气有利于蔬菜生产，要培育好壮苗。茄果类蔬菜育苗最好在地膜覆盖的大棚内进行，绿叶蔬菜种皮较厚要进行种子处理并浸水催芽。另外，还要做好蔬菜病虫害防治工作，如茄果类主要防治猝倒病。白露时节，果树要进行修剪、施肥、采摘等，同时做好病虫防治。不同的果树要根据实际情况不同对待。

八月白露秋分到，收好梨儿和红枣。　广西

八月白露又秋分，秋收种麦闹纷纷。

八月白露又秋分，收了高粱收花生。　广西

八月的白露等白露，九月的白露不等白露。　甘肃（天水）

八月里秋风凉，三头白露两场霜。　内蒙古

白露秋分，禾生米硬。　湖南（怀化）

白露秋分菜，寒露霜降麦，芒种前后秧。　江苏

白露秋分夜，一夜冷一夜。

白露、秋分，红苕一把筋筋；寒露、霜降，红苕长成棒棒。　四川

白露、秋分晴到底，砻糠、瘪谷会变米。　浙江（杭州）

白露拔节早，寒露难发芽；要想麦出好，秋分把籽下。　山西（临猗）

白露把土松，萝卜嫩冬冬。　四川

白露把衣添。　河北（成安）

白露白，寒露齐。　福建　注：指晚稻白露开始扬花，寒露穗出齐。

白露白，掘了番薯种荞麦。　浙江（浙南）

白露白，上午种豆，下午种花麦。　福建（浦城）

白露白，晚稻好作客。　浙江

白露白，一亩田出一百。　浙江（台州）

白露白，正好点荞麦。　浙江（浙东）

白露白，正好种荞麦。　江西（吉安）、浙江（浙东）

白露白，种芥麦。　福建（诏安）

白露白，种荠麦。　湖南（株洲）

白露白，种乔麦。　安徽（黟县）

白露白，种荞麦。　江西　注：荞麦生长期约七十余天，江西省农民习惯种秋荞麦多在处暑前后下种，过早气温太高，容易引起生长过旺，开花结实少；过迟植株矮小，生长发育不良，易遭霜害，影响产量。

白露白得清，番薯有得蒸。　广东　注：指番薯收成好。

白露白得清，禾苗定九成。　广东（广州）

白露白得清，莳苗青又青。　广东

白露白肚皮，秋分稻出齐。　浙江

白露白飞飞，秋分稻头齐。　注：“头”又作“秀”。

白露白露，管薯收芋。　福建（晋江）

白露白露，黑白分明。　云南（大理）　注：指收成丰歉已分明。

白露白露，露水湿路。　福建（晋江）

白露白露，身子不露。　福建（邵武）、江苏（南京）

白露白露，四肢不露。

白露白露，一头番薯一头芋。　福建（福鼎）

白露白露白，白露种花麦；花麦三爿糠，只救熟不救荒。

白露白茫茫，迟禾出谷早禾黄。　福建（浦城）　注：“出谷”指结粒。

白露白茫茫，迟禾打秆大禾黄。　广东

白露白茫茫，到处中稻黄。　浙江（丽水）

白露白茫茫，稻谷满田黄。

白露白茫茫，番薯豆子要塞行。　福建　注：“塞行”亦称“封行”，指作物生长茂密，看不清株与行。

白露白茫茫，寒露背桶房。　广东　注：“桶房”，打谷桶。

白露白茫茫，寒露不收浆。　广东（徐闻）

白露白茫茫，寒露赶禾蚕。　福建（光泽）　注："禾蚕"指稻螟虫。

白露白茫茫，寒露谷上仓。　福建

白露白茫茫，寒露归仓廊。　福建　注：指单季晚稻。

白露白茫茫，寒露早禾黄。　广东（深圳）

白露白茫茫，寒露加衣裳。　湖南

白露白茫茫，寒露满田黄。　贵州

白露白茫茫，寒露收成忙。　福建

白露白茫茫，寒露收到仓。　上海

白露白茫茫，寒露收进仓。　山西（临汾）

白露白茫茫，寒露收上仓。　福建（松溪、福安）、浙江（丽水）　注："白茫茫"指扬花。

白露白茫茫，寒露添衣裳。

白露白茫茫，寒露修粮仓。　江西（资溪）

白露白茫茫，花麦牵了行。　江西（龙南）

白露白茫茫，冇被嗯上床。　福建（南靖）　注："嗯"指不能。

白露白茫茫，棉被揽上床。　福建（闽清）

白露白茫茫，荞麦登了行。　广东　注：指荞麦丰收有望。

白露白茫茫，荞麦五寸长。　湖南（岳阳）

白露白茫茫，荞麦长满行。

白露白茫茫，秋分插氹塘。　广东　注："氹"同"凼"，也写作"凼"，特指田地里沤肥的小坑。

白露白茫茫，秋分定米粮，寒露赶禾出，霜降赶禾黄。　广西（博白、陆川）

白露白茫茫，秋分定米粮。　广西（防城）

白露白茫茫，是禾要做娘。　江西（南丰）

白露白茫茫，无被不上床。　福建、上海、安徽（濉溪）、湖北（石首）、江苏（南通）　注："白茫茫"指下雨。

白露白茫茫，无被难上床。　河南（郑州）

白露白茫茫，无被唔上床。　广东（广州）

白露白茫茫，无雪又无霜。　广西（玉林）

白露白茫茫，夏至水推秧。　广西（防城、上思）

白露白茫茫，一场风雨一场寒。　福建

白露白茫茫，早禾收来迟禾黄。　福建（浦城）

白露白茫茫，早禾要做娘。　江西

白露白玫玫，秋分稻透齐。

白露白弥弥，秋分稻秀齐。　湖南、江苏（扬州、南京）、上海（宝山、松江、金山）、安徽（淮南）、河北（张家口）

白露白迷迷，秋分稻穗齐。　福建

白露白迷迷，秋分稻头齐；寒露无青稻，霜降一齐倒。　江苏、上海、浙江、安徽、陕西、山西（太原）、河北（张家口）、河南（新乡）

白露白迷迷，秋分稻头齐；秋分不抽头，割来好喂牛。　浙江（镇海、奉化）

注：“不抽头”又作“头不齐”。

白露白迷迷，秋分稻头齐；秋分不抽头，割了好喂牛。　浙江

白露白迷迷，秋分稻头齐。　长三角地区　注：白露是全年昼夜温差最大的一个节气，容易形成白色的露珠，多适用于长江中下游地区，指白露时节粳稻齐穗开花期的场景。

白露白迷迷，秋分稻秀齐。　上海、湖南、天津、江苏（南京、镇江）、安徽（淮南）、河北（张家口）

白露白迷迷，秋分稻秀齐；寒露无老少，霜降一齐倒。　陕西、江苏、上海、浙江、安徽、山西（太原）、河北（张家口）、河南（新乡）

白露白迷迷，秋分稻秀齐；寒露无青稻，霜降一齐倒。

白露白迷迷，秋分稻秀齐；秋分秀不齐，割来好喂牛。　浙江（镇海、奉化）

白露白迷迷，秋分稻莠齐。

白露白迷迷，秋分谷黄齐。　四川

白露白迷迷，秋分收大米。　海南

白露白迷迷，秋天稻头齐；秋分不抽头，割了好喂牛。　浙江

白露白迷迷，霜降稻秀齐。　上海（川沙）　注：指晚稻。

白露白迷迷，晚稻齐秀齐。　江苏

白露白浵浵，秋分稻头齐；寒露住水稻，霜降一齐倒。

白露白如泥，秋分才出齐。　云南

白露白似银，秋分谷似金。　江西（丰城）

白露白潭潭，一次下雨一次寒。　福建（福清）

白露白洋洋，秋分晚稻长。　浙江（台州）

白露白云多，必定有好禾。　广东　注：白露天晴，水稻产量高。

白露白云多，处处好欢乐。　广东（连山）［壮族］

白露白云多，时年好晚禾。　广东

白露白云现，预兆好时年。　广东（阳江）

白露百忙，秋风过后满坝黄。　贵州

白露北，粟空壳。　福建

白露北风多，秋后见霜早。　湖南（长沙）

白露北风起，一夜冷一夜。　上海

白露边，炙火头。　福建（建瓯）　注：“炙火头”指天冷喜近火取暖。

白露遍地金，处处要留心。

白露播得早，就怕虫子咬。

白露补菜，不如白晒。 华北地区、河南、山东 注：指白露时补栽白菜，不能长大卷心，还不如让地休闲。

白露不白，烂死包麦。 海南（保亭） 注：“包麦”指玉米。

白露不报，霜降湿稻；白露水冷，秋分夜凉。 江苏（南通）

白露不抽穗，寒露不低头，庄稼割来喂老牛。 四川（凉山）[彝族]

白露不抽头，割来喂黄牛。 浙江（绍兴）

白露不出，寒露不熟。 江苏、河南、海南、黑龙江、山西、山东、河北、贵州（永顺） 注：指中稻。“不出”指稻不抽穗。河南指麦。

白露不出禾，刹倒喂老牛。 湖南（娄底）

白露不出穗，割禾垫铺睡；寒露不低头，割来喂老牛。 云南

白露不出穗，寒露不低头。 云南

白露不出穗，寒露不勾头，割到家里喂老牛。 陕西（武功）

白露不出穗，寒露不勾头。 陕西（安康） 注：指水稻白露时不吐穗开花，就结不了实。

白露不出头，拔的喂了牛。

白露不出头，拔了喂老牛。 陕西（延安） 注：“了”又作“下”。

白露不出头，肥了老黄牛。 广西（平南）

白露不出头，割倒喂老牛。

白露不出头，割的喂了牛。 山西（晋城）

白露不出头，割了喂老牛。 河南、陕西、湖北（鄂北）、四川（甘孜）[藏族] 注：陕西渭南指水稻白露时不吐穗开花，就结不了实。四川甘孜藏族指荞子。

白露不出头，刈了喂老牛。 江苏（盐城） 注：“不出头”指稻不抽穗。

白露不出真不出，霜降不黄真不黄。 湖南

白露不打风，谷仓不会空。 海南、广东（连山）[壮族]

白露不打烟，胆子大如天。 黑龙江 注：指白露后露水没了，烟叶不着露水质量差。

白露不低头，割倒喂老牛。 安徽、贵州、陕西（武功） 注：指晚稻，“低”又作“勾”；“倒”又作“来”或“草”。

白露不低头，割了喂老牛。 宁夏 注：此句指糜子孕穗。

白露不低头，割了喂牲口。 吉林

白露不过三，过三十八天。 山东

白露不黄，生割。 四川

白露不结，寒露不怕。 天津

白露不可搅土。

白露不露身，寒露不露脚。　湖南、吉林

白露不落雨，落雨即是春。　河北

白露不落雨，落雨即是秋。　河北（保定）

白露不落雨，落雨就是春。　海南

白露不酿蜜。　宁夏

白露不熟，割去喂老牛。　四川　注：指水稻。

白露不吐穗，寒露不低头。　陕西（汉中）　注：指水稻白露时不吐穗开花，就结不了实。

白露不下，寒露风不大。　广西（乐业）

白露不下雨，割谷水湿地；白露下雨，割谷容易。　广西（龙州）

白露不下雨，下雨路不白，滴滴嗒嗒一个月。　安徽（亳州）

白露不下种，寒露不收成。　新疆（阿勒太）

白露不修，寒露不收。　湖北、河北（张家口）、山西（临汾）

白露不秀，寒露不出。　江苏

白露不秀，寒露不割。　山西（太原）

白露不秀，寒露不收。　黑龙江、内蒙古、河南、湖北、上海、山西、山东、河北、天津　注：是说到白露时秋禾尚未秀穗，到了寒露时也不能成熟，这样易遭霜冻，作物所需要的生长日期也不够了，故收获时（寒露）收成很少甚至没有收成。“秀”又作“抽”。

白露不秀，寒露不熟。　河北（井陉）

白露不秀，霜降不收。　江苏（南京）

白露不在家，小满不在地。　河南（周口）　注：指白露种蒜，小满收蒜。

白露不摘烟，霜打不怨天。　黑龙江

白露不种麦，寒露不收成。

白露不作茧儿，放蚕白瞪眼儿。　辽宁、天津、黑龙江

白露才肥禾，不如泼落河。　广东（鹤山）

白露才耘田，脚印依旧现。　广西（武宣）

白露菜，寒露麦，霜降小麦鸡爪墩。　山东（任城）

白露草，一脚跤。　福建（龙岩）

白露草，耘也倒，不耘也倒。　福建（武平）

白露插，比不上立秋补。　广东

白露插白米，秋分插苏仔。　广东　注：“苏仔”，一种耐寒谷。

白露插田争喷鼻。　广东（三水）

白露铲谷子，霜降摘柿子。　河南、河北（张家口）

白露撒大粪，半斤长一斤。　湖南

白露出，寒露律，霜降割禾木，立冬满洋空。　福建　注：指中稻在白露开始

抽穗，寒露抽出穗尾，霜降收割，立冬割完。

白露出，寒露熟，霜降割晚糯。 福建（南安）

白露出了头，是谷喂了牛。 山西（临县）

白露出太阳，谷米贵三场。 四川

白露出一半，寒露一展齐。 广东

白露储稻草，秋分挖红苕。 湖南（湘西）

白露处暑节，夜寒日里热。 江西

白露吹东风，十个铃子九个脓。 上海

白露吹夜风，一夜冷一夜。 四川

白露催禾发，秋分定禾苗。 广西（乐业）

白露催禾发，秋风定禾苗。 广东（湛江）

白露催禾孕，寒露催抽穗。 广西（宁明）

白露催籽，寒露催死。 四川（阿坝）[藏族]

白露打谷三棒脱，三棒不脱是瘪壳。 湖南（怀化）[侗族]

白露打核桃，不打仁变燥。 河南（林县、新乡）

白露打核桃，秋分打枣儿。 河南（新乡）

白露打核桃，秋分下鸭梨。 河北

白露打核桃，秋分下杂梨。 河北、山东（临清）

白露打核桃，秋分下枣梨。

白露打核桃，霜降摘柿子。 山东、山西

白露打核桃。 河北（张家口）

白露打连阴，谷翻两道青。 河南（信阳）

白露打山核。 四川

白露打桃桃，秋分下杂犁。

白露打枣，寒露摘棉。 河南（平顶山）

白露打枣，秋分下梨。 山西

白露打枣，秋分卸梨。 山东（武城）

白露大凉，寒露大风。 广东（连山）

白露大落大白，小落小白。 广东（梅州） 注：“大落”指下大雨。“白”喻谷穗不结实。

白露大落大白。

白露大麦秋分豆，寒露霜降小麦宜。 四川（凉山）[彝族]

白露大晴主速寒。 广西（荔浦）

白露当头雨，叫做白露汤，晚稻烫了剩个稻秆桩。

白露到，打核桃。 山西

白露到，核桃花椒往下掉。 河北（邯郸）

白露到，核桃往下掉。　河南（郑州）

白露到，南瓜掉。　宁夏

白露到，羊桃俏。　长三角地区　注："羊桃"即猕猴桃，白露节气，猕猴桃已成熟，由于市场需求量大，加上猕猴桃具有高档水果的优势，可以卖到好的价钱。

白露到秋分，家禽快打针。

白露稻，无老少。　江苏（南京）

白露稻放步。　广东　注："放步"指分蘖。

白露的花，温低霜早就白搭。

白露的花，有一搭无一搭。

白露的雷不空回，临回还要叨一嘴。　宁夏　注："叨一嘴"指下冰雹。

白露的黍，秋分的谷。　山西（雁北）

白露的黍子，天社的谷子。　山西（大同）

白露滴一点，四十天脚不干。　陕西

白露荻出颖。

白露荻颖。

白露底下放大田，黄田隔夜变。　内蒙古、上海　注："放大田"指施肥。

白露点花麦，过早怕荒，过晚怕霜。　浙江（龙泉）

白露点坡，秋分种川，寒露种滩。　山西（万荣）　注：指种麦。

白露点荞，秋分看苗。　浙江（兰溪）

白露点荞麦，过早怕荒，过晚怕霜。　浙江（龙泉）

白露点一点，秋分无生田。　海南（保亭）

白露东，拖网重，钓业空。　海南（文昌）

白露东风北土冻。　山西（太原）

白露东南风，棉花不见钱；白露西北风，棉花好收成。　河南（新乡）

白露东南风，十个棉桃九个脓。　江苏（连云港）　注："脓"，腐烂。

白露动刀镰。　山东

白露莸，没有搼。　福建（福州）　注：指白露前耘草易烂。

白露豆结顶。　河北、山东、广西、河南、黑龙江、宁夏

白露笃头，烂掉锄头。　江苏（句容）　注："笃头"即落雨。

白露断青苗，迟早一齐标。　广西（藤县）

白露多风台，要来难得猜。　福建（厦门）

白露多雨寒露枯。　上海

白露多雨水，菜蔬多苦味。　河北（张家口）

白露发，秋分绝。　福建　注："发"指晚稻抽穗。

白露发水秋雨少，白露无雨百日霜。　广西（上思、防城）

白露发西风，十个棉桃九个空。　上海

白露番薯，摇头不吃肥。　福建（惠安）

白露防霜冻，秋分麦入土。

白露风，禾仓满岽岽；白露雨，有谷多冇米。　福建（上杭）　注：“满岽岽”指装得很满。“冇米”指秕谷。

白露风，鱼发瘟。　湖北（武穴）

白露风，钻裤角。　四川

白露风，钻裤筒。　浙江（衢州）

白露风吹忙种麦。　山东（曹县）

白露风东南，棉花不值钱；白露西北风，棉花好收成。　山西（襄汾）

白露风兼雨，瘪谷堆满路。　福建（华安）

白露风兼雨，冇谷堆满路。

白露逢单，不等路干；白露逢双，干断谷桩。　四川

白露逢单，稻谷十八翻；白露逢双，干谷好进仓。　海南（保亭）

白露逢单，翻了又翻；白露逢双，干谷进仓。　云南（楚雄）

白露逢三，青菜当饭；白露逢六，青菜贵如肉。　江苏（大丰）

白露逢双，干谷入仓。　陕西

白露逢双，干谷上仓：白露逢单，稻草三翻。　贵州（黔南）[水族]

注：“三翻”喻雨多谷草易烂，要多翻晒。

白露逢双，干谷上仓；白露逢单，翻了一番又一番。　贵州

白露逢双，平谷入仓。　陕西

白露逢霜，干谷入仓。　内蒙古、上海、山西（太原）、陕西（陕南、武功）

注：白露前后，内蒙古地区谷子已接近黄熟，此时遭霜，含水分大，应晒后入仓，以免霉坏。

白露逢霜，割尽谷桩。　四川　注：“割尽”又作“水淹”。

白露干，秋收湿；白露湿，秋收干。　海南

白露干一干，寒露宽一宽。　上海、江苏（张家港）

白露高粱到了家，秋分豆子离了洼。　河南、山西、山东、河北

白露高粱见椽，秋分豆子离洼。　吉林　注：白露时要把高粱穗掐下捆好码在椽子上。

白露高粱秋分豆，寒露谷子场上走。　山西（临猗）

白露高粱秋分豆。　上海、河北、湖北、甘肃、宁夏、陕西（安康）、山西（太原）

白露高山，寒露河川。　陕西（佛坪）

白露高山麦，川道跟秋分。

白露高山麦，寒露种大麦。　陕西

白露高山麦。　陕西、宁夏、甘肃（平凉）、山西（太原）

白露割豆子，霜降摘柿子。　河南（周口）

白露割谷，霜降摘柿。　湖北　注：指白露时节可以收割谷子，霜降时节可以采摘柿子。

白露割谷。　山西、山东、河北（安国）、河南（新乡）　注："谷"又作"谷子"。

白露割谷子，秋分无生田。　河南（开封）

白露割谷子，霜降摘柿子。　四川、河北（张家口、邯郸）、河南（新乡）

白露割蒿，霜降搭桥。　山西（长子）

白露割糜黍，秋分无生田；寒露不算冷，霜降变了天。

白露跟前卸老瓜。　陕西（延安）　注："老瓜"指南瓜。

白露耕地不带糖，不如家中坐。　宁夏

白露耕宿麦。　黑龙江　注："宿麦"指冬小麦。

白露耕渣，寒露耕沙。　山东（范县）　注："渣"指土质黏重的地。

白露溝道沟，秋分糉茬把。　河北

白露谷，寒露豆，过了霜降收芋头。　山东

白露谷，寒露豆，花生收在秋分后。　山东（武城）

白露谷，寒露豆，骑着霜降刨芋头。　山东（任城）

白露谷，寒露豆。　江苏、山东、安徽（歙县）、江西（安义）

白露谷，秋分豆，花生收在寒露后。　安徽（宿州）

白露谷不熟，割了喂老牛。　吉林

白露谷子不低头，拔了回来喂老牛。　陕西（榆林）

白露谷子秋分豆，寒露麦子小盘墩。　河北

白露谷子秋分豆，霜降麦出齐。　浙江（上虞）

白露谷子秋分豆。　河北（大名）　注：此指谷子和豆类的收割时间。

白露刮北风，越刮越干旱。　湖北（黄石）

白露刮风带雨星，清明天变压麦根。　河南（驻马店）

白露刮西北风秋旱，白露刮北风见霜天。　湖南（湘西）

白露挂枝头，花湿好个秋。

白露灌水压盐碱，秋季揎茨抢时间。　宁夏　注："揎茨"，方言，给枸杞修剪枝条。

白露光，正当家；寒露花，靠篱笆。　江苏

白露光明明，野猪入树林。　福建（沙县）

白露鲑鱼来，秋分鱼籽甩。　黑龙江（佳木斯）[赫哲族]

白露过，布无够田税。　福建（同安）

白露过，甘蔗节节甜。　福建（三明）

白露过后是秋分，忙过秋收接秋种。　江苏（苏州）

白露过后是秋分，秋收秋种要加紧。 上海

白露过后是秋分，霜打残花不由人。 陕西（安康）

白露过后又秋分，收罢谷子把麦种。 河南

白露过后栽冬蒜，季节过后要减产。 河北（唐山）

白露过了的青稞，八十岁的阿婆。 甘肃（甘南）

白露过了霜降到，犁头挂在墙上了。 内蒙古

白露过绿肥套种，霜降后三麦播种。 上海 注：“三麦”指大麦、小麦、元麦。

白露过秋分，农事忙纷纷。

白露过去是秋分，霜打残花不由人。 天津

白露过去是秋分，雪扫残花不由人。 山西（忻州）

白露过一天，蚊子死一千。 贵州（遵义）

白露过一天，蚊子死一千；白露一开口，见天死一斗。 四川

白露寒风对月霜。 河北（邢台）

白露禾怀胎，寒露稻成熟。 广西（龙州）

白露禾苗不出头，割来喂老牛。 广西（天峨）［苗族］ 注：“出”又作“低”，指抽穗。

白露禾苗不弯苗，赶快下足肥。 广东

白露禾胀肚，寒露禾拦路。 湖南（零陵）［瑶族］

白露核桃寒露枣。 山西

白露核桃花椒完。 河北、河南、山东、山西

白露烘，烘死人。 福建（福州） 注：指到了白露，仍偶有热天。“烘”，热。

白露后，寒露前，羊交配，鸡换羽。 黑龙江、江苏、山西、安徽（界首）、上海（宝山、川沙）

白露后，配牛羊。 陕西（榆林）

白露后种菜，火烧都不来。 湖南（娄底） 注：“不来”，不发。

白露后种荞麦，一半黑一半白。 浙江（浙东）

白露胡豆霜降麦，立冬油菜迟不得。 四川、贵州

白露花，不归家。 长三角地区、湖北（荆门） 注：白露以后棉花所开的花，即使能结铃也不能正常吐絮了，因此在生产上有放弃后期管理的倾向。其实，此谚语在长三角地区大多数年份并不符合实际情况。通常此时仍常在有所减弱的西北太平洋副热带高压控制下，白天温度依然较高，因此白露后几天开的花，经过50～70天后仍可吐絮，一般不会遇到早霜危害，所以白露花也能够正常吐絮。而且由于白天光照较多，气温较高，夜间气温较低，昼夜温差较大，有利于光合作用和干物质积累，光合效率高，对棉花结铃与伏、秋桃的增重均较有利。因此加强白

露以后的田间管理对于提高棉花产量及质量都有重要的意义。

白露花，不上车。　山西（晋中、新绛）

白露花，分早晚。　湖北

白露花，回不了家。　河北

白露花，秋分谷。　四川

白露花，正当家。　浙江（慈溪）

白露花，正当家；寒露花，靠篱笆。　江苏

白露花结籽，林中采种正当时。　安徽（歙县）

白露寄麻菜。　江苏（兴化）

白露见，高粱蹿。　吉林

白露见稻白，寒露见稻赤，立冬满洋空。　福建　注："赤"，成熟。

白露见稻白，秋分见稻匀。　福建　注："匀"指稻穗出齐。

白露见高粱茬。　辽宁、山西（太原）　注："茬"又作"椽"。

白露见谷趟。　北京（延庆）　注："谷趟"指谷子割倒成行。

白露见面不见露，秋后缺水做酒醋。　吉林

白露见湿泥，一天长一皮。

白露见雨不见露，秋后无水做酒醋。　宁夏

白露耩道沟，秋分耩茬把。

白露耩沙，寒露耩洼。　山东（邹县）

白露耩砂，寒露耩洼。　山东　注：指小麦。

白露耩上洼，寒露去耩沙。　山东

白露耩洼，寒露耩沙。　山东

白露降霜，火盆上炕。　新疆

白露节，棉花地里不得歇。

白露节，枣红截。　华北地区、河南、山东

白露节到，牛驴上套。

白露节里忙秋收，秋分旱地一齐收。　山西（临汾、平遥）

白露节内快收秋，秋分早晚一起收。　河北（邯郸）

白露节内忙收秋，秋分旱地一齐收。　河南

白露节内忙收秋，秋分早晚一齐收。　河南（新乡）

白露节气勿露身，早晚要叮咛。

白露节日雾，切莫开仓库。

白露芥菜经得剥，重阳酿酒经得喝。　湖南

白露尽薯苗，处暑尽秧苗。　广东（兴宁）

白露晴，有米无仓盛；白露雨，有谷无好米。　湖北（黄冈）

白露晴到夜，荞麦种到社。

白露晴三日，砻糠变白米。

白露开花，棉花到家。 江苏（宝应）

白露开花，摘桃回家。 湖北

白露开花寒露捉。 江苏（南通） 注：“捉”指拾花。

白露开黄花，秋分消棉。 山西 注：“棉”又作“棉花”。

白露开黄花，烧柴摘疙瘩。 山西（永济） 注：指棉花。

白露开黄花，田里不炸屋里炸。 湖北

白露开镰，秋分割完。 河北（唐县）

白露砍高粱，寒露好打场。

白露砍高粱，寒露打光场。 陕西（渭南）

白露砍高粱，寒露打空场。 安徽（怀远）

白露砍高粱，寒露打完场。 甘肃、宁夏、河北（张家口、邯郸）、陕西（关中）、上海（川沙）、山西（太原）

白露砍高粱，寒露收完场。 河南（新乡）

白露砍高粱。 华北地区、宁夏、山东、河南

白露看稻花，秋分看稻谷。 上海、浙江

白露看稻花，秋后看稻谷。 江苏（南京）

白露看花，秋分看稻。 长三角地区、宁夏 注：白露期间棉花进入花铃后期，棉花开始裂铃吐絮，是决定棉花产量的关键时期。秋分时节，晚稻进入灌浆结实期，是决定粒重的关键时期。到了白露、秋分时节，看棉花和晚稻的长势，收成已基本成定局。

白露看花，秋分看谷。 上海、江西（赣中）、江苏（南京）、山西（太原）

注：“花”指稻花。

白露看花，秋后看稻。

白露看花秋看稻。 上海、陕西、甘肃、宁夏、河北、江苏（无锡、镇江）、安徽（淮南）

白露看花秋看桃。 上海

白露快把土翻松，种上生菜嫩冬冬。 广西（玉林）

白露快把土挖松，点种萝卜嫩冬冬。 陕西（渭南）

白露快把土挖松，种起庄稼嫩冬冬。 四川 注：“嫩冬冬”指很嫩的意思。

白露宽一宽，寒露干一干。 上海 注：“宽一宽”指有雨。

白露雷，不空回。

白露雷回厝。 福建

白露垒堰，多收一半。 山西（晋城）

白露离社四十天，庄稼人种麦没利钱。 宁夏

白露梨，秋分枣。 天津

白露里的雨，来一路苦一路。　上海

白露里的雨，秧苗落勿住。　上海　注：“秧苗”指菜秧。

白露里的雨是苦的，处暑里的雨是甜的。　江苏

白露里雨，到处坏处。

白露镰刀响，秋分砍高粱。　河北（怀安）

白露两边菜，秋分两边麦。　江苏（淮阴）

白露两边看早麦，秋分前后无生田。　山东

白露两边看早麦。　山东、山西、河南、河北

白露两旁看早麦，秋分前后无生田。

白露两旁看早麦。　山东、山西、河南、河北　注：言秋分种麦，白露种的则为早麦。

白露两头花，廿日上轧车。　浙江（浙东）

白露路不白，庄稼地里霉。　陕西　注：“路不白”指连阴雨天，路不干。

白露路勿白，路白要赤脚。　上海

白露露低，明年野猪少；白露露高，明年野猪多。　福建（将乐）

白露露禾苗，秋分抽禾穗。　海南（儋县）

白露露水多，一场秋露抵场雨。　安徽

白露萝卜寒露菜。　安徽（桐城）

白露萝卜秋前菜。　福建（霞浦）

白露落，路白就要落。

白露落得路白。　上海

白露落了雨，红花草生三只脚；秋分落了雨，红花草生两只脚。　上海（嘉定）

白露落了雨，路白又有雨。　四川

白露落了雨，青菜萝卜收勿起。　上海（川沙）

白露落了雨，青菜萝卜种勿起。　上海　注：“种勿起”即受影响的意思。

白露落雨，见白就落。　江苏（南通）

白露落雨，路干即雨。　江苏（苏州）　注：“即”又作“又”。

白露落雨，五谷铺路。　福建

白露落雨偷教鬼。　浙江

白露麦，不施肥。　山东（郯城）

白露麦，不使粪。　河北、山东　注：河北是指早种如上粪。

白露麦，不用粪，过了年，没有劲。　山东（博兴）

白露麦，不用粪。　河北、山东（长山、昌乐）

白露麦，寒露豆。　山东

白露麦，一升割一石。　福建（武平）

白露麦子寒露豆，菜籽种在土黄头。　云南（昆明）　注：“土黄头”，即土黄节令内，不特指土黄的最初几天。

白露麦子寒露豌，大麦点齐冬月间。　四川、贵州（贵阳）

白露鳗鲡霜降蟹。　上海

白露满地红黄白，棉花地里人如海，杈子耳子继续去，上午修棉下午摘。

白露满街白。　湖北

白露满洋白，寒露满洋黄，立冬满洋空。　福建（长汀）

白露熳葱秧，寒露拔葱秧。　新疆

白露忙割地，秋分无生田。　辽宁（辽西）

白露忙割地。　黑龙江（哈尔滨）

白露茫茫，迟早一下黄。　湖南　注：指晚熟中稻和晚稻。

白露茫茫，花麦五寸长。　江西（崇仁）

白露没下种，来年无收成。　新疆（阿勒太）

白露没雨，五谷铺路。　福建（华安）

白露糜子割不得，秋分谷子等不得。　黑龙江

白露糜子寒露谷，过了霜降黍砍秫。　宁夏

白露糜子秋分谷，过了寒露砍黍秫。　宁夏（银南）

白露棉，不进家。　江苏（涟水）

白露棉花好长相，全株上下一起忙；下部吐白絮，上顶有花香；全田后劲足，不衰又不狂。

白露棉花秋分稻。　江苏（海门）

白露暝晴夜夜晴，白露暝雨虫害起。　福建

白露莫露体，露体顶不起。　广西（平乐）　注：意指天气冷。“顶不起”即身体受凉会生病。

白露南风天，四十天见海底。　江苏

白露南风晚稻好，白露北风穿珠多。　福建（福清）　注：“穿珠”指空壳。

白露南风雨，秋分北风干。　福建（泉州）

白露南风雨，晚谷满仓库。　福建（同安）

白露南省肥，白露北吃重肥。　福建（海澄）　注：“南”、“北”指南风、北风。

白露难得十日晴。　福建、江苏

白露难逢八月八，清明难逢三月三。　江苏（淮阴）

白露暖，压得扁担断。　福建（泰宁）

白露喷谷地，秋分无生田。　河南

白露圮，稻苞饱圆。　海南（琼海）　注：“圮”，海南话，旁边。

白露前粧使，秋分前下粗。　福建（龙溪）

白露前播三只脚，白露后播一只脚。　上海　注：“脚”即芽。言紫云英播种迟早，影响到出芽率的高低。

白露前耕二遍，能破坏蝼蛄窝。　内蒙古　注：“蝼蛄”，为直翅目昆虫，土名“拉拉蛄”、“拉蛄”、“土狗子”等，发生普遍，危害严重，为内蒙古主要地下害虫之一。平时穴居于土中，早晚间出来为害，白天多隐藏起来，其穴道的深浅，土壤干时较深，湿时较浅，一般活动深度约一至五寸。在白露前耕地二遍，破坏其巢穴，对减轻蝼蛄危害可起到积极作用。

白露前后，倒地时候。　内蒙古

白露前后，防前防后。　青海

白露前后，是翻地适合的时候。　内蒙古

白露前后，收大田的时候。　内蒙古

白露前后，莜荞麦割一半。　山西（朔州）

白露前后耕大茬，秋分种麦最为佳。　山东

白露前后看，莜麦荞麦收一半。

白露前后看早菜，寒露前后看早麦。　江苏（扬州）

白露前后一场风，寒露黄蓿割得空，霜降一到水生冰。　天津（汉沽）

白露前后一场风，乡下人做个空。

白露前后一场风。　北京（昌平）

白露前后有西风，不出二天必有雨。　福建

白露前后种小麦。　甘肃（庆阳）

白露前后种植麦。　山西（晋城）

白露前会成熟，白露后不生肉。　浙江（金华）

白露前雷响，秋分前来霜；秋分前雷响，寒露前来霜。　甘肃（天祝）

白露前犁田稻子有，白露后犁田草子生。　福建

白露前毛雨又放晴，先下霜来后起风。　山西（和顺）

白露前荞麦收成熟，白露后荞麦不生肉。　浙江

白露前三后四。　山西（闻喜）

白露前三后四霜来降。　宁夏

白露前三后四有霜。　内蒙古　注：是说在北纬四十五度以北的呼伦贝尔盟、锡林郭勒盟和乌兰察布盟的大青山以北地带，初霜多出现在白露前后。

白露前十日不要忙，秋分后十日遍地黄。　江西（宜春）　注：“日”又作“天”。

白露前十天，后十天，少牛无籽再十天。　宁夏

白露前十天不早，后十天不迟。　宁夏、陕西（关中）、甘肃（平凉）

白露前十天种不早，后十天种不迟。　宁夏

白露前十种小麦，清明前十种玉米。　广西（南宁）

白露前是雨，白露后是鬼。　宁夏、上海、福建、江苏、河南（郑州）、湖北（通山）　注：后句指白露后雨水对晚稻生长不利。

白露前是雨，白露后是露。　天津

白露前种小白麦，白露后种大白麦。　新疆（额敏）

白露荞麦，寒露油菜。　浙江（富阳）

白露荞麦处暑豆。　福建（长汀）、广西（临桂）

白露荞麦秋分菜。　浙江（永康、武义）、河南（新乡）　注：指播种时期。

白露荞麦压断丫，处暑荞麦晒开花。　注："丫"又作"桠"。

白露青，三担零。　广东　注："青"，指回青；"三担零"，指歉收。

白露青黄不忌刀。　宁夏　注：意指一过白露，不管糜的叶子是黄是绿都可以收割。

白露青天，荞麦到西天。　安徽

白露青铜镜，三日就起霜。　浙江（丽水）　注："青铜镜"指天上无云。

白露晴，不烂冬。　福建

白露晴，打谷不用晒谷坪。　湖南（益阳）

白露晴，冬不冷。　海南

白露晴，谷米白如银；白露雨，家家缺粮米。　江西（临川）

白露晴，寒露阴，白露阴，寒露晴。　江苏（连云港）

白露晴，寒露阴。　海南（儋县）、河南（南阳）、湖北（崇阳）

白露晴，扫粪坪。　福建（武平）

白露晴，晒谷不用晒谷台。　海南

白露晴，五谷好收成；白露雨，五谷没好米。　吉林

白露晴，洗粪坪。　福建

白露晴，有米无仓盛；白露雨，有谷无好米。

白露晴到夜，荞麦种到社。　江西（新余）

白露晴三日，砻糠变白米。　安徽（舒城）、浙江（湖州）

白露晴天白云多，来年丰收吃白馍。　河南（平顶山）

白露晴天云彩多，来年必定吃蒸馍。　山西（晋城）

白露秋菜长，水肥要加量。　宁夏、天津

白露秋菜长，水肥要适量。　吉林

白露秋分，番薯生筋；寒露霜降，番薯生糖。　浙江（浙南）

白露秋分，禾不空身。　广西（贵港）

白露秋分，红薯生筋；寒露霜降，红薯生糖。　河南（驻马店）

白露秋分，红薯长根；寒露霜降，红薯长糖。　河南（三门峡）

白露秋分，日热夜清。　浙江（丽水）

白露秋分，日夜均匀。　广东

白露秋分，日夜平分。　海南、浙江、广东（深圳）、江苏（徐州）

白露秋分，种麦打谷。　吉林、宁夏、河北（唐山）

白露秋分，昼夜平分。　安徽、湖北

白露秋分，昼夜平均。　河南（郑州）

白露秋分，庄稼封根。　山西（沁源）

白露秋分八月过，高脚白菜正当播。　广西

白露秋分八月过，高脚白菜正好播。　长三角地区　注："高脚白菜"，即长梗白菜，是青菜的一个品种，农历八月上、中旬，天气由夏季向秋季过渡，温度逐渐下降，正是高脚白菜播种或移栽的时候。

白露秋分菜，寒露霜降麦，芒种前后秧。　江苏、上海

白露秋分菜，秋分寒露麦。　注：黄淮地区白露、秋分时适宜种菜，秋分、寒露时适宜播种冬小麦。

白露秋分菜。　江苏（盐城）

白露秋分稻自圆，寒露霜降稻出齐。　海南（临高）

白露秋分过，一夜凉一夜。　山东（滕州）

白露秋分节，夜寒日里热。　海南、内蒙古、江苏（淮阴）

白露秋分节，夜凉日里热。　江西（萍乡）

白露秋分满垌匀。　广西（桂平）

白露秋分暑光消，洋葱莴笋快育苗。　陕西（西安）

白露秋分田垌匀。　广西（平南）

白露秋分头，棉花才好收。　上海、江苏（徐州）

白露秋分头，棉花开始收。　上海（川沙）

白露秋分夜，一夜冷一夜。　长三角地区、湖北、湖南、吉林、内蒙古、广西（博白、桂平）、贵州（毕节）、山西（晋城）

白露秋分夜，一夜凉一夜。　宁夏、浙江（绍兴）

白露秋分夜，一夜长一夜。　黑龙江（鸡西）　注：指天短夜长。

白露秋分在九月，收秋种麦不得歇。　山西（临猗）

白露秋风凉，一夜冷一夜。　安徽（合肥）

白露秋风夜，一夜冷一夜。　福建、广西、江西、海南、广东（大埔）、黑龙江（大庆）[蒙古族]　注：白露在阳历九月初，已是秋天气象，天气逐渐变冷了。

白露秋风夜，一夜冷一夜；冬前不结冰，冬后冻死人。　陕西（西安）

白露秋风夜，一夜凉一夜。　内蒙古

白露秋风阵阵寒。　黑龙江

白露日，东北风，十个铃子九个脓。　河南

白露日，东南风，棉不好。

白露日，东南风，棉不好；白露日，西南风，稻不好。

白露日，西北风，棉花收成好。

白露日，西北风，十个铃儿九个空。　河南

白露日，西北风，十个铃子九个空；白露日，东北风，十个铃子九个脓。

陕西（延安）

白露日，西南风，稻不好。

白露日的雨，到一处坏一处。　上海　注：“处”又作“滩”。

白露日东北风，十个铃子九个脓；白露日西北风，十个铃子九个空。

注：“铃子”指棉桃。

白露日东北风，十个铃子九个脓。　河南

白露日个雨，到一处坏一处。　上海

白露日个雨，来一路，苦一路。　长三角地区　注：此谚语出自《田家五行》和《农政全书》，虽是古谚，但至今仍在长三角地区流传。白露时节正是晚稻抽穗扬花、棉铃吐絮的时候，需要天晴，不宜雨水。如果晚稻在扬花最盛时遇暴雨，稻花被雨所伤，将来瘪粒就多，造成减产，棉花烂铃，蔬菜影响品质。因此在《田家五行》和《农政全书》中又有农谚说“白露前是雨，白露后是鬼”其实像蔬菜和晚稻等作物，在白露期间还是需要一定的雨水的，但雨水过多对农作物生长则是有害的。

白露日落雨，到一处，坏一处。

白露日晴，稻有好收成。　河北（张家口）

白露日晴，稻有收成。　河南、广西（鹿寨）、山西（临汾）

白露日雨，来一路，苦一路。

白露日雨为苦雨，稻禾沾之多秕粞，蔬菜沾之多苦味。

白露日子雨，到一处坏一处。

白露三朝，打断谷腰。　山东（范县、栖霞）

白露三朝，稻要开刀。　上海（川沙）

白露三朝，稻子开刀。　上海

白露三朝鹅毛菜。　河北

白露三朝花出市。　上海

白露三朝花上潮。　上海

白露三朝花上行。　上海（嘉定）

白露三朝花上街。　上海

白露三朝花上市。　四川

白露三朝露，好稻满大路。　黑龙江、上海、天津、江苏（淮阴）　注：意指白露节连朝露重，说明会有多日晴天，对晚稻扬花授粉好，稻谷粒粒饱满。

白露三朝露，好禾铺大路。　江西（会昌）

白露三节拗。　福建　注：指甘蔗可吃三、四节长。

白露三天打老谷。　湖南（怀化）[侗族]

白露三天花上行。　河南（商丘）

白露三天露，好稻看一路。　陕西（汉中）

白露扫粪坪。　福建（武平）　注：意为白露前要把肥料施完。

白露杀大秋。　河北、河南、山东、山西

白露晒得过，番薯大丰收。　广东（蕉岭）

白露山，寒露滩，秋分前后种平川。　山东（济宁）

白露墒沟和稀泥，红芋一天长一皮。　安徽（砀山）

白露蛇，秋分蚊，较恶水牛公。　福建（安溪）

白露蛇挡道。　四川

白露蛇挡路。　浙江（丽水）

白露蛇铺路。　福建

白露蛇睡路。　江苏（扬州）

白露身不露，赤膊当猪猡。

白露身不露，寒露百草枯。　黑龙江、福建（龙岩）、山西（新绛）

白露身不露，寒露脚不露。　安徽（宣州）

白露身不露，寒露脚勿露。　江苏（常州）

白露身不露，寒露头不露。　江苏（常州）

白露身不露，露了会泻肚。　江苏（镇江）

白露身不露，露了没好处。　贵州（遵义）

白露身不露，免得着凉又泻肚。　江西（南丰）

白露身不露，秋后少游水。

白露身不露，夜里肚泻无人顾。　海南

白露身不露，着凉易泻肚。　山东（苍山）

白露身不露。　四川、广西（桂平）、河南（南阳）、湖北（五峰）　注：白露天气不热，不必赤膊。

白露身勿露，赤膊当猪猡。　浙江（湖州）

白露身勿露，寒露百草枯。　上海、江苏（无锡）

白露身勿露，免得着凉与泻肚。

白露屎，满田虫。　福建（龙岩）　注："屎"指雨。

白露屎，无人使。　福建　注：指晚稻到白露停止追肥。

白露收高，秋分打完场。　广西（桂平）

白露收高粱，寒露打完场。　上海、山西（临汾）

白露收高粱，寒露好打场。　甘肃、宁夏、河北（张家口）、陕西（关中）、上海（川沙）、山西（太原）

白露收高粱，秋分打完场。　上海

白露收黍，秋分割谷。　黑龙江

白露收黍，秋分收谷。　山西

白露收五斗，寒露收一斗。

白露霜降，小菜秧秧。　四川

白露霜降水退沙，鱼奔深水客回家。　江苏（连云港）

白露水，冻脚腿。　福建（诏安）

白露水，毒过鬼。　广东、内蒙古、海南（儋县）

白露水，毒过蛇。　广东（肇庆）

白露水，恶过鬼。　广东（汕头）、海南（儋县）

白露水，寒露风，打了斜稻打大冬。　海南（保亭）

白露水，寒露风，水大风也大。　海南（保亭）

白露水，寒露风。

白露水，卡毒鬼。

白露水，冷过鬼。　福建（漳州）

白露水，秋分风。　海南（文昌）

白露水，是苦水。　福建

白露水，无益人。　广东

白露水，有益人。　广东（肇庆）

白露水毒，秋风夜寒。　福建（龙岩）

白露水浸坡，霜降虫咬禾。　广西（北海、合浦、上思、防城）、海南（保亭）

白露水冷，秋分夜凉。　福建（闽清）

白露水满丘，稻子保丰收。　上海、福建（宁德）

白露穗，秋分实，寒露过后收藏时。　福建（宁化）

白露台，没米筛。　福建（福鼎）

白露台，无人知。　福建（晋江）

白露汤，收埋得揸糠。　广东　注：白露下雨无收成。“揸糠”，指瘪谷。

白露汤，汤了精打光。　浙江（台州）

白露汤，有谷无仓装。　广东（平远）

白露汤，早个一楂秆，迟个一楂糖。　广东

白露淌水如上粪。　吉林、宁夏

白露天暗暗，夏至推崩坎。　广西（东兴）[京族]

白露天空白云多，人人歌唱好晚禾。　广西（桂平）

白露天气坏，黄谷家中晒。　四川

白露天气晴，谷米如白银。　注：白露天气晴好，光照足，昼夜温差大，有利于农作物光合作用和营养积累。“谷米”又作“谷子”。

白露天气晴，谷米白如银。　广东、四川、上海、天津、甘肃（天水）

白露天气晴，谷米白如银；白露绵绵雨，家里缺粮米。　山东、河北（唐山）

白露天气晴，谷子白如银。　山西（晋城）

白露天气晴，谷子如白银。

白露天气晴，来年好收成。　河南（濮阳）

白露天晴，寒露风迟。　广西（马山）

白露天晴谷如山。　江苏（淮阴）

白露天晴谷像山。　江苏（扬州）

白露天晴朗，稻秧白如银。　广西（德保）[壮族]

白露天下雨，有锅没有米。　广西（武宣）

白露田间和稀泥，红薯一天长一皮。　山东（菏泽）　注：白露期间土壤水分足，昼夜温差大，有利于薯块迅速膨胀，此期生长量大。

白露田间和稀泥，红芋一天长一皮。　河南（濮阳）

白露田里一场空。　安徽（广德）

白露田里一扫光。　宁夏

白露田野一扫光。　吉林

白露田中一场空。　安徽　注：指白露时节，稻子大都收割完了。

白露腿不露，出门穿夹裤。　安徽（合肥）

白露蚊，咬死人。　上海、江苏（南京）

白露蚊虫生牙齿，寒露蚊虫投水死。　浙江（杭州）

白露无白田。　浙江（衢州）

白露无风好收成。　广东（阳江）

白露无水，春分见大水。　海南（琼山）

白露无雨，百日无露。　上海、安徽、江西、湖南、河北（丰宁）、河南（郑州）、江苏（镇江）、陕西（渭南）

白露无雨，百日无霜；白露秋分，日夜平分。　江西

白露无雨，百日无霜；十月无雨，明年无糠。　福建（浦城）

白露无雨，百日无霜。　湖北

白露无雨，百日无雨。　河北（张家口）

白露无雨，寒露风迟；白露久雨，寒露少风。　湖南（湘西）

白露无雨，寒露少风。　新疆

白露无雨百日霜，白露无雨寒露无风。　广西（横县）

白露无雨虫害少。　广西（桂平）

白露无雨春雨迟，白露有雨春水早。　海南

白露无雨寒露迟。　广西（上思）

白露无雨旱到四十五，处暑下雨割烂稻。　海南（琼海）

白露无雨好年成，白露有水会烂冬。　福建（漳州）

白露无雨好年冬。

白露无雨好收成。　河南（信阳）

白露无雨降，百日无寒霜。　海南（临高）

白露无雨灭虫功，白露有雨助虫公。　广西（桂平）

白露无雨霜来晚。　浙江（丽水）

白露无雨天必旱。　陕西（宝鸡）

白露无种，寒露无埋。　广东

白露唔打风，谷仓唔会空。　广东

白露五升，寒露一斗。　河北、河南、山西、山东、安徽　注：多适用于北方麦区。指小麦播种量随着播期的推迟，要相应增加。

白露五天不种荞，老收秆子没得荞。　广西（南宁）

白露勿秀，寒露勿收。　上海、浙江（湖州）

白露雾茫茫，薯谷堆满仓。　福建（闽清）

白露西北风，十个棉桃九个宝；白露东北风，十个棉桃九个红；白露东南风，十个棉桃九个脓。　江苏（扬州）

白露西北风，十个棉桃九个空。　江苏（启东）

白露西北风，十个棉桃九个空；白露东北风，十个棉桃九个红；白露东南风，十个棉桃九个浓。　江苏

白露下，四十五日泥里耍。　陕西（渭南）

白露下粘，秋分下粗。　福建（龙岩）

白露下了寒露下。　山东（邹城）　注：指下雨。

白露下了雨，寒露没法补。　江苏（张家港）

白露下了雨，路白就下雨。　陕西（汉中）

白露下了雨，市上没有米。

白露下了雨，市上缺少米。　四川

白露下了雨，一旱到冬里。　宁夏

白露下南瓜。　宁夏、河南、江苏（镇江）

白露下一阵，旱到来年五月尽。　山西（晋城）

白露下雨，寒露翻风；白露无雨，寒露风迟。　广西（崇左）

白露下雨，寒露生风。　海南

白露下雨，禾儿变鬼。　江西（丰城）

白露下雨，路白即雨。　上海、江苏、陕西

白露下雨，路白雨来淋。　江苏（南京）

白露下雨，路干即雨。　上海、江苏、陕西

白露下雨，霜雪早来。　湖南（株洲）

白露下雨病虫多。　上海

白露下雨落不白，不等路干雨又泼。　江苏（常州）

白露下雨偷米主。　浙江　注："主"指鬼。

白露下雨注一秋。　黑龙江

白露小麦种高山。　山西（沁水）

白露卸木瓜，寒露摘山楂。　山东（菏泽）

白露卸南瓜。　山西（忻州）

白露秀花，秋分秀谷。　上海

白露烟上架，秋分不生田。　吉林

白露烟上架，秋分无生田，寒露不打烟，别打甭怨天。　河北、浙江、河南（新乡）　注："不打烟"又作"不摘烟"，"别打"又作"霜打"。

白露烟上架，秋分无生田。

白露雁南飞，收割早准备；中秋磨刀镰，晚秋葱插田。　黑龙江（哈尔滨）

白露要打枣，秋分种麦田。　安徽

白露要打枣，霜降柿儿黄。　安徽（宣州）

白露夜，一夜冷一夜。　福建

白露夜愁风，一夜比一夜冷。　山东（日照）

白露一半田。　山西（浮山）

白露一半子，寒露百草枯。　山西、贵州（贵阳）、陕西（宝鸡）

白露一半籽，寒露百草枯。　山西

白露一尺不开眼。　湖南（零陵）　注："不开眼"指雨大。

白露一次肥。　福建（永泰）　注：指地瓜要在白露前追最后一次肥。

白露一到，大马哈鱼往网里跳。　黑龙江

白露一到，芦花出鞘。　江苏（铜山）

白露一过，刀镰操作。　黑龙江（黑河）

白露一过，镰刀操作。　吉林、宁夏、河北（丰宁）

白露一七不见天。　湖南（衡阳）　注：谓白露日有雨，则多日有雨。

白露一十八，棉田去拾花。　陕西（咸阳）

白露以后，开始收秋；整秆割谷，不磨不沤。　山西（沁水）

白露阴，寒露晴。　湖南（湘西）

白露用种五开，寒露使种一斗。　山东（郯城）　注：指播种小麦的播种量。晚种用种子多。

白露油菜霜降麦，霜降的黄菜也能得。　陕西（褒城）

白露油菜霜降麦，霜降黄菜也能得。　陕西

白露有雷雨，中稻常歉收。　福建（泉州）

白露有霜，秋田不黄。　宁夏、天津

白露有水，百日有霜。　广东

白露有水，秋分有水。　海南

白露有雨，白头霜多。　广西（宜州）

白露有雨，百日见霜。　广东（阳江）

白露有雨，百日无霜，白露无雨，百日有霜。　广西（柳江、资源）

白露有雨，寒露风早；白露无雨，寒露风迟。　广西（崇左）　注：指寒露风来得早。

白露有雨，寒露无风。　广西（宜州）

白露有雨，寒露无光。　湖南（零陵）

白露有雨，寒露有风。　广东（肇庆）

白露有雨，好一路来坏一路。　湖北（大冶）　注：对稻有利，对棉不利。

白露有雨，秋分有雨；白露无雨，秋分无雨。　海南

白露有雨春雨早，白露无雨春雨迟。　福建（南安）

白露有雨会烂冬。

白露有雨连秋分，麦种豆种不出门。　安徽（蒙城）、湖北（孝感）

白露有雨连秋分，牛草贵如金。　河南（濮阳）

白露有雨麦难种。　河南（信阳）

白露有雨秋后无。　广西（钦州、东兴）[京族]

白露有雨霜冻早，秋分有雨收成好。　山西（古交）

白露有雨水，有谷无米粮；白露有太阳，有谷无仓装。　海南（临高）

白露鱼走埂，寒露鱼回头。　云南（大理）[白族]

白露雨，虫害多。　上海

白露雨，到处糟。　上海

白露雨，稻头生虱母。　福建（德化）

白露雨，恶过鬼。　江苏、上海

白露雨，谷无米。　广西（田阳）[壮族]

白露雨，寒露风，十颗谷子九颗空。　广西（柳江、东兴）

白露雨，寒露风，雨大风大。　广东（连山）[壮族]

白露雨，好一造来败一路。　海南

白露雨，来一路苦一路。

白露雨，是害雨。　福建、江苏（东台）

白露雨，是苦雨。　江苏

白露雨，收稻鬼。　江苏

白露雨，无礼无貌。　海南　注："礼"与"米"谐音；"貌"与"糙"谐音。

白露雨，下一处，苦一处。

白露雨，有谷砻没米。　福建

白露雨，有谷无米；白露晴，有谷无仓盛。　注："有谷无仓盛"又作"有米

无仓盛”。

白露雨，有谷做冇米；白露晴，有谷便有成。 广东

白露雨，有谷做无米；白露晴，有谷无仓装。 安徽（休宁）

白露雨，有谷做无米；白露旸，有谷无仓装。 注：“旸”，天晴。

白露雨，有禾都无米。 广东

白露雨，有花结无子。 福建

白露雨，有久雨；白露晴，有久晴。 广西（荔浦）

白露雨，有壳没有米。 广西（柳江）

白露雨大，寒露风大。 广东（连山）[壮族]

白露雨发虫。 广东

白露雨过看早麦。

白露雨茫茫，无被不上床。 河北（衡水）

白露雨蒙蒙，果菜都生虫。 安徽（铜陵）

白露雨弥弥，秋分稻秀齐。 江西

白露雨绵绵，秋分稻秀齐。 上海（南汇）

白露雨去厝。 福建（莆田） 注：指白露后雨少。“去厝”指回家。

白露育苗霜降栽，以油促粮巧安排。 陕西（咸阳） 注：“油”指油菜。

白露遇霜，干谷入仓。 陕西

白露云彩多，来年吃白馍。 河北（大名）

白露云满天，秋分雨不断。 宁夏、天津

白露耘白田，没做故礼闲。 福建（长乐） 注：“故礼闲”，指还消闲。指到白露不必再中耕。

白露耘禾，担粪落河；芒种耘禾，越耘越缩。

白露耘田白费工。 广西（武宣）

白露耘田唔过迹。 广东

白露栽菜，不如白畦晒。 湖北（荆门）、河北（张家口） 注：“不如白畦晒”，河北指不如将土地休闲，等待明年春天再种。

白露在七月应早播，白露在八月可迟播。 甘肃

白露在日，番薯苗头直直。 海南（文昌）

白露在夜，番薯大如桁。 海南（澄迈）

白露在夜，番薯生如头颅。 海南（文昌）

白露在仲秋，早晚凉悠悠。

白露早，寒露迟，春分的麦子正当时。

白露早，寒露迟，谷雨种棉正相宜。 山西

白露早，寒露迟，立冬麦子不及时。 山西

白露早，寒露迟，秋分草子正当时。 浙江

白露早，寒露迟，秋分草籽正当时。 江西（临川） 注："草籽"，红花草，又名紫云英，绿肥的一种。

白露早，寒露迟，秋分的麦子正当时。

白露早，寒露迟，秋分两旁正应时。 陕西（佛坪）、山东（范县）

白露早，寒露迟，秋分前后正当时。 上海、陕西（佛坪）、山东（范县）

白露早，寒露迟，秋分早晚正当时。 贵州（黔东南）［侗族］ 注：种麦的早晚与品种、土地肥瘠、地势高低、地区不同等条件有关，不能一概而论。

白露早，寒露迟，秋分种草子正当时。 湖南（娄底）

白露早，寒露迟，秋分种麦正当时。 北京、上海、宁夏、广西、吉林、山西、陕西、天津、黑龙江、重庆、江苏（苏北、苏州）、安徽（阜阳）、河北（张家口、唐县）、河南（新乡、濮阳）、山东（鲁北、德县）、甘肃（定西、平凉、天水、甘南）、江西（义安、宜黄、吉安） 注：多适用于我国华北麦区和黄淮北部地区。秋分一般在9月22、23或24日，是黄河流域适期播种小麦的最佳时机。白露种麦有些过早，寒露有些过迟，秋分时节最适宜。"种麦"又作"麦子"，"正当时"又作"正适时"或"正适宜"、"正相宜"、"最相宜"、"最当时"、"还当时"。河南原注：适合豫西山区及豫北地区。安徽原注：适合颍河以北地区。宁夏固原注：此条适于山区平川、阳坡。黑龙江指冬小麦的播种期。河南濮阳原注：豫北谚语。

白露早，寒露迟，秋分种麦最当时。 山东（枣庄）

白露早，寒露迟，秋分种麦最适时。 广西（陆川、博白）

白露早，寒露迟，秋分种麦最相宜。

白露早，寒露迟，秋分种完正当时。 陕西（武功） 注："当"又作"适"。

白露早，寒露迟，秋风种麦正当时。 内蒙古

白露早，寒霜迟，秋分种麦正当时。 北京 注："霜"又作"露"。

白露早，霜降迟，秋分种麦正当时。 广西（桂平）

白露早开镰，霜降场打完，霜降不打禾，一夜丢一箩。 内蒙古

白露枣，红不遍，两头红。 山西

白露枣儿两头红。 河北、甘肃、宁夏、河南（新乡）、陕西（韩城）

白露枣花红。 山西

白露枣圈红。 山西

白露沾稀泥，一天长一皮。 河北（武安）

白露斩百草，霜降热不来。 河北（丰宁）

白露辗得车轴光，有米无砻糠。 江苏（苏州）

白露之后牛羊配，寒露之后鸡换羽。 江苏（淮阴）

白露之后牛羊配，寒露之前鸡换羽。 四川

白露之后牛羊死，寒露之后鸡换毛。 四川

白露种菜，有吃有卖。 河南（郑州）

白露种草籽，寒露种麦种豆子。　上海

白露种葱，寒露种蒜。　河南（林县）

白露种葱，黄烟上架。　吉林

白露种葱余长籽，秋分种葱不结籽。　山西（大宁）

白露种的高山麦，前十天不早，后十天不迟。　陕西（延安）

白露种地秋分翻，三九磙地永不干。　内蒙古　注："三九磙地"，就是顶冻磙压土地，有碎土、保墒、整地的作用，所以能保住水汽，是冬季保墒的重要方法。

白露种高山，寒露种河边，坝里霜降点。　陕西（安康）

白露种高山，寒露种平川。　湖北、河南（南阳、内乡、淅川、邓县）、陕西（陕南）、山西（晋南）、山东（鲁南）

白露种高山，寒露种平地。

白露种高山，九里种平川。　陕西、甘肃、宁夏

白露种高山，秋分种半山，寒露种平川。　湖北、陕西（武功）　注："半"又作"低"。

白露种高山，秋分种河边，寒露种平川。　陕西（安康）

白露种高山，秋分种河湾。

白露种高山，秋分种平川。　华北地区

白露种高山，秋分种平川，寒露种的河两岸。　陕西（关中、渭南）、山西（太原）

白露种高山，秋分种平川，寒露种河滩。　山东、河南（豫西）、山西（闻喜、平遥）　注：指种麦。

白露种高山，秋分种平川，寒露种沙滩。　山东、河北（博野）、河南（豫西）、山西（闻喜）　注：意为地势不同，种麦的节气也不同。小麦播种要因地制宜，一般在北方高山背阴坡地温度较低，应在白露时提前播种，平原在秋分播种小麦，沙滩地温度高的地方则应推迟到寒露时播种。

白露种高山，秋分种平川。　湖北、河北、山东、陕西（长安）、河南（豫西、灵宝）、山西（闻喜）

白露种高山，秋分种平地。　华北地区、黑龙江、宁夏　注：指冬小麦的播种期。高山由于温度较低，故宜早播。平地温度相对高些，故播种期可稍晚。

白露种高山，秋分种平原，回茬抢在寒露前。　陕西（渭南）

白露种高山，秋分种浅山，寒露种平川。　湖北、陕西（武功）

白露种高山，秋分种腰山，寒露霜降种平川。　甘肃、宁夏、陕西（商县）、山西（太原）

白露种高山，霜降种平川。　陕西（安康）

白露种红薯，好过借米煮。　广西（罗城）

白露种萝卜，秋分谷割完。　河南

白露种麦，秋分打谷。 吉林

白露种荞，半乌半白。 浙江（绍兴）

白露种荞麦，一半黑一半白。 浙江（浙东）

白露种山岭，秋分种平川。 山东（郯城） 注：指小麦的播种时间。

白露种四山。 山西（浮山）

白露种小麦。 江苏（苏州）

白露桩，寒露不熟。 河南

白露斫高粱，寒露打完场。

白露坐得车场光，三石一亩稳叮当。 江苏（南通）

白露坐得车场光，三石一亩稳定当。 湖北、江苏（无锡）

白露做得车场光，三石一亩稳丁当。

包谷白露不出头，割了喂老牛。 陕西（安康）

苞谷棒，白露下。 安徽（黟县）

别看白露耕麦早，要是河套就正好。 河北、河南（宁陵、濮阳） 注："耕"又作"种"或"耩"，"套"又作"沟"。

不搭白露节，是怕大雨泼。 山东 注：如小麦不到白露下种，遇大雨土壤易板结，不易出苗。

不到白露不栽蒜。 湖南 注："栽"又作"种"。

不怕白露风，最怕芒种虫。 广东（陆河）

不要早，不宜迟，白露过，育苗时。 安徽（泗县）

蚕豆不用粪，只要白露种。 长三角地区 注：蚕豆和其他豆类一样，在其根部有形成根瘤的固氮菌，具有固定和吸收空气中游离氮气的能力，为植物提供氮素养料，所以种蚕豆不需要施肥。而且蚕豆管理粗放，地边田角，宅前宅后零星空地均可种植，只要求在白露节前后下种就可以了，都可收获相当产量。"用"又作"要"。江苏太仓后句又作"只要垃圾灰"。

蚕豆少上粪，只要白露种。 青海

草到白露白干浆，霜降以后一扫光。 江苏（南京）

初暑白露节，夜凉白天热。 新疆

春茶苦，夏茶涩，要好喝，秋白露。 广西（西林）

雌秋雄白露，白米多得放不落。 上海

大麦黄，白露心。 江苏（无锡）

大雨小雨，白露收水。 天津

单冬不吃白露肥，连作不吃秋分粗。 广东

番薯不食白露粪。 福建（福清、平潭）

番薯会大不会大，看白露内外。 福建

肥不过白露，瘦不过寒露。 甘肃（张掖）

风潮年年过，独怕中秋夹白露。 安徽（黟县）

风潮年年过，只怕中秋夹白露。 上海

风潮年年有，就怕夹秋夹白露。 江苏（如东）

风潮年年做，独怕中秋夹白露。 上海

伏里迷雾，要雨到白露。 四川

伏里有雾，下雨到白露。 海南（临高）

谷到白露遍地黄。 湖北、河南（南阳）

谷到白露死。

谷顶白露麦顶至。 河北（任丘）

谷子白露不垂头，干脆割了喂老牛。 新疆

过了白露，备足镰刀；过了寒露，收粮入库。 广西（德保）

过了白露，不显贫富。 山西（忻州）

过了白露，太阳打捷路。 湖南（常德） 注："打捷路"，方言，走近路，此指昼短。

过了白露，太阳打截路。 湖北（江陵）

过了白露，太阳走捷路。 四川

过了白露，太阳走近路。 河南（开封）

过了白露不露身，数九寒天不远行。 内蒙古

过了白露不生田，即可开始动刀镰。 内蒙古

过了白露赶三朝，再赶就是瞎打闹。 湖北（荆门）

过了白露赶三朝。 湖北 注：意指白露前后还可以抢播秋荞麦。

过了白露寒霜降。 上海

过了白露节，畈田硬似铁，牛也拉不起，庄稼又不结。 湖北（鄂北）

过了白露节，河路回娘家。 浙江（绍兴）

过了白露节，黄青一把捏。 安徽（祁门）

过了白露节，老嫩一齐跌。 山西

过了白露节，两头冷，中间热。 天津、湖南、江西（宜春）、陕西（宝鸡）、河北（张家口）

过了白露节，磨镰当晌歇。 河北（行唐）

过了白露节，蛇在土里歇。 湖南（湘潭）

过了白露节，生熟一把捏。 河南（郑州）

过了白露节，是稻一刀切。 上海

过了白露节，屠夫硬似铁。 湖北（通城） 注：白露节一过，屠夫生意便应接不暇。

过了白露节，夜寒白天热。 河南（驻马店）

过了白露节，夜寒日里热。 湖南、江西（安义）、广东（韶关）、山西（左云）

过了白露节，夜冷白天热。　上海、广西（柳城、临桂）

过了白露节，夜冷日里热。　湖南

过了白露节，夜凉白天热。　广东（肇庆）

过了白露节，夜凉日里热。　浙江

过了白露节，一天死片叶。　湖北（枝江）

过了白露节，一夜冷一夜。　江苏（扬州）

过了白露节，早寒夜冷中时热。　注：白露在阳历九月上旬，过了白露正当是凉秋天气，但昼间太阳光照射地面，地面温度还是相当高的，到了夜间，天空无云，地面热也散了，温度下降很低，近地面的水汽，可以凝成白色的露珠，所以，夜晚比较寒凉。

过了白露节，早寒夜冷中时热。

过了白露夜，一夜冷一夜。　河南（三门峡）

过了白露种番薯，薯藤攞米煮。　广东　注：有藤无薯。

旱白露，沤秋分，有谷无地囤。　广东

旱白露，沤秋分。　广东（肇庆）

喝了白露水，蜜蜂软了嘴。　吉林、宁夏

喝了白露水，蚊子闭了嘴。

喝了白露水，蚊子蹬了腿。　吉林

喝了白露水，蚊子花了嘴。　宁夏、天津、山东（梁山）

禾到白露节，不打自然跌。　湖南

禾到白露死，麦到立夏黄。　湖南（怀化）

禾到白露止。　广东

禾过白露节，不收自己脱。　广东　注：指中稻。

禾过白露连夜死。　湖南（怀化）

禾怕白露风，人怕老来穷。

禾怕白露旱，人怕老来寒。　江西（临川）

禾怕白露又加霜。　云南（昭通）

禾生白露节。　广东

禾田晒白露，霜降降禾黄。　广东、河南（新乡）

核桃不结修理棚，白露前后最适宜。　河南（林县）

胡豆种在白露口，一碗打一斗。　陕西、甘肃、宁夏

黄尖不吃白露屎。　福建（福州、长乐）

黄占不吃白露屎。　福建（福州）　注：“黄占”指晚稻。

火烧白露火烧秋，薄薄田稻一样收。　江苏（宜兴）

节气到白露，一担肥料一担芋。　福建（漳州）

进了白露节，夜里冷，日里热。　上海

近白露，种高山；白露过十天，赶快种平原。　河南

九月白露有秋分，收稻再把麦田耕。　安徽（郎溪）　注：“有”又作“又”。

九月白露又秋分，边收谷子边种麦。　山西（新绛）

九月白露又秋分，秋收秋忙闹纷纷。　黑龙江（绥化）

九月白露又秋分，秋收秋种闹纷纷。　广东、河南（郑州）、湖北（蒲圻）

九月白露又秋分，秋收秋种又秋耕。　山西（长治）

九月白露又秋分，秋收种麦闹纷纷。　河北、河南、山东、山西

九月白露又秋分，抓紧田间不放松。

菊遇白露见蕊头，剔除旁出侧坐蕾。　长三角地区　注：在白露节气，天气渐渐转凉，这时菊花开始坐蕾，为了使菊花生长良好，必须摘除旁出的一些花蕾，使养分集中于需要孕育的花蕾上。

烂白露，百天无干路。　云南（昆明）　注：“烂白露”指白露降雨，此后在较长期内雨水多。

烂了白露，百天烂路。　四川

烂了白露，常走泥路。　河北（廊坊）

烂了白露，天天走溜路。　贵州（遵义）、山东（泰安）

烂了白露，一个月走泥路。　安徽（含山）

滥白露，无收天。　四川

滥了白露，天天走溜路。

滥了白露，天天走湿路。　陕西

凉秋白露前，霜华大如钱。

淋了白露头，大旱三百六。　河北（邯郸）

六月里迷雾，要雨到白露。　上海、山西、江苏

六月里迷雾，要雨直到白露。

六月里有雾，要雨直到白露。　浙江（绍兴）

六月六关雾，晴到白露。　浙江（台州）

六月雾，要雨望白露。　江苏

六月下雾，旱到白露。　陕西

露白雨来催。　江苏（兴化）

露上三把，露下三把。　湖北　注：意指在白露前后还可抢种三天。

乱了白露，天天走溜路。　湖北（云梦）

麦子不得先露节，就怕来年二月雪。　河北（平山）

梅里落天雾，晴晴到白露。　浙江（金华）

糜谷白露不出头，拔掉喂了牛。　甘肃（张掖）

棉怕白露连天阴。　浙江、上海、四川、江苏（苏北）

棉怕白露连阴天。　浙江、江苏（苏北）

棉怕白露连阴雨。 陕西（渭南）

棉吐絮，不宜雨，还怕白露连阴天。 江苏（南通）

棉吐絮，不宜雨，还要严防白露连阴天。 长三角地区 注：白露时节正是棉花进入结铃吐絮期，如果在这段时间里遇到下雨，棉桃绽开迟缓，易造成僵瓣，使纤维霉烂变质；如出现连续阴雨，还会造成棉桃脱落，严重影响产量和质量。故又有农谚说："荞麦收淋，棉花收晴"。

棉吐絮，勿宜雨，还要严防白露连阴天。 上海

宁种白露早，不种寒露迟。 河北（廊坊）

碰到白露台，只怕没米筛。 福建（福清）

七月白露八月麦，八月白露种早麦。 甘肃（天水）

七月白露八月种，八月白露不敢等。 宁夏、陕西、新疆（阿勒太）、甘肃（庆阳） 注："等"又作"停"。

七月白露八月种，八月白露不用问。 甘肃（平凉）

七月白露八月种，八月白露早些种。

七月白露不秀穗，稻子不能吃；八月白露不秀穗，稻子却能吃。 黑龙江（佳木斯）[朝鲜族]

七月白露等着种，八月白露抢着种。 河南（渑池、灵宝）、山西（晋中）

七月白露赶着种，八月白露想着种。 山西、山东、河南、河北、安徽（淮南） 注：《华北农谚》七月白露，季节提早了，应赶快种麦；八月才白露，季节推迟了，可以慢些种麦。"赶"又作"抢"。

七月白露缓着种，八月白露赶着种。 陕西、甘肃、宁夏 注："缓"，方言，慢。

七月白露冷得早，八月白露冷得迟。 广西（荔浦）

七月白露麦种前，八月白露麦种后。 山西（翼城）

七月白露前十天，八月白露后十天。 山西

七月白露抢着种，八月白露想着种。 山西（曲沃） 注：指种麦。

七月白露霜晚，八月白露霜早。 吉林

七月白露想着种，八月白露抢着种。 华北地区、河南（渑池、灵宝）、山西（晋中）、陕西（延安）

七月白露扬麦。 甘肃

七月白露种白露，八月白露种一半。 山西（翼城）

七月白露种的后十天，八月白露种的前十天。 陕西

七月白霜清得早，八月白露清得晏。 福建（建瓯）

齐白露，挽小豆。 山西（静乐）

前晌东风，后晌西风，要下雨过了白露秋风。 陕西

前晌东风，午晌西风，要雨要过白露秋分。 安徽

前十不早，后十不迟。　陕西（咸阳）　注：播种小麦宜在白露前、后十天之内。

荞麦吃了白露水，抵过人粪浇一次。　浙江（衢县）

荞齐露断。　湖南（岳阳）

荞讫露断。　湖北　注：意指荞麦播种最迟不过白露。

穷盼没病，富盼素，庄户人盼的是过白露。　山西（大同）

秋点橡子冬栽柳，核桃种在白露头。　河南（南阳）

秋风是短节，白露是暖节。

秋风一阵凉，白露一场霜。　吉林

秋荞赶在白露天，赶过种三天。　湖南（常德）

让白露，不让秋分。　山西、山东、河南、河北、安徽（阜阳）　注：第一个“让”又作“让过”。

人怕老来寒，禾怕露后旱。　上海　注：“露”指白露。

人怕老来穷，禾怕白露风。　广东

三场白露一场霜。　河南（三门峡）

三伏荞麦白露花，寒露荞麦收到家。　山东（泰山）

三伏栽葱，白露栽蒜。　安徽（涡阳）

沙耩白露淤耩寒。　山东

晒白露。　福建（龙海）　注：指白露晚稻喜太阳晒。

山怕白露，川怕秋分。　吉林、山西（榆次）

山怕白露川怕秋。　陕西（武功）　注：指山区白露降霜，川地秋分降霜。

山怕白露川怕社，春冻圪梁秋冻洼。　山西（汾阳）　注：白露时山地开始霜冻。“社”，即秋社，指立秋后第五个戊日。

山上种白露，山下种秋分，回茬抢在寒露根，霜降种麦叶少分。

山西（闻喜）

生田熟田，过了白露十天。　河北（蔚县）

是好是坏，白露看花；是蒸是煮，秋分看谷。　山西（临猗）

头白露割谷，过白露打春。　山东　注：“春”一作“枣”。

豌豆不离八月土，麦子跟着白露走。　陕西（榆林）

豌豆不要粪，只要白露种。　湖南（湘潭）

晚稻不吃白露水，荸荠不吃霜降水。　广东

晚禾不吃白露水。　江西（宜春）

稳稻大不大，看白露内外。　福建

无怕白露雨，最怕寒露风。　广东（阳江）

五花山白露水，大马哈把家回。　黑龙江　注：指秋天到了。

五月的萝卜，白露的菜，清明种豆人不怪。　宁夏

误了白露望秋分，误了秋分白丢种。 吉林、宁夏

下雨滥白露，天天走溜路。 四川

下着白露，路白就下。 陕西（宝鸡）

凶不凶，凶不过白露。 湖北

凶在热天，苦在白露。 江苏

要想菜籽黑，种在白露节。 安徽（舒城）

要想来年长好棉，今年白露田边选。 注：指在田间选好种子。农历八月，正值棉桃成熟吐絮时间，在田间挑选具有结铃性强、铃大、成熟早、吐絮畅等该品种优良性状的棉株，选择上中下部靠近主茎的棉铃留种，且要单收、单晒、单轧、单存，严防混杂。

一场白露两场霜，丝瓜扁豆遭了殃。 山东（邹平）

一场白露一场霜，小蚂蚁死在草圈上。 北京（平谷）

一过白露无生田。 河北、吉林、陕西

一夜白露一场霜。 江苏（无锡）

阴年白露雨，来年惊蛰下。 陕西（榆林）

有肥白露大，无肥白露算。 福建（仙游） 注：“算”指补救不及。

淤耕白露，沙耕寒露。 河南（安阳）

淤耩白露沙耩寒，两合土地秋分缠。 河南（虞城、扶沟） 注：“寒”指寒露。

淤耩白露沙耩寒。 山东

雨淋白露节，大旱三百天。 山西（河曲）

雨落白露节，细雨三个月。 四川

雨下白露，出门发愁。 陕西（商洛）

雨下白露，旱死葫芦。 河北（邢台）

塬跟白露川跟社。 陕西、宁夏、甘肃（平凉）

杂粮种白露，一升收一斗。

遭了白露风，收成一场空。 安徽

早北晏东南，晚稻好晒田。 注：白露以后，如果夜晨吹偏北风，上午或中午后转吹东到东南风，未来天气多出现晴好，对于晚稻的晒田是很有利的。

早不过白露，晚不过寒露。 山西（太原） 注：指种麦。

早打谷子一包浆，迟打谷子要生秧；过了八月白露节，挑起箩筐到田庄。 贵州

早稻白露前，晚稻白露后。 上海、山西（平遥）

早稻白露收，晚稻留一留。 上海

早冬不吃白露肥，晚冬不吃秋分肥。 福建、广东

枣到白露两头红。 陕西、甘肃、宁夏

长七月，瘟白露。 浙江

中稻白露前，晚稻白露后。　上海（川沙）

中稻白露收，晚稻留一留。　上海（川沙）

中秋前后是白露，宜收棉花和甘薯。　上海　注："甘薯"又作"山芋"。

种红薯不过白露，种荞麦不过立秋。　广西（武宣）[壮族]

种麦不过白露节，就怕来年二月雪。　山西（晋城）

种麦抢时间，白露种高山，秋分种平川，寒露种河滩。　天津

庄稼喝了白露水，连明昼夜黄到顶儿。　河北（张北）

秋　分

秋分，是二十四节气中的第十六个节气，公历每年9月22日至24日太阳到达黄经180°时为秋分，此时太阳直射地球赤道，因此这一天24小时昼夜均分，各12小时，全球无极昼极夜现象。从秋分这一天起，气候主要呈现三大特点：阳光直射的位置继续由赤道向南半球推移，北半球昼短夜长的现象将越来越明显，白天逐渐变短，黑夜变长；昼夜温差逐渐加大，幅度将高于10℃以上；气温逐日下降，一天比一天冷，逐渐步入深秋季节。南半球的情况则正好相反。

中国古代将秋分分为三候："一候雷始收声；二候蛰虫坯户；三候水始涸。"古人认为雷是因为阳气盛而发声，秋分后阴气开始旺盛，所以不再打雷了。第二候中的"坯"字是细土的意思，就是说由于天气变冷，蛰居的小虫开始藏入穴中，并且用细土将洞口封起来以防寒气侵入。"水始涸"是说此时降雨量开始减少，由于天气干燥，水气蒸发快，所以湖泊与河流中的水量变少，一些沼泽及水洼处便处于干涸之中。

秋分时节，我国大部分地区已经进入凉爽的秋季，南下的冷空气与逐渐衰减的暖湿空气相遇，产生一次次的降水，气温也一次次地下降，但秋分之后的日降水量不会很大。另外秋季降温快的特点，使得秋收、秋耕、秋种的"三秋"大忙显得格外紧张。秋分棉花吐絮，烟叶也由绿变黄，正是收获的大好时机。华北地区已开始播种冬麦，长江流域及南部广大地区正忙着晚稻的收割，抢晴耕翻土地，准备油菜播种。秋分时节的干旱少雨或连绵阴雨是影响"三秋"正常进行的主要不利因素，特别是连阴雨会使即将到手的作物倒伏、霉烂或发芽，造成严重损失。"三秋"大忙，贵在"早"字。及时抢收秋收作物可免受早霜冻和连阴雨的危害，适时早播冬作物可争取充分利用冬前的热量资源，培育壮苗安全越冬，为来年奠定下丰产的基础。"秋分不露头，割了喂老牛"，南方的双季晚稻正抽穗扬花，是产量形成的关键时期，早来低温阴雨形成的"秋分寒"天气，是双晚开花结实的主要威胁，必须认真做好预报和防御工作。

八月交秋分，禾不好也抽穗。　广西（忻城）

八月秋分连夜雨，好禾好谷人心喜。　广东（蕉岭）

不到秋分不点麦。　湖南

不到秋分不种麦。　湖南（湘西）

不到秋分穗不出，不到霜降谷不黄。　江西（铅山、宜丰）

不分不种，到分就种。　江苏　注："分"，指秋分。

糙谷秋分前，笨谷秋分后。　山西（晋城）

村人没食问秋分，老妈没食问老公。 福建（福州） 注：指晚稻秋分定收成。

大麦小麦，不分不种。 河南、四川

稻到秋分不点头，划起来先喂牛。 江苏（邗江）

冬冻圪梁秋冻凹，避过秋分避不过社。

冬冻屹梁秋冻凹，避过秋分避不过社。 山西

冬麦好种秋分头，一麦能出九个头。 陕西

躲过秋分，躲不过社。 内蒙古（呼和浩特、通辽） 注：指降霜。

分断不分断，坡倒一多半。 山西（壶关） 注：“分”，指秋分。“坡倒”，指收割庄稼。

分后社，白米遍天下；社后分，白米如锦墩。 上海 注：“分”，指秋分；“社”，指秋社。旧时以立秋后第五个戊日祭祀土神，称为“社日”。

分后社，白米遍天下；社后分，白米像锦墩。 江苏（扬州）、上海（松江、青浦、嘉定、崇明）

分后社，晚稻无上下；社后分，晚稻大株根。 浙江

分前种高山，分后种平川。 注：黄淮地区秋分以前，在降温早的高山坡地要及早播种小麦；秋分以后，再在降温迟的平地播种。

分社同一日，低田尽叫屈。 上海、江苏（镇江）

风潮年年做，最怕做拉秋分夹白露。 上海

伏雨地如筛，秋分地关门。 河北（石家庄）

谷过秋分连叶死。 河南

谷过秋分连夜死。 山西（翼城）

过了秋分，一日冷一分。 广东（肇庆）

过了秋分不种秋，种秋也不收。 陕西

过了秋分节，生熟一齐掠。 河北（丰宁）

过了秋分收秋忙，五谷杂粮齐上场。 山西（新绛）

过了秋分无生茬。 河北（滦平）

过了秋分无生田，即可开始动刀镰。 河北、山西、辽宁、黑龙江

过秋分，割大田。 山西（晋城）

禾到秋分，谷穗不出过一春。 广西（上思）

禾到秋分时，瘦田谷穗出。 广西（武宣）

黄金有万两，不及秋分一夜雨。 广东（鹤山）

节气到秋分，禾小也抽穗。 广西（隆安）

雷打秋分节，垌上禾死绝。 广东（茂名） 注：喻干旱。

雷打秋分节，禾苗日日蚀。 广东（茂名）

雷响秋分，实空平分。 海南（琼山）

麦到秋分昼夜长。 山西（芮城）

麦种秋分，寒露加籽。 山西（翼城）

麦子不过秋分，包谷不过小满。 云南

起秋分，割大田。 内蒙古

秋北风，太阳主人翁。 广西（桂平）

秋不分不寒，春不分不暖。 广西（田阳）[壮族]

秋不分不凉，冬不至不寒。 河南（开封）

秋不分不凉。 江苏（南京）

秋分，没空腹秔。 福建（南安）

秋分白露，种麦打谷。 河北（徐水）

秋分白露多，处处好田禾。 北京、广东

秋分白露蔗。 福建（同安） 注：指秋分、白露是甘蔗生长最快的季节。

秋分白云多，处处唱欢歌。 河南（洛阳）

秋分白云多，处处歌好禾。 广西（崇左、马山）

秋分白云多，处处好田禾。 四川、吉林、广东、安徽（潜山）、山东（潍坊）、河北（张家口）

秋分白云多，处处好晚禾。 广西（荔浦）、湖北（巴东）

秋分白云多，处处好种禾。 广东、河北（张家口）

秋分白云多，处处收晚禾。 江苏（淮阴）

秋分白云多，处处田中有晚禾。 江苏、上海

秋分白云多，田里稻熟齐。 海南（保亭）

秋分白云多，洼洼好庄稼。 山东（潍坊）

秋分白云禾苗好，秋分黑云冬雨好。 广西（上思）

秋分半晴又半阴，来年米价不相因。 四川 注：“相因”，指便宜。

秋分北风，热到脱壳。 福建（南部）

秋分北风冬酷寒。 广西（荔浦）

秋分北风多寒冷。 湖南

秋分播种不嫌早，先播后播看稻苗。 浙江（绍兴） 注：“稻”又作“麦”。

秋分不把地耱，不如家中闲坐。 宁夏

秋分不抽头，割倒喂黄牛。 浙江

秋分不出头，割草喂老牛。 安徽（贵池）

秋分不出头，割来好饲牛。 注：指晚稻。

秋分不出头，割了喂老牛。 广东（遂溪）、河北（张家口） 注：“出头”，孕穗。指秋分时天气已经变凉，庄稼如果还没有结穗，就不能正常结实，只能作动物饲料。“了”又作“来”。

秋分不出头，割麦好饲牛。

秋分不挡刀。　宁夏

秋分不挡镰。　吉林

秋分不低脑，割去作马草。　湖南（株洲）　注：指晚稻。

秋分不分，拿刀割根。　安徽（淮南、青阳）　注：指晚稻。

秋分不割，雹打风拉。　山西（太原）

秋分不割，雹打风磨。　辽宁

秋分不割，必连风磨。　吉林　注："连"又作"受"、"遭"。

秋分不割，等待风磨。　辽宁

秋分不割，熟三掉两。　内蒙古

秋分不割，霜打风撸。　黑龙江

秋分不割，霜打风磨。　江淮地区、内蒙古、河北（蔚县）

秋分不割留风磨。　黑龙江

秋分不见糜子，寒露不见谷子。　河南、山西（岚县）

秋分不露白。　安徽（泗县）

秋分不起葱，霜降必定空。　北方地区

秋分不起鼓，收也不算数。　江苏（徐州）

秋分不生苗。　辽宁　注：秋分之后苗不再生。

秋分不收，再不成熟。

秋分不收葱，霜降必定空。　湖北、陕西（安康）、河南（新乡、林县）、河北（张家口）、上海（宝山）

秋分不收葱，霜降梗要空。　山东（乳山）

秋分不收葱，霜降一定空。　湖北、河南（新乡、林县）、河北（张家口）、上海（宝山）

秋分不着喷，到老瞎胡混。　山东　注："喷"，拾棉一次叫一喷。

秋分不种麦，别怨收成坏。　山东（梁山）

秋分不种麦，别怨收成缺。　安徽（泗县）

秋分不种麦，收粮吃半年。　安徽（来安）

秋分不种田，迈遇住吃半年。

秋分不种田，遇住吃半年。

秋分菜像鹅毛，白露荞麦像铜锣。　浙江

秋分刹高粱，寒露打完场。　山西（沁县）

秋分场上稻，寒露落草籽。　江苏（无锡）　注："草"，红花草，一种绿肥。

秋分虫，寒露风。　广西（贵港）

秋分虫，食到禾红。　广东

秋分虫，食到红。　广东　注：意指九月间水稻正抽穗，易生稻飞虱，致使水稻枯黄，影响结实。

秋分虫集中，大意收成空。 广东 注：“虫集中”，指此时有水稻害虫的第四代螟虫，第六代卷叶虫，第七代稻飞虫、剃枝虫等。

秋分出得白云多，处处欢歌好晚禾。 广东

秋分出雾，三九前有雪。 河北

秋分穿单衣，晚稻得饱米。 湖北

秋分打雷必烂冬。 广西（桂平）

秋分打油粮。 辽宁、江苏（无锡）

秋分当天白云多，处处欢歌手挽禾。 陕西（汉中）

秋分到，浇秧草。 江苏（靖江）

秋分到谷雨，一日东风三日晴。 江苏（镇江）

秋分到寒露，割谷收黄豆。 河南（焦作）

秋分到寒露，秋麦别失误。 山东（郯城）

秋分到寒露，天气来到冷时候。 河北（丰宁）

秋分到寒露，挽糜拾黑豆。 陕西（榆林）、山西（太原）

秋分到寒露，晚稻登场收黄豆。 河南（郑州）

秋分到寒露，种麦不延误。

秋分稻放标。 广东 注：“放标”，指抽穗。

秋分稻贯春。 广东 注：“贯春”，指孕穗。

秋分稻见黄，大风要提防。 注：秋季水稻进入灌浆期，遇冷空气入侵，会造成晚稻瘪粒、空壳减产，因此要提防大风。

秋分稻子割不得，寒露稻子等不得。 湖南（湘潭） 注：指晚稻。

秋分的糜子寒露谷，霜降豆子收住哭。 陕西（延安、榆林） 注：“豆子收住”又作“黑豆收着”。

秋分定禾根。 广东

秋分定禾苗，寒露赶禾标。 广东（高州）、广西（横县） 注：意指晚稻秋分前后，禾苗开始圆脚，寒露抽穗扬花。

秋分定禾苗，霜降追禾黄。 广西（东兴）[京族]

秋分定禾苗。 广东 注：“禾”又作“未”。

秋分东北风，冬天冷汛少。 江苏（常州）

秋分东风来年旱。 华北地区、海南

秋分动刀镰，寒露不算冷，霜降变了天，立冬交十月，小雪河叉上，大雪江叉严，冬至不行船，小寒是腊月，大寒又一年。 吉林

秋分豆角不起鼓，庄户半年白受苦。 江苏（连云港）

秋分豆，白露谷。 天津 注：指收割时间。

秋分对春分，夏至对冬至。 海南

秋分对春分，小寒对惊蛰。 海南

秋分对春分，一百八十打转身。　河北（邯郸）

秋分对春分，一百八十天打转身。　陕西（宝鸡）

秋分砘子响，红薯萝卜才动长。　山东

秋分二过麦。　江苏（金湖）

秋分放大田，寒露一扫光。　山西（大同）

秋分放大田。　江淮地区

秋分分秕馈，寒露喂老牛。　宁夏

秋分分热冷，霜降降禾齐。　海南（儋县）

秋分割旮旯，寒露百草枯。　山西（阳曲）

秋分割黍子，寒露割谷子。　河北（丰宁）

秋分割早稻，寒露割晚稻。　江苏（苏州）

秋分割早稻，霜降割黄粳。　江苏（无锡）

秋分割中稻。　江苏

秋分根断，谷割一半。　山西（晋城）

秋分耕宿麦。　山西（太原）

秋分谷见黄，大风要提防。　山西（长治）

秋分谷子割不得，白露稻子等不得。　河北、河南、陕西、甘肃、宁夏　注："谷子"又作"糜子"。

秋分谷子割不得，寒露谷子养不得。　长江流域、山西（高平）

秋分谷子割不得。　河南

秋分刮北风，腊月雨水多。　安徽

秋分刮北风，来年早春多阴雨。　广东

秋分过，收田忙。　山西（雁北）

秋分过耳。

秋分过后白露到，犁铧牛鞭子跳几跳。　江苏（吴县）

秋分过后必来风。　内蒙古　注："来"又作"有"。

秋分蛤蟆叫，干得犁头跳。　江苏（扬州）

秋分寒露干一干，霜降立冬宽一宽。　上海

秋分禾奔出，霜降禾奔黄。　湖南（株洲）、江西（新建）　注："奔出"指出穗，"奔黄"指成熟。均指二晚而言。

秋分禾有春，霜降稻烂根。　广东　注："有春"，指孕穗。

秋分后，寒露前，草子播种莫迟延。　湖南（株洲）

秋分后，寒露前，草子落地。　上海

秋分后，寒露前，草子落地莫再延。　江西（临川）　注："草子"，即红花草。

秋分后，好种豆。　湖北（鄂北）

秋分后社，白米遍天下；秋社后分，白米像锦墩。

秋分灰，白露粪，不懂的就笨。　广东

秋分见麦苗，寒露麦倒针。　河南（林县）

秋分见麦苗，寒露麦针倒。　北方地区

秋分见麦苗，秋分麦入土。

秋分见麦苗。　河北、河南（新乡）、江苏（淮阴）

秋分见明朗。　山西（定襄）

秋分耩洼，寒露耩沙。　山东（郓城）

秋分节，拈花拿稻。　江苏（南通）

秋分节到温度降，鱼塘投饵要减量，投喂水旱各种草，嫩绿新老均匀上。

秋分节日后，青蛙仍在叫，秋末还有大雨到。　山东

秋分晴到底，砻糠会变米。

秋分来了冷空气，冬天霜大气温低。　山西（晋城）

秋分雷电闪，斗米值贯钱。　贵州（贵阳）　注：“贯钱”，一贯铜钱，意为粮价高。

秋分雷公响，米价日增长。　广东（五华）

秋分雷声响，米价日增长。　广东

秋分冷得怪，三伏天气坏。　河北

秋分冷雨来春早，秋分以后雪连天。

秋分冷雨来春早。　河北

秋分梨子甜。　安徽

秋分连阴雨，锅里没下的米。　宁夏

秋分连阴雨，锅里没有米。　吉林

秋分两边麦，寒露地里无青稻。　河南　注：“无”又作“没”。

秋分两边麦。　河南

秋分两旁看早麦。　山东（梁山）

秋分菱角似刀枪。　河南（平顶山）

秋分菱角舞刀枪，霜降山上采黄柿，小雪圆眼荔枝配成双。　河北

秋分菱角舞刀枪，霜降山上柿子黄。　上海、浙江、河北（张家口）

秋分菱角舞刀枪，霜降上山采黄柿。　安徽（桐城）

秋分露水多。　安徽（枞阳）

秋分露重，冬季多霜。　福建（闽南）

秋分露重，冬季厚霜。　福建（南靖）

秋分麦粒圆溜溜，寒露麦粒一道沟。　长江流域、山东（武城）

秋分麦入泥。　山西、山东、湖北、河南(新乡)、河北(张家口)、上海(川沙)

秋分麦入土，寒露麦倒针。　山西（晋中）

秋分麦入土。 山西、山东、湖北、江苏（扬州）、河南（新乡）、河北（张家口）、上海（川沙）

秋分麦子寒露豆。 云南（晋宁）

秋分麦子寒露油。 安徽（肥西）

秋分麦子正当时，寒露麦子如大盘。

秋分麦子正当时，霜降麦子大盘墩。 山东、浙江、山西（太原）

秋分麦子正当时。 江苏（南京）

秋分麦子种大流。 山东（乳山） 注："大流"，即主流。这里指播种旺季。

秋分满垌匀。 广西（容县）

秋分没糜地有糜，寒露无谷不见谷。 山西（静乐）

秋分没生田，准备动刀镰。 内蒙古、山西（晋城） 注：秋分时节，在内蒙古地区朔风送寒，风力增强，各地气温再下降，先后进入气候学上所说的冬季（平均气温低于10℃），较暖的西部地区和西辽河流域一带也降至10℃上下，偏北地区甚而降到零度以下，降水量都甚少。这个节气，秋天抢收普遍铺开，要切实做到快收细收，割净、拉净，捡净。在抓紧秋收的同时，要抓紧秋耕、力争扩大秋耕地面积并提高质量，这是来年增产的关键措施。

秋分糜，寒露谷，熟不熟，齐收割。 山西（临县）

秋分糜，寒露谷，霜降把地封。 宁夏

秋分糜不得熟，寒露等不得。 陕西（绥德）、山西（太原）

秋分糜糜等不得，寒露谷子割不得。 山西（平遥）

秋分糜糜割不得，寒露谷儿等不及。 山西（文水）、河北（张家口）

秋分糜糜割不得，寒露谷子等不得。 山西（保德）

秋分糜糜割不上，寒露谷儿上了场。 山西（古交）

秋分糜糜割旮旯。 山西（太原）

秋分糜米寒露谷，霜降麻子一齐收。 山西（太原）、陕西（定边）

秋分糜黍寒露谷，该收该打且莫误。 山西（临汾）

秋分糜黍寒露谷。 陕西、甘肃（兰州、张掖）、山西（晋中、太原）

秋分糜子，寒露谷，高粱守住霜降哭。 内蒙古

秋分糜子，寒露谷，霜降守住黑豆哭。 内蒙古 注：豆类喜凉爽气候，在内蒙古地区豆类包括豌、扁、黑豆，从播种到收获约需60～120天，到立秋前后，即为收获适期，到霜降早已收获完了，如霜降时仍未成熟，也就要枯死了。

秋分糜子不得熟，寒露糜子一半熟。 陕西

秋分糜子割不得，白露稻子等不得。 陕西（咸阳）

秋分糜子割不得，寒露谷子等不及。 山西（文水）、河北（张家口）

秋分糜子割不得，寒露谷子掐不得。 山西（平遥）

秋分糜子寒露谷，到了霜降收秫秫。

秋分糜子寒露谷，过了霜降杀秫秫。 宁夏

秋分糜子寒露谷，荞麦收到九月初。 陕西（渭南）

秋分糜子寒露谷，青枝绿叶割糜子，花不楞登揽荞麦。 宁夏

秋分糜子寒露谷，熟不熟要拾掇。 山西

秋分糜子寒露谷，霜降黑豆等着哭。 陕西（榆林）

秋分糜子寒露谷，霜降黑豆没生熟。 宁夏

秋分糜子寒露谷，霜降黑豆拧住哭。 山西（忻州） 注："拧住哭"指收割迟了豆荚会爆裂。

秋分糜子寒露谷，霜降来了拔豆豆。 甘肃（平凉、庆阳）

秋分糜子寒露谷。 陕西、甘肃（兰州、张掖）、山西（晋中、太原）

秋分糜子缓缓割，寒露糜子不能拖。 宁夏

秋分糜子收不上，寒露谷子收一半。 陕西（延安）

秋分靡靡割不得，寒露谷子等不得。

秋分棉花白茫茫。

秋分瞑，一瞑寒过一瞑。 福建（闽南）

秋分歧稻，寒露烧革。 江苏

秋分起浓云必雨。 广西（宜州）

秋分前，麦种完。 湖南（衡阳）、陕西（吴旗）

秋分前，要种完。 陕西（吴旗）

秋分前后，割谷开镰。 山西（高平）

秋分前后，三场风。 黑龙江（牡丹江）

秋分前后，三场霜。 黑龙江（齐齐哈尔）

秋分前后，要种大麦豌豆。 江苏（海门）

秋分前后割高粱。 辽宁

秋分前后见谷垛。 河北（怀安）

秋分前后快收糜，寒露前后忙收谷。 陕西

秋分前后没生田。 江南地区

秋分前后偏北风多，主霜早。 河北

秋分前后有风霜，秋分过后必有风。

秋分前后有风霜。 内蒙古

秋分前十天不早，秋分后十天不迟。 河南、陕西（关中）

秋分前十天不早，秋分后十天不晚。 北方地区、陕西（关中）、河南

注：指种麦。

秋分前五天，蘖稠麦叶宽；霜降前五天，麦长独杆鞭。 山东（武城）

秋分前一天三熟，秋分后三天一熟。 山西（和顺）

秋分荞麦割不得，寒露谷子等不得。 河北（张家口）

秋分勤用金汁投，花大叶大不用愁。　注：指菊花。

秋分晴到底，秕糠会变米。　河北（张家口）

秋分晴到底，砻糠会变米。　福建（泰宁）、河北（张家口）、江苏（盐城）

秋分秋分，日夜平分。　江西（南昌）

秋分秋分，日夜平均。　山东（汶上）

秋分秋分，五谷杂粮往家搬。　安徽（怀远）

秋分秋分，雨水纷纷。　河北、海南（保亭）

秋分秋分，昼夜平分。

秋分秋色到，好禾坏禾都要抽穗了。　广西（桂林）

秋分秋社前，斗米卖斗钱；秋分秋社后，一定有收成。　宁夏

秋分日晴，万物不生。　江淮地区

秋分日晴一冬干。　海南

秋分日晴主大旱。　广西（荔浦）

秋分日夜平，秋分怕夜晴。　江苏（无锡）

秋分若逢雷电日，晚造收割靠时机。　广西（桂平）

秋分撒秕花。　浙江（宁波）

秋分三天种好麦。　陕西（武功）

秋分牲口忙，运耕耙耢耩。　北方地区

秋分十日没生田。　山西（黎城）

秋分十日无收田。　山西（潞城）

秋分十日无早，秋分十日天晚。　山东（周村）

秋分时节两头忙，又种麦子又打场。　山东、陕西（渭南）　注：秋分时节正是农家收获秋熟作物、播种冬小麦的大忙季节，一边收了稻谷在场上晒干、脱粒，一边赶紧播种麦子。

秋分拾花一半。　山东（青城）

秋分是短节，白露是暖年。　陕西（榆林）

秋分是麦节，紧种不可歇。　河北（新乐）

秋分收，油又多，质又优。　注：指桐。

秋分收春豆。

秋分收大田。　河北（万全）

秋分收稻，寒露烧草。　江苏

秋分收花生，晚了落果叶落空。

秋分收黍，寒露割谷。　浙江、陕西、甘肃、宁夏、河北、山东、山西（太原）、湖北（荆门）

秋分收黍子，寒露割谷子。　内蒙古、山东、浙江、陕西、甘肃、宁夏、河北、湖北、山西（新绛、太原）　注：谷子是一种喜温作物，在内蒙古地区，谷子

有早、中、晚熟三种，播种到收获约需60～140天，因此到九月上、中旬，谷子就要成熟了。

秋分收桐，油多质优。　四川

秋分黍，寒露谷，赶快下手防风刮。　山西（和顺）

秋分黍子寒露谷。　河北、河南（新乡）

秋分水浸田，霜降有虫现。　广东（遂溪）

秋分四忙，割打晒藏。　安徽

秋分四五，麦子入土。　河南（平顶山）　注："四五"指四五天。

秋分送霜，催衣添装。　浙江（宁波）

秋分天，放大田。　河北（涿鹿）

秋分天空白云多，处处欢歌好稻禾。　长三角地区　注：秋分期间高气压控制下的天气，风平天晴，气压稳定，地面的水汽和尘埃，大多集结在近地的天空，成为白漫漫的云雾。这种天气对于水稻籽粒灌浆充实十分有利。

秋分天空白云多，处处欢歌好糯禾。　贵州（黔东南）[侗族]

秋分天气白云多，处处欢声好晚禾；只怕此日雷电闪，冬来米贵道如何。

秋分天气白云多，处处欢唱好晚禾。　江苏

秋分天气白云多，处处欢歌好田禾。　陕西、甘肃、宁夏、上海、江苏、浙江、广东（郁南）

秋分天气白云多，处处欢歌好晚禾。　山东

秋分天气白云多，处处欢声好晚禾；只怕此日雷电闪，冬来米贵道如何。

秋分天气白云多，处处声声好晚禾；只怕此日雷电闪，冬来谷米如珍珠。　湖南

秋分天气白云多，处处欣歌好晚禾；只怕此时雷电闪，冬至米价道如何。

秋分天气白云多，到处风波好晚禾。　陕西、甘肃、宁夏、上海、江苏、浙江、广东（郁南）

秋分天气白云多，到处欢歌好晚禾。　福建（泉州）、广西（上思、乐业）

秋分天气白云多，欢歌晚造产量高。　海南（海口）

秋分天气白云多，家家户户唱欢歌。　山东（滨州）

秋分天气白云来，处处欣歌好稻栽。

秋分天晴，冬旱必定。　湖南

秋分天晴必久旱。　江淮地区、湖南

秋分天晴好晚禾，秋分落雨米涨价。　浙江（丽水）

秋分天晴降久旱。　福建

秋分头，白露尾。　河北、江苏（常州）

秋分晚上冷，必然干得很。　广西（平乐）

秋分微雨或阴天，来岁高低大熟年。　江苏（南通）

秋分闻声，冬季雨淋。　广西（乐业）

秋分无生田，不熟也得割。　东北地区、内蒙古

秋分无生田，处暑动刀镰。　东北地区

秋分无生田，寒露不算冷，霜降变了天，立冬封山顶，小雪河封严。

秋分无生田，家家动刀镰。　河北（张家口）

秋分无生田，准备动刀镰。　吉林　注：多适用于华北地区，指秋分时节在田作物普遍进入成熟收获期，准备好镰刀开始收割。

秋分无生田。　河北（阳原）、山东（滨州）

秋分无雨春分补，秋分有雨来年丰。　湖南

秋分无雨春分补。　湖北、上海、河南（商丘）、江苏（淮阴）、山西（河曲）

秋分无雨春分漫。　江苏（淮阴）

秋分无雨好秋耕，秋分有雨烂小春。　四川

秋分无雨一冬晴。　安徽（来安）

秋分五升，寒露一斗。　黑龙江　注：这是指冬小麦的每亩播种量。在秋分播种，由于分蘖多，播种量可少些。至寒露，种麦已嫌晚，播晚了有效分蘖减少，为了达到一定的穗数，应适当增加播种量。

秋分勿出头，割稻喂老牛。　上海　注："勿出头"即勿孕穗。

秋分勿出头，割来好饲牛。

秋分勿收葱，霜降一定空。　上海

秋分西北风，春夏阴雨多。　江苏（南通）

秋分西北风，冬天多雨雪。　江苏

秋分西北风，来年雨水多。　河南（新乡）

秋分西北风，来年早春多阴雨。　广西

秋分西北风，来年早春雨水多。　海南

秋分西北风，下年多雨。　安徽

秋分虾蟆叫，干得犁头跳。

秋分下草籽，寒露稻头齐。　浙江（温州）

秋分下冷雨，旱到来年底。　河北（邢台）

秋分下雨来年丰。　江苏（镇江）

秋分响雷亮忽闪，冬天米价一定贵。　浙江（衢州）

秋分小麦谷雨谷。　河北（高阳）

秋分小雨阴天好，来年高低田大熟。　河南

秋分夜冷必干旱。　湖南（湘西）

秋分夜冷天气旱。　广西

秋分一半黄，白露摘南瓜。　山西（沁源）

秋分一半家，寒露满天下。　河南、江苏（苏州）　注：指稻谷的收割。

秋分一到，场上见稻。　江苏　注：指中稻。

秋分一到，谷场见稻。　上海、河南（南阳）

秋分一声雷，冷到来年二月回。　宁夏

秋分一夜雨，胜过万两金。　广东

秋分宜种麦。　河南（新乡）

秋分已来临，种麦要抓紧。　江淮地区

秋分以后雪连天。　河北

秋分应春雨，白露应来年。　江苏（连云港）

秋分油菜寒露麦。　上海

秋分有可谷。　福建　注：意指下季稻将登场。

秋分有雷电，冬来米价贵。　湖南（衡阳）

秋分有糜子，寒露没谷子。　山西（忻州）

秋分有一雨，寒露有一冷。　海南

秋分有雨，寒露有冷。　江淮地区

秋分有雨病人稀。　广东（鹤山）

秋分有雨冬无水。　广西（玉林）

秋分有雨寒露凉，秋分有雨天不干，秋分北风多寒冷。

秋分有雨寒露凉。　湖南

秋分有雨来年丰，秋分无雨春分补。　安徽（寿县）

秋分有雨来年丰。　湖北、江苏

秋分有雨天不干。　湖南

秋分与春分，日夜一般平。　湖南（常德）

秋分雨多雷电闪，今冬雷雨不会多。　山西（晋城）

秋分雨多雷电闪，今冬雪雨不会多。　山西

秋分雨冷必干旱，秋分云浓有雨来。　广西（上思）

秋分孕，寒露穗。　福建（仙游）

秋分在秋前，有麦尽管种；秋分在秋后，走马去种田。　陕西、山西（太原）　注：“秋”又作“社”。

秋分在社前，斗米换斗钱，秋分在社后，斗米换斗豆，分社同一日，低田尽有差。

秋分在社前，斗米换斗钱；秋分在社后，斗米换斗豆。　江苏、上海、福建（浦城）　注：“社”指秋社。

秋分在社前，斗米换斗钱；秋分在社后，斗米换斗豆；分社同一日，低田尽叫屈。

秋分在社前，斗米换斗钱；秋分在社后，斗米换斗米；分社同一日，低田尽有差。

秋分在社前，斗米换斗盐；秋分在社后，斗米换斗豆。　江西（丰城）

秋分在社前，斗米换豆钱；秋分在社后，斗米换斗豆。

秋分早，立冬迟，寒露霜降正当时。　上海

秋分早，霜降迟，寒露耩麦最宜时。　山东（任城）

秋分早，霜降迟，寒露种麦正当时。　安徽、河北、山西、山东、河南、江苏（高邮、淮阴）、安徽（阜阳）　注："种麦"又作"麦子"或"前后"，"当时"又作"适宜"。

秋分早，霜降迟，寒露种麦正应时。　山西

秋分种麦嫌早，霜降种麦嫌迟，寒露种麦正当时。　安徽（淮北）

秋分之后早稻黄，细收细打粮满仓。　江苏（常州）

秋分之日雷电闪，来年定唱大丰年。　广西（崇左）

秋分之日雷电闪，来年定唱丰收歌。　陕西（商洛）

秋分只怕雷电到，秋收稻谷有几好。　上海　注：俗传秋分这天有雷，预兆歉年。"几好"指多少，询问数量用。

秋分只怕雷电闪，多来米价贵如何。　长江流域

秋分只怕雷电闪，多来米价贵如油。

秋分只怕雷电闪，秋收稻谷难动镰。　海南（保亭）

秋分种菜小雪腌。　长三角地区、湖南、河北（张家口）、安徽（淮南）、江西（临川）　注：长三角地区冬季气候寒冷，大多数蔬菜不能正常越冬生长，冬季供储藏和食用的蔬菜品种少。因此，每年在秋分时节种上一茬蔬菜，经过两个多月的生长期，也就是在小雪时节将所种的菜就可收获，然后用盐腌制，专供冬季蔬菜淡季时食用。

秋分种草子，寒露正及时。　浙江（萧山、绍兴、安吉、诸暨）

秋分种草籽，寒露正及时。　上海

秋分种高山，寒露种平川，霜降种下滩。　河南

秋分种高山，寒露种平川，迎霜种的夹河滩。　长江流域、河南、陕西（武功）

秋分种麦，寒露割谷。　安徽（宿州）

秋分种麦，前后十天是时节。　河北（张家口）

秋分种麦，前十天不早，后十天不迟。　安徽

秋分种麦，前十天不早，后十天不晚。　河南、山东、安徽（淮北）、河北（保定）、山西（太原）

秋分种麦，十种九得。　山西（太原）

秋分种麦，早十天不早，晚十天不晚。　山东、河南（新乡）、山西（太原）

秋分种麦：前十天不早，后十天不晚。　山西（新绛）

秋分种麦好，晚十天不晚，早十天不早。　山东（临清）

秋分种麦铺满厢，立冬种麦一杆枪。

秋分种麦田，芒种收新麦。　安徽（泗县）

秋分种麦嫌早，霜降种麦嫌迟，寒露种麦正当时。　安徽（淮北）

秋分种麦正当时，霜降种麦大盘墩。　山东、浙江、山西（太原）

秋分种平川，寒露种河滩。　河南（扶沟）

秋分种山岭，寒露种平川。　安徽

秋分种蒜，寒露种麦。　河南（平顶山）

秋分种小葱，盖肥在立冬。

秋分种至麦。　山西（忻州）　注："至"，指早熟。

秋分昼夜半。

秋分左右看早麦。　山东

秋风凉，秋分忙。　安徽

秋风爽人意，秋分种麦田。　安徽（来安）

秋漏八月旱。　广西（宜州）

秋前北风秋后雨，秋后北风干田地。　广西（宜州）

秋前十日不断云，秋后十日遍地金。　广西（桂平）

秋前西风秋后雨，秋后北风干到底。　广西（崇左）

秋社后秋分，米麦收十成；秋分后秋社，收成定有差。　上海

秋社后秋分，米麦收十分；秋分后秋社，收成定有差。

秋收选种秋翻地，冬麦下种是机宜。

让秋分，不让白露。　安徽（石台）

让秋分不让寒露。

热至秋分，冷至春分。　长江流域

人忌老槲凼，禾忌秋分浸。　广东

三秋大忙，全家上场。

社了分，米谷不出村；分了社，米谷遍天下。

社了分，米谷如锦墩；分了社，米谷如苔舴。

社了分，米谷勿出村；分了社，米谷遍天下。　上海

时至秋分，番薯艌伸。　福建（仙游）　注：秋分后地瓜停止生长。

蒜到秋白自生根。　陕西　注："秋白"，指秋分、白露。

是节不是节，齐秋分种麦。　山西（襄汾）

天上月圆，人间秋分。　上海

晚秋不过禾，过秋九不收。　内蒙古、江西（临川）　注：低温对于稻子的开花、受粉都有不利的影响，所以水稻最迟插秧时期，应该以保证安全的抽穗期做标准。江西省双季晚稻的抽穗期，大都在阳历九月十日到二十五日之间，这时正靠近秋分节，以后天气渐冷，因此就有以上谚语的说法。

五谷丰登看秋分。　天津

勿过急，莫太迟，秋分前后正适宜。　山东

勿过急，勿过迟，秋分种麦正适宜。

先分后社，米价不算贵；先社后分，白米如锦墩。　注：“如”又作“似”。

先社后分，泥下重屯屯；先分后社，泥下撒天火。　浙江（台州）　注：“社”，指秋社，立秋后第五个戊日；“分”，指秋分。

先社后分，五谷打墩；先分后社，有粮不借。

先社后秋分，必定好收成；先秋分后社，必定在挨饿。　山西（汾阳）

先社后秋分，谷麦收十分；先秋分后社，收成定有差。　江苏（南通）

养过秋分莫怨天。　山西（朔州）

野草过秋分，子孙飞满林。　河北（围场）

一场秋雨一场寒，秋分有雨丰来年。　注：秋季每下一场雨就会增添一分寒意，秋分及以后是播种冬小麦的时节，此时有雨，可以耙耱、保墒，为种麦积蓄水分，确保来年丰收。

阴年秋分下好雨，阳年春分尽无云。　陕西（榆林）

有钱难买秋分连夜雨。　广东

有钱难买秋分雨。　广东

淤耩秋分沙耩寒。　山东

淤土秋分前十天不早，沙土秋分后十天不晚。　北方地区、河南（临颍、沈丘）

淤种秋分，沙种寒露。　长江流域

淤种秋分沙种寒，碱地种在秋分前。　河南（商丘）　注：指种麦。

雨打秋，没得收。　浙江（丽水）　注：“秋”指秋分。

早播不在秋分头，迟播不在寒露边。　浙江

早谷秋分前，晚谷秋分后。　山西（高平）

早秋分，晚霜降，寒露种麦最适当。　山东（任城）

早晚凉，投有雨。　江苏　注：指秋分节后。

早造望头驳，晚造望尾阵；秋分不下种，处暑不栽秧。　广东

种麦砘子响，地里红薯长。　注：“砘子”是播种覆土后用来镇压以利出苗的农具，拉砘子就是播种后用砘子把松土压实。指种麦的时候，红薯正在快速生长。

种麦过秋分，地凉不行根。　陕西（延安）

寒　露

寒露，是二十四节气中的第十七个节气，公历每年10月8日或9日太阳到达黄经195°时为寒露。《月令七十二候集解》说："九月节，露气寒冷，将凝结也。"寒露的意思是气温比白露时更低，地面的露水更冷，快要凝结成霜了。寒露时节，南岭及以北的广大地区均已进入秋季，东北和西北地区已进入或即将进入冬季。北京大部分年份这时已可见初霜，除全年飞雪的青藏高原外，东北和新疆北部地区一般已开始降雪。

我国古代将寒露分为三候："一候鸿雁来宾；二候雀入大水为蛤；三候菊有黄华。"意思是说此节气中鸿雁排成一字或人字形的队列大举南迁；深秋天寒，雀鸟都不见了，古人看到海边突然出现很多蛤蜊，并且贝壳的条纹及颜色与雀鸟很相似，所以便以为是雀鸟变成的；第三候的"菊始黄华"是说在此时菊花已普遍开放。"

寒露以后，我国大陆上绝大部分地区雷暴已消失，只有云南、四川和贵州局部地区尚可听到雷声。北方冷空气已有一定势力，我国大部分地区在冷高压控制之下，雨季结束。天气常是昼暖夜凉，晴空万里，对秋收十分有利。华北10月份降水量一般只有9月降水量的一半或更少，西北地区则只有几毫米到20多毫米。干旱少雨往往给冬小麦的适时播种带来困难，成为旱地小麦争取高产的主要限制因子之一。海南和西南地区这时一般仍然是秋雨连绵，少数年份江淮和江南也会出现阴雨天气，对秋收秋种有一定的影响。

寒露正值晚稻抽穗灌浆期，要继续加强田间管理，做到浅水勤灌，干干湿湿，以湿为主，切忌后期断水过早。南方稻区还要注意防御"寒露风"的危害。华北地区要抓紧播种小麦，这时，若遇干旱少雨的天气应设法造墒抢墒播种，保证在霜降前后播完，切不可被动等雨导致早茬种晚麦。

"寒露不摘棉，霜打莫怨天"。此时要趁天晴抓紧采收棉花，遇降温早的年份，还可以趁气温不算太低时把棉花收回来。寒露前后还是长江流域直播油菜的适宜播种期，品种安排上应先播甘蓝型品种，后播白菜型品种。淮河以南的绿肥播种要抓紧扫尾，已出苗的要清沟沥水，防止涝渍。华北平原的甘薯薯块膨大逐渐停止，这时清晨的气温在10℃以下或更低的几率逐渐增大，应根据天气情况抓紧收获，争取在早霜前收完，否则在地里经受低温时间过长，会因受冻而导致薯块"硬心"，降低食用、饲用和工业用价值，也不能贮藏或作种用。

八月寒露割寒露，九月寒露过寒露。　山西（武乡）

八月寒露后十天不晚，九月寒露前十天不早。　河南

八月寒露莫向前，九月寒露莫向后。　浙江

八月寒露抢着种，九月寒露想着种。　河北、山西（太原）、上海（川沙）、河南（南阳、平顶山）　注：指种麦。

八月寒露霜来早。　河北

八月里寒露肯霜，九月里寒露无霜。　山西（榆次）

不到寒露不寒，不到夏至不热。　湖南（郴州）

不到寒露节，怕正二月雪。　河北（三河）

不怕寒露风，只怕白露雨。　广东

菜头耳聋听寒露。　福建　注：指当地在寒露收萝卜。

蚕豆寒露种，豌豆不出九。　江西（横峰）

蚕豆种在寒露口，种一升来打三斗。　湖南（常德）

蚕豆种在寒露里，一棵蚕豆一把灰。　上海

蚕豆种在寒露里，一棵蚕豆一把荚。　上海（川沙）

春放背，夏放岭，寒露霜降沟底拱。　河北、天津、山西、陕西、甘肃、宁夏、安徽（霍邱）　注："背"，指背风。

春放背，夏放岭，寒露霜降满底拱。　河北、山西、陕西、甘肃、宁夏

粗肥施在寒露节，次年春季芽饱满。　天津

打寒露，骂霜降。　山西（广灵）

大麦不过寒露，小麦不过霜降。　江苏（苏南）

到了寒露边，谷子挑上肩。　江西（万载）

稻怕寒露一夜霜，麦怕清明连夜雨。　安徽（天长）

稻怕寒露一夜霜。　安徽（贵池）

豆过寒露使镰钩，地瓜果子霜降收。　山东

豆子寒露动镰钩，骑着霜降收芋头。　山东　注："芋头"，指红薯。

番薯寒露食卖付。　福建（福清）　注："食卖付"，指需肥迫切。

甘薯就怕寒露雨。　黑龙江

岗地赶寒露，河地赶霜降。　湖北（荆门）

割寒露，打霜降。　山西（襄垣）

谷怕寒露风，老牛怕过冬。　广西（玉林、隆林）

过了寒露，秋粮打场。　吉林

过了寒露，秋粮入库。　宁夏、山东、天津、安徽（巢湖）

过了寒露不怨天。　陕西（延安）

过了寒露加籽。　山西（万荣）　注："加籽"，指种麦。

过了寒露节，不分大小麦。　湖北、河南　注："分"又作"论"、"问"。

过了寒露节，黄土硬似铁。　安徽（蒙城）

过了寒露节，夜寒白天热。　广西（武宣）

过了寒露无青豆。

过了寒露无生田。　河北、吉林、天津、山东（泰安）

寒降霜降三个子，立冬小雪一个儿。　湖南（岳阳）　注：谓寒露、霜降时种豌豆比在立冬、小雪时种为好。

寒露不热，五谷不结。　江西（新建）

寒露八月抢着种，寒露九月想着种。　安徽（郎溪）

寒露拔葱，不拔就空。　河北（唐山）

寒露百草黄，霜降起菜忙。　吉林

寒露百草枯，立冬不使牛。　河北（张家口）

寒露百草枯，霜降割苇子。　北京（延庆）

寒露百草枯，霜降挂冰凌。　河北（张家口）

寒露百草枯，霜降挂犁杖。　河北（巨鹿）

寒露百草枯，霜降没一根。　山西（左云）

寒露百草枯，霜降起菜蔬。　河北（昌黎）、山西（晋城）

寒露百草枯，霜降起菜园。　山西（忻州）

寒露百草枯，霜降水流稠。　山西（和顺）

寒露百草枯，霜降水流雕。　山西

寒露百草枯，莜麦寒露草。　山西（左云）　注：莜麦若到寒露不熟，只能做柴草。

寒露百草枯。　湖南、吉林、内蒙古、宁夏、天津、安徽（屯溪）、湖北（大悟）、山东（郓城）、浙江（台州）

寒露百花凋，霜降百花枯。　山西（临汾）

寒露北风小雪霜。　河南（郑州）、湖北（嘉鱼）

寒露北风雨，禾黄仓里空。　广西（上思）

寒露北风早，深冬白霜多。　广西（马山）

寒露逼子哩，霜降逼死哩。　甘肃（天水）

寒露播麦，莫叫人晓得。　湖北　注：指除了个别气候较冷的地区外，小麦播种最早不能早过寒露。

寒露播麦不要盖。　湖南（零陵）　注：“盖”，指盖土。

寒露不出，霜降不黄。　江西（南昌）

寒露不出不再出，霜降不黄不再黄。　广西（荔浦）

寒露不出葱，必定半截空。　河北（阜平）

寒露不出死不出，霜降不黄死不黄。　湖南　注：指晚稻出穗和成熟时间。

寒露不出头，割倒喂老牛。　湖南

寒露不出头，割禾喂老牛。　广西（来宾）

寒露不出头，晚稻喂黄牛。　浙江

寒露不出真不出，霜降不黄真不黄。　广西（灌阳、全秀）、江苏（常州、镇江)、江西（南丰） 注：“出”，指抽穗。

寒露不割禾，一夜丢一箩。 江西（南昌）

寒露不割烟，霜打别怨天。 宁夏（银南）

寒露不勾头，割回喂老牛。 湖南

寒露不勾头，霜降没得收。 江西（靖安） 注：“没得收”又作“喂老牛”。

寒露不寒，明春不冷。 广西（乐业）

寒露不黄真不黄。 黑龙江、吉林 注：寒露时稻子还没成熟，就很难成熟。

寒露不捡茶，茶子张嘴巴。 湖南（湘西）［苗族］

寒露不见田，地里黄片片。 山西（神池）

寒露不凉早晚凉，穿着鞋子下地忙。 安徽（休宁）

寒露不刨葱，必定心里空。 黑龙江、内蒙古、河北、河南、山西、山东、陕西、甘肃、宁夏

寒露不刨葱，单等立了冬。 山西（襄垣）

寒露不起葱，耐等立了冬。 山西（平遥）

寒露不起葱，起来空气筒。 山西（定襄）

寒露不起葱，越长越发空。 吉林

寒露不收蚕，放蚕白瞪眼。 吉林

寒露不收稻，一夜去一筐。 黑龙江

寒露不收烟，霜打别怨天。 陕西（宝鸡）

寒露不算冷，霜降变了天，立冬交十月，小雪地封严，大雪江河冻，冬至不行船，小寒在三九，大寒就过年。 河南、江苏（扬州）

寒露不算冷，霜降变了天。 吉林、内蒙古、辽宁（辽西）、安徽（绩溪）、广西（融安）、山东（乳山）、山西（大同）

寒露不算冷，霜降才变天。 宁夏、天津、陕西（安康）

寒露不摘，霜打莫怨。 山西（新绛） 注：指摘棉花。

寒露不摘棉，霜打莫怪天。 山西（太原）

寒露不摘烟，霜打甭怨天。 河南

寒露不摘烟，霜打别怨天。 天津、黑龙江（佳木斯）、山东（梁山）

寒露不摘烟，霜打不怨天。 四川

寒露不摘烟，霜打莫怨天。 吉林、安徽（凤台）、山西（河津）

寒露不摘烟，霜了别怨天。 山东（泰安）

寒露不做茧，放蚕白瞪眼。 黑龙江、辽宁

寒露菜马霜降麦。 陕西（沔县）

寒露菜籽霜前麦。 湖北、重庆、安徽、浙江(宁波、鄞县、安吉、奉化、嘉兴)

寒露蚕，蔸上结；霜降蚕，腰上结；立冬蚕，顶上结。 湖南（湘潭）

寒露蚕豆稻里轧。 江苏（吴江）

寒露蚕豆霜降麦，立冬菜子了不得。　湖南（湘潭）　注："了不得"，指大丰收。

寒露蚕豆霜降麦，立冬油菜全种着。　上海

寒露蚕豆霜降麦，种了小麦种大麦。　河南（商丘）、山西（晋城）

寒露蚕豆霜降麦。　上海、江苏、安徽

寒露草枯。　四川

寒露草子霜降麦。　浙江（余姚）

寒露草籽霜降菜。　江西（丰城）

寒露出禾霜降笑，霜降出禾撩牛跳。　广东

寒露穿麦针。　江苏（徐州）

寒露吹了风，晚稻谷子空。　广西（平乐）

寒露吹了西北风，十只水缸九只空。　江苏（南通）

寒露吹一冬，有雨飘三春；寒露见了霜，三冬用雪装。　宁夏

寒露催禾黄，霜降催禾完。　江西（宜黄）

寒露打雷春雨多。　山西（河曲）

寒露大忌西北风。　上海

寒露带来北风雪，眼看黄谷变成铁。　广西（宜州）

寒露带来北风雨，眼见谷黄仓库虚。　广西（北海、合浦）

寒露带来北风雨，眼看谷黄仓库空。　广西（桂平）

寒露到，地收了。　宁夏

寒露到，割迟稻；霜降到，割糯稻。　安徽（贵池）

寒露到，割秋稻。　湖南、上海、河南（三门峡）、江苏（南通）　注：指中熟稻。

寒露到，割秋稻；霜降到，割糯稻。

寒露到，割秋稻；霜降到，收糯稻。　江西（九江）

寒露到，割籼稻；霜降到，割糯稻。　江苏（盐城）

寒露到，碌碡转。　河北（张家口）

寒露到，秋收完。　吉林

寒露到，收水稻。　宁夏

寒露到立冬，翻地冻死虫。　安徽（滁州）、河北（丰宁）、天津（武清）、黑龙江（黑河）

寒露到立冬，翻土冻死虫。　安徽（泗县）

寒露到立冬，耕地冻死虫。　江苏（盐城）

寒露到霜降，家家种麦忙。　湖南（娄底）

寒露到霜降，日夜种麦忙。　湖南、湖北、江西、江苏（连云港）

寒露到霜降，种麦不荒唐。　吉林

寒露到霜降，种麦不慌张；霜降到立冬，种麦不放松。 湖北、河南（光山、固始、扶沟、淅川、唐河、桐柏、舆阳、新野、项城、中牟、方成、泌阳） 注：“不慌张”又作“莫慌张”。

寒露到霜降，种麦就慌忙。

寒露到霜降，种麦莫慌张。 江苏（连云港）

寒露到霜降，种麦莫心慌；霜降到立冬，种麦莫放松。 上海

寒露到霜降，种麦日夜忙。 河南（正阳、镇平）、山东（曹县） 注：适用于黄淮南部地区。寒露到霜降是小麦适宜播种期，争取尽早播种。

寒露到霜降，种麦要慌张。 河北、山东、安徽（利辛）、河南（新乡）

寒露到霜降，种麦要紧张。 甘肃、宁夏、陕西（武功）、山西（太原）、河北（张家口） 注：“到”又作“至”或“顶”，“紧张”又作“紧忙”。

寒露到霜降，种麦正相当。 江苏（徐州）

寒露的水，偷稻的鬼。 浙江（台州）

寒露地，无青棵。 天津

寒露地，无青稞。 宁夏

寒露地里无青棵。 河南

寒露点麦，一粒一升。 湖南（娄底）

寒露顶霜降，种麦紧慌张。 陕西（咸阳）

寒露顶霜降，种麦就慌张。 河北、山东、河南（新乡）

寒露顶霜降，种麦要慌张。 河北

寒露东风雨，西北风晴天。 安徽

寒露豆，霜降麦。 湖北

寒露豆子霜降麦。 云南（大理）[彝族]

寒露翻大风，农户米缸空。 广西（象州）

寒露风，收干淡。 广东 注：寒露遇风，庄稼必害。

寒露风，霜降雨，毒过麻风屎。 广西（防城）

寒露风，有谷也是空；寒露雨，空壳不胀米。 广西（柳江）

寒露风吹大垌，霜降风吹山冲。 广西（陆川）

寒露风云少，霜冻快来了。 河北（丰宁）

寒露风早，禾稻歉收；寒露风迟，收成好气。 广西（桂平） 注：“气”，气势。“好气”，指丰收。

寒露逢天雨，开春雨水多。 广西（上思）

寒露赶禾出，霜降赶禾黄。 广西（防城）

寒露赶禾山，霜降降禾黄。 广西（陆川）

寒露高粱到了家，秋分豆子离了洼。 河南、山西、山东、河北、天津（武清） 注：言交寒露节高粱成熟，秋分节大豆成熟。

寒露割谷忙，霜降忙打场。 山西（潞城）

寒露割秋稻。 河南

寒露谷子霜降稻，高粱见霜要吹倒。 宁夏

寒露过后，快种胡豆；苗又深，田不瘦。 四川

寒露过后是霜降，忙着秋收又种粮。 山东（单县）

寒露过后霜降到，秋季造林时机好。 山东（苍山）

寒露过了霜降到，大豆甘薯早收好。 上海

寒露过去是霜降，忙着秋收接秋种。 山西（新绛）

寒露过三朝，过河要寻桥。 广东

寒露过三朝，浅水也寻桥。

寒露含浆老，霜降割晚稻。 浙江

寒露寒露，遍地冷露；寒露三朝，过河寻桥。 江苏

寒露寒露，夹衣夹裤。 河北（石家庄）

寒露后七天，是寒露风季节。 广西（宜州）

寒露胡豆霜降麦，立冬油菜绵不得。 四川 注："绵"，指拖延时间。"油菜"又作"菜子"。

寒露花端渐上苞，去侧留中仍紧要。

寒露见了霜，冬风吹得狂。 吉林、宁夏、天津

寒露见了霜，农民心里慌。 宁夏

寒露见阳光，胡豆豌豆装满仓。 四川

寒露降了霜，一冬暖洋洋。 安徽（和县）、湖北（竹溪）

寒露接霜降，十家烧火九家旺。 江西（万安）

寒露节，广种麦。 湖北（鄂北）

寒露节，种小麦；霜降节，种不测。 湖北

寒露节气尾花收。 湖北

寒露节日雾，穷人便欺富。 安徽（颍上）

寒露紧南风，三天后起北风雨。 广西（崇左）

寒露九月九，杂七杂八收到手。 安徽（广德）、河南（郑州）

寒露开花不结子。 湖南、上海 注：指棉花。

寒露开花不结籽，过了寒露无青豆。 湖南（湘潭）

寒露开花不结籽。 湖南（常德） 注：指棉花。

寒露开花勿结子，白露开花正结子。 上海

寒露开花勿结籽，端阳有雨是丰年。 上海

寒露砍高粱，霜降打完场。 黑龙江

寒露看早麦，霜降不算冷。 江苏（苏州）

寒露捆菜。 黑龙江

寒露两边看早麦。　山东

寒露两旁看早麦，芒种三日见麦茬。　山东（兖州）

寒露两旁看早麦。

寒露落草，死多活少。　上海　注：“落草”，指紫云英下种，是一种绿肥。

寒露麦，霜降菜。　福建（南安）

寒露麦穿针。　江苏（武进）

寒露麦落地，霜降麦苗青。　河南（许昌）

寒露麦落泥，霜降麦头齐。　上海　注：“麦落泥”又作“麦头泥”。

寒露麦子霜降豆。　四川、云南（大理）[白族]

寒露麦子霜降豌。　四川（三台）

寒露没青稻，霜降一齐倒。　江苏（无锡）

寒露呒青稻，霜降一齐倒。　上海

寒露南风好荞麦，寒露北风少雪霜。　湖南

寒露起黑云，冷雨时间长。　广西（宜州）

寒露起南风，快防寒露风。　湖南

寒露起薯，霜降开园。　内蒙古、上海、山西（晋城）　注：指在寒露、霜降时开始培育甘薯。

寒露前，半月田。　河北（唐山）

寒露前，动刀镰，过了寒露割大田。　吉林

寒露前，摘茶籽；寒露后，捡桐籽。　四川

寒露前后，板田点豆。　四川

寒露前后，旱麦出土。　山西（临汾）

寒露前后，好种蚕豌豆。　湖北

寒露前后，正好种豆。　湖北

寒露前后好种麦，秋分过后能播种。

寒露前后看早麦。　湖南、浙江、山东（鲁南）、江苏（淮阴）、安徽（阜阳）、河南（新乡）、河北（张家口）　注：“前后”又作“两边”或“两旁”。

寒露前后雷响彻，来年雨水浸成泽。　湖南（湘西）

寒露前后有雷电，防备来年遭水淹。　河南（濮阳）

寒露前后有雷电，来年雨水一定多。　广西（乐业）

寒露前十天不早，寒露后十天不迟。　湖北（鄂北）、陕西（安康）　注：“迟”又作“晚”。

寒露前十天不早，后十天不迟。　湖北（荆门）

寒露前十天不早，后五天不晚。　河南

寒露晴，冬天冷。　江苏（淮阴）

寒露秋收完，霜降地里翻。　陕西（铜川）

寒露去种麦，前十天不为早，后十天不为迟。 河南（新乡） 注：“迟”又作“晚”。

寒露热南风，快防寒露风。 广西（崇左）

寒露日吹西北风，冷头必定来得早。 上海 注：“冷头”，指寒流。

寒露日干，明年春旱。 广西（乐业）

寒露日雨，下到十一。 广西（乐业） 注：“十一”，指农历十一月。

寒露若逢天下雨，明年开春不愁雨。 广西（田阳）[壮族]

寒露若逢天下雨，五谷丰登禾坠枝。 广西（桂平）

寒露若逢下雨天，正月二月雨涟涟。 湖南（株洲）

寒露若遇天下雨，正月二月雨水多。 广西（防城）

寒露三朝，高低尽标；寒露三朝，过水寻桥。 广东

寒露山谷死，霜降拔麻籽。 山西（壶关）

寒露柿子红。 四川

寒露柿子红了皮。 上海（上海县、川沙）

寒露收倒麻。 陕西

寒露收割罢，霜降把地翻。 安徽、宁夏

寒露收割罢，霜降种麦忙。 河北（邯郸）

寒露收割罢，霜降种麦田。 河南

寒露收割完，霜降把地翻。 吉林

寒露收割中禾稻，霜降无老少。 上海 注：“无老少”，指勿论早稻、中稻、晚稻都要收割完。

寒露收谷忙，霜降快打场。 天津

寒露收谷忙，细打又细扬。 陕西（咸阳）

寒露收谷子，霜降百草枯。 山西（平遥）

寒露收杂粮。 黑龙江

寒露霜降，赶忙抛上。 湖北（鄂北）

寒露霜降，耕地翻土。 山西（雁北）

寒露霜降，胡豆麦子点坡上。 湖南（娄底）

寒露霜降，胡豆麦子在坡上。 四川 注：“麦子”又作“豌豆”。

寒露霜降，脚用火炕。 湖南（怀化）

寒露霜降，老汉要睡热炕。 新疆

寒露霜降，牛马晏放。 广西（象州）

寒露霜降，破裘出按。

寒露霜降，日落灯亮。 河南（开封） 注：谓天黑得快。

寒露霜降，日落就暗。 江西、内蒙古、安徽（绩溪）、湖北（通山）、湖南（益阳）

寒露霜降，日落就黑。　山东（梁山）
寒露霜降，日落就晏。　江苏（镇江）
寒露霜降，水落长江。　江西（湖口）
寒露霜降，土地深翻。　黑龙江
寒露霜降，小麦种在坡上。　贵州
寒露霜降草子没。　浙江（余姚、萧山）
寒露霜降到，收了豆类收番薯。　山西（乡宁）
寒露霜降到，摘花收晚稻。
寒露霜降到，捉花收晚稻。　注："捉花"，指摘棉花。
寒露霜降地要耕，深翻时机最紧张。　山西（新绛）
寒露霜降节，紧风就是雪。　湖南、江西（新干）
寒露霜降两中间，快种油菜莫迟延。　安徽（滁州）
寒露霜降麦。　江苏（盐城）
寒露霜降麦归土。　湖北（荆门）
寒露霜降十月临，耕地扎菜正当紧。　华北地区、山东、河南
寒露霜降水推沙，鱼只长江客回家。　湖北
寒露霜降水退沙，鱼奔深潭客奔家。　湖南
寒露霜降水退沙，鱼归大海客归家。　山东、广西
寒露霜降水退沙，鱼归深处客归家。　安徽
寒露霜降水退沙，鱼归深处客思家。　河北（昌黎）
寒露霜降水退沙，鱼落深潭客归家。　黑龙江（牡丹江）
寒露霜降天气冷，整地移植莴苣笋。　广西
寒露天渐冷，树苗要防寒。　黑龙江
寒露天凉露水重，霜降转寒霜花浓。　河北（廊坊）、陕西（汉中）
寒露天凉露水重，霜降转寒雪花浓；小麦播种应抓紧，秋耕工作快进行。
内蒙古
寒露天凉露水重，霜降转寒雨花浓。　河南（商丘）
寒露天凉露水重，水稻谨防寒露风。　宁夏
寒露天气晴，冬天冷得早。　湖南（株洲）
寒露田里无青梗。　安徽（淮北）
寒露头，好种油。　安徽（肥西）
寒露头，早种油。　湖北
寒露头，早种油；寒露后，抢种蚕豌豆。　湖北（荆门）
寒露吐穗不结实。　江苏（苏北）　注：指晚稻。
寒露吐穗不结实，寒露百草枯。
寒露吐穗勿结实。　上海

寒露豌豆霜降麦。 安徽（肥东）

寒露晚稻不抽穗，霜降割禾给牛睡。 湖南（怀化）

寒露望青稻，霜降一齐老。

寒露微微走，霜降一齐爬。 安徽（当涂）

寒露未到，萝卜下浇。 山东

寒露无风起，早造谷少秕。 广西（龙州）[壮族]

寒露无老少，霜降一齐扫。 江西（上饶）

寒露无青稻，霜降遍地倒。 江西（弋阳）

寒露无青稻，霜降一齐倒。 湖南、上海、江苏、浙江（鄞县、余姚）、河南（新乡）、河北（张家口）、安徽（淮南） 注：适用于长江中下游及江淮地区。指单季晚稻寒露节气前后，稻田开始转黄；到了霜降前后，稻子就进入收割期。霜降前后应及时收获水稻，否则就会影响下茬小麦、油菜等适期播种、移栽。“无”又作“没”或“望”，“倒”又作“老”或“剿”。

寒露无青豆。 山东（苍山）

寒露无青禾，霜降一起倒。 江苏（南京）

寒露无雨，百日无露。 湖南（衡阳）

寒露五日后，必定要收秋。 陕西

寒露勿出头，割来喂老牛。 上海

寒露勿出头，晚稻喂黄牛。 浙江（台州）

寒露勿出真勿出，霜降勿黄真勿黄。 浙江（云和）

寒露勿更头，霜降好饲牛。 浙江

寒露勿寒，霜降做梅。 浙江（宁波）

寒露勿刨葱，必定心里空。 上海

寒露勿算冷，霜降变了天。 上海

寒露雾着脚，日头晒石秃。 浙江（杭州）

寒露西北风，四十五天暖融融。 江苏（扬州）

寒露西北霜来早。 上海

寒露西风急，秋菜入窖忙。 黑龙江

寒露下了霜，一冬暖洋洋。 河南（周口）

寒露下种，冬至见叶，立夏见荚。 江苏（镇江）

寒露一场霜，两眼泪汪汪。 山西（新绛）

寒露一到百花枯，山药收藏没疏松。 山西（太原）

寒露一齐倒，霜降无竖稻。 黑龙江

寒露阴雨秋霜晚。 河北（邢台）

寒露油菜霜降麦，过了立冬矮一节。 河南（南阳）

寒露油菜霜降麦，立冬不种迟小麦。 安徽（安庆）

寒露油菜霜降麦，立冬不种田小麦。　安徽（枞阳）

寒露油菜霜降麦。　湖北、重庆、安徽、江苏（盐城）、江西（新余）、浙江（宁波、鄞县、安吉、奉化、嘉兴）

寒露油下畈，霜降麦搬家。　湖北　注："搬家"，指从仓里搬到地里。

寒露有风不成禾，白露有风虫害多。　广西（来宾）

寒露有南风，三天之内转北风。　广西（宜州）

寒露有霜，晚谷受伤。　河南（漯河）、湖北（蒲圻）

寒露有雨，春天无晴。　广西（防城）

寒露有雨冬雨少，寒露无雨冬雨多。　广西（宜州）

寒露有雨沤霜降。　湖南（株洲）

寒露雨后有雷声，来年处处有水坑。　河南（濮阳）

寒露栽菜秧，霜降割晚稻。　上海

寒露在晴天，冬天手开裂。　广西（荔浦）

寒露早，白露迟，秋风种麦正当时。　江苏

寒露早，立冬迟，霜降前后正当时。　浙江（兰溪）　注："正当时"又作"最适时"。

寒露早，立冬迟，霜降收菜正当时。　河北（张家口）

寒露早，立冬迟，霜降收薯正当时。　天津、上海、山东（乳山）、湖北（荆门）、陕西（安康）、四川（三台）

寒露早，立冬迟，霜降收薯正适宜。

寒露早，立冬迟，霜降挖薯正当时。　湖南（零陵）

寒露早，立冬迟，霜降挖苕正合适。　上海、湖北（荆门）、陕西（安康）、四川（三台）

寒露早，立冬迟，霜降种麦正当时。　湖北（荆门）、安徽（淮南）

寒露早，秋分迟，霜降收芋正应时。　河南（林县）

寒露摘柿子，立冬打黑枣。　河北（保定）

寒露之前是秋分，培育庄稼要认真，豌豆苞米勤除草，粮食增产有保证。　甘肃

寒露至霜降，种麦不慌张。　河南

寒露至霜降，种麦莫慌张。　河南（新乡）、河北（张家口）、江西（九江）　注："至"又作"到"，"莫"又作"不"或"别"。

寒露至霜降，种麦要慌张。　河南、河北（安国）

寒露至霜降，种麦准慌张。　山东（临清）

寒露种菜，霜降种麦。　河南

寒露种菜小雪挑，小雪种菜只要浇。　浙江、河南（新乡）、河北（张家口）

寒露种菜小雪挑。　四川

寒露种蚕豆。　上海　注：蚕豆种于寒露，熟于蚕时，故名蚕豆，又名寒豆。

寒露种草，死多活少。　江苏（徐州）　注：“草”，指红花草。

寒露种草不算早，霜降种草长不好。　浙江（瑞安）

寒露种草子，草子壅草子。　浙江（余姚）

寒露种草最适时，霜降种草感到迟。　浙江（瑞安）

寒露种大麦，霜降种小麦。　湖北

寒露种豆，十种九得。　陕西（安康）

寒露种高山，霜降种平川。　湖北

寒露种胡豆，一粒打一升。　湖南

寒露种麦，不消问得。　湖北

寒露种麦，莫叫人晓得。　湖北

寒露种麦，前十天不早，后十天不迟。　上海（宝山）

寒露种麦，前十天勿早，后十天勿迟。　上海

寒露种麦，十有九得。　江苏（淮阴）

寒露种麦，十种九得。　安徽（淮南）、陕西（武功、关中、汉中）

寒露种麦，十种九收。　陕西（武功、关中、汉中）

寒露种麦不问人。　安徽

寒露种麦收三成。　山东（苍山）

寒露种油菜，火烧不起来。　湖南（岳阳）

寒露种早麦，霜降种小麦。　江苏（泰州）

寒露抓秋耕，来年粮满囤。　山西（太原）

寒露子，霜降麦。　湖北　注：“子”，指蚕、豌豆。湖北荆门原注：“子”，指油菜。

寒露籽，霜降麦。　湖北（荆门）　注：“籽”，指油菜籽。

好禾不怕寒露风，好粪不怕田底穷。　广西（桂平）

喝了寒露水，百鸟噘着嘴。　河南（南阳）

禾怕寒露风，人怕老来穷。　湖南、江西（吉水）、陕西（咸阳）

胡豆点在寒露口，豌豆点在立冬前。　湖北（荆门）

胡豆点在寒露口，种一升打几斗。　四川、山西（太原）、陕西（关中）

胡豆麦子点在寒露，点一粒来打一升。　湖南

胡豆种在寒露口，一碗收一斗。　陕西（褒城）

胡豆种在寒露口，种一升打三斗。　四川、山西（太原）、陕西（关中）

黄疸不打寒露麦。　浙江　注：意指早播可减轻锈病。

叫花子穷，独怕寒露西北风。　上海

紧忙慢忙，寒露进场。　河北（围场）

进了寒露门，收谷不用问。　吉林、宁夏

九月寒露按季节，八月寒露迟几天。　湖北　注：指种油菜

九月寒露不在前，十月寒露不在后。　贵州、江西　注：贵州指拣油茶果的时间。

九月寒露到霜降，拣完茶子柿子黄。　广西

九月寒露霜降，油菜麦子种到坡上。　贵州　注："到"又作"在"。

九月寒露霜降到，摘了棉花收晚稻。　湖南（湘潭）

九月寒露霜降临，播种油菜要赶紧。　湖北（荆门）

九月寒露天潮寒，整修土地莫消闲。

老牛怕过冬，禾怕寒露风。　广西（横县、扶绥）[壮族]

粮食冒尖棉堆山，寒露不忘把地翻。　山西（晋城）

露水不见粟芦，寒露不会勾头。　江西　注："粟芦"又作"粟苗"。

露种菜，小雪挑，小雪种菜只要浇。　上海　注："露"，指寒露；"挑"，指收获。

麦过寒露不出头。　河南（灵宝）

麦过寒露出红尖。　山东（曹县）

麦种寒露口，种一升，收一斗。　陕西（安康）

麦种寒露头，粮食压断楼；麦种寒露尾，跑断仙人腿。　云南、安徽（淮北）

麦种寒露头，粮囤顶梁头。　河南（郑州）

麦种寒露五。　河南

麦子不离八月土，豌豆跟着寒露走。　陕西

棉怕八月连天雨，稻怕寒露一朝霜。　江苏（盐城）

棉怕八月连阴天，稻怕寒露一朝霜。　上海

哪有寒露不割谷。　山西（襄垣）

暖寒露，冷霜降。　山西（沁源）

七月小白菜，寒露市上卖。　宁夏、天津

齐寒露，百草枯。　山西（宁武）

骑寒露种麦，十种九得。　河南

骑寒露种麦，十种有九得。　河南（郑州）

荞麦豆，死在寒露。　黑龙江、河南（郑州）　注：东北南部一般在寒露前后收豆子和荞麦。

荞麦豆死寒露。　河北

荞麦豆死在寒露。　河北

秋风寒露有雷声，庄稼收割快抓紧。　内蒙古

秋风糜子寒露谷，高粱霜降守着器。　内蒙古

秋风糜子寒露谷，过了露降拔萝卜。　新疆

秋风糜子寒露谷，霜降黑豆没生熟。　内蒙古

秋麦不交寒露节，就怕来年有春雪。

秋霜五花山，寒露林尽染。 吉林

让寒露不让霜降。 安徽（阜阳）

人怕老来寒，禾怕寒露风。 吉林

人怕老来穷，禾怕寒露风。 内蒙古、山东（临清）、山西（雁北）

若要菜秧大，莫放寒露过。 湖北

若要菜秧大，要等寒露过。 上海

若要常菜大，勿放寒露过。 上海

若要油，莫过寒露。 浙江（平湖）

施好寒露肥，番薯快快肥。 广西（北海、东兴）

十月寒露和霜降，打场起菜家家忙。 山西（新绛）

十月寒露霜降到，收割晚稻又挖薯。

十月寒露霜降到，摘了棉花收晚稻。 浙江

十月寒露霜降来，黄豆杂粮都收清。 安徽（颍上）

十月寒露霜降至，张捕肥蟹正当时。 安徽（当涂）

十月寒露又霜降，菜田施肥紧跟上。十月白菜把地腾，十二月韭菜把粪壅。 陕西（宝鸡）

十月寒露与霜降，各种作物齐登场。 海南（琼山）

水稻谨防寒露风，深翻土地冻害虫；猪圈窝棚修理好，确保牲畜过好冬。 内蒙古

挖苕早迟要适当，寒露开始到霜降。 四川

豌豆跟上寒露走，等于装在囤里头。 陕西（安康）

豌豆跟着寒露走，等于装在囤里头。 陕西（宝鸡）

豌豆种在寒露口，种一升来打一斗。 陕西（安康）

晚稻就怕寒露风。 山东（单县）

晚禾不吃寒露水。 江苏（南通）、江西（峡江）

小麦不过寒露，大麦不过霜降。 江苏（建湖）

小麦点到寒露口，点一碗收一斗。 安徽（太和）

小麦点在寒露口，点一碗，收一斗。 陕西

小麦种在寒露口，点一碗，收一斗。 陕西（西安）

秧到寒露不怨天。 陕西（榆林）

要得苗儿壮，寒露到霜降。 江苏（盐城）

要收油，寒露以前就动手。 浙江（慈溪）

一场秋风一场雨，一场寒露一场霜。 河南、河北、上海、四川

油菜要吃寒露水，晚种一天，晚长十天。

有水不怕寒露风。 广西（北流）

有屋不怕寒露风，有子不怕老来穷。
有雨不怕寒露风，有崽不怕老来穷。 广西（防城）
早造要防倒春寒，晚造须避寒露风。 广西（象州）
中伏下菜秧，寒露取菜苗。 陕西、甘肃、宁夏、河南（新乡）
中伏下菜种，寒露起菜苗。 江西（南昌）
种豆种到寒露，种一葫芦收一篓。 安徽（屯溪）
种豆种在寒露头，种一葫芦收一斗；种豆种在寒露尾，种一葫芦收一嘴。
云南［彝族］
种豆种在寒露头，种一葫芦收一楼；种豆种在寒露尾，种一葫芦收一嘴。
云南
种豆种在寒露头，种一葫芦收一篓。 云南
种麦不交寒露节，就怕来年有春雪。 江苏
庄稼汉，你莫犟，过了寒露麦不旺。 陕西（西安）

霜　降

霜降，是二十四节气中的第十八个节气，公历每年10月23日或24日太阳到达黄经210°时为霜降。《月令七十二候集解》："九月中，气肃而凝，露结为霜矣"。古籍《二十四节气解》中也说："气肃而霜降，阴始凝也。"此时，我国黄河流域已出现白霜，千里沃野上，一片银色冰晶熠熠闪光。随着霜降的到来，不耐寒的作物已经收获或者即将停止生长，草木开始落黄，呈现出一派深秋景象。

我国古代将霜降分为三候："一候豺乃祭兽；二候草木黄落；三候蛰虫咸俯。"此节气中豺狼将捕获的猎物先陈列后再食用；大地上的树叶枯黄掉落；蛰虫也全在洞中不动不食，垂下头来进入冬眠状态。

气象学上，一般把秋季出现的第一次霜叫做"早霜"或"初霜"，而把春季出现的最后一次霜称为"晚霜"或"终霜"。从终霜到初霜的间隔时期，就是无霜期。也有把早霜叫"菊花霜"的，因为此时菊花盛开，北宋大文学家苏轼有诗曰："千树扫作一番黄，只有芙蓉独自芳"。

霜降时北方大部分地区已在秋收扫尾，即使耐寒的葱，也不能再长了，因为"霜降不起葱，越长越要空"。在南方，却是"三秋"大忙季节，单季杂交稻、晚稻才在收割，种早茬麦，栽早茬油菜；摘棉花，拔除棉秸，耕翻整地。"满地秸秆拔个尽，来年少生虫和病"。收获以后的庄稼地，都要及时把秸秆、根茬收回来，因为那里潜藏着许多越冬虫卵和病菌。华北地区大白菜即将收获，要加强后期管理。霜降时节，我国大部分地区进入了干季，要高度重视护林防火工作。

霜降也是黄淮流域羊配种的好时候，农谚有"霜降配种清明乳，赶生下时草上来。"母羊一般是秋冬发情，羊羔落生时天气暖和，青草鲜嫩，母羊营养好，乳水足，有利于羊羔的生长。

坝里霜降点。　陕西（安康）

白薯半年粮，霜降快贮藏。　内蒙古

白云七月中，霜降早来侵。

补冬不如补霜降。

不忌霜降风，只怕寒露雨。　广东

不怕霜降霜，单怕寒露寒。　天津、河北、广东（广州）、湖南（湘潭）、陕西（铜川、渭南）

不怕霜降雨，只怕十月十三阴。　广西（上思）

菜仔出土见霜降，麦仔出土见立冬。　福建（福清、平潭）　注："菜仔"，指萝卜苗。前半句"出"又作"开"。

春栽早，夏栽巧，冬到霜降栽正好。　广西（陆川）、山东（郯城）　注：全句意为春种作物要赶季节，夏粮作物要讲究耕作技巧，冬种作物要在霜降节气前后下种。

大豆好，大豆好，最怕霜降早。　河北（张家口）

大豆最怕降霜早。　陕西、甘肃、宁夏、上海（宝山）、河南（新乡）

大豆最怕霜降早。

到霜降，禾上晾。　贵州（黔东南）[侗族]　注：侗族地区摘禾后将禾把放在晾禾架上晾晒。

地冻萝卜长，就是怕霜降。　河北（张家口）

冬对降，冬耕唔使望。　广东（云浮）　注："降"，指霜降。

冻后霜，柑橘光。

二耳听霜降，过年菜脯装落瓮。　广东（潮州）

二麦好收成，但看霜降属什行；若还属火火烧死，若是属水水淹沉。若是属金收一半，若是属木尽收成。

番薯最怕夜降霜。　海南（临高）

割过小麦点白菜，过了霜降长的快。　甘肃（定西）

过了霜降，必有一段阴雨。　广西（宜州）

过了霜降，犁耙架在梁上。　青海

过了霜降，犁头挂在墙上。　甘肃（定西）

过了霜降，麦子掩墒。

过了霜降，三十天有霜。　广西（宜州）

过了霜降挖红苕。　陕西（安康）

过了霜降望禾黄。　广东

过了霜降种大麦。　河南（中牟）

过了霜降种晚麦，晚种一天，晚收三天。　河南（伊阳）

禾忌霜降风，人怕老来穷。　湖北、广东、河北（张家口）

禾怕霜降风，禾头有水不怕风。　广东

禾怕霜降风，人怕老来穷。　湖南、湖北、广东、河北（张家口）

红薯霜降挖，地里不烂它。　湖南（湘潭）

红薯霜降下手收，豆到寒露没等头。

黄尖不食霜降水。　福建（福清、平潭）

几时霜降几时冬，几时寒露几时春。　山西（汾阳）　注：指每年这几个节令虽月份不同，日期却一样。

几时霜降几时冬，四十五天就打春。　安徽（天长）、福建（光泽）、湖北（蒲圻）、江苏（无锡）

几时霜降几时冬，四十五天就立春。　河南（洛阳）

降霜前，种垄田；降霜后，种蚕豆。　江苏

今年霜降来得早，明年油菜结籽少。　河南（信阳）

今夜霜露重，明早太阳红。

进土三天霜降。　云南（昆明）　注："土"指天气。

九月霜降无霜打，十月霜降霜打霜。　湖北（英山）

跨进霜降好种麦。　湖北

萝卜落种霜降前。　福建（武平）

麦不让霜，湿地无晚麦。

麦不让霜。　山东（范县）　注："霜"指霜降。

麦浇黄芽，谷浇老大，豆子就怕霜降早。　河南

麦浇黄芽谷浇老，大豆最怕霜降早。　内蒙古、山西、河北、河南、浙江、上海、云南、湖北、陕西、甘肃、宁夏

麦浇黄芽谷浇老，黄豆最怕霜降早。　河南（周口）

麦浇黄叶谷浇老，大豆怕的霜降早。　黑龙江（齐齐哈尔）

麦怕胎里旱，棉怕秋里霜。　甘肃（张掖）

麦种霜降迟半月。　河北（沙河）

麦种霜降口，一颗收一斗。　注：霜降是淮河两岸地区的小麦适宜播种期，此时播种小麦，促进壮苗早发，小麦分蘖多，穗头大，产量高。"一颗收一斗"是一种夸张的说法。类似农谚有"寒露早，立冬迟，霜降前后正当时"。

麦子耩霜降，蚂蜥蝼蛄跟不上。　山东

麦子耩霜降，蚂蚁蝼蛄不撵趟。　山东

麦子耩霜降，蚂蚱蝼蛄跟不上。　山东

麦子种在霜降口，种下一碗打一斗。　宁夏

麦子种在霜降口，种一碗，打三斗。　山西（太原）、陕西（汉中）

梅水秧，伏水栽，霜降收家来。　江苏、安徽　注："秧"又作"种"，指双季稻、晚稻、小红稻等。

棉是秋后草，就怕霜来早。轻霜棉无妨，酷霜棉株僵。　注：棉花是一种生长期长的作物，如果播种过晚，秋霜一到，就会严重影响棉花的生长和正常吐絮，如同秋草经霜一打变枯黄一样。

末霜见霜，要闹粮荒。　河南（平顶山）　注："末霜"指霜降后期。

糯稻此节正收割，地瓜切晒和鲜藏。

齐霜降，挂犁杖。　内蒙古　注："挂"又作"停"。

起霜降，挂犁杖。　河北（昌黎）

青奤白奤，落雨要到霜降。　江苏、上海（宝山）

秋吹西北风，霜降有白霜。　上海

秋风菱角舞刀枪，霜降出山柿子黄。　福建（武平）

秋雨透地，降霜来迟。

秋雨透地，降霜来迟。今夜霜露重，明早太阳红。

十月无霜，臼里无糠。

时间到霜降，白菜畦里快搂上。

霜不离降，降不离霜。　河北（沧州）

霜打白菜味道鲜。　长三角地区　注：霜降后，气温的降低会促使植物体内的糖类分解，以增强植物抗低温的能力，如淀粉分解成葡萄糖，而淀粉是没有味道的，但由于这时的气温低，植物的呼吸作用弱，能量消耗少，分解后的糖类没有被彻底消耗完（即在植物抗低温过程中逐渐消耗），所以这时候的白菜味道较之前更好吃。

霜打两匹荚，到老都不发。

霜打蔬菜分外甜。

霜后麦不出。　河南（商丘）　注：谓霜降后种麦不出苗。

霜后暖，雪后寒。

霜见霜降，霜止清明。　河北、上海、湖南（湘潭）

霜降，橄榄藏落瓮。　广东（潮州）

霜降，霜降，番薯土内哄。　福建（晋江）

霜降，霜降，洋芋地里不敢放。　福建（建宁）

霜降，瞎撞。　山西、山东、河南、河北　注：山西地区指霜降种麦有些迟了。

霜降、重阳晴天，谷粒饱满，易脱粒。

霜降拔葱，不拔就空。　河南、山东（成武）、江西（安义）、上海（松江）、安徽（淮南）、山西（太原）

霜降拔葱，不拔心空。　江西（安义）、上海（松江）、河南（新乡）、安徽（淮南）、山西（太原）

霜降拔葱，不拔要空。　上海

霜降拔葱，勿拔就空。　上海

霜降百草枯，立冬不使牛。　河北（张家口、涞源）

霜降百草枯，立冬慢使牛。　湖北（鄂北）

霜降并重阳，有谷无处装。　广东

霜降拨葱，不拔就空。　黑龙江

霜降播种，立冬见苗。　湖北

霜降不搬菜，必定有一坏。　河北、陕西、甘肃、宁夏、江西（安义）、山西（太原）、河南（濮阳）

霜降不出葱，必定落场空。　河北（张家口）

霜降不出葱，必定一场空。　黑龙江

霜降不出葱，越长心越空。　河北（石家庄）、河南（三门峡）

霜降不出葱，越长越空。　广西、河北、河南（新乡）

霜降不出齐，牵牛来去犁。　福建（龙溪）

霜降不出真不出。　广东

霜降不打禾，一夜变成抱鸡婆。　湖南、四川

霜降不打禾，一夜变个抱鸡窝。　湖南

霜降不打禾，一夜丢一箩。　湖南、安徽（贵池）

霜降不打禾，一夜落一箩。　江西

霜降不打禾，一夜去一箩。　湖南、江西、江苏、湖北（荆门）、河北（张家口）　注："打"又作"割"。

霜降不打犁，还有十天只剥皮。　河北（万全）

霜降不倒针，不如土里闷。　河北（隆尧）

霜降不发股，立冬不出土。　河南（民权）

霜降不割稻，立冬一齐倒。　江西（赣中）　注：大暑是早禾成熟时期，霜降是晚稻成熟时期，成熟不割，谷粒容易脱落，造成损失。

霜降不割谷，过夜掉一箩。　江西（赣中）

霜降不割禾，一天落一箩。　江西（安义）

霜降不割禾，一天少一箩。　广西（桂平、平南）　注："霜降"亦作"立冬"；"一天"亦作"一夜"。

霜降不割禾，一头少一箩。　江西

霜降不割禾，一夜丢一箩。　江西

霜降不割禾，一夜去一箩。　贵州（遵义）

霜降不行犁。　内蒙古

霜降不黄，有禾冇粮。　湖南（株洲）

霜降不回家，霜打叶子垮。　湖北（鄂北）

霜降不见霜，还要暖一暖。霜降当日霜，庄家尽遭殃。

霜降不见霜，农民去逃荒。　吉林

霜降不降，二十日稳当。　福建（建阳）　注：指霜降无雨，二十日晴天。

霜降不降，二十四个满天胀。　贵州

霜降不降霜，来春多阴寒。　广西

霜降不降霜，来春天气凉。　河南（安阳）、湖北（竹溪）

霜降不降霜，明春天气凉。　安徽

霜降不交股，不跟土里捂。　吉林　注："土里捂"又作"土内无"。

霜降不砍菜，必定要受害。　黑龙江、河北（承德）

霜降不砍菜，别把天气怪。　吉林

霜降不拢菜，必定有一坏。　河北、河南、山东、山西

霜降不露头，一冬憋死牛。　河北（望都）

霜降不刨葱，必定落场空。　河北（完县）

霜降不刨葱，必定落个空。　北京

霜降不刨葱，到时半截空。

霜降不刨葱，一天比一天空。　河北（保定）

霜降不刨葱，越长越心空。　内蒙古　注：大葱耐热，耐寒，生长期较长，时至霜降，温度显著下降，大葱已基本停止生长。但大葱耐寒，此时收获损失不大，葱白葱叶均可食用。此后，因植株停止生长，大量消耗水分，容易形成空心现象。

霜降不起菜，必定要受害。　内蒙古、河南（林县）、北京（良乡）

霜降不起菜，必然要受害。　吉林

霜降不起葱，越长心越空。　北京、吉林、内蒙古、新疆、湖北、山东（梁山）、甘肃（平凉）、上海（川沙）、天津（武清）

霜降不起葱，越长越空。　黑龙江、广西、河北、河南（新乡）

霜降不起葱，越长越要空。　北京、新疆、湖北、甘肃（平凉）、上海（川沙）

霜降不晴，立冬不明。　广西（桂平）

霜降不晒菜，必定有一坏。　河北、陕西、甘肃、宁夏、江西（安义）、山西（太原）、河南（濮阳）

霜降不收菜，寒潮一来就冻坏。　吉林

霜降不收谷，一天减一斗。　江西（临川）

霜降不收烟，你别埋怨天。　山东（寒亭）

霜降不挖葱，越长心越空。　甘肃、宁夏、陕西（关中）、青海（大通）　注：“心越空”又作“越心空”。

霜降不挖葱，越长越心空；立冬不拔菜，一定受损害。　陕西

霜降不挖薯，挖来人不吃。　广西

霜降不下霜，不过三五晌。　河北（承德）

霜降不下一季干。　安徽（明光）

霜降不下雨，到了三月四月晒河底。　云南（昆明）

霜降不阴降，四十六日乌荡荡。　浙江

霜降不摘柿，硬柿变软柿。　河南（安阳、林县）

霜降不种麦，种麦不长麦。　广西

霜降才打禾，一担少一箩。　广西（贺州）

霜降采柿子，立冬打晚枣。

霜降菜，立冬麦。　福建（惠安）　注：“菜”指油菜。

霜降蚕豆立冬麦。　浙江

霜降茶开口，挑起箩筐满山走。　广西（平乐）

霜降抽勿齐，晚稻牵牛犁。

霜降出不齐，牵牛来去犁。　福建（龙溪）

霜降出葱，立冬出菜。　河北、河南（新乡）

霜降初放满园芳，置于檐下供品赏。

霜降吹了东南风，冬天暖和好轻松。　湖南

霜降搭重阳，留子不留娘。　河北、安徽（利辛）、江苏（无锡）

霜降打了霜，来年烂陈仓。

霜降打伞，胡豆一个光秆秆。　四川　注："伞"又作"散"，"胡"又作"葫"，"胡豆"指蚕豆。

霜降打湿脚，胡豆扭起索索。　四川

霜降到，陂头破。　福建（上杭）　注：指晚稻在霜降时节要排水。

霜降到，割糯稻。　上海、河南（三门峡）

霜降到，没老少。　河南

霜降到，甜秫秆上窖。　河南（漯河）　注："甜秫秆"，方言，指甘蔗。

霜降到冬至，翻地冻死虫。　黑龙江（齐齐哈尔）

霜降到立冬，翻地冻虫虫。　内蒙古、陕西（汉中）

霜降到立冬，翻地冻害虫。　长三角地区、四川、河北、湖北、陕西、甘肃、宁夏、青海　注："霜降"又作"寒露"，"害虫"又作"病虫"。指冬季空闲田块进行耕翻晒垡，有利于疏松土壤，接纳雨雪，减少地下害虫越冬残留量。

霜降到立冬，翻耕冻死虫。　湖南

霜降到立冬，翻土冻害虫。　湖南

霜降到立冬，犁地冻死虫。　陕西

霜降到立冬，雪鸟满山中，立冬过十天，雪鸟都不见。　广西（金秀）[瑶族]

霜降到立冬，栽树别放松。　安徽（淮北）

霜降到立冬，种麦莫放松。　注：适用于江淮及江南地区。霜降到立冬是小麦适宜播种期，要抓紧播种。

霜降到立冬，种树莫放松。　河南（郑州）

霜降稻上场。　江苏

霜降地里无青豆。　山东（日照）

霜降东南风，冬里暖烘烘。　湖南

霜降东南风冬必暖。　海南

霜降豆子加镰鲁。　山东（滨州）

霜降对冬，十个牛栏九个空。　广西（容县）

霜降对重阳，一年就是三年粮。　广东（连山）[壮族]、海南（保亭）

霜降番薯土内巷。　福建（惠安）

霜降番薯土内钻。　福建（福清、平潭）

霜降风，谷仓空。　福建（华安）

霜降风，海底空。　浙江（舟山）

霜降逢上旬，卖牛买米；霜降逢中旬，半生半死；霜降逢下旬，或损或利。　广西（田阳）[壮族]

霜降箍白菜。　河北（唐县）

霜降谷穗黄。　广西（武宣）[壮族]

霜降刮南风，有水霜无白霜。　广西（崇左）

霜降挂麦耧。　河北（成安）

霜降过，没青货。　福建

霜降过三朝，迟早一齐标。　广东（高州）

霜降过三朝，担水要寻桥。　广东（茂名）　注："担水"又作"过河"。

霜降过三早，禾青苗又好。　广西（三江）

霜降还投草，立冬瘦不了。　湖北（嘉鱼）

霜降寒，即刻寒；霜降暖，还有四十九日暖。

霜降好麦，寒露早麦。　河南（潢川）

霜降好晴天，来年必定干。　河北（新河）

霜降禾匣乱放。　福建（福鼎）　注：指霜降稻谷普遍成熟，随处可割。"禾匣"指打稻用的大木桶。

霜降黑豆立冬葱。　陕西、山西（太原）

霜降划早稻，立冬一齐倒。

霜降会重阳，渴死马牛羊；重阳会霜降，无雪又无霜。　广东（阳江）

霜降季节能望青。　安徽（阜阳）

霜降夹重阳，晚粒不用扬。　广东

霜降见冰。　河南

霜降见冰碴。　河北（昌黎）

霜降见冰丝。　河北

霜降见霜，谷挤破仓。　湖南

霜降见霜，谷米满仓。　湖南、吉林、天津、湖北（枣阳）

霜降见霜，立冬见冰。　黑龙江、天津

霜降见霜，立冬见冰冻。　华北地区、江苏（苏州）

霜降见霜，粮食满仓。　安徽（巢湖）

霜降见霜，米贩像霸王。　江苏（扬州）

霜降见霜，米谷满仓。　河北（邢台）

霜降见霜，米烂陈仓。　湖南、陕西、河南、内蒙古、福建（尤溪）、广东（广州）、河北（邯郸、张家口）、江苏（镇江）、浙江（温州）　注：指丰收。

霜降见霜，米烂陈仓；未霜见霜，米贩像霸王。　江苏、上海

霜降见霜，米烂陈仓；未霜先霜，米贩像霸王。　上海（宝山）　注：旧俗认

为，霜降日见霜，主来年丰熟，米价贱；未到霜降就有霜，主来年歉收，米价贵。霜是晴冷天气的产物，霜降时有霜，说明天气晴好，便于农民收割晚稻，少损耗，产量增加是可靠的。未到霜降先有霜，晚稻还没有收割，先受到霜冻灾害的影响，收成减少。

霜降见霜，农民吃糠。　浙江（绍兴）

霜降见霜，清明霜止。　四川

霜降见霜，粜米人像霸王。　江苏（扬州）　注："粜"，指卖出。

霜降见霜，五谷满仓。　河南（南阳、郑州）

霜降见霜，小雪见雪。

霜降见霜，小雪见雪；清明断雪，谷雨断霜。　广东（韶关）

霜降降禾黄。

霜降降黄禾，没闲老太婆。　福建（清流）

霜降降齐头。　广西（容县）

霜降降霜，移花进房。　安徽

霜降降霜始，来年谷雨止。

霜降降一降，迟早都一样。　广东（平远）

霜降接重阳，十家烧火九家光，重阳接霜降，十家烧火九家旺。　江苏（无锡）

霜降节，树叶落，鸡瘦羊肥。　河南

霜降节到，黄豆熟了。　湖北

霜降九月节，住了雨就是雪。　江西

霜降砍早稻，立冬一伐稻。

霜降苦逢天下雨，抢收稻谷不宜迟。　广西（容县）

霜降快打场，抓紧入库房。

霜降来，收晚稻，板甲抓紧犁头道。　四川

霜降来得早，晚禾荞麦收成少。　福建（浦城）

霜降来降温度降，罗非鱼种要捕光，温泉温室来越冬，明年鱼种有保障。

霜降了，布衲着得。　注：言此时已有暴寒之色。

霜降立冬逢九月，兴修水利好时节；种麦碾场要抓紧，积肥拣粪别怠懈。

甘肃

霜降两边麦。　江苏（盐城）

霜降拢菜，立冬起菜。　华北地区、上海、河南、山东　注：霜降把白菜捆起来，使菜心长得结实。立冬是收获白菜的季节。

霜降露水遍地白，寒得老翁面发青。　海南

霜降露水遍野白，小寒霜雪满厝宅。　注：霜降节气，若是持续较长时间吹偏北风，且有白天烈日、重露出现于夜晨的现象，则对应于小寒节气后常有低温、霜冻的影响。

霜降萝卜，立冬白菜，小雪蔬菜都收回来。　陕西、甘肃、宁夏

霜降萝卜，立冬白菜，小雪蔬菜都要回来。

霜降落成浆，明年冷死秧。　广东（阳江）

霜降落后，晚稻抢收。　浙江（温州）

霜降落雨，日后多雨。　福建（晋江）

霜降落雨做双梅。　浙江（宁波）　注："做双梅"，指出现似梅天的阴雨天气。

霜降麦，鸡爪墩，等到收麦蝇头穗。　山东

霜降麦，鸡爪墩，等到收麦蚰头穗。　安徽（利辛）

霜降麦，鸡爪墩。　山东　注：意指霜降节播种的小麦在冻前已不能发杈，盘不好墩，说明播种已过迟。

霜降麦出齐。　河北（邯郸）

霜降麦儿，鸡爪墩儿。　山东（菏泽、嘉祥）

霜降麦落泥，立冬麦头齐。　上海　注：指大麦播种期。

霜降麦入土。　湖北　注：在一般气候情况下，霜降前后是湖北省小麦播种最适宜的时期。

霜降麦头齐。　河北、上海（南汇）　注：指大麦、小麦等要在这一节令里一齐播种完毕。

霜降麦投泥，立冬麦头齐。　上海

霜降麦投泥。　上海

霜降麦秀齐。

霜降麦种出瓮。　福建（漳浦）

霜降满田红，立秋满田空。　广东（广州）

霜降满洋办。　福建（仙游）

霜降没霜，做田食糠。　福建（霞浦）

霜降没下霜，大雪满山岗。

霜降南风，高温会烂冬。　广西（桂平）

霜降南风转北风，秋雨落蒙蒙。　广西（上思）

霜降盘田水，立冬好捡起。　福建（上杭）　注："盘"指排除；"捡起"指收割。

霜降刨葱，不刨就空；立冬搬菜，不搬就坏。　河北（邢台）

霜降刨葱，立冬割菜。　吉林、河南（新乡）

霜降刨地瓜，寒露捋山楂。　山东（龙口）

霜降配羊，清明分娩。　安徽、江西（临川）、山东（乳山）

霜降配羊清明羔，天气暖和有青草。

霜降配羊清明奶，夏至前后草满地。　长三角地区　注：羊的怀孕期一般为5

个月左右，而依据长三角地区的气候特点，羊的配种时间以霜降前后为最佳（俗称秋配）。此时，由于经过了一个夏季优质草料的饲养后，羊的身体状况达到最佳状态，此时对怀孕羊羔的发育非常有利，到来年清明前后产羔，羔羊经过2—3个月的哺乳后，至夏至前后青草长满山坡的时候，也正是羔羊断奶和草料最容易采食的时期。期间各个阶段环环相扣，非常适合羊的繁殖和羊羔的生长。此谚语总结了在长三角地区气候条件下，羊配种、繁殖和羊羔断奶等过程的最适宜时间，具有指导意义。

霜降配羊清明奶，夏至前后草满坡。

霜降配羊清明奶。　河北、山东、上海、黑龙江　注：霜降羊配种后，至来年清明即可分娩，羊羔已在吃奶了，霜降至清明约一百五十天左右，正好符合绵羊的怀胎日数。不过这也是大约的数字，各地条件、品种不同，妊娠期也有伸缩性。

霜降起葱，菜收立冬。　河北（邯郸）

霜降起葱，立冬收菜。　天津　注："菜"指白菜。

霜降起风不下雨，麦子收成了不起。　四川

霜降气候渐渐冷，牲畜感冒易发生。

霜降前，薯刨完。

霜降前，苕挖完。　山西（太原）、陕西（陕南）

霜降前，要种完。　山西（太原）

霜降前后，麦苗出头。　山东

霜降前后，晚稻抢收。　福建

霜降前后，小麦出头。　山东

霜降前后始降霜，有的地方播麦忙。

霜降前降霜，担米如担糠。　四川

霜降前降霜，挑米如挑糠；霜降后降霜，稻谷打满仓。

霜降前犁金，霜降后犁银。　黑龙江

霜降前落霜，挑米如挑糠。　四川

霜降前落霜，挑米如挑糠；霜降前落雪，挑米如挑铁。　河南（新乡）

霜降前十天不早，后十天不迟。　陕西（褒城）、湖北（鄂北）　注："迟"又作"晚"。

霜降前无霜，大雪满山岗。　湖南

霜降前下霜，挑谷如挑糠；霜降前下雪，挑谷如挑铁。　福建（永春）

霜降前下霜，芋头遭到秧。　山东（邹县）

霜降抢秋，不收就丢。　山东（庆云）

霜降晴，稻出芽。　海南（万宁）

霜降晴，冬不冷。　海南

霜降晴，冬内好收成。　福建

霜降晴，风雪少；霜降雨，风雪多。

霜降晴，割稻芽；霜降雨，满田舞。　海南（文昌）　注：“满田舞”指在田地里挥镰收割。

霜降晴，晴到年兜暝。　福建（德化）

霜降晴，四十九日干晒坪。　福建

霜降晴天，冬不冷。

霜降晴天，冬天雪地。　广西（乐业）

霜降日，莫与人种秧；冬至日，莫与人打更。

霜降日寒，来年雨繁。　海南（保亭）

霜降日头红，春头难溶田。　福建（安溪）

霜降日无霜，大雪满山岗。　湖南

霜降入深秋，秋耕在地头。　山西（太原）

霜降若逢天下雨，晚造收割抓时机。　广西（桂平）

霜降三朝，过水寻桥。　上海

霜降三朝，过水找挢。　广东

霜降三朝，禾断青苗。　广西（桂平）

霜降三秋忙。　广西（平乐）

霜降三日见凌花。　山东（高青）

霜降杀百草，立冬地不消。　甘肃

霜降杀百草。　黑龙江、湖南、吉林、上海、天津、山东（曹县）

霜降杀百虫。　河南（三门峡）

霜降十八天，三六非等闲；头六破土出，中六绕垄出；尾垄就不出。　云南（昆明）　注：“出”指出苗。

霜降时有霜，日日好天气。　上海

霜降试麦根。　福建（平潭）　注：农民经验认为小麦上下午播种对产量也有关系，因此，可在霜降这一天试种。如果上午播种所长的临时根多，冬种应在上午并提早播种；如下午播的临时根多，则今年的气候就冷得较迟，可以推迟和在下午播种。

霜降柿，立冬柚。　福建（诏安）

霜降属金，半晴半阴；霜降属木，烂泥哔卜；霜降属水，茅燥草死；霜降属火，烂泥做粿。　福建　注：“哔卜”指走泥泞道路的声音。

霜降属金，夜晴日阴；霜降属火，寒得要哭；霜降属木，泥泞满路；霜降属土，收则不苦；霜降属水，提前收起。　福建（宁化）　注：指霜降日的时辰分别为金火木土水时，本节气内的天气及收成。

霜降属木，边晴边落。　湖南（湘潭）

霜降霜降，搬花进房。　河南（新乡）

霜降霜降，锛金取宝好时光。 江苏（常州）

霜降霜降，稻剩根桩。 上海、江苏（吴县）

霜降霜降，犁铧架在梁上。 青海

霜降霜降，麦种得剩个框档。 江苏（靖江）

霜降霜降，麦子出罐。 安徽（太和）

霜降霜降，移花进房。 长三角地区、黑龙江、天津、湖北（黄石） 注：霜降以后气温下降，南花北栽的花卉在露地条件下会受冻害，要移进温室暖房越冬。

霜降霜降，有霜降霜，无霜降雪。 湖南（郴州）

霜降霜如雪，明年米勿缺。 浙江（宁波）

霜降水，毒过鬼。 广东

霜降水，饿死鬼。 海南、福建（南安、莆田） 注：意指霜降下雨会影响晚稻收成。

霜降水痕收。 湖南、安徽（巢湖）、浙江（温州） 注：指水到此时必退。

霜降天暖，四十日不冷。 福建（武平）

霜降天暖来春早。 海南

霜降天晴，暖到年终。 福建（南安）

霜降田坎坎。 福建（仙游） 注：“坎坎”指排水晒田。

霜降头，卖被去买牛；霜降尾，卖牛买被归；霜降在中，鬼也冻死。

广西（马山）[壮族]

霜降挖葱，立冬砍柴。 湖南（零陵）

霜降玩雨，次年多虫。 广西（横县）

霜降未出齐，牵牛来去犁。 福建（龙溪）

霜降未见霜，粜米人像霸王。

霜降稳稻出齐，二十日有新米。 福建（漳平）

霜降无出齐，晚稻等牛犁。 福建

霜降无风，暖到立冬。 天津、广西（田阳）、湖南（零陵）

霜降无风，暖立冬。 广东（连山）[壮族]

霜降无风，晴到立冬。 广东、福建（大田）

霜降无风暖到冬。 山东

霜降无风无雨，暖到立冬。 海南

霜降无老少，寒露收割中禾稻。

霜降无青稻，立冬拉着倒。 浙江（台州）

霜降无霜，碓头没糠。 云南

霜降无霜，碓头无糠。 吉林 注：预兆来年歉收。

霜降无霜，廿日无霜。 上海

霜降无霜一冬干。

霜降无雨，明春烂地。　海南
霜降无雨，暖到立冬。
霜降无雨，清明断车。　湖北（荆州）　注：“车”指水车；“断车”指干旱。
霜降无雨，三日内有雨；霜降有雨，三日内有霜。　福建
霜降无雨春来早。　安徽
霜降无雨露水大。　海南
霜降无雨麦收旱。　河北（邢台）
霜降无雨暖一冬。　四川（阿坝）［藏族］
霜降无雨清明晴。　河南（鹤壁）
霜降无雨有冬旱。　海南
霜降唔割禾，一夜晚一箩。　广东（南雄）
霜降唔刮风，禾苗好过冬。　广东
霜降五，不倒股。　山东（桓台）　注：“不倒股”指小麦不分蘖。
霜降勿割禾，一夜丢一箩。　上海
霜降勿见霜，大雪勿见雪。　浙江（丽水）
霜降勿降，廿日阴疃。　浙江（丽水）
霜降勿降，四十二日糊荡荡。　浙江（台州）
霜降勿落霜，廿日无毒霜。　浙江（绍兴）　注：“无毒”又作“勿露”。
霜降勿起葱，越长越要空。　上海
霜降雾，旱得井水枯。　吉林
霜降雾，旱得井也枯。　山东（滕州）
霜降雾，井旱枯。　河南（开封）
霜降雾荡荡，四十二天晴朗朗。　浙江（宁波）
霜降西北风，当夜便成霜。　上海
霜降西风，当天来霜。　江苏
霜降西风当夜霜。　上海
霜降西风就来霜，霜降东风晚来霜。　江苏
霜降西风早来霜。　江苏
霜降瞎撞。　华北地区
霜降下柿子，立冬吃软枣。　山东（博山）
霜降下雨，明春多雨。　海南（儋县）
霜降下雨连阴天，霜降不下一季干。　河南（信阳）
霜降下雨连阴雨，霜降不下一冬干。
霜降下雨连阴雨，霜降不下一季干。　湖北（嘉鱼）
霜降熊归洞，腊月蛇复苏。　云南（丽江）［纳西族］
霜降休节，百工奔金取宝月。

霜降休节，百工铸金取宝月。 河南

霜降腌白菜。

霜降要出姜，不出姜冻膀。 天津

霜降要收菜，不收就冻坏。 安徽（淮南）

霜降夜寒谨防秧。 河南（新乡）

霜降夜来西北风，当天夜里落白霜。 上海

霜降夜里得了霜，四十天后再落霜。 上海

霜降一场风，十个米瓮九个空。 广东

霜降一到，补棉纳袄。 安徽

霜降一到，稻子老少一齐倒。 江苏

霜降一到，地瓜入窖。 注："地瓜"即甘薯，适宜保存温度为13～15℃，霜降以后气温走低，甘薯要放入地窖中保存。

霜降一过日子短，梳头洗脸半个工。 青海

霜降一过日子短，梳头洗脸过半天。 海南（保亭）

霜降一过天日短，梳头吃饭半个工。 安徽（淮北）

霜降一觉霜，不晓得落在哪一方。 江西

霜降一齐倒，立冬立竖稻。 湖北、广西、上海、河北、江西（安义）、河南（新乡）

霜降一齐倒，立冬无竖稻。 上海

霜降一圩满田红。 广东

霜降以后气候变，刨红薯下窖莫迟慢。 河南（许昌）

霜降刈早稻，立冬一齐倒。 河南（新乡）

霜降油菜立冬麦。 注：在江南地区，阴历九月即霜降前后，是油菜的播种适期，霜降节是小麦的播种适期。

霜降有大雾，旱得井也枯。 河北（易县）

霜降有风，暖到立冬。 福建

霜降有霜，稻像霸王。 湖南（怀化） 注："稻像霸王"喻明年丰收。

霜降有霜，清明无霜。 海南（临高）

霜降有霜冻。 福建

霜降有雾冬有晴，霜降有雨冬就烂。 福建（大田）

霜降有雨，不出三日晴。 湖南（株洲）

霜降有雨，好冬种。 广西（崇左）

霜降有雨，开春雨水多，霜降无雨，冬春旱。

霜降有雨，农民欢喜；霜降无雨，冬苗枯死。 广西（扶绥）

霜降有雨后多雨。 广西（荔浦）

霜降有雨头伏旱。 河北（涞水）

霜降雨，稻烂根。　广东（南澳）

霜降雨，满田舞。　海南（文昌）　注：“舞”挥镰抢收。

霜降雨连连，秋收雨绵绵。　广西（乐业、桂平）

霜降雨涟涟，秋收雨绵绵。　海南（保亭）

霜降遇风唔入米。　广东

霜降遇重阳，十家烧火九家忙；重阳遇霜降，十家烧火九家旺。　广东（兴宁）

霜降遇重阳，一年谷米二年粮。　广东

霜降砸百草。　河北（安国）

霜降在月头，高地也丰收；霜降在月中，裹棉也挨冻；霜降在月尾，明年旱相随。　广西（隆安）

霜降在月头，卖掉棉被去买牛；霜降在月尾，寒死老虎母。　福建（连城）

霜降在月头，卖撇棉被来买牛；霜降在月尾，卖撇牛来买棉被。　福建（长汀）　注：前句指冬暖，后句指冬寒。

霜降在重阳，斗米讨诸娘。　福建（宁德）　注：指荒年。

霜降早，小雪迟，立冬前后把地犁。　江苏、山东、陕西（陕南）

霜降早，小雪迟，立冬前后正相宜。　江苏、山东、陕西（陕南、关中）注：指冬耕时间。

霜降早，小雪迟，立冬种麦正当时。

霜降枣儿圆。　安徽（宣州）

霜降摘柿子，立冬打黑枣。　河北（阜平）

霜降摘柿子，立冬打软梨。　天津

霜降摘柿子，立冬打软枣。　湖北、甘肃、宁夏、河南（新乡）、陕西（关中）

霜降摘柿子，小雪砍白菜。

霜降摘柿子，硬柿变软柿。

霜降照投草，立冬鱼不小。　河南（郑州）

霜降之前刨芋头。　山东（枣庄）

霜降值金，一晴一阴。　广东（深圳）

霜降至立冬，种麦莫放松。

霜降种草子，幼苗容易死。　浙江（平湖、萧山）

霜降种麦，不消问得。　湖北　注：“消”又作“晓”、“要”。

霜降捉落花。　上海　注：“落花”指落脚花，也叫落地棉。言到霜降时将剩余的棉花全部收净。

霜降斫早稻，立冬一伐稻。　注：“一伐”即一次。

霜前挡风，霜临盖草。　上海

霜前一石，霜后一斗。　浙江

霜重见晴天。

水过霜降，鹅毛沉底。　山东（郓城）

朔逢霜降损农民，重阳无雨一冬晴。　湖南（益阳）

朔逢霜降殒人民，重阳无雨一冬晴，月中赤色人多病，如遇雷声米价增。

听见伏笛儿叫，百日寒霜到。　河北（沧州）　注："伏笛儿"，方言，蝉。

头带珍珠花，身穿紫罗纱，出去三个月，霜降就归家。

晚茬小麦，突击播种。时间到霜降，种麦就慌张。

晚稻须比霜降早，耕牛还防倒春寒。　广西（北流）

晚麦不过霜降，霜降前，要种完。

晚麦不过霜降。　山东

晚麦过霜降，来年一杆枪。　安徽（濉溪）

晚霜伤棉苗，早霜伤棉桃。

望到霜降好种麦。　湖北　注："到"又作"近"。

未到霜降先下霜，晚稻、糯稻变砻糠。　浙江（宁波）

未霜见霜，粜米人像霸王。　江苏（苏北）

未霜先霜，米贩像霸王。　浙江（嘉兴）

未霜先霜，粜米人像霸王。

乌蚁搬泥挖洞深，没有烂冬的苗根。　注：霜降以后，残秋将尽，北方的冷空气逐渐频繁地影响广东地区。乌蚁为了适应自然，终于加深洞穴而搬出大量的泥沙。人们见到这种现象，知道这是预兆秋收冬种期间有较好的天气。

小麦过了霜降，不如数到墙上。　甘肃（天水）

严霜出毒日，雾露是好天。

一到霜降，移花进房。　黑龙江（齐齐哈尔）

一夜孤霜，来年有荒；多夜霜足，来年丰收。

迎伏种豆子，迎霜好种麦。　安徽（淮南）

迎伏种豆子，迎霜种麦子。

油菜移栽抓时机，霜降早，小雪迟，立冬前后正当时。　安徽（舒城）

鱿鱼不食霜降水。　广东

有稻没稻，霜降放倒。　上海

有稻呒稻，霜降放倒。　浙江

有稻无稻，霜降放倒。　湖南、江苏、浙江、河北（张家口）　注："霜降"又作"降霜"，"放倒"又作"齐倒"或"收到"。

早春棉，减产少，夏棉霜早不得了。霜后还有两喷花，摘拾干净把柴拔。

早麦出土见霜降。　福建（福清、平潭）　注：意指早种的大麦，在霜降时即出苗。

种地种到老，忽忘霜降草。　浙江（慈溪）

种麦不过霜降关。　上海（南汇）

种麦勿过霜降关。　上海

重阳边，慢慢剑；霜降边，闹翻天。　福建（明溪）　注：指重阳节前开始零星收割晚稻，霜降后抢收。“剑”，指割。

重阳兼霜降，有谷没处装。　广东

重阳接霜降，十家烧火九家旺。　黑龙江

重阳莫老少，霜降一齐倒。　江苏

重阳拾霜降，有谷无箩装。　广东

重阳无老少，霜降一齐倒。　上海

重阳无青稻，霜降一齐倒。

重阳无雨一冬晴，霜降庄稼一齐倒。　内蒙古

冬季农谚

立　　冬

立冬，是二十四节气中的第十九个节气。公历每年11月7日或8日，太阳运行到达黄经225°时为立冬节气。立冬过后，日照时间将继续缩短，正午太阳高度继续降低。《月令七十二候集解》说：“立，建始也”，又说：“冬，终也，万物收藏也。”意思是说秋季作物全部收晒完毕，收藏入库，动物也已藏起来准备冬眠。

我国古代将立冬分为三候：“一候水始冰；二候地始冻；三候雉入大水为蜃。”此节气水已经能结成冰；土地也开始冻结；三候“雉入大水为蜃”中的雉即指野鸡一类的大鸟，蜃为大蛤，立冬后，野鸡一类的大鸟便不多见了，而海边却可以看到外壳与野鸡的线条及颜色相似的大蛤。所以古人认为雉到立冬后便变成大蛤了。

天文学上把立冬作为冬季的开始，按照气候学划分，立冬时节，我们所处的北半球获得太阳的辐射量越来越少，但由于此时地表在夏天贮存的热量还有一定的能量，所以一般还不会太冷，但气温逐渐下降。在晴朗无风之时，常会出现风和日丽、温暖舒适的十月“小阳春”天气，同时，万物开始收藏，规避即将到来的寒冷。

立冬前后，我国大部分地区降水显著减少。东北地区大地封冻，农林作物进入越冬期；江淮地区“三秋”已接近尾声；江南正忙着抢种晚茬冬麦，抓紧移栽油菜；而华南却是“立冬种麦正当时”的最佳时期。此时水分条件的好坏与农作物的苗期生长及越冬都有着十分密切的关系。华北及黄淮地区要在日平均气温下降到4℃左右，田间土壤夜冻昼消之时，抓紧时机浇好麦、菜及果园的冬水，补充土壤水分不足，改善田间小气候环境，防止“旱助寒威”，减轻和避免冻害的发生。江南及华南地区，开好田间“丰产沟”，搞好清沟排水，防止冬季涝渍和冰冻危害。

另外，立冬后空气一般渐趋干燥，土壤含水较少，应加强林区管理，做好防火工作。

白菜不怕寒，立冬要砍完。　天津、宁夏

白菜立了冬，不收要受冻。　宁夏

北风立冬寒，南风立冬暖。　安徽（六安）
边了冬，薅了萝卜拔了葱。
冰结立冬，来年必丰。　宁夏
不到立冬下了雪，过了立冬暖呵呵。　宁夏
不冻不消，浇麦偏早；只冻不消，浇麦晚了；夜冻昼消，浇麦正好。
不怕重阳十三雨，只要立冬半日晴。　湖南（怀化）
不种立冬麦，不点霜降菜。　安徽（六安）　注："菜"，指油菜籽。
菜收立冬，霜降起葱。　北京
产冬不冻，开春闹棍。　宁夏
产天栽树如做梦，春天栽树害场病。
稻出过立冬，有谷肚也空。　海南（儋县）
冬春要晴，雨水要雨。　福建（长汀）
冬翻深耕有三好，保水灭虫又除草。　广西（扶绥）[壮族]
冬耕冻一冬，松土又治虫。　广西（桂平）
冬耕多一遍，夏收多一石。　天津
冬耕灭虫，夏耕灭荒。
冬耕深一寸，春天省堆粪。　天津
冬耕深一寸，抵上一道粪。　广西（荔浦）
冬耕宜早不宜晚。
冬季多挑一担土，夏天少担一份忧。
冬季双手不闲，春季吃穿不难。
冬季修水利，正是好时机。
冬前不见水，冬后冷死人。　广西（博白）
冬前不结冰，冬后冻死人。　福建（古田）、江西（乐安）
冬前不下雪，来春多雨雪。
冬前冻破地，冬后不盖被。　湖南（益阳）
冬前霜多来年旱，冬后霜多晚稻宜。　福建（仙游）
冬前栽树来年看，来年多长一尺半。
冬前栽树树难看，开春发芽长不慢。
冬晴年晴。　广西（平南）
冬天把田翻，害虫命"归天"。
冬天不喂牛，春来急白头。　安徽（阜阳）
冬天耕地好处多，除虫晒垡蓄雨雪。
冬天耕下地，春天好拿苗。
冬天人畜均莫闲，拉脚打工能挣钱。
冬天晒田晒过心，一亩多收几十斤。　广西（象州）

冬天少农活，草料要斟酌，粗料多，精料少，但是不能跌了膘。
冬天要忙，土壤改良。
冬无雨，把麦浇，湿冻冻不死，干冻冻死了。
冬养千斤力，春耕百亩田。 安徽（潜山）
冬已卯风，巢内空空。
冬在头，冻列猴；冬在尾，冻列鬼。 江西（南昌）
冬在头，谷满筐；谷在中，娘卖米；冬在尾，卖油来换米。
广西（龙州）[壮族]
冬在头，冷在节气前；冬在中，冷在节气中；冬在尾，冷在节气尾。
广西（容县）
冬在头，卖被来置牛；冬在尾，卖牛来置被。 广西（横县）
冬在月初，冷在年头；冬在月尾，冷在明年二三月；冬在月中央，无雪也无霜。
广东（增城）
冬至麦，一百六。 江苏（扬州）
过立冬，稻熟透。 海南（临高）
红薯不吃立冬水。 湖南（益阳）
红苕不吃立冬水。 陕西（安康）
季节到立冬，快把树来种。
九月冬，闹匆匆；十月冬，满洋空。 福建
九月冬，好做冬，十月冬，烂到空。 福建（霞浦）
九月冬，未起工，十月冬，满洋空。 福建（罗源）
九月交冬满洋空，十月交冬禾打冬。 福建
九月立冬割破空，十月立冬割空空。 福建（明溪）
九月立冬镰未动，十月立冬满洋空。 福建（南靖）
九月立冬满垌红，十月立冬满垌空。 广东 注：“满垌空”，指割完。
九月立冬满洋空，十月立冬正开工。 福建（尤溪）
九月立冬青榔榔，十月立冬满洋空。 福建（南安）
九月立冬人勤工，十月立冬满洋空。 福建（惠安）
雷打冬，倒春寒。 福建（永定）
雷打冬，十个牛栏九个空。
立冬，青黄刈到空。
立冬，小雪，烧饭勿歇。 浙江（衢州）
立冬拔菜，免受霜害。 江苏（南京）
立冬拔菜正当时。 山西（太原）
立冬把田耕，土地养分增。 江西（宜春）
立冬白菜肥。 上海、陕西、甘肃、宁夏、四川、广西、河南（新乡）、河北

（张家口）

立冬白菜赛羊肉。　陕西、甘肃、宁夏、四川、江苏（镇江）、河南（新乡）

立冬白菜小雪菜。　河南（新乡）

立冬白一白，晴到割大麦。　湖北（黄石）

立冬北风冰雪多，立冬南风无雨雪。

立冬北风不让南，立夏南风不让北。　海南

立冬北风紧，小雪地封严。　辽宁、宁夏（银川）、江苏（南京）

立冬播春麦，青黄不接不惶恐。　广西（靖西）

立冬补冬，补嘴空。

立冬不拔菜，必定受冻害。　江苏（淮阴）

立冬不拔菜，必定受霜害。　北京

立冬不拔菜，必受寒霜害。　北京、吉林、安徽（铜陵）

立冬不拔菜，一定受霜害。　江苏、山西、河北、河南、上海、陕西

立冬不拔菜，一定霜杀坏。　陕西

立冬不拔葱，落得一场空。　宁夏

立冬不拔葱，落了一个空。　河南

立冬不撤种，春分不追肥。　湖北（大悟）

立冬不吃糕，一死一旮旯。

立冬不出菜，必定烂白菜。　河北（丰家庄）

立冬不出菜，不知哪天要冻坏。　河北（保定）

立冬不出菜，冻了莫要怪。　河北

立冬不出菜，莫把老天怪。　河北（高阳）

立冬不出洞，到老一根蕻。　注：指蚕豆。

立冬不出来，冻了你别怪。　山西（霍县）

立冬不出露籽麦。　江苏（江都）

立冬不出土，来年猛如虎。

立冬不倒股，不如土里捂。　黄淮地区

立冬不倒股，不如土里捂。

立冬不倒股，不如土里捂；土里捂不住，来春种大麦。

立冬不倒股，不如土中孵。

立冬不倒股，不胜土里捂。　山东　注：言小麦过了立冬尚未发岔，不如明春再出。

立冬不倒股，就怕雪来捂。

立冬不倒针，不如土里闷。　山西（临汾）　注：指麦。

立冬不到丫，不如搁在家；立冬不交股，不如土里捂。　江苏（连云港）

立冬不分针，不如土里蹲。

立冬不耕南阴地。 山西（忻州）
立冬不耕田，犟使十日牛。 山西（平遥）
立冬不见青，竹园松树林。 淮北地区
立冬不交股，不如土里捂。 河北（吴桥）
立冬不交股，不如土里捂。 宁夏
立冬不砍菜，必定受冻害。 河北、山西 注："受"又作"起"。
立冬不砍菜，必定要受害。 山西（临汾）
立冬不砍菜，必定有一害。 天津
立冬不砍菜，就要受冻害。
立冬不砍菜，受害莫要怪。
立冬不砍菜，一定受冻害。 河北（唐山）
立冬不凉数九冷，数九不凉倒春凉。 山西（忻州）
立冬不刨葱，将来落场空。 山东（德县）
立冬不刨葱，落个一场空。 山西（潞城）
立冬不破菜，必定要受害。
立冬不起菜，必定要受害；霜降不刨葱，越长越空。 河北
立冬不起菜，必定有一害。 四川、河北
立冬不起菜，冻了莫要怪。 河北、河南、山东、山西
立冬不起菜，莫把老天怪。
立冬不起菜，叶子全冻坏。 安徽（天长）
立冬不撒种，春分不追肥。
立冬不杀鹅，一日少一砣。 江西
立冬不使牛，还有十天犟圪扭。 山西（宁武）
立冬不使牛，强耕十天地。 青海
立冬不使牛，强使十天牛。 北京（延庆）、河北（怀安）
立冬不使牛。
立冬不收菜，冻死也不怪。 江苏（连云港）
立冬不收葱，越长心越空。 陕西（安康）
立冬不撒种，春分不追肥。 湖北（大悟）
立冬不死牛，还有十天耕地头。 山西（芮城）、河北（崇礼）
立冬不种菜，冻死也无怪。
立冬蚕豆小雪麦，一生一世赶勿着。 江南地区
立冬蚕豆小雪麦，一生一世勿赶着。 上海
立冬藏萝卜，小雪要藏菜。 河北（保定）
立冬产冬，梳头半天功；小雪小雪，做饭有停歇。 福建（永安）
立冬场上清，小雪大菜捆。 江苏（淮阴）

立冬虫蛰，惊蛰虫出。　福建（闽南）
立冬出葱。　辽宁、河南（新乡）
立冬吹北风，皮袄贵如金。　宁夏
立冬吹北风，皮袄贵如金；立冬吹南风，皮袄靠墙根。　湖北（潜江）
立冬吹南风，皮袄放墙根。　宁夏
立冬打软枣，萝卜一齐收。　河北
立冬打雷，稻谷成堆。　广西（横县）
立冬打雷三趟雪。　湖北（咸宁）
立冬打雷要反春。
立冬打软枣，萝卜一齐收。　河北
立冬打霜，要干长江。　湖北（姊归）
立冬当日雪，来春雨不多。　吉林
立冬到得十月节，翻动天就下雪。　江苏（南京）
立冬到冬至寒，来年雨水好；立冬到冬至暖，来年雨水少。
立冬到小雪，浇麦正时节。　山西（长子）
立冬得到十月节，翻动天，就下雪。　山东
立冬的白菜，赛过羊肉。　陕西（延安）
立冬的萝卜，立秋的瓜。　甘肃
立冬地不冻，小雪冻了河。　山西（平遥）
立冬地不消。　山西（隐县）
立冬东北风，春头冷清清。　湖南
立冬东北风，冬季好天空。　福建
立冬东南风，来年夏天雨水松。　湖北（麻城）
立冬冬至寒，来年雨水好；立冬冬至暖，来年有雨也不多。　广西（崇左）
立冬垌里空。　广西（容县）
立冬发风，南霜北雪。　湖南（衡阳）
立冬番薯小雪麦。　广东
立冬封了田，冬至一阳生。　山西（临汾）
立冬逢晴无雨雪。　湖南（湘西）
立冬逢壬，来岁高田枉费心。　广西（贵港、贵源）
立冬逢壬，灾伤疾病人受苦。　广西（上思）
立冬刚过小雪来，越冬蔬菜抢着栽。　陕西（咸阳）
立冬割菜，不割就烂。　江西（安义）
立冬更逢壬子日，灾殃要来损黎民。　安徽（歙县）
立冬刮北风，皮袄贵如金；立冬刮南风，皮袄挂墙根。
立冬刮北风，小雪冻死虫。　贵州（贵阳）

立冬刮南风，明年夏天干；立冬刮北风，明年春多霜。 湖南（湘西）

立冬过潮，垌上无青苗。 广西（博白）

立冬过后床垫秆，十月无霜地也寒。 江西（峡江）

立冬过后天还阳，拾掇苗床育菜秧。 陕西

立冬过三期，垌上无青苗。 广西（博白、合浦）

立冬好拔菜，免得受霜害。 浙江、湖北

立冬后割禾，一夜去一箩。 福建

立冬花衰护根苗，剪枝壅土根覆草。 注："花"指花卉。

立冬花衰护根苗，剪枝壅土根复草。

立冬回东南风，必烂冬。 海南（琼山）

立冬已过罢，豆在地里炸，天上麻雀吃，野兽又糟踏，要想不抛撒，赶快收回它。 陕西（渭南）

立冬甲子，雪飞万里。 上海

立冬甲子雨，白雪飞千里。

立冬甲子雨，白雪飞千里。 江苏（扬州）、江西（丰城）

立冬见粒，立夏过节。

立冬见叶，立夏见荚；立冬勿绿，到老勿生肉。 上海

立冬交十月，小雪把地封。 河北（张家口）

立冬交十月，小雪地封严；大雪江槎上，冬至不行船；小寒大寒整一年。 黑龙江

立冬交十月，小雪河封上。

立冬交十月，小雪雪满山。 吉林

立冬节到，快把麦浇。

立冬节日雾，老牛冈上卧。

立冬结了冰，来年好收成。 天津、宁夏

立冬结了冰，明年好收成。 吉林

立冬雷隆隆，立春雨蒙蒙。

立冬雷隆隆，立春雨濛濛。 陕西

立冬雷鸣，来年好收成。 广西（横县）

立冬离春团十五，一百零五到清明。 上海

立冬犁金，冬至犁银，立春犁铁。 海南（文昌）

立冬立冷，交九交暖。 宁夏

立冬立暖哩，数九数冷哩。 宁夏

立冬淋，一冬晴。 上海

立冬萝卜，小雪白菜。 河南（新乡）

立冬萝卜，小雪菜，若要不收准冻坏。 山西（临猗）

立冬萝卜夏至姜。　陕西、河北（邯郸）

立冬萝卜小雪菜。　甘肃、宁夏、山东、陕西（关中）、河北（望都）、山西（太原）、江苏（南通）

立冬落，饿死瓦匠婆。　湖南（怀化）

立冬落，木屐不离脚。　湖南（株洲）

立冬落，穷人饿。　湖南（邵阳）

立冬落了雨，一冬冷得多。　广西（平乐）

立冬落雨多，明年雨水多。　海南（保亭）

立冬落雨会烂冬，吃到柴米都会空。　福建

立冬落雨会烂冬，吃得柴尽米粮空。　福建

立冬落雨烂一冬。　福建（惠安）

立冬落雨雨水足。　福建

立冬麦如铁，只怕九九雪。　天津

立冬麦子不露头，来年一块熟。

立冬麦子硬如铁，单怕九月雪。　山西、河北（邯郸）

立冬满垌空。　广东　注：到立冬，秋收应该完成。

立冬茅草干，割来好盖房。　海南

立冬没生田。

立冬那天冷，一年冷气多。

立冬南风雨，冬季无凋土。　福建　注："凋"又作"干"。

立冬难遇晴一日，七月七难遇正秋分。　上海

立冬捻河泥，桑树长破皮。　浙江

立冬牛搭圈。

立冬暖，春霜晚。　福建（宁德）

立冬暖，春晚霜。　陕西（咸阳）

立冬暖一日，惊蛰冷三天。　福建（永定）

立冬怕逢壬，来年枉费心。

立冬怕逢壬子日，来年高地枉费心。

立冬怕逢壬子日，来年高田枉费心。

立冬怕逢寅，来年高田枉费心。　湖南

立冬七朝霜，有米也有粮。　安徽（颍上）

立冬起白菜。　山西（忻州）

立冬起完菜，小雪犁耙开。　宁夏

立冬前灌好低洼田，立冬后灌好高旱田。　宁夏

立冬前后多雨水，大雪节气乌阴天。　福建（诏安）

立冬前后有雪，来年春不旱。　吉林

立冬前后雨，明春无长旱。　福建（浦城）
立冬前后种蚕豆。　福建（晋江）
立冬前犁金，立冬后犁银，立春后犁铁。
立冬前十天不早，后十天不迟。　陕西（汉中）
立冬前雪深三尺，来年米价贵十分。
立冬前有个小阳春，十二月有个探头春。　福建（宁化）
立冬荞麦白露花，寒露荞麦收到家。
立冬晴，柴火堆成城；立冬阴，柴火贵似金。　江西（新干）
立冬晴，柴火堆满城；立冬阴，柴火贵如金。　海南
立冬晴，柴米堆得满地剩；立冬落，柴米贵似灵丹药。
立冬晴，春雨多；立冬雨，春雨少。　福建（永定）
立冬晴，冬要干；立冬雨，冬要烂。　湖南（湘西）
立冬晴，好收成。　湖北（恩施）
立冬晴，黄毛鸡仔养得成。　湖南（株洲）
立冬晴，尽冬晴；立冬雨，尽冬雨。　浙江（金华）
立冬晴，烂田泥鳅干成钉。　浙江（永嘉）
立冬晴，茅草放草坪。　海南
立冬晴，皮匠婆娘要嫁人；立冬下，皮匠婆娘侃大话。　贵州（贵阳）
立冬晴，透年暝。　福建
立冬晴，养穷人；立冬落，穷人不得活。　四川
立冬晴，一冬晴；立冬雨，一冬雨。
立冬晴，一冬淋；立冬淋，一冬晴。　福建（永春）
立冬晴，一冬凌。
立冬晴，一冬明；立冬阴，雪迎春。　安徽（歙县）、湖北（竹溪）
立冬晴，一冬明；立冬雨，一冬湿到底。　贵州（铜仁）
立冬晴，一冬晴，还要寒婆向日争得赢。　江西（宜黄）
立冬晴，一冬晴；立冬淋，一冬淋。　广西（荔浦）
立冬晴，一冬晴；立冬阴，一冬阴。　江苏（南京）
立冬晴，一冬晴；立冬雨，一冬雨。　上海、安徽（天长）、湖北（罗田）
立冬晴，一冬阴；立冬阴，雪迎春。
立冬晴到明年盲。　福建（福安）
立冬晴过寒，勿要把柴积。
立冬晴烂冬，立冬落，干壳壳。　广西（乐业）[壮族]
立冬晴一工，日头炙一冬。　福建（宁化）
立冬晴一工，晒粟尽宽松。　福建
立冬晴一晴，晴到明年大清明。　浙江（丽水）

立冬晴一日，农夫笑哈哈。　贵州、江苏（淮阴）
立冬晴一日，收薯不费力。　福建（霞浦）
立冬晴一天，耕田不费力。　陕西、甘肃、宁夏
立冬日无风，来年禾苗有害虫。　广西（象州）
立冬日下雨，来年定无鱼。
立冬日子短，抓紧翻大田。　吉林
立冬日子短，抓紧搞冬灌。　宁夏
立冬日子晴，就有一冬晴。　江西
立冬如逢壬子日，灾害频频损农民。　海南（海口）
立冬若起西北风，来年必定五谷丰。　山西（和顺）
立冬若下霜，来年干长江。　广西（象州）
立冬若有西南风，来年定是好收成。　海南
立冬若遇西北风，定主来年五谷丰。　上海、湖南（株洲）
立冬三场雪，猪狗吃个肥。　青海
立冬三朝禾就焦。　广西（北流）
立冬三尺深，萝卜才扎根。　河北（望都）
立冬三颗雨毛潲，晴到明年割早稻。　浙江（绍兴）
立冬三两响，小雪不捕犁。　山西（阳曲）
立冬三日，水冷三分；立春三日，水暖三公。　四川
立冬三日，土冻三天。　四川
立冬三日割迟禾。　广东
立冬三日怕逢壬，来年高田枉费心。　海南（屯昌）
立冬三日前，赶快搬白菜。　山西（黎城）
立冬三日无青稻。　福建
立冬三日阳，谷子堆满仓。　海南（保亭）
立冬桑叶黄，来年麦上场。
立冬桑叶黄，修剪束草刮桑蟥。
立冬蛇入坑。　海南（琼海）
立冬生黄芽，小雪不出芽。　山西（稷山）
立冬十日不使牛。　山西（沁县）
立冬十响不使牛，还有十天犟八头。　山西（繁峙）
立冬十月节，小雪地封严。　山西（新绛）
立冬食蔗不齿痛。
立冬收菜，防止冻坏。　江苏（盐城）
立冬收仓库，小雪地封严；大雪江河冻，冬至不行船；小寒忙买办，大寒过新年。　辽宁

立冬收葱，不收则空。　山东

立冬收萝卜，小雪收白菜。　浙江、四川、江苏（苏北）、安徽（天长）、湖北（襄阳）、山西（新绛）

立冬树叶黄，起菜正在忙。　山西（新绛）

立冬霜多，明年雨多。　福建

立冬霜叶黄，修剪束草刮桑蟥。　上海

立冬水，有去无回。　海南（琼海）

立冬太阳睁眼睛，一冬无雨格外晴。　湖北（公安）

立冬淌了水，来年不后悔。　宁夏

立冬天放晴，染匠笑盈盈。　湖南（湘西）

立冬天气暖，栽树雨水闲。　河南

立冬天晴晴不久，皮匠坐在门前守。　贵州（黔东南）

立冬天十月，小雪地封严。

立冬田里空，小雪尽田决。　福建（南安）

立冬田内空。　江苏（镇江）

立冬田事毕，小雪犁耙闲。　云南

立冬田头空。

立冬温渐低，管好母幼畜。

立冬无白茬。　河南

立冬无干谷。

立冬无见霜，春寒冻死秧。　福建（晋江）

立冬无霜雪，尽在二三月。　江西（进贤）

立冬无水得冬晴，立春无水到清明。　广西（桂平）

立冬无雪一冬干。　江苏（南通）

立冬无雪一冬晴。　山西（朔州）

立冬无雨，来年秋旱。　山西（河曲）

立冬无雨半寒晴，冬至无雨一寒晴。　上海

立冬无雨定冬旱，明年必有倒春寒。　广西（资源）

立冬无雨冬至晴，冬至无雨一冬晴。　江西（永丰）

立冬无雨看石山，石山无雾倒冬干。　湖南（岳阳）

立冬无雨满冬空。　福建（莆田）

立冬无雨雪，冬暖明春旱。　吉林、山西（河曲）

立冬无雨雪，都在正二月。　山西（忻州）

立冬无雨雪，尽在正二月。　安徽（滁州）

立冬无雨雪，尽在正二月。　江西、江苏（扬州）

立冬无雨一冬干。　江西、广东（韶关）

立冬无雨一冬晴，立冬有雨春少晴。
立冬无雨一冬晴，立冬有雨无路行。　湖南
立冬无雨一冬晴，立冬有雨一冬烂。　福建（武夷山）
立冬无雨一冬晴，立冬有雨一冬淋。　四川
立冬无雨一冬晴，立冬有雨一冬阴。　江苏（徐州）
立冬无雨一冬晴，明年春来花盛开；立冬无雨一冬干，明年会有倒春寒。
海南（保亭）
立冬无雨一冬晴，重阳无雨一冬阴。　山西（晋城）
立冬无雨一冬晴。　江苏、江西、陕西（安康）、广东（韶关）
立冬无雨至冬晴，冬至无雨一冬晴。　江西
立冬无雨主久晴，立冬有雨主烂冬。　广西（荔浦）
立冬唔收姜，一夜少三两。　广东（肇庆）
立冬勿出露籽麦。　上海
立冬勿生叶，立夏勿生荚。　上海
立冬勿做客，赶紧去种麦。　福建（诏安）
立冬雾，老牛岗上铺。　安徽（颍上）
立冬西北风，来年好收成。　山西（雁北）
立冬西北风，来年哭天公。
立冬西北风，来年五谷丰。　天津、江苏（徐州）、湖北（英山）
立冬西北风，来年雨水匀。　江苏（连云港）
立冬西北风，明年五谷丰。　浙江
立冬西南百日阴，半晴半雨到清明。
立冬下麦迟，小雪搞积肥。　江苏
立冬下雨，牛羊冻死。　广西（宜州）
立冬下雨一冬阴，立冬天好一冬晴。　上海
立冬先封地，大雪先封船。　青海
立冬先封地，小雪地封严。　江苏（镇江）
立冬先封地，小雪封河严。　内蒙古
立冬先封地，小雪河封严。　宁夏（银川）、安徽（桐城）
立冬先封地，小雪河封严；大雪交冬，冬至摆祭天；小寒忙买办，大寒就过年。
河南
立冬先封地。　河南
立冬响雷，番薯变泥。　福建（长汀）
立冬响雷下雨多。　福建
立冬小雪，白菜出园。　河北（保定）
立冬小雪，不割自己脱。　广西（玉林）

立冬小雪，地硬如铁。　山西（壶关）

立冬小雪，生黄尽切。　广东

立冬小雪，种麦子歇歇。　江苏（常熟）

立冬小雪，煮饭不歇。　湖南（郴州）

立冬小雪，抓紧冬耕。结合复播，增加收成。土地深翻，加厚土层。压砂换土，冻死害虫。　河南

立冬小雪，做饭无歇。　福建（明溪）

立冬小雪北风寒，棉粮油料快收完。油菜定植麦续播，贮足饲料莫迟延。　上海、浙江

立冬小雪北风起，蚕豆小麦下种齐。　浙江、江苏（常州）

立冬小雪北风起，小麦蚕豆落种子。　福建

立冬小雪到，鱼种池塘管理好，组织劳力积肥料，来年饵料基础牢。

立冬小雪紧相连，冬前整地最当先。

立冬小雪麦三时。

立冬小雪麦三时。

立冬小雪晒谷干，甜薯芋头齐出土。　海南（万宁）

立冬小雪天气冻，积肥冬浇紧着行。　山西（临猗）

立冬小雪天气寒，积肥冬灌打耱田。　宁夏

立冬小雪天气寒，积肥修埂好种田。　吉林

立冬兴割稻。　江苏（苏北）

立冬雪，是拦冬雪；拦冬雪，半冬干。　吉林

立冬雪花飞，一冬烂泥堆。

立冬要是打了霜，来年夏季干长江。　安徽（太湖）

立冬一点雨，一冬好摸鱼。　安徽（安庆）

立冬一片寒霜白，晴到来年割大麦。

立冬一日，冰冻三分。　内蒙古

立冬一日，水冷三分。　天津、海南、黑龙江（哈尔滨）、安徽（桐城）、福建（晋江）、广西（融安）、贵州（黔东南）

立冬一日晴，冬天晒干泥。　江西（泰和）

立冬以后日子短，组织起来搞冬灌。

立冬阴，柴火油盐贵似金。　江西（九江）

立冬阴，一冬晴；立冬晴，一冬凌。　天津、湖南

立冬阴，一冬温。

立冬阴，一冬温；立冬晴，一冬凌。　湖北（襄樊）

立冬阴一工，寒得一个春。　福建

立冬阴雨，谷仓当晒地。　广西（桂平）

立冬有北风，早上见薄冰。　山西（闻喜）
立冬有风，立春有雨；冬至有风，夏至有雨。　山西
立冬有霜，第二年春早。　陕西
立冬有水涨，皮鞋匠放炮仗。　湖南
立冬有雪，来年芒种雨。　陕西（榆林）
立冬有雪半冬干。　黑龙江（黑河）
立冬有雨，九里多雨。　上海
立冬有雨，小雪无霜。　福建
立冬有雨百日阴，半晴半雨到清明。　安徽（歙县）
立冬有雨地早封，明年一定好收成。　山西（古交）
立冬有雨防烂冬，立冬无雨防春旱。　福建
立冬有雨难收冬，立冬无雨腊月干。　广东（茂名）
立冬有雨无路行。　江西（宜春）
立冬有雨一冬春，立冬无雨一冬干。　广西（防城、融安）
立冬有雨一冬空。　福建（清流）
立冬有雨一冬晴，立冬无雨过井盖晴。　浙江
立冬雨，蓑衣斗笠高挂起。　江西（丰城）
立冬雨落，柴草贵过灵丹药。　海南
立冬栽油菜，不好有八开。　湖南（娄底）
立冬在九月寒，立冬在十月暖。　吉林
立冬在尾，寒死神鬼。　海南
立冬在月初，赶快收成；立冬在月中，护牛过冬；立冬在月尾，备厚棉被。　海南
立冬早，大雪迟，小雪腌菜正当时。　安徽（合肥）
立冬蔗，多食无病痛。　福建（诏安）
立冬蔗，食不病痛。
立冬之后白菜肥。　上海（川沙）
立冬之日，水始冰，地始冻。
立冬之日怕逢壬，来年高田枉费心。　安徽（歙县）
立冬之日怕逢壬，来年高田枉费心；此日若逢壬子日，灾伤疾病苦人民。
立冬之日怕逢壬，来岁高田不用耕，若此日逢壬子日，人民冻死在来春
立冬之日怕逢壬，来岁高田枉费心。
立冬之日怕逢五，来岁高田多不生，十五日晴冬天暖，十六日晴柴炭平。　河北（石家庄）
立冬之日起大雾，冬水田里点萝卜。
立冬之日若逢壬，来年稻田妄费心。　陕西（渭南）

立冬止犁耙。　河北
立冬种，收把种。
立冬种，收把种。指种麦不宜晚。
立冬种菠菜。
立冬种菜头，有叶也没头。　福建（福州）
立冬种菜头，有鬃不落头。　福建（平潭）　注：后半句指不长萝卜。
立冬种蚕豆，一斗还一斗。　上海
立冬种麦，种一瓮收一瓮。　上海
立冬种麦正得时。
立冬种豌豆，一斗还一斗。　湖北
立冬种完麦，小雪栽完菜。　江淮及江南地区　注：“菜”指“油菜”。
立冬种晚麦，小雪住犁耙。　江苏（徐州）
立冬种豌豆，一斗打一斗。　湖南（岳阳）
立过冬，种上油菜也不中。　安徽（滁州）
立了冬，拔了葱。　河北、宁夏、山西（新绛）
立了冬，把地耕，能把土地养分增。　天津、山西（长治）、广西（桂平）
立了冬，把地耕。　江苏（无锡）
立了冬，把耧摇，种一葫芦打两瓢。　湖北
立了冬，不能种，种一缸，打一瓮。　山西（稷山）
立了冬，不通风。　江苏（江都）
立了冬，不透风；种什么，也不行。　湖北
立了冬，草不生。　河北（馆陶）
立了冬，车犁入了仓。　吉林
立了冬，地要冻，好多耕。
立了冬，翻田赛粪壅。　广西
立了冬，还有十晌耕。　山西（武乡）
立了冬，见了冰。　山西（襄汾）
立了冬，犁杖入了宫。　宁夏
立了冬，耧再摇，种一葫芦打两瓢。
立了冬，麦不生。　山西（新绛）
立了冬，满山冲。　江西（宜春）
立了冬，满山空。　浙江（丽水）
立了冬，萌芽不生。
立了冬，牛耳聋，犁的田地不透风。　湖北
立了冬，梳头吃饭算半工。　安徽（桐城）
立了冬，水见冰。　河北（承德）、江苏（铜山）

立了冬，土不生。　内蒙古、山西（临汾）、江苏（无锡）
立了冬，小麦勿通风。　上海
立了冬，只有梳头吃饭工。　湖南、江苏（连云港）
立了冬，种麦不透风。
立了冬把地耕，歇歇地力产量增。　陕西（渭南）
立了冬不砍菜，冻在地里别见怪。　天津
立上冬，少松松。　山西（壶关）
落雨立冬，多雨少风。　贵州（贵阳）
马无夜草不肥，田无冬耕不收。　天津
麦出土，立冬不过四十五。　黑龙江
麦子过冬壅遍灰，赛过冷天盖棉被。
麦子立冬种，夏收收把种。
麦子盘好墩，丰收有了根。
麦子要长好，冬灌少不了。
卖絮婆子看冬朝，无雨哭号啕。　江苏（苏州）
芹黄韭黄，立冬盖上。　陕西
秋蝉叫一声，准备好过冬。
秋冬多耕地，来年多打粮。
秋冬耕地如水浇，开春无雨也出苗。
秋天大白菜，要往立冬耐。　宁夏
入冬进补，冬至栽竹，立春栽木。
入冬进补，勇猛如虎。
入冬小麦盖雪被，明年枕着馒头睡。　天津
十月立冬小暑来，柑橘黄熟松子开。　华南地区
十月立了冬，过年吃风。　天津
十月十立冬，梳头炒饭工。　江西（南昌）
时逢立冬，见见南风转北风。　海南（琼海）
树叶落，地未冻，冬季植树好时令。
田不犁冬，来年草凶。　广西（融安、贵港）
田要冬耕，羊要春生。
西风响，蟹脚痒，蟹立冬，影无踪。　江南
先冬后霜，来年大荒。　湖南（湘西）
蟹立冬，闹丛丛。　上海
蟹立冬，无踪影。　安徽（巢湖）
蟹立冬，影无踪。　上海
要想养好牛，立冬一碗油。　安徽（黟县）

一年之计在于冬，农田水利莫放松。　新疆

早禾立冬死，迟禾小雪亡。　广东（平远）

种麦到立冬，费力白搭工。　黄淮及以北地区

种麦到立冬，来年收把种。　黄淮及以北地区

种麦到立冬，种一缸，打一瓮。

种麦种到冬，天寒地冻枉费工。　上海

种麦子到立冬，费力白搭工。

重阳无雨看立冬，立冬无雨一冬干。　江西

重阳无雨看立冬。　福建（平潭）

做田只惊立冬风，做人只惊老来穷。

小　　雪

小雪，是二十四节气中的第二十个节气，是反映天气现象的节令。每年公历11月22日或23日，太阳到达黄经240°时为小雪。《月令七十二候集解》说："10月中，雨下而为寒气所薄，故凝而为雪。小者未盛之辞。"古籍《群芳谱》中说："小雪气寒而将雪矣，地寒未甚而雪未大也。"

小雪节气初，东北土壤冻结深度已达10厘米，往后差不多一昼夜平均多冻结1厘米，到节气末便冻结了一米多。所以俗话说"小雪地封严"，之后大小江河陆续封冻。农谚道："小雪雪满天，来年必丰年。"因为，一是小雪落雪，来年雨水均匀，无大旱涝；二是下雪可冻死一些病菌和害虫，来年减轻病虫害的发生；三是积雪有保暖作用，利于土壤的有机物分解，增强土壤肥力。俗话说"瑞雪兆丰年"，这是有一定科学道理的。

小雪期间，长江中下游开始进入冬季，部分地区可见初霜。但初雪来得迟，一般在12月中下旬。这一地区在小雪节气期间开始了小麦、油菜的田间管理，并开始积肥。北方地区小雪节以后，各地最低气温多在零下，应该做好牲畜的防寒保暖工作。黄河中下游地区应做好小麦冬灌，保墒防冻田间管理工作，同时开始利用冬闲进行植树造林，改造涝洼，治水治岭，修渠打井等农田水利基本建设。

俗话说"小雪铲白菜，大雪铲菠菜"。白菜深沟土埋储藏时，收获前十天左右即停止浇水，做好防冻工作，以利贮藏，尽量择晴天收获。果农小雪时节开始为果树修枝，以草秸编箔包扎株杆，以防果树受冻。

小雪时节，冰雪封地天气寒，应利用冬闲时间大搞农副业生产，因地制宜进行冬季积肥、造肥、柳编和草编，从多种渠道开展致富门路。同时，要安排好充分的时间，搞好农业技术的宣讲和培训，以提高农民的科学文化素质。

蚕豆小雪不结叶，到老不会结。　江苏

趁地未冻结，浇麦不能歇。

趁地未封冻，赶快把树种。

春打黄昏冬五更，浑水白天清水夜。

大白菜要抓紧砍，菠菜小葱风障遮。

大地未冻结，栽树不能歇。

大小冬棚精细管，现蕾开花把果结。

大雁来，拔棉柴。

到了小雪节，果树快剪截。

地不冻，犁不停。

冬季积肥要开展，地壮粮丰囤加茓。
冬旺不理想，春旺粮满仓。
冬雪对麦似棉袄，春雪对麦如利刀。　新疆
冬雪是米，春雨是油。　新疆
继续浇灌冬小麦，地未封牢能耕掘。
夹雨夹雪，无休无歇。
浇后再划搂，保墒增温防裂口。
节到小雪天降雪，农夫此刻不能歇。
节到小雪天下雪。
今冬小雪雪满天，来年必定是丰年。　吉林
九天的狐狸，雪天的野鸡。　青海
萝卜白菜，收藏窖中。小麦冬灌，保墒防冻。
萝卜白菜小雪收。
麦无二旺，冬旺春不旺。
麦子若冬旺，耘磙一齐上。
牛驴骡马喂养好，冬季不能把膘跌。
入冬麦盖三床被，来年枕着馍馍睡。　内蒙古
十月里来小阳春，下场大雪麦盘根。
十月小雪飞满天，来年必定是丰年。　河南
苇蒲绵槐搞条编，技术简单容易学。
先下小雪有大片，先下大片后晴天。　山东
小麦猎小雪，大麦猎冬节。　广东（揭西）
小雪白菜大雪葱，萝卜地里能过冬。　河北（广平）
小雪白芒种旱，小雪干芒种雨连天。　陕西（榆林）
小雪白兆大旱，大雪白连根烂。　陕西
小雪不把棉柴拔，地冻镰砍就剩茬。
小雪不捕犁，阳婆弯弯促渠渠。　山西（阳曲）
小雪不出菜，光怕大雪盖。　山东、河南（林县）　注：“出”又作“收”，“光”又作“就”。
小雪不出土，大雪不发股。　河南　注：指麦。
小雪不出土，大雪不发股。
小雪不吹菜，必定有一害。
小雪不倒股，大雪不出土。　注：指小麦。
小雪不冻地，不过三五日。
小雪不冻地，大雪不行船。　江苏（盐城）
小雪不冻地，惊蛰不开地。　山西（朔州）

小雪不冻手，大雪冻死虫。　安徽（寿县）
小雪不发芽，大雪不出土。　江苏（常州）
小雪不分股，大雪不出土。　河南
小雪不封地，不过三五日；大雪不汊河，只怕大风磨。　河北（吴桥）
小雪不封地，不过三五天。　山西（和顺）
小雪不封地，大雪不封河。　江苏（淮阴）
小雪不封地，大雪不渣河。
小雪不封地，待不三五日。
小雪不耕地，大雪不行船。　天津、河北、山西（大名）、湖南（常德）
小雪不耕地，大雪不上山。　安徽（歙县）、湖北（保康）
小雪不行犁，强挖十来犁。　山西（忻州）
小雪不见蚕豆叶，到老豆花不结荚。　江苏（南京）
小雪不见蚕豆叶，到老没荚结。　陕西、甘肃、宁夏、湖北、上海、江苏（南京、盐城）、江西（安义）
小雪不见胡豆叶，明年没有胡豆结。　江苏
小雪不见雪，便把来年长工歇。
小雪不见雪，大雪满天飞。　安徽（休宁）、江西（靖安）
小雪不见雪，来年地头白。　河北（张家口）
小雪不见雪，来年旱四月。　福建（仙游）
小雪不见雪，来年屋里歇。
小雪不见雪，来年长工歇。
小雪不见雪，小麦粒要瘪。　河北（邯郸）
小雪不砍菜，必定有一害。　山东（德县）
小雪不犁田。　四川
小雪不露土，大雪不分股。　陕西　注：指小麦分蘖。
小雪不露土，大雪不分股；大雪不露头，割了喂老牛。　河南
小雪不落雪，霜降不打霜。　湖南（株洲）
小雪不起菜，就要受冻害。　注：“菜”指“白菜”。
小雪不收菜，必定要受害。
小雪不收菜，冻了没要怪。　河北、山东、山西（太原）、江西（安义）
小雪不收菜，冻了莫要怪。
小雪不畏寒，建设丰产田。
小雪不下看大雪，小寒不下看大寒。　湖北（郧县）
小雪不种地，大雪不行船。　陕西（咸阳）
小雪不种地。
小雪叉湖，大雪叉河。　宁夏

小雪叉南河，大雪叉北河。 河北（邯郸）
小雪叉小雪，大雪叉大河。 宁夏
小雪铲白菜，大雪铲菠菜。 陕西、河南
小雪铲白菜，大雪铲青菜。 河北（邢台）
小雪铲白菜，就要受霜害。 上海、河南、河北（张家口）
小雪出萝卜，大雪出白菜。 河北（邯郸）
小雪大，日短一截。 广西（资源）
小雪大雪，炊烟不歇。
小雪大雪，隔离半月。
小雪大雪，耗子啃铁。 河北
小雪大雪，烧锅不歇。 江苏（南京）
小雪大雪，烧火不歇。 贵州（贵阳）
小雪大雪，手冷出血。 广西（柳江）
小雪大雪，洗碗就黑。 四川
小雪大雪，相隔半月。 江苏（镇江）
小雪大雪，杨树脱叶。 上海
小雪大雪，种麦歇歇。
小雪大雪，煮饭不及。 江苏（无锡）
小雪大雪，煮饭停歇。 江西（萍乡）
小雪大雪，煮饭唔敢揭。 广东（阳江）
小雪大雪不断雪，来年必是丰收年。 吉林
小雪大雪不见雪，过了立春雪连雪。 宁夏
小雪大雪不见雪，来年灭虫忙不撤。
小雪大雪不见雪，小麦大麦粒要瘪。 山东、河北
小雪大雪不见雪，一冬难见雪。 天津、宁夏
小雪大雪飞满天，明年定是丰收年。 浙江
小雪大雪冷，小寒大寒寒。 广东（连山）
小雪大雪天气寒，牲畜防疫莫迟延。 江西
小雪大雪天气寒，牲畜防疫莫迟延；施肥壅珑防霜冻，贮草备冬搭棚圈。
甘肃
小雪大雪雪连天，来年必是大丰年。 宁夏
小雪地不封，大雪还能耕。
小雪地冻，大雪封河。 江苏（徐州）、陕西（榆林）
小雪地冻，大雪封江。 蒙古
小雪地能耕，大雪船帆撑。
小雪点青稻。 福建

小雪东北风，日日好天公。　福建（晋江）
小雪东风春米贱，西风春米贵。　浙江（湖州）
小雪东风春米贱，小雪西风春米贵。　江苏（南京）
小雪冻大河，大雪冻小河。　河北（张家口）
小雪冻地，大雪冻船。　江苏（铜山）
小雪冻地不冻地，大雪叉河定叉河。　河北（井陉）
小雪冻地皮，大雪封河江。　黑龙江
小雪豆高一筷长，两粒豆子换成双。　上海
小雪断犁耙，人牛全归家。　江苏（江都）
小雪飞满天，来岁必丰年。　江西
小雪飞满天，来岁丰收年。　江西（宜黄）
小雪封地，大雪封船。　湖南、陕西（咸阳）
小雪封地，大雪封村。　河北（衡水）
小雪封地，大雪封洞。
小雪封地，大雪封河。　吉林、内蒙古、安徽（歙县）、湖北（洪湖）、天津（武清）
小雪封地地不冻，大雪封河河不封。　河北（承德）
小雪封地地不封，大雪封河河无冰。　黄淮地区
小雪封地地不封，老汉继续把地耕。
小雪封小河，大雪封大河。　内蒙古
小雪过后不上冻，麦子豌豆白白种。　陕西（咸阳）
小雪季节好烧灰，铲刮茶山草秋肥。　广西（平乐）
小雪见青天，有雨在年边。　湖北、安徽（灵璧）
小雪见晴天，有雪到天边。　山西（晋城）
小雪见晴天，雨雪到年边。　广东（大埔）
小雪见雪，蚕豆无荚结。
小雪见雪，饭撬中折。　浙江　注：指年岁好，饭硬。
小雪见叶，蚕豆有结。　江苏（扬州）
小雪降雪大，春播不必怕。　河北（邢台）
小雪节到下大雪，大雪节到没了雪。
小雪净菜园。　河北（大名）
小雪就见雪，蚕豆少结节。
小雪就见雪，寒豆少结荚。　上海
小雪砍光菜，不受苦霜盖。　山东
小雪犁把开。　安徽（来安）
小雪利豌豆。　福建（武平）

小雪流凌一月冬，四十五天定打春。　山西（保德）

小雪流凌一月整，四十五天定打春。　陕西（延安）

小雪落了雨，干旱在小暑。　广西（平乐）

小雪满地红，大雪满地空。　广东、海南

小雪满山，来年丰年。　宁夏

小雪满天雪，来岁必丰年。　河北（新乐）

小雪满田红，大雪满田空。　广东

小雪满田红，大雪满田空。　广东　注：这里的“红”，不是指红颜色，而是指农活多，此时开始收获晚稻，播种小麦。

小雪农家忙，积肥又修坝。　安徽（天长）

小雪刨白菜，大雪刨菠菜。　上海、河南、河北（张家口）

小雪棚羊圈，大雪堵窟窿。

小雪前秋收，大雪后冬种。　福建（漳州）

小雪强北风，处处防霜冻。　广西（上思）

小雪晴天，雨到年边。　海南

小雪晴天，雨至年边。　湖南（株洲）

小雪日见雪，榻米折一掘。

小雪日头雾，便把来年长工雇。　安徽（望江）

小雪山大雾，来年雨水下个透。　山西（和顺）

小雪山头青，来年小麦难望成。　陕西（汉中）

小雪山头生大雾，明年你就修粮库。　山西（忻州）

小雪山头雾，来年就把长工雇。　河北（宣化）

小雪山头雾，来年五谷足。　河北（张家口）

小雪收白菜，大雪捆菠菜。　四川

小雪收葱，不收就空。

小雪收葱，不收就空。萝卜白菜，收藏窖中。小麦冬灌，保墒防冻。植树造林，采集树种。改造涝洼，治水治岭。水利配套，修渠打井。　山东

小雪虽冷窝能开，家有树苗尽管栽。

小雪透头，立夏吃豆。　上海

小雪透头，清明见荚，立夏吃豆。　江苏（淮阴）

小雪稳稻尽田决。　福建（晋江）

小雪卧羊，河流凌；大雪宰猪，河封冻。　内蒙古

小雪乌云天下雨，大雪乌云天下寒。　江西（南昌）

小雪无雪大雪补，大雪无雪才叫苦。　浙江（宁波）

小雪无云，次年雨水不均匀。　湖南（湘西）

小雪无云，来年雨水不均匀。　海南

小雪无云大旱年。　浙江、河北（邯郸）

小雪无云大雪补，大雪无云百姓苦。

小雪无云大雪补，大雪无云天要旱。　海南

小雪无云空作田。　浙江

小雪无云莫种田，大雪无云空一年。　江苏（宝应）

小雪无云莫种田。　安徽（天长）

小雪无云主大旱。　浙江

小雪勿封地，过勿了三、五天。　浙江（湖州）

小雪勿见蚕豆叶，到老豆花勿见荚。　江苏（南通）

小雪勿见雪，到老没荚结。

小雪勿见叶，蚕豆勿见结荚。　江苏（无锡）

小雪勿见叶，到老勿见荚。　浙江（绍兴）

小雪勿见叶，到老勿生荚。　上海

小雪西北风，当夜要打霜。　湖北（黄石）

小雪西北风，来年雨无踪。　山西（河曲）

小雪下了雪，来年旱三月。　湖北（武穴）

小雪下了雪，来年旱五月。　江苏（吴县）

小雪下麦麦芒种，大雪下麦勿中用。

小雪现晴天，来年必旱年。　福建（德化）

小雪小到，大雪大到，冬后十日乌鱼就没了。

小雪小种，大雪大种，冬至不种。　福建（福州）

小雪雪花飞，来岁必丰年。　北京

小雪雪连山，瑞雪兆丰年。　山西（新绛）

小雪雪满地，来年必丰年。　福建（长汀）

小雪雪满山，瑞雪兆丰年。　山西（太原）

小雪雪满天，来年必丰年。　河北、黑龙江（佳木斯）

小雪雪满天，来年定丰年。　湖南、江苏（连云港）

小雪雪满天，来年好庄田。　宁夏

小雪雪满天，来年庆丰收。　陕西（延安）

小雪雪满天，来年是丰年。　湖北、安徽（天长）

小雪雪满天，来岁必丰年。　福建、江苏、浙江、安徽、云南、四川、湖北、河南、河北、山西、甘肃

小雪雪满天，来岁是丰年。

小雪雪漫天，来年必丰产。果园清得净，来年无病虫。

小雪夜里格雨，种田人碗里格饭。　江苏（苏州）

小雪应小暑，大雪应大暑。　四川

小雪有霜多晴天。　广西（荔浦）
小雪有雪，小暑有雨。　山西（河曲）
小雪有雨十八天雨，小雪无雨十八天风。　湖北（红安）
小雪云拖地，小麦大吉利。　浙江（绍兴）
小雪种麦不出土，大雪种麦不导股。
小雪种小麦，大雪种大麦，冬至不种麦。　福建（建瓯）
小雪种小麦，大雪种大麦。　福建（仙游）
小雪住犁耙，大雪总归家。　江苏（扬州）
小雪不种田，大雪不行船。　山西（新绛）
小雪大雪，必定下雪。　山西（安泽）
小雪大雪，相隔半月。　内蒙古
小雪冻小河，大雪冻大河。　山西（忻州）
小雪封田，大雪封船。　山西（临汾）
小雪流凌，大雪合桥。　山西（乡宁）　注：指黄河结冰。
小雪流凌不流凌，大雪封河定封河。　山西（平遥）
小雪流水，大雪叉河。　山西（万荣）
小雪不冻地，大雪不叉河。　河北（邯郸）
小雪不封地，大雪不封河。　陕西（宝鸡）
小雪大雪不见雪，小麦大麦粒要瘪。　江苏（镇江）
雪水不拉沟，十种九不收。　新疆
鸭怕小雪，鸡怕大寒。　安徽（无为）
油房粉房豆腐房，赚钱养猪庄稼邪。　注：“邪”又作“长”。
鱼塘藕塘看管好，江河打鱼分季节。
早晚上了冻，中午还能耕。
植树造林继续搞，果树抓紧来剪截。

大　雪

大雪，是二十四节气中的第二十一个节气，时间点为公历每年12月7日或8日太阳到达黄经255°时。《月令七十二候集解》说："至此而雪盛也。"节气"大雪"的意思是天气更冷，降雪的可能性比"小雪"时更大了，并不指降雪量一定很大。此时中国黄河流域一带渐有积雪，北方则呈现万里雪飘的迷人景观。

大雪时节，太阳直射点已快接近南回归线，北半球各地日短夜长，因而有农谚"大雪小雪，煮饭不歇"的说法，形容白昼短到了农妇们几乎要连着做三顿饭了。人们常说，"瑞雪兆丰年"。严冬积雪覆盖大地，可保持地面及作物周围的温度不会因寒流侵袭而降得很低，为冬作物创造了良好的越冬环境。积雪融化时又增加了土壤水分含量，可提供作物春季生长的需要。另外，雪水中氮化物的含量是普通雨水的5倍，还有一定的肥田作用，所以有"今年麦盖三层被，来年枕着馒头睡"的农谚。

大雪时节，除华南和云南南部无冬区外，我国辽阔的大地已披上冬日盛装，东北、西北地区平均气温已达−10℃以下，黄河流域和华北地区气温也稳定在0℃以下，冬小麦已停止生长。但此期间，农事活动仍然不能放松。

江淮及以南地区小麦、油菜仍在缓慢生长，应注意施好肥，为安全越冬和来春生长打好基础。华南、西南小麦进入分蘖期，应结合中耕施好分蘖肥，注意冬作物的清沟排水。此时，对已播种（移栽）的油菜、蔬菜、马铃薯、绿肥、鲜食玉米等要加强水肥管理，中耕培土，查苗、补苗和病虫草害防治，对仍缺墒的地块应及时浇水，确保幼苗健壮生长。华南部分地区应继续抓紧晚稻等收获后的腾茬、整地，施足底肥，趁雨后增墒的有利时机抢播或移栽蔬菜、马铃薯、鲜玉米等，以充分利用冬季气候和土地资源，实现增收和确保市场供应，并利用降雨间隙收获秋玉米、秋大豆、秋花生、红薯，采摘已成熟柑橘、香蕉等水果，晾晒晚稻等，确保增产、增收。

八月十五云遮月，正月十五雪打灯。

大雪大结叶，到老没得结。　浙江　注：指蚕豆。

大雪拔大菜，冬至不出门。　江苏（淮阴）

大雪半溶加一冰，明年虫害一扫空。　江苏（常熟）

大雪半融加一冰，来年病虫发生轻。

大雪遍地白，冬至不行船。　江苏（南京）

大雪不冰，惊蛰不开。　江苏（淮阴）

大雪不出土，大雪不行船。

大雪不冻，惊蛰不开。 江苏、安徽、江西、湖北、天津、湖南、贵州、北京、河北、山西、广东（大埔）、陕西（渭南）

大雪不冻倒春寒。 广西

大雪不封地，不过三两日。 山东

大雪不封地，不过三五日。 河北（平乡）、江苏（徐州）

大雪不寒明年旱。 河北

大雪不寒明年旱。

大雪不见雪，过后无冬雪。 宁夏

大雪不砍菜，必定有一害。 安徽（铜陵）

大雪不落雪，虫子遇了赦。 安徽（寿县）

大雪不起菜，菜必有一坏。 陕西

大雪不下雪，明年天旱不用说。 湖南（湘西）

大雪大捕，小雪小捕。 注：捕，指捕鱼。

大雪大捕捞，小雪小捕鱼。 安徽（安庆）

大雪到冬至，吃饭不喘气。 江苏（淮阴）、安徽（枞阳）

大雪冬至，积肥当紧。 宁夏

大雪冬至后，篮担水不漏。 江西（萍乡）

大雪冬至后，篮装水不漏。 湖南（衡阳）

大雪冬至雪花飞，搞好冬种多积肥。 江西（萍乡）

大雪冬至雪花飞，搞好副业多积肥。 江西（萍乡）

大雪冬至雪花飘，兴修水利积肥料。

大雪纷纷落，明年吃馍馍。

大雪纷纷是丰年。 四川

大雪封河，大雪不行船。 河南

大雪封河。 内蒙古

大雪封了地，冬至天最短。 吉林

大雪封了江，冬至不行船。 黑龙江

大雪封了河，冬至改短天，小寒天气冷，大寒到了年。 山东（寿光）

大雪江封上，冬至不行船；小寒不太冷，大寒三九天。

大雪凝河泥，冬至河封严；小寒办年货，大寒过新年。 贵州（黔西南）

大雪更逢壬子日，灾伤疾病必然多，冬至日晴无云天，来年定唱太平歌。

河北（石家庄）

大雪刮北风，冬季多霜冻。 福建（南靖）

大雪过后菜入窖。 河北（丰润）

大雪过来是冬至，长叶生菜爬满地。 广西

大雪河封住，冬至不行船。 黑龙江、山西（新绛）

大雪后，一百二十天涨大水。　福建
大雪见三白，农人衣食足。　江苏（镇江）
大雪江河冻，冬至不行船。　河北（张家口）
大雪交冬令，冬至一九天。　江苏（扬州）
大雪交冬月，冬至摆祭天；小寒忙买办，大寒过新年。　山东
大雪节日雾，鱼行人大路。　江苏（南通）
大雪尽田决。　福建（厦门）
大雪罱河泥，立冬河封严。
大雪犁冬地，护理果园修水利。　广西（平乐）
大雪落了雪，大暑有雨下。　广西（荔浦）
大雪落了雪，夏至大水发。　广西（平乐）
大雪落小雪，来年雨不缺。　湖南（株洲）
大雪忙拉土，冬至压麦田。　山东
大雪年年有，不在三九在四九。　福建（龙岩）、江苏（镇江）
大雪前后多霜，来年春天多雨。　广西（荔浦）
大雪晴天，立春雪多。　河北
大雪三白，有益菜麦。　江苏（无锡）
大雪三白定丰年。　山东、江苏（徐州）
大雪时节带鱼旺，扬帆出海早下网。
大雪天气冷，冬至挨天长。　江苏（无锡）
大雪天晴，立春雪淋。
大雪天已冷，冬至换长天。　河南
大雪天已冷，冬至天已短。　安徽（枞阳）
大雪无雪是荒年。　河北（张家口）
大雪雾气多，来春雨水恶。　广西（荔浦）
大雪下成堆，小麦装满仓。　吉林
大雪下了雪，来年干五月。　四川
大雪下雪，来年雨不缺。　安徽
大雪下雪，水淹岗田。　安徽（寿县）
大雪像春天，家家哭少年。　江苏（扬州）
大雪小雪，冻死老爷。　新疆
大雪小雪，隔离半月。　河南
大雪小雪，三餐煮饭无停歇。　福建
大雪小雪，烧锅不歇。　四川
大雪小雪，烧火不歇。　河北（邯郸）
大雪小雪，煮饭不及；大寒小寒，冷水成团。　广东、江苏（镇江）

大雪东风是好年，肯定立春是晴天。　海南
大雪无冷意，惊蛰不开天。　海南（保亭）
大雪小雪，不冷不行。　海南（琼山）
大雪小雪不见雪，来年灭虫忙不撤。　湖北（来凤）
大雪小雪镰不停，保证耕牛过好冬。　湖北、河南
大雪雨一滴，大暑雨不停。　海南
大雪小雪，煮饭不歇。　四川、安徽（枞阳）
大雪小雪，做饭唔彻。　广东（大埔）
大雪小雪多北风，保护牲畜过好冬。　江西（上饶）
大雪小雪镰不停，保证耕蓄过好冬。
大雪小雪天，弄饭打七跌。　江西（黎川）
大雪小雪雪满天，来年准是丰收年。
大雪小雪做饭莫歇。　新疆
大雪雪花飘，必定好年景。　宁夏
大雪雪花飘，来年多收麦和稻。　江苏（常州）
大雪雪满天，丰收在来年。　贵州（遵义）
大雪雪满天，来年必丰年。　天津、吉林
大雪雪满天，来年定丰年。　山西（临汾）
大雪要封河，积肥满山坡。　山西（新绛）
大雪已天冷，冬至换天长。　陕西（宝鸡）
大雪雨，甘蔗喜。　福建（厦门）
大雪兆丰年，无雪要遭殃。　吉林、江苏、浙江、山东、湖南、广东
到了大雪不落雪，明年大雨不会多。　安徽（歙县）
到了大雪无雪落，明年大雨定不多。　湖北（枣阳）
到了大雪无雪落，明年没有大雨落。　山西（晋城）
冬季鲫鱼夏季鲢。
冬季雪满天，来岁是丰年。　广东
冬天麦盖三层被，来年枕着馒头睡。
冬天骤热下大雪。
冬无雪，麦不结。
冬雪回暖迟，春雪回暖早。　浙江
冬雪是个宝，春雪是根草。　江苏、山西、广东、贵州
冬雪消除四边草，来年肥多害虫少。　江苏
冬雪一层，春雨满囤粮。
冬有三白是丰年。　山西（太原）
各人自扫门前雪，休管他人瓦上霜。

过了大、小雪，火烟勿得歇。　浙江（常山）
寒风迎大雪，三九天气暖。　河北
夹雨夹雪无休无歇。
江南三足雪，米道十丰年。　河南（开封）
今冬大雪落得早，定主来年收成收。　四川
今年大雪飘，明年收成好。　江苏（苏州）
今年的雪水大，明年的麦子好。　甘肃
今年麦盖一尺被，明年馍头如山堆。
今年麦子雪里睡，明年枕着馒头睡。
腊月大雪半尺厚，麦子还嫌被不够。
腊雪是宝，春雪不好。
腊月里三白雨树挂，庄户人家说大话。　内蒙古（呼和浩特）
落雪见晴天，瑞雪兆丰年。　山西
落雪是个名，融雪冻死人。　江西
麦苗盖上雪花被，来年枕首馍馍睡。
男也懒，女也懒，下雨落雪翻白眼。
入冬麦盖三床被，来年枕着馍馍睡。　内蒙古
瑞雪兆丰年，积雪如积肥。
瑞雪兆丰年，积雪如积粮。
三伏时节猪难长，三九时节鱼难养。　安徽
沙雪打了底，大雪蓬蓬起。　江西
霜重见晴天，雪多兆丰年。　山西（太原）
岁朝蒙黑西边天，大雪纷飞是旱年。　广西（资源）
先下大片无大雪，先下小雪有大片。　河南
雪打高山，霜打平地。　江苏（无锡）
雪多下，麦不差。
雪盖山头一半，麦子多打一石。
雪后一百二十天，大水冲檐边。　福建（明溪）
雪后易晴。　江苏（常熟）
雪姐久留住，明年好谷收。　浙江、湖南、河南（扶沟）
雪落高山，霜打洼地
雪落有晴天。　湖南
雪在田，麦在仓。

冬　至

冬至，是二十四节气中的第二十二个节气。公历每年的12月21或22日太阳到达黄经270°（冬至点）时开始为冬至。冬至日太阳直射南回归线，北半球昼最短、夜最长。

在我国，冬至是一个古老而重要的节日。曾有“冬至大如年”的说法，而且有庆贺冬至的习俗。《汉书》中说：“冬至阳气起，君道长，故贺。”人们认为：过了冬至，白昼一天比一天长，阳气回升，是一个节气循环的开始，也是一个吉日，应该庆贺。《晋书》上记载有“魏晋冬至日受万国及百僚称贺……其仪亚于正旦。”说明古代对冬至日的重视。

冬至后，虽进入了“数九天气”，但我国地域辽阔，各地气候景观差异较大。东北大地千里冰封，琼装玉琢；黄淮地区也常常是银装素裹；大江南北这时平均气温一般在5℃以上，冬作物仍继续生长，菜麦青青，一派生机，正是“水国过冬至，风光春已生”；而华南沿海的平均气温则在10℃以上，更是花香鸟语，满目春光。冬至前后是兴修水利，大搞农田基本建设、积肥造肥的大好时机，同时要施好腊肥，做好防冻工作。江南地区更应加强冬作物的管理，做好清沟排水，培土壅根，对尚未犁翻的冬壤板结要抓紧耕翻，以疏松土壤，增强蓄水保水能力，并消灭越冬害虫。已经开始春种的南部沿海地区，则需要认真做好水稻秧苗的防寒工作。

冬至节气以后，气候已进入严寒时期，是冬种作物田间管理的关键时期。冬至是小麦长根叶、多分蘖的重要时期，应适时给麦苗追施一次速效肥料，以利分蘖早生，增加有效分蘖数，为高产搭好丰产苗架。小麦苗期生长逢冬旱季节，遇旱要沟灌“跑马水”。油菜移栽和早栽油菜的前期田管均要求精细，特别是甘蓝型油菜需肥量大，应施足基肥，早施硼肥和钾肥，以促冬发稳长，增加冬前绿叶数和年后第一分枝数。

冬至光照最短，对于保护地栽培的蔬菜、瓜果作物应采取早揭晚盖多见阳光，以提高温度促进生长。

吃了冬至饭，巧妇多做一条线。　河北（魏县）

吃了冬至饭，送粪加一担。　宁夏

吃了冬至饭，一天长一线。　黑龙江、山西（长治）

吃了冬至面，一天长一线；吃了人伏面，一天短一线。　宁夏

重阳无雨看冬至，冬至无雨晴一冬。　福建

冬前不结冰，冬后冻死人。　陕西（咸阳）

冬至不必看钟头，天明六点暗六点。

冬至不出年外。　湖北
冬至不出种，夏至不分秧。
冬至不吹风，冷到五月中。　陕西
冬至不冻，冷齐芒种。　四川
冬至不割禾，一夜脱一箩。　广东
冬至不过，地皮不破。　河南、河北（石家庄）
冬至不过不寒，夏至不过不热。　山西（太原）
冬至不过不寒，夏至不过不暖。
冬至不过不冷，夏至不过不热。　宁夏、广东、陕西（渭南）
冬至不过冬，扬场没正风。　河南
冬至不看钟点，天亮天黑六点。　陕西（咸阳）
冬至不冷腊八冷，腊八不冷大年冷。　山西（朔州）
冬至不冷腊月冻，豌豆大麦装满瓮。　陕西（宝鸡）
冬至不收菜，一定收霜害。　陕西
冬至不下雨，来年要返春。　湖北（当阳）
冬至插田青，夏至一口嚼。
冬至出日头，过年冷死牛。　广东
冬至出日头，冷死老母牛。　广西
冬至吹南风，强如问天公；冬至刮北风，六畜受难心。　宁夏
冬至打了霜，夏至干长江。　湖北
冬至大如年。
冬至大于年，小鸡大于天。
冬至大于年。　湖南、江苏、浙江
冬至大于年夜，小鹦大于凤凰。
冬至当日归，一天长一针。　河北（张家口）
冬至当日归。　山西（浮山）
冬至当日回，一九二里半。　宁夏
冬至当天数九，夏至三庚数伏。　河北（昌黎）、山西（汾阳）
冬至到寒食，一百单五日。　河北（大名）
冬至到时葭灰飞。
冬至到长，夏至到短。　四川
冬至底翻金，冬至外翻土。　福建（福清、平潭）
冬至定果年节定瓜，正月十五定棉花。　山西
冬至东北风，来年好收成。　山西（潞城）
冬至东风高田旱，东南东北低田收。
冬至冬至，一天长一针。　吉林

冬至多风，寒冷半年。 内蒙古

冬至多风，寒冷年丰。 陕西（咸阳）

冬至多风，天冷年丰。 山西（新绛）

冬至风吹人不怪，明年庄稼长得快。 山西（临猗）

冬至隔夜一交霜，来年车垛当张床。 注：言冬至时如隔夜下霜，主来年必旱，农夫须日夜戽水，将车垛当床用。

冬至刮大风，来年好收成。 山西（闻喜）

冬至刮风，冻坏田公。 宁夏

冬至过，地皮破。 内蒙古、黑龙江、吉林、天津、陕西(宝鸡)、湖北(汉川)

冬至过了九个九，农民谷种满田丢。 广东

冬至寒节一百五，清明到伏不用数。 山西（沁县）

冬至寒节一零五，寒食离伏不用数。 山西（忻州）

冬至寒露一百五，吃麦还要六十宿。 新疆

冬至寒食一百五，吃麦丢下六十天。 山西（河曲）

冬至好天气，大年仍是好天气。 山西（朔州）

冬至红，年边黑。

冬至后，来价落，贫儿转萧索。

冬至后十天，阳历过大年。 内蒙古、山西（繁峙）

冬至后有风，夏至后有雨。 山西（和顺）

冬至接近三日晴，来年谷米价平定；冬至接近三日阴，来年谷米贵如金。

陕西（渭南）

冬至冷，夏至热，粮食五谷都难活。 新疆

冬至离春四十五，百零六日到清明。

冬至离春四十五，一零六日到清明。 吉林

冬至离春四十五，再加六十是清明。

冬至犁金，立春犁银，谷雨犁铁。 福建（德化）

冬至犁金，立春犁银，立夏犁土。 福建（周宁）

冬至犁金，清明犁银，谷雨犁铁。 山东、福建（邵武）

冬至萝卜夏至姜。

冬至麦，一百六。 江苏（苏北） 注：指收麦。

冬至南风短，夏至草头枯。 陕西

冬至起了尘，九九不得宁。 山西（曲沃）

冬至前，谷价长，穷人儿女倒好养；冬至前，谷价小，穷家人口多不饱。 山东

冬至前不结冰，冬至后冻煞人。

冬至前后，冻破石头。 湖北（郧县）

冬至前后，洪水不走。

冬至前后，快水不走。　浙江

冬至前后，洒水不流。　湖南、山西（临汾）

冬至前后，斜火勿走。　浙江

冬至前后，泻水不完。

冬至前翻金，冬至后翻银，大寒时节翻铁饼。　湖北

冬至前金犁，冬至后铁犁。

冬至前犁地，禾苗高三寸。　福建

冬至前犁金，冬至后犁铁。　福建

冬至前犁金，冬至后犁银，立春后犁铁。　福建

冬至前犁金，冬至后犁银，立春节犁铁。　福建（仙游）

冬至前犁金，冬至后犁银，立春犁土。　福建（南安）

冬至前犁金，冬至后犁银，清明犁铁。　福建（龙溪、武平）

冬至前犁金，冬至后犁银，小寒犁铁钉。　福建

冬至前犁金，冬至后犁银。　湖北、浙江

冬至前犁田，当过一次粪。　福建

冬至前头七日霜，有米无砻糠。

冬至青云从北来，定主年丰大发财。

冬至清明百零六，家家户户囤满屋。

冬至清明一百零六，家家豆子囤满屋。　江苏（苏北）

冬至清明一百六。

冬至清明一零五，清明到伏不同数。　内蒙古

冬至晴，立春冷。　山西（河曲）

冬至晴，万物成。　吉林

冬至晴，雪雨滴答到清明。　宁夏

冬至热，要下一场雪。　宁夏

冬至日短，两个吃碗；夏至日长，两次扛饭。　广西（玉林）　注：“扛饭”，送饭。民间故事说：财主雇两个长工，冬至日以白天时间最短为由，只给两人送一碗饭，到夏至日，长工以白天时间最长为由要财主送两次饭。

冬至日头当日回。　河北

冬至日子短，两人吃一碗。

冬至日子短。

冬至日最短。　内蒙古

冬至人久。　内蒙古

冬至三个九，坐下有一斗。　宁夏

冬至十日过元旦。　湖北（钟祥）

冬至十天阳历年，要过新春四十天。　山西（临猗）

冬至十天阳历年。 河北（赞皇）

冬至时节雪茫茫，来年粮食堆满仓。 陕西（宝鸡）

冬至是个头儿，两手揣袖口儿。 河北（邯郸）

冬至是头九，两手藏口袖；二九一十八，口中似吃辣；三九二十七，见火亲如蜜；四九三十六，关守房门把烬守；五九四十五，开门寻暖处；六九五十四，杨柳树上发青丝；七九六十三，路上行人把衣袒；八九七十二，柳絮飞满地；九九八十一，蓑衣兼斗笠。 湖南

冬至是头九，两手藏口袖；二九一十八，口中似吃辣；三九二十七，见火亲如蜜；四九三十六，关住门子把炉守；五九四十五，开门寻暖处；六九五十四，杨柳的皮色发细致；七九六十三，路上行人把衣袒；八九七十二，柳絮儿长上翅；九九八十一，以后农夫该早起。 浙江

冬至数九九个九，九九过后犁铧走。 宁夏

冬至数头九。 陕西（咸阳）

冬至数月尽，才知来年九月闰。 山西（大同）

冬至数一九，两手揣袖口；二九一十八，口中似吃辣；三九二十七，见火亲如蜜；四九三十六，关门把炉守；五九四十五，开门寻暖处；六九五十四，杨柳皮发绿；七九六十三，行人把衣担；八九七十二，柳絮长上翅；九九八十一，农民打早起。 河北（安国）

冬至太阳无云遮，来年定唱丰收歌。 宁夏、天津

冬至天不再短，夏至天不再长。 河北（张家口）

冬至天渐长，夏至天渐短。 河北（安新）

冬至天明无日色，明年定唱丰收歌。 内蒙古

冬至天气晴，来年果木成；冬至气爽真，来年果木广。

冬至天气晴，来年果木成；冬至遇大雪，半年果不结。

冬至天晴日色无，来年定唱太平歌。

冬至天晴无日色，定主农夫好岁来。

冬至头，卖被去买牛；冬至中，十只牛栏十只空；冬至尾，卖牛去买被。

冬至头，夏至尾，春秋二季吃分水。

冬至无南风，夏至旱得凶。 陕西（宝鸡）

冬至无霜，碓杵无糠。 内蒙古

冬至无霜，碓里无糠。 山西（晋城）

冬至无太阳，来年五谷香。 山西（沁源）

冬至无雪一冬晴，冬至有雪连九天。 天津

冬至无雨一冬晴，冬至有雨连九天。 湖北（洪湖）

冬至无云三伏热，重阳无雨一冬晴。 新疆

冬至西北风，来年干一冬。 山西（晋城）

冬至西北风，来年好收成。　甘肃（天祝）
冬至西南百日阴，半晴半雨到清明。
冬至西南一日阴，半晴半雨到清明。　江西
冬至下雨，晴到年底。　湖北（枣阳）
冬至下雨连九天。　江西
冬至小阳春。　江苏
冬至雪白，夏至田白。　江西
冬至雪茫茫，开年粮满仓。　宁夏
冬至雪茫茫，来年粮满仓。　天津
冬至雪茫茫，来年满仓粮。　吉林
冬至杨柳青，来年米价贱。
冬至夜回头，夏至日回头；春分日同夜，秋分日夜同。　山西（临猗）
冬至夜长，夏至夜短。
冬至夜长。　江苏
冬至夜长天短，夏至夜短天长。　吉林
冬至一来，农夫上街；街上走一走，金钱都丢手。
冬至一日晴，来年雨均匀。　湖北
冬至一天，短起一天。　内蒙古
冬至一阳生，夏至一阴生。　山西（和顺）
冬至一阳生。　江苏
冬至以阳升，夏至以阴升。　内蒙古
冬至阴气下，冰下见蒲芽。　宁夏
冬至有风，寒冷半冬。　山西（曲沃）
冬至有风，寒冷年丰。
冬至有霜，碓头有糠。
冬至有霜年有雪。
冬至有雾，来年天旱。　山西（五台）
冬至有雪，九九有雪。　陕西（渭南）
冬至有雪来年旱，冬至有风冷半冬。　山西（晋城）
冬至有云天生病。
冬至鱼生，夏至犬肉。　广东
冬至鱼生夏至狗。　广西
冬至雨，除夕晴；冬至晴，除夕地泥泞。
冬至雨，年必晴；冬至晴，年必雨。
冬至雨，元日晴；冬至晴，元日雨。
冬至雨，元宵晴；冬至晴，元宵雨。　广东

冬至遇大雪，来年果不结。 山西（河津）

冬至远春四十五，一百六十到清明。

冬至月头，买被卖牛。 河北（邯郸）

冬至月头，卖被买牛；冬冬至月中，日风夜风；冬至月尾，卖牛买被。 浙江

冬至月头，霜雪年盲兜。 福建

冬至月头冻死牛。 山东

冬至月尾，大冷正二月。 浙江

冬至月中，无雪过冬。 山东

冬至月中，无雨无风。 吉林

冬至在北海，冻死老黄咎；冬至在中，单夜过冬；冬至在尾，买了火炉别后悔。
宁夏

冬至在头，冻死老牛；冬至在中，冷起不凶。 陕西（汉中）

冬至在月头，大寒年夜交。

冬至在月头，大寒年夜交；冬至在月中，天寒也无霜；冬至在月尾，大寒正二月。

冬至在月头，无被不用愁；冬至在月尾，冻死老乌龟。

冬至在月头，有天无日头；冬至在月腰，有米无柴烧；冬至在月尾，长牛细子不知归。 广东

冬至长三刻，夏至短三分。 河北（博野）

冬至长于岁，冬至大于年。

冬至蒸冬，冬至不蒸，扬场无风。 山东

冬至止天长，夏至止天短。 河北（肥乡）

冬至种日麦，夏里一日嚼。

冬至自长，夏至自短。 贵州、江西

冬走十里不亮，夏走十里不黑。 河北（平泉）

干冬湿年下。 河南（新乡）

干净冬，龌龊年。 河南（新乡）

过了冬，日长一棵葱；过了年，日长一块田。 河北（丰宁）

过了冬至，多走几里。 宁夏

过了冬至，长一枣刺；过了五豆，长一斧头；过了腊八，长一杈把；过了年，长一椽；过了正月十五，天长得没谱。 陕西（渭南）

过了冬至，长一中指；过了年，长一椽。 山西（万荣）

犁田冬至内，一犁比一金。 湖北、河南、浙江 注：“比”又作“抵”。

犁田冬至内，一犁似一金。 陕西（渭南）

明冬至，暗腊八。 山西

晴冬遢年。 河南（新乡）

双日冬至单日九，单日冬至连天走。 陕西（汉中）

算不算，数不数，过了冬至就进九。　湖北（郧县）

要知来年闰，冬至数月尽。　陕西（西安）

要知来年闰，抛过冬至数月尽。　山西

头九至二九，相唤不出手；三九二十七，笆头吹觱栗；四九三十六，夜眠似露宿；五九四十五，牀头把唔唔；六九五十四，笆头出嫩蕻；七九六十三，破絮担头摊；八九七十二，黄狗向阴地；九九八十一，犁耙一齐出；十九足，蛤蟆闹嗾嗾。

一九二九，闭门袖手；三九四九，暖瓶对酒；五九转回暖，六九消井口；七九河开，八九雁来；九九搭一九，黄牛遍地走。　河北（昌黎）

一九二九，在家苦求；三九四九，冻破杵臼；五九六九，沿河看柳；七九八九，敞开袖口；九九加一九，耕牛遍地走。　河北（井陉）

一九二九不舒手，三九四九凌上走，五九六九沿河看柳，七九八九寒不来，九九十九杨花开。　河北（邯郸）

小　　寒

小寒，是二十四节气中的第二十三个节气，时间点在公历每年1月5—7日之间，太阳位于黄经285°。小寒标志着开始进入一年中最寒冷的日子。

小寒与大寒、小暑、大暑及处暑一样，都是表示气温冷暖变化的节气。《月令七十二候集解》中说“月初寒尚小……月半则大矣”，就是说，在黄河流域，当时大寒是比小寒冷的。《历书》记载：“斗指戊，为小寒，时天气渐寒，尚未大冷，故为小寒。”现在，根据中国的气象资料，小寒是气温最低的节气，只有少数年份的大寒气温低于小寒。

中国古代分小寒为三候：“一候雁北乡，二候鹊始巢，三候雉始雊”，古人认为候鸟中大雁是顺阴阳而迁移，此时阳气已动，所以大雁开始向北迁移；此时北方到处可见到喜鹊，并且感觉到阳气而开始筑巢；第三候“雉鸲”的“鸲”为鸣叫的意思，雉在接近四九时会感阳气的生长而鸣叫。

小寒时节，除南方地区要注意给小麦油菜等作物追施冬肥，海南和华南大部分地区则主要是做好防寒防冻、积肥造肥和兴修水利等工作，有的地区进行冬翻晒垡，应抓紧越冬作物的田间管理，注意牲畜防冻保温。

在冬前浇好冻水、施足冬肥、培土壅根的基础上，寒冬季节采用人工覆盖法也是防御农林作物冻害的重要措施。当寒潮成强冷空气到来之时，泼浇稀粪水，撒施草木灰，可有效地减轻低温对油菜的危害。

露地栽培的蔬菜地可用作物秸秆、稻草等稀疏地撒在菜畦上作为冬季长期覆盖物，既不影响光照，又可减小菜株间的风速，阻挡地面热量散失，起到保温防冻的效果。遇到低温来临再加厚覆盖物作临时性覆盖，低温过后再及时揭去。

大棚蔬菜这时要尽量多照阳光，即使有雨雪低温天气，棚外草帘等覆盖物也不可连续多日不揭，以免影响植株正常的光合作用，造成营养缺乏，天晴揭帘时导致植株萎蔫死亡。

高山茶园，特别是西北向易受寒风侵袭的茶园，要以稻草、杂草或塑料薄膜覆盖篷面，以防止风抽而引起枯梢和沙暴对叶片的直接危害。

草木灰，单积攒，上地壮棵又增产。

干灰喂，增一倍。

九里的雪，硬似铁。

九里雪水化一丈，打得麦子无处放。

腊七腊八，冻裂脚丫。

腊七腊八，冻死旱鸭。

腊月大雪半尺厚，麦子还嫌被不够。
腊月三白，适宜麦菜。
腊月三场白，家家都有麦。
腊月三场白，来年收小麦。
腊月三场雾，河底踏成路。
腊月栽桑桑不知。
冷在三九，热在中伏。
麦苗被啃，产量受损。
牛喂三九，马喂三伏。
三九、四九，冻破碓臼。
三九、四九不下雪，五九、六九旱还接。
三九不封河，来年雹子多。
薯菜窖，牲口棚，堵封严密来防冻。
数九寒天鸡下蛋，鸡舍保温是关键。
天寒人不寒，改变冬闲旧习惯。
小寒节，十五天，七八天处三九天。
小寒鱼塘冰封严，大雪纷飞不稀罕，冰上积雪要扫除，保持冰面好光线。
一早一晚勤动手，管它地冻九尺九。
北风迎小寒，盛夏雨连连。　天津
当冷不冷人生病。　内蒙古
该冷不冷地生虫，该热不热人生病。　内蒙古
过了小寒，滴水成团。　江西（萍乡）
寒大小寒，热大小暑。　福建（福鼎）
腊月三白，适宜麦菜。
腊月三场白，来年收小麦。
腊月小寒接大寒，施肥完了心理安。　江苏（镇江）
腊月有三白，猪狗也吃麦。
冷在小寒大寒，热在小暑大暑。　河北（昌黎）
三九不封河，来年雹子多。
三九不冷夏不收，三伏不热秋不收。
三九四九不下雪，五九六九旱边接。
薯菜窖，牲口栅，堵封严密来防冻。
数久不冷，病虫得利。　内蒙古
天寒人不寒，改变冬闲旧习惯。
小寒办年货，大寒贺新春。　江苏（扬州）
小寒不出门坎，大寒不离火炉。　安徽（石台）

小寒不冻大寒冻，大寒不冻来年起虫。　内蒙古

小寒不寒，清明泥潭。

小寒不寒大寒寒，大寒不寒终须寒。　广东（五华）

小寒不寒大寒寒。　广西（马山）

小寒不结冰，虫子满天飞。　安徽（南陵）

小寒不冷大寒冷，大寒不冷倒春寒。　海南（屯昌）

小寒不晴，要暖等清明。　广西（荔浦）

小寒不如大寒寒，大寒之后天渐暖。

小寒不下大寒下，大寒不下干一夏。　安徽（长丰）

小寒穿棉，大寒过年。　安徽（肥东）

小寒大寒，抱成一团。　福建（福清）

小寒大寒，不久过年。　内蒙古、江苏（南通）

小寒大寒，吃饭不赢。　湖南

小寒大寒，打春过年。　河北（邯郸）

小寒大寒，打儿不出栏。　福建

小寒大寒，滴水成冰。

小寒大寒，滴水成团。　内蒙古、江西、黑龙江（大兴安岭）、河北（望都）、江苏（徐州）、广东（连山）、广西（资源）

小寒大寒，冻成冰团。　江西、内蒙古、山西（晋城）

小寒大寒，冻成一团。　上海

小寒大寒，冻水成团。　内蒙古

小寒大寒，冻死老汉。　宁夏、山西（忻州）

小寒大寒，冻死老蛮。　贵州（遵义）[土家族]

小寒大寒，冻作一团。

小寒大寒，赶狗不出门。　广西（平乐）、海南（保亭）

小寒大寒，赶牛不下田。　海南（万宁）

小寒大寒，冷成冰团。　江苏（淮阴）

小寒大寒，冷水成团。

小寒大寒，冷水结团。　福建

小寒大寒，牛姆恶下田。　海南（文昌）

小寒大寒，清明泥潭。

小寒大寒，杀猪过年。　湖北（房县）

小寒大寒，杀猪过年；二十四节，有后有前。　贵州（遵义）

小寒大寒，无风自己寒。　江西（乐安）

小寒大寒，一年过完。　江苏（徐州）

小寒大寒不寒，往后一定寒。　福建

小寒大寒不冷，小暑大暑不热。　福建（上杭）、湖北（郧西）
小寒大寒不下雪，小暑大暑田开裂。　天津
小寒大寒出日头，冻死老黄牛。　海南
小寒大寒多南风，明年六月早台风。　福建
小寒大寒寒不透，过了立春寒个够。　天津、宁夏
小寒大寒寒得透，来年春天暖得早。　福建
小寒大寒寒得透，来年春天天暖和。　黑龙江（大兴安岭）
小寒大寒冷不够，来秋雨水下得粗。　海南（保亭）
小寒大寒勿冷，小暑大暑勿热。　江苏（无锡）
小寒大寒有雨雪，小暑大暑不会干。　湖南（零陵）
小寒大寒月日光，来年必定冷得惨。　广西（田阳）[壮族]
小寒冻死人。　黑龙江
小寒冻土，大寒冻河。　湖北（大悟）
小寒过了是大寒，风寒水冷近年关。　浙江（台州）
小寒寒，惊蛰暖。
小寒交九，大寒冰上走。　天津、河北（邯郸）
小寒交九不收，大寒冰上行走。　山东、江苏（常州）
小寒节，十五天，七八天处三九天。
小寒节日雾，来年五谷富。　陕西、河北（衡水）、湖北（仙桃）、浙江（金华）
小寒进腊月，大寒三九天。　黑龙江（哈尔滨）
小寒九不收，大寒冰上走。　安徽（淮北）
小寒枯水，冷成一团。　福建（龙岩）
小寒冷，大寒暖。　广西（上思）
小寒冷，立春晴；小寒暖，立春雨。　广东（连山）
小寒冷到哭，小暑台风到。　广东（揭阳）
小寒冷死鸡，大寒猪滚泥；小寒猪滚泥，大寒冻死鸡。　海南（保亭）
小寒冷死鸡，大寒猪溜泥。　广东（肇庆）
小寒落雨大寒晴。　江苏（盐城）
小寒忙买办，大寒就过年。　江苏（盐城）
小寒蒙蒙雨，雨水还冻秧。
小寒暖，春多寒；小寒寒，六畜安。　福建（南靖）
小寒暖，大寒无地钻。　广东（清远）
小寒暖，立春雪。
小寒晴，旱春田。　广西（上思）
小寒日晴旱秧田，大寒日晴旱本田。　广西（来宾）
小寒三九天，把好防冻关。

小寒胜大寒，常见不稀罕。

小寒胜大寒。

小寒胜大寒。小寒不寒寒大寒。

小寒时处二三九，天寒地冻北风吼。

小寒天气晴，来年早稻丰。 海南

小寒天气热，大寒冷莫说。

小寒无雪，来年蝗虫遮日月。 安徽（砀山）

小寒无雨，小暑必旱。

小寒勿寒，大寒勿冷。 浙江（金华）

小寒小寒，棉上加棉。 安徽（肥东）

小寒小雨过，大寒连续来。 海南（琼海）

小寒雪厚多雨水。 湖南（湘西）

小寒有雾，来年五谷富。 四川

小寒鱼满舱，大寒迎年年。 黑龙江（佳木斯）

小寒雨蒙蒙，雨水惊蛰冻死秧。

小寒遇东风，冷死万年种。 广东（江门）

小寒月亮圆，斗米卖串线。 四川

小寒月无光，来年谷满仓。 四川

小寒正逢三九中，脸上冻得红彤彤。 江苏（盐城）

雪笼大小寒，明年是丰年。 宁夏

雪下大小寒，粮食憋破圆。 宁夏

一月小寒接大寒，备肥完了心里安。 海南（临高）

一月小寒接大寒，农人拾粪莫偷闲。 云南（红河）

一月小寒随大寒，农人无事拾烘团。 陕西（宝鸡）

一早一勤动手，管它地冻九尺九。

有酷冷小寒，无冰冷大寒。 吉林

只有冻死人的小寒，没有冻死人的大寒。 黑龙江（佳木斯）

大　寒

大寒，是二十四节气中的第二十四个节气。公历每年1月20日前后太阳到达黄经300°时为大寒。《月令七十二候集解》："十二月中，解见前（小寒）。"《授时通考·天时》引《三礼义宗》："大寒为中者，上形于小寒，故谓之大……寒气之逆极，故谓大寒"。这时寒潮南下频繁，是我国大部分地区一年中的寒冷时期，风大，低温，地面积雪不化，呈现出冰天雪地、天寒地冻的严寒景象。过了大寒，将迎来新一年的节气轮回。

我国古代将大寒分为三候："一候鸡乳；二候征鸟厉疾；三候水泽腹坚。"就是说，到大寒节气便可以孵小鸡了；而鹰隼之类的征鸟，却正处于捕食能力极强的状态中，盘旋于空中到处寻找食物，以补充身体的能量抵御严寒；在一年的最后五天内，水域中的冰一直冻到水中央，且最结实、最厚。

同小寒一样，大寒也是表征天气寒冷程度的节气。近代气象观测记录表明，在中国绝大部分地区，大寒不如小寒冷；不过，在某些年份和沿海少数地方，全年最低气温仍然会出现在大寒节气内。大寒时节，中国南方大部分地区平均气温多为6℃至8℃，比小寒高出近1℃。谚语"小寒大寒，冷成一团"说明大寒也是一年中的寒冷时节。

大寒节气里，各地农活很少。北方地区老百姓多忙于积肥堆肥，为开春作准备；或者加强牲畜的防寒防冻。南方地区则仍加强小麦及其他作物的田间管理。广东岭南地区有大寒联合捉田鼠的习俗，因为这时作物已收割完毕，平时看不到的田鼠窝多显露出来，所以，大寒成为岭南地区集中消灭田鼠的重要时机。除此以外，各地人们还以大寒气候的变化预测来年雨水及粮食丰歉情况，便于及早安排农事。

小寒、大寒是一年中雨水最少的时段。在多数年份里，大寒节气时中国南方大部分地区雨量仅较前期略有增加，华南大部分地区为5至10毫米，西北高原山地一般只有1至5毫米。华南冬干，越冬作物这段时间耗水量较小，农田水分供求矛盾一般并不突出。然而，"苦寒勿怨天雨雪，雪来遗到明年麦"，在雨雪稀少的情况下，不同地区按照不同的耕作习惯和条件，适时浇灌，对小麦作物生长无疑是大有好处的。

八月十五云遮月，正月十五雪打灯。
不要挣冬钱，只要犁冬田。　福建
春节前后闹嚷嚷，大棚瓜菜不能忘。
春节前后少农活，莫忘鱼塘常巡逻。
大寒白雪定丰年。

大寒不冻，冻到芒种。 广东（阳江）

大寒不冻，冷到芒种。

大寒不翻风，冷到五月中。 广西（横县）、广东（茂名）

大寒不寒，春分不暖。

大寒不寒，大暑不热。 广西（荔浦）

大寒不寒，谷种成堆。 广西（横县）

大寒不寒，没水插秧。 海南

大寒不寒，人马不安。 安徽（阜阳）、广西（罗城、上思）

大寒不寒，无水插秧。 广西（荔浦、龙州）

大寒不寒，一二月必寒。 江苏（常州）

大寒不寒终须寒。 吉林、江苏（淮阴）

大寒不加冰。 山西（大同）

大寒不觉寒，人畜遭病缠。 云南（昆明）

大寒出日，母牛死绝。 广东

大寒出日头，出年冻死牛。 广西（来宾）

大寒出日头，临春冷死牛。 广西（横县）

大寒出太阳，雪打早稻秧。 广西（横县）

大寒吹南风，早春有大冷。 广东（肇庆）

大寒吹南风，正月赶狗不出门。 广西（上思）

大寒大白定丰年。 江西（赣东）

大寒大冻，冷到芒种。 广西（上思、田阳）

大寒大寒，滴水成团。 安徽（涡阳）

大寒大寒，无风也寒。

大寒大寒，一年过完。 江西（南昌）

大寒大寒，正月少水潭。 福建（漳州）

大寒到顶点，日后天渐暖。

大寒地不冻，惊蛰地不开。 山西（临猗）

大寒东风，五谷丰登。 海南（保亭）

大寒东风不下雨。 湖北（罗田）

大寒东风不雨。 江苏（南京）

大寒干，种湖滩。 安徽（望江）

大寒干本田，小寒旱秧田。 广西（横县）

大寒干旱，春雨较多。 广西（横县）

大寒刮南风，来年五谷丰。 江苏（镇江）

大寒见三白，农人心喜悦。 江西（赣北）

大寒见三白，农人衣食足。 河南（新乡）、山西（永和）

大寒见三白来年丰。　广东（连山）
大寒落雨到立春，立春有雨到清明。　湖南（长沙）
大寒没有风，冷到三月中。　海南
大寒南风，五谷丰登。　湖南（常德）
大寒年底春雨早。　福建（永定）
大寒年年有，不在三九在四九。　内蒙古、陕西（安康）
大寒年玩水，四月才透水。　海南（儋县）
大寒牛暗涎，来年冷到三月三。　广东（茂名）
大寒牛滚塘，春分冷死秧。　广西（平乐）
大寒牛滚溪，四月稻草做扫帚。　海南（琼海）
大寒牛浸湿，冷到明年三月三。
大寒牛浸湿，冷死早禾秧。
大寒牛浸水，来岁旱春头。　广西（平南）
大寒牛揽涎，冷到三月三。　广东（化州）
大寒牛练塘，春分冻死秧。　广西（融水）
大寒牛练塘，春来冷死秧。　广西（罗城、柳江）
大寒牛恋塘，春分冻死秧。　湖南（株洲）
大寒牛恋塘，春天防死秧。　贵州（遵义）
大寒牛恋塘，冷到来年三月三。　广西（上思）
大寒牛恋塘，冷死早稻秧。　福建（诏安）
大寒牛辘涎，冷死早禾秧。　广东（连山）
大寒牛辘湿，冷死早禾秧。　广东
大寒牛辘塘，冷死早禾秧。　广西（来宾、田阳）[壮族]
大寒牛眠湿，冷到明年三月三。
大寒牛睡水，春天旱一季。　海南（儋县）
大寒牛趟涎，冷死早禾秧。　广东（广州）
大寒牛下塘，冷死早造秧。　海南（保亭）
大寒暖，立春冷；大寒冷，立春暖。　广西（容县）
大寒暖几天，雨水冷几天。　广西（田阳）[壮族]
大寒日怕南风起，当天最忌下雨时。
大寒若逢天下雨，二月三月雨水多。　广西（上思）
大寒若寒，惊蛰就暖。　广东（肇庆）
大寒若然天落水，正二三月沤水多。　广东（肇庆）
大寒赛春天，家家哭青年。　安徽（泗县）
大寒三白，极宜菜麦。　河南、江苏（无锡）、江西（赣北）
大寒三白，一定丰年。　河南

大寒三白，宜菜宜麦。　江苏
大寒三白，有益菜麦。　上海
大寒三白，最宜莱麦。　江西（九江）
大寒三白定丰年。　广西、河南、山东、湖北、江苏、福建（德化）、江西（新干）
大寒三日白，来年害虫少。　福建
大寒尚有大雪来，明年定是大旱灾，若然此日天晴好，下岁农夫大发财。
贵州（黔南）［水族］
大寒水源枯，来春大雨铺。　广西（荔浦）
大寒四九、五九心，檐口滴水都成冰。　江苏（连云港）
大寒天气暖，寒到二月半。　江苏（徐州）
大寒天气暖，寒到二月满。　湖南（常德）
大寒闻雷，冰冻三尺。　安徽（宿州）
大寒蚊子叫，陈粮有人要。　安徽（合肥）
大寒蚊子叫，旧谷有人要。　广东、浙江（湖州）
大寒蚊子叫，四月有谷无人要。　广东
大寒无过丑寅，大热无过未申。
大寒勿寒，人马勿安。　浙江（丽水）
大寒雾，春头早；大寒阴，阴二月。
大寒下雨，来春雨多。　广西（柳江）
大寒像春天，家家哭少年。
大寒小寒，滴水成冰。　内蒙古
大寒小寒，冻死老汉。　内蒙古
大寒小寒，冻死老蚕。　四川
大寒小寒，冻死老牛。　江苏（南京）
大寒小寒，冷成一团。　四川
大寒小寒，汽水成团。　陕西（咸阳）
大寒小寒，人畜不安。　四川
大寒小寒，太阳在南。　湖南（株洲）
大寒小寒雨雪多，冻坏百鸟卵。　安徽（休宁）
大寒须守火，无事不出门。　江苏（常州）
大寒须守家，出门受寒冻。　内蒙古
大寒雪白，来年好麦。　湖南（常德）
大寒雪纷纷，打狗不出门。　广西（柳江）
大寒要保温，无事不出门。　福建
大寒一场雪，来年麦堆田。

大寒一天寒，三日雨绵绵。　湖南（湘西）

大寒一夜星，稻米贵如金。　安徽（宣州）

大寒一夜星，谷米贵如金。　湖北（保康）

大寒有雨沤出正，新旧两年不见晴。　广西（玉林）

大寒月短，不刮风就暖。　山西（永和）

大寒在年底，早春雨水多。　福建

大寒在月中，冻死老牛没人抬。　海南（三亚）

大寒在月中，明春冷得凶。　广西（资源）

大寒猪屯湿，三月谷芽烂、大寒牛眠湿，冷到明年三月三、南风送大寒，正月赶狗不出门。大寒猪屯湿，三月谷芽烂。

大寒转南风，雨顺五谷丰。　福建

大小寒，白漫漫。　江西（黎川）

大小寒日报南风，小雨大雨降天空。　福建（诏安）

大雪年年有，不在三九在四九。　内蒙古

东赚钱，西赚钱，不如塞水就犁田。

冬翻畈，腊水浸，田不肥，不肯信。　江西

冬翻晒土起白雪，烤田烤至鸡爪裂。　福建

冬畈田，冬耕晒白；春花田，干耕晒白；缺水田，犁冬浸水。　广东

冬耕毕，春犁易，早稻好密植。　福建

冬季里犁金，冬季外犁铁。　福建

冬季西风紧，不久天放晴。　海南（文昌）

冬季早耕田，功夫在来年。　广东

冬节内犁金，冬节外犁银，起春犁铁。　福建（长乐、龙溪）

冬入大寒，冻成冰团。　宁夏

冬三春三。　江苏

冬天不犁田，春天喊皇天。　陕西、甘肃、湖南、湖北

冬天犁田一遍，胜过春天施肥一片。　广西

冬田犁两道，明年收成好。　四川

冬无雪，麦不结。　上海

冻不死的蒜，干不死的葱。

该冷不冷，不成年景。

隔年不转冬，来年一枝葱。　江西

隔年翻了冬，禾仓不会空。　福建

耕畈田过冬，是多禾的祖宗。　安徽

耕田不犁冬，割禾打半空。　广东

过冬起畈闭了气，禾矮吊又细。　湖北

过了大寒，杀猪过年。 宁夏
过了大寒，又是一年（农历）。
过年过年，犁耕辘轴就下田。 江西
寒潮过后天转晴，一朝西风有霜成。
寒耖油泥夏耖沙。 江苏
寒冬不寒，来年不丰。
欢欢喜喜过新年，莫忘护林看果园。
交了大寒就是雪，明年又是丰收年。 湖北（黄石）
节前节后多商量，想法再把台阶上。
节约过新年，不能狂花钱。
今年不翻冬，明年禾仓空。 福建、山东
今年不转冬，明年怕手空。 福建
进大寒，跑不停。 广西（马山）[壮族]
浸了冬，楼棚满咚咚；失了冬，楼棚半边空。 广东
九里雪水化一丈，打得麦子没处放。 北方地区
腊七腊八，冻死寒鸦。 内蒙古
腊月冻，来年丰。
腊月挖田腊肉香，正月挖田豆腐汤，二月挖田喝米汤。 云南
冷不冷，大寒足下问。 贵州（遵义）
犁冬晒田，好过用肥。 湖南
犁冬田，灌冬水，抵得温州生意做一水。 福建
犁冬田，烧冬灰，赛过杭州作客归。 浙江
犁好隔年冬，当过肥来壅。 福建
犁田过冬，扁挑会挑断。 福建
犁田过冬，虫死泥松。 广东、江西
犁田过冬，胜过担粪壅。 广东
犁田划破皮，耖田拉满犁，春耕不带底。 湖北
犁田晒冬，好过买麸壅。 广东
犁田晒霜，粮食满仓。 广西
犁田晒霜，赛过粪过岗。 湖北、河南
莫赚冬季钱，应翻冬季田。 江西
南风打大寒，雪打清明秧。
南风入大寒，赶狗不出门。 广东（江门）
南风入大寒，冷死早禾秧。 广东（肇庆）
南风入大寒，穷人修补烂衣裳。 海南
南风入大寒，水浸南天门。 广东（江门）

南风入大寒，早禾团打团。 广西（博白）
南风送大寒，车水灌田秧。 海南（保亭）
南风送大寒，冷死早禾秧。 广西（防城）
南风送大寒，早稻一把秆。 广西（防城）
南风送大寒，正月赶狗不出门。
南风送大寒，正月无日暖。 广东（肇庆）
南风送大年，宜快不宜迟。 海南（定安）
年年浸冬土变深，年年晒冬土变浅。 福建
暖大寒，育秧难。 广西（扶绥）
千壅万壅，抵不得犁田炕冬。
禽舍猪圈牲口棚，加强护理莫放松。
人到大寒衣满身，牛到大寒草满栏。 湖北（黄冈）
若要田里工夫搞得好，必须冬天犁得早，一来烂泥，二来死草。
河北、湖南、湖北
三百钱一工，不如在家转冬。 福建
三春靠转冬。 福建
生意怕大债，做农怕大寒。 广西（崇左）
田不冬耕不收，马无夜草不肥。 河南、宁夏
头年不转冬，十个禾仓九个空。 福建
五九、六九，沿河看柳。
要吃饭，隔冬犁田；要空衣，隔冬纺棉。 贵州
要宜麦，冬寒见三白。 上海
一犁十二月，二犁清明节，三犁两搭边。 江西
一年拆冬，二年落空。 广东
有水犁冬，不如浸冬。 广东
正月犁田如过冬，二月犁田正当中，三月犁田工夫忙，四月犁田干鬼工。湖南
正月犁田如小春。 湖南
赚冬钱，不如犁冬田。 福建

参 考 文 献

《江西农谚》编辑组. 江西农谚［M］. 南昌：江西人民出版社，1982.

陈恩旺. 问天事［M］. 北京：农业出版社，1981.

董学玉，肖克之. 二十四节气［M］. 北京：中国农业出版社，2012.

费洁心. 中国农谚［M］. 上海：上海三联书店，2014.

高达. 二十四节气谚语新编［M］. 合肥：安徽文艺出版社，2007.

高倩艺. 二十四节气民俗［M］. 北京：中国社会出版社，2010.

吕波，路楠. 节气·农谚·农事［M］. 北京：化学工业出版社，2014.

内蒙古人民出版社. 内蒙古农谚选［M］. 呼和浩特：内蒙古人民出版社，1965.

农业出版社编辑部. 中国农谚（下册）［M］. 北京：农业出版社，1987.

农业出版社编辑部. 中国农谚［M］. 北京：农业出版社，1980.

裘樟鑫. 新农村谚语集锦［M］. 杭州：浙江工商大学出版社，2011.

上海市文化广播影视管理局. 沪谚［M］. 上海：上海人民出版社，2012.

沈泓. 春分冬至——民间美术中的二十四节气［M］. 北京：中国广播电视出版社，2011.

汪治. 农谚歌［M］. 西安：陕西科学技术出版社，1985.

王劲草. 农谚选［M］. 合肥：安徽科学技术出版社，1985.

王士均. 长三角农家谚语注［M］. 上海：上海社会科学院出版社，2011.

王晓梅. 一本书读懂二十四节气知识［M］. 北京：中央编译出版社，2010.

王修筑. 中华二十四节气［M］. 北京：气象出版社，2006.

中国民间文学集成全国编辑委员会. 中国谚语集成·安徽卷［M］. 北京：中国 ISBN 中心，2007.

中国民间文学集成全国编辑委员会. 中国谚语集成·福建卷［M］. 北京：中国 ISBN 中心，2001.

中国民间文学集成全国编辑委员会. 中国谚语集成·广东卷［M］. 北京：中国 ISBN 中心，1997.

中国民间文学集成全国编辑委员会. 中国谚语集成·广西卷［M］. 北京：中国 ISBN 中心，2008.

中国民间文学集成全国编辑委员会. 中国谚语集成·贵州卷［M］. 北京：中国 ISBN 中心，1998.

中国民间文学集成全国编辑委员会. 中国谚语集成·海南卷［M］. 北京：中国 ISBN 中心，2002.

中国民间文学集成全国编辑委员会. 中国谚语集成·河北卷［M］. 北京：中国社会科学出版

社，1992.
中国民间文学集成全国编辑委员会. 中国谚语集成·河南卷［M］. 北京：中国 ISBN 中心，2006.
中国民间文学集成全国编辑委员会. 中国谚语集成·黑龙江卷［M］. 北京：中国 ISBN 中心，2007.
中国民间文学集成全国编辑委员会. 中国谚语集成·湖北卷［M］. 北京：中央民族大学出版社，1994.
中国民间文学集成全国编辑委员会. 中国谚语集成·湖南卷［M］. 北京：中国 ISBN 中心，1995.
中国民间文学集成全国编辑委员会. 中国谚语集成·吉林卷［M］. 北京：中国 ISBN 中心，2003.
中国民间文学集成全国编辑委员会. 中国谚语集成·江苏卷［M］. 北京：中国 ISBN 中心，1998.
中国民间文学集成全国编辑委员会. 中国谚语集成·江西卷［M］. 北京：中国 ISBN 中心，2003.
中国民间文学集成全国编辑委员会. 中国谚语集成·内蒙古卷［M］. 北京：中国 ISBN 中心，2007.
中国民间文学集成全国编辑委员会. 中国谚语集成·宁夏卷［M］. 北京：中国民间文艺出版社，1990.
中国民间文学集成全国编辑委员会. 中国谚语集成·山东卷［M］. 北京：中国 ISBN 中心，2009.
中国民间文学集成全国编辑委员会. 中国谚语集成·山西卷［M］. 北京：中国 ISBN 中心，1997.
中国民间文学集成全国编辑委员会. 中国谚语集成·陕西卷［M］. 北京：中国 ISBN 中心，2000.
中国民间文学集成全国编辑委员会. 中国谚语集成·上海卷［M］. 北京：中国 ISBN 中心，1999.
中国民间文学集成全国编辑委员会. 中国谚语集成·四川卷［M］. 北京：中国 ISBN 中心，2004.
中国民间文学集成全国编辑委员会. 中国谚语集成·天津卷［M］. 北京：中国 ISBN 中心，2007.
中国民间文学集成全国编辑委员会. 中国谚语集成·新疆卷［M］. 北京：中国 ISBN 中心，2009.
中国民间文学集成全国编辑委员会. 中国谚语集成·云南卷［M］. 北京：中国 ISBN 中心，2002.
中国民间文学集成全国编辑委员会. 中国谚语集成·浙江卷［M］. 北京：中国 ISBN 中心，1995.
中国民间文艺研究会资料室. 中国谚语资料（下册）［M］. 上海：上海文艺出版社，1961.
朱炳海. 天气谚语［M］. 北京：农业出版社，1987.

跋

湖南的农谚说，“节分二十四，候有七十二”。

呈现在各位读者面前的这部书，就是解说二十四节气及七十二候同农业生产活动的关联的。这些关联最集中地体现在农谚当中。本书不仅有对二十四节气的简约精要的解说，更在二十四节气的框架下收罗和编排了几乎全部和节气相关的农谚。关于二十四节气各个节气的解释说明，以及关于难解谚语所做的注释，会把我们带进谚语流传的相应时间和相应地域，让我们同这些谚语的创造者和传承者感同身受，油然生出亲切之情。选材的宏阔和全面让我们由衷地赞叹：这的确是一部农谚全书。

每个人和整个人类社会，都始终生活在一定的时间和空间中。空间是固定的和具体的，而时间则需要通过某种办法加以测定和标识。人们测定和标识时间的参照物最初是自己感知到和观察到的气候和物候的变化。什么时间冰化了、河开了、风来了、雨来了；什么时候大地苏醒可以耕种了，气候转暖，冬蛰的昆虫苏醒了；什么时候候鸟飞来了、飞走了……这些气候和物候的变化，就被我们的先人用来作为早期测定时间的依据。

时间是世间一切物质存在的重要方式，时间概念是一个抽象的概念，是物质的运动、变化的持续性、顺序性的表现。时间是人类用以描述物质运动过程或事件发生过程的一个参数。人们更准确地衡量时间、计算时间、记录时间，就要进一步选择具有普适性、恒久性和周期循环性的参照物。于是，太阳、月亮、谷物的成熟期等等，就成为了优选的参照系。人类很早就学会观察日月星辰，用以测量时间。大约在纪元前五千年，人们利用指时杆观察日影。纪元前十一世纪，已经有了关于日晷和漏壶的记载。详细记录时间的钟表的发明，大约已经是十三世纪下半叶的事情了。

协调和规范各民族或国家群体内部公共时间制度的，是各国实行的特定历法。世界现行的几种历法最为普遍的有：以地球围绕太阳旋转的周期作为参照物的太阳历，或称阳历，我国当今使用的公历就是这一历法；还有以月球围绕地球旋转周期为参照物的太阴历，或称阴历；再有我国自夏代开始就使用、后经汉武帝太初元年加以修订的兼顾太阳历和太阴历确定的历法——阴阳合历，即我们所称的夏历、农历，或俗称的阴历、旧历。

我们的民间传统节日体系，例如春节、元宵节、端午节、中元节、中秋节、重阳节，以及清明和冬至等，都是依据过去通行的阴阳合历而确立的。这种历法在我们的心目里和在我们的实践活动中，依然占有重要地位。正像我们对光华照人的月亮以及太阳倍感亲切和极尽赞颂之情一样（人们把月亮和太阳神格化，编创出大量的神话传说就是最好的说明），对使用了几千年的阴阳合历我们同样有着深深的钟情和依恋。

说到二十四节气体系的创立，春秋时代，我们的先祖就曾用土圭测量日影的方法，确定了白昼最短、最长和长短相等的冬至、夏至、春分、秋分四个时间节点。秦代又确定了四季开始的四个时间节点：立春、立夏、立秋、立冬。到了汉代，二十四节气的完整体系便彻底确立下来。从地球的视角观察，太阳按黄经运行的轨迹划分为三百六十度，每运行十五度所经历的时日即为一个“节气”。运行三百六十度，共经二十四个节气，即每月两个节气。在每一个节气下，更细分为三候：初候、二候、三候，每五日一候。例如，本书在立春的题解中所引用的，立春三候的表征是：“初候东风解，二候蛰虫始振，三候鱼陟负冰。”二十四节气和七十二候既是气候变化的一个时段的标志，其开始的日期和时分同时也是气候物候变化的精确的时间节点。

人们为了便于记忆，还编成了二十四节气歌：

春雨惊春清谷天，
夏满芒夏暑相连，
秋处露秋寒霜降，
冬雪雪冬小大寒。

作为二十四节气保护和传承单位的中国农业博物馆，协同其他相关单位，已经向联合国教科文组织申报二十四节气作为人类非物质文化遗产名目的候选项目，这一申请正待批准公布。正式公布的时节将是我们中国人的二十四节气在新时代的响亮的赞歌。中国人关于时间制度的这一发明，将成为受到普遍关注的整个人类知识宝库中的珍贵遗产。它将作为人类认知自然，顺应自然和利用自然的一个历史性高度，被世界各国民众所关爱、所保护、所传承。

中国农业博物馆向联合国教科文组织提交的申报书所给出的关于二十四节气的简要说明是："中国古人将太阳周年运动轨迹划分为二十四等份，每一等份为一个'节气'，统称'二十四节气'。二十四节气是认知一年中时令、气候、物候等方面变化规律所形成的知识体系和社会实践，指导着传统农业生产和日常生活，是中国传统历法体系及其相关实践活动的重要组成部分。在国际气象界，这一时间认知体系被誉为'中国的第五大发明'。"

二十四节气作为中国人特有的时间制度，深刻影响着人们的思维方式和行为准则。各农业社区依据节气安排农业劳动，进行节令仪式和民俗活动，安排家庭和个人的衣食住行等各项活动。

二十四节气的发祥地是黄河流域中下游的广大地区。由于中国地域的广袤，南北东西气候物候的变化有显著的差异，二十四节气交节的时间并不一致。所以，涉及二十四节气的农谚便具有鲜明的地域性，人们会根据所在地域的特点，总结出关于自然变化的认知并具体规划劳作的进程。例如，东北的谚语说："清明蛾子谷雨蚕"或"大暑蛾子立秋蚕"，而在浙江则说："清明孵蛾子，立夏见新丝"；在种大田的甘肃张掖说："彭祖活了八百年，田要种在春分前"，而在种水田的长江流域则说："不到清明人不忙，立夏点火夜插秧"。我们看到，在谚语中，广大农民对节令和地域的把握是具体而精准的，并没有把一个地区的经验看成是不变的刻板教条套用在另一个地区，而是因地制宜地总结出适宜于地方特点的自己的谚语。

说到谚语，作为人类智慧高度概括并以口头形式广泛流传的、短小而精准的语言形式，虽说世界各个民族都有丰富的创造和积累，但是，居住在广阔地域上的、历史悠久和文化积淀深厚的中国人则创造了极为丰富的各类谚语。有涉及生活知识的谚语，有讲求伦理道德、行为规范的谚语，有寓教于乐的谚语……林林总总，不一而足，反映了中国人生活的全部侧面。其中，尤以反映中国人祖祖辈辈农业生产活动的农谚最为珍贵。农谚鲜明地体现了人与自然的亲密关系、人对于自然规律的尊重和利用，体现了人与自然的和谐共处，同时，又把自己的劳动和生活有序地安排在时间的进程中。这是我们中国人祖祖辈辈创造和传承的宝贵的口头传统，这种升华为精准短语的农业生活经验，是规律的总结，也是劳动生活的指导，最鲜明可感地刻画出中国人的勤劳、智慧的影像。

中国农业博物馆以二十四节气为纲，把中国农民在长期的劳动和生活过程中积累下的关于对自然的感知以及关于自己生活实践经验的大量的谚语编纂成书。按照现有体例编纂的这部农谚大全，选材全面，条例清晰，鲜明地描绘出在中国大地上的农业劳动生活的全部场景。同时，也是我们今天认识相当长一段时期农业生产活动的宝贵历史资料。非但如此，对于今天的农业生产活动仍然具有参考借鉴的裨益。

手捧这部书，读者会不断地赞叹作为社会生活脊梁的中国广大农民的高大伟岸，以及他们的智慧的闪光。同时也会感激中国农业博物馆的工作人员将这些珍珠般的精言妙语编织在一起，他们捧献给读者的不再是散金碎玉，而是一座关于农业生产的历史实践和宝贵经验的巨大而丰富的宝库。

印行此书，善莫大焉！

中国社会科学院荣誉学部委员
中国民俗学会荣誉会长
国家非物质文化遗产保护专家委员会副主任
刘魁立